中文版After Effects 2023从入门到实战（全程视频版）（上册）

148个实例讲解**+214集**教学视频**+赠送**海量资源+**在线交流**

☑ 配色宝典 ☑ 构图宝典 ☑ 创意宝典 ☑ 商业设计宝典 ☑ 色彩速查宝典
☑ 19 款 AE 插件基本介绍 ☑ Photoshop 基础视频 ☑ Premiere 基础视频
☑ 3ds Max 基础视频 ☑ PPT 课件 ☑ 素材资源库 ☑ AE 常用快捷键

唯美世界　曹茂鹏　编著

· 北京 ·

内 容 提 要

《中文版After Effects 2023从入门到实战（全程视频版）（全两册）》以“核心功能+实战提升”的形式系统讲述了After Effects必备知识、图层、蒙版、视频效果、调色效果、过渡效果、关键帧动画、抠图与合成、文字、渲染、跟踪与稳定、表达式应用等核心技术，以及After Effects在光效效果、粒子效果、广告动画、影视栏目包装、短视频制作、影视特效、UI动效等方面的综合实例应用，是一本全面讲述After Effects软件应用的完全自学教程和案例视频教程。全书共21章，上册主要以“基础知识+实例应用”的形式系统讲解After Effects的基础入门操作、创建第一个After Effects作品、图层、创建及编辑蒙版、常用视频效果、调色效果、常用过渡效果、关键帧动画、抠像与合成、文字效果；下册则主要通过实例与综合案例的形式详细讲解了作品的渲染、跟踪与稳定、表达式的应用，以及After Effects在光效效果、粒子效果、广告动画、影视栏目包装、短视频制作、影视特效、UI动效等方面的综合实例应用，以此来帮助读者奠定扎实的知识基础并提升实战应用技能。

《中文版After Effects 2023从入门到实战（全程视频版）（全两册）》的各类学习资源包括：

（1）配套资源：214集教学视频和素材源文件；

（2）赠送相关软件学习资源：《Premiere基础视频教程》《Photoshop基础视频教程》《3ds Max基础视频教程》《19款AE插件基本介绍》《17个高手设计师常用网站》；

（3）赠送设计理论及色彩技巧电子书：《配色宝典》《构图宝典》《创意宝典》《色彩速查宝典》《商业设计宝典》；

（4）练习资源：实用设计素材、视频素材；

（5）教学资源：《After Effects 基础教学PPT课件》。

《中文版After Effects 2023从入门到实战（全程视频版）（全两册）》适合各类视频制作、视频后期处理的初学者学习使用，也适合相关院校及相关培训机构作为教材使用，还可作为所有视频制作与设计爱好者的学习参考资料。本书使用After Effects 2023版本制作与编写，建议读者在此版本或以上的版本上学习使用，低版本可能会导致部分文件无法打开。

图书在版编目（CIP）数据

中文版 After Effects 2023 从入门到实战：全程视频版：全两册 / 唯美世界，曹茂鹏编著 . — 北京：中国水利水电出版社，2023.12

ISBN 978-7-5226-1835-7

Ⅰ . ①中… Ⅱ . ①唯… ②曹… Ⅲ . ①图像处理软件—教材 Ⅳ . ① TP391.413

中国国家版本馆 CIP 数据核字 (2023) 第 189525 号

书　　名	中文版After Effects 2023从入门到实战（全程视频版）（上册） ZHONGWENBAN After Effects 2023 CONG RUMEN DAO SHIZHAN
作　　者	唯美世界　曹茂鹏　编著
出版发行	中国水利水电出版社 （北京市海淀区玉渊潭南路1号D座 100038） 网址：www.waterpub.com.cn E-mail：zhiboshangshu@163.com 电话：（010）62572966-2205/2266/2201（营销中心）
经　　售	北京科水图书销售有限公司 电话：（010）68545874、63202643 全国各地新华书店和相关出版物销售网点
排　　版	北京智博尚书文化传媒有限公司
印　　刷	北京富博印刷有限公司
规　　格	190mm×235mm　16开本　28印张（总）　877千字（总）　2插页
版　　次	2023年12月第1版　2023年12月第1次印刷
印　　数	0001—5000册
总 定 价	128.00元（全两册）

After Effects 2023（简称AE）软件是Adobe公司研发的世界知名、使用广泛的视频特效后期编辑软件。After Effects的每一次版本更新都会引起万众瞩目。2013年，Adobe公司推出了After Effects CC（Creative Cloud，创意性的云）版本，将工作的重心放在Creative Cloud云服务上。本书采用After Effects 2023版本编写，同时也建议读者安装After Effects 2023版本进行学习和练习。

After Effects 2023在日常设计中的应用非常广泛，光效、粒子、广告动画、影视包装、短视频、影视特效、UI动效制作等都要用到它，它几乎成了各种视频编辑特效设计的必备软件，即“视频特效必备”。After Effects 2023功能非常强大，但任何软件都不能面面俱到，学习视频编辑除了学习使用After Effects 2023制作特效之外，建议同时学习Premiere Pro。Premiere Pro+After Effects是视频制作的完美搭档。

特别注意：After Effects 2023版本已经无法在Windows 7版本的系统中安装，建议在Windows 10（64 位）版本的系统中安装该软件。

本书显著特色

1. 配备大量视频讲解，手把手教你学After Effects

本书配备了214集教学视频，涵盖全书几乎所有实例、重要知识点，如同老师在身边手把手教学，使学习更轻松、更高效！

2. 扫描二维码，随时随地看视频

本书在章首页、重点、难点等多处设置了二维码，手机扫一扫，可以随时随地看视频（若个别手机不能播放，可下载后在计算机上观看）。

3. 内容全面，注重学习规律

本书将After Effects 2023中的常用工具、命令融入实例中，以实战操作的形式进行讲解，知识点更容易理解吸收。本书采用“选项解读+实例操作+技巧提示”的模式编写，也符合轻松易学的学习规律。

4. 实例丰富，强化动手能力

本书共148个实例，类别涵盖粒子、光效、影视栏目包装、广告动画、影视特效、UI动效、自媒体短视频等诸多设计领域，便于读者动手操作，在模仿中学习。

5. 案例效果精美，注重审美熏陶

After Effects只是工具，设计好的作品一定要有美的意识。本书案例效果精美，目的是加强对美感的熏陶和培养。

6. 配套资源完善，便于深度、广度拓展

除了提供几乎覆盖全书实例的配套视频和素材源文件外，本书还根据设计师必学的内容赠送了大量的教学与练习资源。

（1）赠送相关软件学习资源：《Premiere基础视频教程》《Photoshop基础视频教程》《3ds Max基础视频教程》《19款AE插件基本介绍》《17个高手设计师常用网站》；

（2）赠送设计理论及色彩技巧电子书：《配色宝典》《构图宝典》《创意宝典》《色彩速查宝典》《商业设计宝典》；

（3）练习资源：实用设计素材、视频素材；

（4）教学资源：《 After Effects 基础教学PPT课件》。

7. 专业作者心血之作，经验技巧尽在其中

本书作者系艺术专业高校教师、中国软件行业协会专家委员、Adobe® 创意大学专家委员会委员、Corel中国专家委员会成员，设计、教学经验丰富，在书中融入了大量的经验技巧，可以帮助读者提高学习效率，少走弯路。

8. 提供在线服务，随时随地交流学习

本书提供公众号资源下载、QQ群学习交流与互动答疑等服务。

关于本书资源的使用及下载方法

（1）扫描并关注下方的“设计指北”微信公众号，输入AE18357并发送到公众号后台，即可获取本书资源的下载链接。将此链接复制到计算机浏览器的地址栏中，根据提示下载即可。

（2）加入本书学习QQ群826389953（群满后，会创建新群，请注意加群时的提示，并根据提示加入相应的群），与作者和广大读者进行在线学习与交流。

提示：本书提供的下载文件包括教学视频和素材等，教学视频可以演示观看。要按照书中实例操作，必须安装After Effects 2023软件之后才可以进行。你可以通过如下方式获取After Effects 2023简体中文版：

（1）登录Adobe官方网站http://www.adobe.com/cn/查询。

（2）可到网上咨询、搜索购买方式。

若版本正确，在打开本书配套.aep文件时，提示“项目文件不存在”的问题（这是由于文件路径过长导致的），可以尝试将.aep文件复制至桌面重新打开。

关于编者

本书由唯美世界组织编写，其中曹茂鹏承担主要编写工作，参与本书编写和资料整理的还有瞿颖健、杨力、瞿学严、杨宗香、曹元钢、张玉华、孙晓军等。部分插图素材购买于摄图网，在此一并表示感谢。

编 者

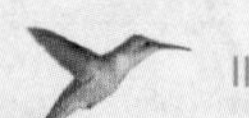

目录

Contents

目 录

目 录

扫一扫，看视频

After Effects入门

本章内容简介：

本章主要讲解了在正式学习After Effects之前的必备基础理论知识，包括After Effects的概念、After Effects的行业应用、After Effects的学习思路、安装After Effects、与After Effects相关的基础知识、After Effects中支持的文件格式等。

重点知识掌握：

- After Effects第一课
- 开启你的After Effects之旅
- 与After Effects相关的基础知识
- After Effects中支持的文件格式

1.1 After Effects第一课

扫一扫，看视频

开始学习After Effects之前，你肯定有很多问题想问。例如，After Effects是什么？能做什么？对我有用吗？我能用After Effects做什么？学After Effects难吗？怎么学？这些问题将在本节中解决。

1.1.1 After Effects是什么

大家口中所说的AE，也就是After Effects，本书使用软件的全称是Adobe After Effects 2023，是由Adobe Systems公司开发和发行的影视特效处理软件。

为了更好地理解After Effects，我们可以把这三个词分开解释。Adobe就是After Effects、Photoshop等软件所属公司的名称；After Effects是软件名称，常被缩写为AE；2023是这款After Effects的版本号。就像“腾讯QQ2016”一样，“腾讯”是企业名称，QQ是产品的名称，2016是版本号。它们的图标如图1.1和图1.2所示。

Adobe After Effects 2023

图 1.1

腾讯 QQ 2016

图 1.2

提示：关于After Effects的版本号。

这里额外介绍几个“冷知识”。After Effects版本号中的CS和CC究竟是什么意思呢？CS是Creative Suite的首字母缩写。Adobe Creative Suite（Adobe创意套件）是Adobe系统公司出品的一个图形设计、影像编辑与网络开发的软件产品套装。2007年7月，After Effects CS3（After Effects 8.0）发布，从那以后由原来的版本号结尾（如After Effects 8.0）变成由CS3结尾（如After Effects CS3）。2013年，Adobe在MAX大会上推出了After Effects CC。CC是Creative Cloud的缩写，从字面上可以翻译为“创意云”，至此，After Effects进入了“云”时代。图1.3所示为Adobe CC套装中包括的软件。

图 1.3

随着技术的不断发展，After Effects的技术团队也在不断对软件功能进行优化，After Effects经历了多次版本的更新。目前，After Effects的多个版本都拥有数量众多的用户群，每个版本的升级都会有性能的提升和功能上的改进，但是在日常工作时并不一定要使用最新版本。我们要知道，新版本虽然有功能上的更新，但是对设备的要求也会有所提升，在软件的运行过程中可能会消耗更多的资源。所以，有时候我们在用新版本（如After Effects 2023）时可能会感觉运行起来特别“卡”，操作反应非常慢，十分影响工作效率。这时就要考虑是否因为计算机配置较低，无法更好地满足After Effects的运行要求。可以尝试使用低版本的After Effects。如果卡顿的问题得以缓解，那么就安心地使用这个版本吧！虽然是较早期的版本，但是功能也是非常强大的，与最新版本之间并没有特别大的差别，几乎不会影响日常工作。

1.1.2 After Effects的第一印象：视频特效处理

前面提到了After Effects是一款视频特效处理软件，那么什么是“视频特效”呢？简单来说，视频特效是指围绕视频进行的各种各样的编辑修改过程，如为视频添加特效、为视频调色、为视频进行人像抠像等。例如，把美女脸部美白、将灰蒙蒙的风景视频变得鲜艳明丽、为人物瘦身以及视频抠像合成效果，如图1.4～图1.7所示。

图 1.4

图 1.5

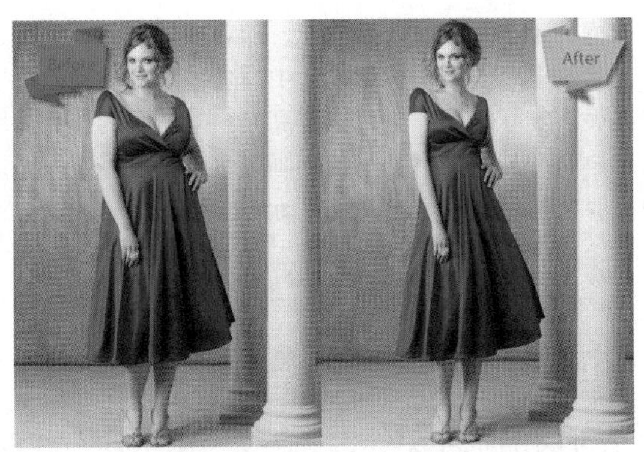

图 1.6

图 1.7

其实After Effects视频特效处理功能的强大远不限于此，对于影视从业人员来说，After Effects绝对是集万千功能于一身的“特效玩家”。拍摄的视频太普通，需要合成飘动的树叶？没问题！广告视频素材不够精彩？没问题！有了After Effects，再加上熟练的操作，这些问题统统搞定，如图1.8和图1.9所示。

图 1.8

图 1.9

充满创意的你肯定会有很多想法。想要和大明星“合影”？想要去火星“旅行”？想生活在童话里？想美到没朋友？想炫酷到炸裂？想变身机械侠？想飞上天？统统没问题！在After Effects的世界中，只有你的“功夫”不到位，没有实现不了的画面，如图1.10和图1.11所示。

图 1.10　　图 1.11

当然，After Effects可不只是用来“玩”的，在各种动态效果设计领域里也少不了After Effects的身影。下面就来看一下设计师的必备利器——After Effects！

1.1.3　学会了After Effects，我能做什么

学会了After Effects，我能做什么？这应该是每一位学习After Effects的朋友最关心的问题。After Effects的功能非常强大，适合很多设计行业领域。熟练掌握After Effects的应用，可以为我们打开更多设计的大门，在未来就业时，有更多选择。根据目前的After Effects热点应用行业，主要分为电视栏目包装，影视片头，宣传片，影视特效合成，广告设计，MG动画，自媒体、短视频、Vlog，UI动效等。

1. 电视栏目包装

说到After Effects，很多人首先就想到“电视栏目包装”，这是因为After Effects非常适合用于电视栏目包装设计。电视栏目包装是对电视节目、栏目、频道、电视台整体形象进行的一种特色化、个性化的包装宣传。其目的是突出节目、栏目、频道的个性特征和特色；增强观众对节目、栏目、频道的识别能力；建立持久的节目、栏目、频道的品牌地位；通过包装使整个节目、栏目、频道保持统一的风格；通过包装为观众展示更精美的视觉体验。

2. 影视片头

每部电影、电视剧、微视频等作品都会有片头及片尾，为了给观众更好的视觉体验，通常都会有极具特点的片头片尾动画效果。其目的在于既能有好的视觉体验，又能展示该作品的特色镜头、特色剧情、风格等。除了After Effects之外，也建议大家学习Premiere Pro软件，两者搭配可制作更多视频效果。

3. 宣传片

After Effects在婚礼宣传片（如婚礼纪录片）、企业宣传片（如企业品牌形象展示）、活动宣传片（如世界杯宣传）等宣传片的制作中发挥着巨大的作用。

4. 影视特效合成

After Effects中最强大的功能就是特效。在大部分特效类电影或非特效类电影中都会有“造假”的镜头，这是因为很多镜头在现实拍摄中不易实现，如爆破、蜘蛛侠在高楼之间跳跃、火海等，而在After Effects中则比较容易实现。或拍摄完成后，发现拍摄的画面有瑕疵需要调整，其中后期特效、抠像、后期合成、配乐、调色等都是影视作品中重要的环节，这些在After Effects中都可以实现。

5. 广告设计

广告设计的目的是宣传商品、活动、主题等内容。其新颖的构图、炫酷的动画、舒适的色彩搭配、虚幻的特效是广告的重要组成部分。网店平台越来越多地使用视频作为广告形式，取代了图片，如淘宝、京东、今日头条等平台中大量的视频广告，使得产品的介绍变得更容易、更具有吸引力。

6. MG动画

MG动画的英文全称为Motion Graphics，即动态图形或图形动画，是近几年十分流行的动画风格。动态图形可以解释为会动的图形设计，是影像艺术的一种。而如今，MG动画已经发展成为一种潮流的动画风格，扁平化、点线面、抽象简洁设计是它最大的特点。

7. 自媒体、短视频、Vlog

随着移动互联网的不断发展，移动端出现越来越多的视频社交APP，如抖音、快手、微博等，这些APP容纳了海量的自媒体、短视频、Vlog等内容。这些内容除了视频本身录制、剪辑之外，也需要进行简单包装，如创建文字动画、添加动画元素、设置转场、增加效果等。

8. UI动效

UI动效主要是针对在手机、平板电脑等移动端设备上运行的APP的动画效果设计。随着硬件设备性能的提升，动效已经不再是视觉设计中的奢侈品。UI动效可以解决很多实际问题，它可以提高用户对产品的体验、增强用户对产品的理解，可使动画过渡更平滑舒适、增加用户的应用乐趣、增加人机互动感。

1.1.4 After Effects不难学

千万别把学After Effects想得太难！After Effects其实很简单，就像玩手机一样。手机可以打电话、发短信，但手机也可以聊天、玩游戏、看电影。同样地，After Effects可以工作赚钱，但After Effects也可以给自己的视频调色，或者恶搞好朋友的视频。所以，在学习After Effects之前希望大家可以把After Effects当成一个有趣的工具。首先你得喜欢去“玩”，想要去“玩”，这样学习的过程将会是愉悦而快速的。

前面铺垫了很多，相信大家对After Effects已经有一定的认知了，下面要开始真正地告诉大家如何有效地学习After Effects了。

Step 1 短教程，快入门

如果你非常急切地想要在最短的时间内达到能够简单使用After Effects的程度，建议你看一套非常简单而基础的教学视频，你手中这本书就配备了这样一套视频教程《新手必看——After Effects基础视频教程》。这套视频教程选取了After Effects中最常用的功能，每个视频讲解必学理论或者操作，时间都非常短，短到在你感到枯燥之前就结束了讲解。视频虽短，但是建议你一定要打开After Effects，跟着视频一起尝试使用，这样你就会对After Effects的操作方式、功能有基本的认知。

由于“入门级”的视频教程时长较短，所以部分参数的解释无法完全在视频中讲解到。在练习的过程中如果遇到了问题，马上翻开书找到相应的小节，阅读这部分内容即可。

当然，一分努力一分收获，学习没有捷径。2个小时的学习效果与200个小时的学习效果肯定是不一样的。只学习了简单的视频内容无法参透After Effects的全部功能。但是，到了这里你应该能够做一些简单的操作了。

Step 2 翻开教材+打开After Effects=系统学习

经过基础视频教程的学习后，我们应该已经“看上去”学会了After Effects。但是要知道，之前的学习只接触到了After Effects的皮毛而已，很多功能只是做到了“能够使用”，而不一定能够做到“了解并熟练应用”的程度。所以接下来我们可以开始系统地学习After Effects。你手中的这本书以操作为主，所以在翻开本书的同时，打开After Effects，边看书边练习。因为After Effects是一门应用型技术，单纯的理论输入很难使我们熟记功能操作。而且After Effects的操作是“动态”的，每次鼠标的移动或单击都可能会触发指令，所以在动手练习的过程中能够更直观、有效地理解软件的功能。

Step 3　勇于尝试，一试就懂

在软件学习过程中，一定要“勇于尝试”。在使用After Effects中的工具或者命令时，我们总能看到很多参数或者选项设置。面对这些参数，看书的确可以了解参数的作用，但是更好的办法是动手去尝试。例如，随意勾选一个选项；把数值调到最大、最小、中档，分别观察效果；移动滑块的位置，看看有什么变化。

Step 4　别背参数，没用

在学习After Effects的过程中，切记不要死记硬背书中的参数。同样的参数在不同的情况下得到的效果肯定各不相同。所以在学习过程中，我们需要理解参数为什么这么设置，而不是记住特定的参数。

其实After Effects的参数设置并不复杂，在独立创作的过程中，可以尝试各种不同的参数，肯定能够得到“合适”的参数。

Step 5　抓住“重点”快速学

为了能够更有效地快速学习，在本书的目录中可以看到部分内容被标注为【重点】，这部分知识需要重点学习。在时间比较充裕的情况下，可以一并学习非重点的知识。书中的练习案例非常多，案例的练习是非常重要的，通过案例的操作不仅可以练习本章节学习过的知识，还能够复习之前学习过的知识。在此基础上还能够尝试使用其他章节介绍的功能，为后面章节的学习做铺垫。

Step 6　在临摹中进步

在经过这个阶段的学习后，读者能够熟练地掌握After Effects的常用功能。接下来，就需要通过大量的创作练习提升我们的技术。如果此时恰好你有需要完成的设计工作或者课程作业，那么这将是非常好的练习过程。如果没有这样的机会，那么建议你在各大设计网站欣赏优秀的设计作品，并选择适合自己水平的优秀作品进行临摹。仔细观察优秀作品的构图、配色、元素、动画的应用以及细节的表现，尽可能将其复制出来。在这个过程中，并不是教大家去抄袭优秀作品的创意，而是通过对画面内容无限接近的临摹，尝试在没有教程的情况下，提高独立思考、独立解决制图过程中遇到技术问题的能力，以此来提升我们的“After Effects功力”。图1.12和图1.13所示为难度不同的作品临摹。

图1.12

图1.13

Step 7　网上一搜，自学成才

当然，在独立作图时，肯定也会遇到各种各样的问题。比如，我们临摹的作品中出现了一个火焰燃烧的效果，这个效果可能是我们之前没有接触过的，那么这时，“百度一下”就是最便捷的方式了。网络上有非常多的教学资源，善于利用网络自主学习是非常有效的自我提升过程，如图1.14和图1.15所示。

图1.14

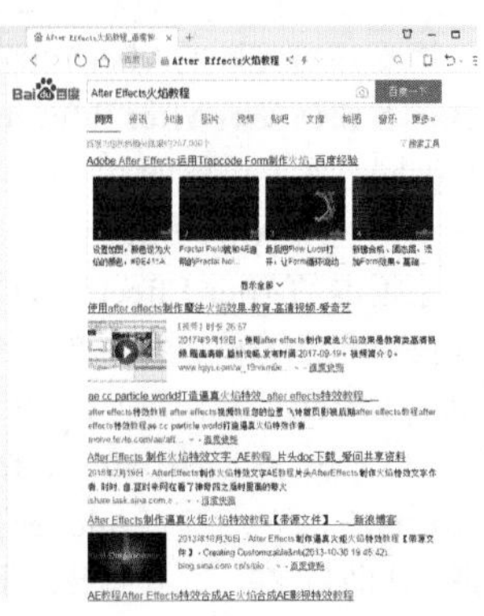

图1.15

Step 8　永不止步的学习

好了，到这里After Effects软件技术对于我们来说已经不是问题了。克服了技术障碍，接下来就可以尝试独立设计了。有了好的创意和灵感，可以通过After Effects在画面中准确有效地表达，才是我们的终极目标。要知道，在设计的道路上，软件技术学习的结束并不意味着设计学习的结束。国内外优秀作品的学习、新鲜设计理念的吸纳以及设计理论的研究都应该是永不止步的。

想要成为一名优秀的设计师，自学能力是非常重要的。学校或者教师都无法把全部知识塞进我们的脑袋，很多时候网络和书籍更能够帮助我们。

提示：快捷键背不背？

很多新手朋友会执着于背快捷键，熟练掌握快捷键的确很方便，但是快捷键速查表中列出了很多快捷键，要想背下所有快捷键可能会花上很长时间。并不是所有的快捷键都适合我们使用，有的工具命令在实际操作中可能几乎用不到。所以建议大家先不用急着背快捷键，逐渐尝试使用After Effects，在使用的过程中体会哪些操作是我们会经常使用的，然后再看下这个命令是否有快捷键。

其实快捷键大多是很有规律的，很多命令的快捷键都与命令的英文名称相关。例如，“打开”命令的英文是OPEN，而快捷键就选取了首字母O并配合Ctrl键使用;“新建”命令则是Ctrl+N（NEW为“新”的英文首字母）。这样记忆，就容易多了。

1.2 开启你的After Effects之旅

带着一颗坚定要学好After Effects的心，接下来我们就要开始美妙的After Effects学习之旅啦。首先来了解一下如何安装After Effects，不同版本的安装方式略有不同，本书讲解的是After Effects 2023，所以在这里介绍的也是After Effects 2023的安装方式。想要安装其他版本的After Effects可以在网络上搜索一下，安装过程都非常简单。在安装了After Effects之后熟悉一下After Effects的操作界面，为后面的学习做准备。

（1）想要使用After Effects，就需要安装After Effects。首先，打开Adobe的官方网站，在右上角选择“帮助与支持”，在打开的下拉列表中单击“下载并安装”按钮，如图1.16所示。继续在打开的网页里向下滚动，找到Creative Cloud并单击“下载”按钮，如图1.17所示。

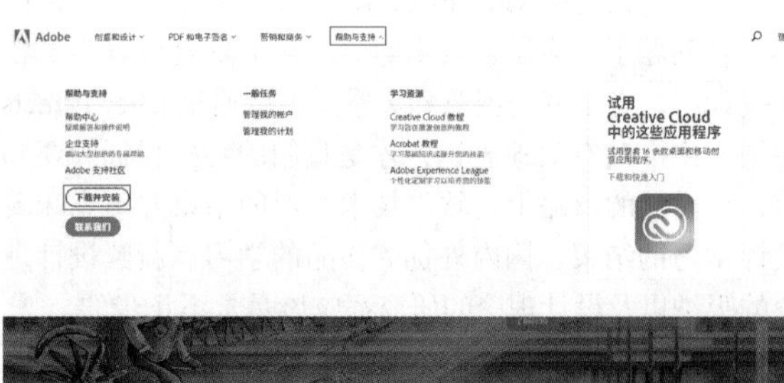

图 1.16

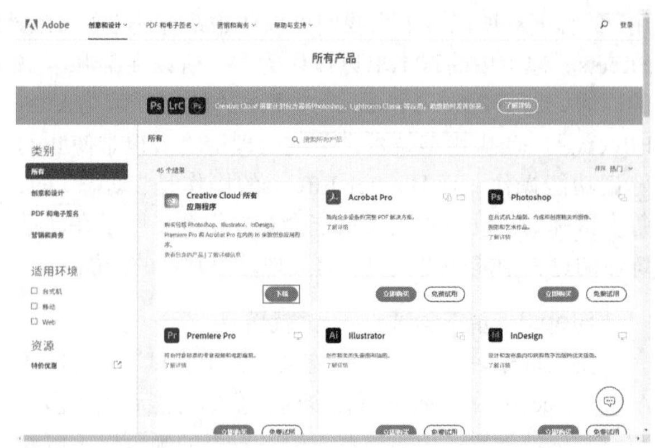

图 1.17

（2）弹出下载Creative Cloud的窗口，按照提示进行下载即可，如图1.18所示。下载完成后进行安装，如图1.19所示。

图 1.18　　图 1.19

（3）Creative Cloud的安装程序将会被下载到计算机上，安装界面如图1.20所示。安装成功后，双击该程序的快捷方式，启动Adobe Creative Cloud，如图1.21所示。

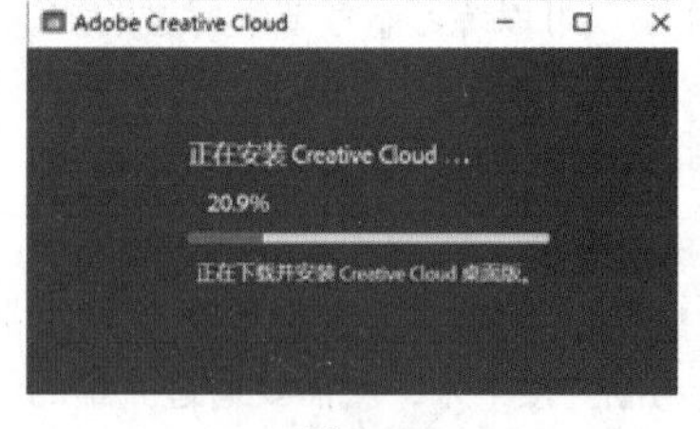

Adobe Creative Cloud

图 1.20　　图 1.21

提示：试用与购买。

在没有付费购买After Effects 2023软件之前，我们可以免费试用一小段时间，如果要长期使用则需要购买。

（4）启动了Adobe Creative Cloud后，需要进行登录。如果没有Adobe ID，可以单击顶部的“创建账户”按钮，按照提示创建一个新的账户，并进行登录，如图1.22所示。稍后即可打开Adobe Creative Cloud，在其中找到需要安装的软件，并单击“试用”按钮，如图1.23所示。稍后软件会被自动安装到当前计算机中。

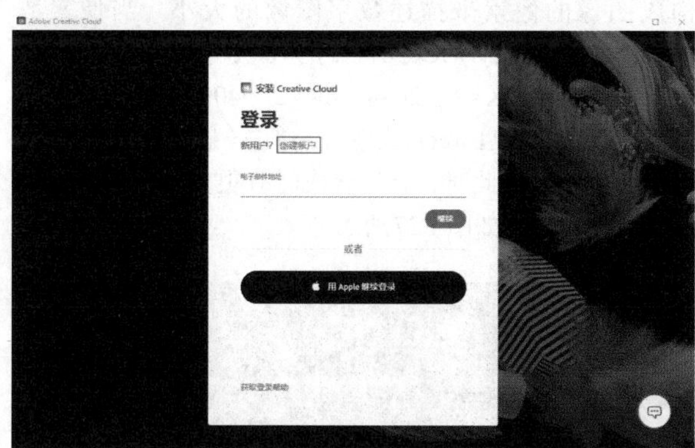

图 1.22

图 1.23

1.3 与After Effects相关的基础知识

在正式学习After Effects软件操作之前，我们应该对相关的影视理论有简单的了解，对影视作品规格、标准有清晰的认知。本节主要介绍常见的电视制式、帧、分辨率、像素长宽比。

1.3.1 常见的电视制式

世界上主要使用的电视广播制式有PAL、NTSC、SECAM三种，在中国的大部分地区都使用PAL制，日本、韩国及东南亚地区与美国等欧美国家则使用NTSC制，而俄罗斯使用的是SECAM制。

电视信号的标准也称为电视的制式。目前，各国的电视制式不尽相同，制式的区分主要在于其帧频（场频）的不同、分解率的不同、信号带宽以及载频的不同、色彩空间的转换关系不同等。

1. PAL制

正交平衡调幅逐行倒相制——Phase-Alternative Line，简称PAL制。它是西德在1967年指定的彩色电视广播标准，它采用逐行倒相正交平衡调幅的技术方法，克服了NTSC制相位敏感造成色彩失真的缺点。中国大部分地区、英国、新加坡、澳大利亚、新西兰等采用这种制式。这种制式的帧速率为25fps（帧/秒），每帧625行312线，标准分辨率为720×576。

2. NTSC制

正交平衡调幅制——National Television Systems Committee，简称NTSC制。它是1952年由美国国家电视标准委员会指定的彩色电视广播标准，它采用正交平衡调幅的技术方式，故也称为正交平衡调幅制。美国、加拿大等大部分西半球国家，以及日本、韩国、菲律宾等均采用这种制式。这种制式的帧速率为29.97fps，每帧525行262线，标准分辨率为720×480。

3. SECAM制

行轮换调频制——Sequential Couleur Avec Memoire，简称SECAM制。它是顺序传送彩色信号与存储恢复彩色信号制，是由法国在1956年提出、1966年制定的一种新的彩色电视制式。它也克服了NTSC制式相位失真的缺点，但采用时间分隔法来传送两个色差信号。采用这种制式的有法国、俄罗斯和东欧一些国家。这种制式的帧速率为25fps，每帧625行312线，标准分辨率为720×576。

1.3.2 帧

帧速率（fps）是指画面每秒传输帧数，通俗来讲是指动画或视频的画面数，而“帧”是电影中最小的时间单位。例如，我们说的30fps是指每秒钟由30张画面组成，那么30fps在播放时会比15fps要流畅很多。如图1.24和图1.25所示，在新建合成时，可以设置【预设】的类型，而【帧速率】会自动设置。

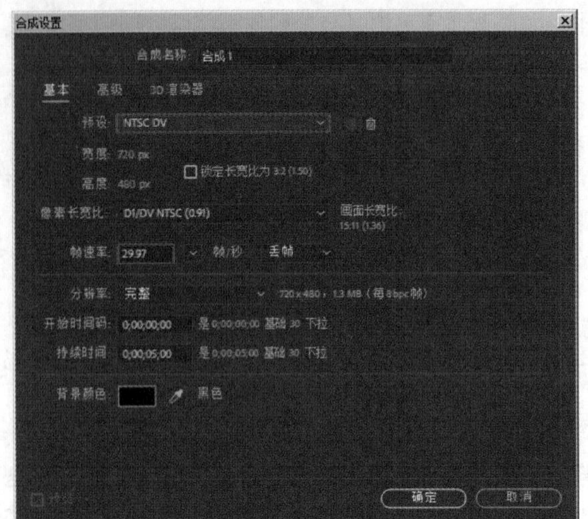

图 1.24

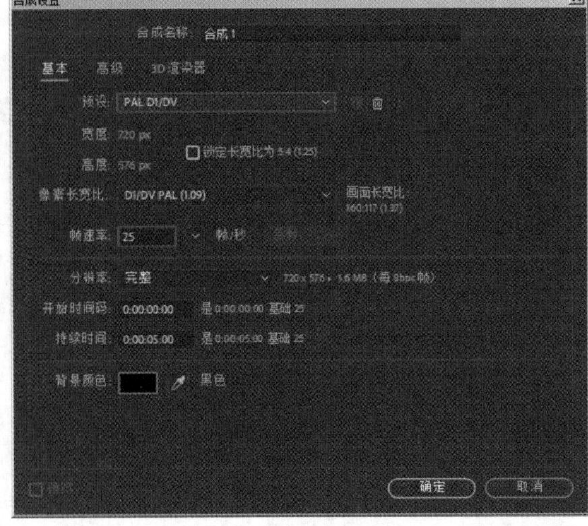

图 1.25

"电影是每秒24格的真理"——这是电影最早期的技术标准。而如今随着技术的不断提升，越来越多的电影在挑战更高的帧速率，给观众带来更丰富的视觉体验。例如，李安执导的电影作品《比利·林恩的中场战事》首次采用了120fps拍摄。

1.3.3 分辨率

我们经常能听到4K、2K、1920、1080、720等参数，这些数字说的就是作品的分辨率。

分辨率是指用于度量图像内数据量多少的一个参数。例如，分辨率为720×576是指在横向和纵向上的有效像素分别为720和576，因此在很小的屏幕上播放该作品时会清晰，而在很大的屏幕上播放该作品时由于作品本身像素不够，自然也就模糊了。

在数字技术领域，通常采用二进制运算，而且用构成图像的像素来描述数字图像的大小。当像素数量巨大时，通常以K表示。2的10次方即1024，因此 $1K=2^{10}=1024$，$2K=2^{11}=2048$，$4K=2^{12}=4096$。

在打开After Effects软件后，单击【新建合成】按钮，如图1.26所示。此时，新建合成时有很多分辨率的预设类型可供选择，如图1.27所示。

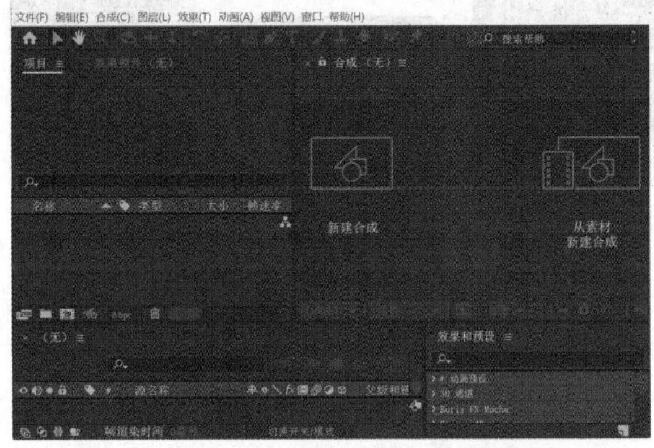

图 1.26

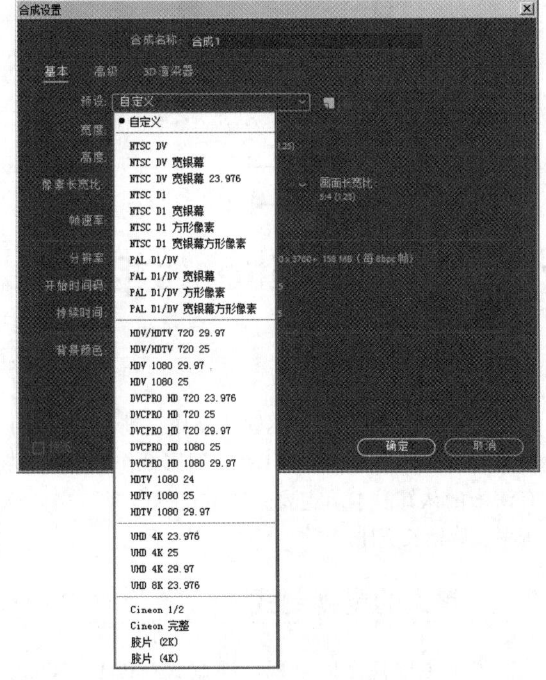

图 1.27

当设置宽度、高度数值后，如设置【宽度】为720、【高度】为480，在后方会自动显示【锁定长宽比为3:2（1.50)】，图1.28所示。图1.29所示为720×480像素的画面比例。需要注意，此处的“长宽比”是指在After Effects中新建合成时整体的宽度和高度尺寸的比例。

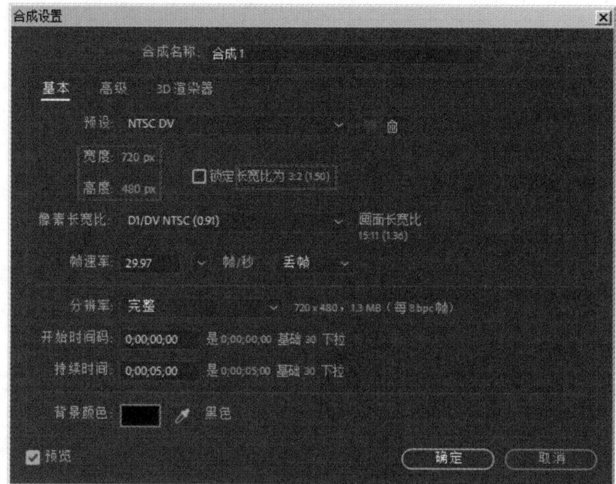

图 1.28

图 1.29

1.3.4 像素长宽比

与上面讲解的“长宽比”不同，【像素长宽比】是指在放大作品到极限时看到的每一个像素的宽度和长度的比例。由于电视等设备在播放时，其设备本身的像素长宽比不是1:1，因此若在电视等设备上播放作品时就需要修改【像素长宽比】数值。图1.30所示为设置【像素长宽比】为【方形像素】和【D1/DV PAL 宽银幕（1.46)】时的对比效果。因此，选择哪种像素长宽比类型取决于我们要将该作品在哪种设备上播放。

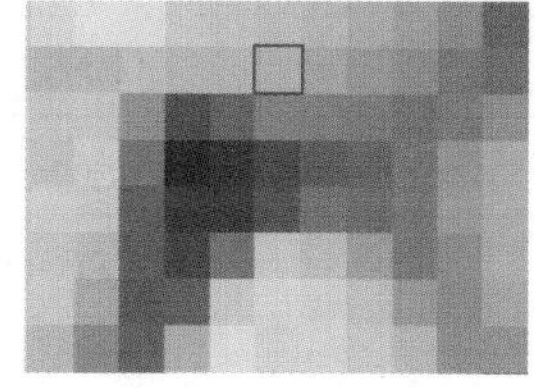

（a）方形像素

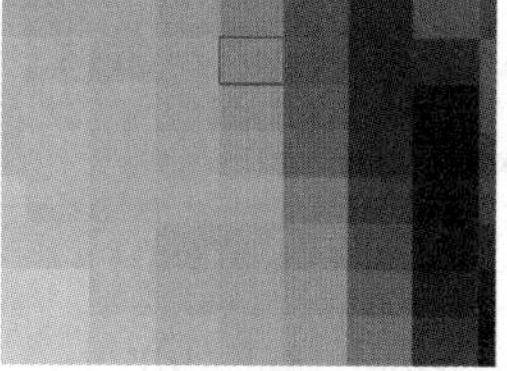

（b）D1/DV PAL 宽银幕 (1.46)

图 1.30

通常，在计算机上播放的作品的像素长宽比为1.0，而在电视、电影院等设备上播放时的像素长宽比通常则大于1.0。图1.31所示为After Effects中的【像素长宽比】类型。

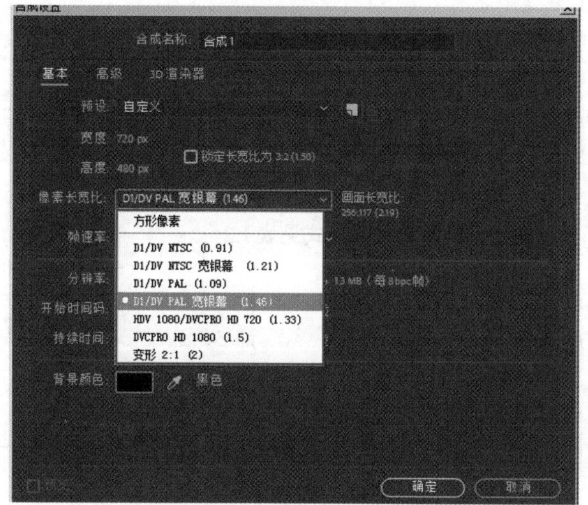

图 1.31

1.4 After Effects中支持的文件格式

在After Effects中支持很多文件格式，有的格式是支持仅导入，而有的既可以支持导入也可以支持导出。

1. 静止图像类文件格式

静止图像类文件格式见表1.1。

表1.1 静止图像类文件格式

格 式	导入/导出支持	格 式	导入/导出支持
Adobe Illustrator（AI、EPS、PS）	仅导入	IFF（IFF、TDI）	导入和导出
Adobe PDF（PDF）	仅导入	JPEG（JPG、JPE）	导入和导出
Adobe Photoshop（PSD）	导入和导出	Maya 相机数据（MA）	仅导入
位图（BMP、RLE、DIB）	仅导入	OpenEXR（EXR）	导入和导出
相机原始数据（TIF、CRW、NEF、RAF、ORF、MRW、DCR、MOS、RAW、PEF、SRF、DNG、X3F、CR2、ERF）	仅导入	PCX（PCX）	仅导入
Cineon（CIN、DPX）	导入和导出	便携网络图形（PNG）	导入和导出
CompuServe GIF（GIF）	仅导入	Radiance（HDR、RGBE、XYZE）	导入和导出
Discreet RLA/RPF（RLA、RPF）	仅导入	SGI（SGI、BW、RGB）	导入和导出
ElectricImage IMAGE（IMG、EI）	仅导入	Softimage（PIC）	仅导入
封装的 PostScript（EPS）	仅导入	Targa（TGA、VDA、ICB、VST）	导入和导出
TIFF（TIF）	导入和导出		

2. 视频和动画类文件格式

视频和动画类文件格式见表1.2。

表1.2 视频和动画类文件格式

格 式	导入/导出支持	格 式	导入/导出支持
Panasonic	仅导入	AVCHD（M2TS）	仅导入
RED	仅导入	DV	导入和导出
Sony X-OCN	仅导入	H.264（M4V）	仅导入
Canon EOS C200 Cinema RAW Light（.crm）	仅导入	媒体交换格式（MXF）	仅导入
RED 图像处理	仅导入	MPEG-1（MPG、MPE、MPA、MPV、MOD）	仅导入
Sony VENICE X-OCN 4K 4:3 Anamorphic and 6K 3:2（.mxf）	仅导入	MPEG-2（MPG、M2P、M2V、M2P、M2A、M2T）	仅导入
MXF/ARRIRAW	仅导入	MPEG-4（MP4、M4V）	仅导入
H.265（HEVC）	仅导入	开放式媒体框架（OMF）	导入和导出
3GPP（3GP、3G2、AMC）	仅导入	QuickTime（MOV）	导入和导出
Adobe Flash Player（SWF）	仅导入	Video for Windows（AVI）	导入和导出
Adobe Flash 视频（FLV、F4V）	仅导入	Windows Media（WMV、WMA）	仅导入
动画 GIF（GIF）	仅导入	XDCAM HD 和 XDCAM EX（MXF、MP4）	仅导入

3. 音频类文件格式

音频类文件格式见表1.3。

表1.3　音频类文件格式

格　式	导入/导出支持	格　式	导入/导出支持
MP3（MP3、MPEG、MPG、MPA、MPE）	导入和导出	高级音频编码（AAC、M4A）	导入和导出
Waveform（WAV）	导入和导出	音频交换文件格式（AIF、AIFF）	导入和导出
MPEG-1 音频层 II	仅导入		

4. 项目类文件格式

项目类文件格式见表1.4。

表1.4　项目类文件格式

格　式	导入/导出支持	格　式	导入/导出支持
高级创作格式（AAF）	仅导入	Adobe After Effects XML 项目（AEPX）	导入和导出
（AEP、AET）	导入和导出	Adobe Premiere Pro（PRPROJ）	导入和导出

提示：有些格式的文件无法导入After Effects中，怎么办？

为了使After Effects中能够导入MOV格式、AVI格式的文件，需要在计算机上安装特定文件使用的编解码器。例如，需要安装QuickTime软件才可以导入MOV格式，安装常用的播放器软件会自动安装常见编解码器，可以导入AVI格式。

若在导入文件时，提示错误消息或视频无法正确显示，那么可能需要安装该格式文件使用的编解码器。

After Effects的基础操作

本章内容简介：

本章主要讲解一些基础的After Effects操作，通过本章的学习，我们应该能够了解After Effects的工作界面，认识菜单栏、工具栏及各种面板，熟练掌握After Effects的工作流程。通过本章的实例学习，我们需要掌握很多常用的技术。本章是全书的基础，需熟练运用和理解。

重点知识掌握：

- 认识和了解After Effects工作界面
- 掌握After Effects的工作流程
- 熟悉和了解After Effects的菜单栏
- 掌握After Effects界面中各个面板的作用及用途

重点 2.1 认识After Effects工作界面

扫一扫，看视频

After Effects的工作界面主要由标题栏、菜单栏、【效果控件】面板、【项目】面板、【合成】面板、【时间轴】面板及多个控制面板组成，如图2.1所示。在After Effects界面中，单击选中某一面板时，被选中面板边缘会显示出蓝色选框。

图 2.1

- 标题栏：主要用于显示软件版本、文件名称等基本信息。
- 菜单栏：按照程序功能分组排列，共9个菜单栏类型，包括文件、编辑、合成、图层、效果、动画、视图、窗口、帮助。
- 【效果控件】面板：主要用于设置效果的参数。
- 【项目】面板：主要用于存放、导入及管理素材。
- 【合成】面板：主要用于预览【时间轴】面板中图层合成的效果。
- 【时间轴】面板：主要用于组接、编辑视频、音频，修改素材参数、创建动画等，大多编辑工作都需要在【时间轴】面板中完成。
- 【效果和预设】面板：主要用于为素材文件添加各种视频、音频、预设效果。
- 【信息】面板：显示选中素材的相关信息值。
- 【音频】面板：显示混合声道输出音量的大小。
- 【库】面板：存储数据的合集。
- 【对齐】面板：主要用于设置图层对齐方式以及图层分布方式。
- 【字符】面板：主要用于设置文本的相关属性。
- 【段落】面板：主要用于设置段落文本的相关属性。
- 【跟踪器】面板：主要用于使用跟踪摄像机、跟踪运动、变形稳定器、稳定运动。
- 【画笔】面板：主要用于设置画笔相关属性。
- 【动态草图】面板：主要用于设置路径采集等相关属性。
- 【平滑器】面板：主要用于对运动路径进行平滑处理。
- 【摇摆器】面板：主要用于制作画面动态摇摆效果。
- 【蒙版插值】面板：主要用于创建蒙版路径关键帧和平滑逼真的动画。

● 【绘画】面板：主要用于设置绘画工具的不透明度、颜色、流量、模式以及通道等属性。

实例2.1：拖动鼠标调整After Effects的各个面板大小

扫一扫，看视频

文件路径：第2章 After Effects的基础操作→实例：拖动鼠标调整After Effects的各个面板大小

在工作界面中，若想调整某一面板的长度或宽度，将光标定位在该面板边缘处，当光标变为 (双向箭头)时，按住鼠标左键向两端拖动，即可调整面板的长度或宽度，如图2.2所示。

图 2.2

若想调整多个面板的整体大小，将光标定位在该面板一角处，当光标变为 (十字箭头)时，按住鼠标左键并拖动，即可调整面板的整体大小，如图2.3所示。

图 2.3

实例2.2：不同的After Effects工作界面

扫一扫，看视频

文件路径：第2章 After Effects的基础操作→实例：不同的After Effects工作界面

在菜单栏中执行【窗口】/【工作区】命令，可将全部的After Effects工作界面类型显示出来，此时可在弹出来的菜单中选择不同分类，其中包括【标准】【小屏幕】【所有面板】【学习】【效果】【浮动面板】【简约】【动画】【基本图形】【审阅】【库】【文本】【绘画】【运动跟踪】【颜色】【默认】【将“默认”重置为已保存的布局】【保存对此工作区所做的更改】【另存为新工作区】和【编辑工作区】类型，不同的工作区类型适合不同的操作使用。例如，在制作特效时，可以选择【效果】类型。图2.4所示为所有工作界面类型。

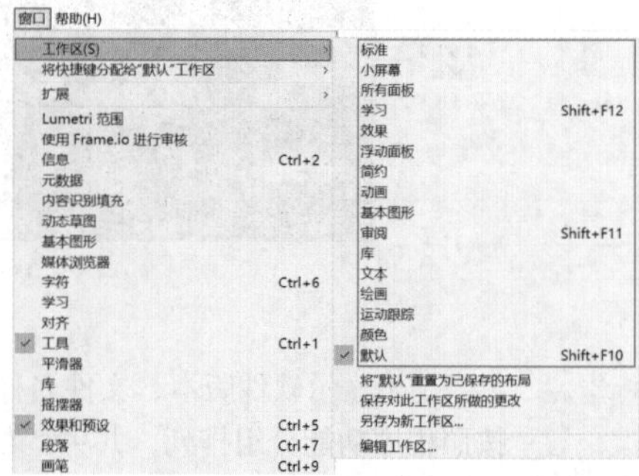

图 2.4

1．默认

在菜单栏中执行【窗口】/【工作区】命令，在弹出的属性菜单中选择【默认】命令，此时工作界面为【默认】模式，如图2.5所示。

图 2.5

2．标准

在菜单栏中执行【窗口】/【工作区】命令，在弹出的属性菜单中选择【标准】命令，此时工作界面为【标准】模式，【项目】面板、【合成】面板、【时间轴】面板及【效果和预设】面板为主要工作区，如图2.6所示。

图 2.6

3．小屏幕

在菜单栏中执行【窗口】/【工作区】命令，在弹出的属性菜单中选择【小屏幕】命令，此时工作界面为【小屏幕】模式，如图2.7所示。

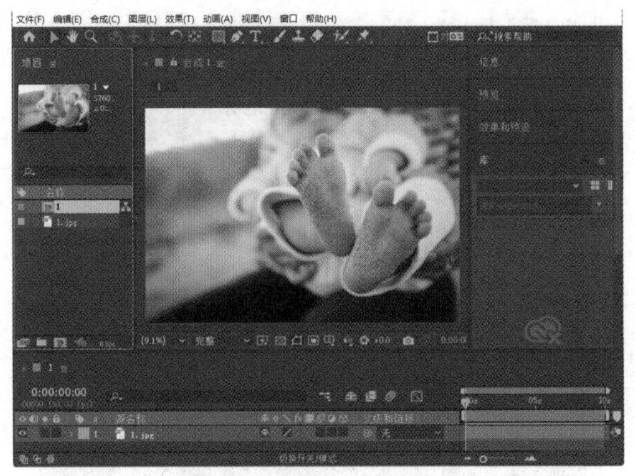

图 2.7

4．库

在菜单栏中执行【窗口】/【工作区】命令，在弹出的属性菜单中选择【库】命令，此时工作界面为【库】模式，【合成】面板和【库】面板为主要工作区，如图2.8所示。

图 2.8

5．所有面板

在菜单栏中执行【窗口】/【工作区】命令，在弹出的属性菜单中选择【所有面板】命令，此时工作界面显示所有面板，如图2.9所示。

图 2.9

6．动画

在菜单栏中执行【窗口】/【工作区】命令，在弹出的属性菜单中选择【动画】命令，此时工作界面为【动画】模式，【合成】面板、【效果控件】面板及【效果和预设】面板为主要工作区，适用于动画制作，如图2.10所示。

7．基本图形

在菜单栏中执行【窗口】/【工作区】命令，在弹出的属性菜单中选择【基本图形】命令，此时工作界面为【基本图形】模式，【项目】面板、【时间轴】面板及【基本图形】面板为主要工作区，如图2.11所示。

图 2.10

图 2.11

8．颜色

在菜单栏中执行【窗口】/【工作区】命令，在弹出的属性菜单中选择【颜色】命令，此时工作界面为【颜色】模式，如图2.12所示。

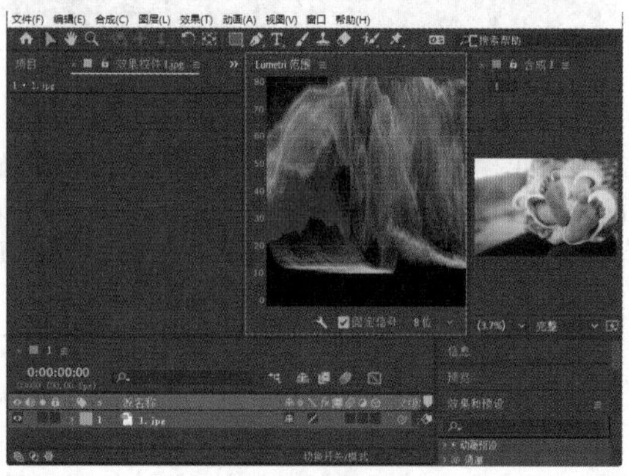

图 2.12

9．效果

在菜单栏中执行【窗口】/【工作区】命令，在弹出的属性菜单中选择【效果】命令，此时工作界面为【效果】模式，适用于进行视频、音频等效果操作，如图2.13所示。

图 2.13

10．简约

在菜单栏中执行【窗口】/【工作区】命令，在弹出的属性菜单中选择【简约】命令，此时工作界面为【简约】模式，【合成】面板和【时间轴】面板为主要工作区，如图2.14所示。

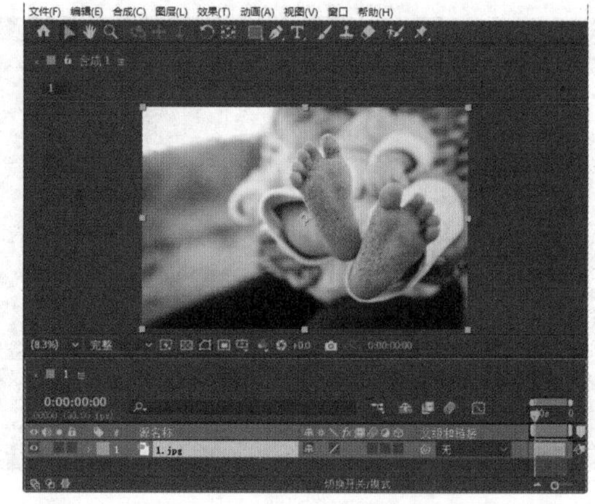

图 2.14

11．绘画

在菜单栏中执行【窗口】/【工作区】命令，在弹出的属性菜单中选择【绘画】命令，此时工作界面为【绘画】模式，【合成】面板、【时间轴】面板、【图层】面板、【绘画】面板及【画笔】面板为主要工作区，适用于绘画操作，如图2.15所示。

图 2.15

12. 文本

在菜单栏中执行【窗口】/【工作区】命令，在弹出的属性菜单中选择【文本】命令，此时工作界面为【文本】模式，适用于进行文本编辑等操作，如图2.16所示。

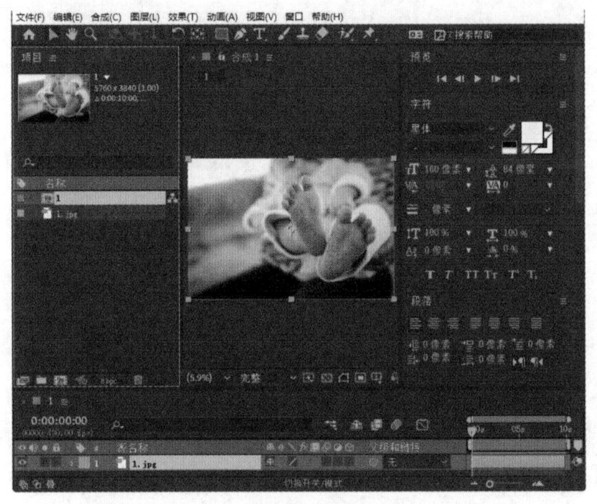

图 2.16

13. 运动跟踪

在菜单栏中执行【窗口】/【工作区】命令，在弹出的属性菜单中选择【运动跟踪】命令，此时工作界面为【运动跟踪】模式，适用于制作画面动态跟踪效果，如图2.17所示。

14. 编辑工作区

在菜单栏中单击»按钮，在弹出的属性菜单中选择【编辑工作区】命令，在弹出的【编辑工作区】面板中可对工作区内容进行编辑操作，如图2.18所示。

图 2.17

图 2.18

重点 2.2 After Effects的工作流程

在After Effects中制作项目文件时，需要进行一系列流程操作才可完成项目的制作。现在来学习一下这些流程的基本操作方法。

实例2.3：After Effects的工作流程简介

文件路径：第2章 After Effects的基础操作→实例：After Effects的工作流程简介

扫一扫，看视频

在制作项目时，首先要新建合成，然后导入所需素材文件，并在【时间轴】面板或【效果控件】面板中设置相关的属性，最后导出视频完成项目制作，具体操作步骤如下。

1.新建合成

在【项目】面板中右击，选择【新建合成】命令，在弹出的【合成设置】窗口中设置【合成名称】为【合成01】，【预设】为HDTV 1080 24，【宽度】为1920，【高度】为1080，【像素长宽比】为【方形像素】，【帧速率】为24，【分辨率】为【完整】，【持续时间】为8秒，如图2.19所示。

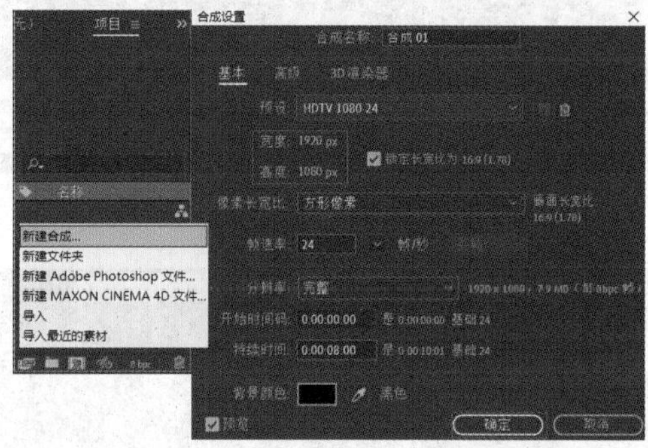

图 2.19

2.导入素材

步骤 01 执行【文件】/【导入】/【文件】命令或使用【导入文件】快捷键Ctrl+I，在弹出的【导入文件】窗口中选择所需要的素材，选择完毕后单击【导入】按钮导入素材，如图2.20所示。

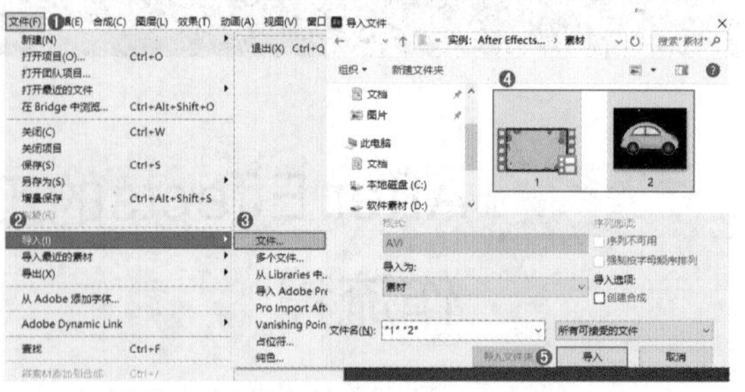

图 2.20

步骤 02 在【项目】面板中将素材文件拖曳到【时间轴】面板中，如图2.21所示。此时画面效果如图2.22所示。

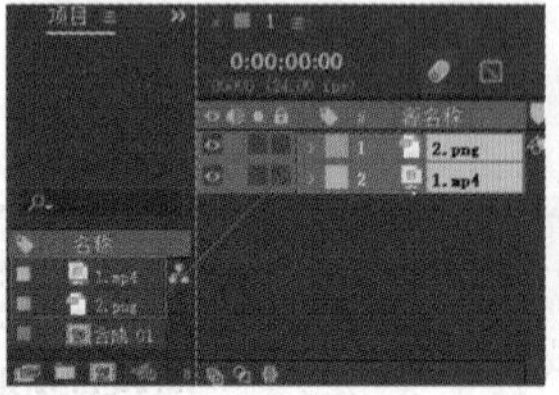

图 2.21

图 2.22

3.修改图层属性，制作图层动画

步骤 01 制作小车动画。在【时间轴】面板中单击打开2.png素材图层下方的【变换】，设置【位置】为(840.0,540.0)，将时间线拖动到起始帧位置处，依次单击【缩放】【不透明度】前的⏱(时间变化秒表)按钮，设置【缩放】为(0.0,0.0%)，【不透明度】为0%，如图2.23所示。

步骤 02 再将时间线拖动到1秒位置处，设置【缩放】为(45.0,45.0%)，【不透明度】为100%，如图2.24所示。

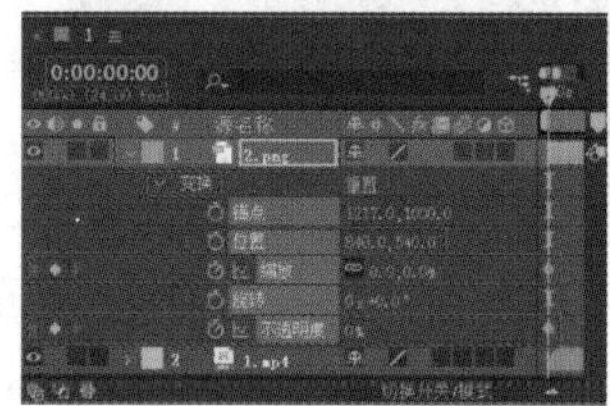

图 2.23

图 2.24

步骤 03 拖动时间线查看此时画面效果，如图2.25所示。

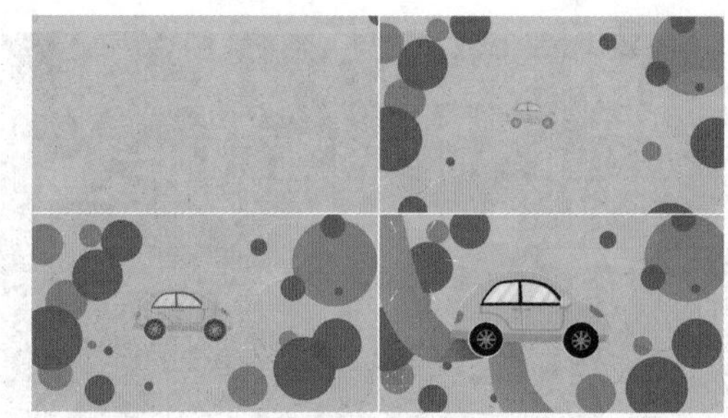

图 2.25

4.添加效果

步骤 01 为小车添加过渡效果。在【效果和预设】面板中搜索CC Image Wipe效果，并将其拖曳到【时间轴】面板中的2.png图层上，如图2.26所示。

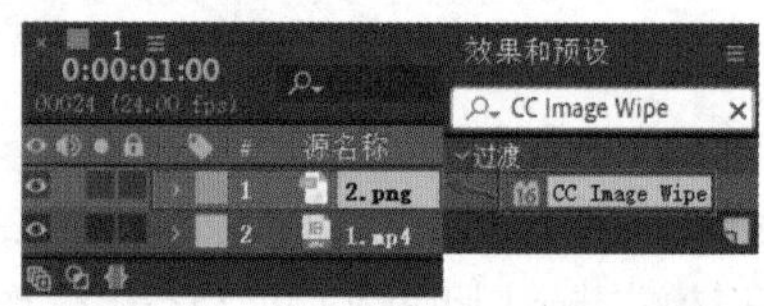

图 2.26

步骤 02 在【时间轴】面板中单击打开2.png素材图层下方的【效果】/CC Image Wipe，将时间线拖动到1秒位置处，单击Completion前的⏱(时间变化秒表)按钮，设置Completion为60.0%，继续将时间线拖动到5秒02帧位置处，设置Completion为0.0%，如图2.27所示。此时画面效果如图2.28所示。

图 2.27

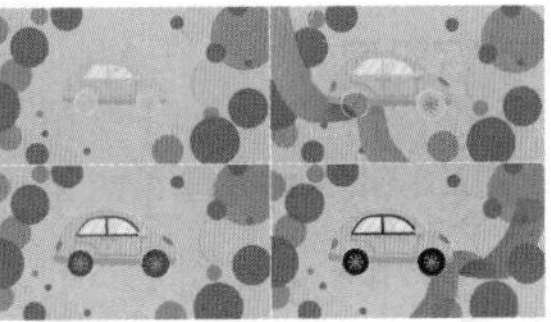

图 2.28

5.添加文字

步骤 01 制作文字动画。在【时间轴】面板的空白位置处右击，执行【新建】/【文本】命令，如图2.29所示。接着在【字符】面板中设置合适的【字体系列】及【字体样式】，设置【填充】为棕色，【描边】为无，【字体大小】为120像素，单击TT(全部大写字母)按钮，在【段落】面板中单击(居中对齐文本)按钮，设置完成后输入文本COLORFUL ANIMATION CAR EFFECT，如图2.30所示。

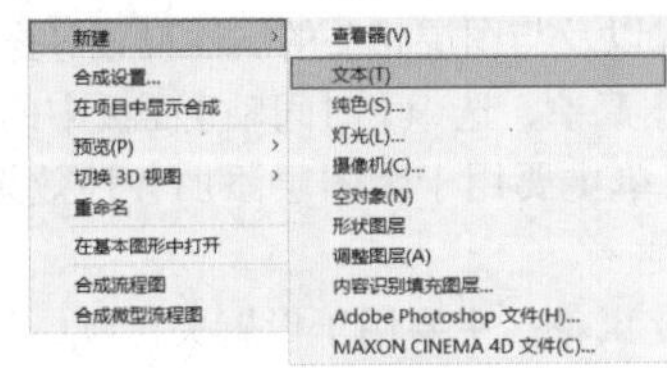

图 2.29

图 2.30

步骤 02 在【时间轴】面板中单击打开文本图层下方的【变换】，设置【位置】为(960.0,986.0)，如图2.31所示。此时画面效果如图2.32所示。

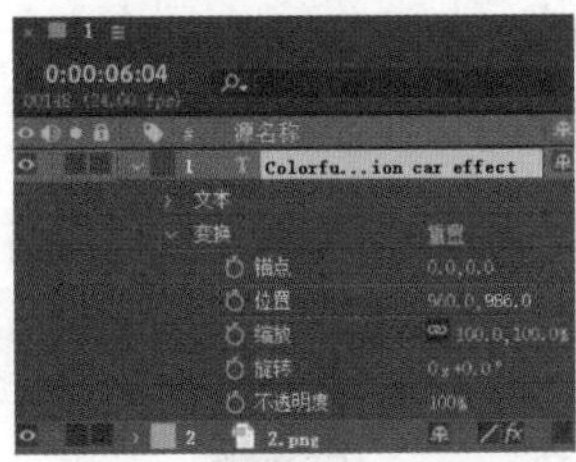

图 2.31

图 2.32

步骤 03 在【时间轴】面板中将时间线拖动到4秒位置处，在【效果和预设】面板中搜索【3D 下飞和展开】效果，将效果拖曳到【时间轴】面板中的文本图层上，如图2.33所示。

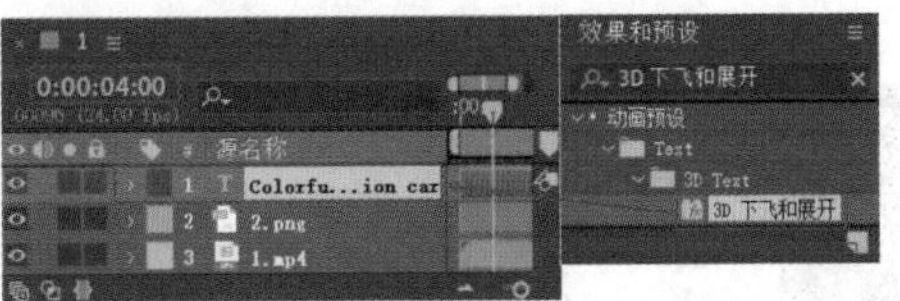

图 2.33

步骤 04 拖动时间线查看画面最终效果，如图2.34所示。

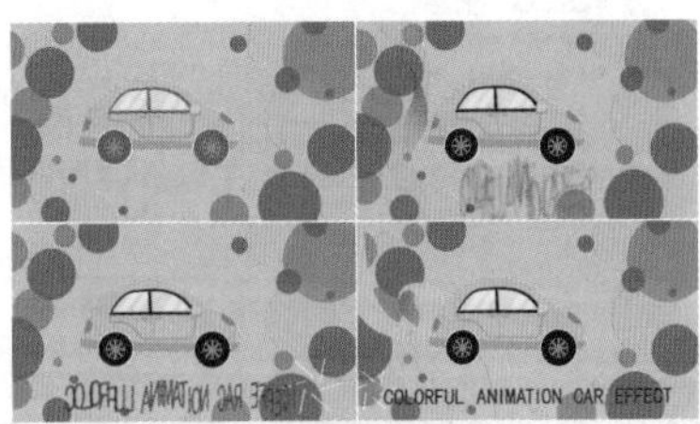

图 2.34

6.导出视频

步骤 01 选中【时间轴】面板，使用【渲染队列】快捷键Ctrl+M，如图2.35所示。单击【输出模块】的H.264 - 匹配渲染设置 - 15 Mbps按钮，在弹出的【输出模块设置】面板中设置【格式】为AVI，如图2.36所示。

图 2.35

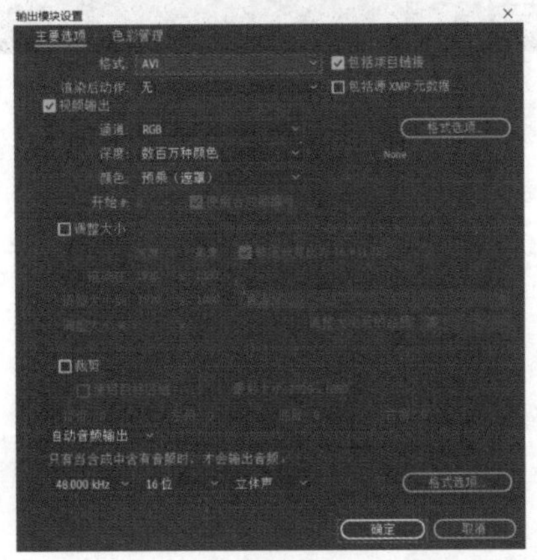

图 2.36

步骤 02 单击【输出到】后面的1.avi，在弹出的【将影片输出到:】窗口中设置文件保存路径及文件名称，设置完成后单击【保存】按钮完成此操作，如图2.37所示。接着在【渲染队列】面板中单击【渲染】按钮，如图2.38所示。

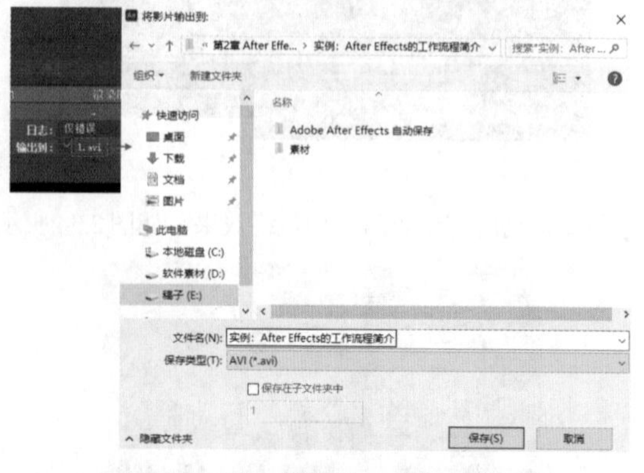

图 2.37

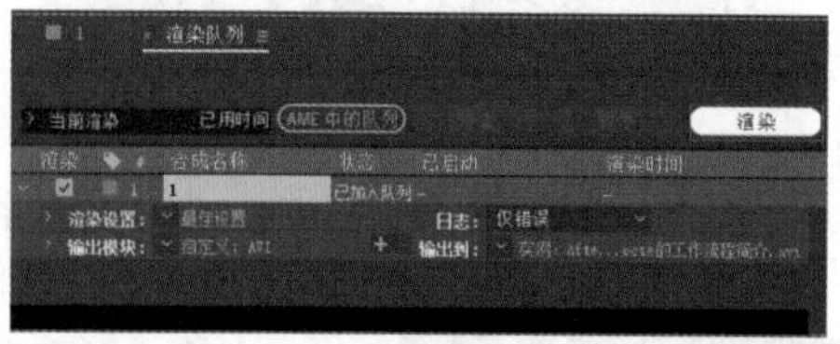

图 2.38

步骤 03 进度条满格后，待听到提示音时，导出操作完成，如图2.39所示。此时在保存路径中出现渲染的视频，如图2.40所示。

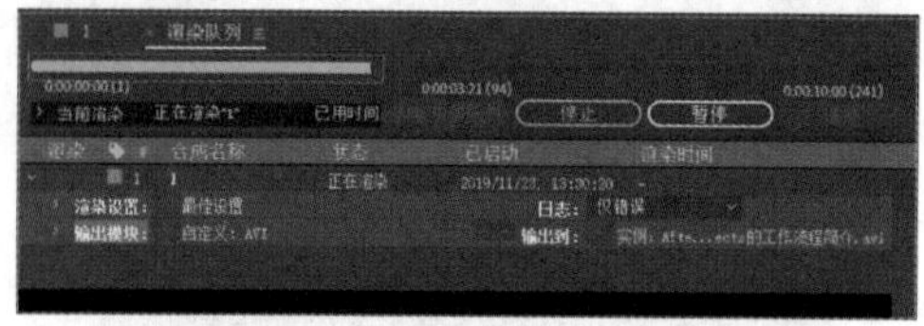

图 2.39

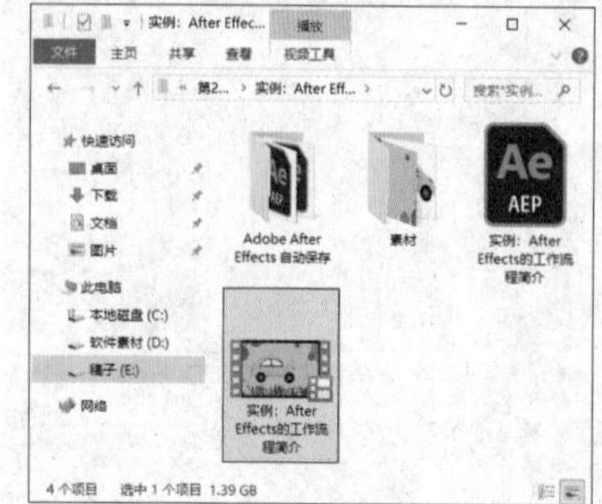

图 2.40

2.3 菜单栏

扫一扫，看视频

在After Effects 2023中，菜单栏包括【文件】菜单、【编辑】菜单、【合成】菜单、【图层】菜单、【效果】菜单、【动画】菜单、【视图】菜单、【窗口】菜单和【帮助】菜单，如图2.41所示。

文件(F) 编辑(E) 合成(C) 图层(L) 效果(T) 动画(A) 视图(V) 窗口 帮助(H)

图 2.41

- 【文件】菜单：主要用于执行打开、关闭、保存项目以及导入素材操作。
- 【编辑】菜单：主要用于剪切、复制、粘贴、拆分图层、撤销以及设置首选项等操作。
- 【合成】菜单：主要用于新建合成以及合成相关参数设置等操作。
- 【图层】菜单：主要用于新建图层、混合模式、图层样式以及与图层相关的属性设置等操作。
- 【效果】菜单：选中【时间轴】面板中的素材，【效果】菜单主要用于为图层添加各种效果滤镜等操作。
- 【动画】菜单：主要用于设置关键帧、添加表达式等与动画相关的参数设置等操作。
- 【视图】菜单：主要用于合成【视图】面板中的查看和显示等操作。
- 【窗口】菜单：主要用于开启和关闭各种面板。
- 【帮助】菜单：主要用于提供After Effects的相关帮助信息。

实例2.4：新建项目和合成

扫一扫，看视频

文件路径：第2章 After Effects的基础操作→实例：新建项目和合成

本实例是学习After Effects最基本、最主要的操作之一，需要熟练掌握。

步骤 01 打开Adobe After Effects软件，在菜单栏中执行【文件】/【新建】/【新建项目】命令，如图2.42所示。

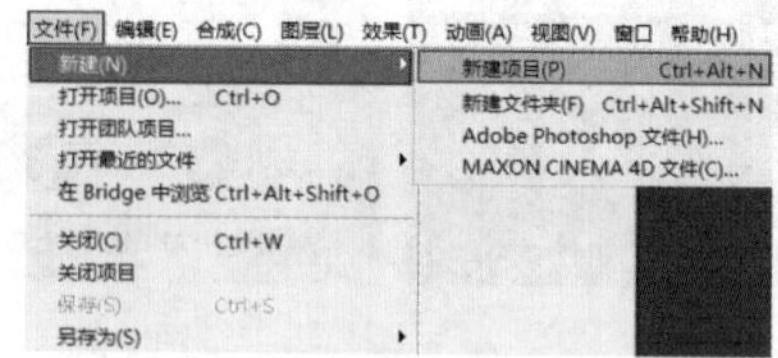

图 2.42

步骤 02 在【项目】面板中右击，选择【新建合成】命令，在弹出的【合成设置】窗口中设置【合成名称】为【合成1】，【预设】为【自定义】，【宽度】为1378，【高度】为1000，【像素长宽比】为【方形像素】，【帧速率】为24，【分辨率】为【完整】，【持续时间】为8秒，如图2.43所示。此时界面如图2.44所示。

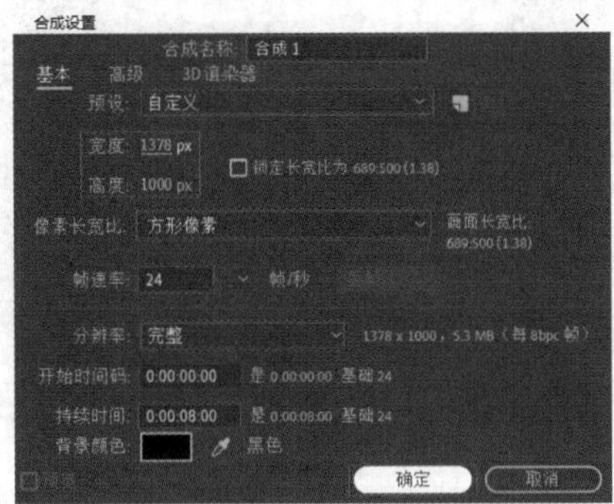

图 2.43

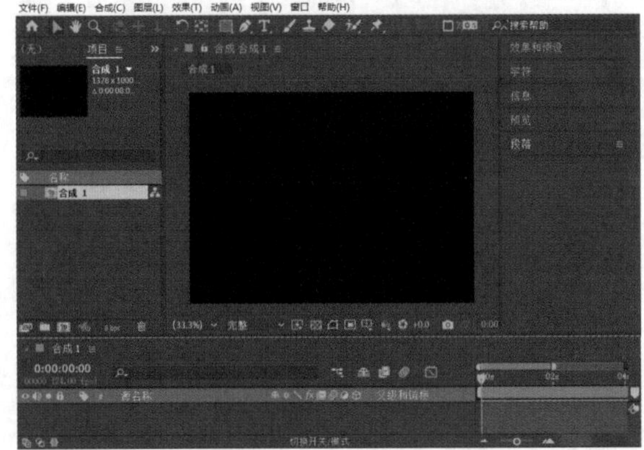

图 2.44

提示：如果创建合成后想修改合成参数，应该怎么改？

此时可以选择【项目】面板中的合成，然后按快捷键Ctrl+K，即可打开合成设置窗口，此时即可进行修改。

提示：有没有更快捷的新建合成的方法？

如果想快速创建一个与导入的素材尺寸一致的合成，那么可以先找到一张图片素材，如找到这样一张图片，它是1.jpg，尺寸为1020×1020，如图2.45所示。

打开After Effects软件，如图2.46所示。

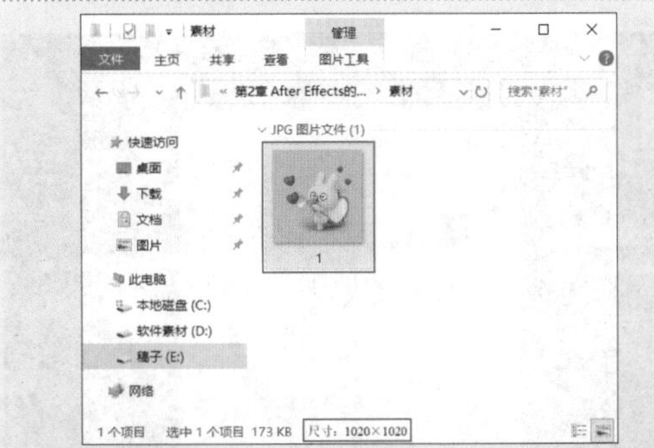

图 2.45

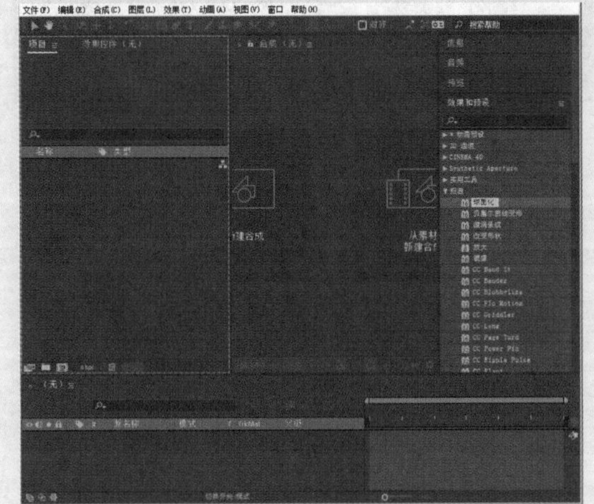

图 2.46

双击【项目】面板空白处，或在【项目】面板中右击，执行【导入】/【文件】命令，导入需要的素材1.jpg，如图2.47所示。

将【项目】面板中的素材1.jpg拖曳到【时间轴】面板中，如图2.48所示。

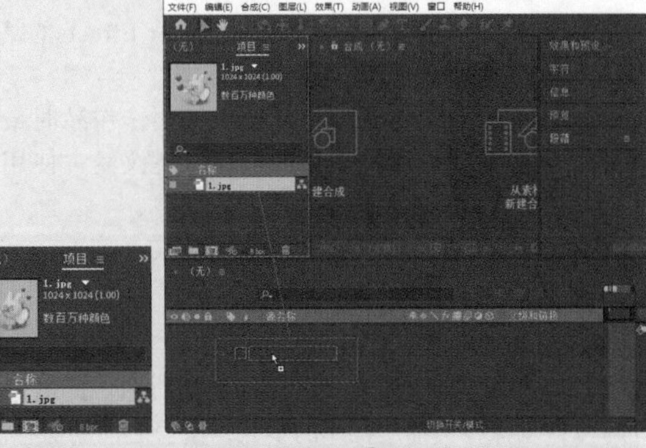

图 2.47　　　　图 2.48

此时，在【合成】面板中已经自动新建了一个合成1，如图2.49所示。

图 2.49

选择该合成，并按快捷键Ctrl+K，可以看到【宽度】【高度】数值与素材1.jpg完全一致，如图2.50所示。

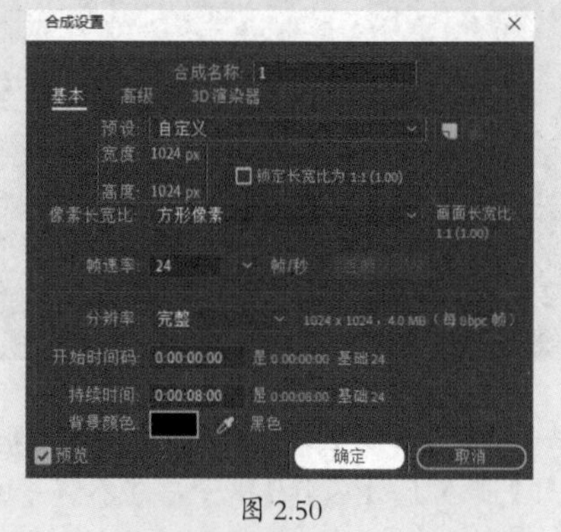

图 2.50

实例2.5：保存和另存文件

扫一扫，看视频

文件路径：第2章 After Effects的基础操作→实例：保存和另存文件

保存是使用设计软件创作作品时最重要、最容易忽略的操作，建议经常使用保存和另存文件功能，及时备份当前源文件。

步骤 01 打开本书配套文件01.aep，如图2.51所示。此时，可以继续对该文件进行调整。

步骤 02 调整完成后，在菜单栏中执行【文件】/【保存】命令，或使用快捷键Ctrl+S，如图2.52所示。此时，软件即可自动保存当前所操作的步骤，覆盖之前的保存。

步骤 03 若想改变文件名称或文件的保存路径，在菜单栏中执行【文件】/【另存为】/【另存为...】命令，如图2.53所示。此时，在弹出的【另存为】窗口中设置文件名称及保存路径，接着单击【保存】按钮，即可完成文件的另存，如图2.54所示。

图 2.51

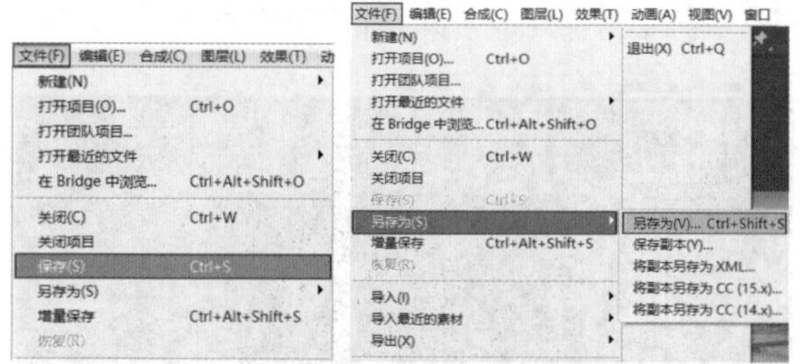

图 2.52　　图 2.53

图 2.54

实例2.6：整理工程(文件)

扫一扫，看视频

文件路径：第2章 After Effects的基础操作→实例：整理工程(文件)

【收集文件】命令可以将文件用到的素材等整理到一个文件夹中，方便管理。

步骤 01 打开本书配套文件02.aep，如图2.55所示。

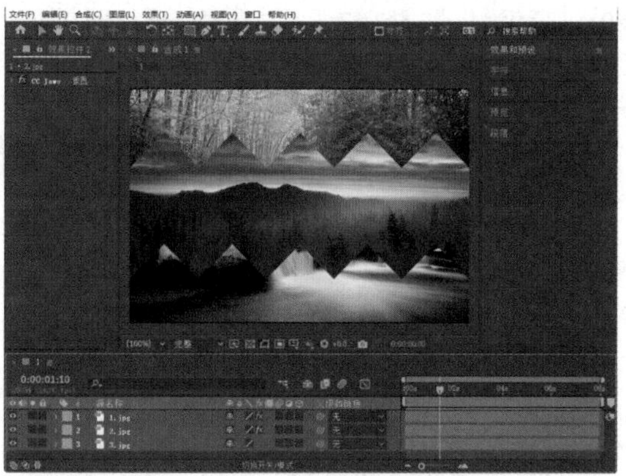

图 2.55

步骤 02 在【项目】面板中执行【文件】/【整理工程(文件)】/【收集文件】命令，如图2.56所示。此时，会弹出一个【收集文件】窗口，在窗口中设置【收集源文件】为【全部】，勾选【完成时在资源管理器中显示收集的项目】复选框，然后单击【收集】按钮，如图2.57所示。

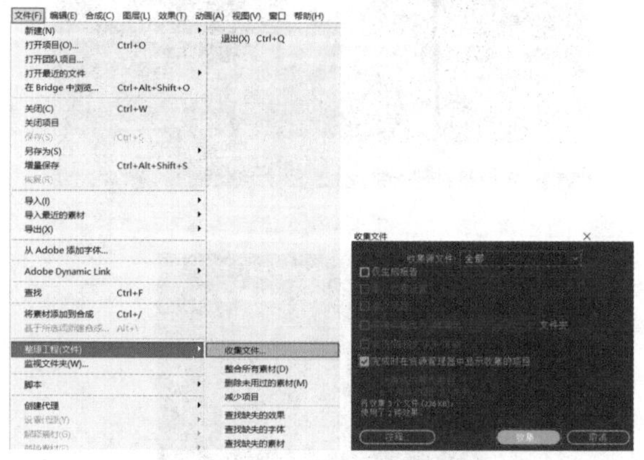

图 2.56　　图 2.57

步骤 03 此时，会弹出一个【将文件收集到文件夹中】窗口，在窗口中设置文件名称和保存路径，然后单击【保存】按钮，如图2.58所示。此时，打开文件所在路径，即可查看这个文件夹，如图2.59所示。

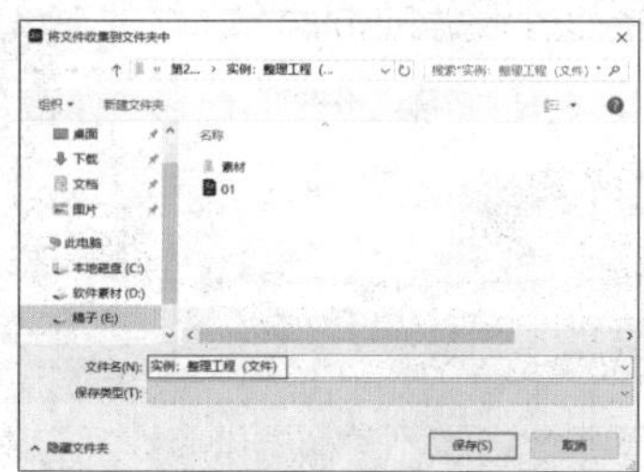

图 2.58

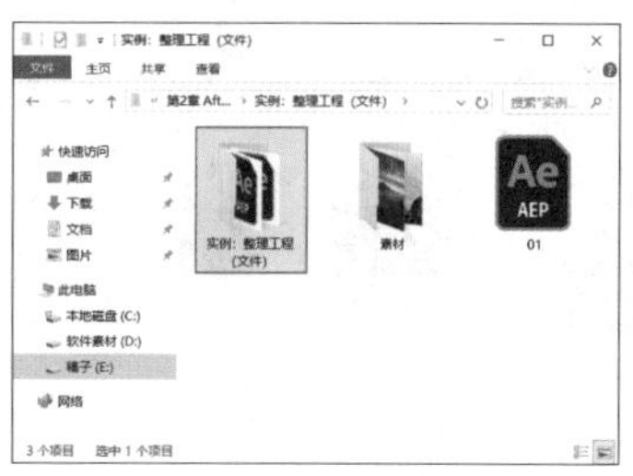

图 2.59

实例2.7：替换素材

文件路径：第2章 After Effects的基础操作→实例：替换素材

扫一扫，看视频

步骤 01 在【项目】面板中右击，选择【新建合成】命令，在弹出的【合成设置】窗口中设置【合成名称】为1，【预设】为【自定义】，【宽度】为750，【高度】为471，【像素长宽比】为【方形像素】，【帧速率】为24，【分辨率】为【完整】，【持续时间】为8秒，如图2.60所示。

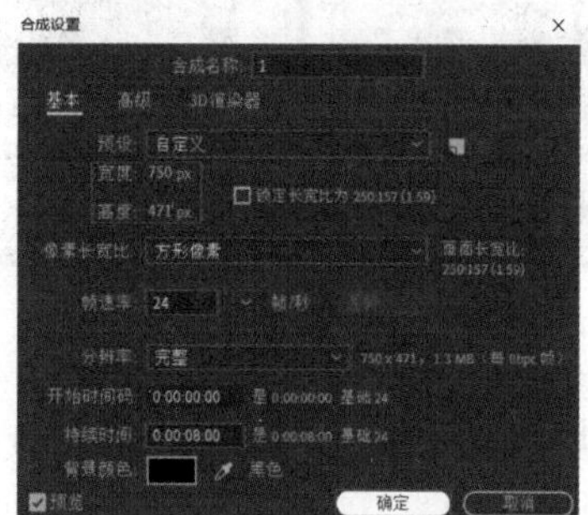

图 2.60

步骤 02 执行【文件】/【导入】/【文件】命令，如图2.61所示。此时，在弹出的【导入文件】窗口中选择图片素材，并单击【导入】按钮，如图2.62所示。

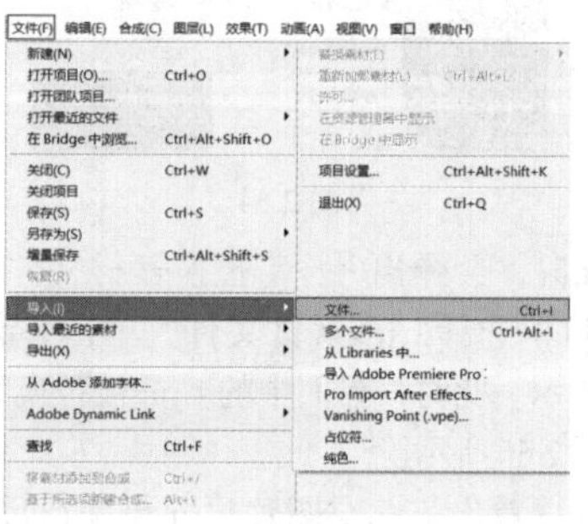

图 2.61

图 2.62

步骤 03 将导入【项目】面板中的图片素材拖曳到【时间轴】面板中，如图2.63所示。

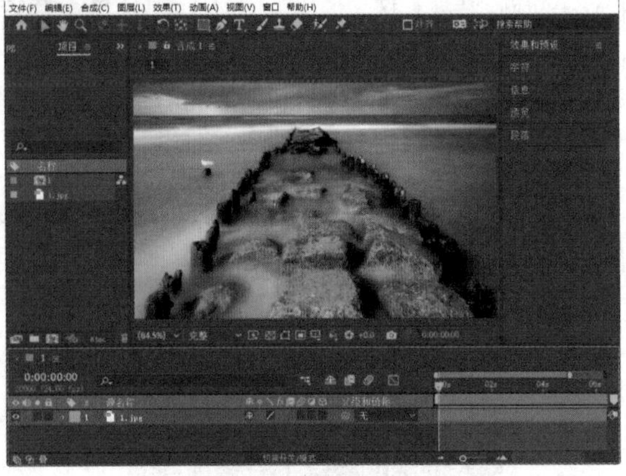

图 2.63

步骤 04 在【项目】面板中选择1.jpg素材文件，右击，在弹出的快捷菜单中执行【替换素材】/【文件】命令，如图2.64所示。

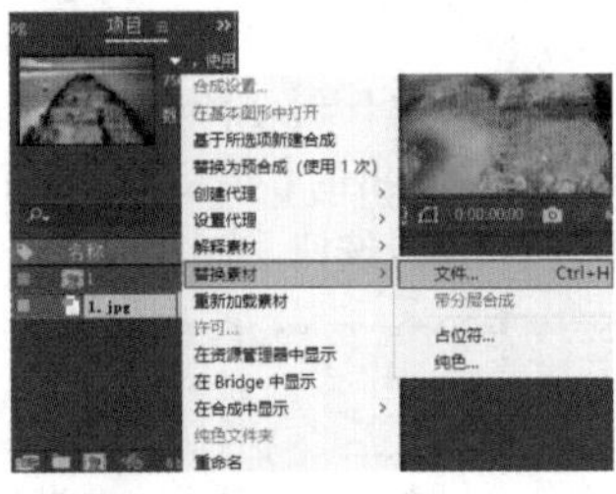

图 2.64

步骤 05 此时，会弹出一个【替换素材文件(1.jpg)】窗口，在窗口中选择2.jpg素材文件，单击【导入】按钮，如图2.65所示。此时，界面中的1.jpg被替换为2.jpg素材文件，如图2.66所示。

步骤 06 可以看出，此时图片尺寸与项目尺寸不匹配。接着单击打开2.jpg图层下方的【变换】，设置【缩放】为(180.0,180.0%)，如图2.67所示。此时，素材尺寸与画面相符，如图2.68所示。

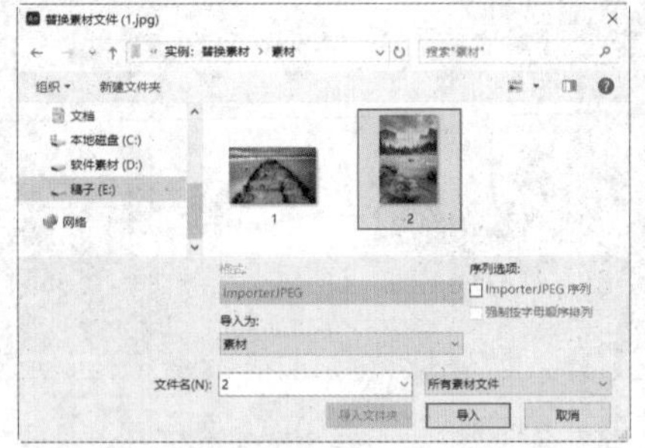

图 2.65

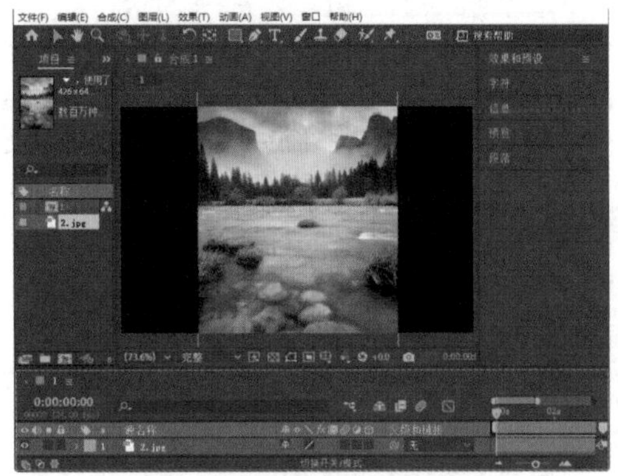

图 2.66

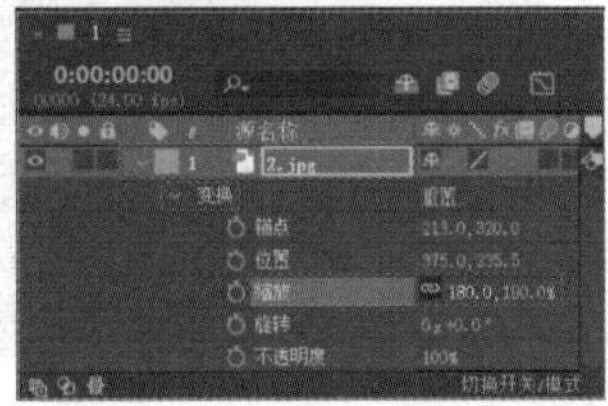

图 2.67

图 2.68

提示：为什么执行了刚才的操作却无法替换素材？

有时在进行替换素材时，首先我们会选择需要进行替换的素材文件，但若不取消勾选【ImporterJPEG序列】复选框，直接单击【导入】按钮，如图2.69所示，此时，【项目】面板中这两个素材会同时存在，导致无法完成素材的替换，如图2.70所示。因此，需要取消勾选【ImporterJPEG序列】复选框。

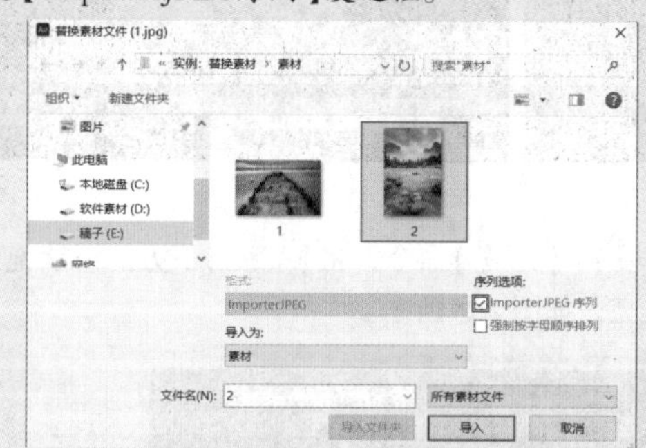

图 2.69

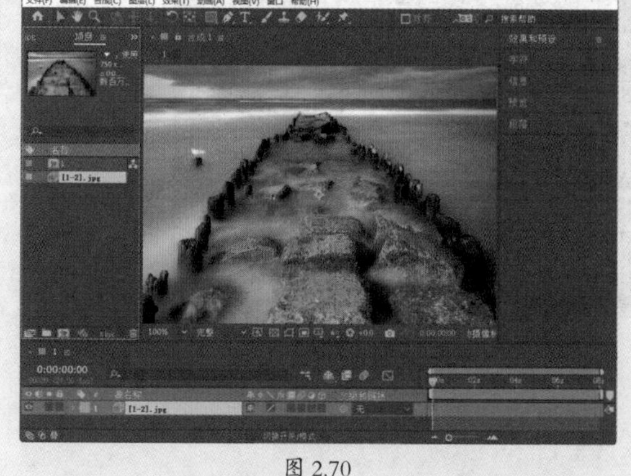

图 2.70

实例2.8：通过设置首选项修改界面颜色

文件路径：第2章 After Effects的基础操作→实例：通过设置首选项修改界面颜色

扫一扫，看视频

步骤 01 在【项目】面板中右击，选择【新建合成】命令，在弹出的【合成设置】窗口中设置【合成名称】为1，【预设】为【自定义】，【宽度】为1200，【高度】为1500，【像素长宽比】为【方形像素】，【帧速率】为24，【分辨率】为【完整】，【持续时间】为8秒，如图2.71所示。

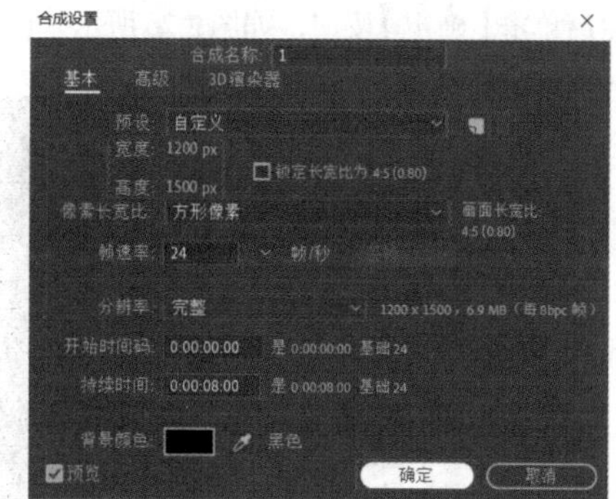

图 2.71

步骤 02 在菜单栏中执行【文件】/【导入】/【文件】命令，如图2.72所示。

步骤 03 此时，在弹出的【导入文件】窗口中选择图片素材，并单击【导入】按钮，如图2.73所示。

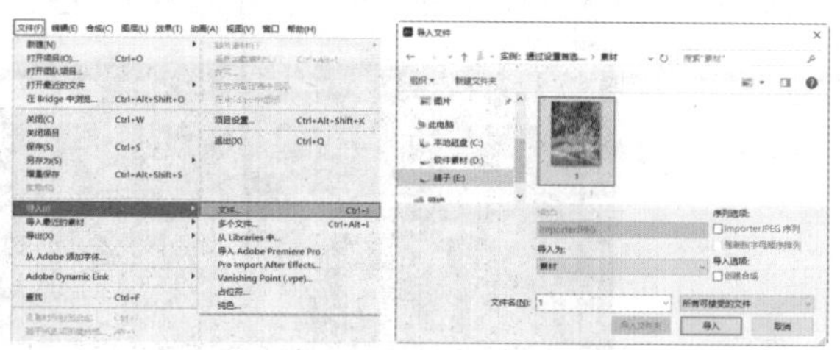

图 2.72　　图 2.73

步骤 04 将导入【项目】面板中的图片素材拖曳到【时间轴】面板中，效果如图2.74所示。

图 2.74

步骤 05 此时，若想调整界面的颜色，可在菜单栏中执行【编辑】/【首选项】/【外观】命令，如图2.75所示。在弹出的【首选项】窗口中将【亮度】下方的滑块拖到最左侧，然后单击【确定】按钮，如图2.76所示。此时，界面变为最暗，如图2.77所示。

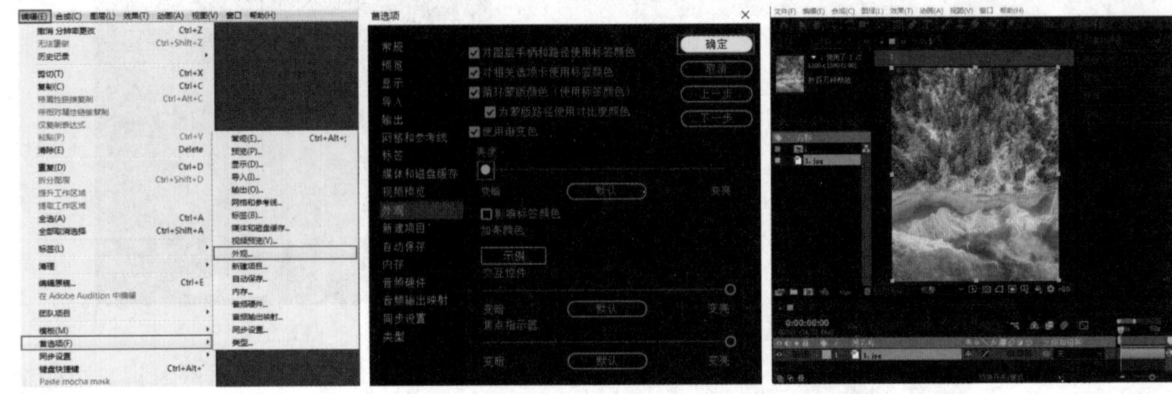

图 2.75　　图 2.76　　图 2.77

步骤 06 若想将界面调整为最亮状态，再次执行【编辑】/【首选项】/【外观】命令，将【亮度】下方的滑块拖到最右侧，然后单击【确定】按钮，如图2.78所示。此时，界面变为最亮，如图2.79所示。

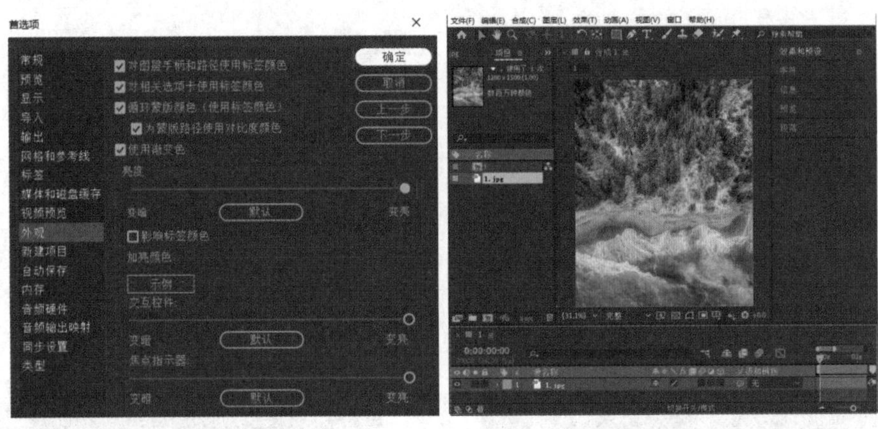

图 2.78　　图 2.79

重点 2.4 工具栏

工具栏中包含十余种工具，如图2.80所示。其中，右下角有黑色小三角形的表示有隐藏/扩展工具，按住鼠标不放即可访问扩展工具。

扫一扫，看视频

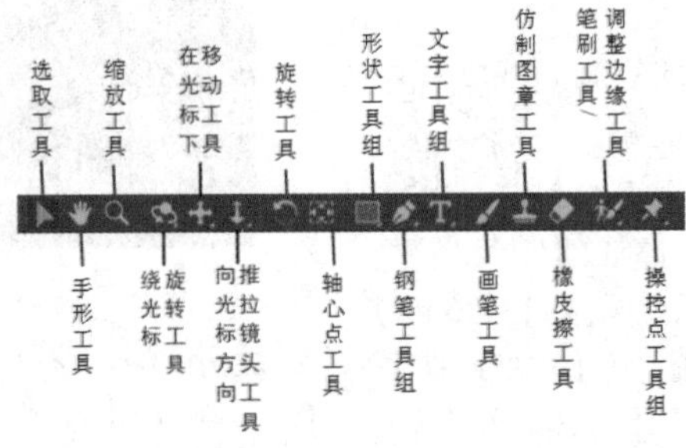

图 2.80

- 选取工具：用于选取素材，或在【合成】面板和【图层】面板中选取或者移动对象。
- 手形工具：可在【合成】面板或【图层】面板中按住鼠标左键拖动素材的视图，显示位置。
- 缩放工具：可放大或缩小（按住Alt键可以缩小）画面。
- 旋转工具：用于在【合成】面板和【图层】面板中对素材进行旋转操作。
- 旋转工具组：激活3D图层后，单击该工具组可激活并操控该工具组。长按该工具组，在弹出的扩展项中，包含绕光标旋转工具、绕场景旋转工具和绕相机信息点旋转工具，可用于在三维空间中旋转摄影机。
- 平移工具组：激活3D图层后，单击该工具组可激活并操控该工具组。长按该工具组，在弹出的扩展项中，包含在光标下移动工具和平移摄像机POI工具，可用于在三维空间中上、下、左、右平移摄影机。
- 推拉工具组：激活3D图层后，单击该工具组可激活并操控该工具组。长按该工具组，在弹出的扩展项中，包含向光标方向推拉镜头工具、推拉至光标工具和推拉至摄像机POI工具，可用于在三维空间中纵深推拉摄影机。
- 轴心点工具：可改变对象的轴心点位置。
- 形状工具组：可在画面中建立矩形形状或矩形蒙版。在扩展项中还包含圆角矩形工具、椭圆工具、多边形工具、星形工具。
- 钢笔工具组：用于为素材添加路径或蒙版。在扩展项中包含添加“顶点”工具，可用于增加锚点；删除“顶点”工具，可用于删除路径上的锚点；转换“顶点”工具，可用于改变锚点类型；蒙版羽化工具，可在蒙版中进行羽化操作。
- 文字工具组：可以创建横向文字。在扩展项中包含直排文字工具，用于竖排文字的创建，与横排文字工具的用法相同。
- 画笔工具：需要双击【时间轴】面板中的素材，进入【图层】面板，即可使用该工具进行绘制。
- 仿制图章工具：需要双击【时间轴】面板中的素材，进入【图层】面板，鼠标移动到某一位置按Alt键，单击即可吸取该位置的颜色，然后按住鼠标左键可以绘制。
- 橡皮擦工具：需要双击【时间轴】面板中的素材，进入【图层】面板，擦除画面多余的像素。
- 笔刷工具/调整边缘工具：能够帮助用户在正常时间片段中独立出移动的前景元素。在扩展项中包含调整边缘工具。
- 操控点工具组：用于设置控制点的位置，包括操控控制点工具、操控叠加工具、操控扑粉工具。

重点 2.5 【项目】面板

在【项目】面板中可以右击进行新建合成、新建文件夹等，也可显示或存放项目中的素材或合成，如图2.81所示。

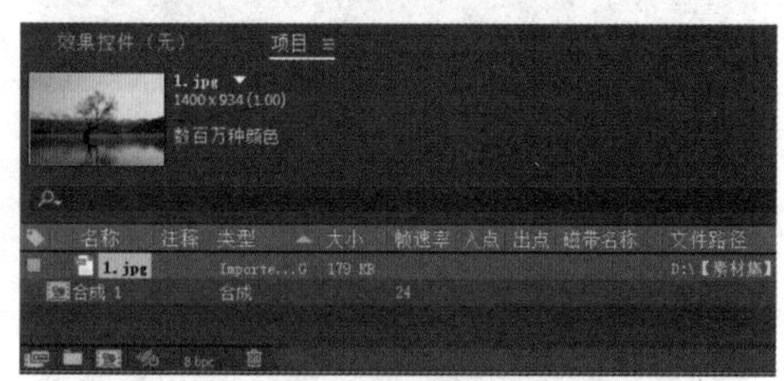

图2.81

- 【项目】面板的上方为素材的信息栏，分别有名称、注释、类型、大小、帧速率、文件路径等，依次从左到右进行显示。
- 按钮：该按钮在【项目】面板的上方，单击该按钮可以打开【项目】面板的相关菜单，对【项目】面板进行相关操作。
- 搜索栏：在【项目】面板中可进行素材或合成的查找搜索，适用于素材或合成较多的情况。
- 解释素材按钮：选择素材，单击该按钮，可设置素材的Alpha、帧速率等参数。
- 新建文件夹按钮：单击该按钮可以在【项目】面板中新建一个文件夹，方便素材管理。
- 新建合成按钮：单击该按钮可以在【项目】面板中新建一个合成。
- 项目设置：单击该按钮可以打开【项目设置】面板并调整项目渲染设置。
- 删除所选项目按钮：选择【项目】面板中的图层，单击该按钮即可进行删除操作。

实例2.9：新建一个PAL宽银幕合成

扫一扫，看视频

文件路径：第2章 After Effects的基础操作→实例：新建一个PAL宽银幕合成

步骤 01 在【项目】面板中右击，选择【新建合成】命令，在弹出的【合成设置】窗口中设置【合成名称】为01，【预设】为【PAL D1/DV宽银幕】，【宽度】为720，【高度】为576，【像素长宽比】为【D1/DV PAL宽银幕(1.46)】，【帧速率】为25，【持续时间】为5秒，如图2.82所示。

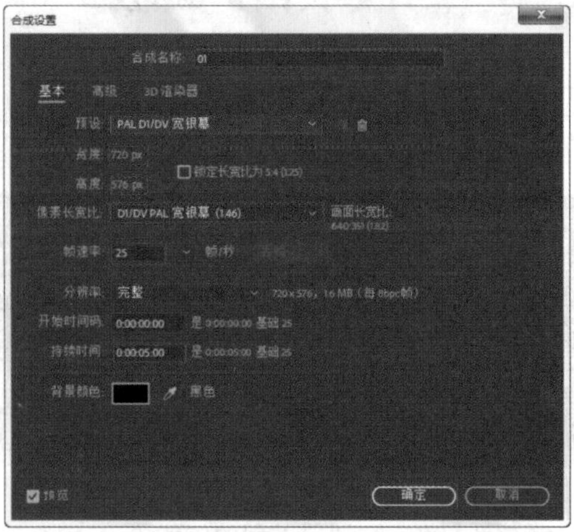

图 2.82

步骤 02 执行【文件】/【导入】/【文件】命令，如图2.83所示。此时，在弹出的【导入文件】窗口中选择01.jpg素材文件，并单击【导入】按钮，如图2.84所示。

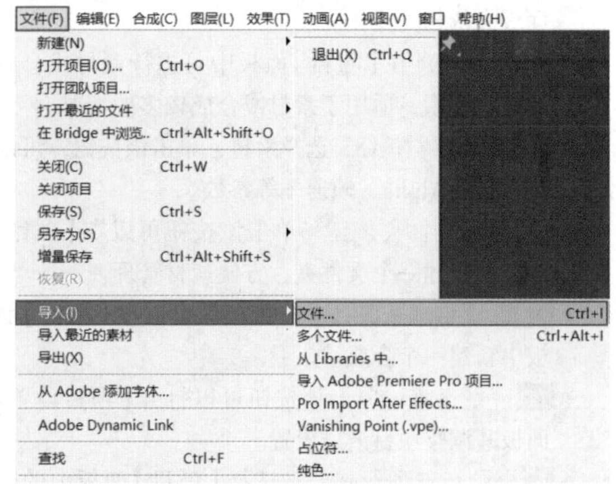

图 2.83

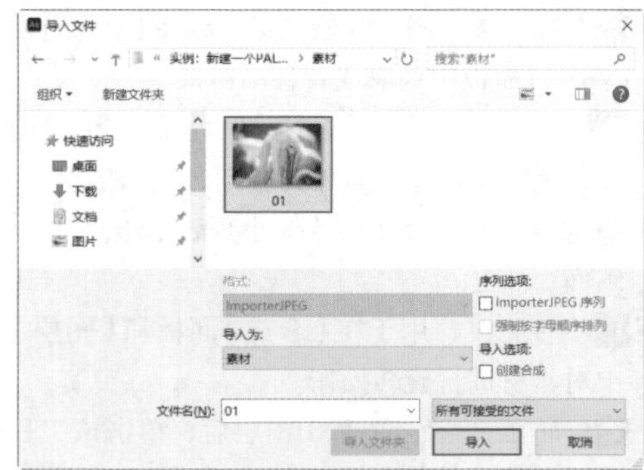

图 2.84

步骤 03 将导入【项目】面板中的01.jpg素材拖曳到【时间轴】面板中，如图2.85所示。

步骤 04 调整素材大小。在【时间轴】面板中单击打开01.jpg图层下方的【变换】，设置【位置】为(360.0,235.0)，【缩放】为(75.0,75.0%)，如图2.86所示。此时，画面效果如图2.87所示。

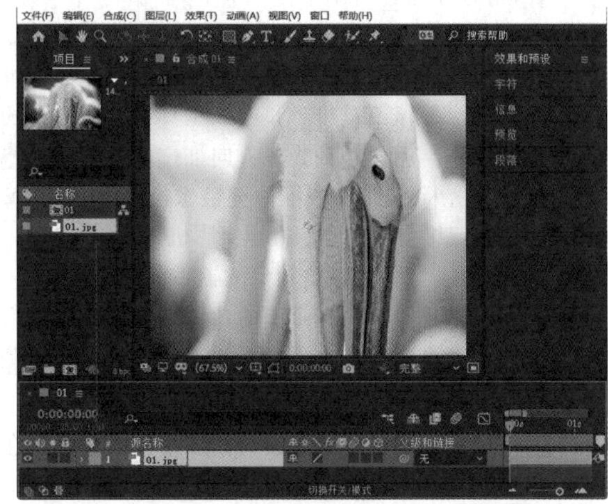

图 2.85

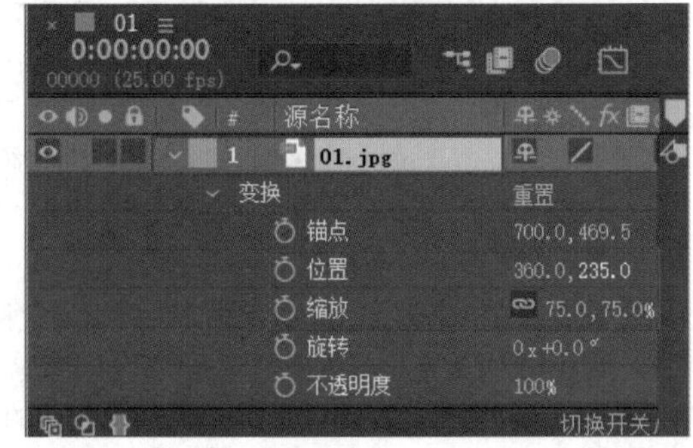

图 2.86

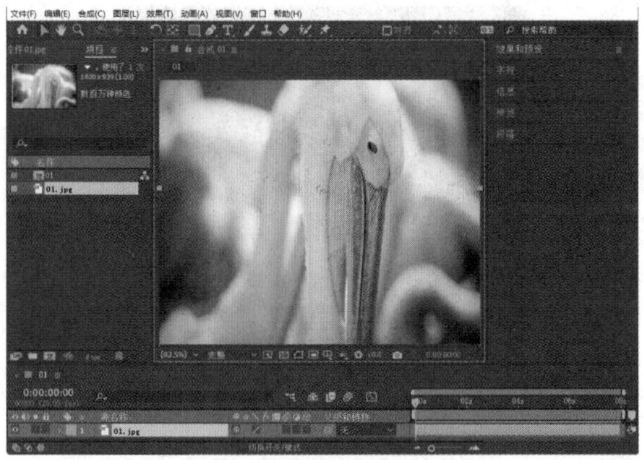

图 2.87

实例2.10：新建文件夹整理素材

文件路径：第2章 After Effects的基础操作→实例：新建文件夹整理素材

扫一扫，看视频

步骤 01 在【项目】面板中右击，选择【新建合成】命令，在弹出的【合成设置】窗口中设置【合成名称】为1，【预设】为【自定义】，【宽度】为640，【高度】为427，【像素长宽比】为【方形像素】，【帧速率】为25，【持续时间】为8秒，如图2.88所示。

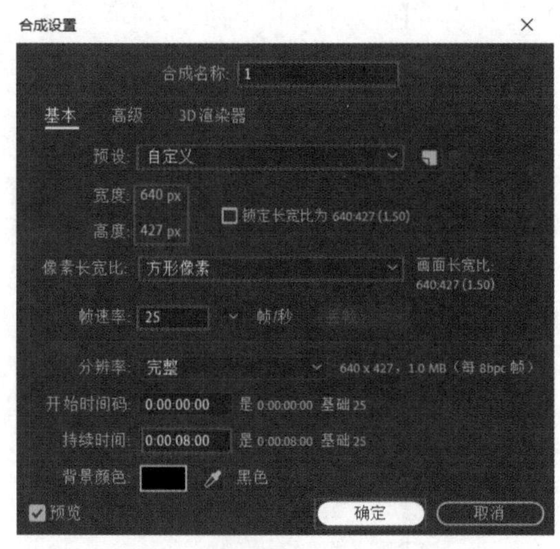

图 2.88

步骤 02 执行【文件】/【导入】/【文件】命令，如图2.89所示。此时，在弹出的【导入文件】窗口中选择全部素材文件，并单击【导入】按钮，如图2.90所示。

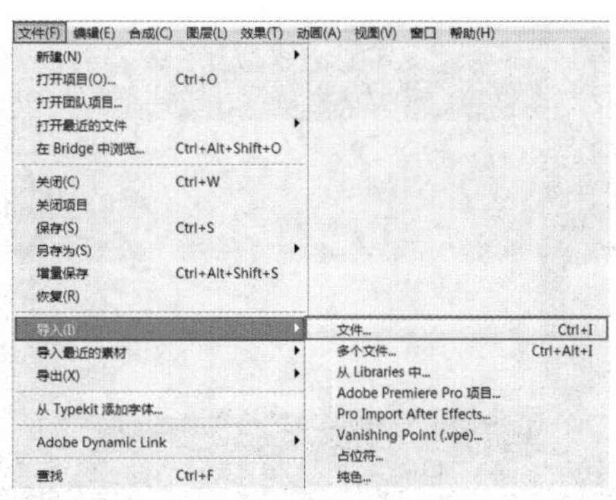

图 2.89

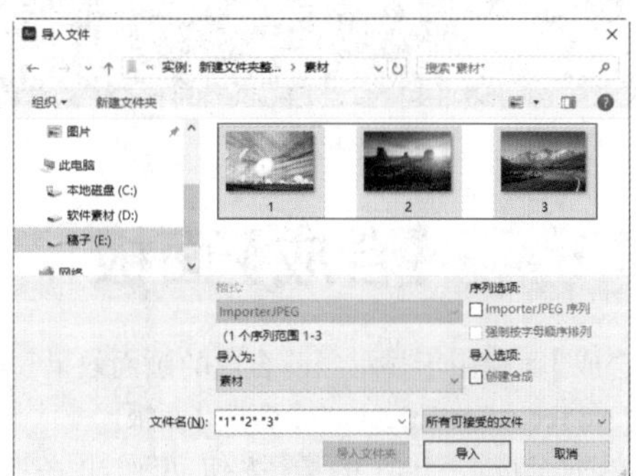

图 2.90

步骤 03 在【项目】面板底部单击（新建文件夹）按钮，并将文件夹重命名为【素材】，如图2.91所示。然后按住Ctrl键的同时单击加选01.jpg、02.jpg、03.jpg素材文件，将其拖曳到【素材】文件夹中，如图2.92所示。

步骤 04 在【项目】面板中选择这个文件夹，按住鼠标左键将其拖曳到【时间轴】面板中，如图2.93所示。释放鼠标后，文件夹中的素材即可出现在【时间轴】面板中，如图2.94所示。

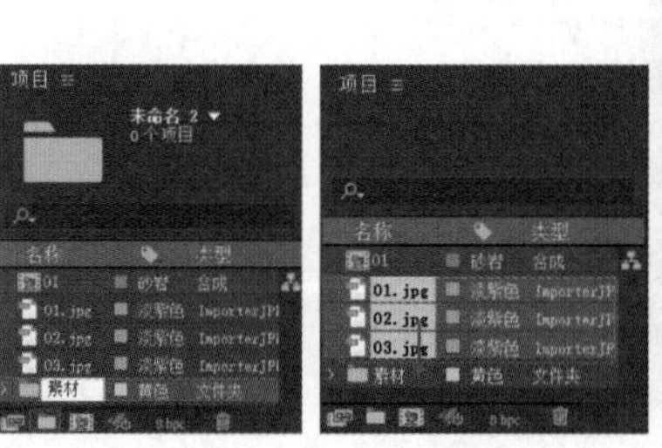

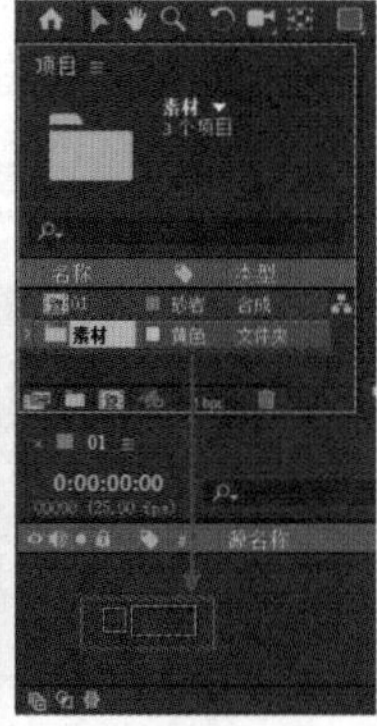

图 2.91　　图 2.92　　图 2.93

图 2.94

重点 2.6 【合成】面板

【合成】面板用于显示当前合成的画面效果。图2.95所示为Adobe After Effects的【合成】面板。

- 单击面板左上方的 ≡ 按钮可弹出一个快捷菜单。
- ≡ 按钮：可对【合成】面板进行关闭面板、浮动面板、面板组设置、合成设置等相关操作。
- (71%)：显示文件的放大倍率。
- 完整：显示画面的分辨率，设置较小的分辨率可使播放更流畅。
- ：快速预览，单击该按钮可在弹出的窗口中进行设置。
- ：将背景以透明网格的形式呈现。
- ：切换蒙版和形状路径的可见性。
- ：显示目标区域。
- ：选择网格和辅助线选项。
- ：显示红、绿、蓝或Alpha通道等。
- ：重新设置图像的曝光。
- +0.0：调节图像曝光度。
- ：捕获界面快照。
- ：显示最后的快照。
- 0:00:00:00：设置时间线跳转到哪一时刻。

图 2.95

实例2.11：移动【合成】面板中的素材

扫一扫，看视频

文件路径：第2章 After Effects的基础操作→实例：移动【合成】面板中的素材

步骤 01 在【项目】面板中右击，选择【新建合成】命令，在弹出的【合成设置】窗口中设置【合成名称】为1，【预设】为【自定义】，【宽度】为1920，【高度】为1200，【像素长宽比】为【方形像素】，【帧速率】为24，【持续时间】为8秒，完成新建合成，如图2.96所示。

步骤 02 执行【文件】/【导入】/【文件】命令，如图2.97所示。此时，在弹出的【导入文件】窗口中选择01.jpg素材文件，并单击【导入】按钮，如图2.98所示。

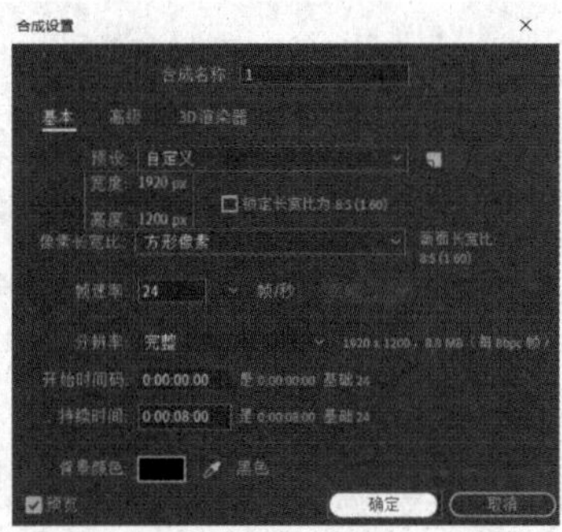

图 2.96

图 2.97

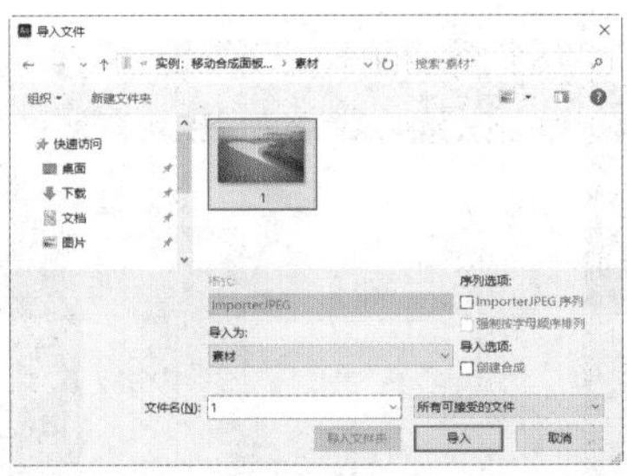

图 2.98

步骤 03 将【项目】面板中的素材文件拖曳到【时间轴】面板中，如图2.99 所示。

图 2.99

步骤 04 若想调整素材位置，可在【合成】面板的图片上方按住鼠标左键进行拖动，调整素材的位置，如图 2.100 所示。

图 2.100

重点 2.7 【时间轴】面板

【时间轴】面板可用于新建不同类型的图层、创建关键帧动画等。图 2.101 所示为 Adobe After Effects的【时间轴】面板。

扫一扫，看视频

图 2.101

- 单击左上方的 ≡ 按钮可以选择菜单。
- 0:00:00:00：时间线停留的当前时间，单击可进行编辑。
- ：合成微型流程图（标签转换）。
- 消隐：用于隐藏为其设置了“消隐”开关的所有图层。
- 帧混合：用帧混合设置开关打开或关闭全部对应图层中的帧混合。
- 运动模糊：用运动模糊设置开关打开或关闭全部对应图层中的运动模糊。
- 图标编辑器：关键帧进行图表编辑的窗口的开关设置。
- 质量和采样：用于设置作品质量，其中包括三种级别。若找不到该按钮，可单击 切换开关/模式 。
- ：对于合成图层，遮掉变换；对于矢量图层，连续栅格化。
- 效果：关闭该功能即可显示未添加效果的画面，启用该功能则显示添加效果的画面。
- 调整图层：针对【时间轴】面板中的调整图层使用，用于关闭或开启调整图层中添加的效果。
- 3D图层：用于启用和关闭3D图层功能，在创建三维素材图层、灯光图层、摄影机图层时需要开启。

实例 2.12：将素材导入【时间轴】面板

文件路径：第2章 After Effects的基础操作→实例：将素材导入【时间轴】面板

扫一扫，看视频

步骤 01 在【项目】面板中右击，选择【新建合成】命令，在弹出的【合成设置】窗口中设置【合成名称】为【合成1】，【预设】为【PAL D1/DV方形像素】，【宽度】为788，【高度】为576，【像素长宽比】为【方形像素】，【帧速率】为25，【持续时间】为8 秒，如图 2.102 所示。

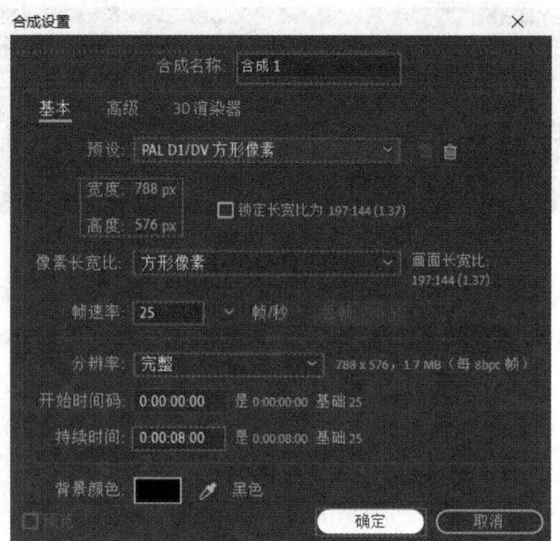

图 2.102

步骤 02 执行【文件】/【导入】/【文件】命令，如图2.103所示。此时，在弹出的【导入文件】窗口中选择1.jpg素材文件，并单击【导入】按钮，如图2.104所示。

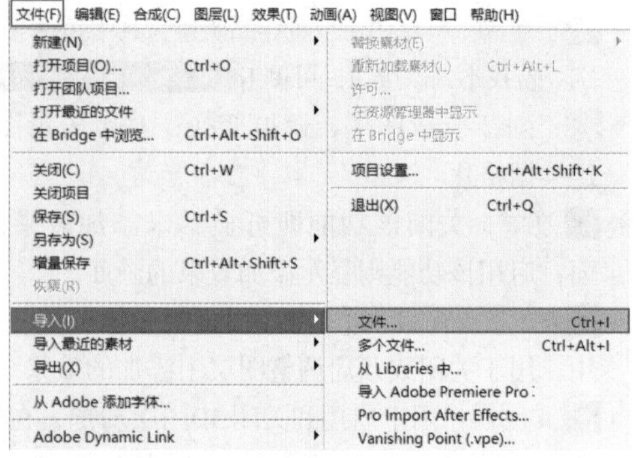

图 2.103

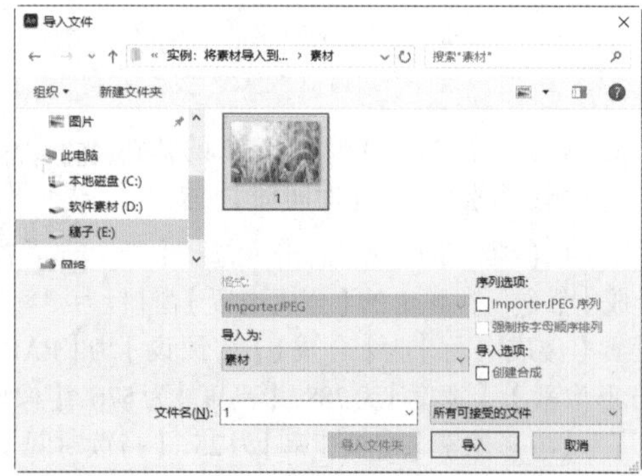

图 2.104

步骤 03 将【项目】面板中的1.jpg素材文件拖曳到【时间轴】面板中，如图2.105所示。

图 2.105

实例2.13：修改和查看素材参数

扫一扫，看视频

文件路径：第2章 After Effects的基础操作→实例：修改和查看素材参数

步骤 01 在【项目】面板中右击，选择【新建合成】命令，在弹出的【合成设置】窗口中设置【合成名称】为【合成1】，【预设】为【PAL D1/DV方形像素】，【宽度】为788，【高度】为576，【像素长宽比】为【方形像素】，【帧速率】为25，【持续时间】为8秒，如图2.106所示。

步骤 02 执行【文件】/【导入】/【文件】命令或使用快捷键Ctrl+I导入素材，如图2.107所示。此时，在弹出的【导入文件】窗口中选择1.jpg素材文件，并单击【导入】按钮，如图2.108所示。

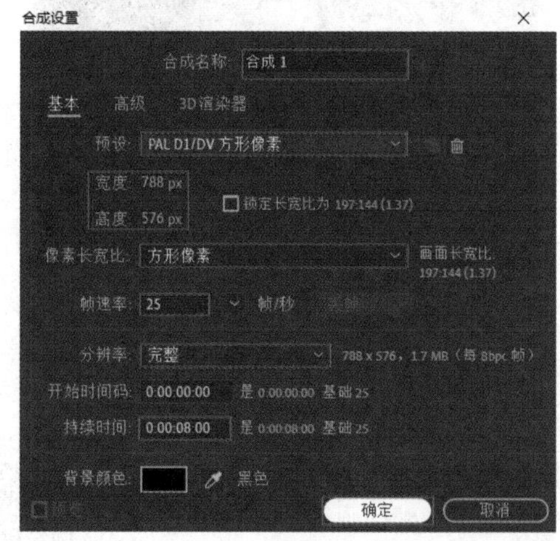

图 2.106

图 2.107

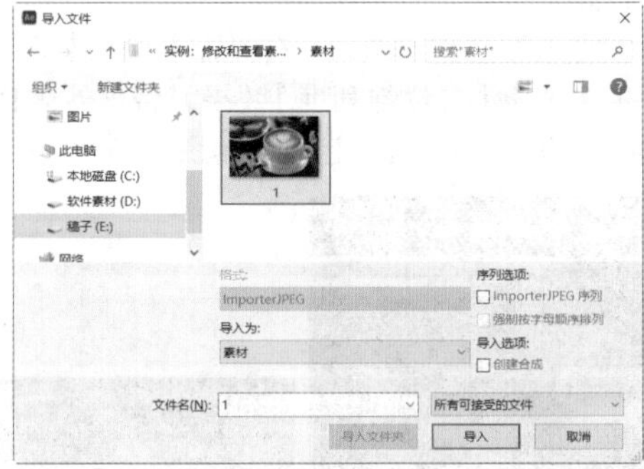

图 2.108

步骤 03 将【项目】面板中的1.jpg素材文件拖曳到【时间轴】面板中，如图2.109所示。

步骤 04 调整素材的基本参数。单击打开1.jpg下方的【变换】，此时可以调整【变换】属性下方参数，在这里以【缩放】为例调整画面大小，设置【缩放】为(23.0,23.0%)，如图2.110所示。此时，【合成】面板中的图片展现得更加完整，如图2.111所示。

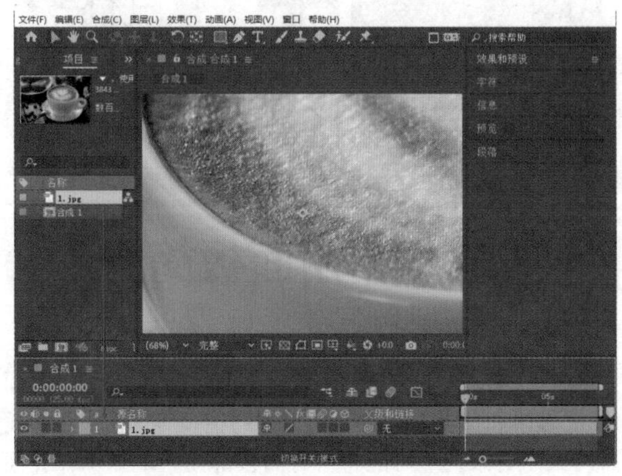

图 2.109

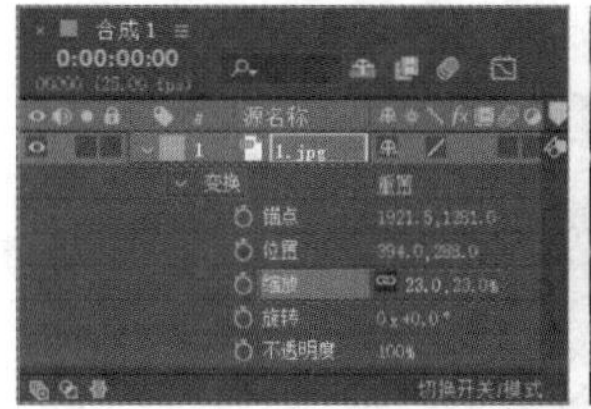

图 2.110

图 2.111

重点 2.8 【效果和预设】面板

After Effects中的【效果和预设】面板包含了很多常用的视频效果、音频效果、过渡效果、抠像效果、调色效果等，可找到需要的效果，并拖曳到【时间轴】面板中的图层上，为该图层添加效果，如图2.112所示。调整效果参数后画面发生变化，如图2.113所示。

扫一扫，看视频

图 2.112

图 2.113

重点 2.9 【效果控件】面板

【效果控件】面板用于为图层添加效果之后，可以选择该图层，并在该面板中修改效果中的各个参数。图2.114所示为After

扫一扫，看视频

Effects的【效果控件】面板。

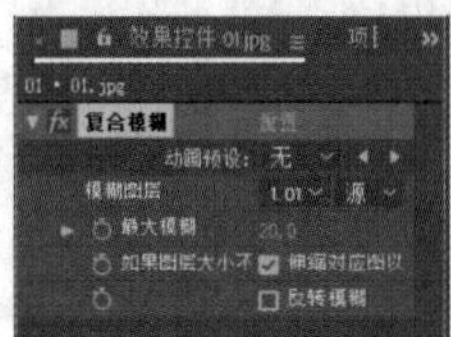

图 2.114

实例2.14：为素材添加一个调色类效果

扫一扫，看视频

文件路径：第2章 After Effects的基础操作→实例：为素材添加一个调色类效果

步骤 01 在【项目】面板中右击，选择【新建合成】命令，在弹出的【合成设置】窗口中设置【合成名称】为1，【预设】为【自定义】，【宽度】为5184，【高度】为3456，【像素长宽比】为【方形像素】，【帧速率】为25，【持续时间】为5秒，如图2.115所示。

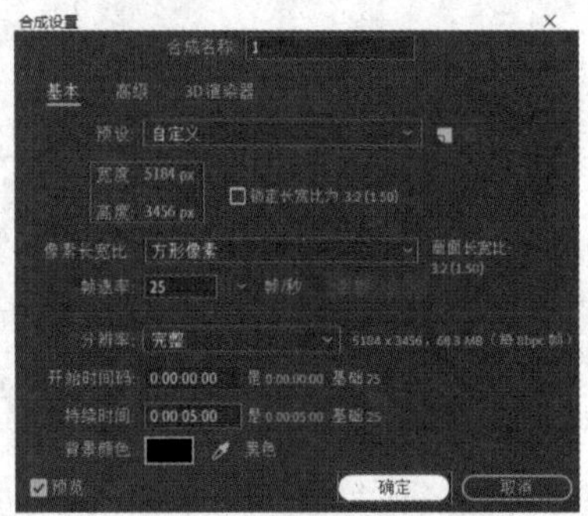

图 2.115

步骤 02 执行【文件】/【导入】/【文件】命令，如图2.116所示。此时，在弹出的【导入文件】窗口中选择1.jpg素材文件，并单击【导入】按钮，如图2.117所示。

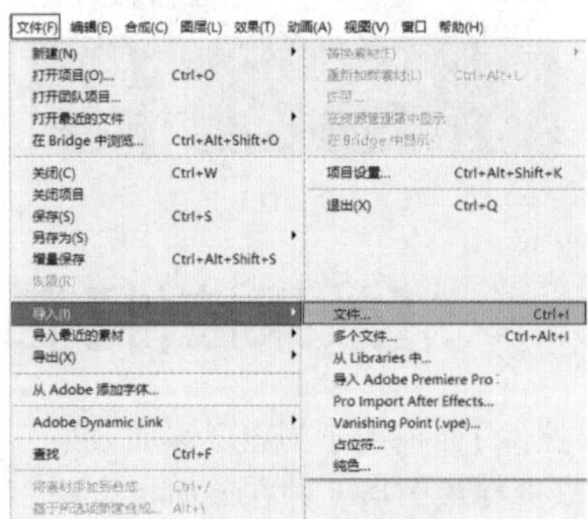

图 2.116

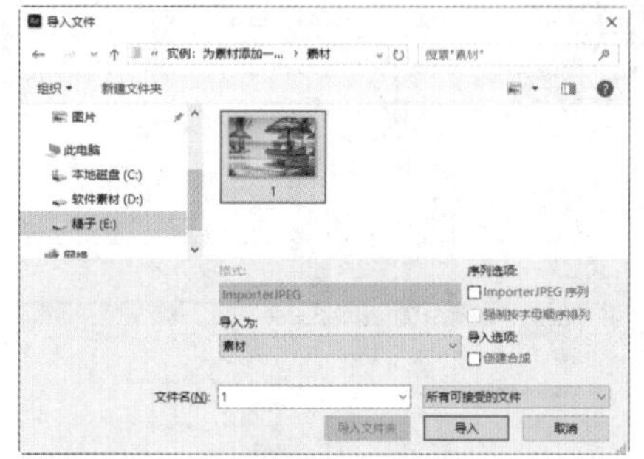

图 2.117

步骤 03 将【项目】面板中的1.jpg素材文件拖曳到【时间轴】面板中，如图2.118所示。

步骤 04 将画面饱和度调高。在界面右侧的【效果和预设】面板中搜索【自然饱和度】效果，将该效果拖曳到【时间轴】面板的1.jpg图层上，如图2.119所示。

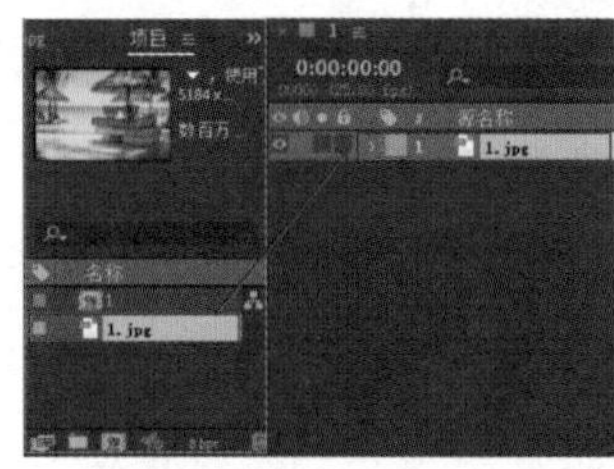

图 2.118

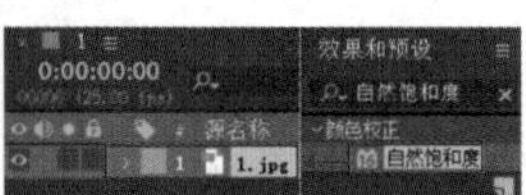

图 2.119

步骤 05 此时，选择【时间轴】面板中的1.jpg素材图层，单击打开1.jpg图层下方的【效果】/【自然饱和度】，设置【自然饱和度】为50.0，【饱和度】为47.0，如图2.120所示。此时，画面变亮了，如图2.121所示。

图 2.120

图 2.121

2.10 其他常用面板简介

在After Effects中还有一些面板在操作时会用到，如【信息】面板、【音频】面板、【预览】面板、【图层】面板、【效果和预设】面板以及【图层】窗口等。但由于界面布局大小有限，不可能将所有面板都完整地显示在界面中。因此，我们在需要显示出哪个面板时，可以在菜单栏中选择【窗口】，在打开的下拉菜单中勾选需要的面板，如图2.122所示。

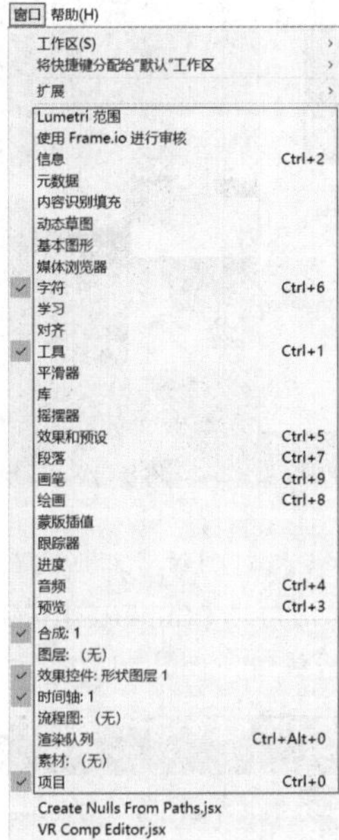

图 2.122

2.10.1 【信息】面板

After Effects中的【信息】面板可显示所操作文件的颜色信息，如图2.123所示。

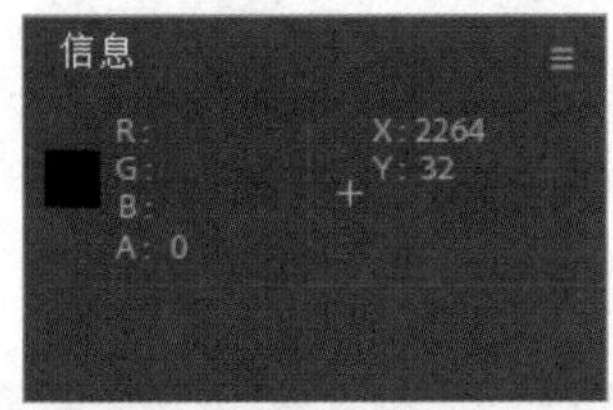

图 2.123

2.10.2 【音频】面板

After Effects中的【音频】面板用于调整音频的音效，如图2.124所示。

2.10.3 【预览】面板

After Effects中的【预览】面板用于控制预览，包括播放、暂停、上一帧、下一帧、在回放前缓存等，如图2.125所示。

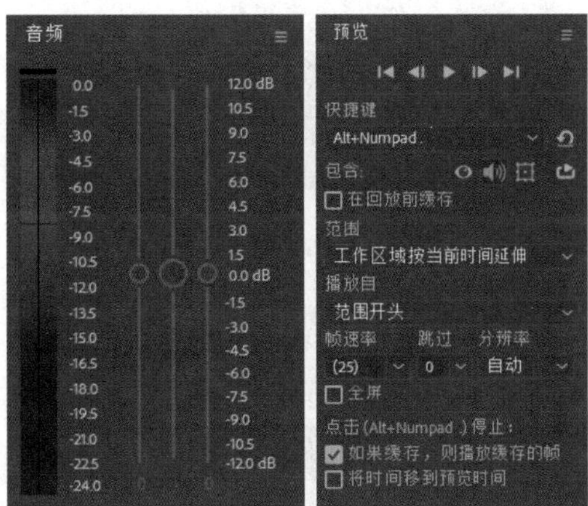

图 2.124　　图 2.125

2.10.4 【图层】面板

【图层】面板与【合成】面板相似，都可预览效果。但是【合成】面板是预览作品整体的效果，而【图层】面板则是只预览当前图层的效果。双击【时间轴】面板上的图层即可进入【图层】面板，如图2.126所示。

图 2.126

提示：当工程文件路径位置被移动时，如何在After Effects中打开该工程文件？

当制作完成的工程文件被移动位置后，再次打开时通常会在After Effects界面中弹出一个提示项目文件不存在的窗口，导致此文件无法打开，如图2.127所示。

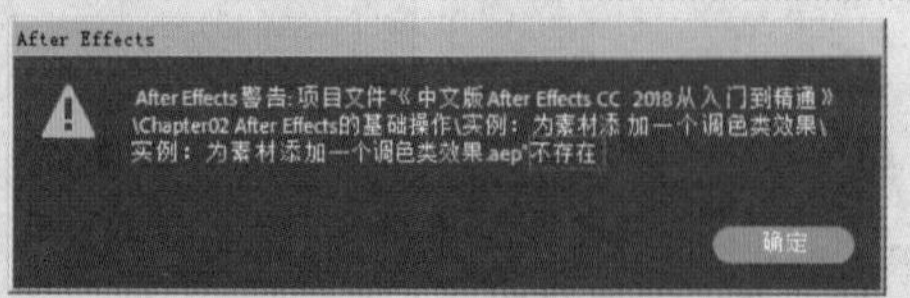

图 2.127

此时，可以将该工程文件复制到计算机的桌面位置，再次双击该文件即可打开该文件。但是打开后可能会发现弹出一个窗口，提示文件丢失，此时需要单击【确定】按钮，如图2.128所示。

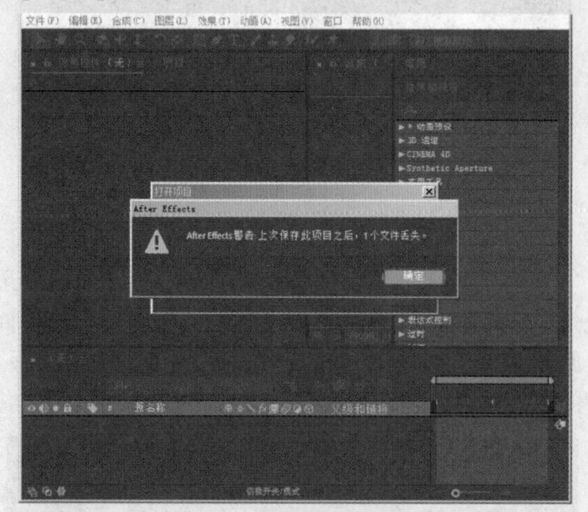

图 2.128

此时，会发现由于文件移动位置导致素材找不到原来的路径，而以彩条方式显示，如图2.129所示。

图 2.129

因此需要重新指定素材的路径。选中【项目】窗口中的素材，右击，执行【替换素材】/【文件】命令，如图2.130所示。

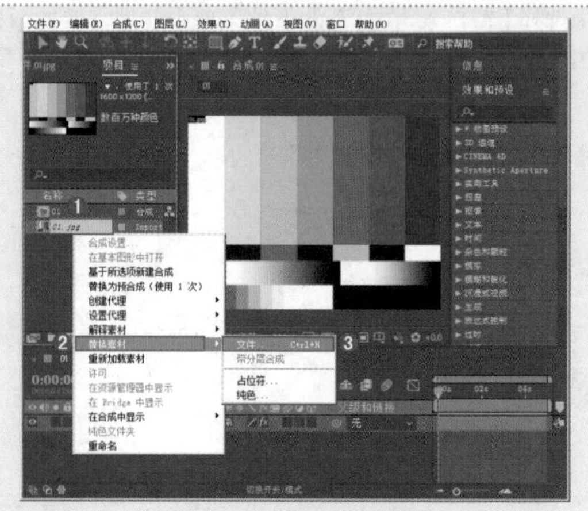

图 2.130

此时，将路径指定到该素材所在的位置，然后选中该素材，并取消勾选【ImporterJPEG序列】复选框，最后单击【导入】按钮，如图2.131所示。

图 2.131

最终文件的效果显示正确了，如图2.132所示。

图 2.132

音乐酒吧

Chapter 3

第3章

扫一扫，看视频

我的第一个After Effects作品

本章内容简介：

本章通过一个After Effects案例让读者朋友体验创作全流程，并且激发学习兴趣。步骤包括新建项目和合成、导入素材、添加字幕效果、添加效果、输出作品。

重点知识掌握：

本章重点掌握在After Effects中创作的一般流程，并建议读者朋友按照这个流程创作自己的作品，避免由于步骤的混乱而导致创作出现问题。

重点 实例：我的第一个After Effects作品

扫一扫，看视频

文件路径：第3章 我的第一个After Effects作品→实例：我的第一个After Effects作品

通过本实例的学习，我们将了解到After Effects基本的使用流程：新建项目和合成→导入素材→添加字幕效果→添加效果→输出作品，不妨也试一下根据该方法自己做一个视频作品吧！

3.1 新建合成

步骤 01 将光标放在After Effects 2023图标上方，双击打开软件。打开软件后，在菜单栏中执行【文件】/【新建】/【新建项目】命令，如图3.1所示。

文件(F) 编辑(E) 合成(C) 图层(L) 效果(T) 动画(A) 视图(V) 窗口 帮助(H)
新建(N) | 新建项目(P) Ctrl+Alt+N
打开项目(O)... Ctrl+O | 新建文件夹(F) Ctrl+Alt+Shift+N
打开团队项目... | Adobe Photoshop 文件(H)...
打开最近的文件 | MAXON CINEMA 4D 文件(C)...
在 Bridge 中浏览... Ctrl+Alt+Shift+O

图 3.1

步骤 02 此时进入After Effects 2023界面，如图3.2所示。接着在【项目】面板下方右击，执行【新建合成】命令，如图3.3所示。

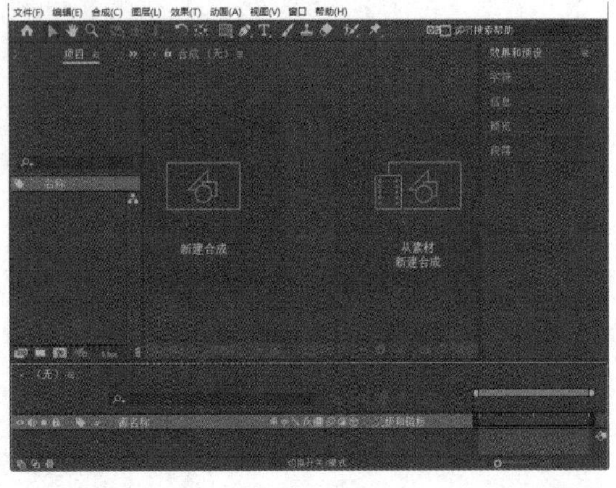

图 3.2

步骤 03 在弹出的【合成设置】窗口中，设置【合成名称】为【合成1】，【预设】为【PAL D1/DV宽银幕【方形像素】，【宽度】为1050，【高度】为576，【像素长宽比】为【方形像素】，【帧速率】为25，【分辨率】为【完整】，【持续时间】为8秒，单击【确定】按钮完成新建合成，如图3.4所示。

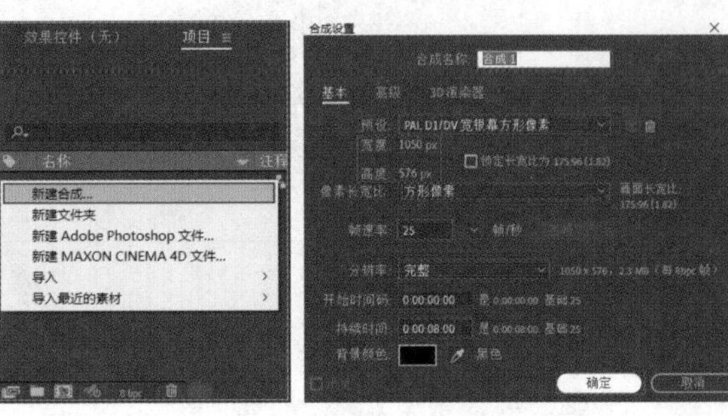

图 3.3　　图 3.4

3.2 导入素材

步骤 01 在【项目】面板下方空白位置处双击，如图3.5所示。也可以使用快捷键Ctrl+I打开【导入文件】窗口，导入所需的素材文件，选择素材后单击【导入】按钮，如图3.6所示。

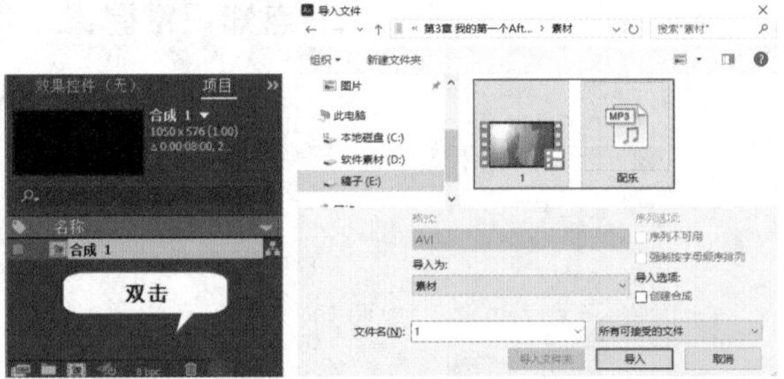

图 3.5　　图 3.6

步骤 02 此时，素材导入【项目】面板中，如图3.7所示。

步骤 03 在【项目】面板中将1.mp4和【配乐.mp3】素材拖曳到【时间轴】面板中，如图3.8所示。

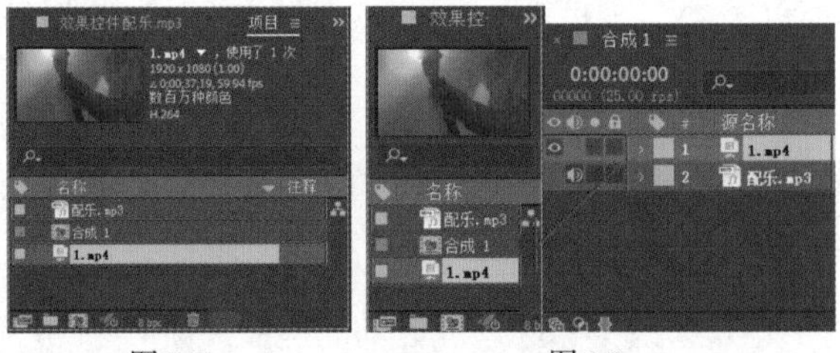

图 3.7　　图 3.8

3.3 添加字幕效果

步骤 01 在【时间轴】面板下方空白位置处右击，执行【新建】/【文本】命令，也可直接在工具栏中选择T（横排文字工具），如图3.9所示。在【字符】面板中设置合

适的【字体系列】，设置【填充颜色】为白色，【描边颜色】为无，【字体大小】为130，在【段落】面板中选择▤（居中对齐文本），然后在画面中输入文字“|音乐酒吧|”，如图3.10所示。

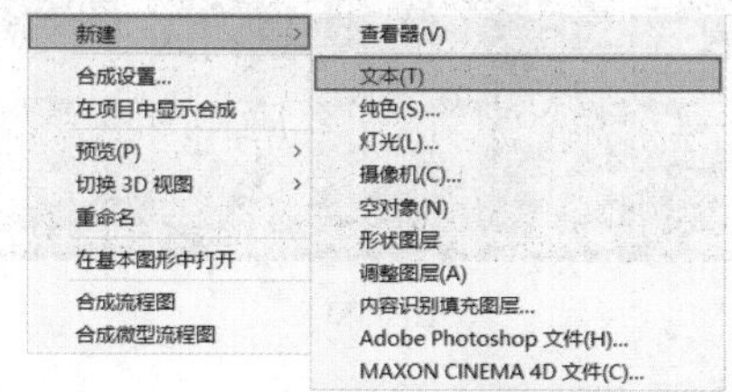

图 3.9

图 3.10

步骤 02 调整文字位置，在【时间轴】面板中单击打开文本图层下方的【变换】属性，设置【位置】为（515.0,322.0），如图3.11所示。此时，画面效果如图3.12所示。

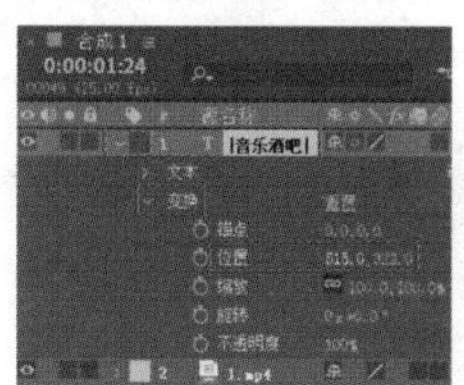

图 3.11

图 3.12

3.4 添加效果

步骤 01 在【效果和预设】面板中搜索【四色渐变】效果，将该效果拖曳到【时间轴】面板的文本图层上，如图3.13所示。

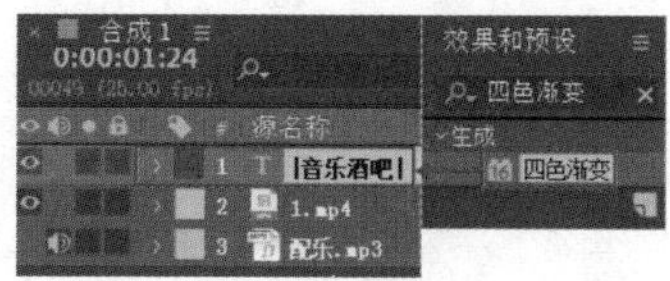

图 3.13

步骤 02 在【时间轴】面板中单击打开文本图层下方的【效果】/【四色渐变】/【位置和颜色】，更改【颜色1】为淡紫色，【颜色2】为青色，【颜色3】为洋红色，【颜色4】为黄色，如图3.14所示。此时，文字效果如图3.15所示。

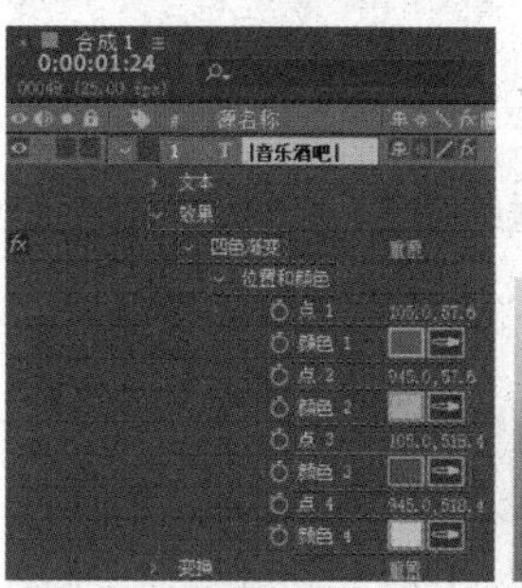

图 3.14

图 3.15

3.5 输出作品

步骤 01 在菜单栏中执行【合成】/【添加到渲染队列】命令或使用快捷键Ctrl+M快速打开【渲染队列】面板，如图3.16和图3.17所示。

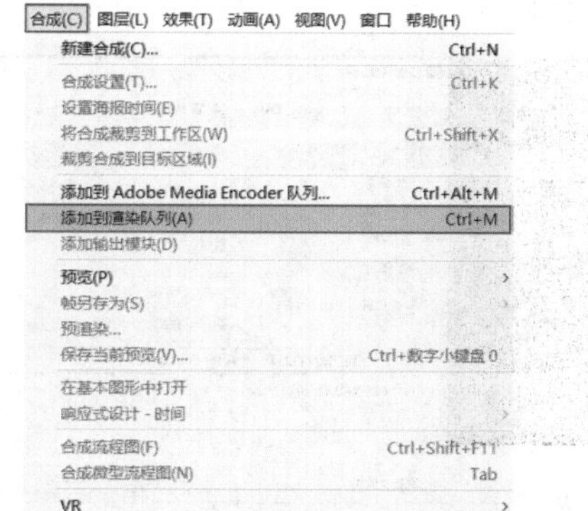

图 3.16

图 3.17

步骤 02 在【渲染队列】面板中单击【输出模块】后的 H.264 - 匹配渲染设置 - 15 Mbps 按钮，此时，弹出【输出模块设置】窗口，在窗口中设置【格式】为AVI，设置完成后单击【确定】按钮完成操作，如图3.18所示。

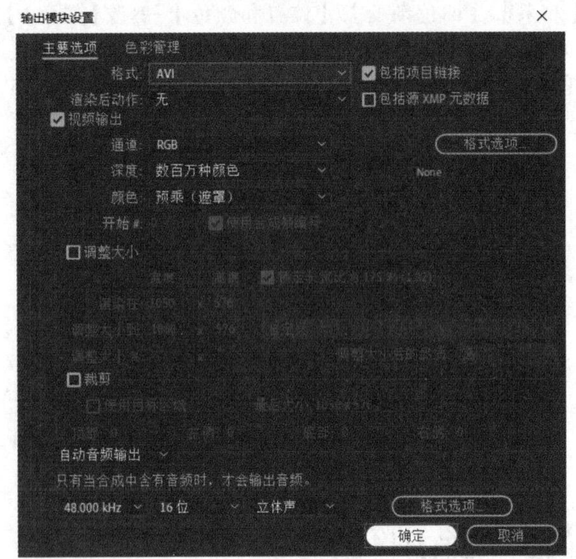

图 3.18

步骤 03 设置输出文件位置。单击【输出到】后方的【合成1.avi】，在弹出的【将影片输出到：】窗口中设置合适的保存路径和文件名称，设置完成后单击【保存】按钮，如图3.19所示。

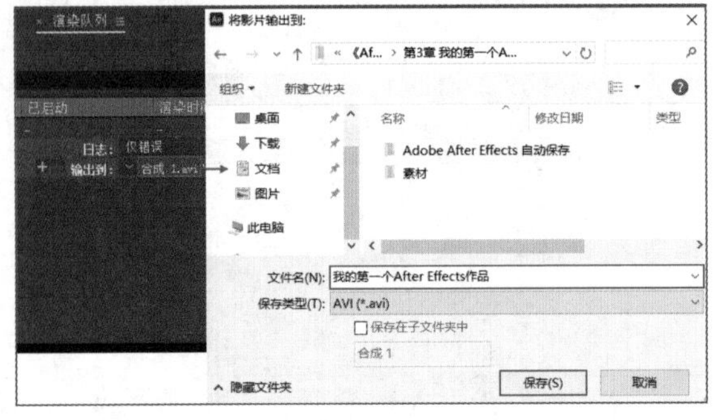

图 3.19

步骤 04 单击【渲染队列】右侧的【渲染】按钮，此时可以看到蓝色进度条，如图3.20所示。待渲染完毕后，可以在保存路径中看到输出的文件，如图3.21所示。

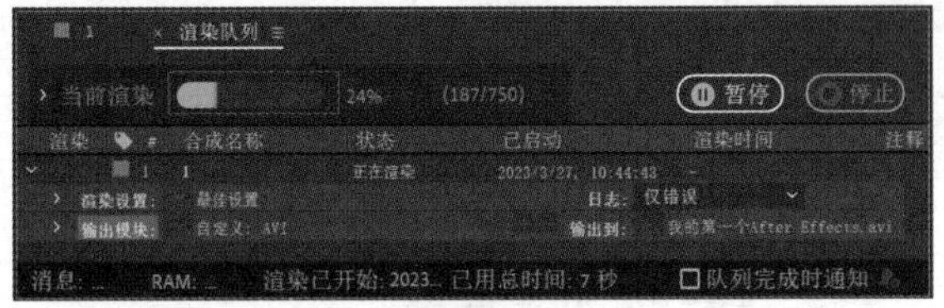

图 3.20

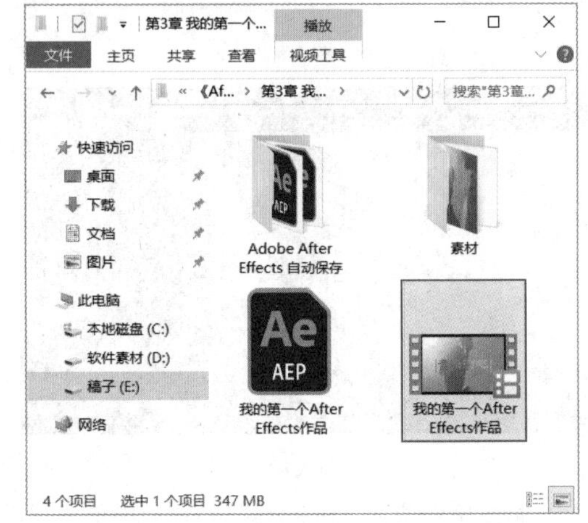

图 3.21

Chapter 4

第4章

扫一扫，看视频

图　层

本章内容简介：

图层是After Effects中比较基础的内容，需要熟练掌握。本章通过讲解在After Effects中创建、编辑图层的方法，使读者掌握各种图层的使用方法。学习本章可以创建文本图层、纯色图层、灯光图层、摄像机图层、空对象图层、形状图层、调整图层，通过这些图层可以模拟很多效果，如创建作品背景、创建文字、创建灯光阴影等。

重点知识掌握：

- 图层的基本概念
- 图层的基本操作
- 图层混合模式
- 创建不同类型图层的方法

优秀佳作欣赏：

4.1 了解图层

在合成作品时，将一层层的素材按照顺序叠放在一起，组合起来就形成了画面的最终效果。在After Effects中，每种图层类型具有不同的作用。例如，文本图层可以为作品添加文字，形状图层可以绘制各种形状，调整图层可以统一为图层添加效果等。图层创建完成后，还可以对图层进行移动、调整顺序等基本操作，如图4.1所示。

图 4.1

4.1.1 什么是图层

在After Effects中，图层是最基础的内容，是学习After Effects的基础。导入素材、添加效果、设置参数、创建关键帧动画等对图层的操作，都可以在【时间轴】面板中完成，如图4.2所示。

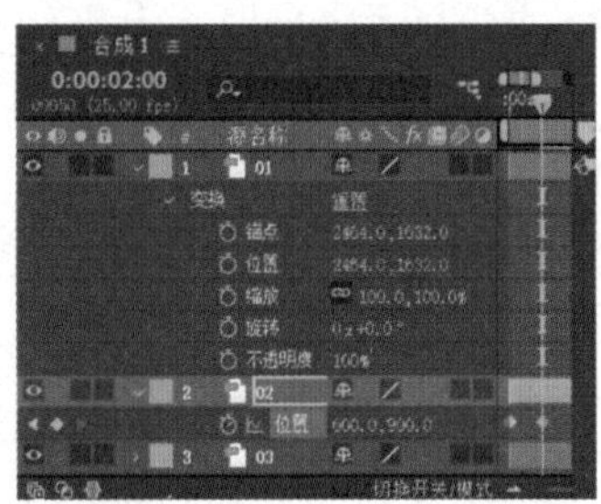

图 4.2

4.1.2 常用的图层类型

在After Effects中，常用的图层类型主要包括【文本】【纯色】【灯光】【摄像机】【空对象】【形状图层】【调整图层】和【内容识别填充图层】。在【时间轴】面板中右击，执行【新建】命令即可看到这些类型，如图4.3所示。

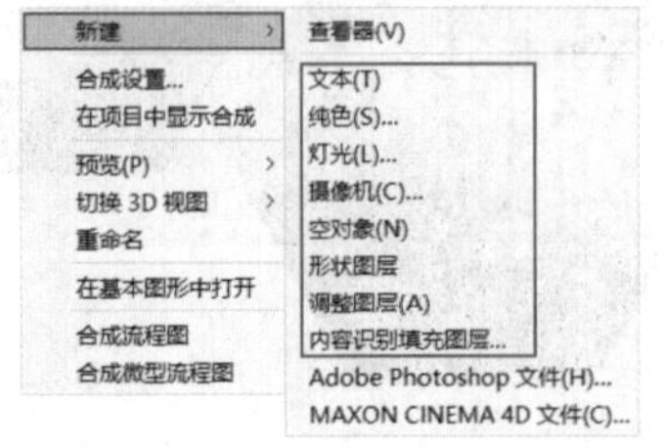

图 4.3

重点 4.1.3 图层的创建方法

创建图层的常用方法有以下两种。

方法1： 菜单栏创建

在菜单栏中执行【图层】/【新建】命令，然后就可以选择要创建的图层类型，如图4.4所示。

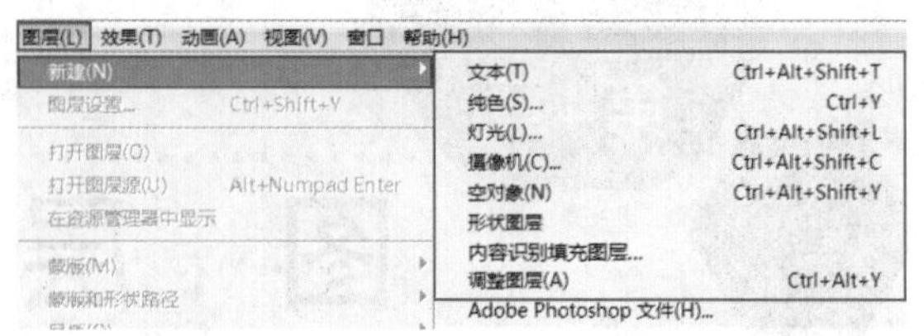

图 4.4

方法2： 【时间轴】 面板创建

在【时间轴】面板中右击，执行【新建】命令，此时可以选择要创建的图层类型，如图4.5所示。

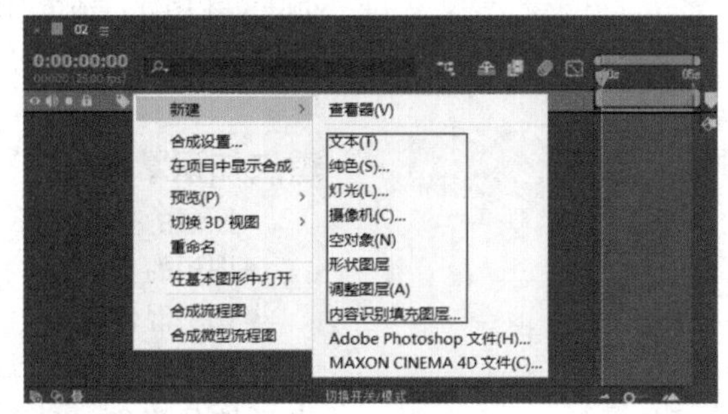

图 4.5

4.2 图层的基本操作

扫一扫，看视频

After Effects中的图层基本操作与Photoshop中相应的操作相似，其中包括对图层的选择、重命名、顺序更改、复制、粘贴、隐藏和显示及合并等。

重点 4.2.1 轻松动手学：选择图层的多种方法

扫一扫，看视频

文件路径：第4章 图层→轻松动手学：选择图层的多种方法

选择单个图层有以下3种方法。

方法1：

在【时间轴】面板中单击选择【图层】。图4.6所示为在【时间轴】面板中选择图层2。

方法2：

在键盘右侧的小数字键盘中按下图层对应的数字即可选中相应的图层。图4.7所示为按下小键盘上的3，那么选中的是图层3的素材。

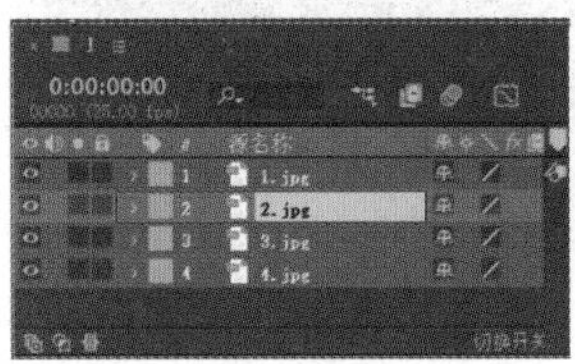

图 4.6

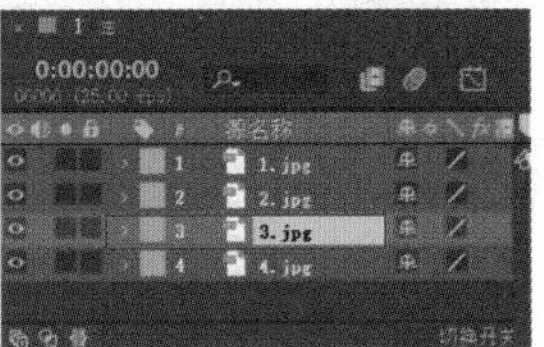

图 4.7

方法3：

在当前未选择任何图层的情况下，在【合成】面板中单击要选择的图层，此时在【时间轴】面板中可以看到相应图层已被选中。图4.8所示为选择图层1时的界面效果。

图 4.8

选择多个图层有以下3种方法。

方法1：

在【时间轴】面板中将光标定位在空白区域，按住鼠标左键向上拖曳即可框选图层，如图4.9所示。

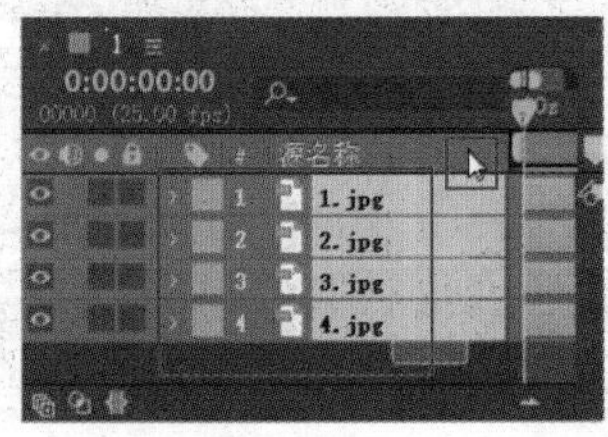

图 4.9

方法2：

在【时间轴】面板中按住Ctrl键的同时，依次单击相应图层即可加选这些图层，如图4.10所示。

方法3：

在【时间轴】面板中按住Shift键的同时，依次单击起始图层和结束图层，即可连续选中这两个图层和首尾图层之间的所有图层，如图4.11所示。

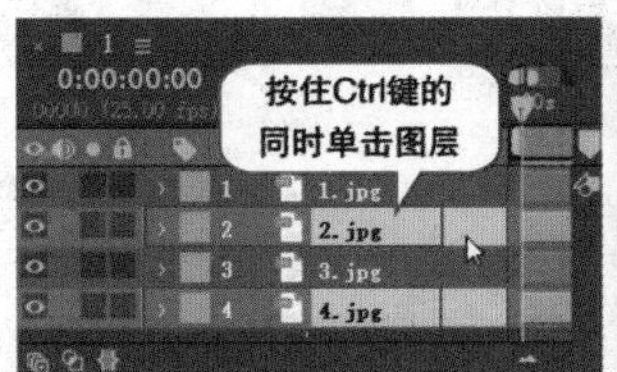

图 4.10

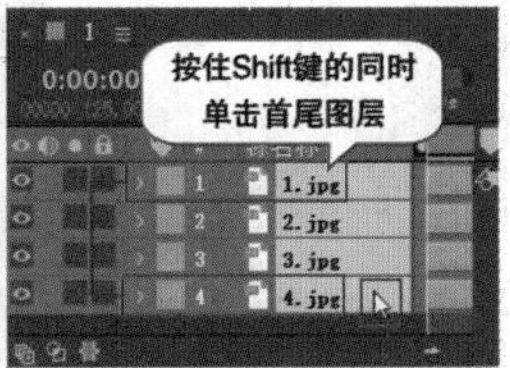

图 4.11

4.2.2 重命名图层

在创建图层完毕后，可为图层重新命名，方便以后进行查找。在【时间轴】面板中单击选中需要重命名的图层，然后按Enter键即可输入新名称。输入完成后，单击图层其他位置或再次按Enter键即可完成重命名操作。

提示：切换【图层名称】和【源名称】。

【源名称】是指素材本身的名称，而【图层名称】则是在After Effects中重命名的名称。在【时间轴】面板中单击【图层名称】或【源名称】即可切换显示图层的名称，如图4.12所示。

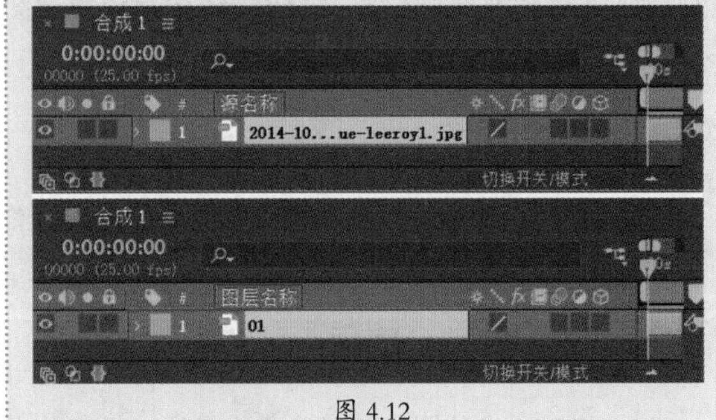

图 4.12

4.2.3 调整图层顺序

在【时间轴】面板中单击选中需要调整的图层，并将光标定位在该图层上，然后按住鼠标左键并拖曳至某图层上方或下方，即可调整图层显示顺序，不同的图层顺序会产生不同的画面效果，对比效果如图4.13所示（也可以使用快捷键：【图层置顶】快捷键为Ctrl+Shift+]、【图层置底】快捷键为Ctrl+Shift+[、【图层向上】快捷键为Ctrl+]、【图层向下】快捷键为Ctrl+[）。

（a）　　　　　　　　（b）

图 4.13

重点 4.2.4　图层的复制、粘贴

1. 复制和粘贴图层

在【时间轴】面板中单击选中需要复制的图层，然后执行【复制图层】命令（快捷键为Ctrl+C）和【粘贴图层】命令（快捷键为Ctrl+V），即可复制得到一个新的图层。

2. 快速创建图层副本

在【时间轴】面板中单击选中需要复制的图层，然后执行【创建副本】命令（快捷键为Ctrl+D）得到图层副本。

4.2.5　删除图层

在【时间轴】面板中单击选中需要删除的图层，然后按BackSpace或Delete键，即可删除选中的图层。

4.2.6　隐藏和显示图层

After Effects中的图层可以隐藏或显示，只需单击图层左侧的按钮，即可将图层隐藏或显示，并且【合成】面板中的素材也会随之产生隐藏或显示变化，如图4.14所示（当【时间轴】面板中的图层数量较多时，单击该按钮，并观察【合成】面板的效果，用于判断某个图层是否为需要寻找的图层）。

（a）　　　　　　　　（b）

图 4.14

4.2.7　锁定图层

After Effects中的图层可以进行锁定，锁定后的图层将无法被选择或编辑。若要锁定图层，只需单击图层左侧的按钮即可，如图4.15所示。

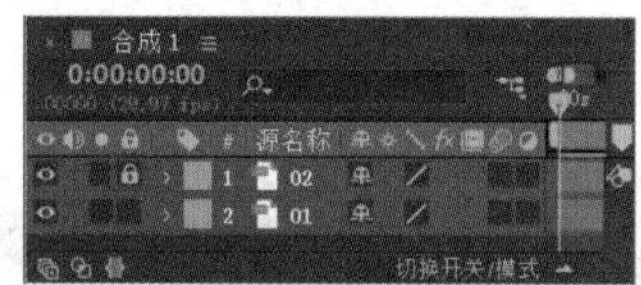

图 4.15

重点 4.2.8　轻松动手学：图层的预合成

扫一扫，看视频

文件路径：第4章　图层→轻松动手学：图层的预合成

将图层进行预合成的目的是方便管理图层、添加效果等，需要注意，预合成之后还可以对合成之前的任意素材图层进行属性调整。

在【时间轴】面板中选中需要合成的图层，然后执行【预合成】命令（快捷键为Ctrl+Shift+C），在弹出的【预合成】对话框中设置【新合成名称】，如图4.16所示。此时，可在【时间轴】面板中看到预合成的图层，如图4.17所示（如果想重新调整预合成之前的某一个图层，只需双击预合成图层即可单独进行调整）。

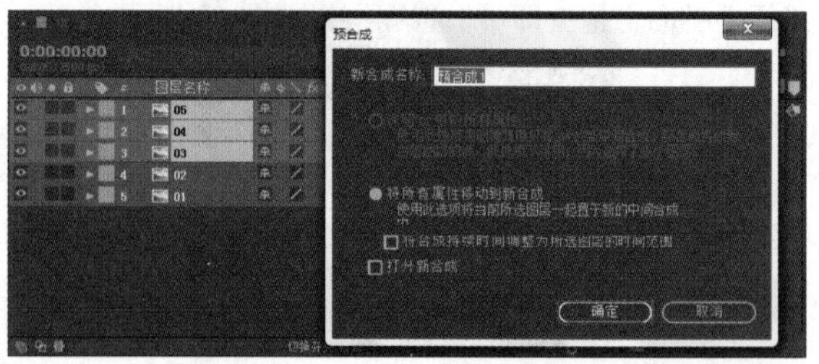

图 4.16

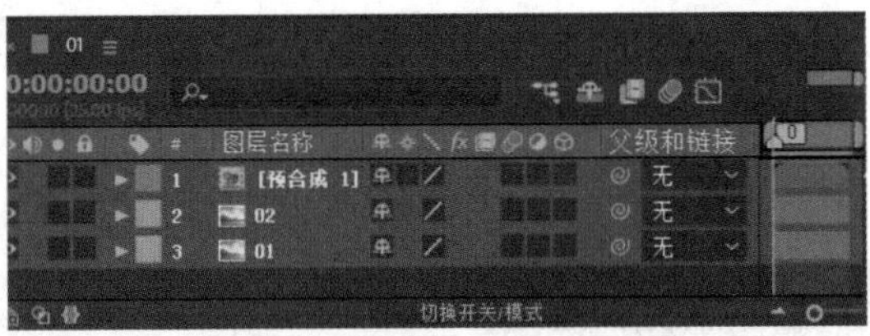

图 4.17

重点 4.2.9 图层的切分

将时间线移动到某一帧时，选中某个图层，然后执行菜单栏中的【编辑】/【拆分图层】命令（快捷键为Ctrl+Shift+D），即可将图层拆分为两个图层。该功能与Premiere Pro软件中的剪辑功能类似，如图4.18和图4.19所示。

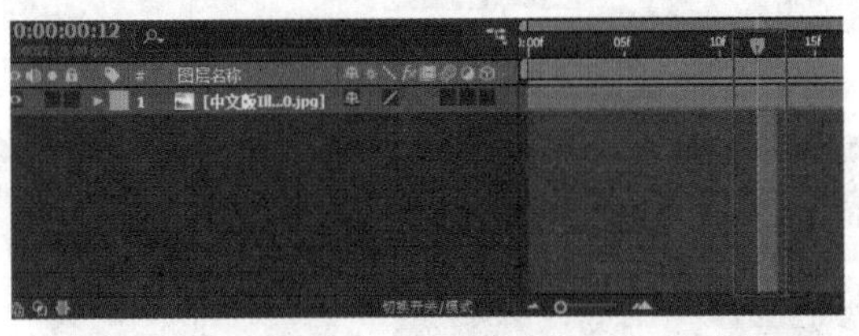

图 4.18

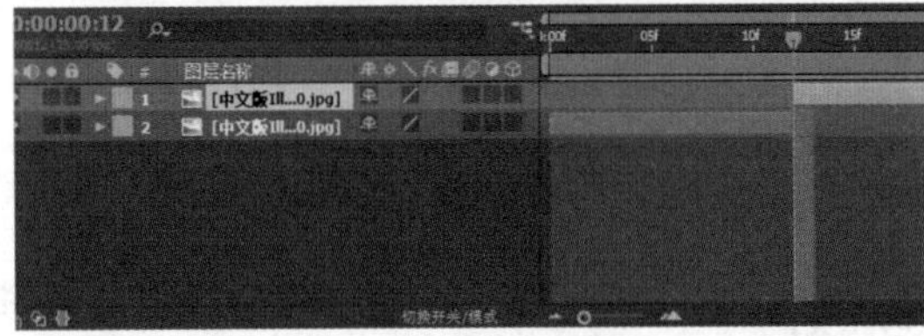

图 4.19

4.3 图层混合模式

图层混合模式可以控制图层与图层之间的融合效果，且不同的混合可使画面产生不同的效果。在After Effects中，图层的【混合模式】有30余种，种类非常多，不需要死记硬背，可以尝试使用每种模式，通过效果来加深印象，如图4.20所示。

• 正常	相加	强光	色相
溶解	变亮	线性光	饱和度
动态抖动溶解	屏幕	亮光	颜色
变暗	颜色减淡	点光	发光度
相乘	经典颜色减淡	纯色混合	模板 Alpha
颜色加深	线性减淡	差值	模板亮度
经典颜色加深	较浅的颜色	经典差值	轮廓 Alpha
线性加深	叠加	排除	轮廓亮度
较深的颜色	柔光	相减	Alpha 添加
		相除	冷光预乘

图 4.20

在【时间轴】面板中单击【切换开关/模式】或单击按钮，可以显示或隐藏【模式】按钮，如图4.21所示。

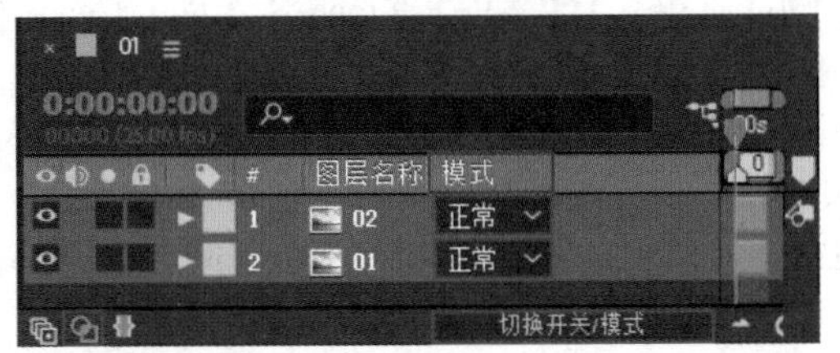

图 4.21

图层混合模式是指两个图层之间的混合，即修改混合模式的图层与该图形下面的那个图层之间会产生混合效果。在【时间轴】面板中单击图层对应的【模式】，可以在弹出的快捷菜单中选择合适的混合模式，如图4.22所示。或在【时间轴】面板中单击选中需要设置的图层，执行【图层】/【混合模式】命令，如图4.23所示。

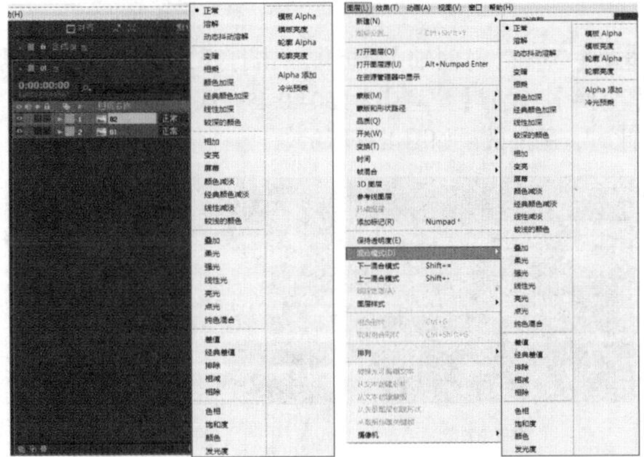

图 4.22　　图 4.23

实例4.1：制作画中画效果

文件路径：第4章 图层→实例：制作画中画效果

扫一扫，看视频

本实例首先使用蒙版将照片提取出来，接着使用【黑色和白色】及【线性加深】混合模式制作出老照片效果。效果如图4.24所示。

图 4.24

步骤 01 在【项目】面板中右击，选择【新建合成】命令，在弹出的【合成设置】窗口中设置【合成名称】为1，【预设】为【自定义】，【宽度】为1200，【高度】为800，【像素长宽比】为【方形像素】，【帧速率】为25，【分辨率】为【完整】，【持续时间】为5秒。执行【文件】/【导入】/【文件】命令，导入全部素材文件，如图4.25所示。

步骤 02 在【项目】面板中分别将1.jpg素材文件和2.png素材文件拖曳到【时间轴】面板中，如图4.26所示。

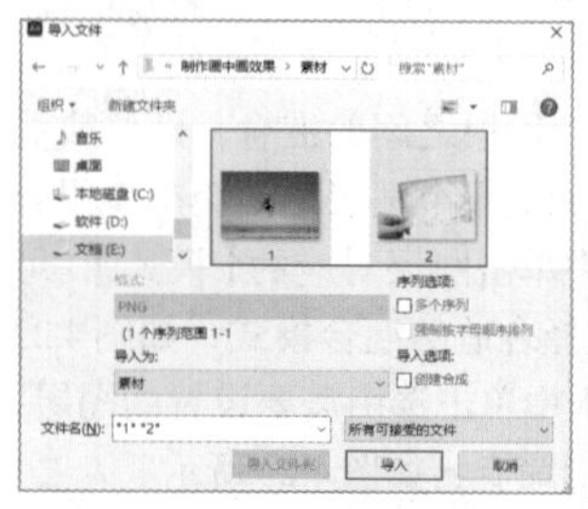

图 4.25

图 4.26

步骤 03 在【时间轴】面板中单击打开2.png图层下方的【变换】，设置【位置】为(504.0,459.0)，如图4.27所示。此时，画面效果如图4.28所示。

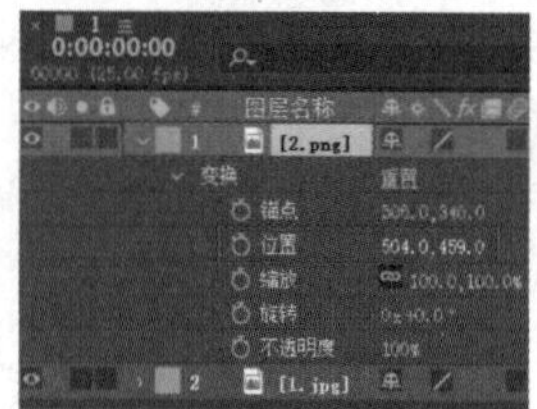

图 4.27

图 4.28

步骤 04 创建1.jpg的副本图层。在【时间轴】面板中选择1.jpg图层，使用快捷键Ctrl+D创建出一个新的副本图层，按住鼠标左键将1.jpg副本图层拖曳到最上层位置，如图4.29所示。

步骤 05 在【时间轴】面板中选择1.jpg图层(图层1)，单击该图层前方的(显现/隐藏)按钮，在工具栏中选择(钢笔工具)，围绕长方形旧纸张展开绘制，如图4.30所示。

步骤 06 显现并选择1.jpg图层(图层1)，在【效果和预设】面板搜索框中搜索【黑色和白色】效果，将该效果拖曳到【时间轴】面板中的1.jpg图层(图层1)上，如图4.31所示。此时，画面效果如图4.32所示。

步骤 07 在【时间轴】面板中选择1.jpg图层(图层1)，在该图层后方设置【模式】为【线性加深】，如图4.33所示。

步骤 08 本实例制作完成，画面最终效果如图4.34所示。

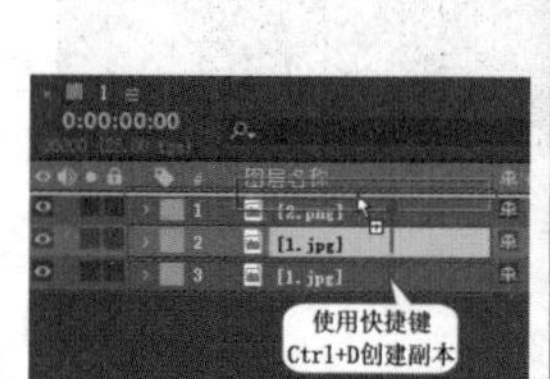

图 4.29

图 4.30

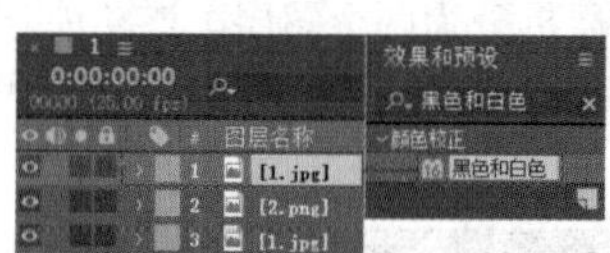

图 4.31

图 4.32

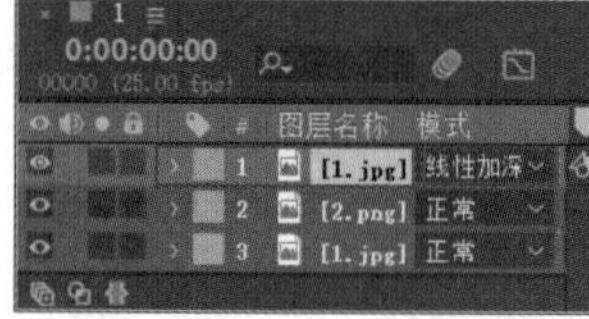

图 4.33

图 4.34

重点 4.4 图层样式

扫一扫，看视频

After Effects中的图层样式与Photoshop中的图层样式相似，这种图层处理功能是提升作品品质的重要手段之一，它能快速、简单地制作出发光、投影、描边等9种图层样式，如图4.35所示。

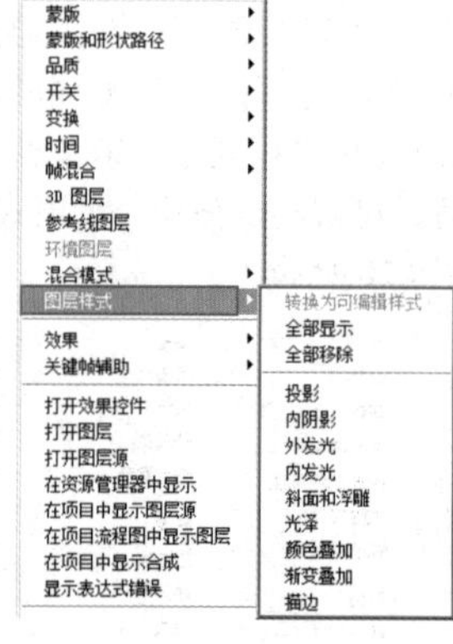

图 4.35

4.4.1 投影

【投影】样式可以为图层增添阴影效果。选中素材，在菜单栏中执行【图层】/【图层样式】/【投影】命令，此时参数设置如图4.36所示。画面效果如图4.37所示。

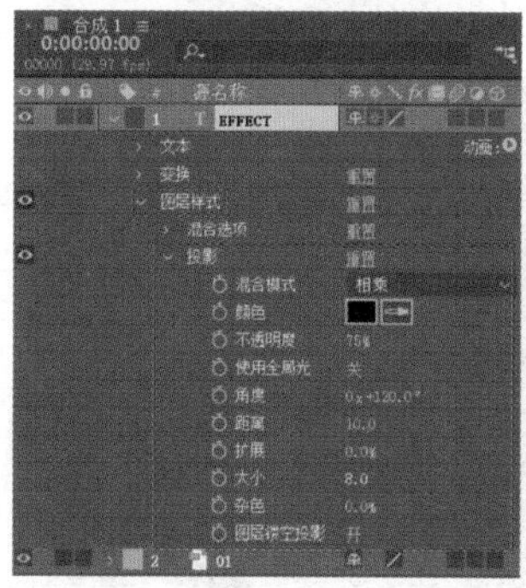

图 4.36

图 4.37

- 混合模式：为投影添加与画面融合的效果。
- 颜色：设置投影的颜色。
- 不透明度：设置投影的厚度。
- 使用全局光：设置投影的光线角度，使画面光线一致。
- 角度：设置投影的角度方向。
- 距离：设置图层与投影之间的距离。图4.38所示为设置【距离】为3.0和20.0的对比效果。

（a）　　（b）

图 4.38

- 扩展：设置投影大小及模糊程度。数值越大，投影越大，投影效果越清晰。
- 大小：数值越大，投影越大，投影效果越模糊。
- 杂色：制作画面颗粒感。数值越大，杂色效果越明显。
- 图层镂空投影：在投影中设置相对投影属性的开或关。

4.4.2 内阴影

【内阴影】样式可以为图层内部添加阴影效果，从而使图像呈现立体感。选中素材，在菜单栏中执行【图层】/【图层样式】/【内阴影】命令，此时参数设置如图4.39所示。画面效果如图4.40所示。

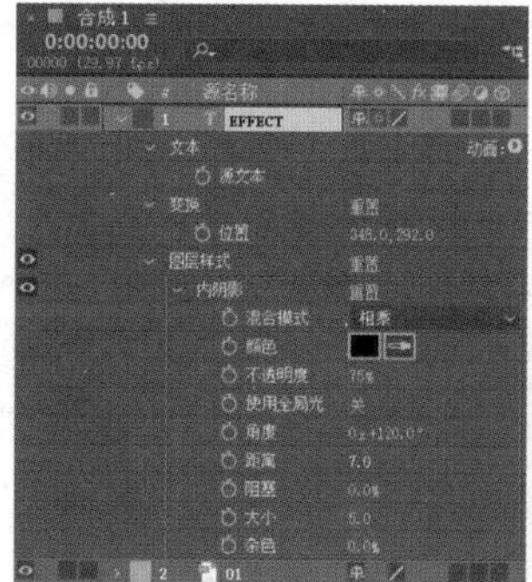

图 4.39

图 4.40

阻塞：设置内阴影效果的粗细程度。图4.41所示为设置【阻塞】为0和50的对比效果。

（a）　　（b）

图 4.41

4.4.3 外发光

【外发光】样式可以处理图层外部的光照效果。选中素材，在菜单栏中执行【图层】/【图层样式】/【外发光】命令，此时参数设置如图4.42所示。画面效果如图4.43所示。

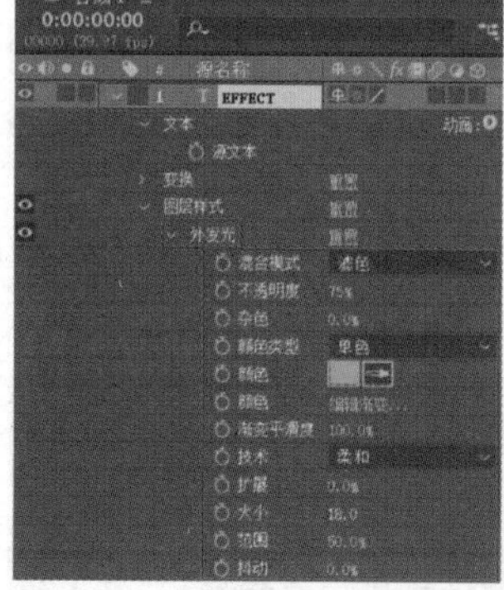

图 4.42

图 4.43

- 颜色类型：可选择【外发光】的颜色为单色或渐变。
- 颜色：单击颜色右方的【编辑渐变】，在弹出的窗口中可设置渐变颜色。

- 渐变平滑度：可以设置渐变颜色的平滑过渡程度。
- 技术：设置发光边缘的柔和或精细程度。
- 范围：设置外发光的作用范围。图4.44所示为设置【范围】为15.0%和100.0%的对比效果。
- 抖动：设置外发光的颗粒抖动情况。

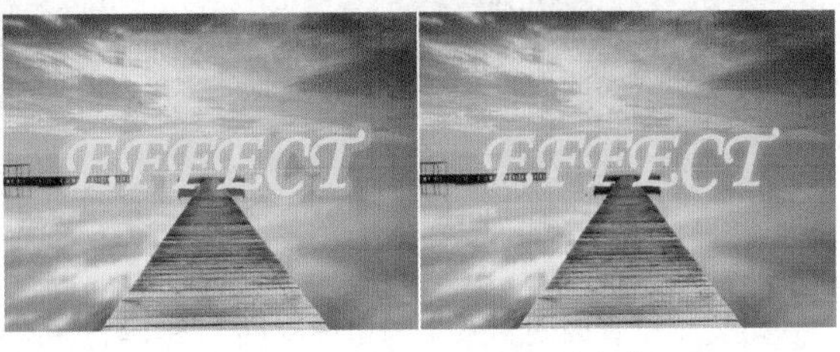

（a）　　（b）

图 4.44

4.4.4 内发光

【内发光】样式可以处理图层内部的光照效果。选中素材，在菜单栏中执行【图层】/【图层样式】/【内发光】命令，此时参数设置如图4.45所示。画面效果如图4.46所示。

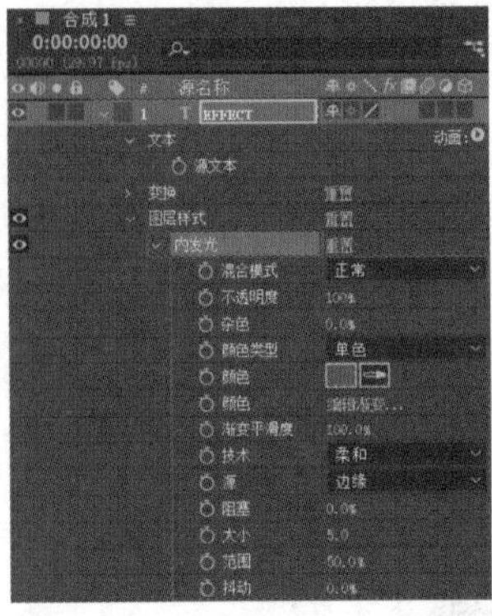

图 4.45

图 4.46

源：设置发光源的位置。图4.47所示为设置【源】为【边缘】和【中心】的对比效果。

（a）

（b）

图 4.47

4.4.5 斜面和浮雕

【斜面和浮雕】样式可以模拟冲压状态，为图层制作浮雕效果，增强立体感。选中素材，在菜单栏中执行【图层】/【图层样式】/【斜面和浮雕】命令，此时参数设置如图4.48所示。画面效果如图4.49所示。

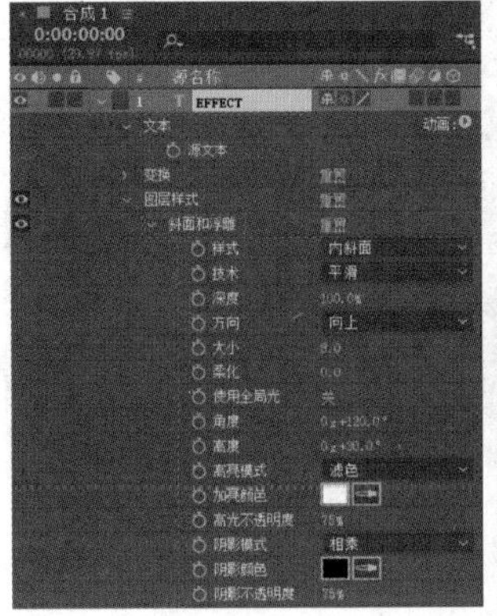

图 4.48

图 4.49

- 样式：可以为图层制作【外斜面】【内斜面】【浮雕】【枕状浮雕】【描边浮雕】5种效果。图4.50所示为设置【样式】为【外斜面】和【枕状浮雕】的对比效果。

（a）　　（b）

图 4.50

- 技术：可以设置【平滑】【雕刻清晰】【雕刻柔和】3种不同类型的效果。
- 深度：设置浮雕的深浅程度。
- 方向：设置浮雕向上或向下两种方向。
- 柔化：设置浮雕的强硬程度。
- 高度：设置图层中浮雕效果的立体程度。
- 高亮模式：设置【斜面和浮雕】亮部区域的混合模式，包含27种类型。
- 加亮颜色：设置【斜面和浮雕】的余光颜色。
- 高光不透明度：颜色的明暗程度。
- 阴影模式：设置【斜面和浮雕】暗部区域的混合模式。

● 阴影颜色：设置该效果阴影部分的颜色。

4.4.6 光泽

【光泽】样式使图层表面产生光滑的磨光或金属质感效果。选中素材，在菜单栏中执行【图层】/【图层样式】/【光泽】命令，此时参数设置如图4.51所示。画面效果如图4.52所示。

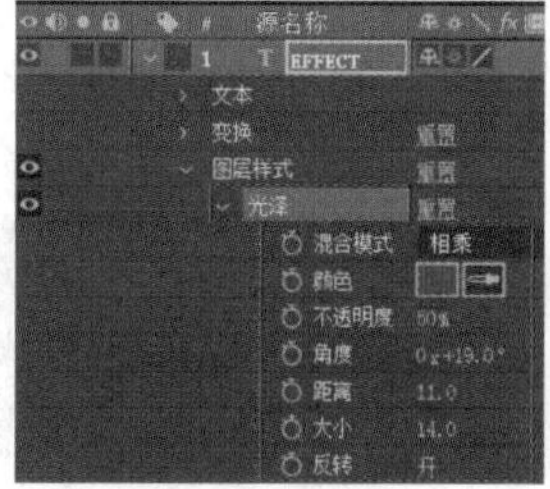

图 4.51

图 4.52

反转：将【光泽】效果反向呈现在图层中。图4.53所示为【反转】为【开】和【关】的对比效果。

（a） （b）

图 4.53

4.4.7 颜色叠加

【颜色叠加】样式可以在图层上方叠加颜色。选中素材，在菜单栏中执行【图层】/【图层样式】/【颜色叠加】命令，此时参数设置如图4.54所示。画面效果如图4.55所示。

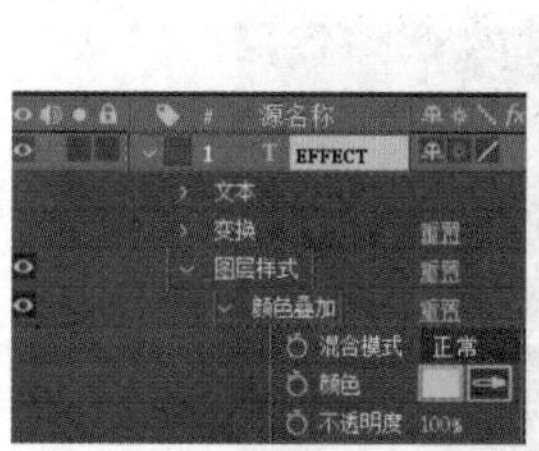

图 4.54

图 4.55

颜色：设置叠加时在图层中所呈现的颜色。图4.56所示为设置【颜色】为绿色和蓝色的对比效果。

（a） （b）

图 4.56

4.4.8 渐变叠加

【渐变叠加】样式可以在图层上方叠加颜色。选中素材，在菜单栏中执行【图层】/【图层样式】/【渐变叠加】命令，此时参数设置如图4.57所示。画面效果如图4.58所示。

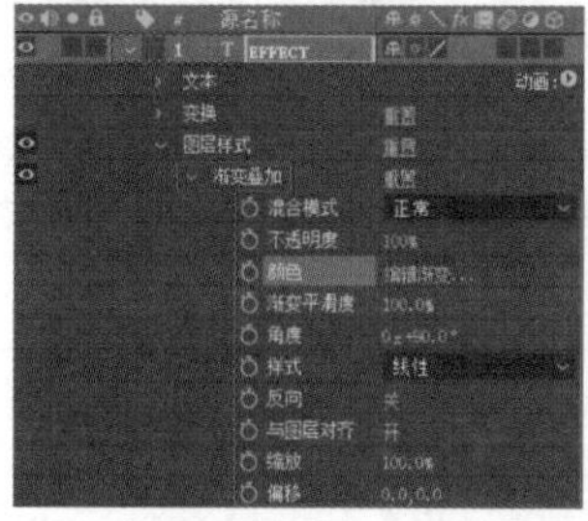

图 4.57

图 4.58

● 渐变平滑度：设置【渐变叠加】时颜色的平滑程度。

● 与图层对齐：将【渐变叠加】效果与所选图层对齐。

● 缩放：设置图层中渐变的缩放大小。图4.59所示为设置【缩放】为20.0%和100.0%的对比效果。

（a） （b）

图 4.59

● 偏移：设置【渐变叠加】效果的移动位置。

4.4.9 描边

【描边】样式可以使用颜色为当前图层的轮廓添加像素，使图层轮廓更加清晰。选中素材，在菜单栏中执行【图层】/【图层样式】/【描边】命令，此时参数设置如图4.60所示。画面效果如图4.61所示。

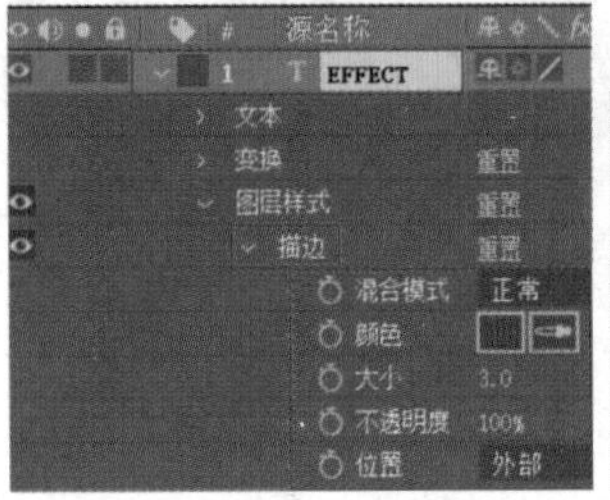

图 4.60

图 4.61

位置：在图层中设置【内部】【外部】【居中】描边，如图4.62所示。

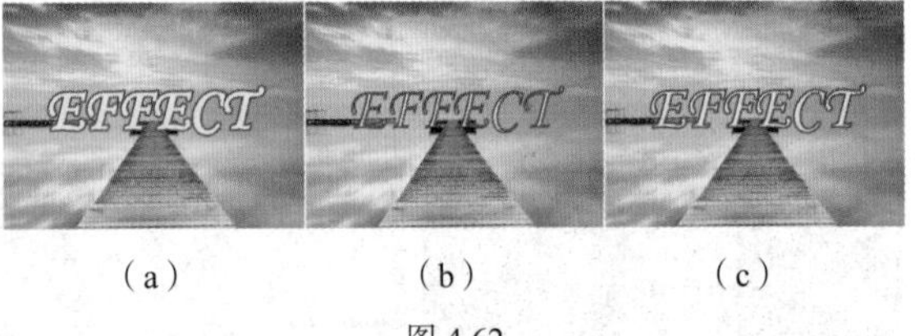

（a）（b）（c）

图 4.62

实例4.2：使用【渐变叠加】效果赋予照片新的色调

扫一扫，看视频

文件路径：第4章 图层→实例：使用【渐变叠加】效果赋予照片新的色调

本实例使用【渐变叠加】效果为照片更换颜色，赋予照片新的色调。效果如图4.63所示。

图 4.63

步骤 01 在【项目】面板中右击，选择【新建合成】命令，在弹出的【合成设置】窗口中设置【合成名称】为1，【预设】为【自定义】，【宽度】为1000，【高度】为750，【像素长宽比】为【方形像素】，【帧速率】为24，【分辨率】为【完整】，【持续时间】为5秒。执行【文件】/【导入】/【文件】命令，导入1.jpg素材文件，如图4.64所示。

步骤 02 在【项目】面板中选择1.jpg素材文件，将它拖曳到【时间轴】面板中，如图4.65所示。

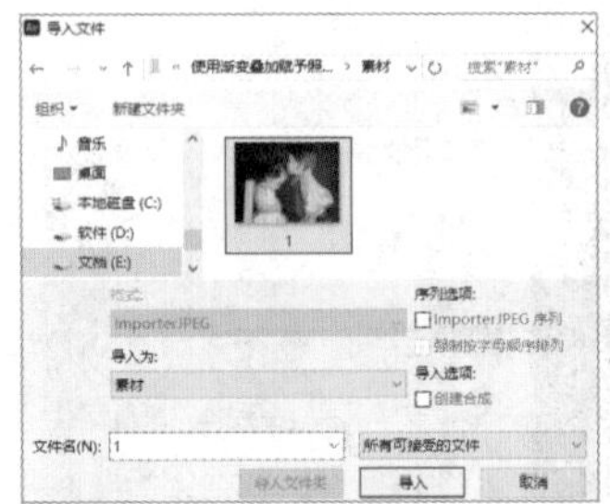

图 4.64

图 4.65

步骤 03 在【时间轴】面板中选择1.jpg图层，右击，在弹出的快捷菜单中执行【图层样式】/【渐变叠加】命令。在【时间轴】面板中单击打开1.jpg图层下方的【图层样式】/【渐变叠加】，单击【颜色】后方的【编辑渐变】，在弹出的【渐变编辑器】窗口中编辑一个由蓝色到橘红色再到黄色的渐变，接着设置【混合模式】为【滤色】，【不透明度】为40%，【角度】为0x+35.0°，如图4.66所示。

图 4.66

步骤 04 此时画面色调更改，最终效果如图4.67所示。

图 4.67

重点 4.5 文本图层

文本图层可以为作品添加文字效果，如字幕、解说等。执行【图层】/【新建】/【文本】命令，如图4.68所示。或在【时间轴】面板的空白位置处右击，执行【新建】/【文本】命令，如图4.69所示。或在【时间轴】面板中按【创建文本】的快捷键Ctrl+Shift+Alt+T，均可创建文本图层。文本图层的相关参数及具体应用，将在本书后面的【文字】章节中详细讲解。

扫一扫，看视频

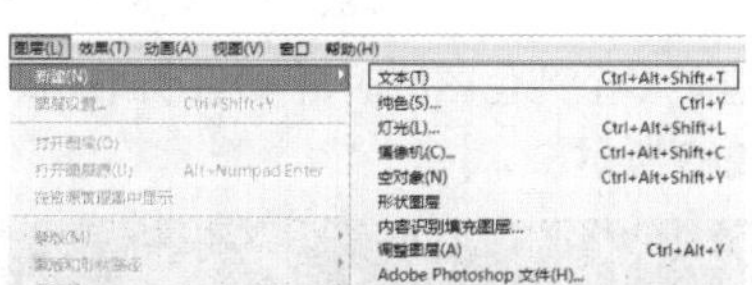

图 4.68

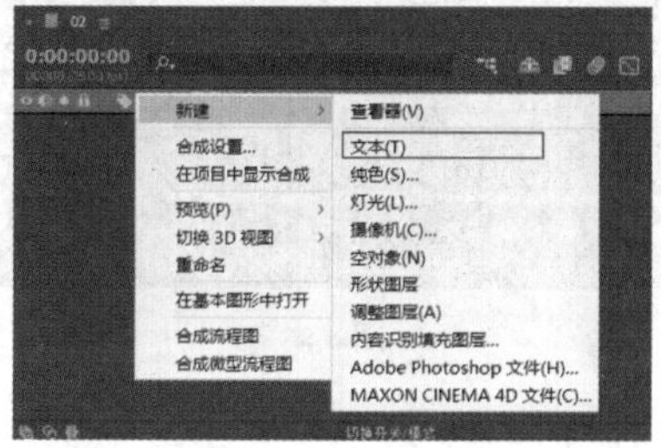

图 4.69

文本图层创建完成后，接着可以在【字符】和【段落】面板中设置合适的字体、字号、对齐等相关属性，如图4.70和图4.71所示。最后可以输入合适的中文或英文等文字内容，为图像添加文本的前后对比效果如图4.72所示。

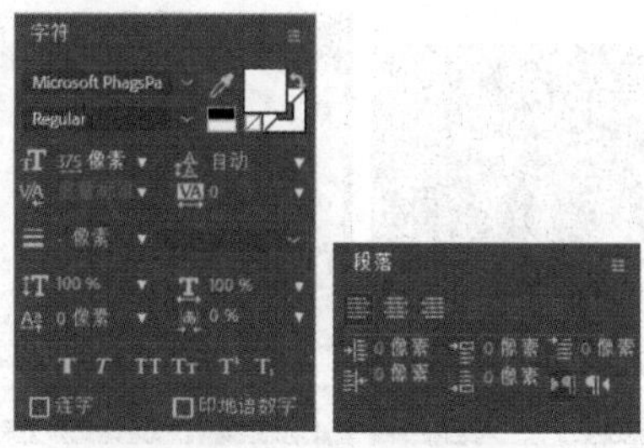

图 4.70　　图 4.71

（a）未添加文本　（b）添加文本

图 4.72

提示：文字创建完成后，可以修改字符属性。

除了上面讲解的先设置字符属性再输入文字内容的方法外，还可以在创建完成文字后再修改字符属性。选中当前的文字图层，如图4.73所示。接着就可以修改字符属性了，如图4.74所示。

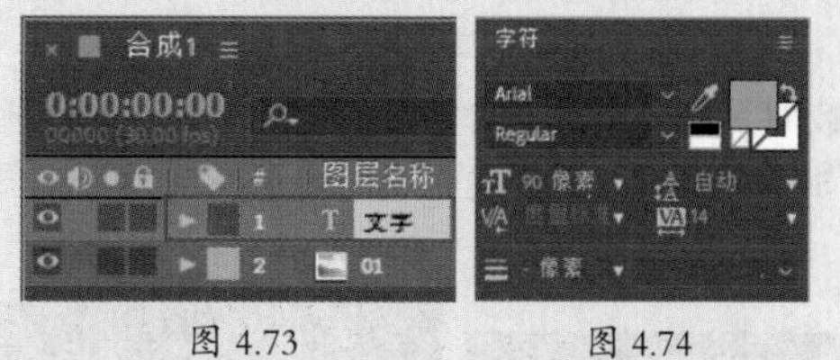

图 4.73　　图 4.74

在【时间轴】面板中单击打开文本图层下方的【文本】，即可设置相应参数，调整文本效果，如图4.75所示。

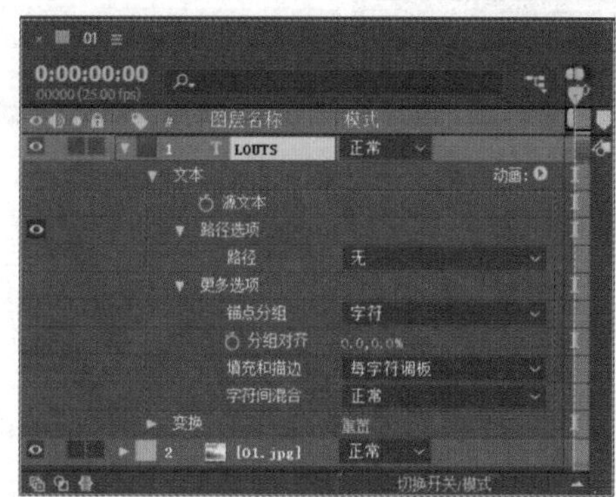

图 4.75

重点 4.6 纯色图层

纯色图层常用于制作纯色背景效果。新建纯色图层，需要在菜单栏中执行【图层】/【新建】/【纯色】命令，如图4.76所示。或在【时间轴】面板的空白位置处右击，执行【新建】/【纯色】命令，如图4.77所示。或使用快捷键Ctrl+Y，均可创建纯色图层。

扫一扫，看视频

图 4.76

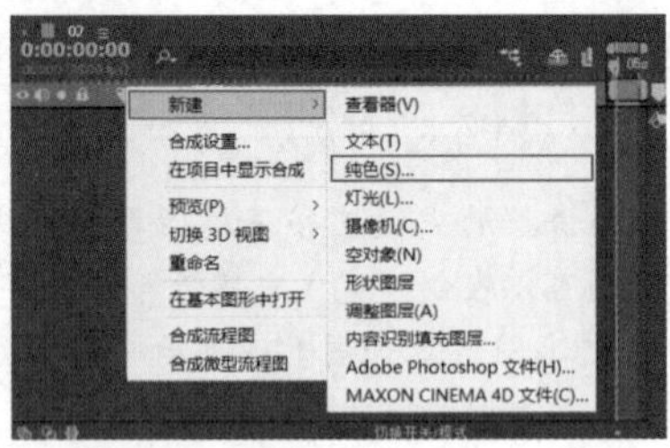

图 4.77

此时，在弹出的【纯色设置】窗口中设置合适的参数，如图4.78所示。创建完成的纯色图层效果如图4.79所示。

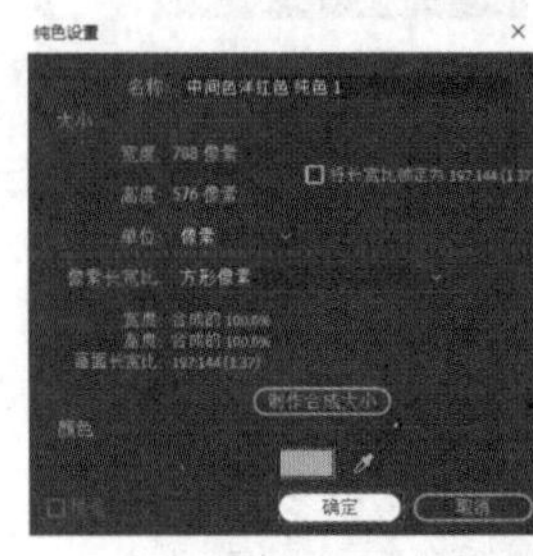

图 4.78　　图 4.79

- 名称：设置纯色图层的名称。
- 大小：设置纯色图层的宽度与高度。设置适合的宽度和高度数值，会创建出不同尺寸的纯色图层。
- 宽度：设置纯色图层的宽度数值。
- 高度：设置纯色图层的高度数值。
- 单位：设置纯色图层的宽度和高度单位。

【纯色设置】窗口如图4.80所示。此时画面效果如图4.81所示。

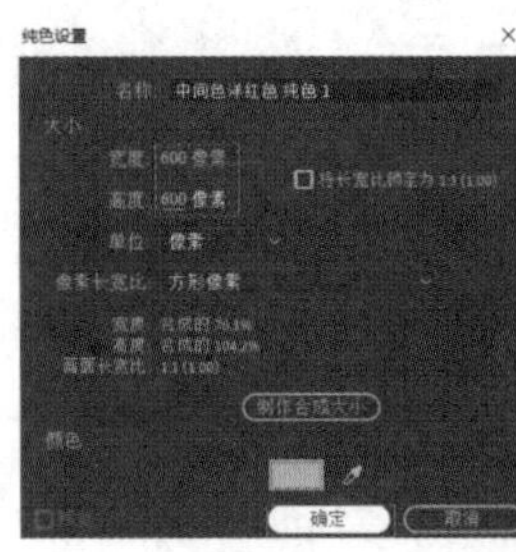

图 4.80　　图 4.81

- 将长宽比锁定为：勾选此复选框可锁定长宽比例。
- 像素长宽比：设置像素长宽比的方式。
- 制作合成大小：单击此按钮可使纯色图层制作为合成大小。
- 颜色：设置纯色图层的颜色。
- 预览：勾选此复选框预览图层效果。

当创建第一个纯色图层后，在【项目】面板中会自动出现一个【纯色】文件夹，双击该文件夹即可看到创建的纯色图层，且纯色图层也会在【时间轴】面板中显示，如图4.82所示。

图 4.82

当创建了多个纯色图层时，【项目】面板和【时间轴】面板如图4.83所示。

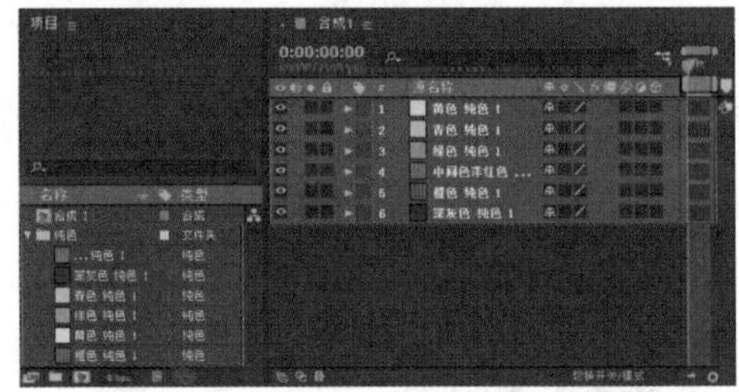

图 4.83

4.6.1　制作背景图层

在【时间轴】面板的空白位置处右击，执行【新建】/【纯色】命令，接着在弹出的【纯色设置】窗口中设置【颜色】为合适的颜色，如图4.84所示。此时画面效果如图4.85所示。

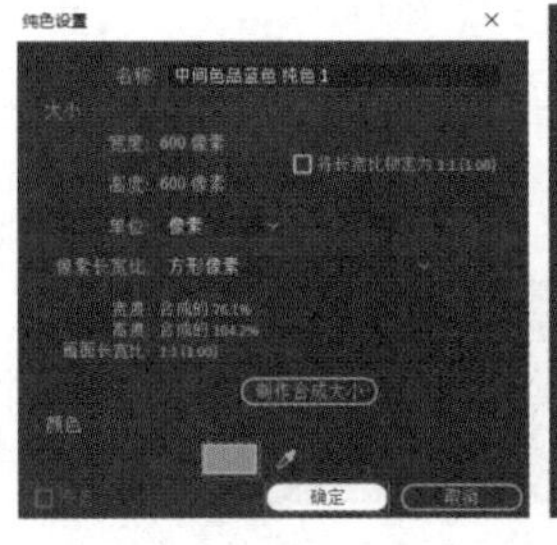

图 4.84　　图 4.85

4.6.2　更改纯色颜色

选中【时间轴】面板中已经创建完成的纯色图层，如图4.86所示。按快捷键Ctrl+Shift+Y，即可重新修改颜色，如图4.87所示。

图 4.86

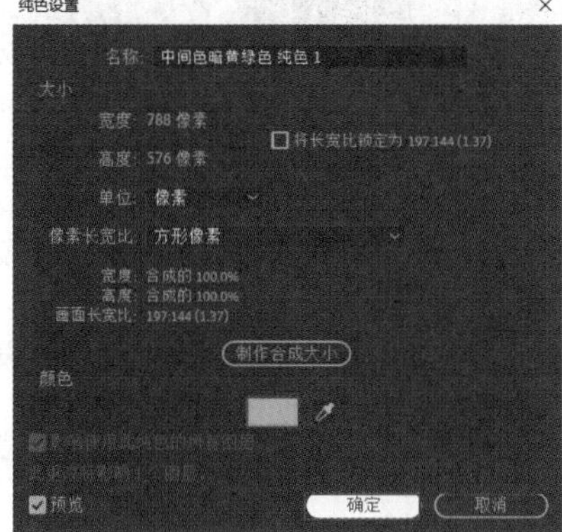

图 4.87

重点 4.7 灯光图层

灯光图层主要用于模拟真实的灯光、阴影，使作品层次感更强烈。执行【图层】/【新建】/【灯光】命令，如图4.88所示。或在【时间轴】面板的空白位置处右击，选择【新建】/【灯光】命令，如图4.89所示。或使用【灯光设置】快捷键Ctrl+Alt+Shift+L，均可创建灯光图层。

扫一扫，看视频

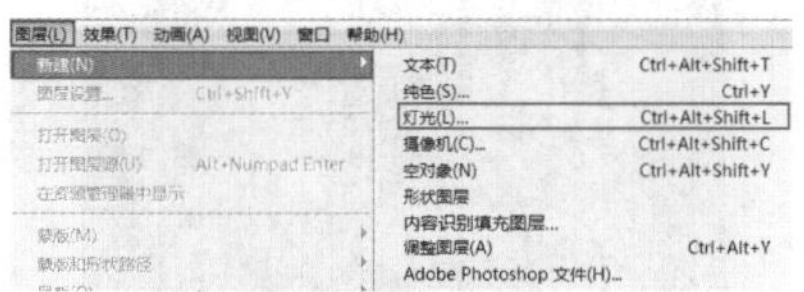

图 4.88

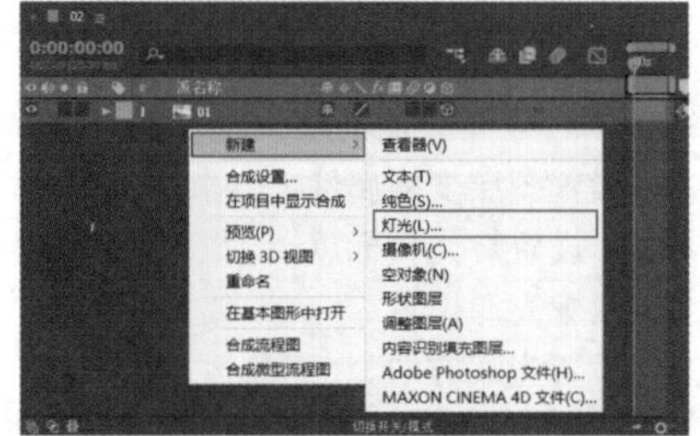

图 4.89

在弹出的【灯光设置】对话框中设置合适参数，如图4.90所示。创建灯光图层的对比效果如图4.91所示。

如果需要再次调整灯光属性，单击选中需要调整的灯光图层，按快捷键Ctrl+Alt+Shift+L，即可在弹出的【灯光设置】对话框中调整其相关参数（注意：在创建灯光图层时，需要将素材开启【3D图层】功能，否则不会出现灯光效果）。

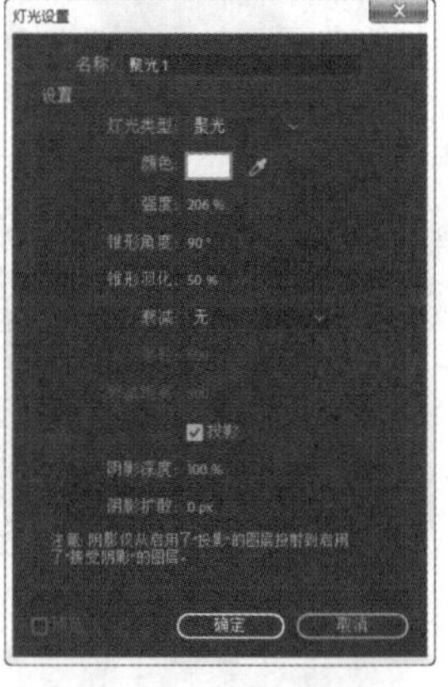

图 4.90

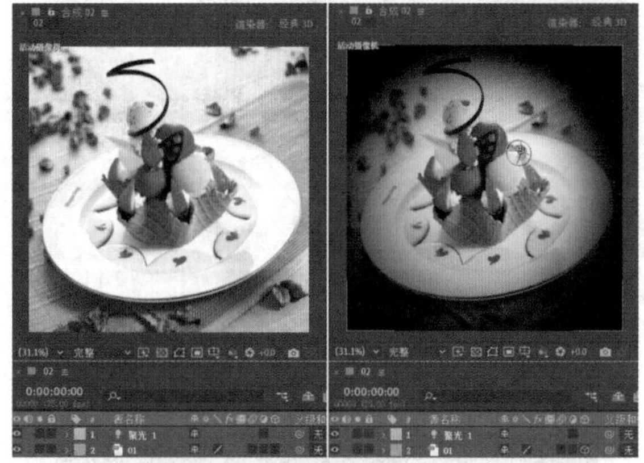

（a）未开启【3D 图层】　（b）开启【3D 图层】

图 4.91

提示：灯光图层和摄像机图层的注意事项。

在灯光图层创建完成后，若在【时间轴】面板中没有找到【3D图层】按钮，则需要单击【时间轴】面板左下方的【展开或折叠"图层开关"窗格】按钮，如图4.92和图4.93所示。

图 4.92

图 4.93

在创建灯光和摄像机图层时，需将素材图像转换为3D图层。在【时间轴】面板中单击素材图层的【3D图层】按钮下方相对应的位置，如图4.94所示，即可将该图层转换为3D图层。

图 4.94

图4.95所示为开启【3D图层】前后的灯光对比效果。

（a）　　（b）

图 4.95

- 名称：设置灯光图层名称，默认为聚光1。
- 灯光类型：设置【灯光类型】为【平行】【聚光】【点】或【环境】。
- 颜色：设置灯光颜色。图4.96所示为设置【颜色】为青色和黄色的对比效果。

（a）【颜色】：青色　（b）【颜色】：黄色

图 4.96

- （吸管工具）：单击该按钮，可以在画面中的任意位置拾取灯光颜色。
- 强度：设置灯光强弱程度。图4.97所示为设置【强度】为100%和200%的对比效果。

（a）【强度】：100%　（b）【强度】：200%

图 4.97

- 锥形角度：设置灯光照射的锥形角度。图4.98所示为设置【锥形角度】为50° 和100° 的对比效果。

（a）【锥形角度】：50°（b）【锥形角度】：100°

图 4.98

- 锥形羽化：设置锥形灯光的柔和程度。
- 衰减：设置【衰减】为【无】【平滑】或【反向平方限制】。
- 半径：当设置【衰减】为【平滑】时，可设置灯光半径数值。
- 衰减距离：当设置【衰减】为【平滑】时，可设置衰减距离数值。
- 投影：勾选此复选框可添加投影效果。
- 阴影深度：设置阴影深度值。
- 阴影扩散：设置阴影扩散程度。

在【时间轴】面板中单击打开灯光图层下方的【文本】，即可设置相应参数，如图4.99所示。

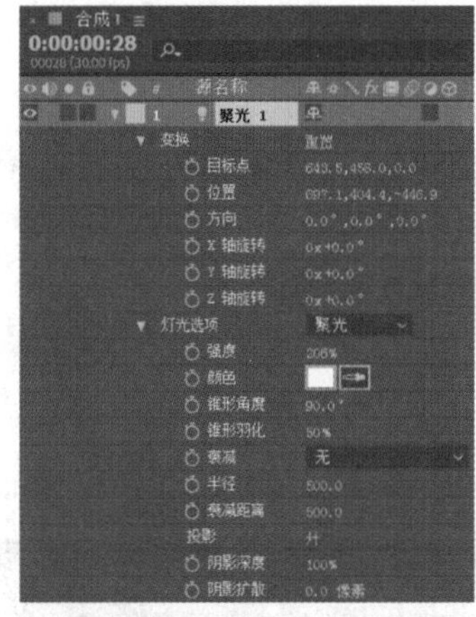

图 4.99

- 变换：设置图层变换属性。
- 目标点：设置灯光目标点。
- 位置：设置光源位置。
- 方向：设置光线方向。
- X/Y/Z轴旋转：调整灯光的X/Y/Z轴旋转程度。
- 灯光选项：设置灯光属性。与【灯光设置】对话框中的属性设置、作用等相同。

提示：修改灯光的照射角度。

（1）平移灯光位置。在灯光图层创建完成，并且正常开启素材的【3D图层】后，则会出现真实的灯光效果。在【时间轴】面板中选择灯光图层，并在【合成】面板中单击灯光图层中心锚点移动灯光的位置，如图4.100所示。

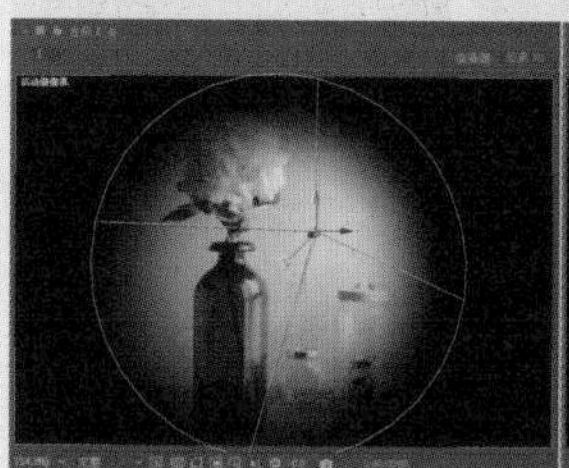
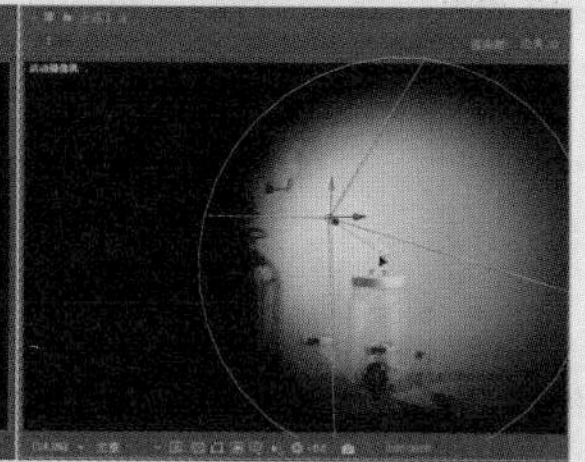

图 4.100

（2）移动目标点位置。设置【变换】属性下的【目标点】参数，如图4.101所示，即可修改灯光的目标点位置。图4.102所示为两个不同参数的目标点对比效果。

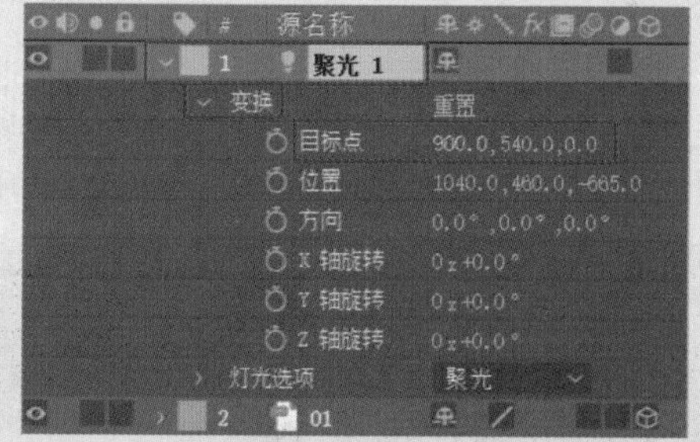

图 4.101

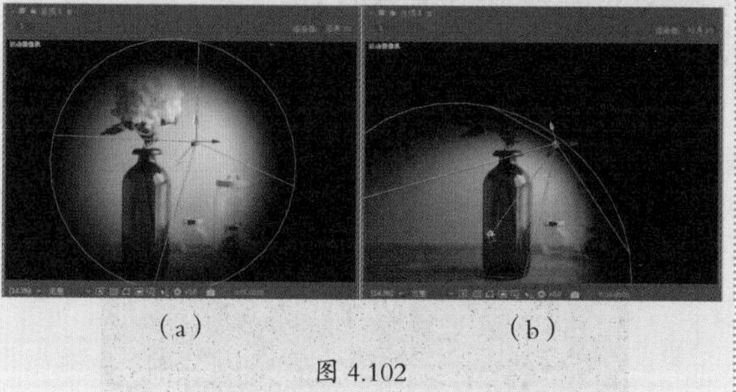

（a）　　　　（b）

图 4.102

综合实例4.1：使用灯光图层制作真实的灯光和阴影

文件路径：第4章 图层→综合实例：使用灯光图层制作真实的灯光和阴影

扫一扫，看视频

本综合实例主要使用纯色图层作为背景，通过将其设置为3D图层，使背景产生空间感。最后通过创建灯光图层，使文字产生真实的光照和阴影效果。效果如图4.103所示。

图 4.103

步骤 01 在【项目】面板中右击，选择【新建合成】命令，在弹出的【合成设置】对话框中设置【合成名称】为【合成1】，【预设】为【自定义】，【宽度】为1287，【高度】为916，【像素长宽比】为【方形像素】，【帧速率】为30，【分辨率】为【完整】，【持续时间】为4秒5帧。在【时间轴】面板的空白位置处右击，执行【新建】/【纯色】命令，在弹出的【纯色设置】对话框中设置【颜色】为浅蓝色，命名为【中间色品蓝色 纯色 1】，设置【宽度】为1500，【高度】为916，如图4.104所示。

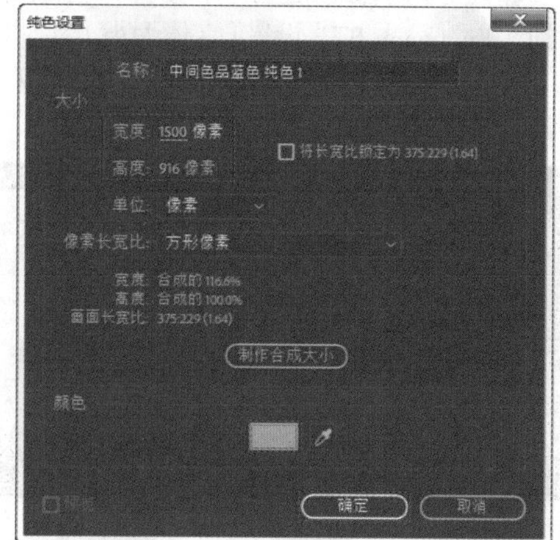

图 4.104

步骤 02 继续创建一个纯色图层，命名为【中等灰色-品蓝色 纯色 1】，设置【颜色】为深蓝色，【宽度】为1500，【高度】为916。单击（展开或折叠“图层开关”窗格）按钮，激活两个纯色图层的【3D图层】按钮。设置【中间色品蓝色 纯色 1】的【位置】为(643.5,458.0,347.0)，【缩放】为(110.0,110.0,110.0%)。设置【中等灰色-品蓝色 纯色 1】的【位置】为(643.5,819.0,52.8)，【缩放】为(110.0,110.0,110.0%)，【方向】为(90.0°,0.0°,0.0°)，如图4.105所示。

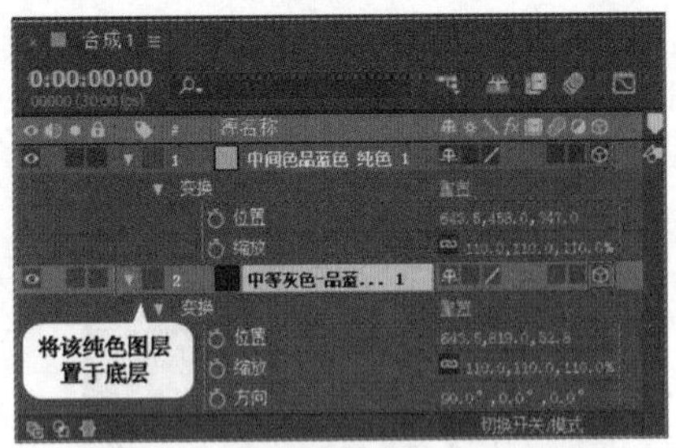

图 4.105

步骤 03 此时合成面板效果如图4.106所示。

步骤 04 创建文字。在【时间轴】面板中右击，执行【新建】/【文本】命令，如图4.107所示。

图 4.106

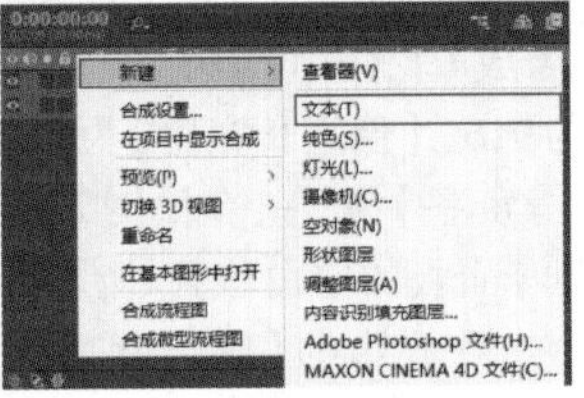

图 4.107

步骤 05 输入文字内容Light，在【字符】面板中设置【字体系列】为Kaufmann BT，设置【字体大小】为298，激活【仿粗体】按钮，如图4.108所示。画面效果如图4.109所示。

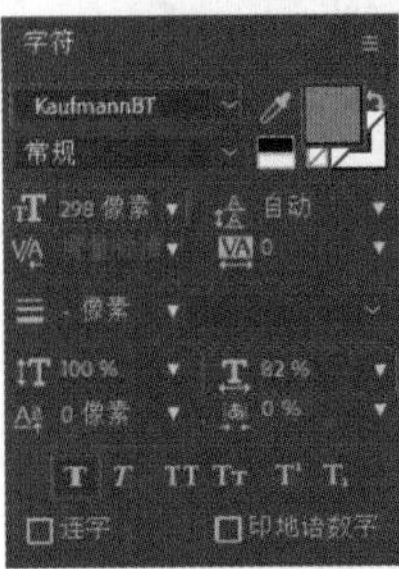

图 4.108

图 4.109

步骤 06 为文本图层添加【发光】效果，设置【发光阈值】为50.0%。激活文本图层的【3D图层】按钮，设置【位置】为(385.1,709.9,-205.0)，设置【材质选项】的【投影】为【开】，如图4.110所示。

步骤 07 此时出现了发光文字效果，如图4.111所示。

步骤 08 在【时间轴】面板中右击，执行【新建】/【灯光】命令，如图4.112所示。

步骤 09 设置【灯光类型】为【聚光】，【强度】为250%，勾选【阴影】复选框，如图4.113所示。

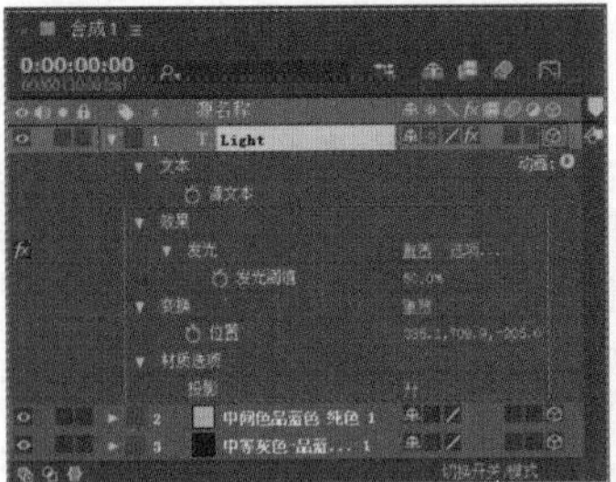

图 4.110

图 4.111

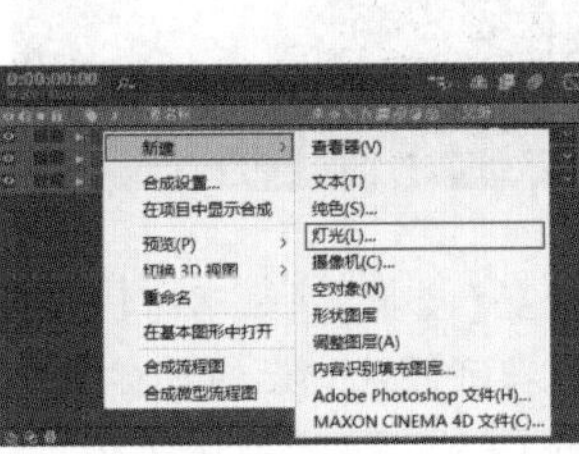

图 4.112

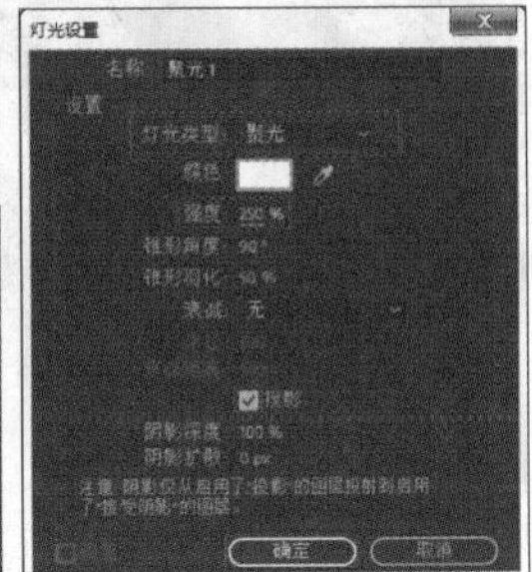

图 4.113

步骤 10 设置【聚光1】的【目标点】为(665.6,606.1,-134.5)，【位置】为(699.2,-10.5,-464.4)，如图4.114所示。

步骤 11 此时产生了灯光和阴影效果，如图4.115所示。

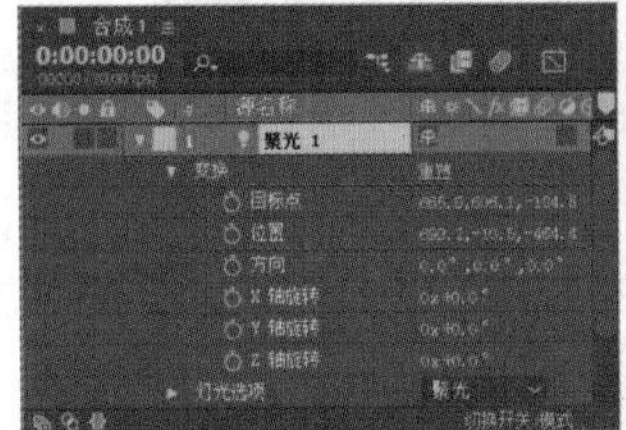

图 4.114

图 4.115

步骤 12 本综合实例制作完成，最终画面效果如图4.116所示。

图 4.116

4.8 摄像机图层

摄像机图层主要用于或三维合成制作中进行控制合成时的最终视角，通过对摄像机设置动画可模拟三维镜头运动。在菜单栏中执行【图层】/【新建】/【摄像机】命令，如图4.117所示。或在【时间轴】面板的空白位置处右击，执行【新建】/【摄像机】命令，如图4.118所示。或使用快捷键Ctrl+Alt+Shift+C，均可创建摄像机图层。

扫一扫，看视频

图 4.117

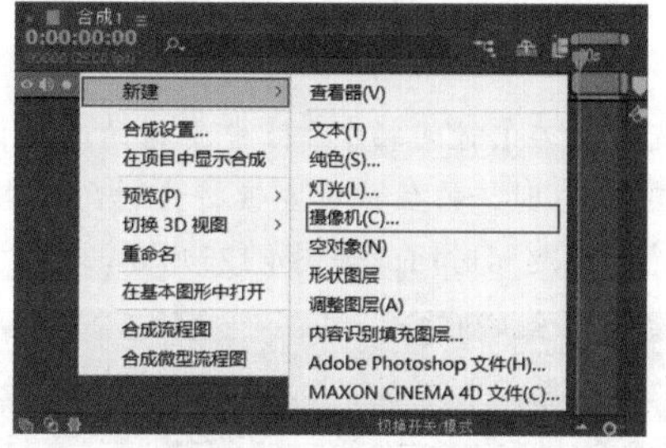

图 4.118

在弹出的【摄像机设置】对话框中可以设置摄像机的属性，如图4.119所示。

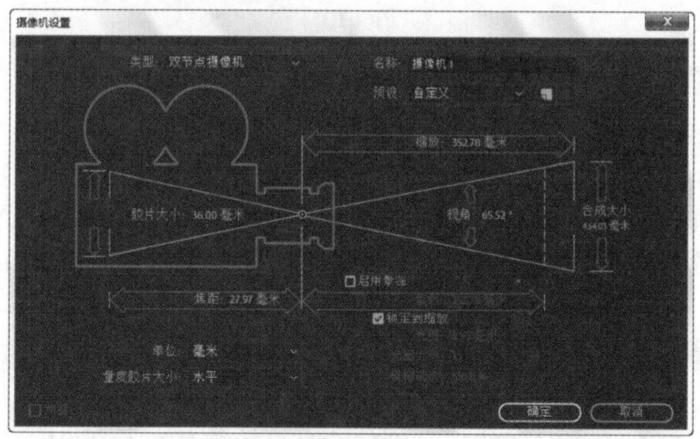

图 4.119

- 类型：设置摄像机为单节点摄像机或双节点摄像机。
- 名称：设置摄像机名称。
- 预设：设置焦距。
- （命名预设）：为预设命名。
- 缩放：设置缩放数值。
- 胶片大小：设置胶片大小。
- 视角：设置取景视角。
- 启用景深：勾选此复选框可启用景深效果。
- 焦距：设置摄像机焦距。
- 单位：设置单位为像素、英寸或毫米。
- 量度胶片大小：设置量度胶片大小为水平、垂直或视角。
- 锁定到缩放：勾选此复选框可锁定到缩放。
- 光圈：设置光圈属性。
- 光圈大小：显示光圈大小。
- 模糊层次：显示模糊层次。

当创建摄像机图层时，需将素材的图层转换为3D图层。在【时间轴】面板中单击素材图层的【3D图层】按钮下方相对应的位置，即可将该图层转换为3D图层。接着单击打开摄像机图层下方的【摄像机选项】，即可设置摄像机相关属性，调整摄像机效果，如图4.120所示。

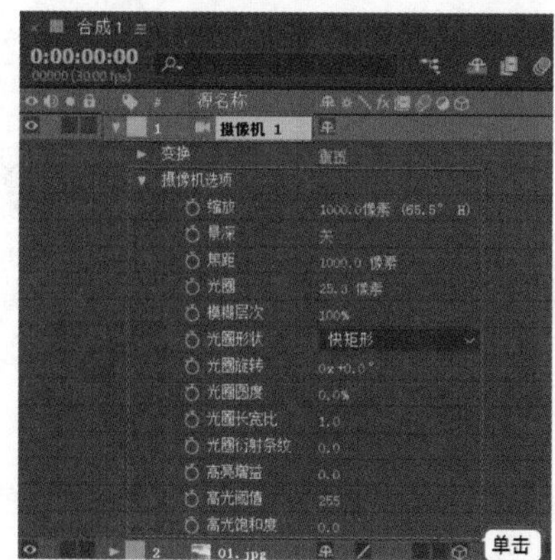

图 4.120

- 缩放：设置画面缩放比例，调整图像像素。
- 景深：控制景深开关。
- 焦距：设置摄像机焦距数值。
- 光圈：设置摄像机光圈大小。
- 模糊层次：设置模糊层次百分比。
- 光圈形状：设置光圈形状。
- 光圈旋转：设置光圈旋转角度。
- 光圈圆度：设置光圈圆滑程度。
- 光圈长宽比：设置光圈长宽比数值。
- 光圈衍射条纹：设置光圈衍射条纹数值。
- 高亮增益：设置高亮增益数值。
- 高光阈值：设置高光覆盖范围。

- 高光饱和度：设置高光色彩纯度。

综合实例4.2：使用3D图层和摄像机图层制作镜头动画

扫一扫，看视频

文件路径：第4章 图层→综合实例：使用3D图层和摄像机图层制作镜头动画

本综合实例将打开素材的【3D图层】按钮，并为素材添加关键帧动画，使其产生照片下落的动画效果。最后创建摄像机图层，设置关键帧动画使其产生镜头运动的效果，如图4.121所示。

(a)

(b)

(c)

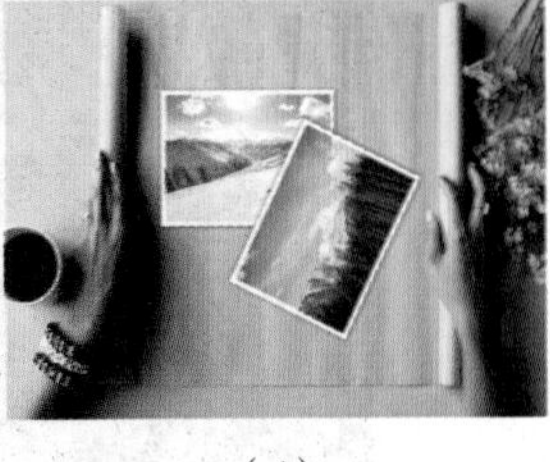
(d)

图4.121

步骤 01 在【项目】面板中右击，选择【新建合成】命令，在弹出的【合成设置】对话框中设置【合成名称】为Comp 1，【预设】为【自定义】，【宽度】为2400，【高度】为1800，【像素长宽比】为【方形像素】，【帧速率】为29.97，【分辨率】为【完整】，【持续时间】为12秒。执行【文件】/【导入】/【文件】命令，导入素材01.jpg、02.jpg、【背景.jpg】，如图4.122所示。

步骤 02 在【项目】面板中将素材01.jpg、02.jpg、【背景.jpg】拖曳到【时间轴】面板中，激活3个图层的【3D图层】按钮。最后设置素材02.jpg的起始时间为第4秒，如图4.123所示。

步骤 03 分别为素材01.jpg和02.jpg添加【投影】效果，设置【不透明度】为80%，【柔和度】为60.0，如图4.124所示。

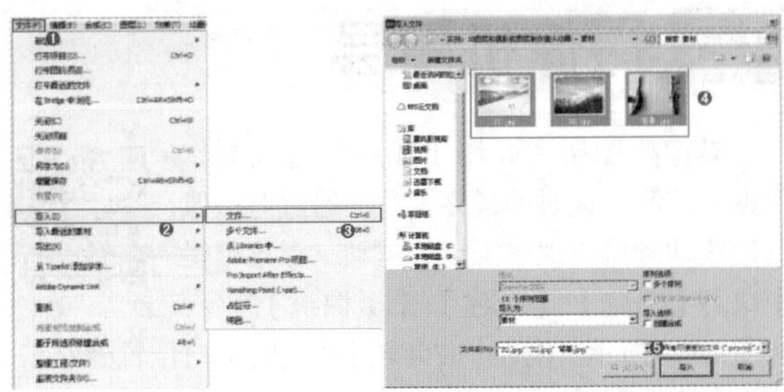

图4.122

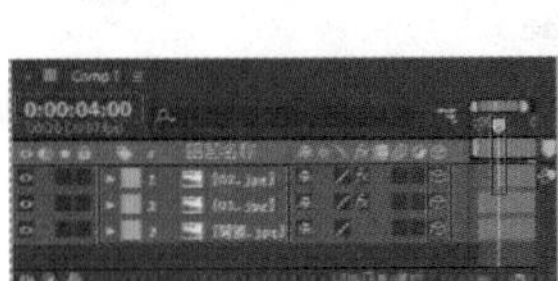

图4.123

图4.124

提示：如何改变素材的起始时间？

将光标放在【时间轴】面板中素材的起始位置上，当光标变为↔时，按住鼠标左键将素材向右拖动，即可改变素材的起始时间，如图4.125所示。

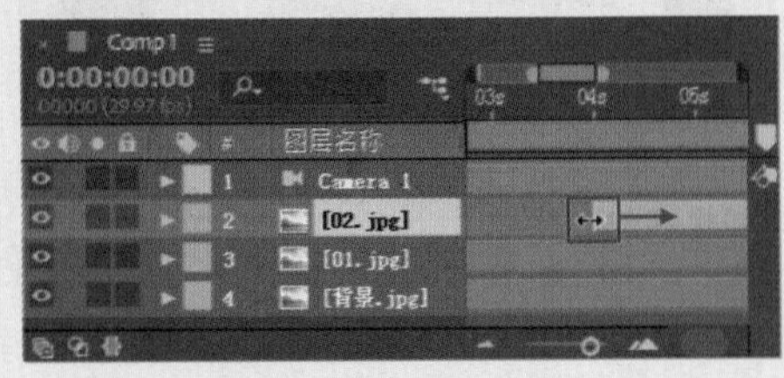

图4.125

步骤 04 将时间线拖动到第0帧位置，单击01.jpg图层的【位置】【X轴旋转】【Y轴旋转】前的【时间变化秒表】按钮，设置【位置】为(1200.0,1003.0,-3526.0)、【X轴旋转】为0x+90.0°、【Y轴旋转】为0x+35.0°。单击【背景.jpg】的【缩放】前的【时间变化秒表】按钮，设置【缩放】为(280.0,280.0,280.0%)，如图4.126所示。

步骤 05 将时间线拖动到第28帧位置，设置01.jpg图层的【X轴旋转】为0x+77.0°，如图4.127所示。

步骤 06 将时间线拖动到第1秒27帧位置，设置01.jpg图层的【位置】为(1116.0,851.0,-1641.0)、【X轴旋转】为0x+84.0°、【Y轴旋转】为0x+15.8°，如图4.128所示。

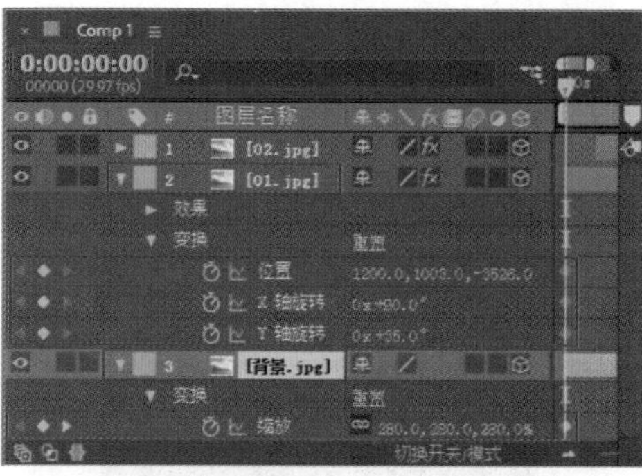

图 4.126

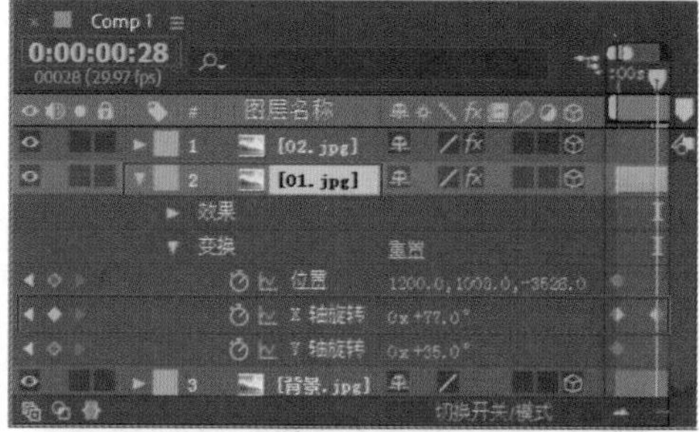

图 4.127

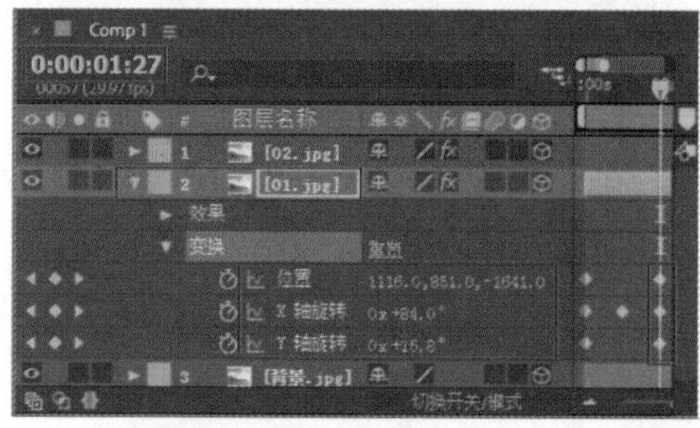

图 4.128

步骤 07 将时间线拖动到3秒12帧位置，设置01.jpg图层的【位置】为(1063.0,608.0,-513.0)、【X轴旋转】为0x+71.8°、【Y轴旋转】为0x+3.7°，如图4.129所示。

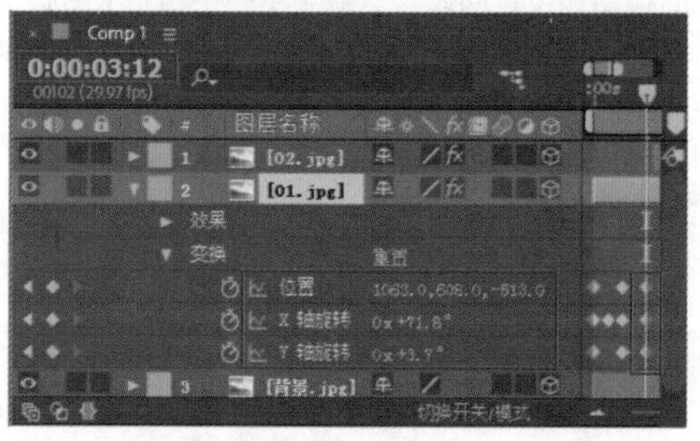

图 4.129

步骤 08 将时间线拖动到4秒位置，设置01.jpg的【位置】为(1044.0,608.0,0.0)、【X轴旋转】为0x+0.0°、【Y轴旋转】为0x+0.0°。单击02.jpg的【位置】前的【时间变化秒表】按钮，设置【位置】为(1386.0,1693.0,-642.0)，并设置【Z轴旋转】为0x-64.0，如图4.130所示。

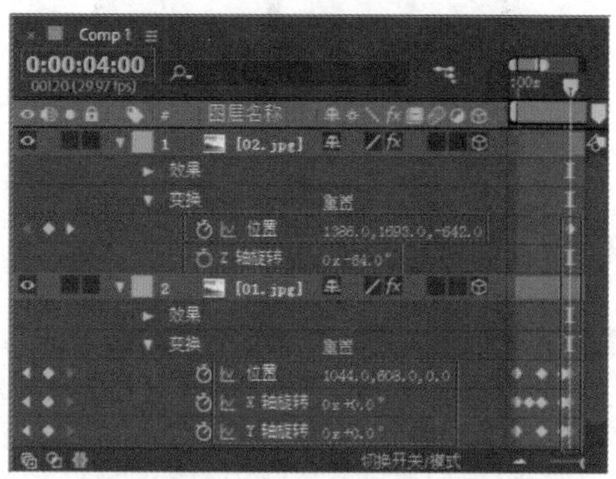

图 4.130

步骤 09 将时间线拖动到第5秒25帧位置，设置02.jpg的【位置】为(1495.9,1014.2,0.0)，如图4.131所示。如果想设置02.jpg更丰富的动画效果，可以参考01.jpg的动画设置，为其设置【Z轴旋转】的动画。

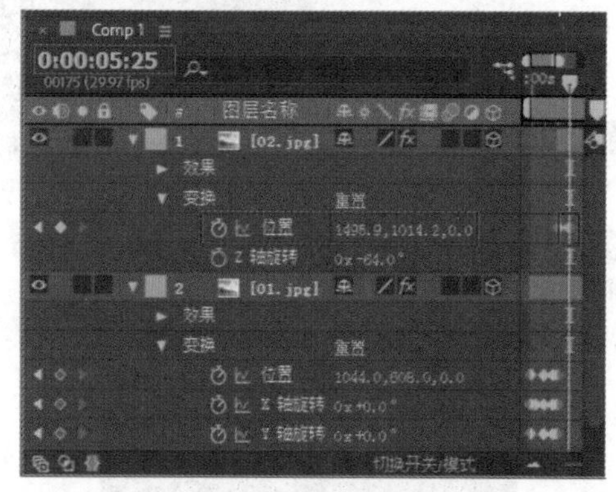

图 4.131

步骤 10 将时间线拖动到10秒位置，设置【背景.jpg】的【缩放】为(200.0,200.0,200.0%)，如图4.132所示。

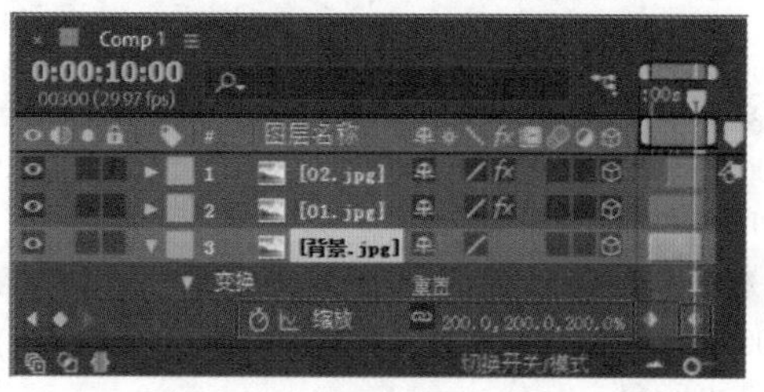

图 4.132

步骤 11 拖动时间线查看动画效果，如图4.133所示。

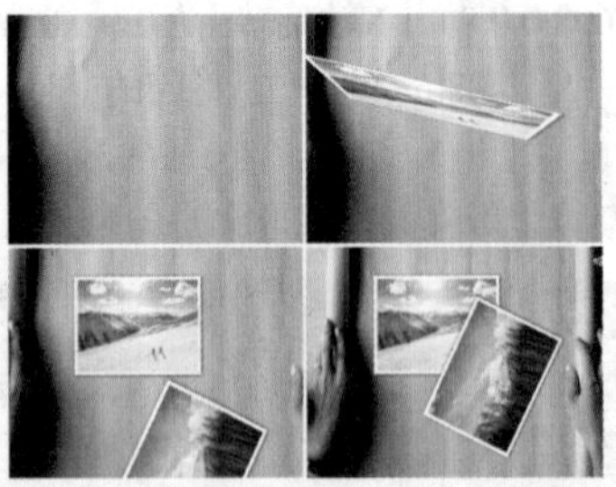

图 4.133

步骤 12 在【时间轴】面板中右击，执行【新建】/【摄像机】命令，如图4.134所示。

步骤 13 设置创建完成的摄像机图层参数。设置【摄像机选项】的【缩放】为1911.9，【焦距】为2795.1，【光圈】为35.4。将时间线拖动到0帧，单击Camera 1的【位置】【方向】前的【时间变化秒表】按钮，设置【位置】为(1200.0,900.0,-2400.0)，【方向】为(0.0° ,0.0° ,340.0°)，如图4.135所示。

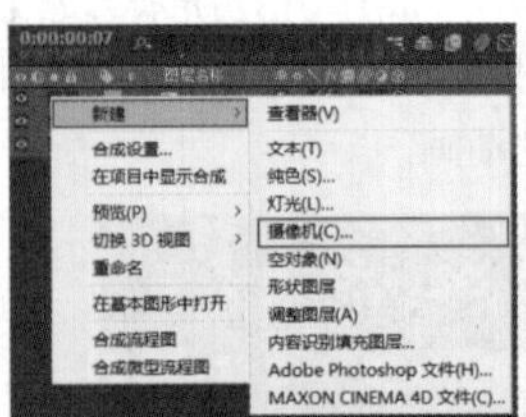

图 4.134

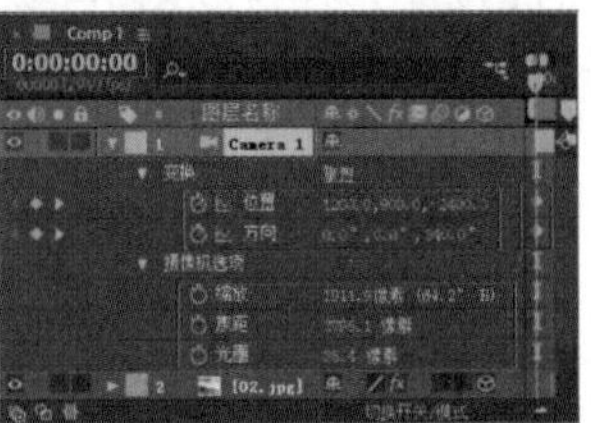

图 4.135

步骤 14 将时间线拖动到2秒位置，设置【位置】为(1200.0,900.0,-2300.0)，【方向】为(0.0° ,0.0° ,0.0°)，如图4.136所示。

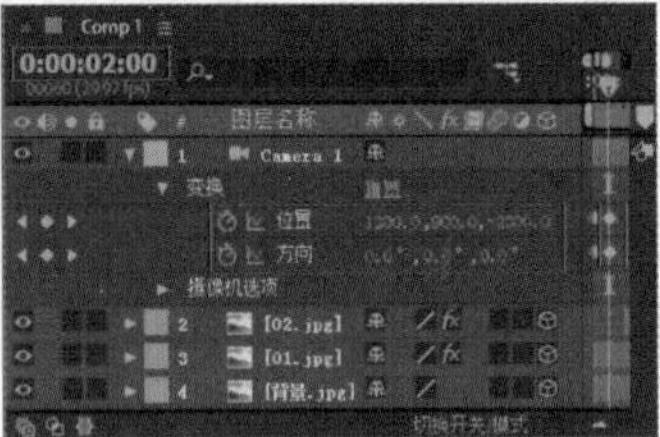

图 4.136

步骤 15 将时间线拖动到6秒位置，设置【位置】为(1200.0,900.0,-2100.0)，【方向】为(0.0° ,0.0° ,12.0°)，如图4.137所示。

步骤 16 将时间线拖动到10秒位置，设置【位置】为(1200.0,900.0,-2534.0)，【方向】为(0.0° ,0.0° ,0.0°)，如图4.138所示。

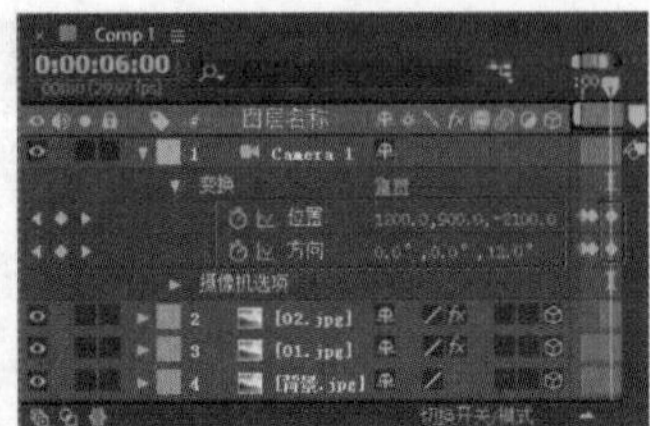

图 4.137

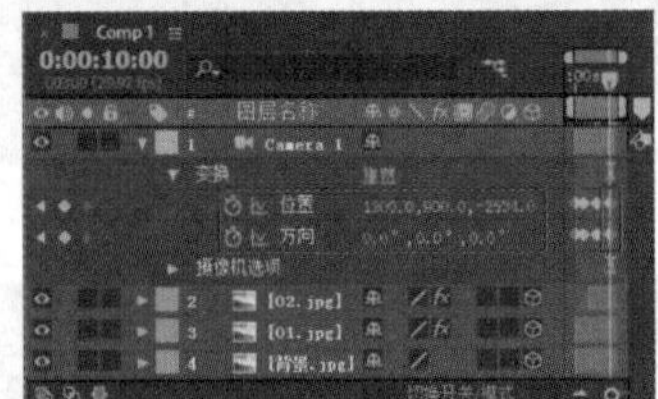

图 4.138

步骤 17 本综合实例制作完成，最终动画效果如图4.139所示。

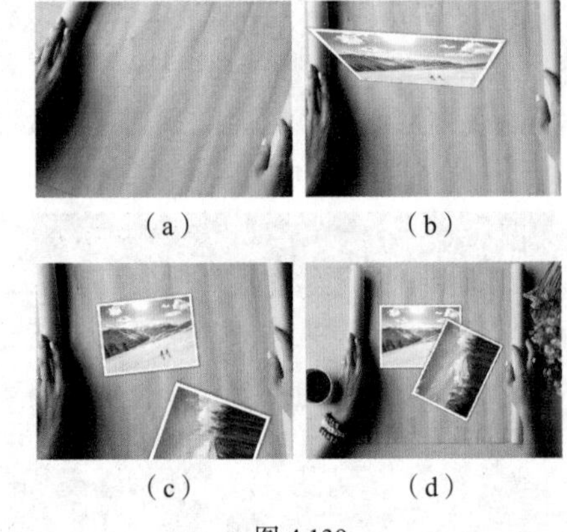

（a）（b）

（c）（d）

图 4.139

4.9 空对象图层

空对象图层常用于建立摄像机的父级，用于控制摄像机的移动和位置的设置。在菜单栏中执行【图层】/【新建】/【空对象】命令，如图4.140所示。或在【时间轴】面板的空白位置处右击，执行【新建】/【空对象】命令，如图4.141所示。或使用快捷键Ctrl+Alt+Shift+Y，均可创建空对象图层。

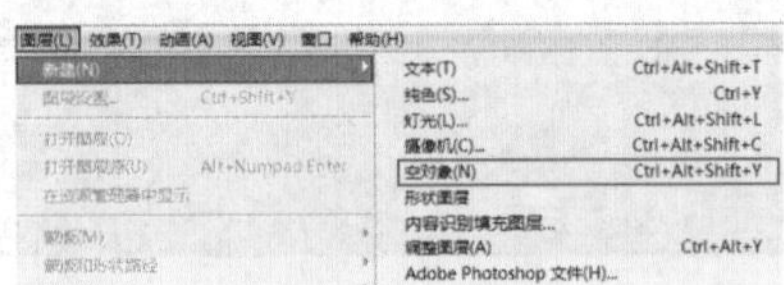

图 4.140

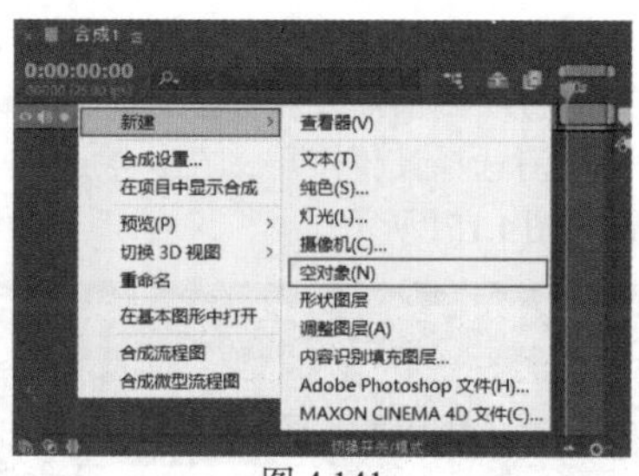

图 4.141

4.10 形状图层

使用形状图层可以自由绘制图形并设置图形形状或图形颜色等。在【时间轴】面板的空白位置处右击，执行【新建】/【形状图层】命令，即可添加形状图层，如图 4.142 所示。此时【时间轴】面板如图 4.143 所示。

扫一扫，看视频

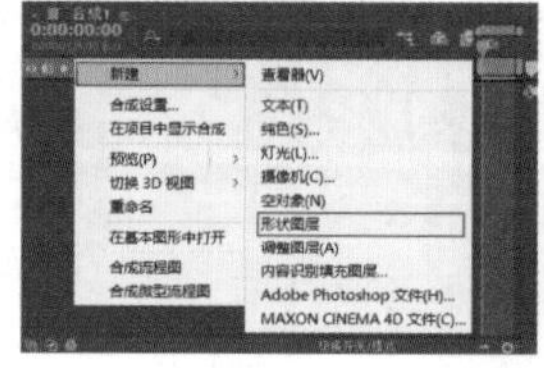
图 4.142

图 4.143

形状图层创建完成后，在工具栏中单击【填充】或【描边】的文字位置，即可打开【填充选项】对话框和【描边选项】对话框。接下来可设置合适的【填充】属性和【描边】属性。单击【填充】和【描边】右侧对应的色块，即可设置填充颜色和描边颜色，如图 4.144 所示。

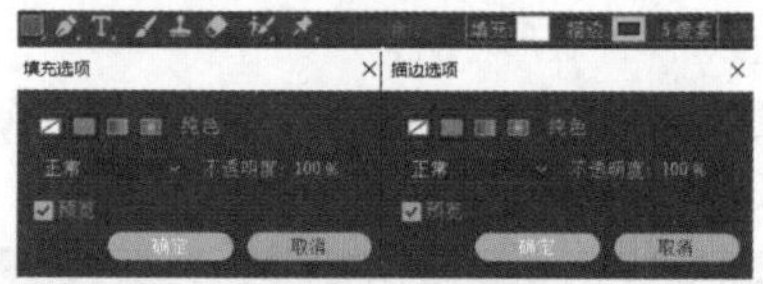

图 4.144

- (无)：设置填充/描边颜色为无颜色。
- (纯色)：设置填充/描边颜色为纯色。单击色块可设置颜色。
- (线性渐变)：设置填充/描边颜色为线性渐变。此时单击色块打开渐变编辑器，编辑渐变色条。
- (径向渐变)：设置填充/描边颜色为由内而外散射的径向渐变。此时单击色块可打开渐变编辑器，编辑渐变色条。
- 正常：该选项为混合模式，单击即可在弹出的菜单中选择合适的混合模式，如图 4.145 和图 4.146 所示。

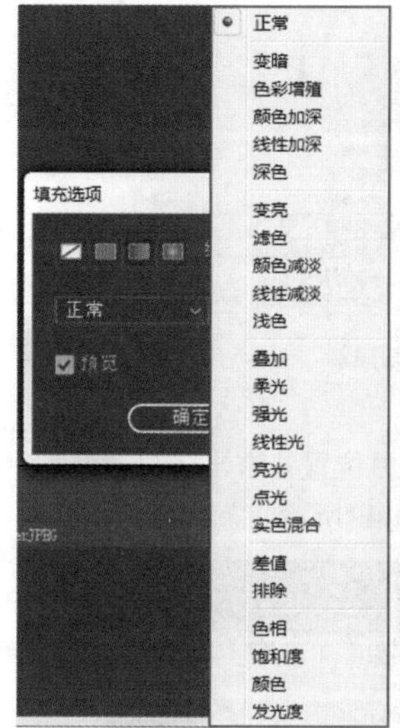

图 4.145

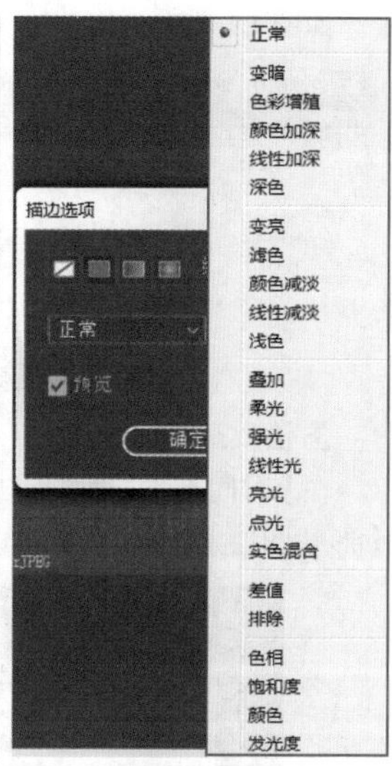

图 4.146

- 不透明度：设置填充/描边颜色的透明程度。
- 预览：当在【合成】面板中绘制图形完毕后，在【填充】/【描边】对话框中更改参数调整效果时，勾选此复选框可预览此时的画面效果。

最后，在画面中的合适位置处按住鼠标左键拖动至合适大小，即可创建矢量图形，如图 4.147 所示。

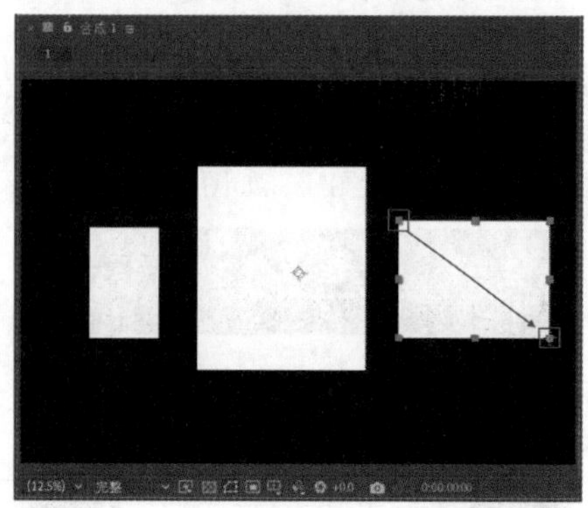
图 4.147

重点 4.10.1 轻松动手学：创建形状图层的多种方法

文件路径：第 4 章 图层→轻松动手学：创建形状图层的多种方法

扫一扫，看视频

创建形状图层有以下 3 种方法。

方法1：

在菜单栏中执行【图层】/【新建】/【形状图层】命令，如图4.148所示。

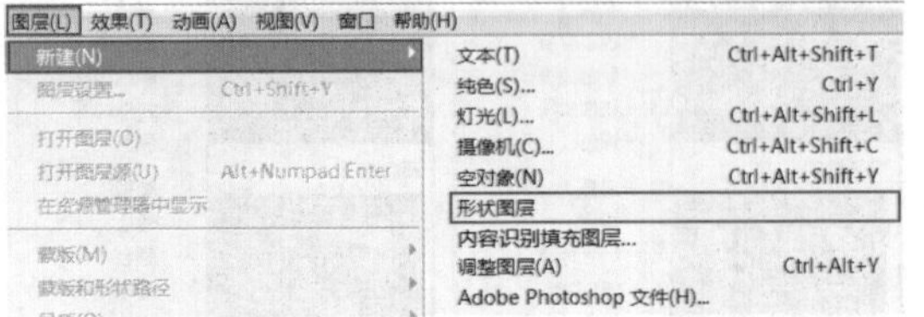

图 4.148

方法2：

在【时间轴】面板的空白位置处右击，执行【新建】/【形状图层】命令，如图4.149所示。

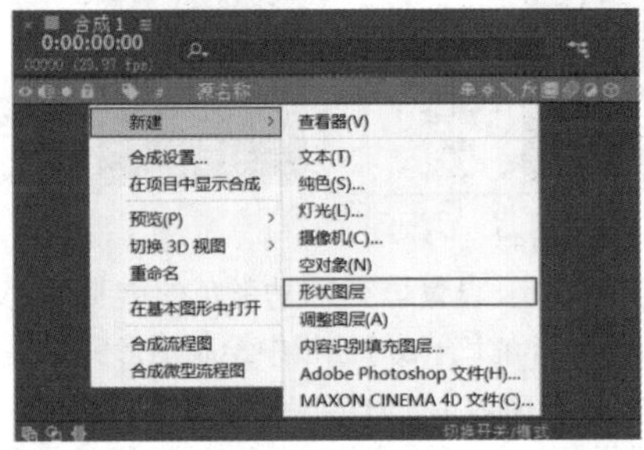

图 4.149

方法3：

在工具栏中选择(矩形工具)，或长按【矩形工具】选择【形状工具组】中的其他形状工具，设置合适的填充颜色及描边颜色，然后在【合成】面板中按住鼠标左键并拖动至合适大小，绘制完成后可在【时间轴】面板中看到刚绘制的形状图层，如图4.150所示。

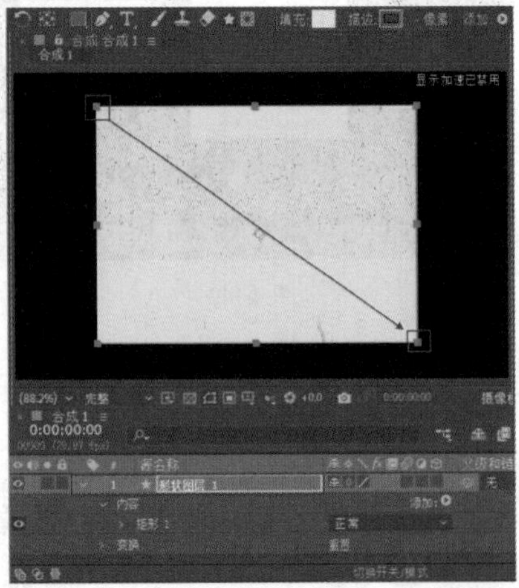

图 4.150

在创建形状图层时，如果【时间轴】面板中有其他图层，则在进行绘制前需要在【时间轴】面板的空白位置处单击，取消选择其他图层，在【合成】面板中进行绘制即可，如图4.151所示。

图 4.151

4.10.2 形状工具组

在After Effects中，除了矩形还可以创建其他多种不同形状的图形。只需在工具栏中长按【矩形工具】，即可看到【矩形工具】【圆角矩形工具】【椭圆工具】【多边形工具】【星形工具】，如图4.152所示。

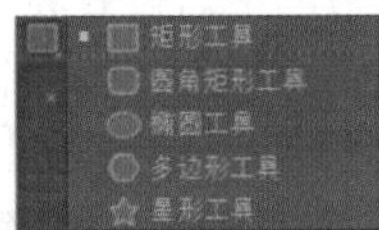

图 4.152

1. 矩形工具

【矩形工具】可以绘制矩形形状。在工具栏中选择(矩形工具)，并设置合适的【填充】属性和【描边】属性。取消选择所有的图层，在【合成】面板中按住鼠标左键并拖动至合适大小，得到矩形形状，如图4.153所示。此时，【时间轴】面板参数如图4.154所示。

- 矩形路径1：设置矩形路径形状。
- 大小：设置矩形大小。
- 位置：设置矩形位置。
- 圆度：设置矩形角的圆滑程度。设置【圆度】为0.0和100.0的对比效果如图4.155所示。

图 4.153

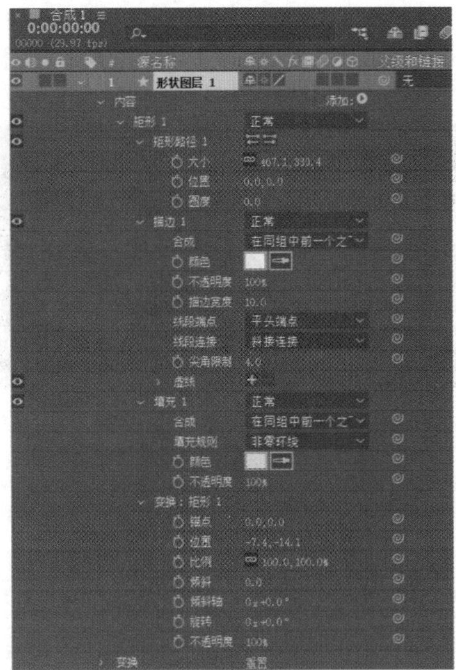

图 4.154

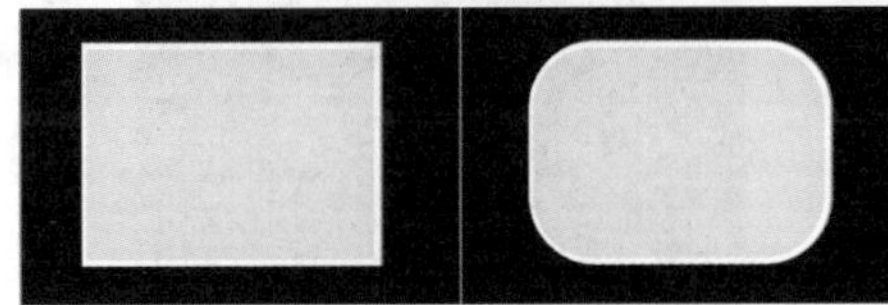

（a）【圆度】：0.0 （b）【圆度】：100.0

图 4.155

- 描边1：设置描边属性及混合模式。
- 合成：设置合成方式。
- 颜色：设置描边颜色。
- 不透明度：设置描边颜色的透明程度。
- 描边宽度：设置描边宽度。
- 线段端点：设置线段端点样式。
- 线段连接：设置线段连接方式。
- 尖角限制：设置尖角限制。
- 虚线：可将描边转换为虚线。
- 填充1：设置填充属性及混合模式。
- 合成：设置合成方式。
- 填充规则：设置填充规则。
- 颜色：设置填充颜色。
- 不透明度：设置填充颜色的透明程度。
- 变换：设置矩形变换属性。

使用【矩形工具】绘制正方形形状。在绘制时按住Shift键的同时按住鼠标左键并拖动至合适大小，即可得到正方形形状，如图4.156所示。

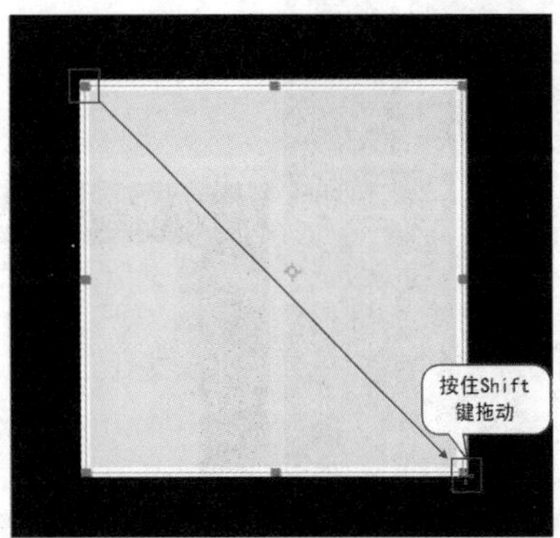

图 4.156

提示：编辑矩形形状。

绘制完成后，若想更改矩形形状，可在【时间轴】面板中选中需要更改的矩形图层，然后在工具栏中选择(选取工具)▶，再将鼠标定位在画面中矩形形状的一角处，按住鼠标左键并拖动即可调整矩形形状。

2. 圆角矩形工具

【圆角矩形工具】■可以绘制圆角矩形形状，操作方法以及相关属性与【矩形工具】类似。在工具栏中选择■(圆角矩形工具)，并设置合适的【填充】属性和【描边】属性。取消选择所有的图层，在【合成】面板中按住鼠标左键并拖动至合适大小，得到圆角矩形形状，如图4.157所示。此时，【时间轴】面板参数如图4.158所示。

使用【圆角矩形工具】绘制正圆角矩形。在绘制时按住Shift键的同时按住鼠标左键并拖动至合适大小，即可得到正圆角矩形，如图4.159所示。

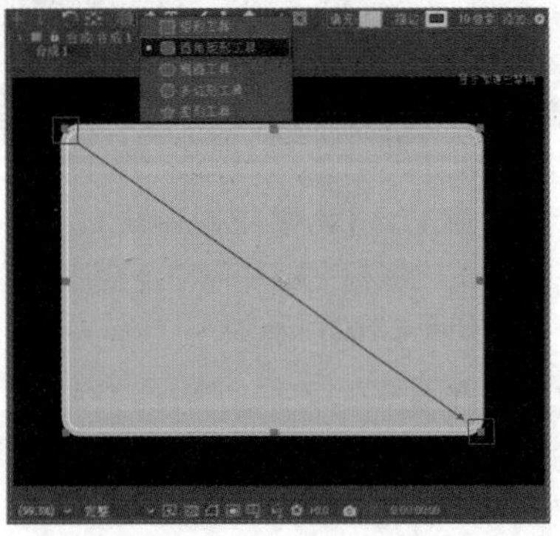

图 4.157

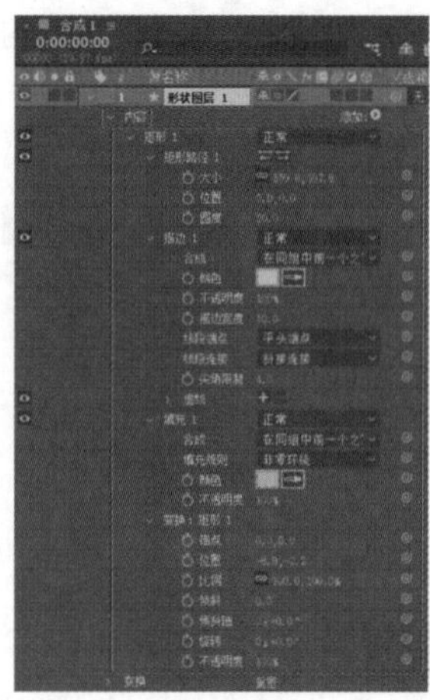

图 4.158

图 4.159

3. 椭圆工具

【椭圆工具】可以绘制椭圆、正圆形状。操作方法以及相关属性与【矩形工具】类似。在工具栏中选择（椭圆工具），并设置合适的【填充】属性和【描边】属性。取消选择所有的图层，在【合成】面板中按住鼠标左键并拖动至合适大小，得到椭圆形状，如图4.160所示。此时，【时间轴】面板参数如图4.161所示。

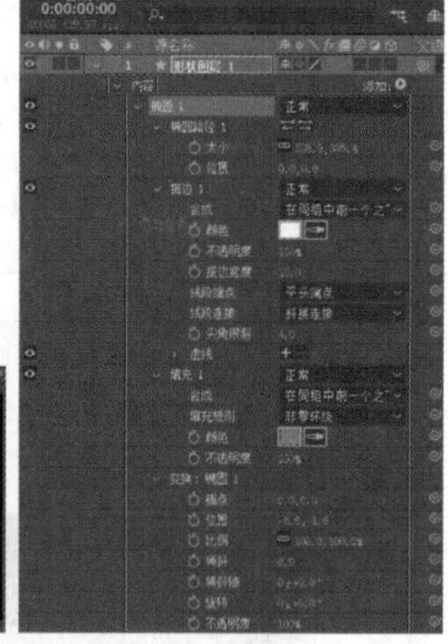

图 4.160　　图 4.161

使用【椭圆工具】绘制正圆形状。在绘制时按住Shift键的同时按住鼠标左键并拖动至合适大小，即可得到正圆形状，如图4.162所示。

4. 多边形工具

【多边形工具】可以绘制多边形形状。操作方法以及相关属性与【矩形工具】类似。在工具栏中选择（多边形工具），并设置合适的【填充】属性和【描边】属性。取消选择所有的图层，在【合成】面板中按住鼠标左键并拖动至合适大小，得到多边形形状，如图4.163所示。此时，【时间轴】面板参数如图4.164所示。

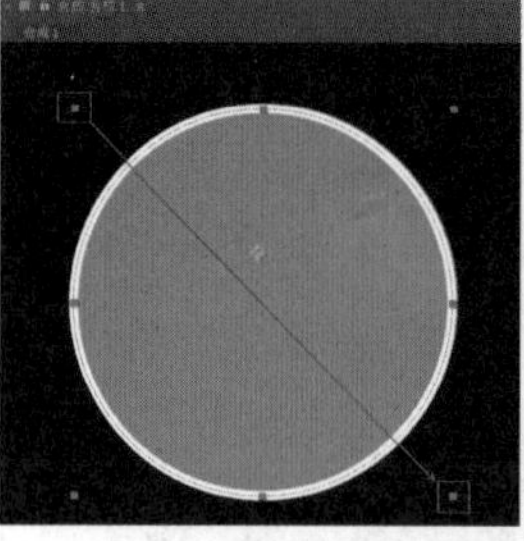

图 4.162

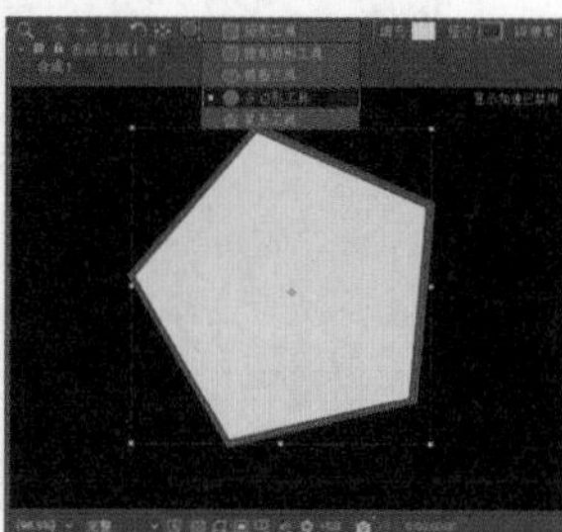

图 4.163

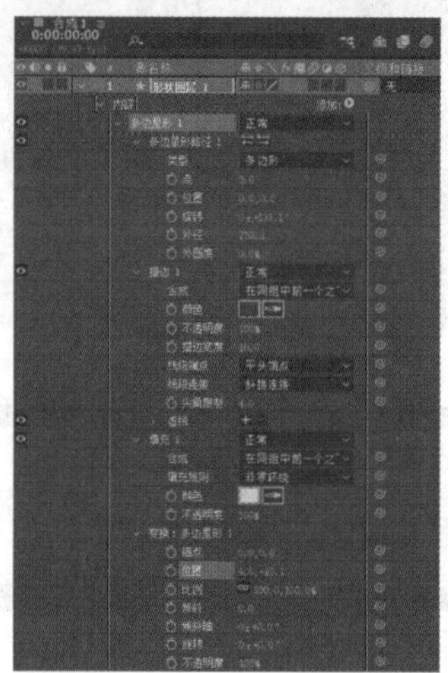

图 4.164

- 类型：设置形状类型。
- 点：设置顶点数及多边形边数。设置【点】为5.0和10.0的对比效果，如图4.165所示。

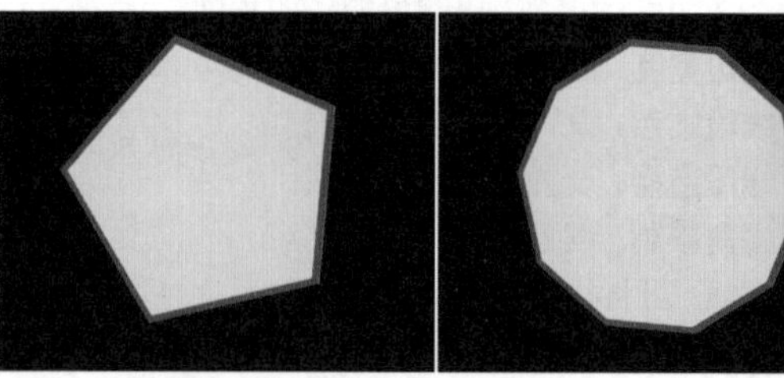

（a）【点】：5.0　　（b）【点】：10.0

图 4.165

- 位置：设置多边形形状位置。
- 旋转：设置旋转角度。
- 外径：设置多边形形状半径。
- 外圆度：设置多边形外圆角度。设置【外圆度】

为-150.0%和80.0%的对比效果如图4.166所示。

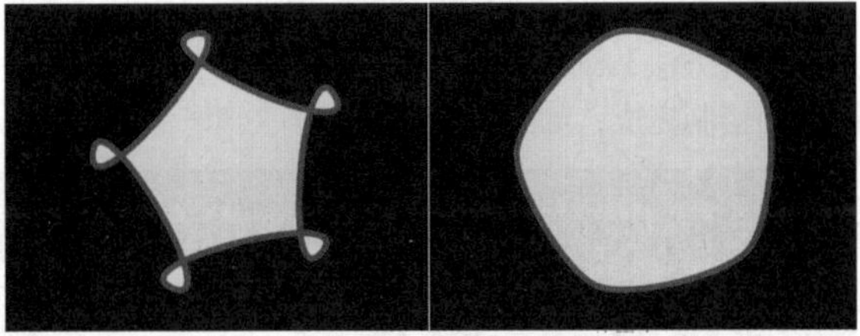

（a）【外圆度】：-150.0%　　（b）【外圆度】：80.0%

图 4.166

使用【多边形工具】绘制正多边形形状。在绘制时按住Shift键的同时按住鼠标左键并拖动至合适大小，即可得到正多边形形状，如图4.167所示。

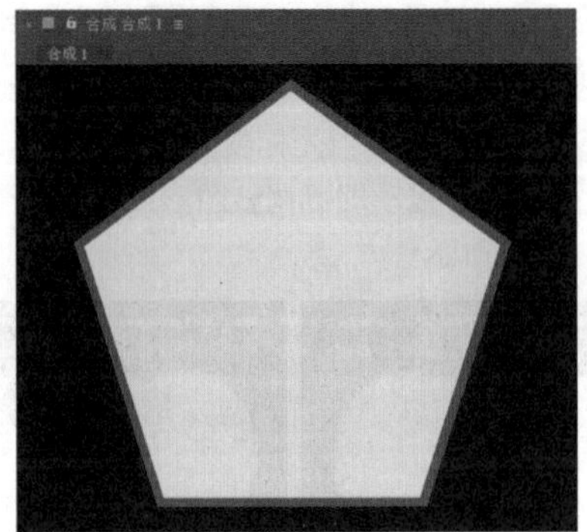

图 4.167

5. 星形工具

【星形工具】可以绘制星形形状。操作方法以及相关属性与【矩形工具】类似。在工具栏中选择（星形工具），并设置合适的【填充】属性和【描边】属性。取消选择所有的图层，在【合成】面板中按住鼠标左键并拖动至合适大小，得到星形形状，如图4.168所示。此时，【时间轴】面板参数如图4.169所示。

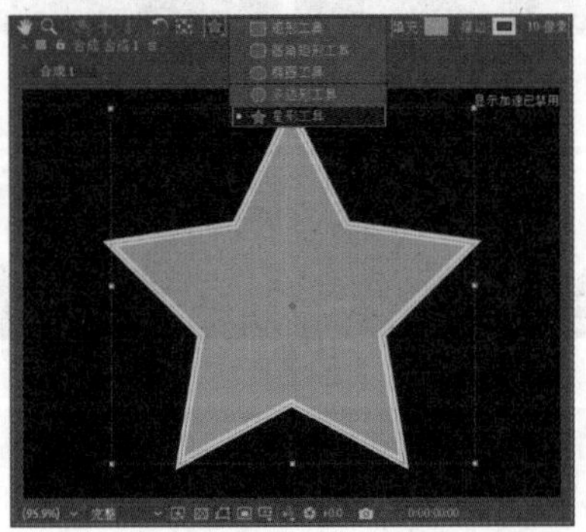

图 4.168

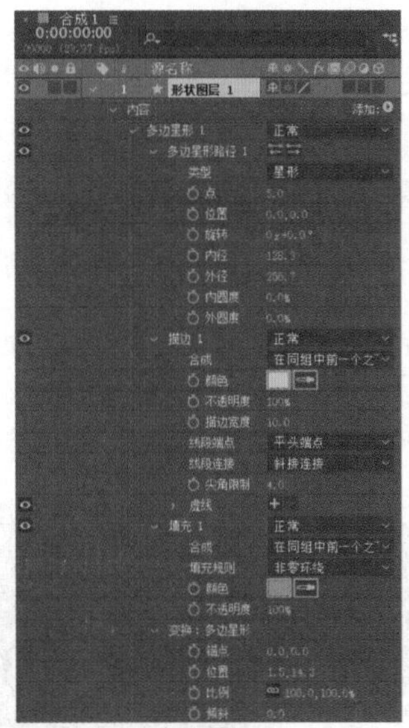

图 4.169

- 类型：设置形状类型。
- 点：设置星形点数。
- 位置：设置形状位置。
- 旋转：设置旋转角度。
- 内径：设置内径大小。设置【内径】为50.0和150.0的对比效果如图4.170所示。

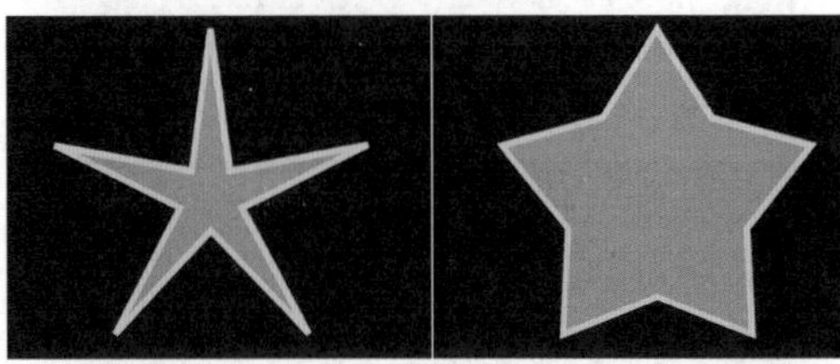

（a）【内径】：50.0　　（b）【内径】：150.0

图 4.170

- 外径：设置外径大小。
- 内圆度：设置内圆圆滑程度。设置【内圆度】为-150.0%和200.0%的对比效果如图4.171所示。

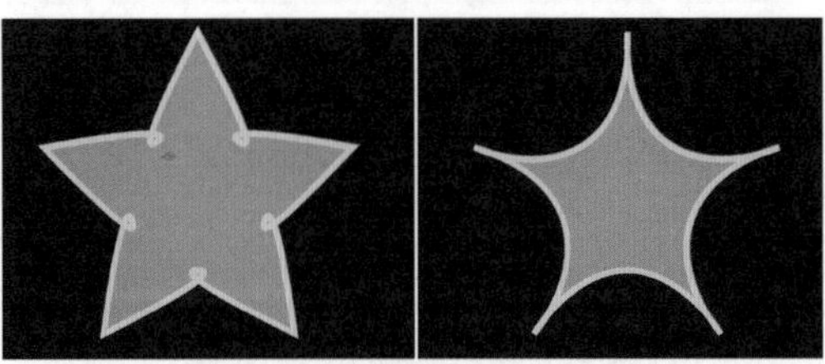

（a）【内圆度】：-150.0%　　（b）【内圆度】：200.0%

图 4.171

● 外圆度：设置外圆圆滑程度。

重点 4.10.3 钢笔工具

1. 使用【钢笔工具】绘制转折的图形

除形状工具组外，还可以使用【钢笔工具】绘制形状图层。取消选择所有图层，在工具栏中选择(钢笔工具)，然后在【合成】面板中进行图形的绘制。此时，在【时间轴】面板中可以看到形状图层已经创建完成，如图4.172所示。此时，【时间轴】面板参数如图4.173所示。

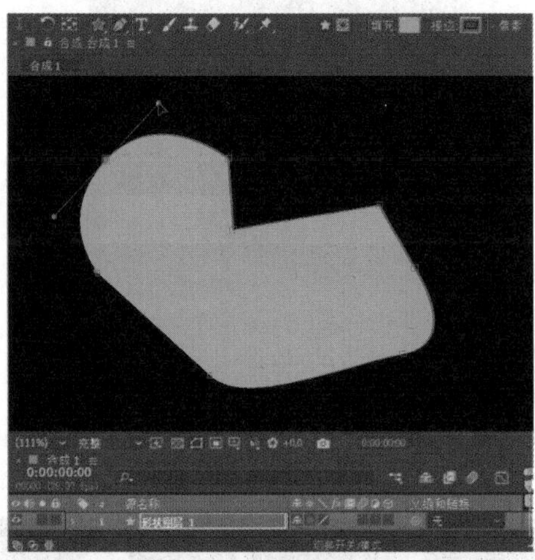

图 4.172

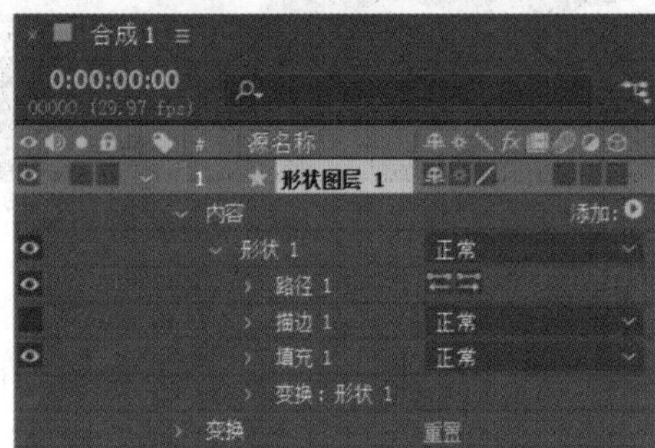

图 4.173

● 路径1：设置钢笔路径。

● 描边1：设置描边颜色等属性。

● 填充1：设置填充颜色等属性。

● 变换：设置变换属性。

2. 使用【钢笔工具】绘制圆滑的图形

在工具栏中选择【钢笔工具】，设置合适的【填充】和【描边】属性。设置完成后在【合成】面板中单击定位顶点位置，再将光标定位在合适位置处，按住鼠标左键并拖动，即可调整出圆滑的角度，如图4.174所示。使用同样的方法，继续定位其他顶点，最后当首尾相连时形状则绘制完成，如图4.175所示。

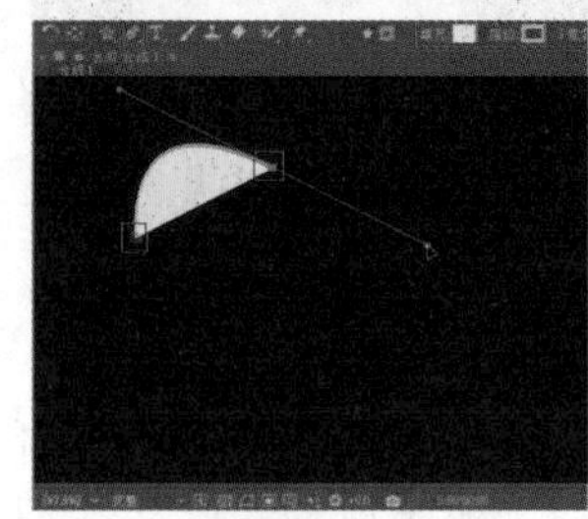

图 4.174

图 4.175

3. 在【钢笔工具】的状态下编辑形状

● 调整形状：如果需要调整形状，可将光标直接定位在控制点处，当光标变为黑色箭头时，按住鼠标左键并拖动即可调整图形形状，如图4.176和图4.177所示。

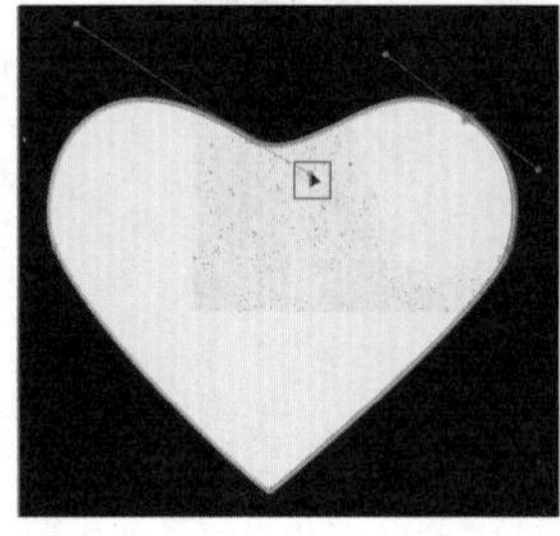

图 4.176

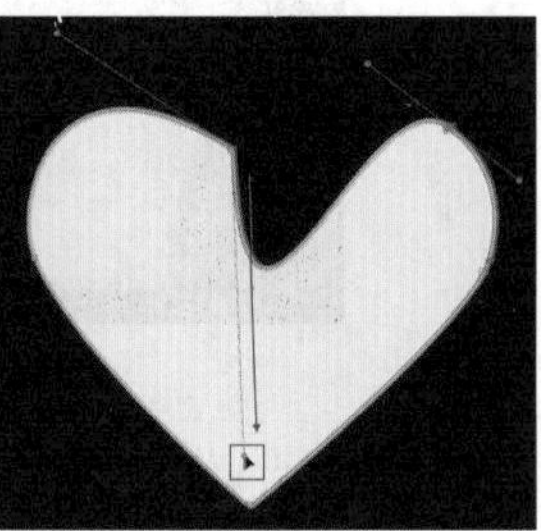

图 4.177

● 添加顶点：绘制完成后，在选中工具栏中的(钢笔工具)的状态下，将光标移动到图形上，当出现图标时单击即可添加一个顶点，如图4.178和图4.179所示。

图 4.178

图 4.179

● 删除顶点：将光标移动到顶点的位置，按Ctrl键，出现图标时单击即可删除该顶点，如图4.180和图4.181所示。

图 4.180

图 4.181

- 顶点变圆滑：将光标移动到转折的点的位置，按Alt键，出现⌃图标时，按下鼠标左键进行拖动，即可将转折的点变为圆滑的点，如图4.182和图4.183所示。

图 4.182

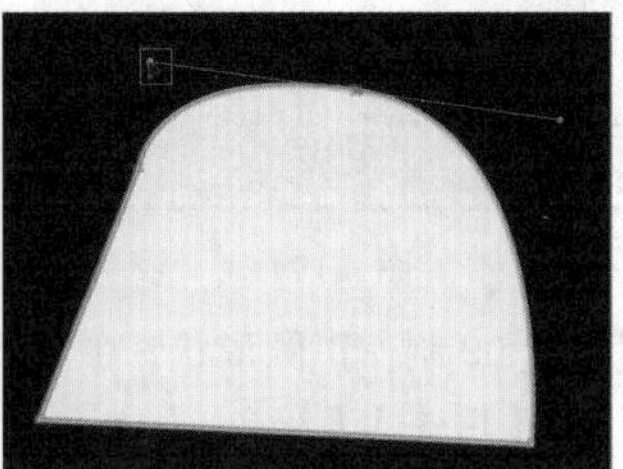

图 4.183

实例4.3：制作撞色版式杂志广告

文件路径：第4章 图层→实例：制作撞色版式杂志广告

扫一扫，看视频

本实例首先使用【钢笔工具】【椭圆工具】绘制杂志中的多边形形状和圆形形状，并使用【不透明度】进行调节，效果如图4.184所示。

图 4.184

步骤 01 在【项目】面板中右击，选择【新建合成】命令，在弹出来的【合成设置】窗口中设置【合成名称】为1，【预设】为【自定义】，【宽度】为1500，【高度】为2078，【像素长宽比】为【方形像素】，【帧速率】为24，【分辨率】为【完整】，【持续时间】为5秒。执行【文件】/【导入】/【文件】命令，导入全部素材文件，如图4.185所示。

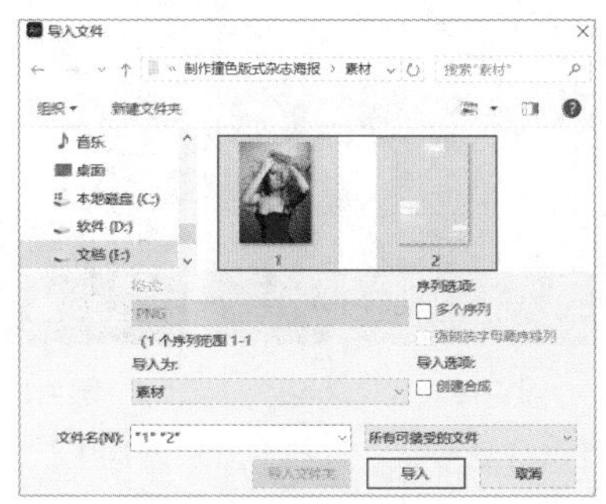

图 4.185

步骤 02 在【项目】面板中将1.jpg素材文件拖曳到【时间轴】面板中，如图4.186所示。

图 4.186

步骤 03 制作形状部分。在工具栏中选择✒(钢笔工具)，设置【填充】为紫色，【描边】为无，接着在画面左侧单击建立锚点，绘制一个四边形，如图4.187所示。

图 4.187

步骤 04 在【时间轴】面板中选择【形状图层1】下方的【变换】，设置【不透明度】为55%，如图4.188所示。此时画面效果如图4.189所示。

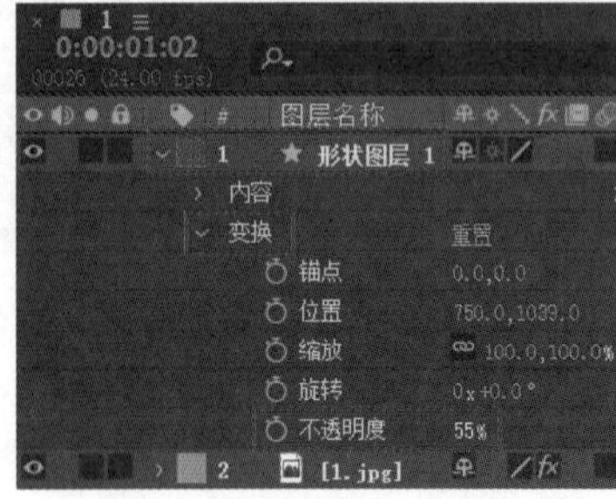

图 4.188

图 4.189

步骤 05 制作右侧形状。选择【形状图层1】，使用快捷键Ctrl+D创建副本图层，如图4.190所示。

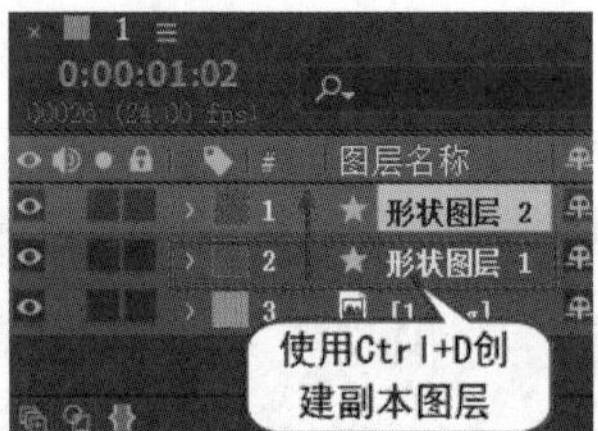

图 4.190

步骤 06 在【效果和预设】面板搜索框中搜索【垂直翻转】，将该效果拖曳到【时间轴】面板中的【形状图层2】上，如图4.191所示。此时，画面效果如图4.192所示。

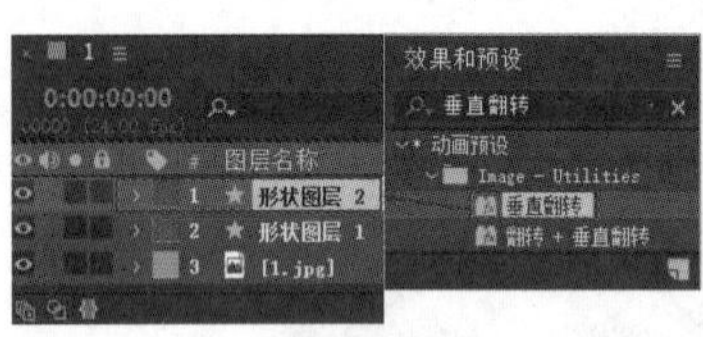

图 4.191

图 4.192

步骤 07 再次在工具栏中选择（钢笔工具），设置【填充】为橘色，【描边】为无，然后在画面顶部制作一个三角形，如图4.193所示。

步骤 08 在【时间轴】面板中单击打开【形状图层3】下方的【变换】，设置【不透明度】为60%，如图4.194所示。此时，三角形呈现半透明效果，如图4.195所示。

图 4.193

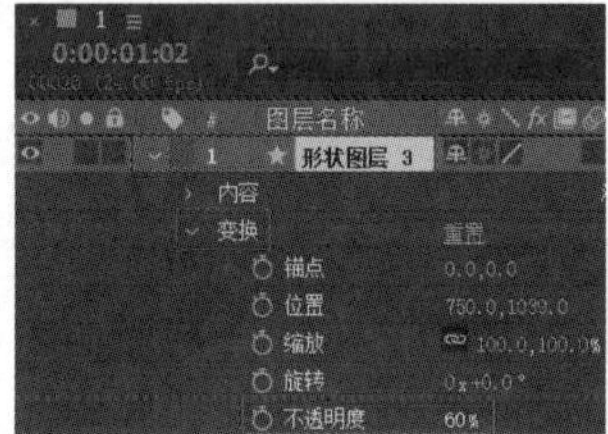

图 4.194

图 4.195

步骤 09 制作正圆形状。在工具栏中选择（椭圆工具），设置【填充】为绿色，【描边】为无，设置完成后在画面中合适位置按住Shift键的同时按住鼠标左键拖动绘制一个正圆，如图4.196所示。

图 4.196

步骤 10 在【时间轴】面板中单击打开【形状图层4】下方的【变换】，设置【不透明度】为50%，如图4.197所示。此时画面效果如图4.198所示。

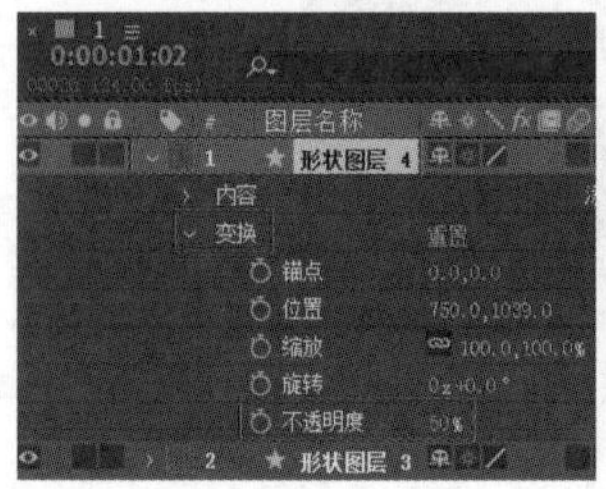

图 4.197

图 4.198

步骤 11 使用同样的方式，继续使用【椭圆工具】并更改【填充】颜色，在画面中合适位置绘制两个不等大的正圆，同样设置这两个形状图层的【不透明度】为50%，效果如图4.199所示。

图 4.199

步骤 12 在【时间轴】面板中调整图层顺序。首先按住鼠标左键将【形状图层5】拖曳到1.jpg图层上方位置，接着将【形状图层6】移动到【形状图层5】上方位置，如图4.200所示。此时，画面效果如图4.201所示。

图 4.200　　图 4.201

步骤 13 在【项目】面板中将2.png素材文件拖曳到【时间轴】面板中，如图4.202所示。

图 4.202

步骤 14 本实例制作完成，最终效果如图4.203所示。

图 4.203

实例4.4：使用形状图层制作炫酷故障效果

文件路径：第4章 图层→实例：使用形状图层制作炫酷故障效果

扫一扫，看视频

本实例主要使用【色相/饱和度】及【图层样式】制作人物轮廓重影效果；接着在人物图片上绘制彩色线条，丰富画面；最后制作杂色感文字。效果如图4.204所示。

图 4.204

步骤 01 在【项目】面板中右击，选择【新建合成】命令，在弹出的【合成设置】窗口中设置【合成名称】为1，【预设】为【自定义】，【宽度】为1000，【高度】为1500，【像素长宽比】为【方形像素】，【帧速率】为25，【分辨率】为【完整】，【持续时间】为5秒。执行【文件】/【导入】/【文件】命令，导入1.jpg、2.png素材文件，如图4.205所示。

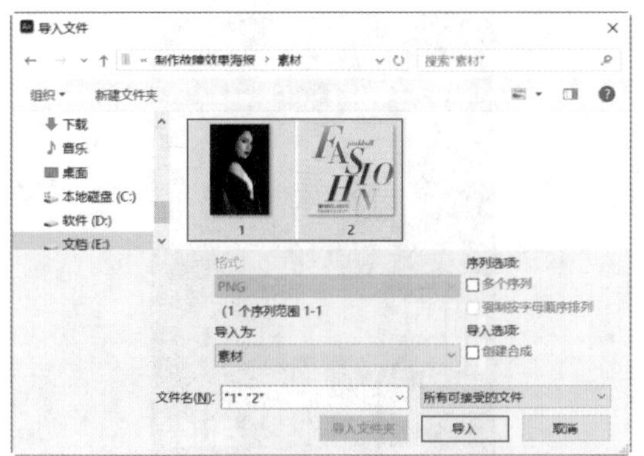

图 4.205

步骤 02 在【项目】面板中将1.jpg素材文件2次拖曳到【时间轴】面板中，如图4.206所示。

图 4.206

步骤 03 在【效果和预设】面板搜索框中搜索【色相/饱和度】，将该效果拖曳到【时间轴】面板中1.jpg图层（图层1）上，如图4.207所示。

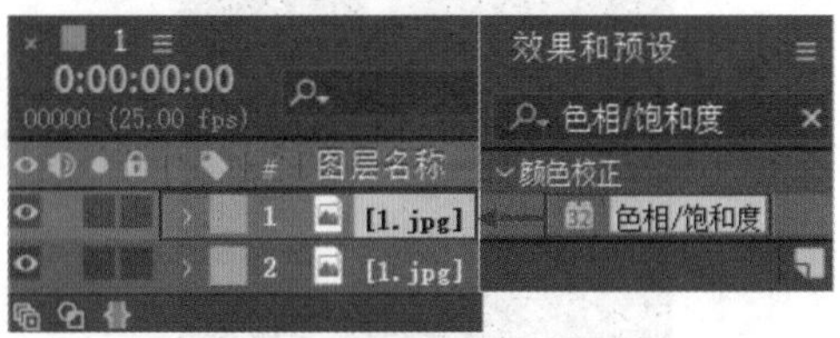

图 4.207

步骤 04 在【时间轴】面板中选择1.jpg图层（图层1），在【效果控件】面板中展开【色相/饱和度】，设置【主色相】为0x-120.0°，【主饱和度】为-65，【主亮度】为9，如图4.208所示。接着在【时间轴】面板中单击打开1.jpg图层（图层1）下方的【变换】，将时间线拖动到起始帧位置，单击【位置】前方的（时间变化秒表）按钮，开启自动关键帧，设置【位置】为(509.0,742.0)；继续将时间线拖动到1秒位置，设置【位置】为(502.0,742.0)；最后将时间线拖动到2秒位置，设置【位置】为(509.0,742.0)，如图4.209所示。

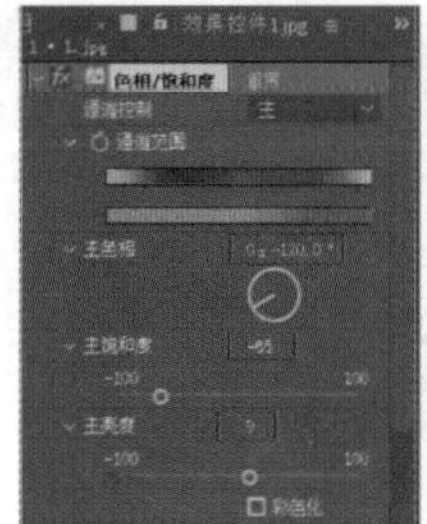

图 4.208

图 4.209

步骤 05 在1.jpg图层（图层1）后方设置【模式】为【点光】，如图4.210所示。此时，人物轮廓出现一种重影的效果，如图4.211所示。

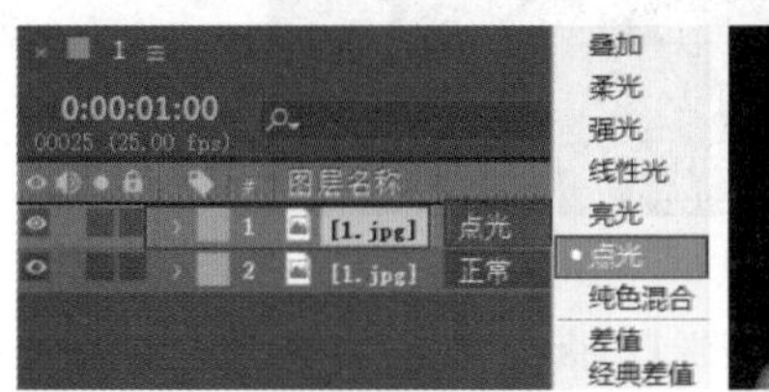

图 4.210

图 4.211

步骤 06 制作形状部分。在工具栏中选择（矩形工具），设置【填充】为白色，【描边】为无，接着在画面合适位置按住鼠标左键拖动绘制不同大小及粗细的矩形，如图4.212所示。

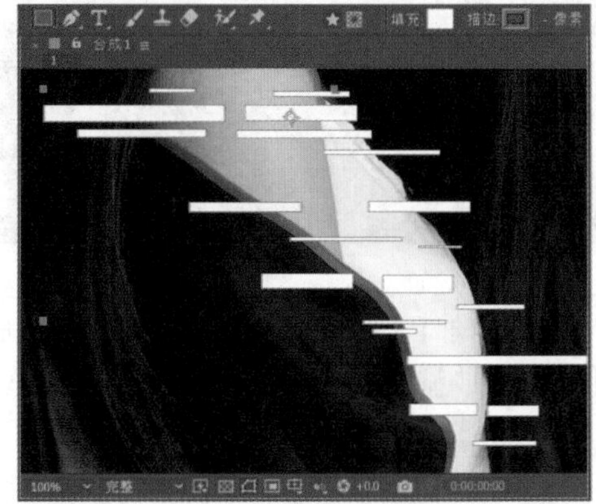

图 4.212

步骤 07 选择刚绘制的形状图层1，右击，执行【图层样式】/【渐变叠加】命令。单击打开形状图层1下方的【图层样式】/【渐变叠加】，单击【颜色】后方的【编辑渐变】按钮，在【渐变编辑器】窗口中编辑一个由红色到绿色到黄色再到蓝色的渐变（在编辑时可单击色条下方空白处添加色标），然后设置【缩放】为52.0%，如图4.213所示。

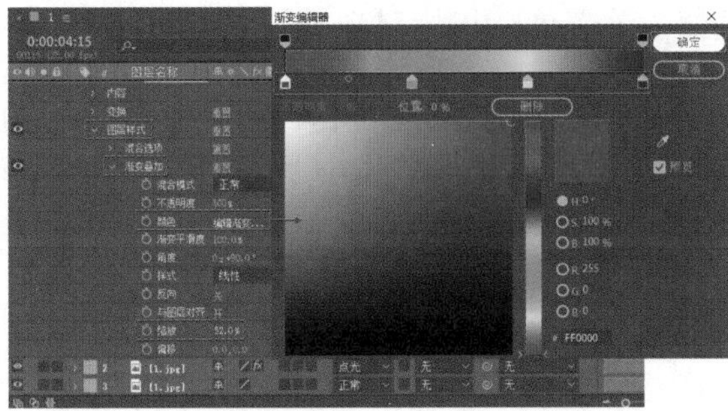

图 4.213

步骤 08 打开【变换】属性，设置【不透明度】为60%，如图4.214所示。

步骤 09 此时，形状如图4.215所示。

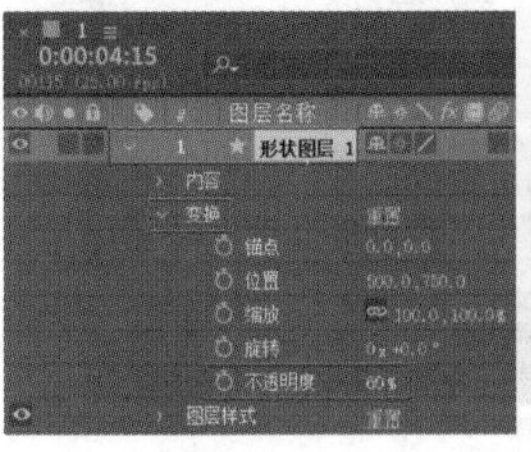

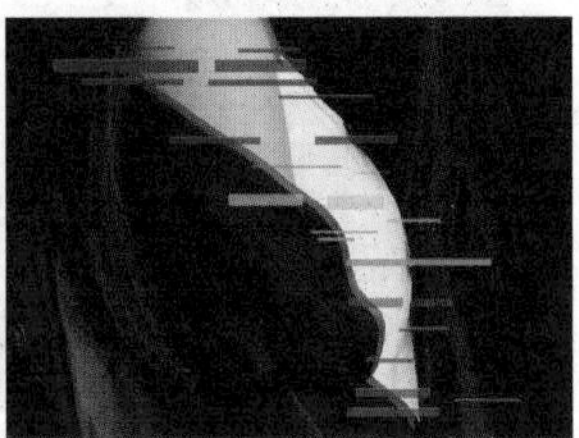

图 4.214　　图 4.215

步骤 10 在工具栏中选择(钢笔工具)，设置【填充】为无，【描边】为孔雀绿色，【描边宽度】为7像素，接着在画面顶部及底部绘制倾斜的线段，如图4.216所示。继续选择【钢笔工具】，设置【填充】为无，【描边】为深蓝色，【描边宽度】为15像素，在画面顶部及底部各绘制一条倾斜的线段，如图4.217所示。

图 4.216　　图 4.217

步骤 11 使用同样的方法设置【填充】为无，【描边】为洋红色，【描边宽度】为7像素，继续绘制两条倾斜的线段，如图4.218所示。

步骤 12 在【项目】面板中将2.png素材文件拖曳到【时间轴】面板中，如图4.219所示。

图 4.218　　图 4.219

步骤 13 在【效果和预设】面板搜索框中搜索【杂色】，将该效果拖曳到【时间轴】面板2.png图层(图层1)上，如图4.220所示。

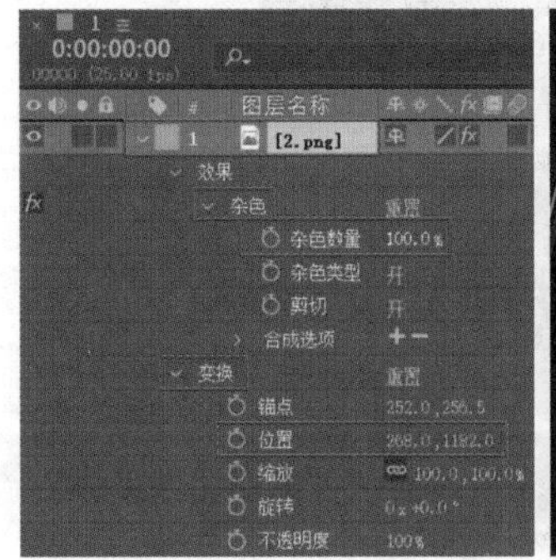

图 4.220

步骤 14 在【时间轴】面板中单击打开2.png图层下方的【变换】，设置【位置】为(268.0,1182.0)，接着展开【效果】/【杂色】，设置【杂色数量】为100.0%，如图4.221所示。此时，画面效果如图4.222所示。

图 4.221　　图 4.222

4.11 调整图层

扫一扫，看视频

新建完成后，在【合成】面板中不会看到任何效果变化。这是因为调整图层的主要目的是通过为调整图层添加效果，使调整图层下方的所有图层共同享有添加的效果。因此，常使用调整图层来调整整体作品的色彩效果。

重点 轻松动手学：使用调整图层调节颜色

扫一扫，看视频

文件路径：第4章 图层→轻松动手学：使用调整图层调节颜色

步骤 01 导入图片素材1.jpg、2.jpg、3.jpg、4.jpg到【时间轴】面板中，如图4.223所示。

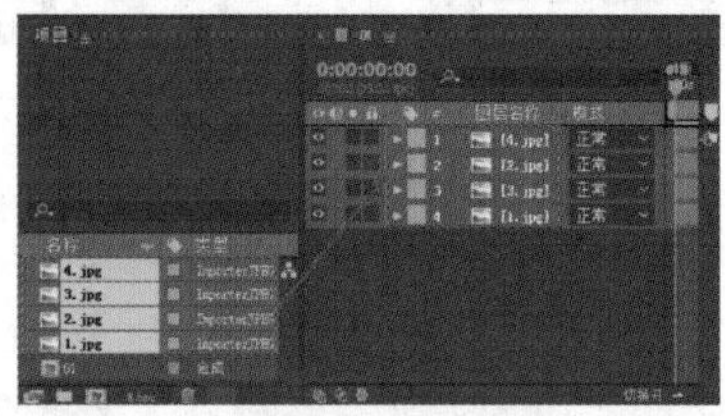

图 4.223

步骤 02 设置4个素材的【位置】和【缩放】参数，使其产生4张图拼接效果，如图4.224所示。

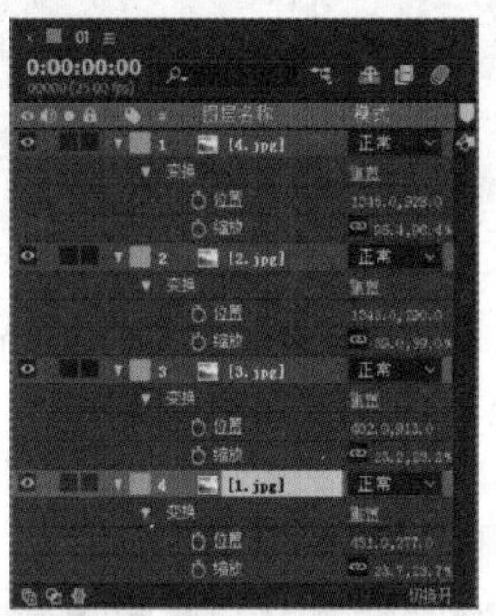

图 4.224

步骤 03 此时，合成效果如图4.225所示。

图 4.225

步骤 04 在菜单栏中执行【图层】/【新建】/【调整图层】命令，如图4.226所示。或在【时间轴】面板的空白位置处右击，执行【新建】/【调整图层】命令，如图4.227所示。或使用快捷键Ctrl+Alt+Y，均可创建调整图层。

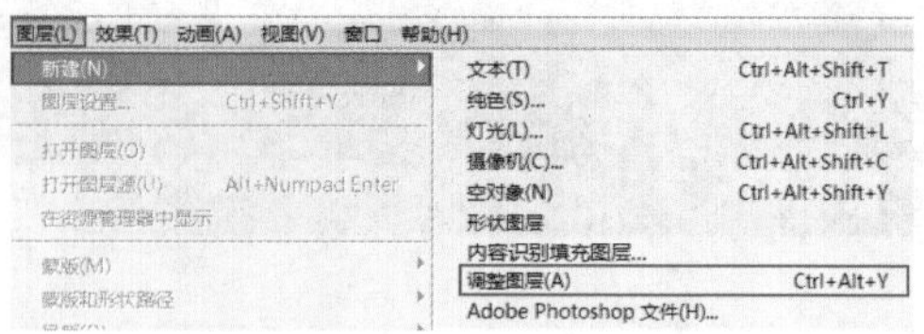

图 4.226

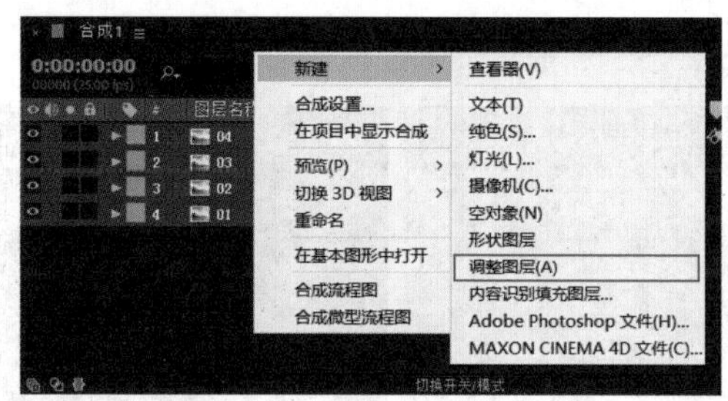

图 4.227

步骤 05 此时，在【时间轴】面板中可以看到创建的调整图层，如图4.228所示。

图 4.228

步骤 06 为调整图层添加合适效果，调整画面整体。此处以添加【曲线】效果为例，首先在【效果和预设】面板中搜索【曲线】，并将其拖曳至调整图层上，如图4.229所示。

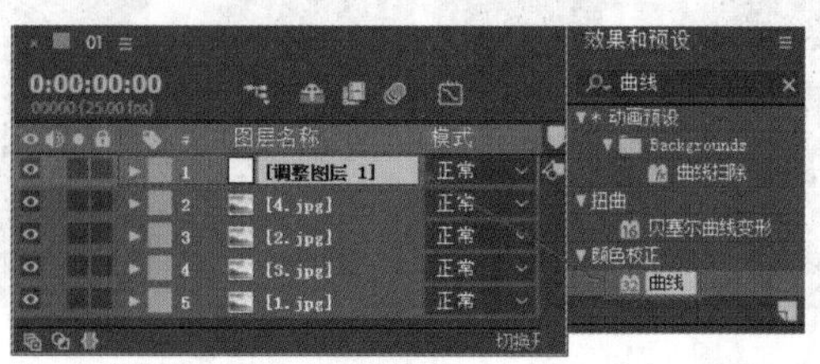

图 4.229

步骤 07 在【效果控件】面板中调整【曲线】的形状，如

图4.230所示。此时，画面前后对比效果如图4.231所示。

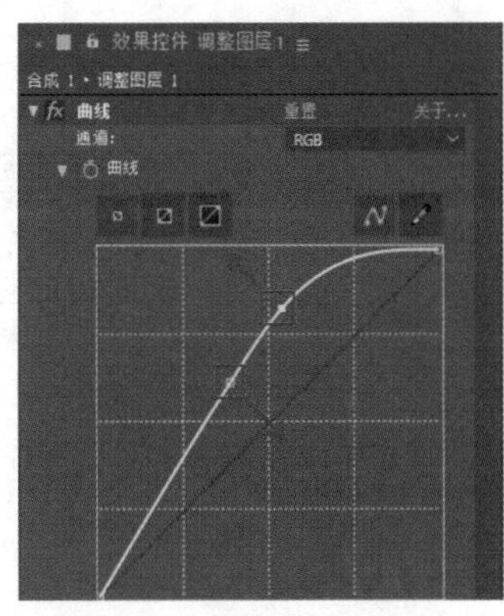

图 4.230

（a）调整前　　（b）调整后

图 4.231

扫一扫，看视频

创建及编辑蒙版

本章内容简介：

“蒙版”原本是摄影术语，是指用于控制照片的不同区域曝光的传统暗房技术。在After Effects中，蒙版主要用于画面的修饰与合成。我们可以使用蒙版实现对图层部分元素的隐藏工作，从而只显示蒙版以内的图形画面，这是一项在创意合成中非常重要的步骤。本章主要讲解了蒙版的绘制方式、调整方法及使用效果等相关内容。

重点知识掌握：

- 了解蒙版
- 创建不同的蒙版类型
- 蒙版的编辑方法

优秀佳作欣赏：

5.1 认识蒙版

为了得到特殊的视觉效果，可以使用绘制蒙版的工具在原始图层上绘制一个形状的“视觉窗口”，进而使画面只显示需要显示的区域，而其他区域被隐藏。由此可见，蒙版在后期制作中是一个很重要的操作工具，可用于合成图像或制作其他特殊效果等，如图5.1所示。

图5.1

重点 5.1.1 蒙版的原理

蒙版即遮罩，可以通过绘制的蒙版使素材只显示区域内的部分，而区域外的素材则被蒙版所覆盖。同时还可以绘制多个蒙版图层来达到多元化的视觉效果，图5.2所示为为作品设置蒙版的效果。

（a）　　（b）

图5.2

重点 5.1.2 常用的蒙版工具

在After Effects中，绘制蒙版的工具有很多，其中包括形状工具组、钢笔工具组、【画笔工具】及【橡皮擦工具】，如图5.3所示。

图5.3

重点 5.1.3 轻松动手学：创建蒙版的方法

文件路径：第5章 创建及编辑蒙版→轻松动手学：创建蒙版的方法

扫一扫，看视频

（1）打开After Effects软件，在【项目】面板中右击，选择【新建合成】命令，导入素材或创建一个纯色图层。在这里我们导入一个素材，执行【导入】/【文件】命令，导入素材1.jpg，如图5.4所示。将【项目】面板中的素材拖曳到【时间轴】面板中，如图5.5所示。

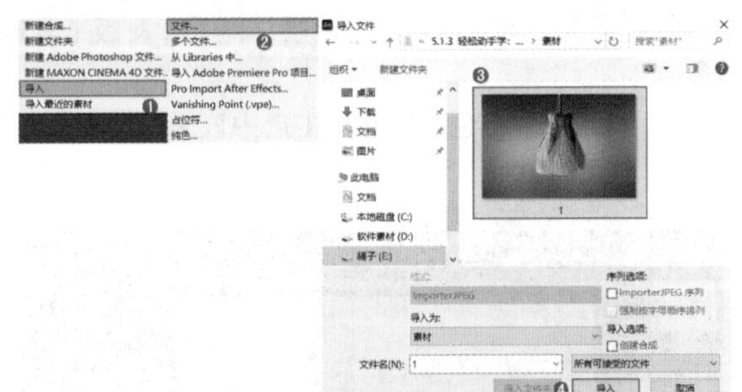

图5.4

图5.5

（2）在【时间轴】面板中单击选中素材图层1.jpg，然后在工具栏中选择(矩形工具)，在【合成】面板图像上的合适位置处按住鼠标左键并拖动至合适大小。此时，矩形框内的图像为显示内容，图像其他区域则被隐藏，如图5.6所示。

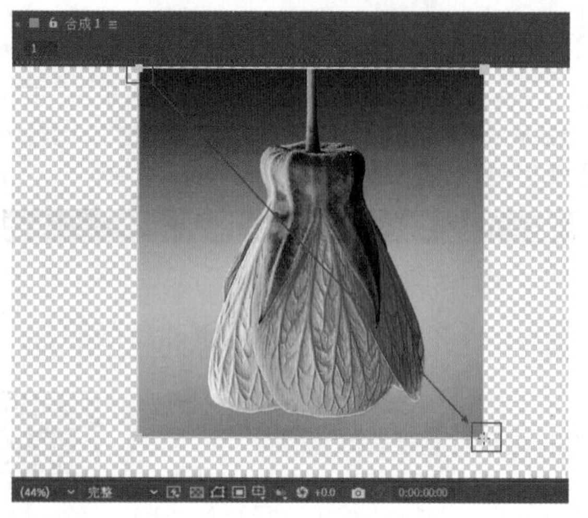

图 5.6

重点 5.1.4 蒙版与形状图层的区别

1. 新建蒙版

创建蒙版，首先需要选中图层，再选择蒙版工具进行绘制。

(1)新建一个纯色图层并单击选中该图层，如图5.7所示。

图 5.7

(2)在工具栏中长按【矩形工具】，在形状工具组中选择(星形工具)，如图5.8所示。

图 5.8

(3)此时，出现了蒙版的效果，星形以外的部分不显示，只显示星形以内的部分，如图5.9所示。

图 5.9

2. 新建形状图层

创建形状图层，则要求不选中图层，而选择工具进行绘制，绘制出的是一个单独的图案。

(1)新建一个纯色图层，不要选中该图层，如图5.10所示。

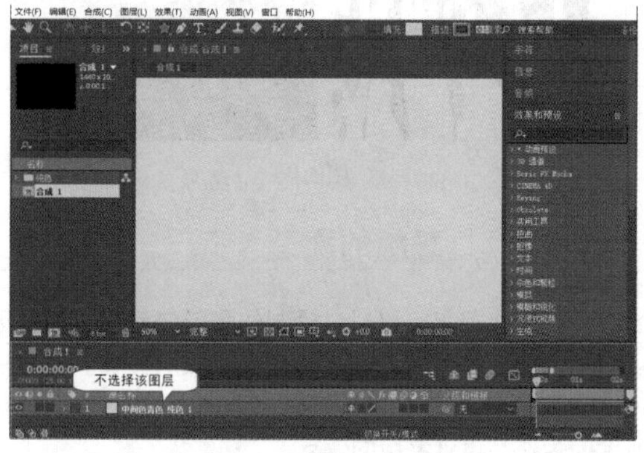

图 5.10

(2)在工具栏中长按【矩形工具】，在形状工具组中选择(多边形工具)，并设置合适的颜色。此时，拖动鼠标进行绘制即可新建一个独立的形状图层，如图5.11所示。

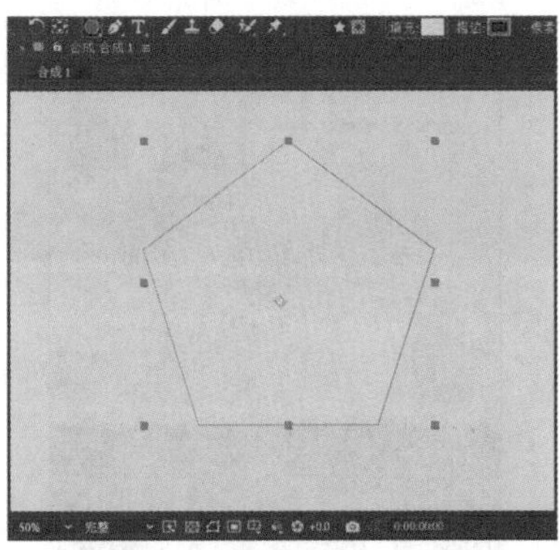

图 5.11

5.2 形状工具组

使用形状工具组可以绘制出多种规则或不规则的几何形状蒙版，其中包括【矩形工具】、【圆角矩形工具】、【椭圆工具】、【多边形工具】和【星形工具】，如图 5.12 所示。

扫一扫，看视频

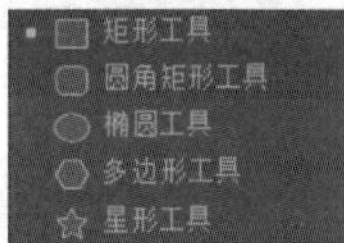

图 5.12

重点 5.2.1 矩形工具

【矩形工具】可以为图像绘制正方形、长方形等矩形形状蒙版。选中素材，在工具栏中单击选择【矩形工具】，在【合成】面板图像的合适位置按住鼠标左键并拖动至合适大小，得到矩形蒙版，如图 5.13 所示。为图像绘制蒙版的前后对比效果如图 5.14 所示。

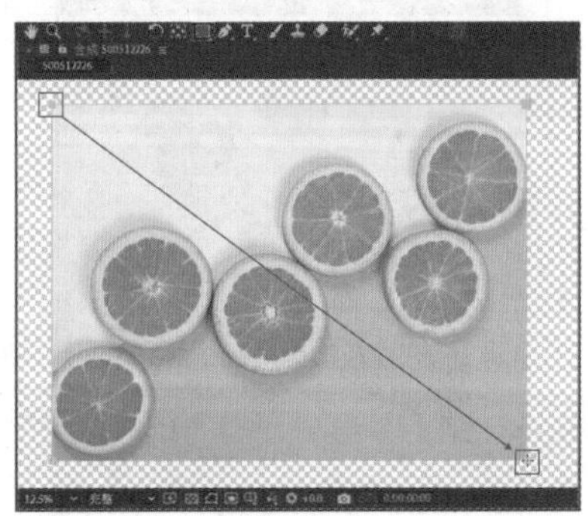

图 5.13

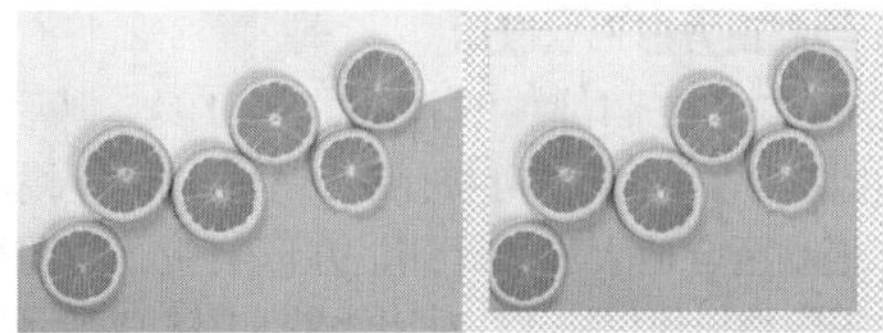

（a）绘制蒙版前　　（b）绘制蒙版后

图 5.14

提示：如何移动形状蒙版的位置？

将形状蒙版进行移动有两种方法。

（1）形状蒙版绘制完成后，在【时间轴】面板中选择相对应的图层，在工具栏中选择（选取工具），接着将光标移动到【合成】面板中的形状蒙版上方，当光标变为黑色箭头时，按住鼠标左键可进行移动，如图 5.15 所示。

图 5.15

（2）形状蒙版绘制完成后，选择【时间轴】面板中相对应的素材文件，将光标移动到【合成】面板中的形状蒙版上方单击，当光标变为黑色箭头时，按住鼠标左键拖动即可进行位置移动，如图 5.16 所示。

图 5.16

1. 绘制正方形形状蒙版

选中素材，在工具栏中选择▇（矩形工具），然后在【合成】面板图像的合适位置处按住Shift键的同时，按住鼠标左键并拖动至合适大小，得到正方形蒙版，如图5.17所示。为图像绘制蒙版的前后对比效果如图5.18所示。

图 5.17

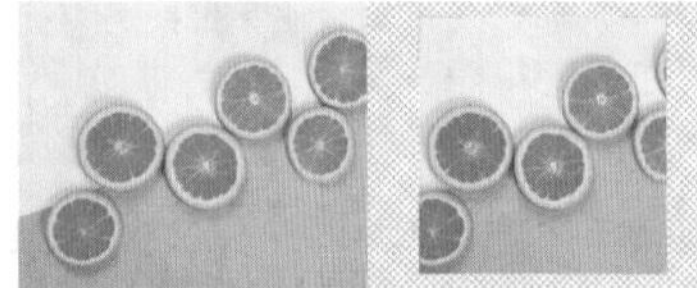

（a）绘制蒙版前　（b）绘制蒙版后

图 5.18

2. 绘制多个蒙版

选中素材，继续使用【矩形工具】，然后在【合成】面板中图像的合适位置处按住鼠标左键并拖动至合适大小，得到另一个蒙版，如图5.19所示。使用同样的方法可绘制多个蒙版，如图5.20所示。

图 5.19

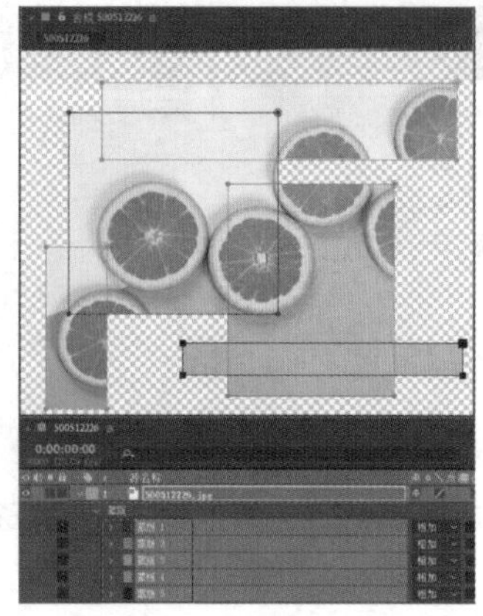

图 5.20

3. 调整蒙版形状

在【时间轴】面板中单击选择【蒙版1】，然后按住Ctrl键的同时，将光标定位在【合成】面板的透明区域处单击，如图5.21所示。然后继续按住Ctrl键，将光标定位在蒙版一角的顶点处，按住鼠标左键并拖动至合适位置即可改变蒙版形状，如图5.22所示。

图 5.21

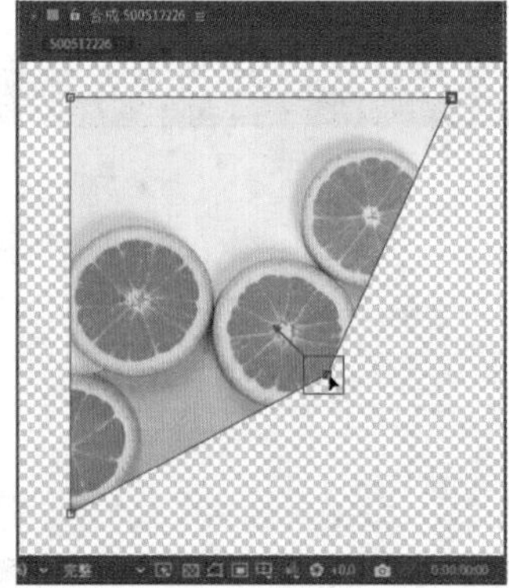

图 5.22

4. 设置蒙版相关属性

为图像绘制蒙版后，在【时间轴】面板中单击打开素材图层下方的【蒙版】/【蒙版1】，即可设置相关参数，调整蒙版效果。此时，【时间轴】面板参数如图5.23所示。

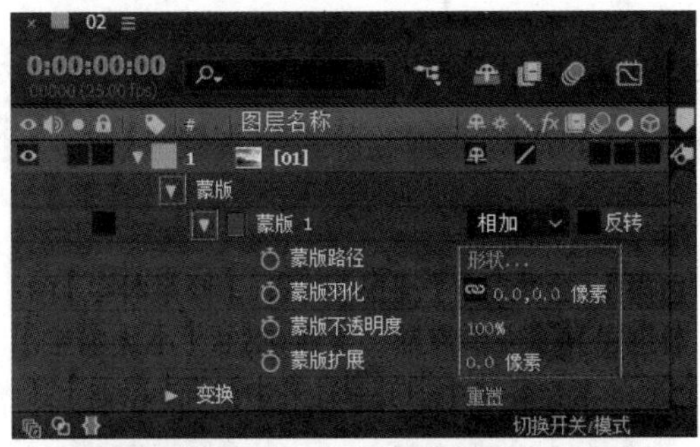

图 5.23

- 蒙版 1 蒙版1：在【合成】面板中绘制蒙版，按照蒙版绘制顺序可自动生成蒙版序号，如图5.24所示。

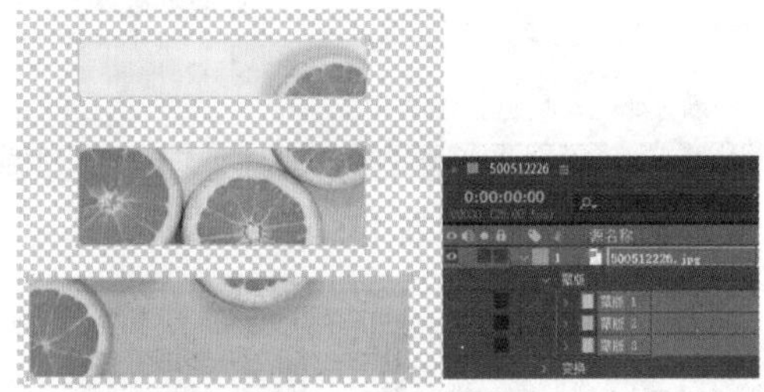

图 5.24

双击【蒙版1】前的彩色色块可设置蒙版边框颜色，图5.25所示即设置边框颜色为蓝色和红色的对比效果。

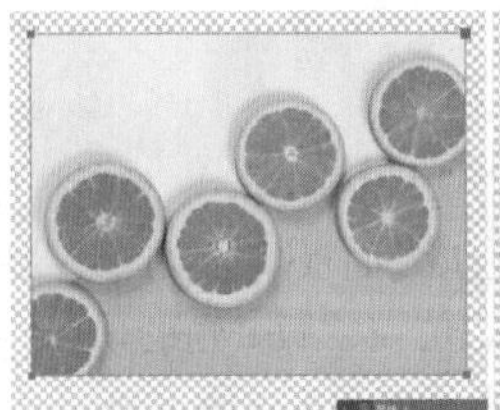
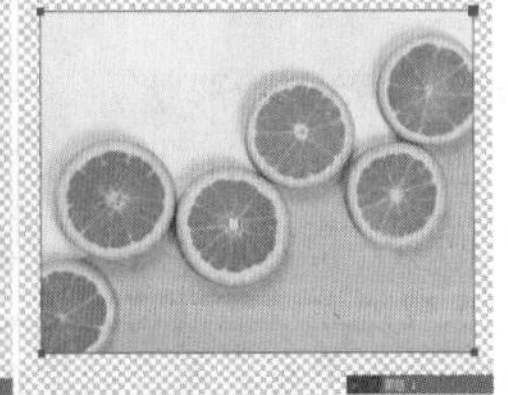

（a）蒙版边框：蓝色　（b）蒙版边框：红色

图 5.25

- 模式：单击【模式】选框可在下拉菜单列表中选择合适的混合模式。图5.26所示即当图像只有一个蒙版时，设置【模式】为【相加】和【相减】的对比效果。

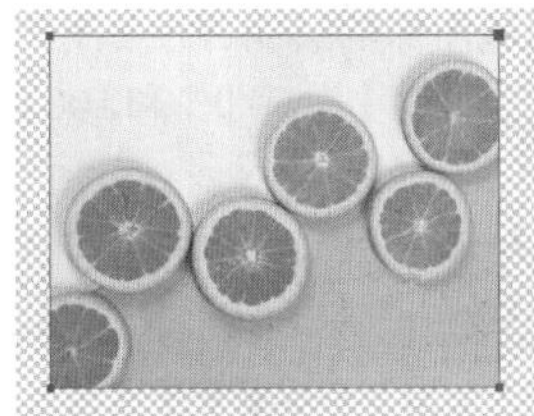

（a）【模式】：【相加】　（b）【模式】：【相减】

图 5.26

当图像有多个蒙版时，设置不同【模式】的【时间轴】面板如图5.27所示，此时画面效果如图5.28所示。

图 5.27

图 5.28

- 反转：勾选此复选框可反转蒙版效果。图5.29所示为勾选此复选框和未勾选此复选框的对比效果。

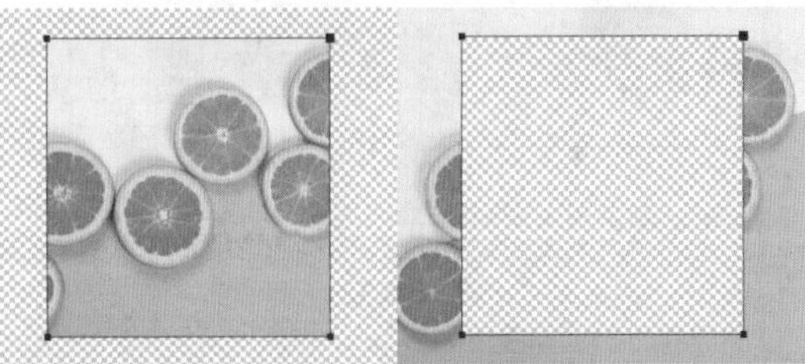

（a）未勾选【反转】复选框　（b）勾选【反转】复选框

图 5.29

- 蒙版路径：单击【蒙版路径】的【形状】按钮，在弹出的【蒙版形状】对话框中可设置蒙版定界框形状。
- 蒙版羽化：设置蒙版边缘的柔和程度。图5.30所示即设置【蒙版羽化】为0.0和300.0的对比效果。

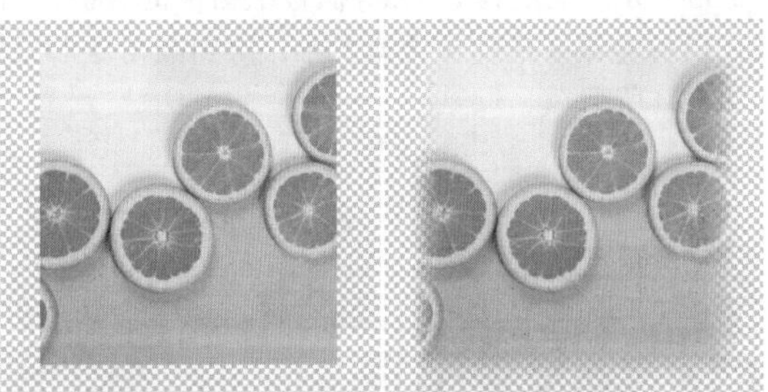

（a）【蒙版羽化】：0.0　（b）【蒙版羽化】：300.0

图 5.30

- 蒙版不透明度：设置蒙版图像的透明程度。图5.31所示即设置【蒙版不透明度】为50.0%和100.0%的对比效果。

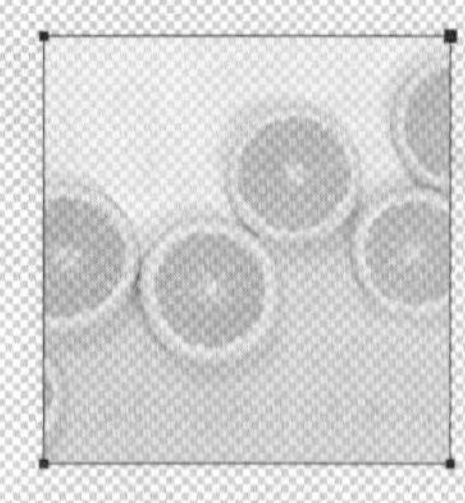

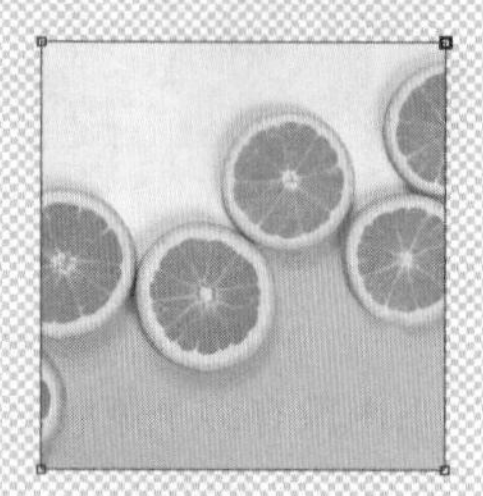

（a）【蒙版不透明度】：50.0%（b）【蒙版不透明度】：100.0%

图 5.31

- 蒙版扩展：可扩展蒙版面积。设置【蒙版扩展】为-100.0和200.0的对比效果如图5.32所示。

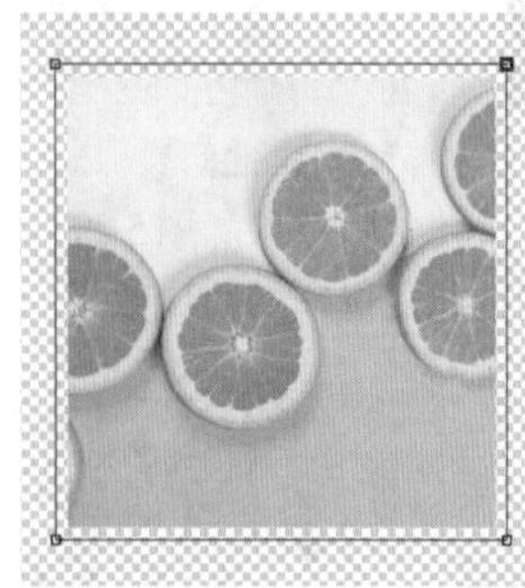

（a）【蒙版扩展】：-100.0　（b）【蒙版扩展】：200.0

图 5.32

5.2.2 圆角矩形工具

【圆角矩形工具】可以绘制圆角矩形形状蒙版，使用方法及对其相关属性的设置与【矩形工具】类似。选中素材，在工具栏中将光标定位在【矩形工具】上，长按鼠标左键，在形状工具组中选择■（圆角矩形工具），如图5.33所示。然后在【合成】面板中图像的合适位置处按住鼠标左键并拖动至合适大小，得到圆角矩形蒙版，如图5.34所示。

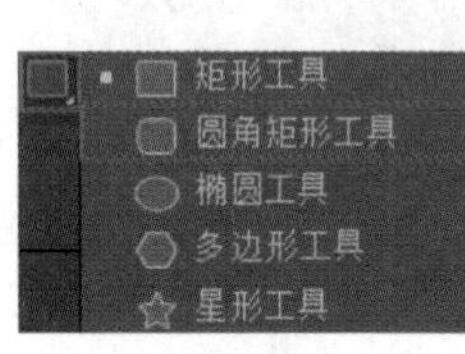

图 5.33

图 5.34

1. 绘制正圆角矩形蒙版

使用【圆角矩形工具】，在【合成】面板中图像的合适位置处按住Shift键的同时按住鼠标左键并拖动至合适大小，此时在【合成】面板中即可出现正圆角矩形蒙版，如图5.35所示。为图像绘制蒙版的前后对比效果如图5.36所示。

图 5.35

（a）绘制蒙版前　（b）绘制蒙版后

图 5.36

2. 调整蒙版形状

在【时间轴】面板中单击选择【蒙版1】，然后按住Ctrl键的同时，将光标定位在【合成】面板的透明区域处单击，如图5.37所示。然后将光标定位在蒙版一角的顶点处，按住鼠标左键并拖动至合适位置，如图5.38所示。

图 5.37

图 5.38

5.2.3 椭圆工具

【椭圆工具】可以绘制椭圆、正圆形状蒙版，使用方法及对其相关属性的设置与【矩形工具】类似。选中素材，在工具栏中将光标定位在【矩形工具】上，并长按鼠标左键，在形状工具组中选择 (椭圆工具)，如图5.39所示。然后在【合成】面板中图像的合适位置处按住鼠标左键并拖动至合适大小，得到椭圆蒙版，如图5.40所示；或在【合成】面板中图像的合适位置处，按住Shift键的同时按住鼠标左键并拖动至合适大小，得到正圆形状蒙版，如图5.41所示。

图 5.39　　图 5.40　　图 5.41

5.2.4 多边形工具

【多边形工具】可以创建多个边角的几何形状蒙版，使用方法及对其相关属性的设置与【矩形工具】类似。选中素材，在工具栏中将光标定位在【矩形工具】上，并长按鼠标左键，在形状工具组中选择 (多边形工具)，如图5.42所示。然后在【合成】面板中图像的合适位置处按住鼠标左键并拖动至合适大小，得到五边形蒙版，如图5.43所示；或在【合成】面板中图像的合适位置处，按住Shift键的同时按住鼠标左键并拖动至合适大小，得到正五边形蒙版，如图5.44所示。

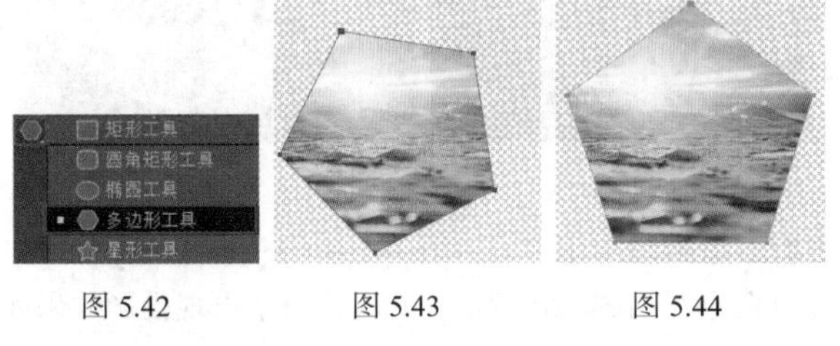

图 5.42　　图 5.43　　图 5.44

5.2.5 星形工具

【星形工具】可以绘制星形蒙版，使用方法及对其相关属性的设置与【矩形工具】类似。选中素材，在工具栏中将光标定位在【矩形工具】上，并长按鼠标左键，在形状工具组中选择 (星形工具)，如图5.45所示。然后在【合成】面板中图像的合适位置处按住鼠标左键并拖动至合适大小，得到星形蒙版，如图5.46所示；或在【合成】面板中图像的合适位置处，按住Shift键的同时按住鼠标左键并拖动至合适大小，得到正星形蒙版，如图5.47所示。

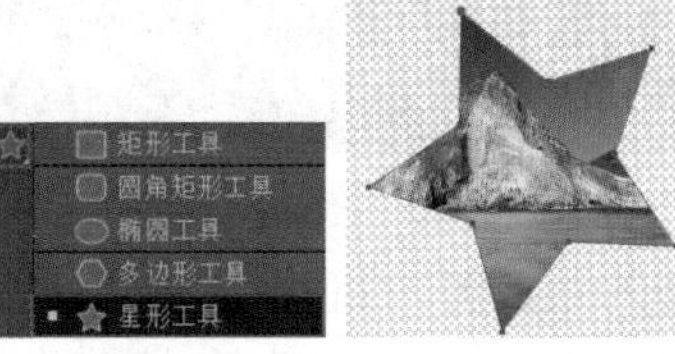

图 5.45　　图 5.46　　图 5.47

实例5.1：制作广告促销图标

案例路径：第5章 创建及编辑蒙版→实例：制作广告促销图标

扫一扫，看视频

本实例主要使用【钢笔工具】制作蒙版作为背景，使用【椭圆工具】绘制形状图层，并导入素材和制作其他剩余部分。效果如图5.48所示。

图 5.48

步骤 01 在【项目】面板中右击，选择【新建合成】命令，在弹出的【合成设置】窗口中设置【合成名称】为【合成1】，【预设】为【自定义】，【宽度】为1080，【高度】为768，【像素长宽比】为【方形像素】，【帧速率】为24，【分辨率】为【完整】，【持续时间】为5秒。执行【文件】/【导入】/【文件】命令，导入1.png素材文件。

步骤 02 新建一个纯色图层。在【时间轴】面板的空白位置处右击，执行【新建】/【纯色】命令，在弹出的【纯色设置】窗口中设置【颜色】为深蓝色，如图5.49所示。

步骤 03 绘制拼接双色背景。在工具栏中选择 (钢笔工具)，然后在蓝色纯色图层顶部绘制一个拱形遮罩，如图5.50所示。

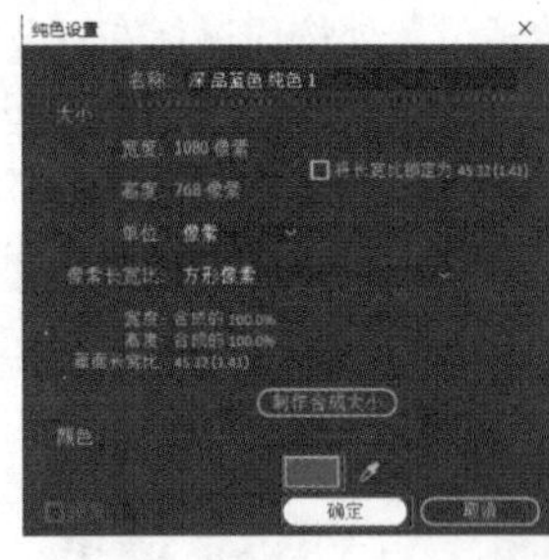

图 5.49

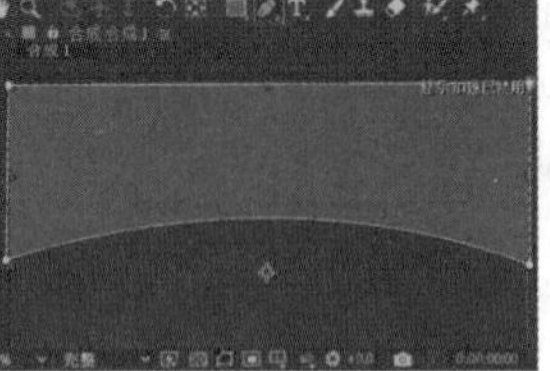
图 5.50

步骤 04 制作图标轮廓形状。在工具栏中选择（椭圆工具），设置【填充】为淡青色，【描边】为无，接着在画面中按住鼠标拖动，绘制一个椭圆形状，如图5.51所示。

步骤 05 在【时间轴】面板中单击打开【形状图层1】下方的【内容】，选择下方的【椭圆1】，使用快捷键Ctrl+D创建副本，接着选择【椭圆2】，在【合成】面板中将光标定位在定界框一角处，按住Shift+Alt键的同时按住鼠标左键，将椭圆向内侧拖动，呈现同心圆效果，如图5.52所示。

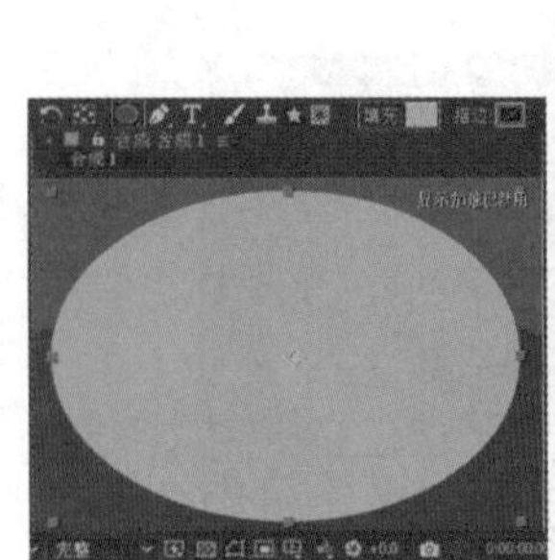
图 5.51

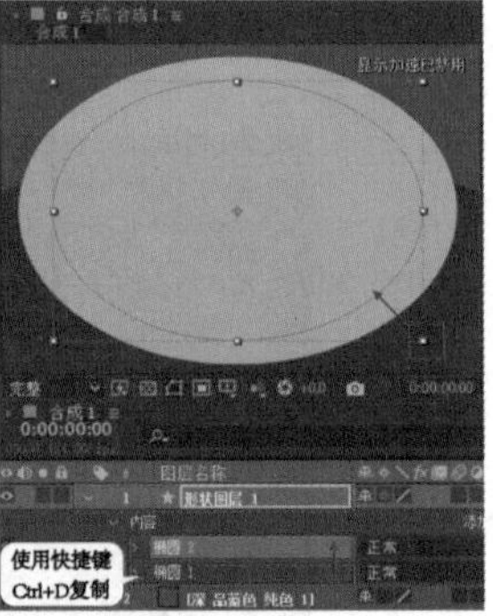

图 5.52

步骤 06 在工具栏中更改【填充】为较深一些的青色，如图5.53所示。

步骤 07 在【项目】面板中选择1.png素材文件，将它拖曳到【时间轴】面板最上层，如图5.54所示。

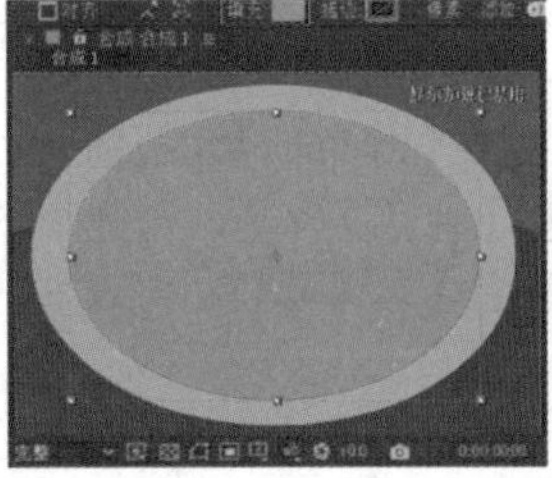
图 5.53

图 5.54

步骤 08 在【时间轴】面板中单击打开1.png素材文件下方的【变换】，设置【位置】为(532.0,408.0)，如图5.55所示。此时，画面效果如图5.56所示。

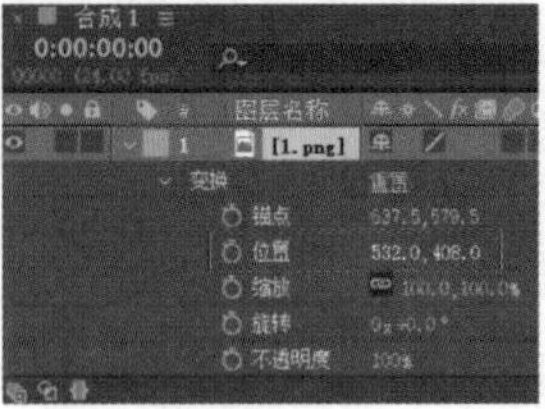
图 5.55

图 5.56

步骤 09 在主体文字下方制作输入活动日期。在【时间轴】面板的空白位置处右击，执行【新建】/【文本】命令，也可使用快捷键Ctrl+Shift+Alt+T进行新建，如图5.57所示。在【字符】面板中设置合适的【字体系列】，【填充】为白色，【描边】为无，【字体大小】为37像素，设置完成后输入文字“活动日期:5月18日—5月21日”，如图5.58所示。

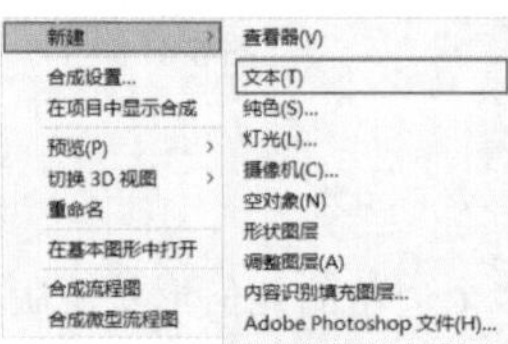

图 5.57

图 5.58

步骤 10 在【时间轴】面板中单击打开文本图层下方的【变换】，设置【位置】为(538.0,536.0)，如图5.59所示。此时，画面效果如图5.60所示。

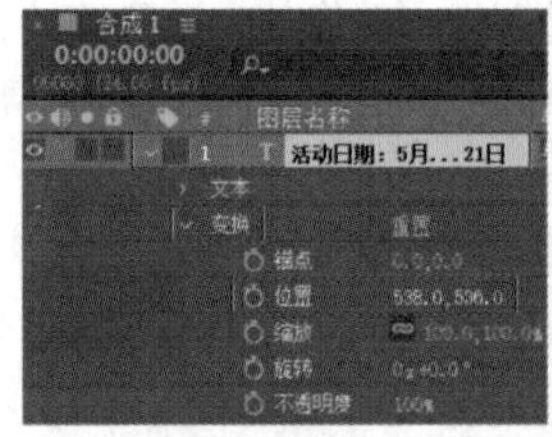
图 5.59

图 5.60

步骤 11 选择文本图层，右击，执行【图层样式】/【投影】命令，如图5.61所示。此时，文字出现投影效果如图5.62所示。

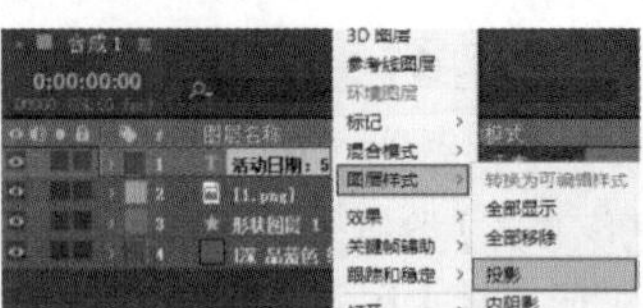

图 5.61

图 5.62

步骤 12 制作椭圆标志投影。使用快捷键Ctrl+Y新建一个纯色图层，在弹出的【纯色设置】窗口中设置【颜色】为暗红色，如图5.63所示。

步骤 13 在【时间轴】面板中选择【中等灰色-红色 纯色1】图层，接着在工具栏中选择（钢笔工具），然后将光标移动到【合成】面板中，在椭圆标志右下角绘制一个形状，如图5.64所示。

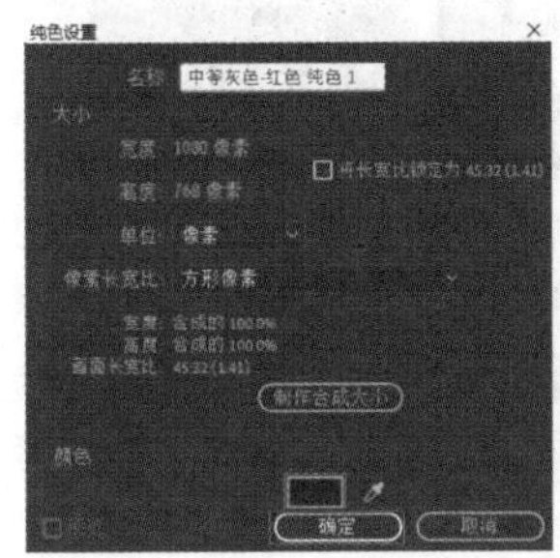

图 5.63

图 5.64

步骤 14 在【时间轴】面板中右击，选择【中等灰色-红色 纯色1】图层，执行【图层样式】/【渐变叠加】命令。单击打开【中等灰色-红色 纯色1】图层下方的【图层样式】/【渐变叠加】，接着单击【颜色】后方的【编辑渐变】按钮，在弹出的【渐变编辑器】窗口中编辑一个红色系渐变，然后设置【角度】为0x+121.0°，如图5.65所示。此时，画面效果如图5.66所示。

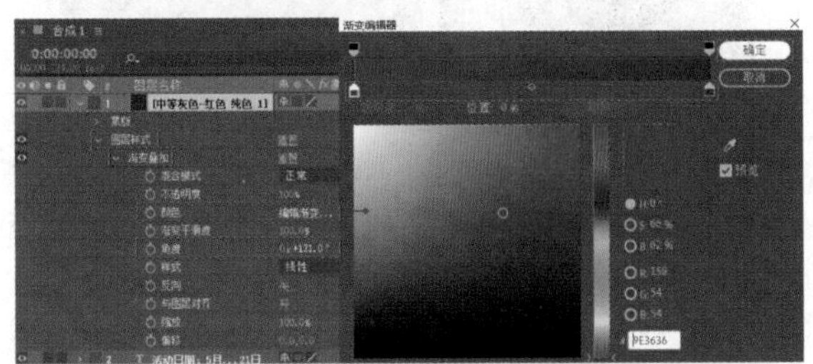

图 5.65

图 5.66

步骤 15 将【中等灰色-红色 纯色1】图层移动到【形状图层1】下方，如图5.67所示。此时，画面效果如图5.68所示。

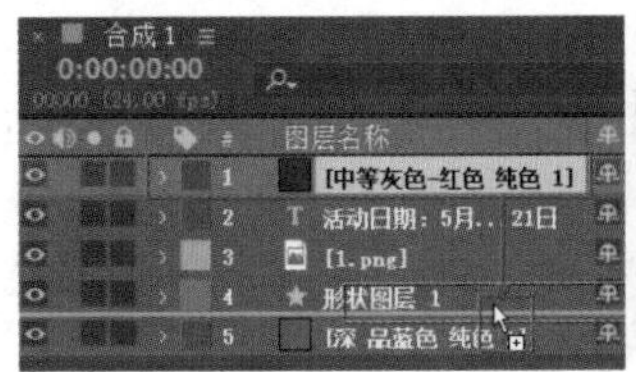

图 5.67

图 5.68

综合实例：使用形状工具组制作电影海报

文件路径：第5章 创建及编辑蒙版→综合实例：使用形状工具组制作电影海报

扫一扫，看视频

本综合实例首先使用【矩形工具】在纯色图层上绘制蒙版，制作大小不一的形状；接着使用【椭圆工具】在人物图层上绘制正圆蒙版；最后制作点缀形状及文字部分。效果如图5.69所示。

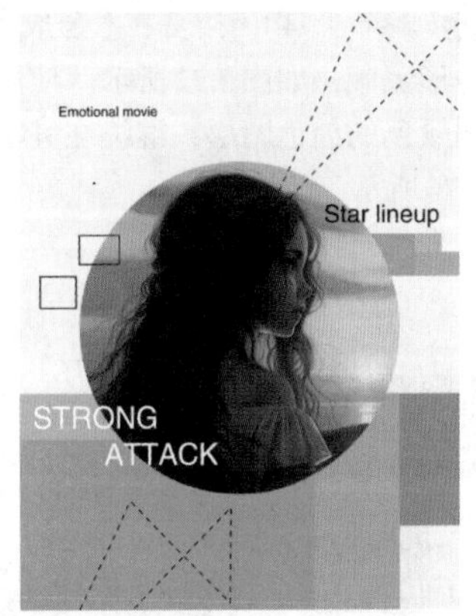

图 5.69

步骤 01 在【项目】面板中右击，选择【新建合成】命令，在弹出的【合成设置】窗口中设置【合成名称】为【合成1】，【预设】为【自定义】，【宽度】为825，【高度】为1080，【像素长宽比】为【方形像素】，【帧速率】为29.97，【分辨率】为【完整】，【持续时间】为5秒。执行【文件】/【导入】/【文件】命令，导入1.jpg素材文件，如图5.70所示。

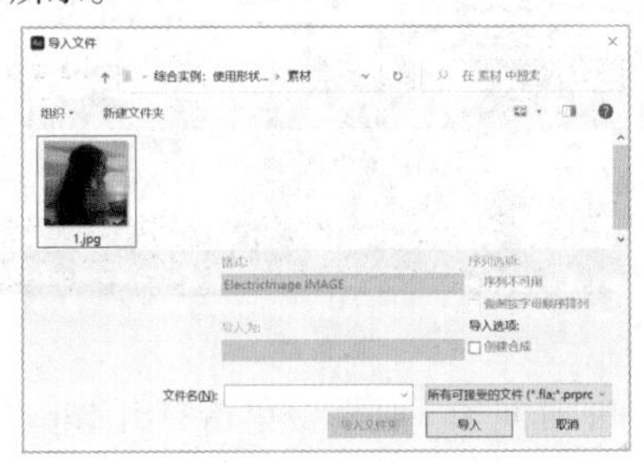

图 5.70

步骤 02 制作纯色背景。在【时间轴】面板的空白位置处右击，执行【新建】/【纯色】命令。在弹出的【纯色设置】窗口中设置【颜色】为浅黄色，如图5.71所示。

步骤 03 使用快捷键Ctrl+Y再次新建纯色，在【纯色设置】窗口中设置【颜色】为黄色，如图5.72所示。

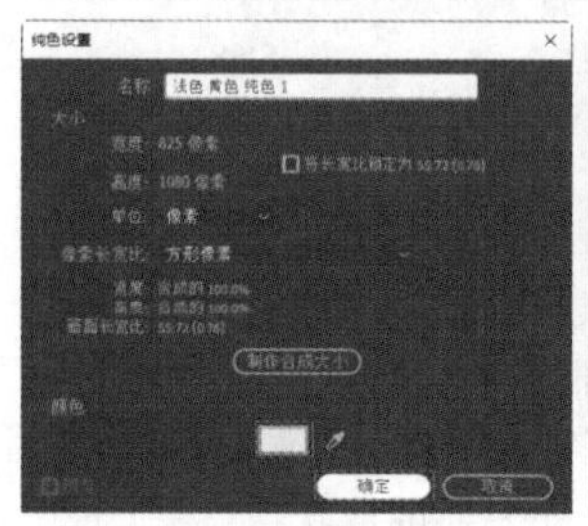

图 5.71

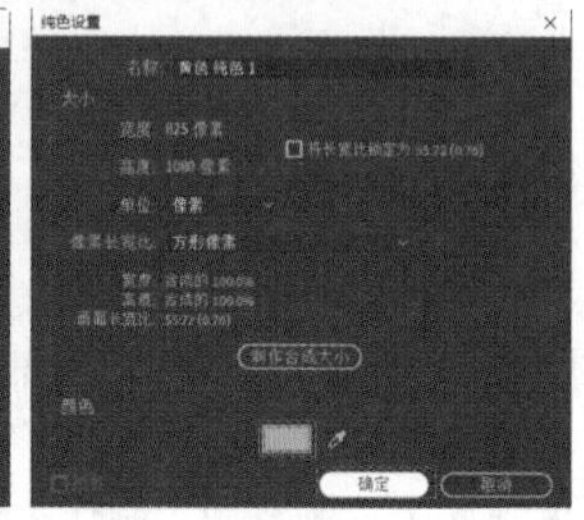

图 5.72

步骤 04 在【时间轴】面板中选择【黄色 纯色 1】，在工具栏中选择■（矩形工具），接着在【合成】面板中的合适位置绘制矩形蒙版，如图5.73所示。使用同样的方法新建两个不同颜色的纯色图层，继续在其上方绘制矩形蒙版，如图5.74所示。

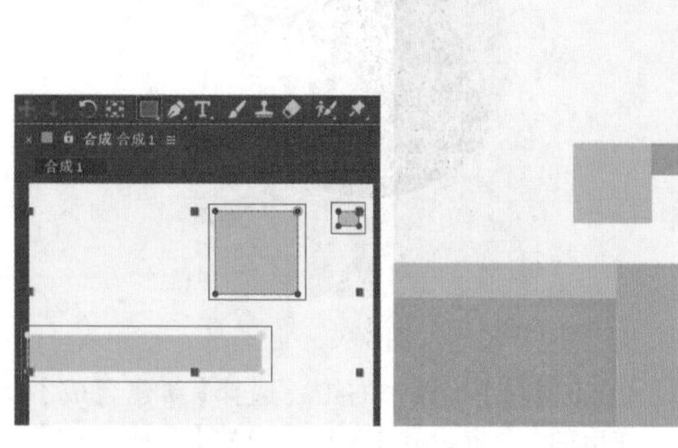

图 5.73　　图 5.74

步骤 05 在【项目】面板中选择1.jpg素材文件，将它拖曳到【时间轴】面板中，如图5.75所示。

图 5.75

步骤 06 在【时间轴】面板中单击打开1.jpg图层下方的【变换】，设置【位置】为(382.5,600.0)，【缩放】为(66.0,66.0%)，如图5.76所示。此时，画面效果如图5.77所示。

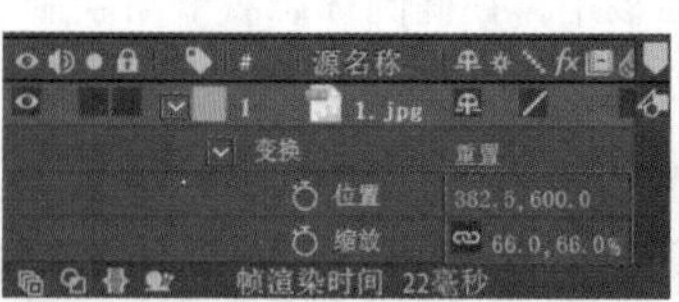

图 5.76　　图 5.77

步骤 07 在【时间轴】面板中选择1.jpg图层，在工具栏中长按形状工具组，选择●（椭圆工具），然后在【合成】面板中的人物图片上方按住Shift键的同时按住鼠标左键绘制一个正圆蒙版，如图5.78所示。

步骤 08 在工具栏中选择■（矩形工具），设置【填充】为蓝色，【描边】为无，接着在画面右下角合适位置按住鼠标左键绘制一个形状，如图5.79所示。

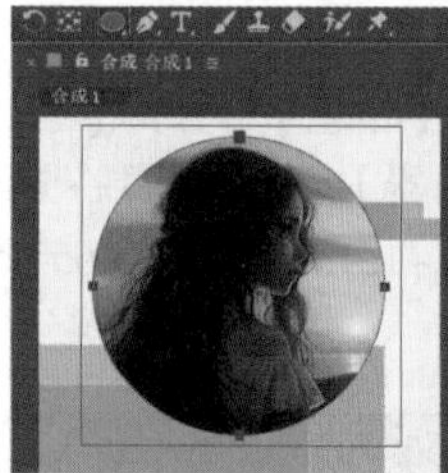

图 5.78　　图 5.79

步骤 09 绘制虚线点缀部分。首先在工具栏中选择✎（钢笔工具），设置【填充】为无，【描边】为黑色，【描边宽度】为2像素，接着在【合成】面板右上角绘制不规则线段，如图5.80所示。

图 5.80

步骤 10 在【时间轴】面板中单击打开【形状图层2】下方的【内容】/【形状1】/【描边1】/【虚线】，单击【虚线】后方的加号+，如图5.81所示。此时，画面线段变为虚线效果，如图5.82所示。

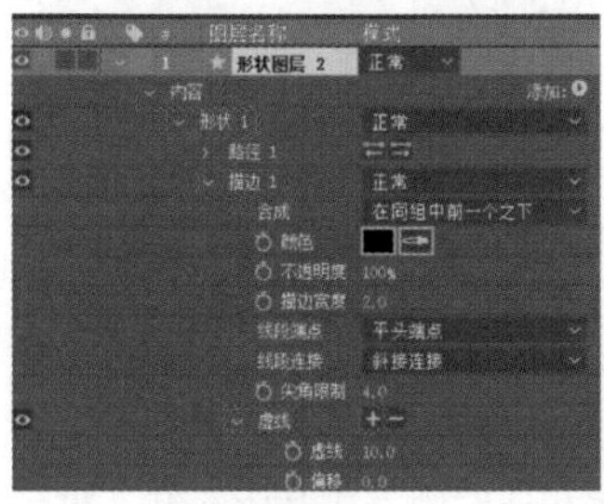

图 5.81

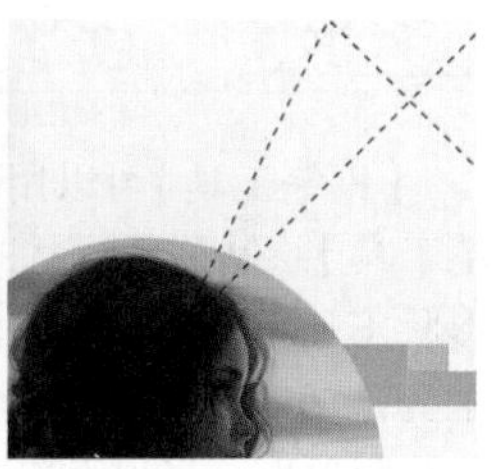

图 5.82

步骤 11 在【时间轴】面板中选择【形状图层2】，使用快捷键Ctrl+D创建副本图层，然后单击打开复制图层下方的【变换】，设置【位置】为(−23.5,1420.0)，如图5.83所示。此时，画面效果如图5.84所示。

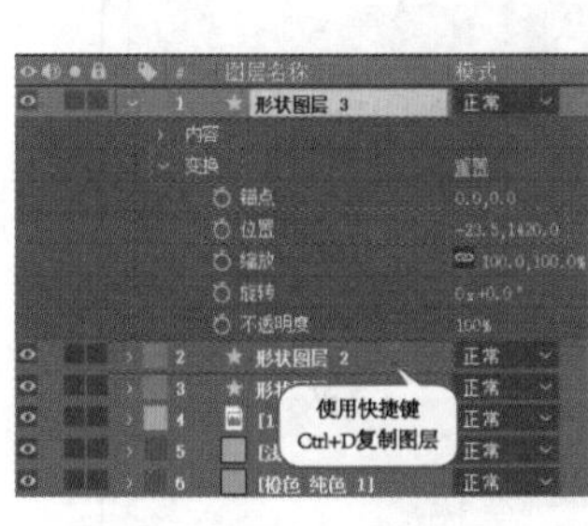

图 5.83

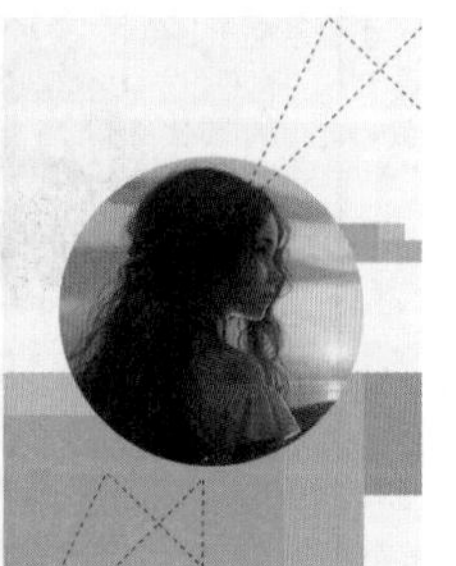

图 5.84

步骤 12 继续在工具栏中选择矩形工具，设置【填充】为无，【描边】为黑色，【描边宽度】为2像素，然后在画面中的合适位置绘制两个矩形形状，如图5.85所示。

图 5.85

步骤 13 制作文字部分。在【时间轴】面板的空白位置处右击，执行【新建】/【文本】命令。并在【字符】面板中设置合适的【字体系列】，【填充】为黑色，【描边】为无，【字体大小】为45像素，在【段落】面板中选择(居中对齐文本)，设置完成后输入文字Star lineup，如图5.86所示。

图 5.86

步骤 14 在【时间轴】面板中单击打开文本图层下方的【变换】，设置文字的【位置】为(678.5,380.0)，如图5.87所示。此时，画面效果如图5.88所示。

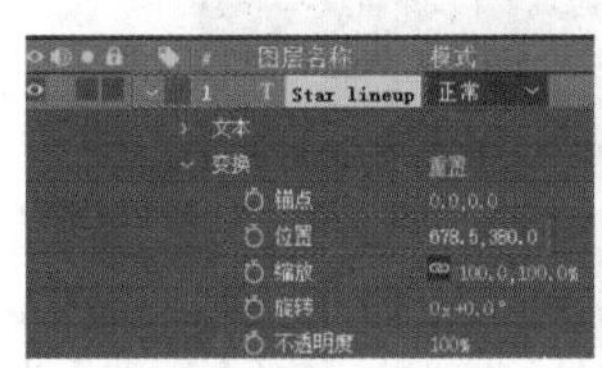

图 5.87

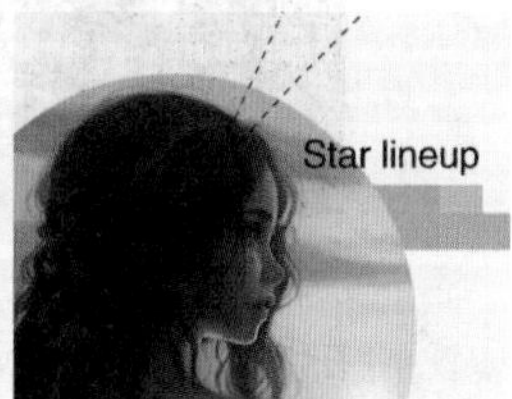

图 5.88

步骤 15 继续使用同样的方法新建文本，在【字符】面板中设置合适的【字体系列】，【填充】为白色，【描边】为无，【字体大小】为55像素，设置完成后输入文字。当输入完STRONG时按下大键盘上的Enter键将文字切换到下一行，按空格键调整文字位置，接着输入ATTACK，如图5.89所示。

图 5.89

步骤 16 在【时间轴】面板中单击打开STRONG ATTACK文本图层下方的【变换】，设置文字的【位置】为(140.5,750.0)，如图5.90所示。此时画面效果如图5.91所示。

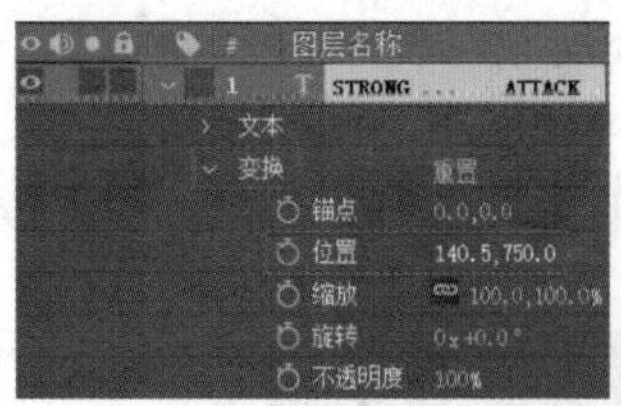

图 5.90

图 5.91

步骤 17 再次制作文字，在【字符】面板中设置合适的【字体系列】,【填充】为黑色,【描边】为无,【字体大小】为25像素，设置完成后输入文字Emotional movie，如图5.92所示。

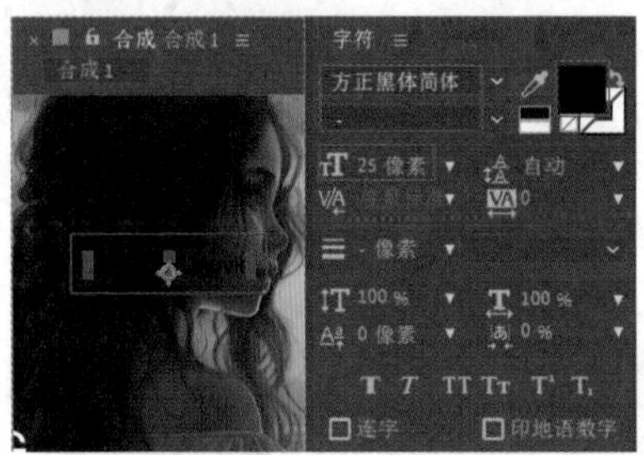

图 5.92

步骤 18 在【时间轴】面板中单击打开Emotional movie文本图层下方的【变换】，设置文字的【位置】为(164.5,188.0)，如图5.93所示。此时，画面最终效果如图5.94所示。

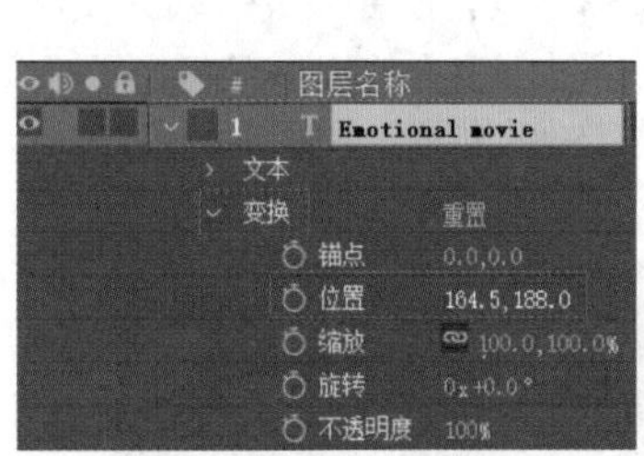

图 5.93

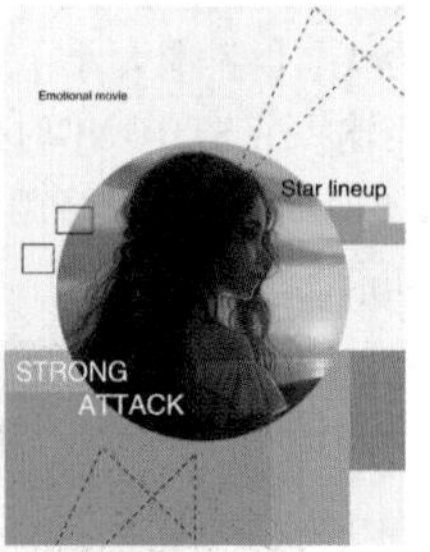

图 5.94

5.3 钢笔工具组

扫一扫，看视频

钢笔工具组可以绘制任意蒙版形状，其中包括的工具有【钢笔工具】、【添加“顶点”工具】、【删除“顶点”工具】、【转换“顶点”工具】和【蒙版羽化工具】，如图5.95所示。

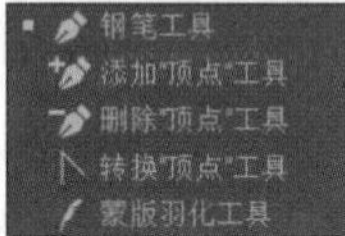

图 5.95

重点 5.3.1 钢笔工具

【钢笔工具】可以用于绘制任意蒙版形状，使用【钢笔工具】绘制蒙版形状的方式及对其相关属性的设置与形状工具组类似。选中素材，在工具栏中选择（钢笔工具），在【合成】面板中图像的合适位置处依次单击定位蒙版顶点，当顶点首尾相连时则完成蒙版绘制，得到蒙版形状，如图5.96所示。为图像绘制蒙版的前后对比效果如图5.97所示。

图 5.96

（a）未绘制蒙版

（b）已绘制蒙版

图 5.97

提示：圆滑边缘蒙版的绘制。

使用【钢笔工具】可以绘制圆滑边缘的蒙版。选中素材，并使用【钢笔工具】在【合成】面板中图像的合适位置处单击定位第一个顶点，再将光标定位在画面中其他任意位置，按住鼠标左键并上下拖动控制杆，也可按住Alt键调整蒙版路径弧度，如图5.98所示。使用同样的方法，继续绘制蒙版路径，当顶点首尾相连时则完成蒙版绘制，得到圆滑的蒙版形状，如图5.99所示。

图 5.98

图 5.99

重点 5.3.2 添加“顶点”工具

【添加“顶点”工具】可以为蒙版路径添加控制点，以便更加精细地调整蒙版形状。选中素材，在工具栏中将光标定位在【钢笔工具】上，并长按鼠标左键在钢笔工具组中选择【添加“顶点”工具】，如图5.100所示。然后将光标定位在画面中蒙版路径合适位置处，当光标变为【添加“顶点”工具】时，单击为此处添加顶点，如图5.101所示。

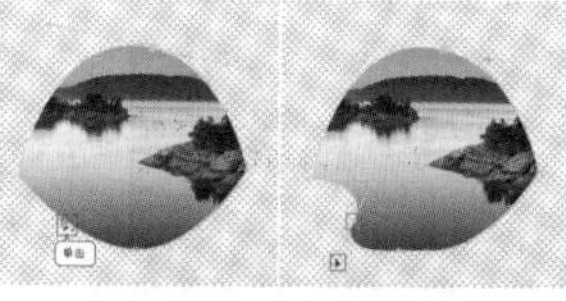

（a）　（b）

图 5.100　图 5.101

此外，如果是使用【钢笔工具】绘制的蒙版，那么可直接将光标定位在蒙版路径上，为蒙版路径添加“顶点”，如图5.102和图5.103所示。

图 5.102　图 5.103

此时，添加的“顶点”与其他控制点相同，将光标定位在该“顶点”处，当光标变为黑色箭头时，按住鼠标左键并拖动至合适位置，即可调整蒙版形状，如图5.104所示。

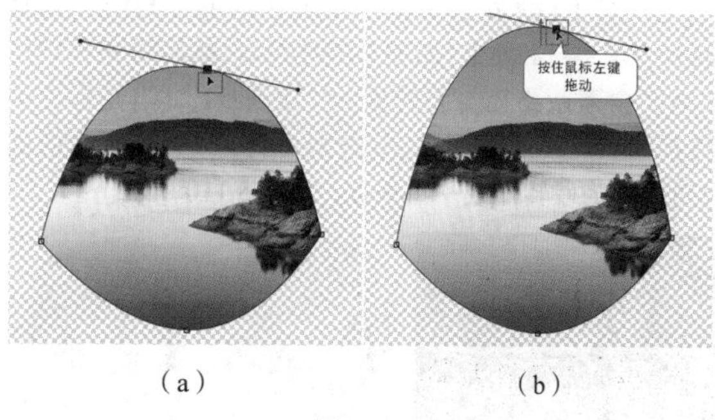

（a）　（b）

图 5.104

重点 5.3.3 删除“顶点”工具

【删除“顶点”工具】可以为蒙版路径减少控制点。选中素材，在工具栏中将光标定位在【钢笔工具】上，并长按鼠标左键在钢笔工具组中选择【删除“顶点”工具】，如图5.105所示。然后将光标定位在画面中蒙版路径上需要删除的“顶点”位置，当光标变为【删除“顶点”工具】时，单击即可删除该顶点，如图5.106所示。

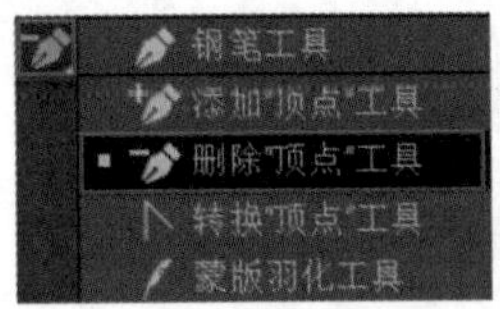

（a）　　（b）

图 5.105　　图 5.106

此外，当使用【钢笔工具】绘制蒙版完成后，还可以在按住Ctrl键的同时单击需要删除的“顶点”，如图5.107所示。此时，可完成删除“顶点”操作，如图5.108所示。

图 5.107　　图 5.108

重点 5.3.4　转换“顶点”工具

【转换“顶点”工具】可以使蒙版路径的控制点变平滑或变硬转角。选中素材，在工具栏中将光标定位在【钢笔工具】上，并长按鼠标左键在钢笔工具组中选择【转换“顶点”工具】，如图5.109所示。然后将光标定位在画面中蒙版路径需要转换的“顶点”上，当光标变为【转换“顶点”工具】时，单击即可将该“顶点”对应的边角转换为硬转角或平滑顶点，如图5.110所示。

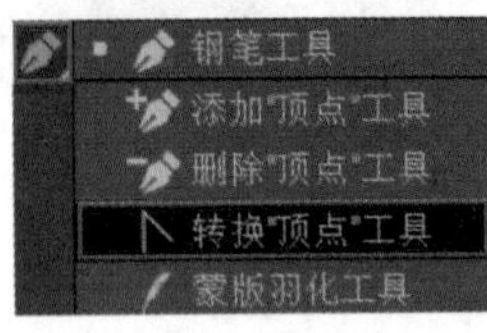

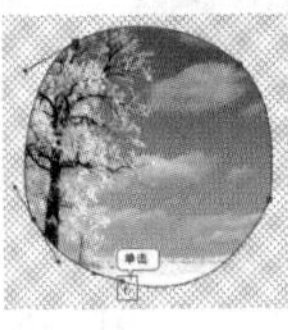

（a）　　（b）

图 5.109　　图 5.110

当使用【钢笔工具】绘制蒙版完成后，也可直接将光标定位在蒙版路径需要转换的“顶点”上，按住Alt键的同时单击该“顶点”，将该顶点转换为硬转角，如图5.111和图5.112所示。

除此之外，还可将硬转角的顶点变为平滑的顶点，只需按住Alt键的同时，单击并拖动硬转角的顶点，如图5.113和图5.114所示。

图 5.111　　图 5.112

图 5.113　　图 5.114

5.3.5　蒙版羽化工具

【蒙版羽化工具】可以调整蒙版边缘的柔和程度。在素材上方绘制完成蒙版后，打开素材下的【蒙版】/【蒙版1】，在工具栏中将光标定位在【钢笔工具】上，并长按鼠标左键在钢笔工具组中选择【蒙版羽化工具】，如图5.115所示。然后在【合成】面板中将光标移动到蒙版路径位置，当光标变为【蒙版羽化工具】时，按住鼠标左键并拖动即可柔化当前蒙版。图5.116所示为使用该工具的前后对比效果。

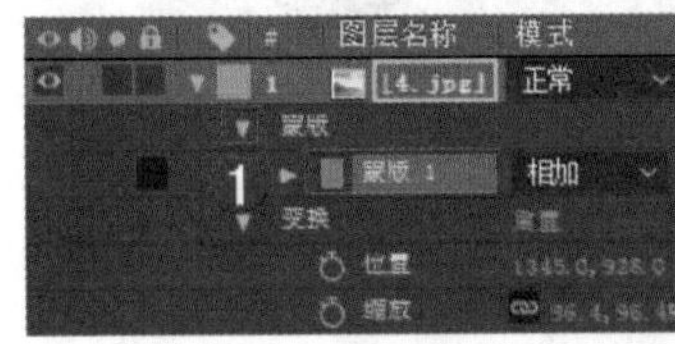

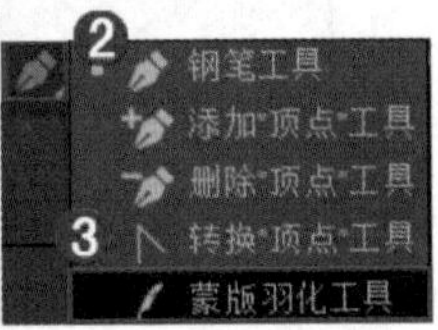

图 5.115

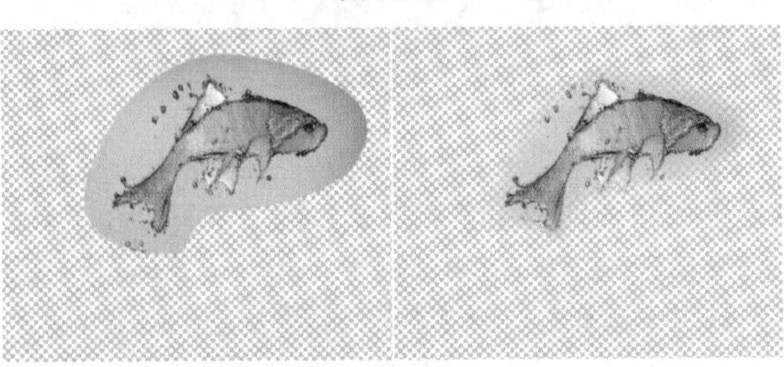

（a）未使用该工具　　（b）使用该工具

图 5.116

将光标定位在【合成】面板的蒙版路径上，按住鼠标左键向蒙版外侧拖动可使蒙版羽化效果作用于蒙版区域外；按住鼠标左键向蒙版内侧拖动可使蒙版羽化效果作用于蒙版区域内，对比效果如图5.117所示。

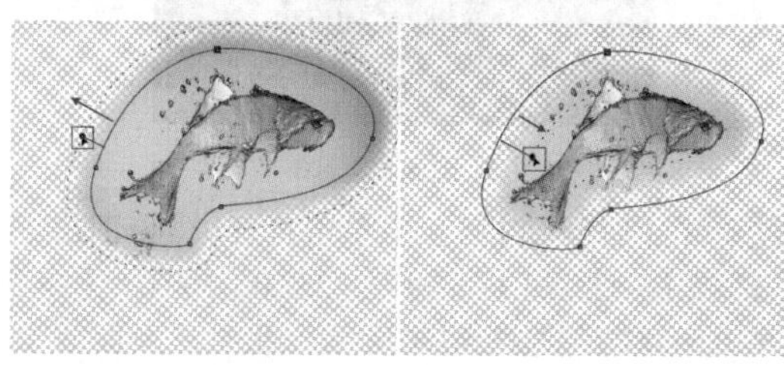

（a）向蒙版外拖动　　（b）向蒙版内拖动

图 5.117

实例5.2：使用【钢笔工具】绘制蒙版制作运动广告

文件路径：第5章 创建及编辑蒙版→实例：使用【钢笔工具】绘制蒙版制作运动广告

扫一扫，看视频

本实例主要使用蒙版制作画面背景部分，使用形状工具制作文字底部的形状，最后在画面中输入合适的文字，效果如图5.118所示。

图 5.118

步骤 01 在【项目】面板中右击，选择【新建合成】命令，在弹出的【合成设置】窗口中设置【合成名称】为【合成1】，【预设】为【PAL D1/DV宽银幕方形像素】，【宽度】为1050，【高度】为576，【像素长宽比】为【方形像素】，【帧速率】为25，【分辨率】为【完整】，【持续时间】为6秒。执行【文件】/【导入】/【文件】命令，导入全部素材，如图5.119所示。

步骤 02 在【时间轴】面板的空白位置处右击，执行【新建】/【纯色】命令，在弹出的【纯色设置】窗口中设置【名称】为【黄色 纯色1】，【颜色】为黄绿色，如图5.120所示。

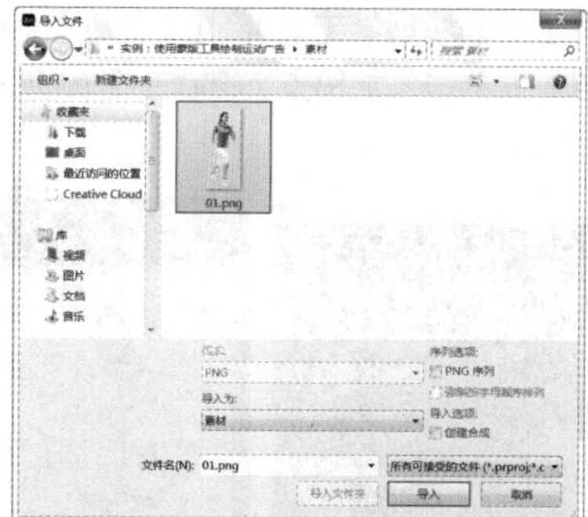

图 5.119

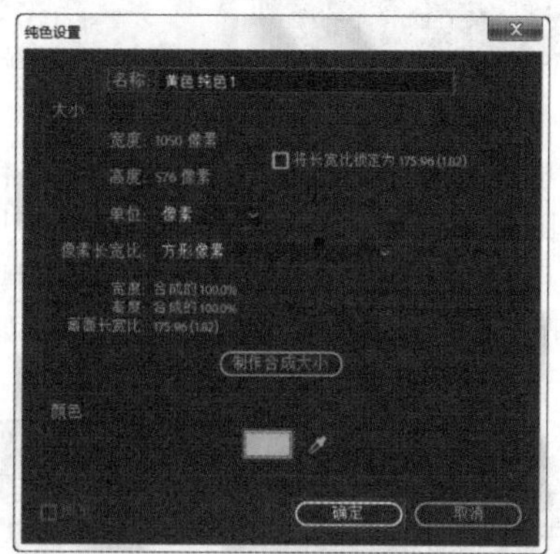

图 5.120

步骤 03 继续在【时间轴】面板的空白位置处右击，执行【新建】/【纯色】命令，在弹出的【纯色设置】窗口中设置【名称】为【深洋红 纯色1】，【颜色】为深洋红色，如图5.121所示。

步骤 04 在【时间轴】面板中选择【深洋红 纯色1】图层，然后在工具栏中选择（钢笔工具），在【合成】面板的洋红色上方单击添加锚点，绘制一个蒙版形状，如图5.122所示。

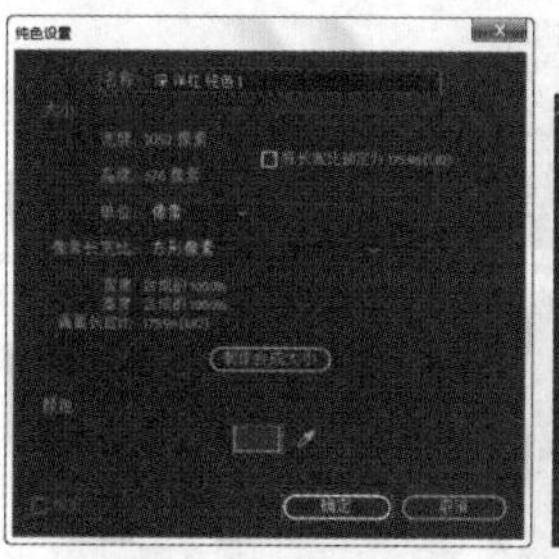

图 5.121　　图 5.122

步骤 05 使用同样的方法新建一个粉色的纯色图层，如图5.123所示。在【时间轴】面板中选择新建的纯色图层，在工具栏中选择■（钢笔工具），在【合成】面板左侧的洋红色遮罩上方单击添加锚点，绘制一个新的蒙版形状，如图5.124所示。

图 5.123

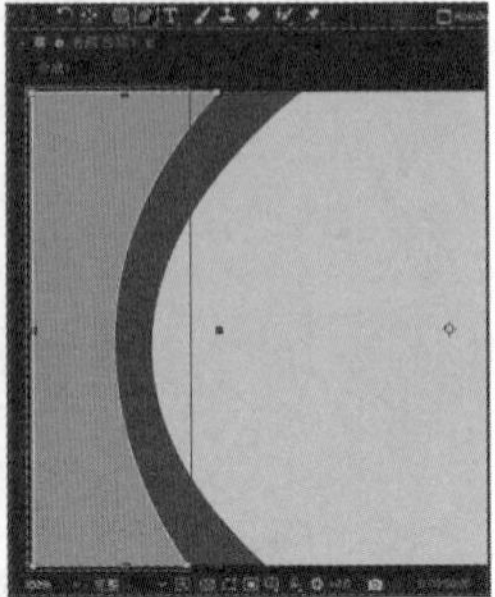

图 5.124

步骤 06 再次在【时间轴】面板中新建一个白色的纯色图层，如图5.125所示。选择这个白色纯色图层，然后在工具栏中长按形状工具组，选择【椭圆工具】，在白色纯色图层上按住Shift键拖动绘制两个正圆，如图5.126所示。

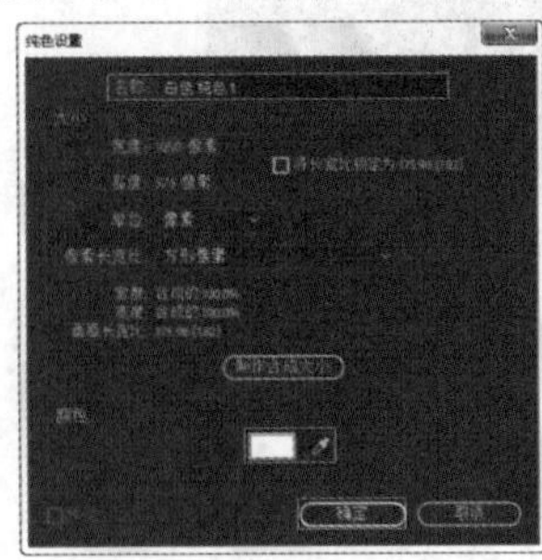

图 5.125

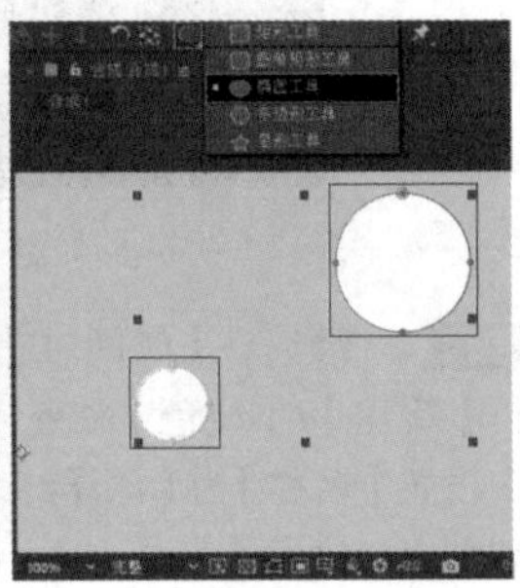

图 5.126

步骤 07 在【时间轴】面板中单击打开【白色 纯色 1】图层下方的【变换】，设置【位置】为（513.0，282.0），如图5.127所示。此时，画面效果如图5.128所示。

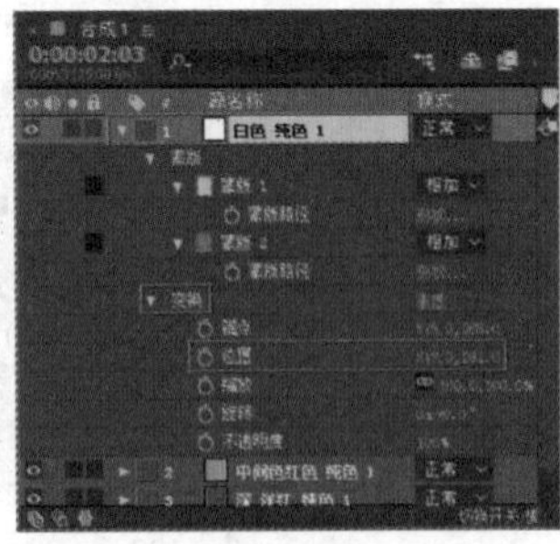

图 5.127

图 5.128

步骤 08 将【项目】面板中的素材01.png拖曳到【时间轴】面板中，如图5.129所示。

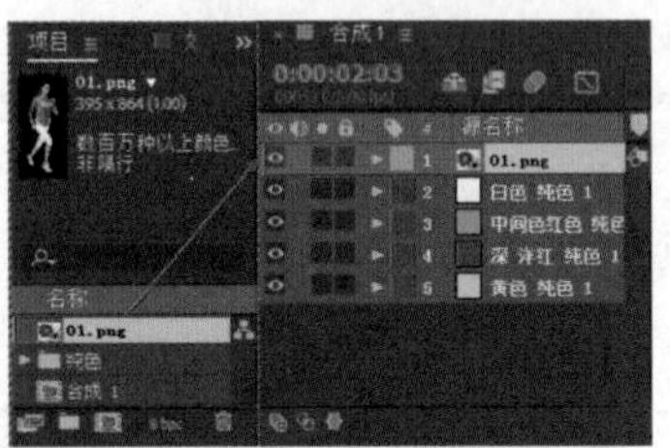

图 5.129

步骤 09 在【时间轴】面板中单击打开01.png图层下方的【变换】，设置【位置】为（257.0，300.0），【缩放】为（69.0,69.0%），如图5.130所示。此时，画面效果如图5.131所示。

图 5.130

图 5.131

步骤 10 制作文字底部形状。在菜单栏中长按形状工具组选择■（圆角矩形工具），设置【填充】为洋红色，【描边】为无。接着在当前【时间轴】面板不选择任何图层的情况下，在【合成】面板中拖动绘制一个圆角矩形并适当调整它的位置，如图5.132所示。继续绘制形状，在工具栏中将【填充】切换为蓝色，然后在【合成】面板中洋红色形状下方进行绘制，如图5.133所示。

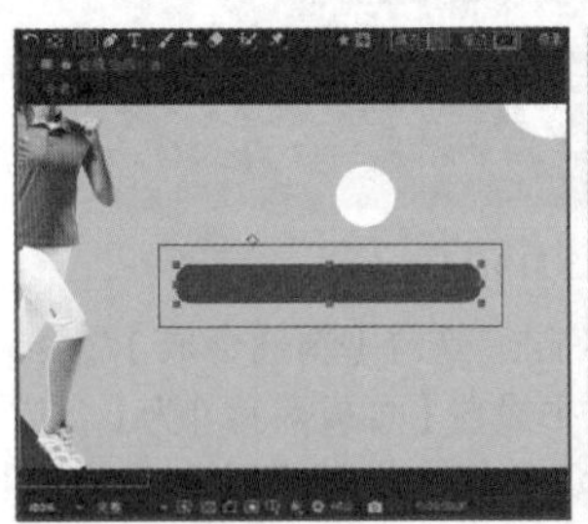

图 5.132

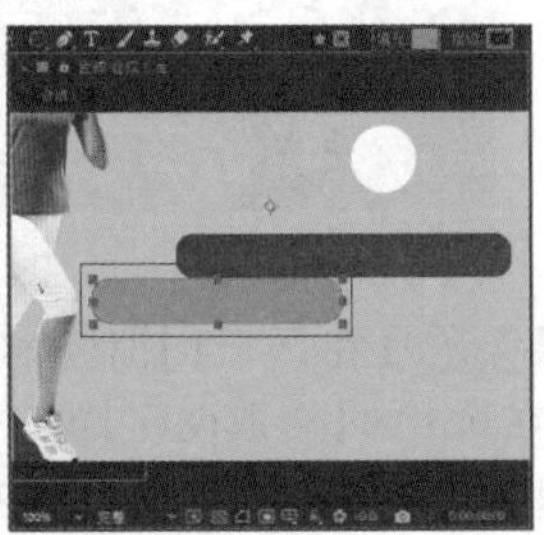

图 5.133

步骤 11 在【时间轴】面板中单击打开【形状图层 2】图层下方的【变换】，设置【位置】为（538.5,286.5），单击【缩放】后方的■（约束比例）按钮，取消比例的约束，并设置【缩放】为（114.5,100.0%），如图5.134所示。此时画面效果如图5.135所示。

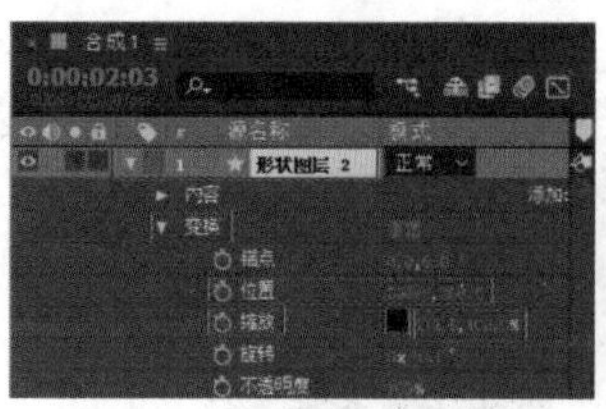

图 5.134

图 5.135

步骤 12 使用同样的方法继续制作其他颜色的圆角矩形形状，并调整它们的位置和大小，接着将【项目】面板中的素材02.png拖曳到【时间轴】面板中，效果如图5.136所示。

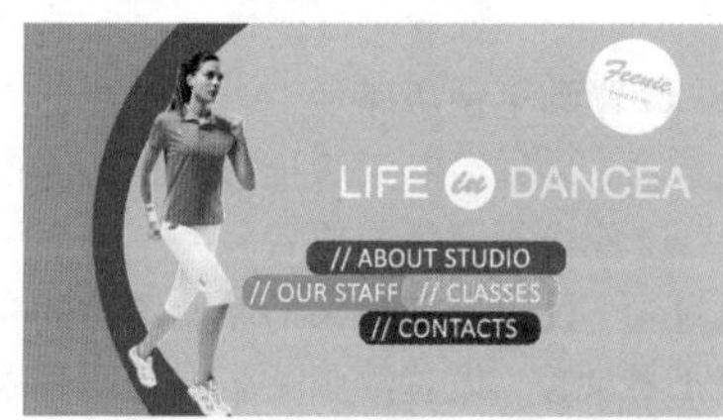

图 5.136

5.4 画笔和橡皮擦工具

【画笔工具】和【橡皮擦工具】可以为图像绘制更自由的蒙版效果。需要注意的是，使用这两种工具绘制完成以后，要再次单击进入【合成】面板才能看到最终效果。

扫一扫，看视频

重点 5.4.1 画笔工具

【画笔工具】可以选择多种颜色的画笔对图像进行涂抹。创建蒙版选中素材，双击打开该图层进入【图层】面板，在工具栏中选择【画笔工具】，在画面上按住鼠标左键并拖动，即可绘制任意颜色、样式的蒙版，如图5.137所示。绘制蒙版前后的对比效果如图5.138所示。

图 5.137

（a）未绘制蒙版　　（b）绘制蒙版

图 5.138

1. 【画笔】面板

在绘制蒙版前，可在菜单栏中执行【窗口】/【画笔】命令，在【画笔】面板中设置画笔的相关属性，如图5.139所示。

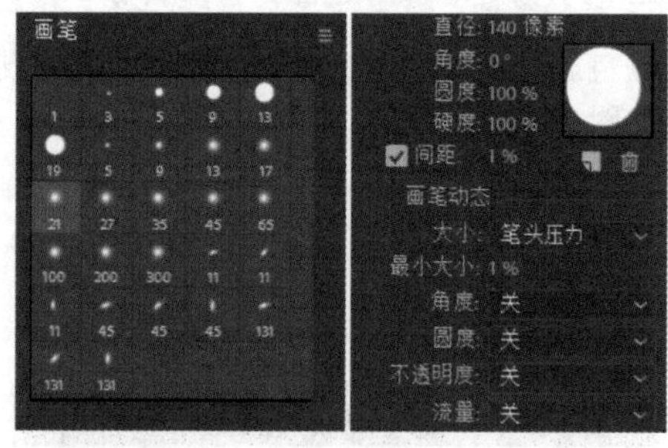

图 5.139

重点参数如下。

- 画笔选取器：可直接选择画笔大小及样式。
- 直径：设置画笔大小。
- 角度：设置画笔绘制角度。
- 圆度：设置画笔笔尖圆润程度。
- 硬度：设置画笔边缘柔和程度。
- 间距：设置画笔笔触的间距。设置【间距】为1%和50%的绘制对比效果如图5.140所示。

（a）【间距】：1%　（b）【间距】：50%

图 5.140

2. 【绘画】面板

在【绘画】面板中可设置蒙版颜色等相关属性，如图5.141所示。

图 5.141

重点参数如下。

- 不透明度：设置画笔透明程度。
- 前/背景颜色：设置前景色与背景色，控制画笔颜色。设置画笔颜色为粉色和绿色的对比效果如图 5.142 所示。

（a）【前景颜色】：粉色（b）【前景颜色】：绿色

图 5.142

- 流量：设置画笔绘画强弱程度。
- 模式：设置绘画效果与当前图层的混合模式。
- 通道：设置通道属性。
- 持续时间：设置持续方式。

3. 设置画笔蒙版相关属性

为图像绘制蒙版后，在【时间轴】面板中打开素材图层下方的【效果】/【绘画】即可设置相关参数，调整蒙版效果。此时，【时间轴】面板参数如图 5.143 所示。

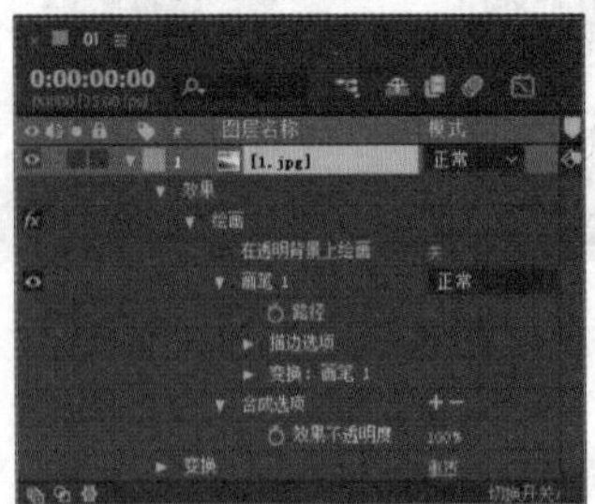

图 5.143

- 在透明背景上绘画：单击可设置是否在背景上进行绘画。
- 画笔 1：设置画笔 1 相关属性，单击右侧可在下拉菜单中设置【混合模式】。设置【混合模式】为变暗和叠加的对比效果如图 5.144 所示。

（a）【混合模式】：【变暗】（b）【混合模式】：【叠加】

图 5.144

- 路径：设置画笔蒙版路径。
- 描边选项：设置绘制蒙版描边的相关属性。
- 变换：设置绘制蒙版的位置。
- 合成选项：设置当前效果与原始图像的合成属性。
- 效果不透明度：设置绘画蒙版的透明程度。

实例 5.3：使用【画笔工具】制作儿童节广告

扫一扫，看视频

文件路径：第 5 章 创建及编辑蒙版→实例：使用【画笔工具】制作儿童节广告

本实例使用【画笔工具】将硬度调整为最大，制作画面中的白色云彩。效果如图 5.145 所示。

图 5.145

步骤 01 在【项目】面板中右击，选择【新建合成】命令，在弹出的【合成设置】窗口中设置【合成名称】为【合成 1】，【预设】为【自定义】，【宽度】为 1080，【高度】为 768，【像素长宽比】为【方形像素】，【帧速率】为 24，【分辨率】为【完整】，【持续时间】为 5 秒。执行【文件】/【导入】/【文件】命令，导入 1.png 素材文件，如图 5.146 所示。

步骤 02 新建一个纯色图层。在【时间轴】面板的空白位置处右击，执行【新建】/【纯色】命令，在弹出的【纯色设置】窗口中设置【颜色】为蓝色，如图 5.147 所示。

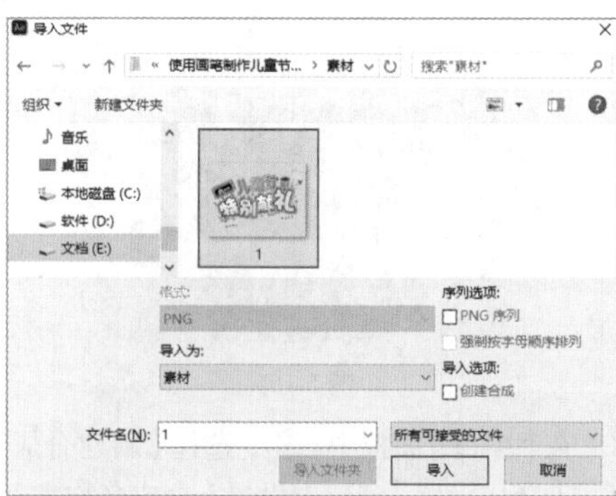

图 5.146

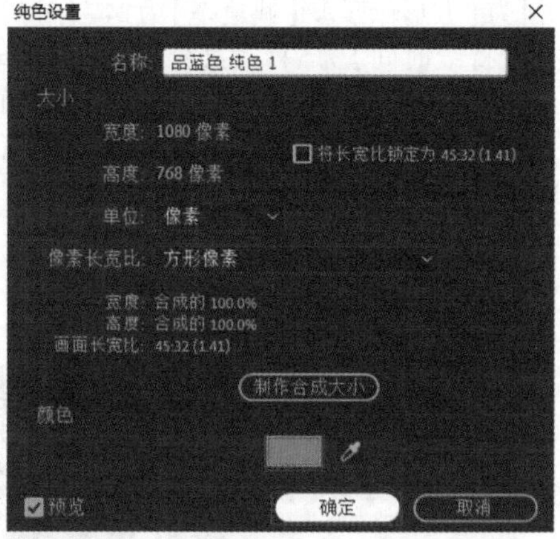

图 5.147

步骤 03 在【时间轴】面板中双击纯色图层，此时打开【品蓝色 纯色 1】窗口，接着在工具栏中选择 (画笔工具)，在【画笔】面板中设置【直径】为200，【硬度】为100%，勾选【间距】复选框，设置【间距】为1%。在【绘画】面板中设置【颜色】为白色，【不透明度】为100%，【流量】为100%，设置完成后在画面中单击进行绘制，如图5.148所示。在绘制过程中，可适当调整画笔大小，如图5.149所示。

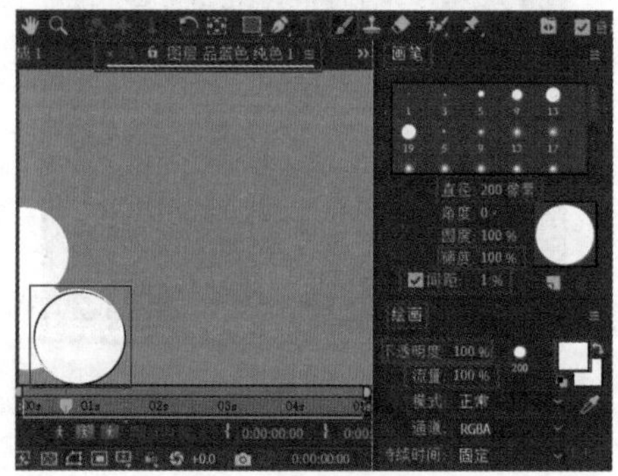

图 5.148

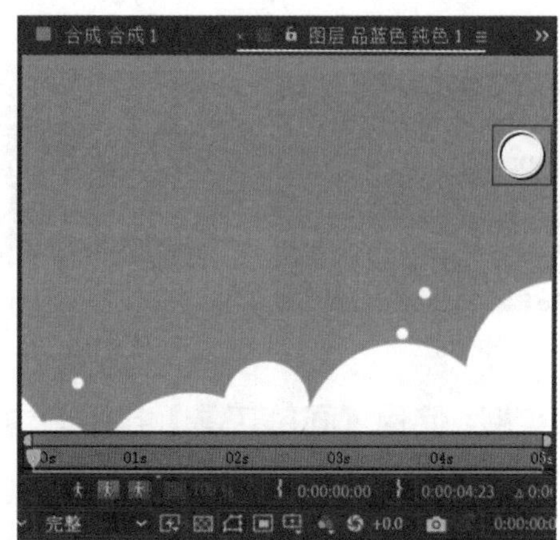

图 5.149

步骤 04 绘制完成后，返回【合成】面板中，画面效果如图5.150所示。

图 5.150

步骤 05 在【项目】面板中将1.png素材文件拖曳到【时间轴】面板中，如图5.151所示。

图 5.151

步骤 06 在【时间轴】面板中单击打开1.png图层下方的【变换】，设置【位置】为(544.0,352.0)，如图5.152所示。

步骤 07 本实例制作完成，画面效果如图5.153所示。

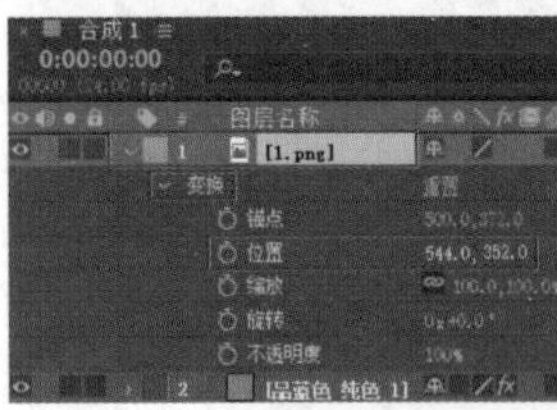

图 5.152

图 5.153

练习实例：使用【画笔工具】制作撕边广告效果

扫一扫，看视频

文件路径：第5章 创建及编辑蒙版→练习实例：使用【画笔工具】制作撕边广告效果

本实例练习使用【画笔工具】涂抹素材图层边缘，制作撕边广告效果。效果如图5.154所示。

图 5.154

重点 5.4.2 橡皮擦工具

实例5.4：使用【橡皮擦工具】制作雾感风景

扫一扫，看视频

文件路径：第5章 创建及编辑蒙版→实例：使用【橡皮擦工具】制作雾感风景

本实例使用【橡皮擦工具】在纯色图层上方涂抹，制作出雾蒙蒙的画面效果。效果如图5.155所示。

图 5.155

步骤 01 在【项目】面板中右击，选择【新建合成】命令，在弹出的【合成设置】窗口中设置【合成名称】为1，【预设】为【自定义】，【宽度】为959，【高度】为631，【像素长宽比】为【方形像素】，【帧速率】为24，【分辨率】为【完整】，【持续时间】为5秒。执行【文件】/【导入】/【文件】命令，导入1.jpg素材文件，如图5.156所示。

步骤 02 在【项目】面板中将1.jpg素材文件拖曳到【时间轴】面板中，如图5.157所示。

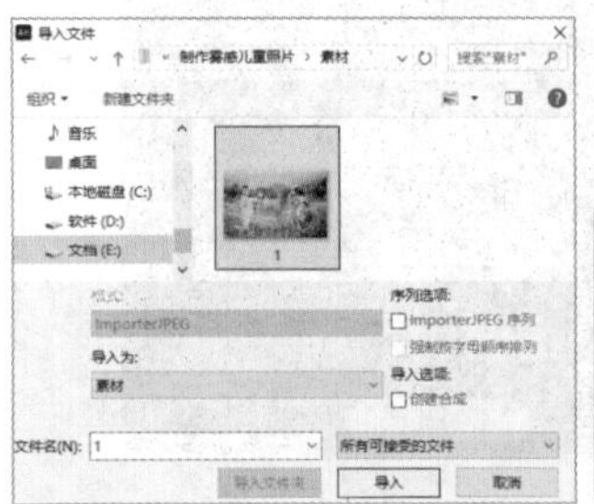

图 5.156

图 5.157

步骤 03 新建一个纯色图层。在【时间轴】面板的空白位置处右击，执行【新建】/【纯色】命令，在弹出的【纯色设置】窗口中设置【颜色】为白色，如图5.158所示。

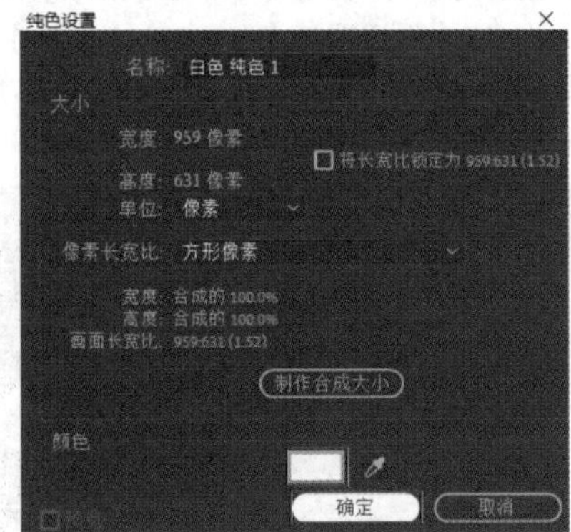

图 5.158

步骤 04 在【时间轴】面板中双击纯色图层，在工具栏中选择◆(橡皮擦工具)，在【画笔】面板中设置【直径】为800，设置完成后在画面中心按住鼠标左键进行涂抹，如图5.159所示。

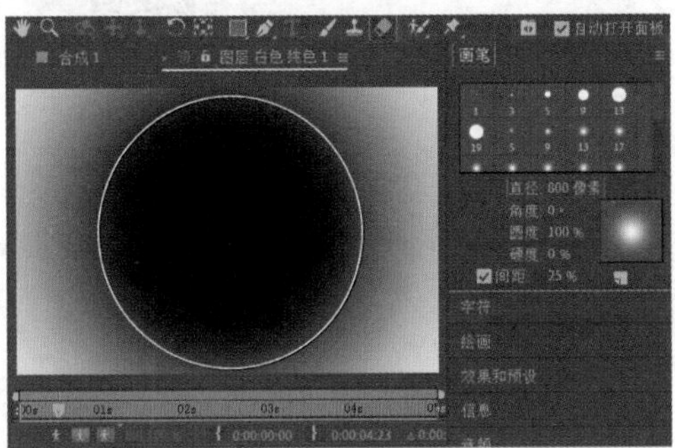

图 5.159

步骤 05 绘制完成后单击返回【合成1】面板中，画面效果如图5.160所示。

图 5.160

Chapter 6

第6章

扫一扫，看视频

常用视频效果

本章内容简介：

视频效果是After Effects最核心的功能之一。由于其效果种类众多，可模拟各种质感、风格、调色、效果等，深受设计工作者的喜爱。After Effects 2023包含了数百种视频效果，被广泛应用于视频、电视、电影、广告制作等设计领域。读者朋友在学习时，建议多试几种视频效果，观察所呈现的效果及修改各种参数带来的变化，以加深对每种效果的印象和理解。

重点知识掌握：

- 认识视频效果
- 掌握视频效果的添加方法
- 掌握各种视频效果类型的使用方法

6.1 视频效果简介

扫一扫，看视频

视频效果是After Effects中最为主要的一部分，其效果类型非常多，每个效果包含众多参数，建议在学习时不要背参数，可以依次调整每个参数，并观察该参数对画面的影响，以加深记忆和理解。在生活中，我们经常会看到一些梦幻、惊奇的影视作品或广告片段，这些效果大多数可以通过After Effects中的效果实现，如图6.1~图6.5所示。

图 6.1

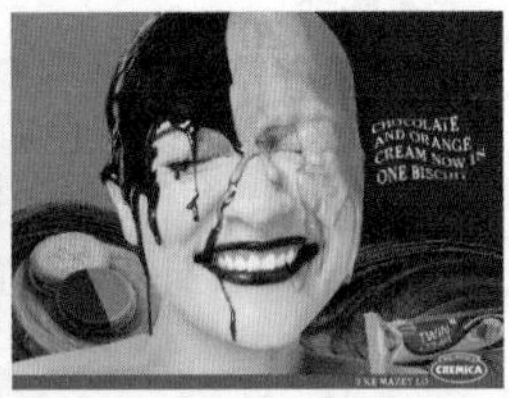

图 6.2

图 6.3

图 6.4

图 6.5

After Effects中的视频效果既可以应用于视频素材，也可以应用于其他素材图层，通过添加效果并设置参数即可制作出很多绚丽效果。其包含很多效果组分类，而每个效果组又包含很多效果。例如，【杂色和颗粒】效果组下面包括12种用于杂色和颗粒的效果，如图6.6所示。

效果和预设
* 动画预设
3D 通道
Boris FX Mocha
Cinema 4D
Keying
Obsolete
实用工具
扭曲
抠像
文本
时间
杂色和颗粒
分形杂色
中间值
中间值（旧版）
匹配颗粒
杂色
杂色 Alpha
杂色 HLS
杂色 HLS 自动
湍流杂色
添加颗粒
移除颗粒
蒙尘与划痕

图 6.6

在创作作品时，不但需要对素材进行基本的编辑，如修改位置、设置缩放等，而且可以为素材的部分元素添加合适的视频效果，使得作品产生更具灵性的视觉效果。例如，为人物后方的白色文字添加了【发光】视频效果，产生了更好的视觉冲击力，如图6.7所示。

（a）未添加【发光】效果　（b）添加【发光】效果

图 6.7

在After Effects中，为素材添加效果常用的方法有3种。

方法1：

在【时间轴】面板中单击选择需要使用效果的图层，然后在菜单栏中单击【效果】菜单，选择所需要的效果，如图6.8所示。

效果(T) 动画(A) 视图(V) 窗口 帮助(H)
效果控件(E) F3
曲线 Ctrl+Alt+Shift+E
全部移除(R) Ctrl+Shift+E
3D 通道
Boris FX Mocha
Cinema 4D
Keying
Obsolete
表达式控制
沉浸式视频
风格化
过渡
过时
抠像
模糊和锐化
模拟
扭曲
生成
时间
实用工具
通道
透视
文本
颜色校正
音频
杂色和颗粒
遮罩

图 6.8

方法2：

在【时间轴】面板中单击选择需要使用效果的图层，并将光标定位在该图层上，右击，选择【效果】命令，在弹出的【效果】菜单中选择所需要的效果，如图6.9所示。

方法3：

在【效果和预设】面板中搜索所需要的效果。或单击▶按钮，找到所需要的效果，并将其拖曳到【时间轴】面板中所需要使用效果的图层上，如图6.10所示。

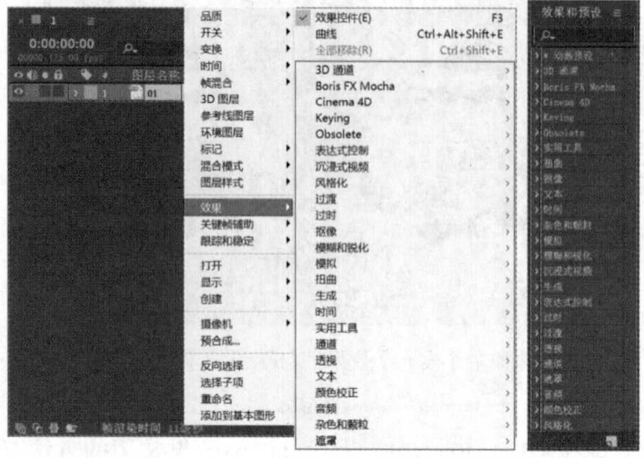

图 6.9　　　　图 6.10

在为素材添加效果、设置关键帧动画或进行变化属性的设置后都可以使用快捷键快速查看。在【时间轴】面板中，选择图层，并按快捷键U，即可只显示当前图层中【变换】下方的关键帧动画，如图6.11所示。

图 6.11

在【时间轴】面板中，选择图层，并快速按两次快捷键U，即可显示对该图层修改过、添加过的任何参数和关键帧等，如图6.12所示。

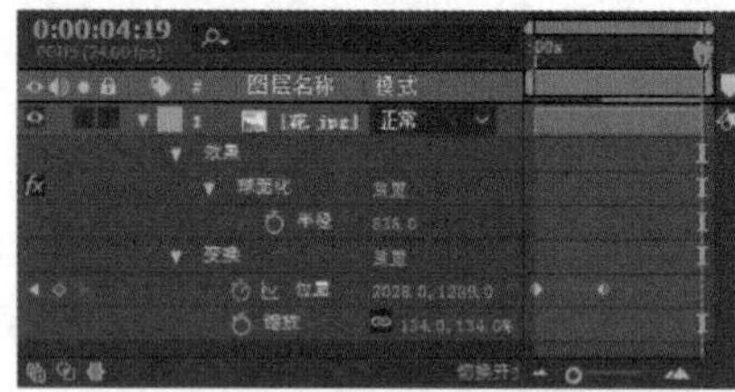

图 6.12

6.2 3D通道

扫一扫，看视频

【3D通道】效果组主要用于修改三维图像以及与图像相关的三维信息，其中包括【3D通道提取】【场深度】、Cryptomatte、EXtractoR、【ID遮罩】、IDentifier、【深度遮罩】和【雾3D】，如图6.13所示。

3D 通道提取
场深度
Cryptomatte
EXtractoR
ID 遮罩
IDentifier
深度遮罩
雾 3D

图 6.13

- 3D通道提取：该效果使辅助通道可显示为灰度或多通道颜色图像。
- 场深度：该效果可以在所选择的图层中制作模拟相机拍摄的景深效果。
- Cryptomatte（自动ID蒙版提取工具）：该效果在渲染时可自动创建物体和材质的ID蒙版，用于后期合成时对独立物体和材质蒙版的提取。
- EXtractoR（提取器）：该效果可以将素材通道中的3D信息以彩色通道图像或灰度图像显示，使其以更为直观的方式显示出来。
- ID 遮罩：该效果可以以材质或对象ID为元素进行标记。
- IDentifier（标识符）：该效果可以对图像中的ID信息进行标识。
- 深度遮罩：该效果可读取3D图像中的深度信息，并可沿z轴在任意位置对图像进行切片。
- 雾3D：该效果可以根据深度雾化图层。

6.3 表达式控制

【表达式控制】效果组可以通过表达式控制来制作各种二维和三维的画面效果，其中包括【下拉菜单控件】【复选框控制】【3D点控制】【图层控制】【滑块控制】【点控制】【角度控制】【颜色控制】，如图6.14所示。

下拉菜单控件
复选框控制
3D 点控制
图层控制
滑块控制
点控制
角度控制
颜色控制

图 6.14

- 下拉菜单控件：该效果是可以与表达式一起使用的下拉菜单。
- 复选框控制：该效果是可以与表达式一起使用的复合式选框。
- 3D点控制：该效果是可以与表达式一起使用的3D点控制。
- 图层控制：该效果可以实现图层控制。
- 滑块控制：该效果是可以与表达式一起使用的滑块控制。
- 点控制：该效果可以与表达式一起使用。
- 角度控制：该效果可以与表达式一起使用，为图层添加角度控制。
- 颜色控制：该效果可以调整表达式的颜色。

重点 6.4 风格化

【风格化】效果组可以为作品添加特殊效果，使作品的视觉效果更丰富、更具风格，其中包括【阈值】【画笔描边】【卡通】【散布】、CC Block Load、CC Burn Film、CC Glass、CC HexTile、CC Kaleida、CC Mr.Smoothie、CC Plastic、CC RepeTile、CC Threshold、CC Threshold RGB、CC Vignette、【彩色浮雕】【马赛克】【浮雕】【色调分离】【动态拼贴】【发光】【查找边缘】【毛边】【纹理化】和【闪光灯】，如图6.15所示。

图 6.15

- 阈值：该效果可以将画面变为高对比度的黑白图像效果。为素材添加该效果的前后对比如图6.16所示。

（a）未添加该效果　　（b）添加该效果

图 6.16

- 画笔描边：该效果可以将画面变为画笔绘制的效果，常用于制作油画效果。为素材添加该效果的前后对比如图6.17所示。

（a）未使用该效果　　（b）使用该效果

图 6.17

- 卡通：该效果可以模拟卡通绘画效果。为素材添加该效果的前后对比如图6.18所示。

（a）未使用该效果　　（b）使用该效果

图 6.18

- 散布：该效果可以在图层中散布像素，从而创建模糊的外观。为素材添加该效果的前后对比如图6.19所示。

（a）未使用该效果　　（b）使用该效果

图 6.19

- CC Block Load（块状载入）：该效果可以模拟渐进图像加载。为素材添加该效果的前后对比如图6.20所示。
- CC Burn Film（CC胶片灼烧）：该效果可以模拟影片灼烧效果。为素材添加该效果的前后对比如图6.21所示。
- CC Glass（CC玻璃）：该效果可以扭曲阴影层模拟玻璃效果。为素材添加该效果的前后对比如图6.22

所示。

（a）未使用该效果　　（b）使用该效果

图 6.20

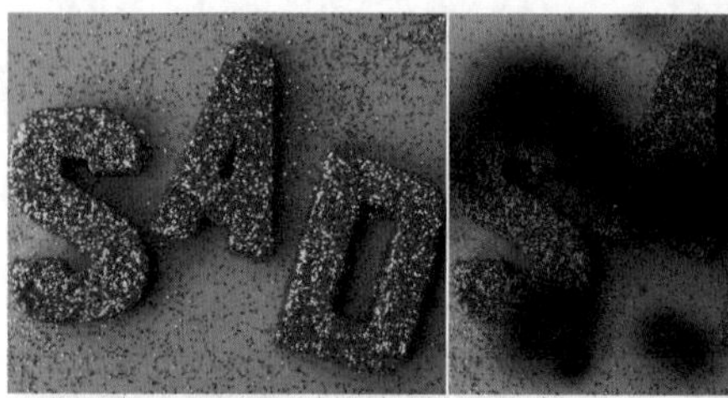

（a）未使用该效果　　（b）使用该效果

图 6.21

（a）未使用该效果　　（b）使用该效果

图 6.22

- CC HexTile（CC十六进制砖）：该效果可以模拟砖块拼贴效果。为素材添加该效果的前后对比如图6.23所示。

（a）未使用该效果　　（b）使用该效果

图 6.23

- CC Kaleida（CC万花筒）：该效果可以模拟万花筒效果。为素材添加该效果的前后对比如图6.24所示。
- CC Mr.Smoothie（CC像素溶解）：该效果可以将颜色映射到一个形状上，并由另一层进行定义。为素材添加该效果的前后对比如图6.25所示。

（a）未使用该效果　　（b）使用该效果

图 6.24

（a）未使用该效果　　（b）使用该效果

图 6.25

- CC Plastic（CC塑料）：该效果可以使照亮层与选定层图像产生凹凸的塑料效果。为素材添加该效果的前后对比如图6.26所示。

（a）未使用该效果　　（b）使用该效果

图 6.26

- CC RepeTile（多种叠印效果）：该效果可以扩展层大小与瓷砖边缘，制作多种叠印效果。为素材添加该效果的前后对比如图6.27所示。

（a）未使用该效果　　（b）使用该效果

图 6.27

- CC Threshold（CC阈值）：该效果可以使画面中高于指定阈值的部分呈白色，低于指定阈值的部分则呈黑色。为素材添加该效果的前后对比如图6.28所示。

（a）未使用该效果　　（b）使用该效果

图 6.28

- CC Threshold RGB（CC RGB 阈值）：该效果可以使画面中高于指定阈值的部分为亮面，低于指定阈值的部分则为暗面。为素材添加该效果的前后对比如图6.29所示。

（a）未使用该效果　　（b）使用该效果

图 6.29

- CC Vignette（CC 装饰图案）：该效果可以添加或删除边缘光晕。为素材添加该效果的前后对比如图6.30所示。

（a）未使用该效果　　（b）使用该效果

图 6.30

- 彩色浮雕：该效果可以以指定的角度强化图像边缘，从而模拟纹理。为素材添加该效果的前后对比如图6.31所示。
- 马赛克：该效果可以将图像变为一个个的单色矩形马赛克拼接效果。为素材添加该效果的前后对比如图6.32所示。

（a）未使用该效果　　（b）使用该效果

图 6.31

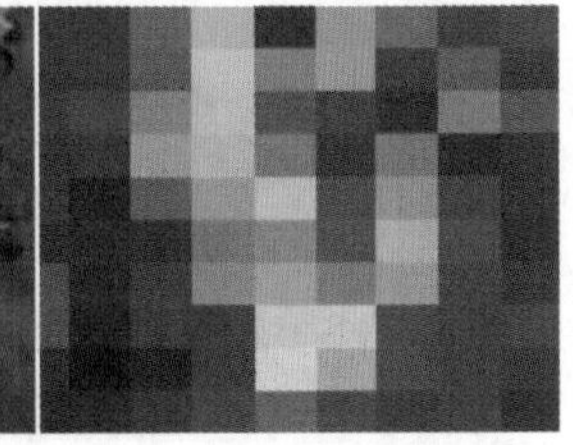

（a）未使用该效果　　（b）使用该效果

图 6.32

- 浮雕：该效果可以模拟类似浮雕的凹凸起伏效果。为素材添加该效果的前后对比如图6.33所示。

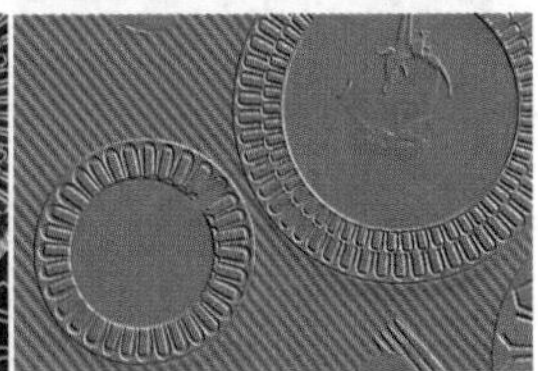

（a）未使用该效果　　（b）使用该效果

图 6.33

- 色调分离：该效果可以使色调分类，减少图像中的颜色信息。为素材添加该效果的前后对比如图6.34所示。

（a）未使用该效果　　（b）使用该效果

图 6.34

- 动态拼贴：该效果可以通过运动模糊进行拼贴图像。为素材添加该效果的前后对比如图6.35所示。
- 发光：该效果可以找到图像中较亮的部分，并使这些像素的周围变亮，从而产生发光的效果。为素材添加该效果的前后对比如图6.36所示。

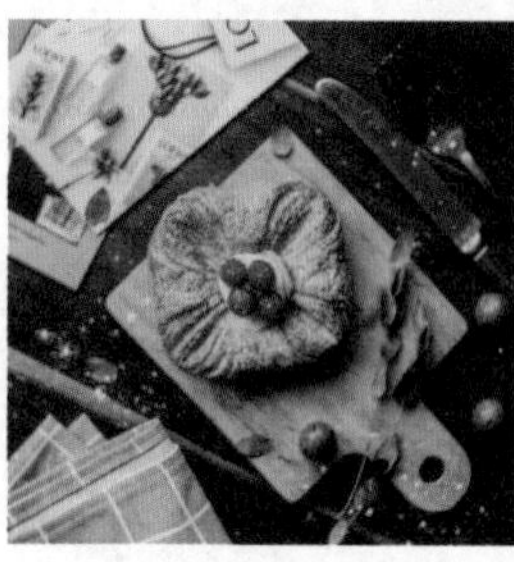

（a）未使用该效果　　（b）使用该效果

图 6.35

（a）未使用该效果　　（b）使用该效果

图 6.36

- 查找边缘：该效果可以查找图层边缘，并强调边缘。为素材添加该效果的前后对比如图6.37所示。

（a）未使用该效果　　（b）使用该效果

图 6.37

- 毛边：该效果可以使图层Alpha通道变粗糙，类似腐蚀的效果。为素材添加该效果的前后对比如图6.38所示。

（a）未使用该效果　　（b）使用该效果

图 6.38

- 纹理化：该效果可以将另一个图层的纹理添加到当前图层上。为素材添加该效果的前后对比如图6.39所示。

（a）未使用该效果　　（b）使用该效果

图 6.39

- 闪光灯：该效果可以定期或不定期使图层变透明，从而看起来是闪光效果。为素材添加该效果的前后对比如图6.40所示。

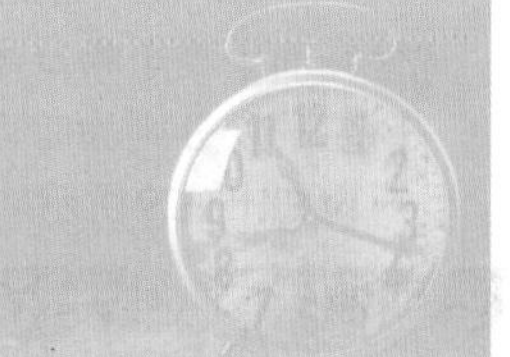

（a）未使用该效果　　（b）使用该效果

图 6.40

实例6.1：使用CC Plastic效果制作瓷质壁画效果

扫一扫，看视频

文件路径：第6章 常用视频效果→实例：使用CC Plastic效果制作瓷质壁画效果

本实例使用【曲线】效果调整画面颜色，使用【置换图】效果将图片制作出石雕效果，最后使用CC Plastic效果制作青瓷质感。对比效果如图6.41所示。

（a）　　（b）

图 6.41

步骤 01 在【项目】面板中右击，选择【新建合成】命令，在弹出的【合成设置】窗口中设置【合成名称】为1，【预设】为【自定义】，【宽度】为900，【高度】为1350，【像素长宽比】为【方形像素】，【帧速率】为25，【分辨率】为【完整】，【持续时间】为5秒。执行【文件】/【导入】/【文件】命令，导入1.jpg素材文件。在【项目】面板中将1.jpg素材文件拖曳到【时间轴】面板中，如图6.42所示。

步骤 02 在【效果和预设】面板搜索框中搜索【曲线】，将该效果拖曳到【时间轴】面板的1.jpg图层上，如图6.43所示。

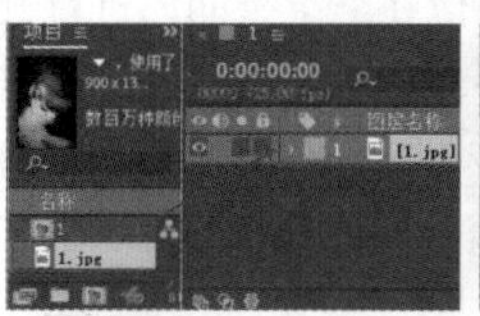

图 6.42

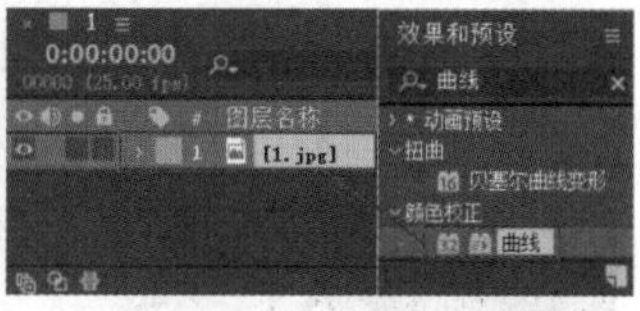

图 6.43

步骤 03 在【时间轴】面板中选择1.jpg图层，在【效果控件】下方展开【曲线】效果，设置【通道】为绿色，接着在绿色曲线上单击添加控制点并向左上角拖动，此时画面中绿色数量增加，如图6.44所示。此时，画面效果如图6.45所示。

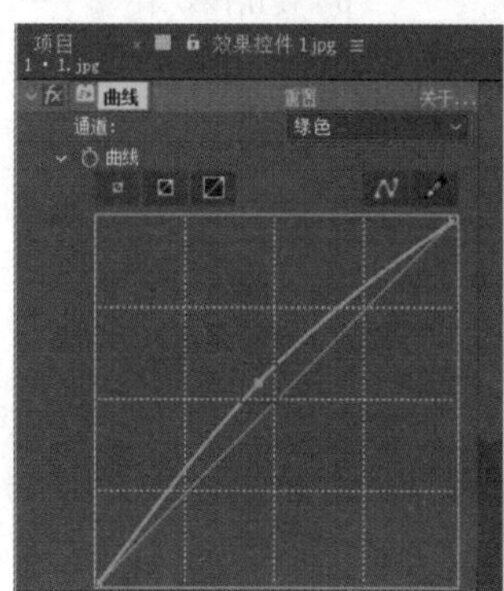

图 6.44

图 6.45

步骤 04 在【效果和预设】面板搜索框中搜索【置换图】，将该效果拖曳到【时间轴】面板的1.jpg图层上，如图6.46所示。此时，画面效果如图6.47所示。

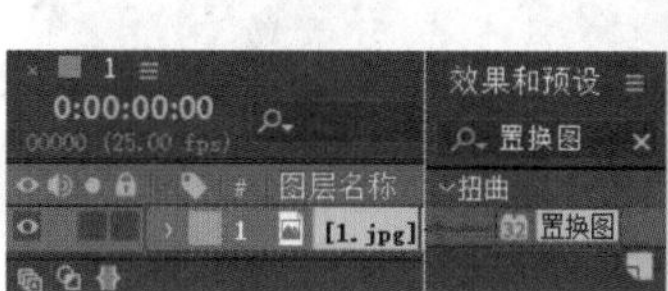

图 6.46

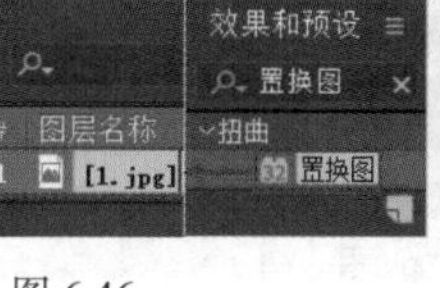

图 6.47

步骤 05 在【效果和预设】面板搜索框中搜索CC Plastic，将该效果拖曳到【时间轴】面板的1.jpg图层上，如图6.48所示。

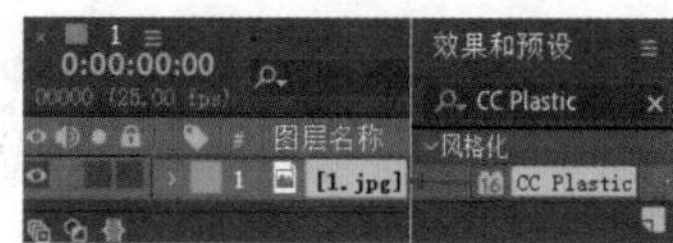

图 6.48

步骤 06 在【时间轴】面板中单击打开1.jpg图层下方的【效果】/CC Plastic/Surface Bump，设置Softness为5.0，Height为-63.0，如图6.49所示。此时，画面效果如图6.50所示。

图 6.49

图 6.50

实例6.2：使用【马赛克】效果制作色块背景

文件路径：第6章 常用视频效果→实例：使用【马赛克】效果制作色块背景

本实例使用【马赛克】效果制作色块背景。效果如图6.51所示。

扫一扫，看视频

图 6.51

步骤 01 在【项目】面板中右击，选择【新建合成】命令，在弹出的【合成设置】窗口中设置【合成名称】为1，【预设】为【自定义】，【宽度】为900，【高度】为600，【像素长宽比】为【方形像素】，【帧速率】为25，【分辨率】为【完整】，【持续时间】为5秒。执行【文件】/【导入】/【文件】命令，在弹出的【导入文件】窗口中导入全部素材文件。在【项目】面板中依次将1.jpg、2.png素材文件拖曳到【时间轴】面板中，如图6.52所示。此时，画面效果如图6.53所示。

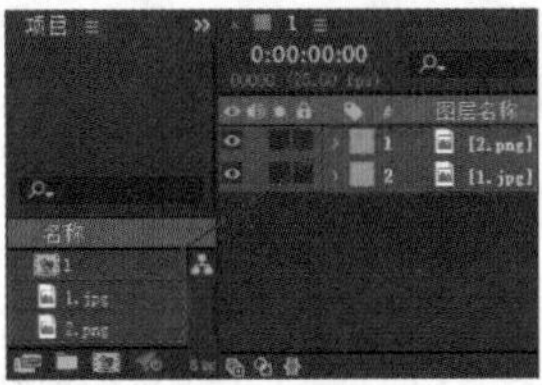

图 6.52

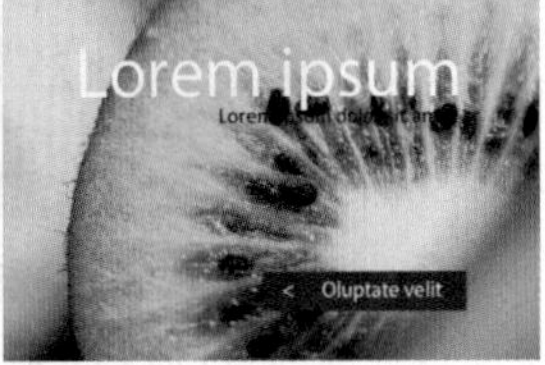

图 6.53

步骤 02 在【效果和预设】面板搜索框中搜索【马赛克】，将该效果拖曳到【时间轴】面板的1.jpg图层上，如图6.54所示。

图 6.54

步骤 03 在【时间轴】面板中单击打开1.jpg图层下方的【效果】/【马赛克】，设置【水平块】为5，【垂直块】为4，如图6.55所示。此时，画面效果如图6.56所示。

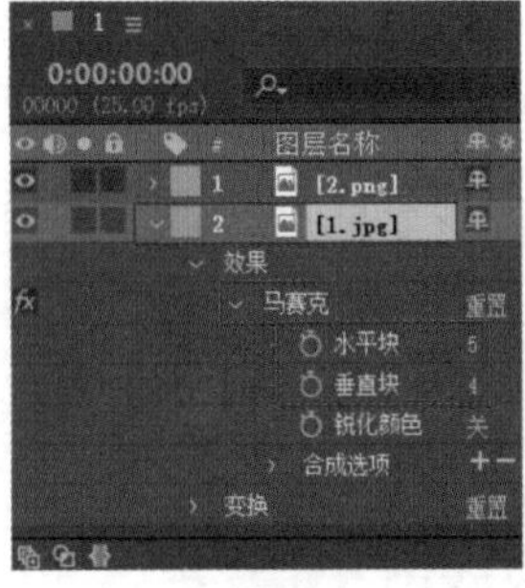

图 6.55

图 6.56

6.5 过时

在【过时】效果组中，包括【亮度键】【减少交错闪烁】【基本3D】【基本文字】【溢出抑制】【路径文本】【闪光】【颜色键】【高斯模糊（旧版）】9种效果，如图6.57所示。

亮度键
减少交错闪烁
基本 3D
基本文字
溢出抑制
路径文本
闪光
颜色键
高斯模糊（旧版）

图 6.57

- 亮度键：该效果可以使相对于指定明亮度的图像区域变为透明。为素材添加该效果的前后对比如图6.58所示。

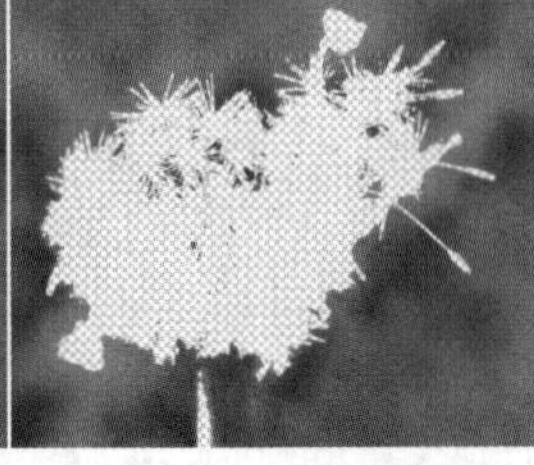

（a）未使用该效果　（b）使用该效果

图 6.58

- 减少交错闪烁：该效果可以抑制高垂直频率。
- 基本 3D：该效果可以使图像在三维空间内进行旋转、倾斜、水平或垂直等操作。为素材添加该效果的前后对比如图6.59所示。

（a）未使用该效果　（b）使用该效果

图 6.59

- 基本文字：该效果可以执行基本字符生成。为素材添加该效果的前后对比如图6.60所示。

（a）未使用该效果　（b）使用该效果

图 6.60

- 溢出抑制：该效果可以从键控图层中移除杂色。为素材添加该效果的前后对比如图6.61所示。

（a）未使用该效果　（b）使用该效果

图 6.61

- 路径文本：该效果可以沿路径绘制文字，其相关参数与【基本文字】效果相似。为素材添加该效果的前后对比如图6.62所示。

（a）未使用该效果

（b）使用该效果

图 6.62

- 闪光：该效果可以模拟闪电效果。为素材添加该效果的前后对比如图6.63所示。

（a）未使用该效果

（b）使用该效果

图 6.63

- 颜色键：该效果可以使接近主要颜色的范围变得透明。为素材添加该效果的前后对比如图6.64所示。

（a）未使用该效果　（b）使用该效果

图 6.64

- 高斯模糊（旧版）：该效果可以将图像进行模糊化处理。为素材添加该效果的前后对比如图6.65所示。

（a）未使用该效果

（b）使用该效果

图 6.65

实例6.3：使用【溢出抑制】效果抑制画面的局部颜色

文件路径：第6章 常用视频效果→实例：使用【溢出抑制】效果抑制画面的局部颜色

扫一扫，看视频

本实例主要使用【溢出抑制】效果更改画面中的洋红色。效果如图6.66所示。

图 6.66

步骤 01 在【项目】面板中右击，选择【新建合成】命令，在弹出的【合成设置】窗口中设置【合成名称】为1，【预设】为【自定义】，【宽度】为1300，【高度】为867，【像素长宽比】为【方形像素】，【帧速率】为24，【分辨率】为【完整】，【持续时间】为5秒。执行【文件】/【导入】/【文件】命令，导入1.jpg素材文件。在【项目】面板中将1.jpg素材文件拖曳到【时间轴】面板中，如图6.67所示。

步骤 02 在【效果和预设】面板搜索框中搜索【溢出抑制】，将该效果拖曳到【时间轴】面板的1.jpg图层上，如图6.68所示。

图 6.67

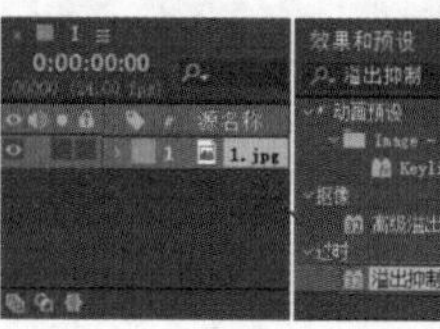

图 6.68

步骤 03 在【时间轴】面板中单击打开1.jpg图层下方的【效果】/【溢出抑制】，设置【要抑制的颜色】为蓝色，【抑制】为200，如图6.69所示。此时，画面效果如图6.70所示。

图 6.69

图 6.70

重点 6.6 模糊和锐化

【模糊和锐化】效果组主要用于模糊图像和锐化图像，其中包括【复合模糊】【锐化】【通道模糊】CC Cross Blur、CC Radial Blur、CC Radial Fast Blur、CC Vector Blur、【摄像机镜头模糊】【摄像机抖动去模糊】【智能模糊】【双向模糊】【定向模糊】【径向模糊】【快速方框模糊】【钝化蒙版】和【高斯模糊】，如图6.71所示。

图 6.71

- 复合模糊：该效果可以根据模糊图层的明亮度值使效果图层中的像素变模糊。为素材添加该效果的前后对比如图6.72所示。

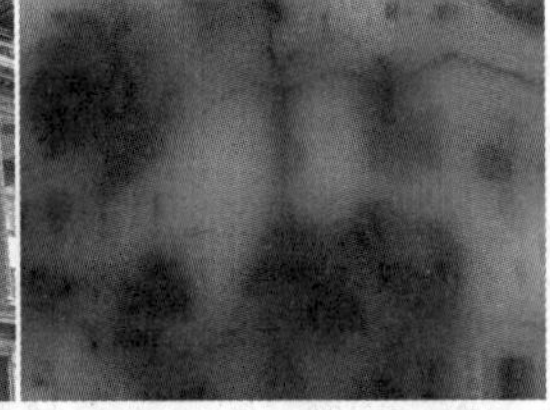

（a）未使用该效果　　（b）使用该效果

图 6.72

- 锐化：该效果可以通过强化像素之间的差异锐化图像。为素材添加该效果的前后对比如图6.73所示。

（a）未使用该效果　　（b）使用该效果

图 6.73

- 通道模糊：该效果可以分别对红色、绿色、蓝色和Alpha通道应用不同程度的模糊。为素材添加该效果的前后对比如图6.74所示。

（a）未使用该效果　　（b）使用该效果

图 6.74

- CC Cross Blur（交叉模糊）：该效果可以对画面进行水平和垂直的模糊处理。为素材添加该效果的前后对比如图6.75所示。

（a）未使用该效果　　（b）使用该效果

图 6.75

- CC Radial Blur（CC放射模糊）：该效果可以缩放或旋转模糊当前图层。为素材添加该效果的前后对比如图6.76所示。

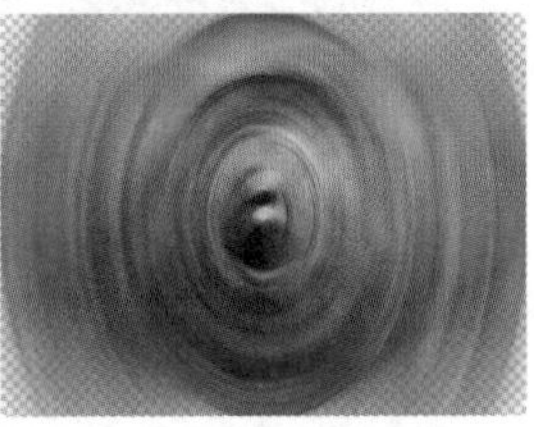

（a）未使用该效果　　（b）使用该效果

图 6.76

- CC Radial Fast Blur（CC快速放射模糊）：该效果可以快速径向模糊。为素材添加该效果的前后对比如图6.77所示。
- CC Vector Blur（通道矢量模糊）：该效果可以将选定的图层定义为向量场模糊。为素材添加该效果的前后对比如图6.78所示。

（a）未使用该效果　（b）使用该效果

图 6.77

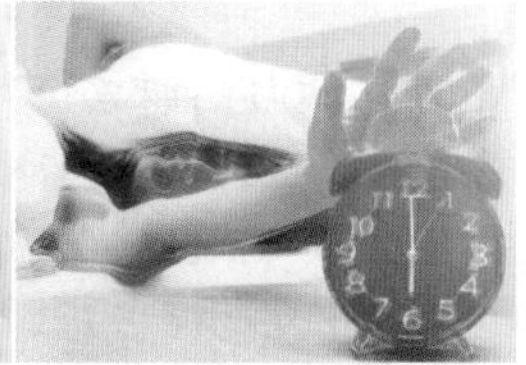

（a）未使用该效果　（b）使用该效果

图 6.78

- 摄像机镜头模糊：该效果可以使用常用摄像机光圈形状模糊图像以模拟摄像机镜头的模糊。为素材添加该效果的前后对比如图 6.79 所示。

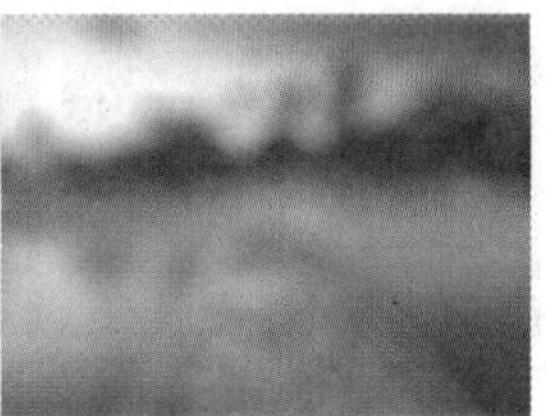

（a）未使用该效果　（b）使用该效果

图 6.79

- 摄像机抖动去模糊：该效果可以减少因摄像机抖动而导致的动态模糊伪影，为获得最佳效果，可在稳定素材后应用。为素材添加该效果的前后对比如图6.80所示。

（a）未使用该效果　（b）使用该效果

图 6.80

- 智能模糊：该效果可以对保留边缘的图像进行模糊。为素材添加该效果的前后对比如图 6.81 所示。

（a）未使用该效果　（b）使用该效果

图 6.81

- 双向模糊：该效果可以将平滑模糊应用于图像。为素材添加该效果的前后对比如图 6.82 所示。

（a）未使用该效果　（b）使用该效果

图 6.82

- 定向模糊：该效果可以按照一定的方向模糊图像。为素材添加该效果的前后对比如图 6.83 所示。

（a）未使用该效果　（b）使用该效果

图 6.83

- 径向模糊：该效果可以以任意点为中心，对周围像素进行模糊处理，产生旋转动态效果。为素材添加该效果的前后对比如图 6.84 所示。

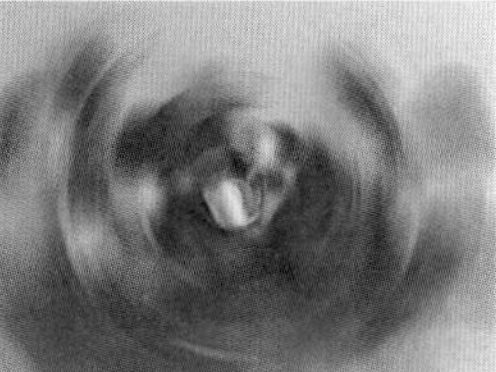

（a）未使用该效果　（b）使用该效果

图 6.84

- 快速方框模糊：该效果可以将重复的方框模糊应用于图像。为素材添加该效果的前后对比如图6.85所示。

（a）未使用该效果

（b）使用该效果

图 6.85

- 钝化蒙版：该效果可以通过调整边缘细节的对比度增强图层的锐度。为素材添加该效果的前后对比如图6.86所示。

（a）未使用该效果

（b）使用该效果

图 6.86

- 高斯模糊：该效果可以均匀模糊图像。为素材添加该效果的前后对比如图6.87所示。

（a）未使用该效果

（b）使用该效果

图 6.87

实例6.4：使用【锐化】效果使得作品更清晰

扫一扫，看视频

文件路径：第6章 常用视频效果→实例：使用【锐化】效果使得作品更清晰

本实例使用【锐化】效果，将松鼠皮毛制作得更加清晰。效果如图6.88所示。

图 6.88

步骤 01 在【项目】面板中右击，选择【新建合成】命令，在弹出的【合成设置】窗口中设置【合成名称】为1，【预设】为【自定义】，【宽度】为857，【高度】为570，【像素长宽比】为【方形像素】，【帧速率】为25，【分辨率】为【完整】，【持续时间】为5秒。执行【文件】/【导入】/【文件】命令，导入1.jpg素材文件。在【项目】面板中将1.jpg素材文件拖曳到【时间轴】面板中，如图6.89所示。

步骤 02 在【效果和预设】面板搜索框中搜索【锐化】，将该效果拖曳到【时间轴】面板的1.jpg图层上，如图6.90所示。

图 6.89

图 6.90

步骤 03 在【时间轴】面板中单击打开1.jpg图层下方的【效果】/【锐化】，设置【锐化量】为80，如图6.91所示。此时，画面效果如图6.92所示。

图 6.91

图 6.92

实例6.5：使用【定向模糊】效果制作多彩人像海报

扫一扫，看视频

文件路径：第6章 常用视频效果→实例：使用【定向模糊】效果制作多彩人像海报

本实例主要使用【定向模糊】效果将光晕素材进行一定角度的模糊。效果如图6.93所示。

图 6.93

步骤 01 在【项目】面板中右击，选择【新建合成】命令，在弹出的【合成设置】窗口中设置【合成名称】为1，【预设】为【自定义】，【宽度】为700，【高度】为1050，【像素长宽比】为【方形像素】，【帧速率】为24，【分辨率】为【完整】，【持续时间】为5秒。执行【文件】/【导入】/【文件】命令，在弹出的【导入文件】窗口中导入全部素材文件。在【项目】面板中将1.jpg、2.jpg素材文件拖曳到【时间轴】面板中，如图6.94所示。

步骤 02 在【效果和预设】面板搜索框中搜索【定向模糊】，将该效果拖曳到【时间轴】面板的2.jpg图层上，如图6.95所示。

图 6.94

图 6.95

步骤 03 在【时间轴】面板中选择2.jpg图层，在【效果控件】面板中打开【效果】/【定向模糊】，设置【方向】为0x+51.0°，【模糊长度】为100.0；接着展开【变换】属性，设置【不透明度】为70%；最后设置该图层的【混合模式】为【屏幕】，如图6.96所示。此时，画面效果如图6.97所示。

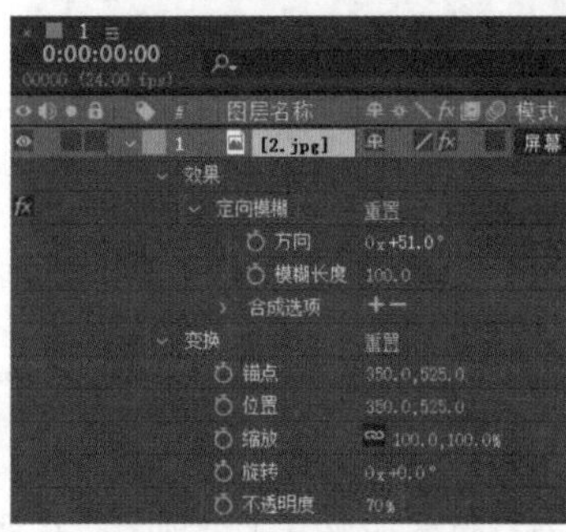

图 6.96

图 6.97

步骤 04 在【项目】面板中将3.png素材文件拖曳到【时间轴】面板中，如图6.98所示。此时，画面最终效果如图6.99所示。

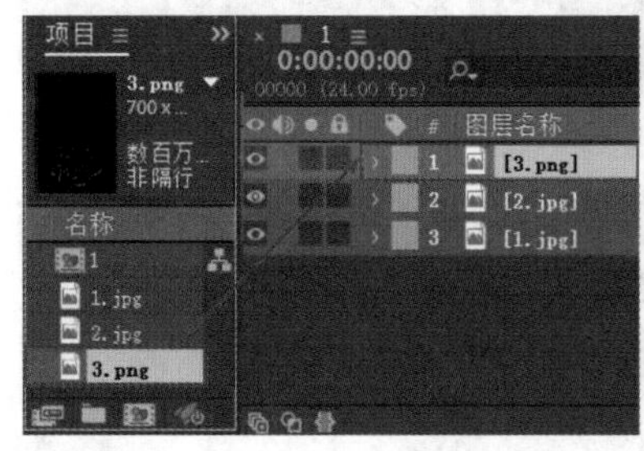

图 6.98

图 6.99

实例6.6：使用【钝化蒙版】效果增强皮毛质感

文件路径：第6章 常用视频效果→实例：使用【钝化蒙版】效果增强皮毛质感

扫一扫，看视频

本实例主要使用【钝化蒙版】效果将小猫进行锐化处理。效果如图6.100所示。

图 6.100

步骤 01 在【项目】面板中右击，选择【新建合成】命令，在弹出的【合成设置】窗口中设置【合成名称】为1，【预设】为【自定义】，【宽度】为1000，【高度】为666，【像素长宽比】为【方形像素】，【帧速率】为25，【分辨率】为【完整】，【持续时间】为5秒。执行【文件】/【导入】/【文件】命令，导入1.jpg素材文件。在【项目】面板中选择1.jpg素材文件，按住鼠标左键将它拖曳到【时间轴】面板中，如图6.101所示。

步骤 02 在【效果和预设】面板搜索框中搜索【钝化蒙版】，将该效果拖曳到【时间轴】面板的1.jpg图层上，如图6.102所示。

步骤 03 在【时间轴】面板中打开1.jpg图层下方的【效果】/【钝化蒙版】，设置【数量】为150.0，【半径】为2.0，如图6.103所示。此时，小猫身上的皮毛更加清晰，画面效果如图6.104所示。

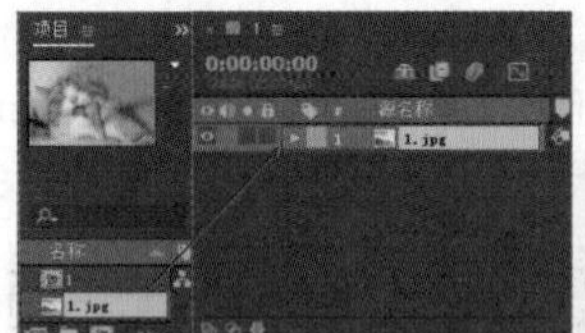

图 6.101

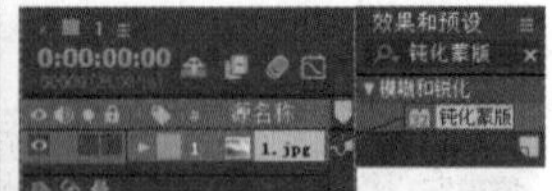

图 6.102

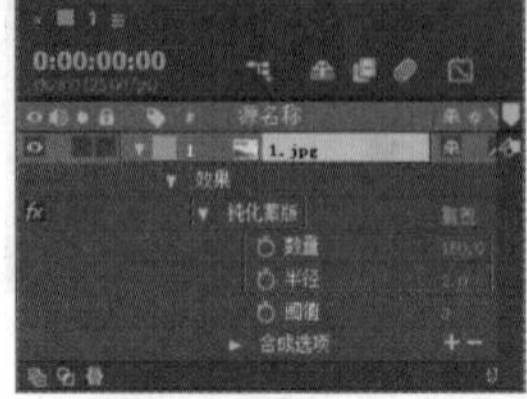

图 6.103

图 6.104

重点 6.7 模拟

【模拟】效果组可以模拟各种特殊效果，如下雪、下雨、泡沫等，其中包括【焦散】【卡片动画】、CC Ball Action、CC Bubbles、CC Drizzle、CC Hair、CC Mr.Mercury、CC Particle Systems Ⅱ、CC Particle World、CC Pixel Polly、CC Rainfall、CC Scatterize、CC Snowfall、CC Star Burst、【泡沫】【波形环境】【碎片】和【粒子运动场】，如图6.105所示。

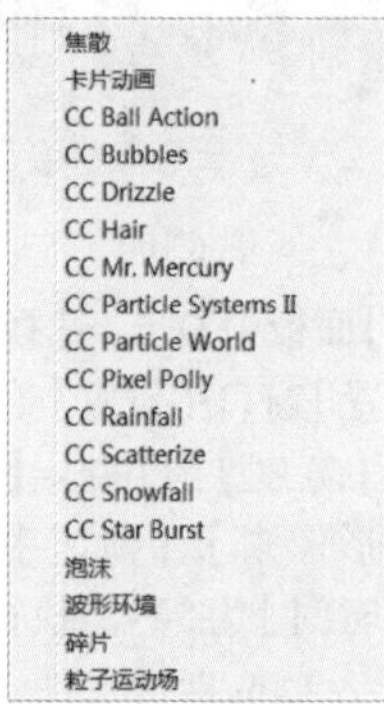

图 6.105

- 焦散：该效果可以模拟水面折射或反射的自然效果。为素材添加该效果的前后对比如图6.106所示。
- 卡片动画：该效果可以通过渐变图层使卡片产生动画效果。
- CC Ball Action（CC球形粒子化）：该效果可以使图像形成球形网格。为素材添加该效果的前后对比如图6.107所示。
- CC Bubbles（CC气泡）：该效果可以根据画面内容模拟气泡效果。为素材添加该效果的前后对比如图6.108所示。

（a）未使用该效果

（b）使用该效果

图 6.106

（a）未使用该效果

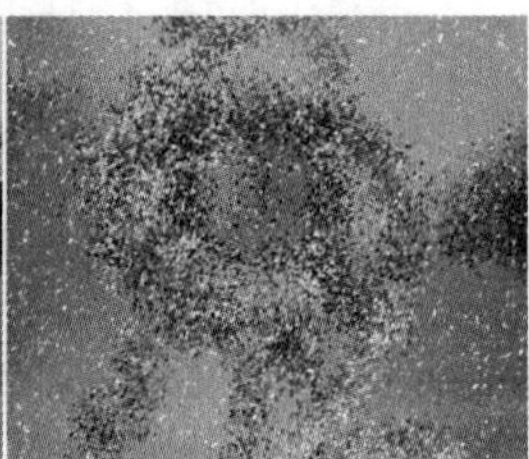

（b）使用该效果

图 6.107

（a）未使用该效果

（b）使用该效果

图 6.108

- CC Drizzle（细雨）：该效果可以模拟雨滴落入水面的涟漪感。为素材添加该效果的前后对比如图6.109所示。

（a）未使用该效果

（b）使用该效果

图 6.109

- CC Hair（CC毛发）：该效果可以将当前图像转换为毛发显示。为素材添加该效果的前后对比如图6.110所示。

（a）未使用该效果　　（b）使用该效果

图 6.110

- CC Mr.Mercury（CC仿水银流动）：该效果可以模拟图像类似水银流动的效果。为素材添加该效果的前后对比如图6.111所示。

（a）未使用该效果　　（b）使用该效果

图 6.111

- CC Particle SystemsⅡ（CC粒子仿真系统Ⅱ）：该效果可以模拟烟花效果。为素材添加该效果的前后对比如图6.112所示。

（a）未使用该效果　　（b）使用该效果

图 6.112

- CC Particle World（CC粒子仿真世界）：该效果可以模拟烟花、飞灰等效果。为素材添加该效果的前后对比如图6.113所示。

（a）未使用该效果　　（b）使用该效果

图 6.113

- CC Pixel Polly（CC像素多边形）：该效果可以制作画面破碎效果。制作完成后，拖动时间轴可以看到动画。为素材添加该效果的前后对比如图6.114所示。

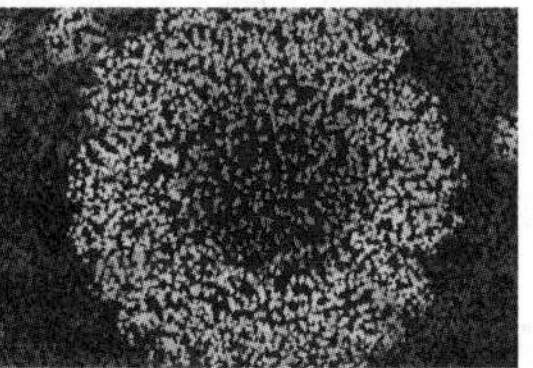

（a）未使用该效果　　（b）使用该效果

图 6.114

- CC Rainfall（CC降雨）：该效果可以模拟降雨效果。为素材添加该效果的前后对比如图6.115所示。

（a）未使用该效果　　（b）使用该效果

图 6.115

- CC Scatterize（发散粒子）：该效果可以将当前画面分散为粒子状，模拟吹散效果。为素材添加该效果的前后对比如图6.116所示。

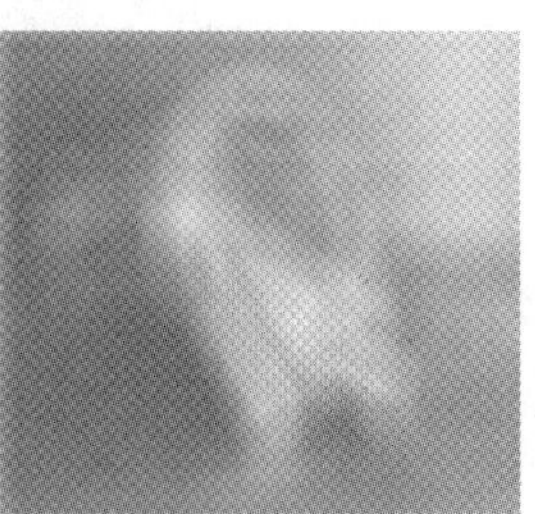

（a）未使用该效果　　（b）使用该效果

图 6.116

- CC Snowfall（CC下雪）：该效果可以模拟雪花漫天飞舞的画面效果。为素材添加该效果的前后对比如图6.117所示。

（a）未使用该效果　　（b）使用该效果

图 6.117

- CC Star Burst（CC星团）：该效果可以模拟星团效果。为素材添加该效果的前后对比如图6.118所示。

（a）未使用该效果　　（b）使用该效果

图 6.118

- 泡沫：该效果可以模拟流动、黏附和弹出的气泡、水珠效果。为素材添加该效果的前后对比如图6.119所示。

（a）未使用该效果　　（b）使用该效果

图 6.119

- 波形环境：该效果可以创建灰度置换图，以便用于其他效果，如焦散或色光效果。此效果可以根据液体的物理学模拟创建波形。为素材添加该效果的前后对比如图6.120所示。

（a）未使用该效果　　（b）使用该效果

图 6.120

- 碎片：该效果可以模拟爆炸粉碎飞散的效果。为素材添加该效果的前后对比如图6.121所示。

（a）未使用该效果　　（b）使用该效果

图 6.121

- 粒子运动场：该效果可以为大量相似的对象设置动画，如一团萤火虫。为素材添加该效果的前后对比如图6.122所示。

（a）未使用该效果　　（b）使用该效果

图 6.122

实例6.7：使用CC Ball Action效果模拟乐高拼搭效果

扫一扫，看视频

文件路径：第6章 常用视频效果→实例：使用CC Ball Action效果模拟乐高拼搭效果

本实例使用CC Ball Action效果将画面制作出像素块效果，非常童趣。效果如图6.123所示。

图 6.123

步骤 01 在【项目】面板中右击，选择【新建合成】命令，在弹出的【合成设置】窗口中设置【合成名称】为1，【预设】为【自定义】，【宽度】为700，【高度】为465，【像素长宽比】为【方形像素】，【帧速率】为25，【分辨率】为【完整】，【持续时间】为7秒。执行【文件】/【导入】/【文件】命令，导入1.jpg素材文件。在【项目】面板中将1.jpg素材文件拖曳到【时间轴】面板中，如图6.124所示。

图 6.124

步骤 02 在【效果和预设】面板搜索框中搜索CC Ball Action，将该效果拖曳到【时间轴】面板的1.jpg图层上，如图6.125所示。此时，画面效果如图6.126所示。

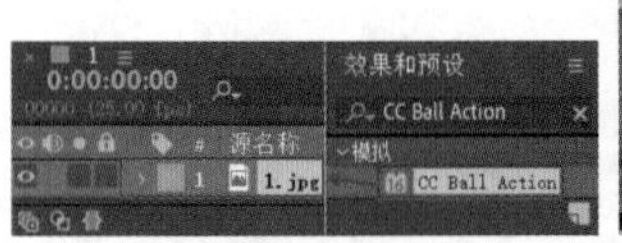

图 6.125

图 6.126

实例6.8：使用CC Snowfall效果制作雪景效果

文件路径：第6章 常用视频效果→实例：使用CC Snowfall效果制作雪景效果

扫一扫，看视频

本实例使用CC Snowfall效果制作出正在下雪的动画效果，该效果常应用于影视作品中，模拟下雪的天气。效果如图6.127所示。

图 6.127

步骤 01 在【项目】面板中右击，选择【新建合成】命令，在弹出的【合成设置】窗口中设置【合成名称】为1，【预设】为【自定义】，【宽度】为1500，【高度】为1125，【像素长宽比】为【方形像素】，【帧速率】为25，【分辨率】为【完整】，【持续时间】为5秒。执行【文件】/【导入】/【文件】命令，导入1.jpg素材文件。在【项目】面板中将1.jpg素材文件拖曳到【时间轴】面板中，如图6.128所示。

步骤 02 在【效果和预设】面板搜索框中搜索CC Snowfall，将该效果拖曳到【时间轴】面板的1.jpg图层上，如图6.129所示。

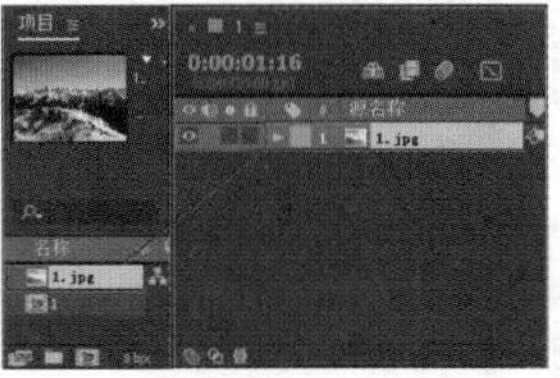

图 6.128

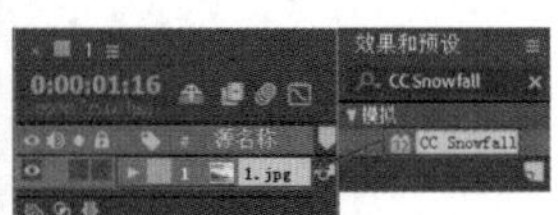

图 6.129

步骤 03 在【时间轴】面板中打开1.jpg图层下方的【效果】/CC Snowfall，设置Flakes为25000，Size为13.00，Speed为500.0，Opacity为100.0，如图6.130所示。此时，画面效果如图6.131所示。

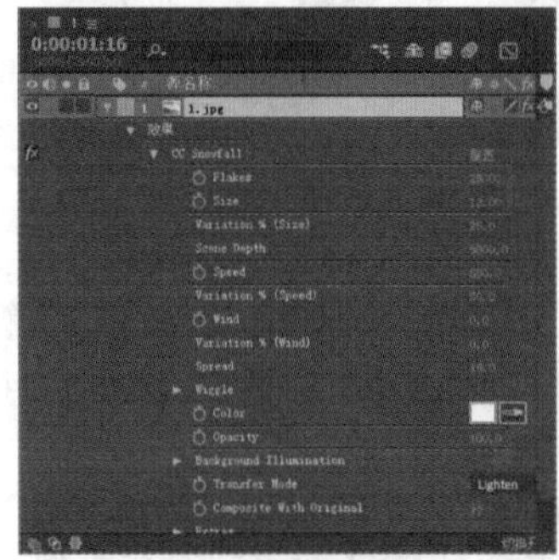

图 6.130

图 6.131

重点 6.8 扭曲

【扭曲】效果组可以对图像进行扭曲、旋转等变形操作，以达到特殊的视觉效果，其中包括【球面化】【贝塞尔曲线变形】【漩涡条纹】【改变形状】【放大】【镜像】、CC Bend It、CC Bender、CC Blobbylize、CC Flo Motion、CC Griddler、CC Lens、CC Page Turn、CC Power Pin、CC Ripple Pulse、CC Slant、CC Smear、CC Split、CC Split2、CC Tiler、【光学补偿】【湍流置换】【置换图】【偏移】【网格变形】【保留细节放大】【凸出】【变形】【变换】【变形稳定器VFX】【旋转扭曲】【极坐标】【果冻效应修复】【波形变形】【波纹】【液化】【边角定位】，如图6.132所示。

- 球面化：该效果可以通过伸展到指定半径的半球面来围绕一点扭曲图像。为素材添加该效果的前后对比如图6.133所示。

球面化	CC Split 2
贝塞尔曲线变形	CC Tiler
漩涡条纹	光学补偿
改变形状	湍流置换
放大	置换图
镜像	偏移
CC Bend It	网格变形
CC Bender	保留细节放大
CC Blobbylize	凸出
CC Flo Motion	变形
CC Griddler	变换
CC Lens	变形稳定器 VFX
CC Page Turn	旋转扭曲
CC Power Pin	极坐标
CC Ripple Pulse	果冻效应修复
CC Slant	波形变形
CC Smear	波纹
CC Split	液化
	边角定位

图 6.132

（a）未使用该效果　　（b）使用该效果

图 6.133

- 贝塞尔曲线变形：该效果可以通过曲线控制点调整图像形状。为素材添加该效果的前后对比如图6.134所示。

（a）未使用该效果　　（b）使用该效果

图 6.134

- 漩涡条纹：该效果可以使用曲线扭曲图像。
- 改变形状：该效果可以改变图像中某一部分的形状。
- 放大：该效果可以放大素材的全部或部分。为素材添加该效果的前后对比如图6.135所示。

（a）未使用该效果　　（b）使用该效果

图 6.135

- 镜像：该效果可以沿线反射图像效果。为素材添加该效果的前后对比如图6.136所示。

（a）未使用该效果　　（b）使用该效果

图 6.136

- CC Bend It（CC弯曲）：该效果可以弯曲、扭曲图像的一个区域。为素材添加该效果的前后对比如图6.137所示。

（a）未使用该效果　　（b）使用该效果

图 6.137

- CC Bender（CC卷曲）：该效果可以使图像产生卷曲的视觉效果。为素材添加该效果的前后对比如图6.138所示。

（a）未使用该效果　　（b）使用该效果

图 6.138

- CC Blobbylize（CC融化溅落点）：该效果可以调节图像模拟融化溅落点效果。为素材添加该效果的前后对比如图6.139所示。
- CC Flo Motion（CC两点收缩变形）：该效果可以以图像任意两点为中心收缩周围像素。为素材添加该效果的前后对比如图6.140所示。

（a）未使用该效果　　（b）使用该效果

图 6.139

（a）未使用该效果　　（b）使用该效果

图 6.140

- CC Griddler（CC网格变形）：该效果可以使画面模拟出错位的网格效果。为素材添加该效果的前后对比如图6.141所示。

（a）未使用该效果　　（b）使用该效果

图 6.141

- CC Lens（CC镜头）：该效果可以变形图像模拟镜头扭曲的效果。为素材添加该效果的前后对比如图6.142所示。

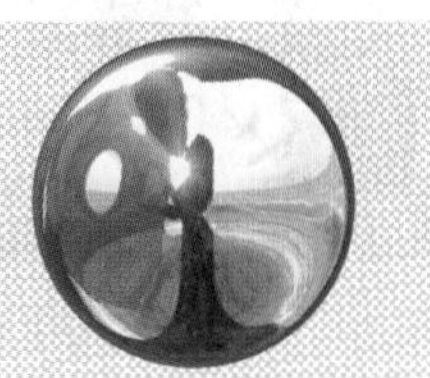

（a）未使用该效果　　（b）使用该效果

图 6.142

- CC Page Turn（CC卷页）：该效果可以使图像产生书页卷起的效果。为素材添加该效果的前后对比如图6.143所示。
- CC Power Pin（CC四角缩放）：该效果可以通过边角位置的调整对图像进行拉伸、倾斜风变形操作，多用于模拟透视效果。为素材添加该效果的前后对比如图6.144所示。

（a）未使用该效果　　（b）使用该效果

图 6.143

（a）未使用该效果　　（b）使用该效果

图 6.144

- CC Ripple Pulse（CC波纹脉冲）：该效果可以模拟波纹扩散的变形效果。
- CC Slant（CC倾斜）：该效果可以使图像产生平行倾斜的视觉效果。为素材添加该效果的前后对比如图6.145所示。

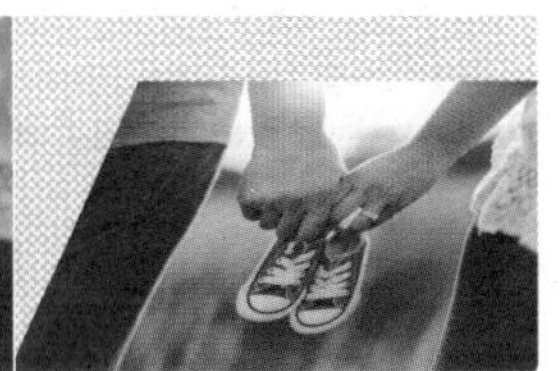

（a）未使用该效果　　（b）使用该效果

图 6.145

- CC Smear（CC涂抹）：该效果可以通过调整控制点对画面某一部分进行变形处理。为素材添加该效果的前后对比如图6.146所示。

（a）未使用该效果　　（b）使用该效果

图 6.146

- CC Split（CC分裂）：该效果可以使图像产生分裂的效果。为素材添加该效果的前后对比如图6.147所示。

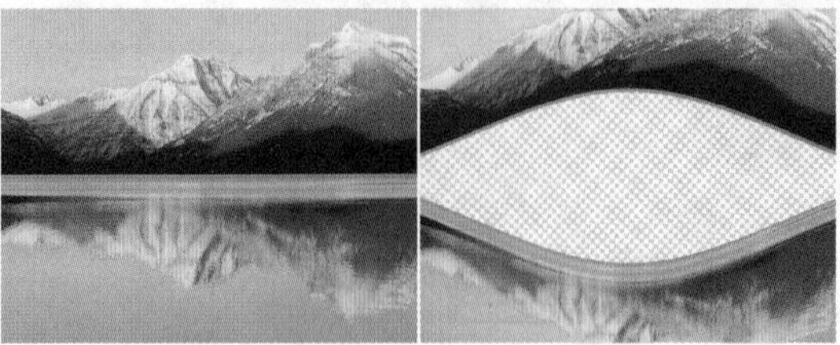

（a）未使用该效果　（b）使用该效果

图 6.147

- CC Split2（CC分裂2）：该效果可以使图像在两个点之间产生不对称的分裂效果。为素材添加该效果的前后对比如图6.148所示。

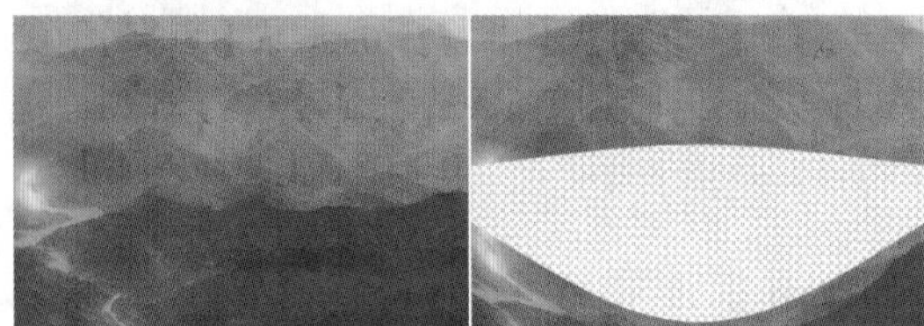

（a）未使用该效果　（b）使用该效果

图 6.148

- CC Tiler（CC平铺）：该效果可以使图像产生重复画面的效果。为素材添加该效果的前后对比如图6.149所示。

（a）未使用该效果　（b）使用该效果

图 6.149

- 光学补偿：该效果可以引入或移除镜头扭曲。为素材添加该效果的前后对比如图6.150所示。

（a）未使用该效果　（b）使用该效果

图 6.150

- 湍流置换：该效果可以使用不规则杂色置换图层。为素材添加该效果的前后对比如图6.151所示。

（a）未使用该效果　（b）使用该效果

图 6.151

- 置换图：该效果可以基于其他图层的像素值位移像素。为素材添加该效果的前后对比如图6.152所示。

（a）未使用该效果　（b）使用该效果

图 6.152

- 偏移：该效果可以在图层内平移图像。为素材添加该效果的前后对比如图6.153所示。

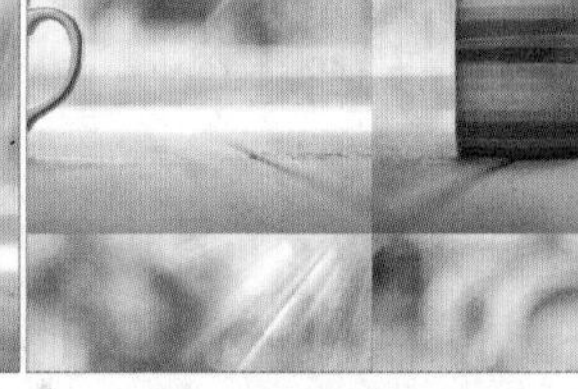

（a）未使用该效果　（b）使用该效果

图 6.153

- 网格变形：该效果可以在图像中添加网格，通过控制网格交叉点对图像进行变形处理。为素材添加该效果的前后对比如图6.154所示。
- 保留细节放大：该效果可以放大图层并保留图像边缘锐度，同时还可以进行降噪。为素材添加该效果的前后对比如图6.155所示。

（a）未使用该效果　（b）使用该效果

图 6.154

（a）未使用该效果　（b）使用该效果

图 6.155

- 凸出：该效果可以围绕一个点进行扭曲图像，模拟凸出效果。为素材添加该效果的前后对比如图6.156所示。

（a）未使用该效果　（b）使用该效果

图 6.156

- 变形：该效果可以对图像进行扭曲变形处理。为素材添加该效果的前后对比如图6.157所示。

（a）未使用该效果　（b）使用该效果

图 6.157

- 变换：该效果可将二维几何变换应用到图层。为素材添加该效果的前后对比如图6.158所示。
- 变形稳定器VFX：该效果可以对素材进行稳定，不需要手动跟踪。

（a）未使用该效果　（b）使用该效果

图 6.158

- 旋转扭曲：该效果可以通过围绕指定点旋转涂抹图像。为素材添加该效果的前后对比如图6.159所示。

（a）未使用该效果　（b）使用该效果

图 6.159

- 极坐标：该效果可以在矩形和极坐标之间进行转换及插值。为素材添加该效果的前后对比如图6.160所示。

（a）未使用该效果　（b）使用该效果

图 6.160

- 果冻效应修复：该效果可以去除因前期摄像机拍摄而形成的扭曲伪像。
- 波形变形：该效果可以使图像产生波形位移变化。为素材添加该效果的前后对比如图6.161所示。

（a）未使用该效果　（b）使用该效果

图 6.161

- 波纹：该效果可以在指定图层中创建波纹外观，这些波纹朝远离同心圆中心点的方向移动。为素材添加该效果的前后对比如图6.162所示。

（a）未使用该效果　　　　（b）使用该效果

图 6.162

- 液化：该效果可以通过液化刷来推动、拖拉、旋转、扩大和收缩图像。为素材添加该效果的前后对比如图6.163所示。

（a）未使用该效果　　　　（b）使用该效果

图 6.163

- 边角定位：该效果可以通过调整图像边角位置，对图像进行拉伸、收缩、扭曲等变形操作。为素材添加该效果的前后对比如图6.164所示。

（a）未使用该效果　　　　（b）使用该效果

图 6.164

实例6.9：使用【镜像】效果制作对称人像

扫一扫，看视频

文件路径：第6章 常用视频效果→实例：使用【镜像】效果制作对称人像

本实例使用【镜像】效果将人物以中轴线发生对称变换。效果如图6.165所示。

图 6.165

步骤 01 在【项目】面板中右击，选择【新建合成】命令，在弹出的【合成设置】窗口中设置【合成名称】为1，【预设】为【自定义】，【宽度】为1200，【高度】为803，【像素长宽比】为【方形像素】，【帧速率】为24，【分辨率】为【完整】，【持续时间】为5秒。执行【文件】/【导入】/【文件】命令，导入1.jpg素材文件。在【项目】面板中将1.jpg素材文件拖曳到【时间轴】面板中，如图6.166所示。

步骤 02 在【效果和预设】面板搜索框中搜索【镜像】，将该效果拖曳到【时间轴】面板的1.jpg图层上，如图6.167所示。

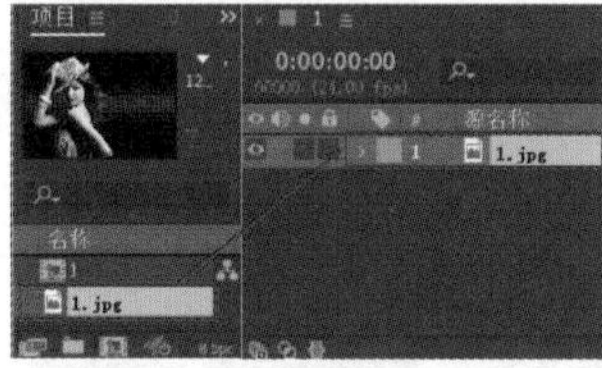

图 6.166　　　　图 6.167

步骤 03 在【时间轴】面板中单击打开1.jpg图层下方的【效果】/【镜像】，设置【反射中心】为(607.0,400.0)，如图6.168所示。此时，画面效果如图6.169所示。

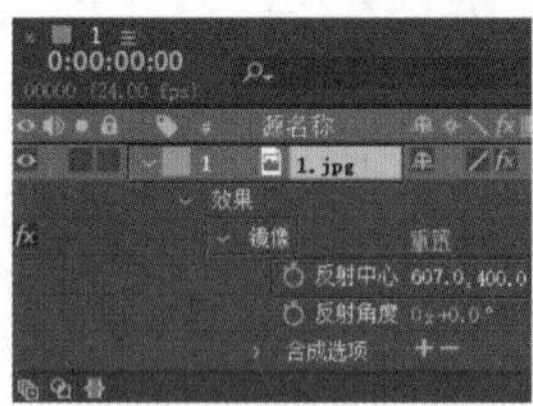

图 6.168　　　　图 6.169

步骤 04 制作文字。在【时间轴】面板的空白位置处右击，执行【新建】/【文本】命令，如图6.170所示。在【字符】面板中设置合适的【字体系列】，【填充】为白色，【描边】为无，【字体大小】为118像素，设置完成后输入文字Personality flying Sexy Girls，当输入完flying时，按

Enter键，将文字切换到下一行，接着在【段落】面板中单击(居中对齐文本)按钮，如图6.171所示。

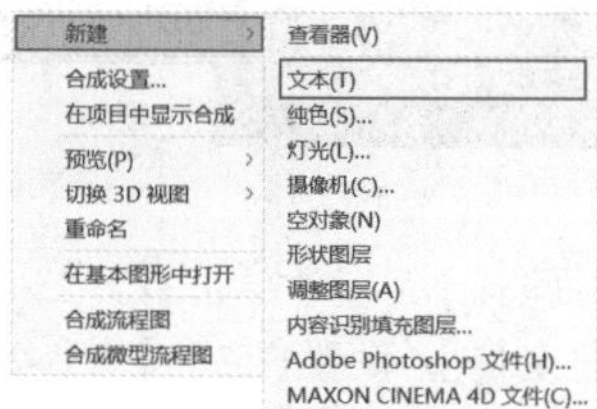

图 6.170

图 6.171

步骤 05 在【时间轴】面板中单击打开文本图层下方的【变换】，设置【位置】为(622.0,633.5)，如图6.172所示。此时，画面效果如图6.173所示。

图 6.172

图 6.173

步骤 06 在【效果和预设】面板搜索框中搜索【发光】，将该效果拖曳到【时间轴】面板的文本图层上，如图6.174所示。

图 6.174

步骤 07 在【时间轴】面板中单击打开文本图层下方的【效果】/【发光】，设置【发光基于】为【Alpha 通道】，【发光半径】为27.0，【发光颜色】为【A和B颜色】，【颜色A】为青色，【颜色B】为白色，如图6.175所示。

步骤 08 本实例制作完成，画面效果如图6.176所示。

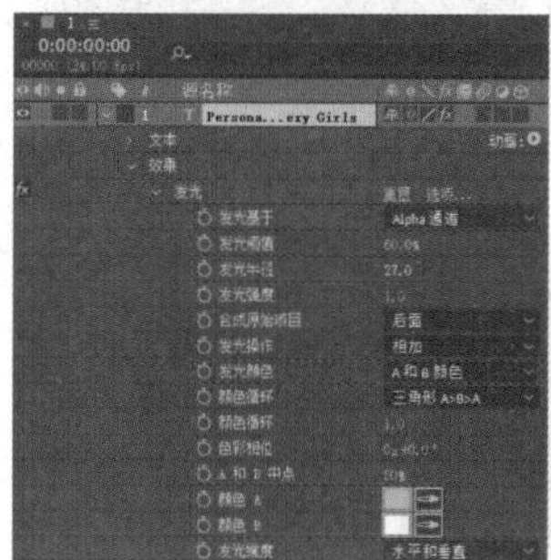

图 6.175

图 6.176

实例6.10：使用【边角定位】效果制作风景卡片

文件路径：第6章 常用视频效果→实例：使用【边角定位】效果制作风景卡片

扫一扫，看视频

本实例主要使用【边角定位】效果将三张风景图片的边角定位到卡片内部，使其进行完美融合。效果如图6.177所示。

图 6.177

步骤 01 在【项目】面板中右击，选择【新建合成】命令，在弹出的【合成设置】窗口中设置【合成名称】为【合成1】，【预设】为HDTV 1080 24，【宽度】为1920，【高度】为1080，【像素长宽比】为【方形像素】，【帧速率】为24，【分辨率】为【完整】，【持续时间】为7秒。执行【文件】/【导入】/【文件】命令，在弹出的【导入文件】窗口中导入全部素材文件。将【项目】面板中的1.jpg素材文件拖曳到【时间轴】面板中，如图6.178所示。

步骤 02 在【时间轴】面板中单击打开1.jpg图层下方的【变换】，设置【缩放】为(26.0,26.0%)，如图6.179所示。此时，画面效果如图6.180所示。

图 6.178

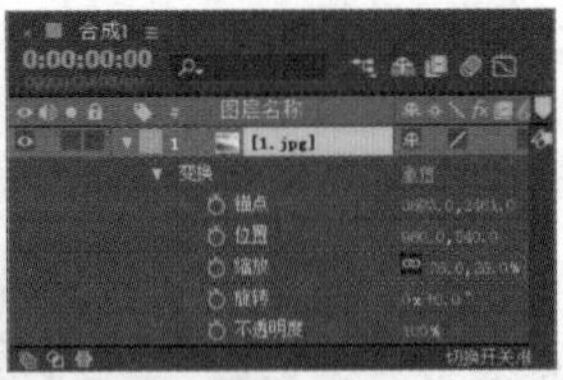

图 6.179

图 6.180

步骤 03 将【项目】面板中的2.jpg素材文件拖曳到【时间轴】面板中，如图6.181所示。

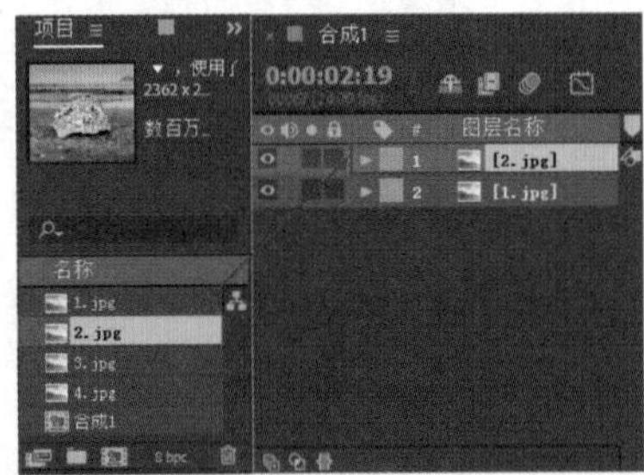

图 6.181

步骤 04 在【时间轴】面板中单击打开2.jpg图层下方的【变换】，设置【位置】为(404.0,540.0)，【缩放】为(23.0,23.0%)，【旋转】为0x+5.0°，如图6.182所示。此时，该图片并没有与卡片内部黑色矩形完全接合，如图6.183 所示。

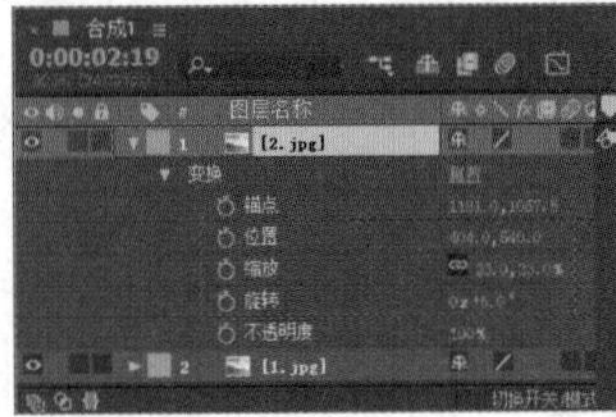

图 6.182

图 6.183

步骤 05 在【效果和预设】面板搜索框中搜索【边角定位】，将该效果拖曳到【时间轴】面板的2.jpg图层上，如图6.184 所示。

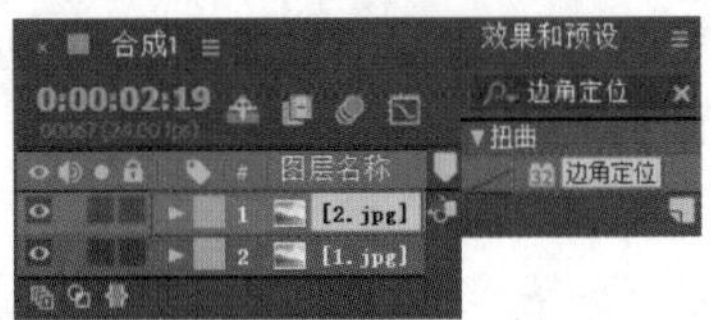

图 6.184

步骤 06 在【时间轴】面板中单击打开2.jpg图层下方的【效果】/【边角定位】，设置【左上】为(-21.0,56.0)，【右上】为(2040.0,-13.0)，【左下】为(-53.0,2167.0)，【右下】为(2056.0,2114.0)，如图6.185 所示。此时，卡片效果如图6.186 所示。

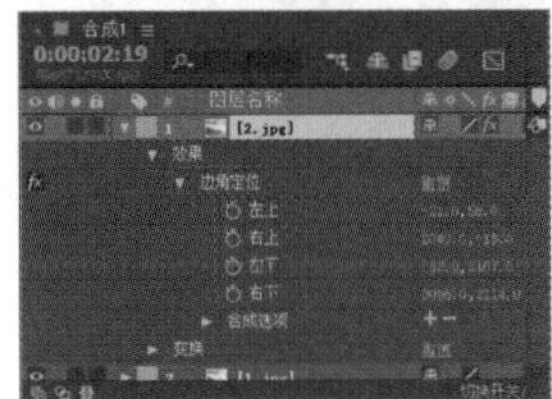

图 6.185

图 6.186

步骤 07 将【项目】面板的3.jpg素材文件拖曳到【时间轴】面板最上层，如图6.187 所示。

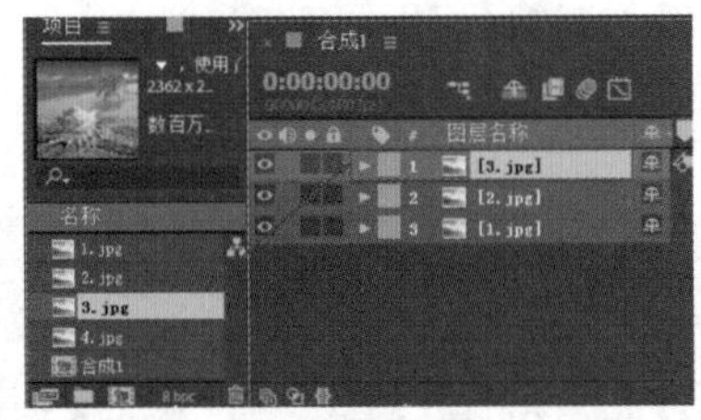

图 6.187

步骤 08 使用同样的方法，在【时间轴】面板中单击打开3.jpg图层下方的【变换】，设置【位置】为(960.0,466.0)，【缩放】为(21.0,21.0%)，【旋转】为0x-15.0°，如图6.188 所示。此时，图片效果如图6.189 所示。

图 6.188

图 6.189

步骤 09 在【效果和预设】面板搜索框中搜索【边角定位】，将该效果拖曳到【时间轴】面板的3.jpg图层上，如图6.190 所示。

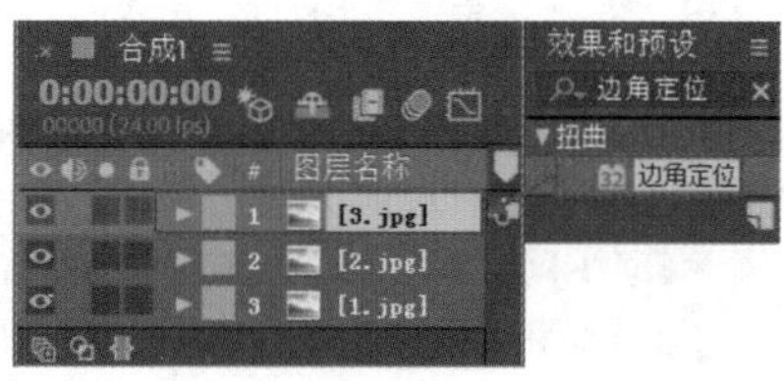

图 6.190

步骤 10 在【时间轴】面板中单击打开3.jpg图层下方的【效果】/【边角定位】，设置【左上】为(10.0,-50.0)，【右上】为(2265.0,17.0)，【左下】为(-60.0,2240.0)，【右下】为(2240.0,2303.0)，如图6.191所示。此时，图片与卡片完美接合，如图6.192所示。

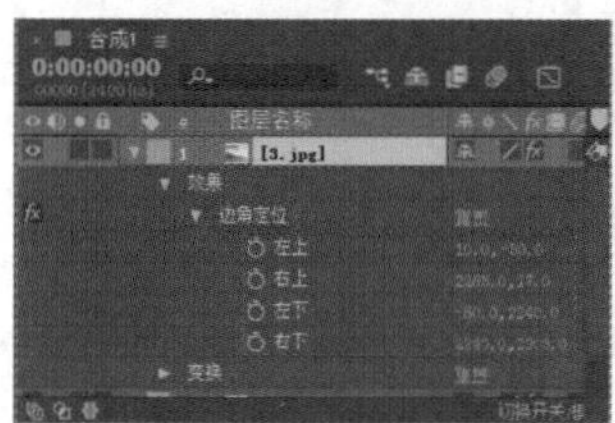

图 6.191

图 6.192

步骤 11 将【项目】面板的4.jpg素材文件拖曳到【时间轴】面板中，如图6.193所示。

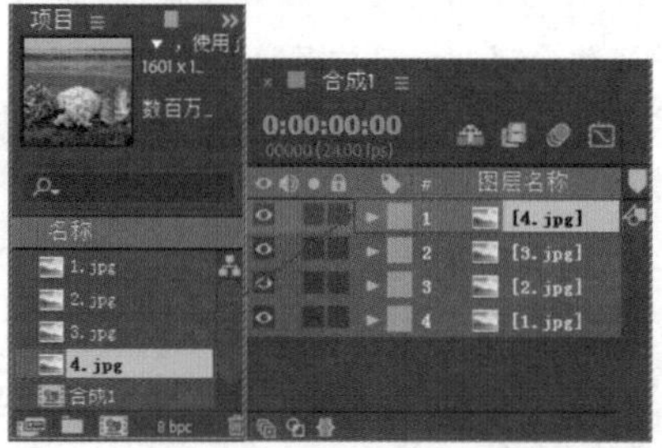

图 6.193

步骤 12 在【时间轴】面板中单击打开4.jpg图层下方的【变换】，设置【位置】为(1558.0,484.0)，【缩放】为(32.0,32.0%)，【旋转】为0x+9.0°，如图6.194所示。此时，图片效果如图6.195所示。

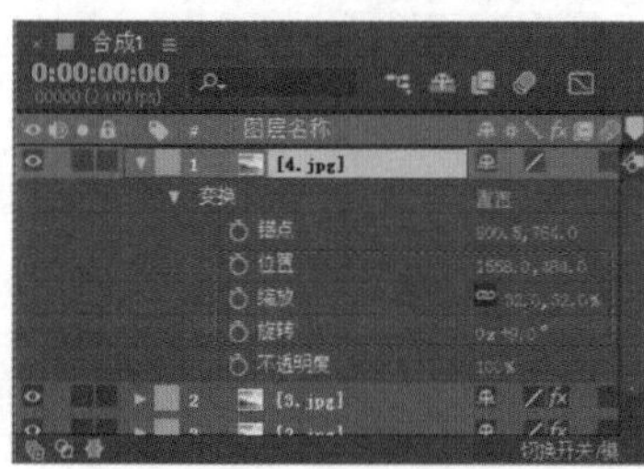

图 6.194

图 6.195

步骤 13 在【效果和预设】面板搜索框中搜索【边角定位】，将该效果拖曳到【时间轴】面板的4.jpg图层上，如图6.196所示。

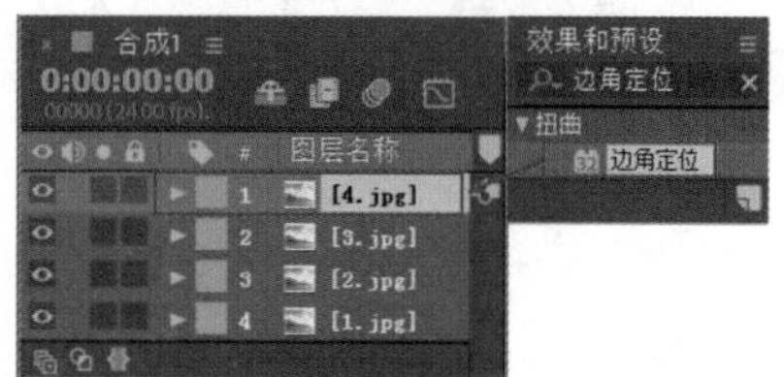

图 6.196

步骤 14 在【时间轴】面板中单击打开4.jpg图层下方的【效果】/【边角定位】，设置【左上】为(80.0,-25.0)，【右上】为(1595.0,-10.0)，【左下】为(56.0,1516.0)，【右下】为(1583.0,1540.0)，如图6.197所示。

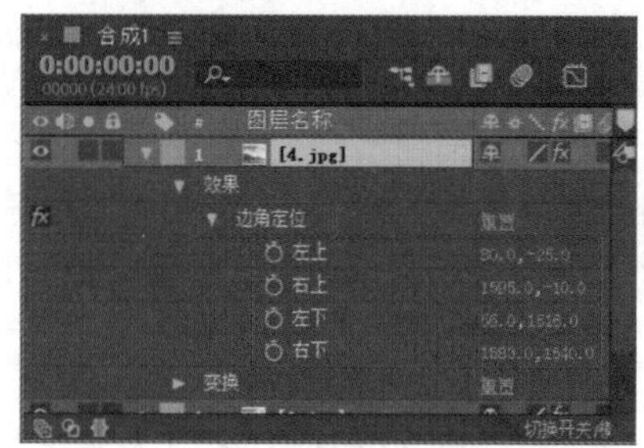

图 6.197

步骤 15 此时，本实例制作完成，画面最终效果如图6.198所示。

图 6.198

实例6.11：使用【液化】效果制作儿童卡通图案

案例路径：第6章 常用视频效果→实例：使用【液化】效果制作儿童卡通图案

扫一扫，看视频

本实例主要使用【液化】效果改变文字底部形状，使形状更加随性化。效果如图6.199所示。

图 6.199

步骤 01 在【项目】面板中右击，选择【新建合成】命令，在弹出的【合成设置】窗口中设置【合成名称】为1，【预设】为【自定义】，【宽度】为2481，【高度】为3508，【像素长宽比】为【方形像素】，【帧速率】为25，【分辨率】为【完整】，【持续时间】为5秒。执行【文件】/【导入】/【文件】命令，在弹出的【导入文件】窗口中导入全部素材文件。在【项目】面板中选择1.jpg素材文件，将它拖曳到【时间轴】面板中，如图6.200所示。

步骤 02 在工具栏中选择（椭圆工具），设置【填充】为蓝色，【描边】为粉色，【描边宽度】为30像素，接着在不选择任何图层的情况下在【合成】面板中按住鼠标左键拖动绘制一个椭圆形状，如图6.201所示。

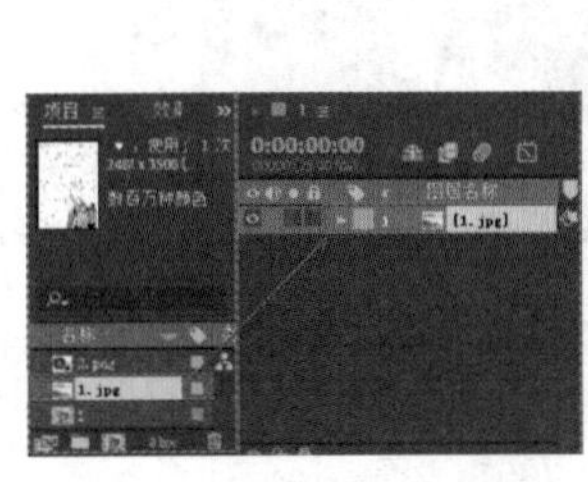

图 6.200　图 6.201

步骤 03 在【效果和预设】面板搜索框中搜索【液化】，将该效果拖曳到【时间轴】面板的【形状图层1】上，如图6.202所示。

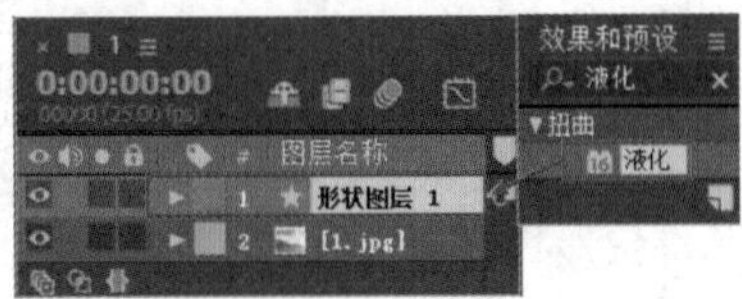

图 6.202

步骤 04 在【时间轴】面板中选择【形状图层1】，在【效果控件】面板中打开【液化】效果，选择（向前变形工具），然后打开【变形工具选项】属性，设置【画笔大小】为280，【画笔压力】为80，如图6.203所示。接着将光标移动到【合成】面板中的椭圆形状附近，按住鼠标左键对该形状进行变形，如图6.204所示。

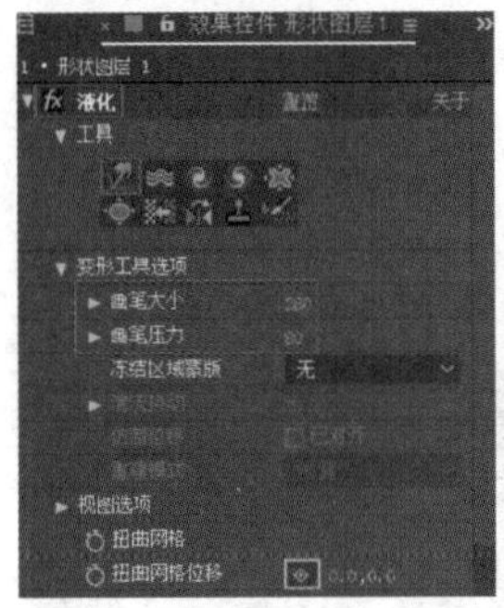

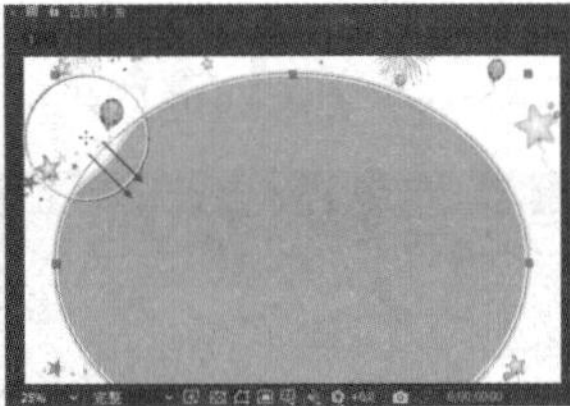

图 6.203　图 6.204

步骤 05 继续变形椭圆形状的边缘，在操作时可适当在【效果控件】面板中更改【画笔大小】及【画笔压力】。椭圆形状最终效果如图6.205所示。

步骤 06 在工具栏中选择（圆角矩形工具），设置【填充】为粉色，【描边】为无，接着在画面合适位置按住鼠标左键拖动绘制一个圆角矩形形状，如图6.206所示。

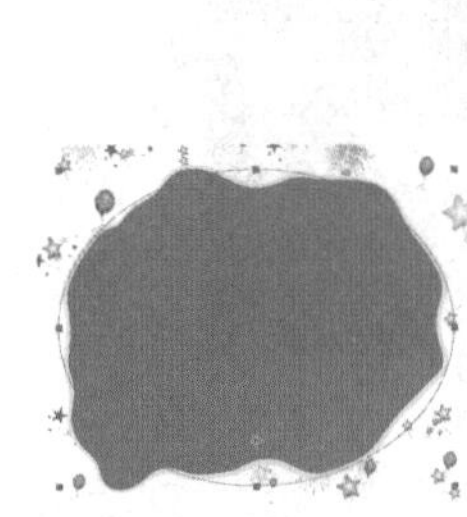

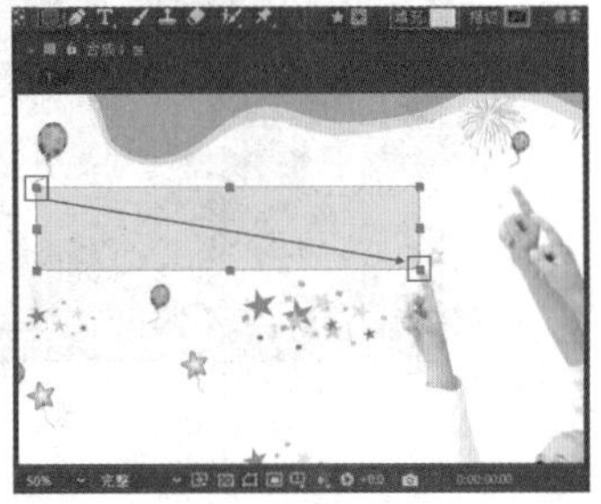

图 6.205　图 6.206

步骤 07 在【效果和预设】面板搜索框中搜索【液化】，将该效果拖曳到【时间轴】面板的【形状图层2】上，如图6.207所示。

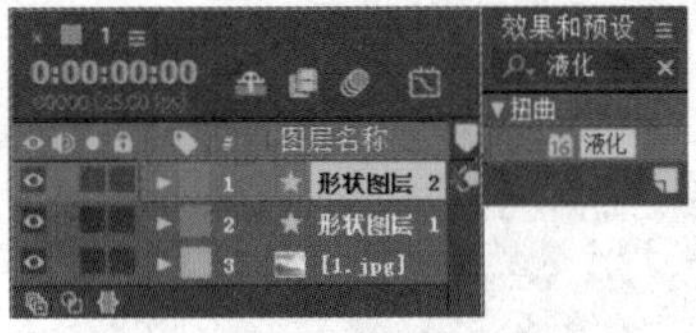

图 6.207

步骤 08 在【时间轴】面板中选择【形状图层2】，在【效果控件】面板中打开【液化】效果，使用同样的方法选择 (向前变形工具)，然后打开【变形工具选项】，设置【画笔大小】为64，【画笔压力】为50，接着将光标移动到【合成】面板的圆角矩形附近，按住鼠标左键对该形状进行变形，如图6.208所示。

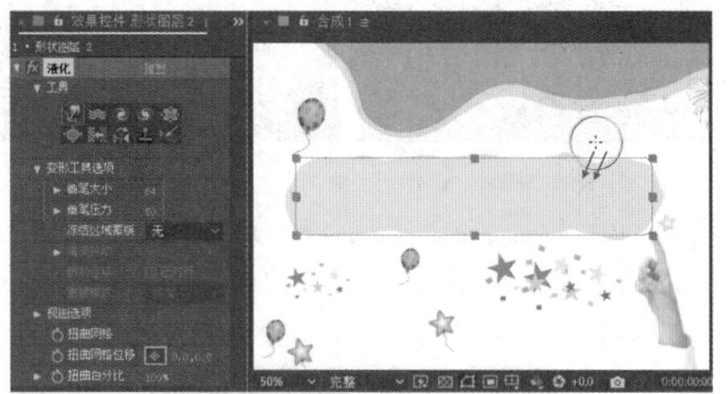

图 6.208

步骤 09 将【项目】面板的2.png文字素材拖曳到【时间轴】面板中，如图6.209所示。

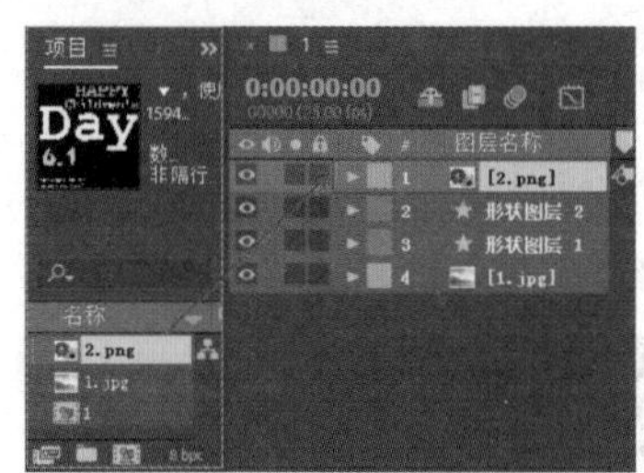

图 6.209

步骤 10 在【时间轴】面板中打开2.png图层下方的【变换】，设置【位置】为(1142.0,1349.0)，【缩放】为(115.0,115.0%)，如图6.210所示。

步骤 11 本实例制作完成，画面效果如图6.211所示。

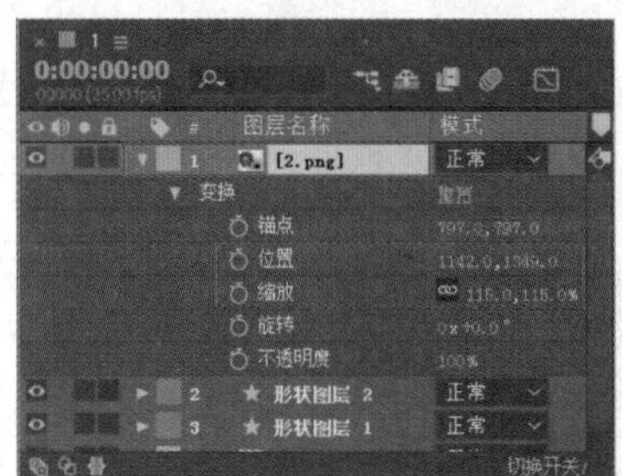

图 6.210

图 6.211

实例6.12：使用【波形变形】效果制作电商宣传广告

文件路径：第6章 常用视频效果→实例：使用【波形变形】效果制作电商宣传广告

扫一扫，看视频

本实例使用【波形变形】及【分形】效果将文字变形，然后使用【图层样式】制作投影和描边效果。效果如图6.212所示。

图 6.212

步骤 01 在【项目】面板中右击，选择【新建合成】命令，在弹出的【合成设置】窗口中设置【合成名称】为1，【预设】为【自定义】，【宽度】为2000，【高度】为1125，【像素长宽比】为【方形像素】，【帧速率】为25，【分辨率】为【完整】，【持续时间】为5秒。执行【文件】/【导入】/【文件】命令，在弹出的【导入文件】窗口中导入全部素材文件。在【项目】面板中将1.jpg素材文件拖曳到【时间轴】面板中，如图6.213所示。

图 6.213

步骤 02 制作文字。在【时间轴】面板的空白位置处右击，执行【新建】/【文本】命令，如图6.214所示。在【字符】面板中设置合适的【字体系列】，【填充】为白色，【描边】为白色，【字体大小】为125像素，【描边宽度】为8像素，在【段落】面板中选择 (居中对齐文本)，设置完成后输入文字REFRESHING，如图6.215所示。

步骤 03 选择字母E，在【字符】面板中设置【字体大小】为90像素，如图6.216所示。接着选择字母F，设置【字体大小】为177像素，如图6.217所示。

图 6.214

图 6.215

图 6.216

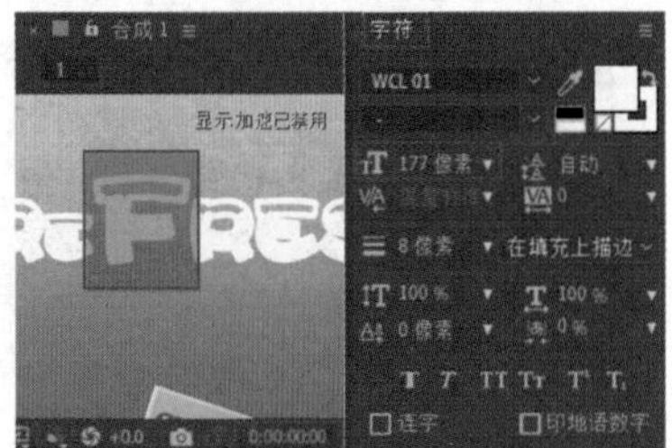

图 6.217

步骤 04 使用同样的方法更改字母I的【字体大小】为177像素，字母N的【字体大小】为90像素。此时，画面效果如图6.218所示。

图 6.218

步骤 05 在【时间轴】面板中选择文本图层，单击打开该图层下方的【变换】，设置【位置】为(936.0,674.0)，如图6.219所示。此时，画面效果如图6.220所示。

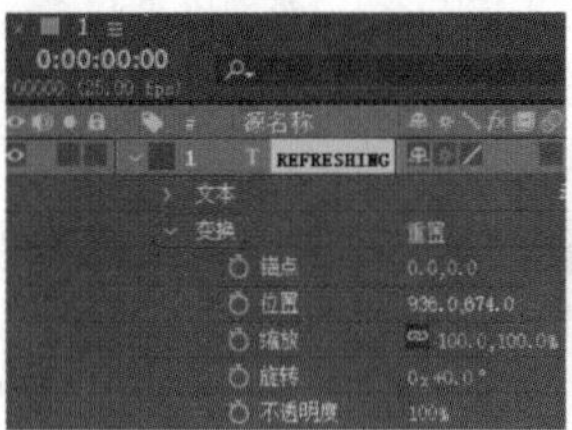

图 6.219

图 6.220

步骤 06 在【效果和预设】面板搜索框中搜索【波形变形】，将该效果拖曳到【时间轴】面板的文本图层上，如图6.221所示。

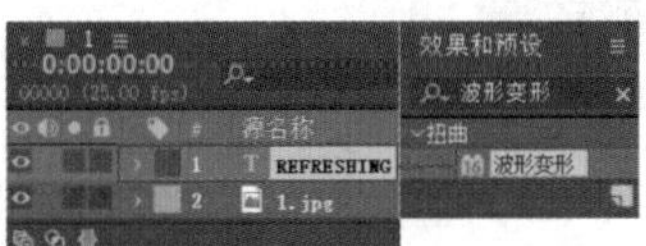

图 6.221

步骤 07 在【时间轴】面板中单击打开文本图层下方的【效果】/【波形变形】，设置【波形宽度】为55，【方向】为0x+130.0°，【波形速度】为0.0，如图6.222所示。此时，画面效果如图6.223所示。

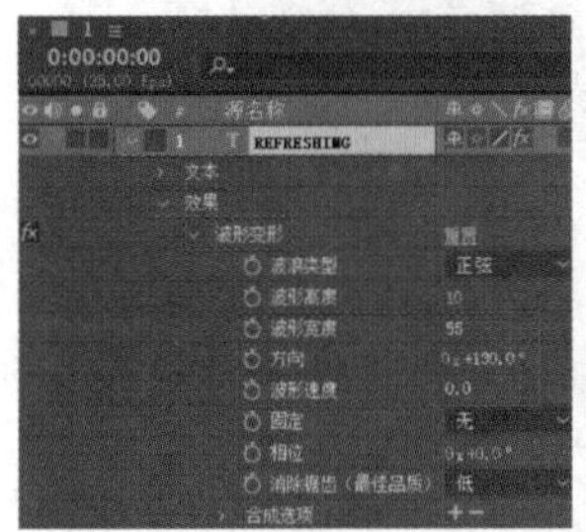

图 6.222

图 6.223

步骤 08 在【效果和预设】面板搜索框中搜索【分形】，将该效果拖曳到【时间轴】面板的文本图层上，如图6.224所示。

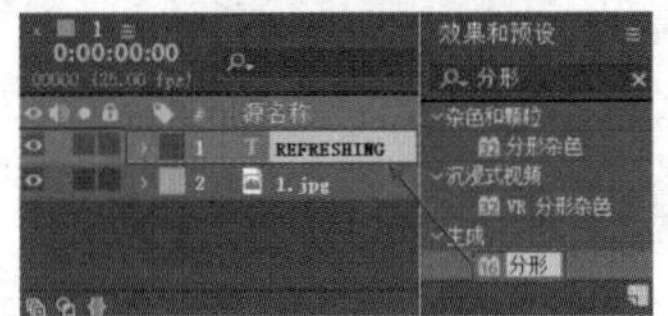

图 6.224

步骤 09 在【时间轴】面板中单击打开文本图层下方的【效果】/【分形】，设置【设置选项】为【曼德布罗特在朱莉娅上】，展开【朱莉娅】，设置【X（真实的）】为1.63000000，展开【颜色】，设置【叠加】为【开】，【循环步骤】为30，【循环位移】为0x+67.0°，如图6.225所示。此时，画面效果如图6.226所示。

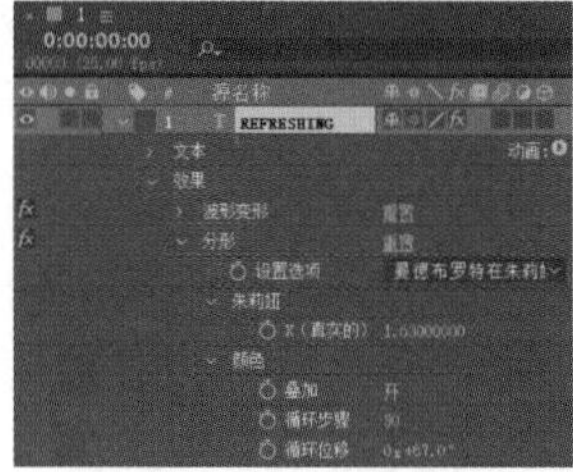
图 6.225

图 6.226

步骤 10 为文字添加投影效果。在【时间轴】面板中单击选择文本图层，右击，在弹出的快捷菜单中执行【图层样式】/【投影】命令。单击打开文本图层下方的【图层样式】/【投影】，设置【不透明度】为35%，【距离】为30.0，【扩展】为30.0%，如图6.227所示。此时，文字效果如图6.228所示。

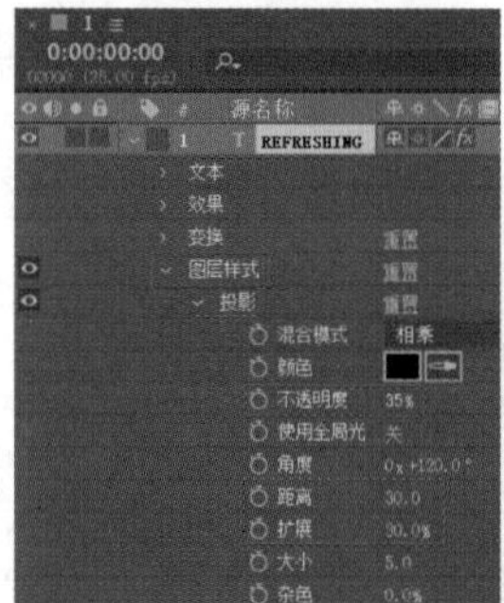
图 6.227

图 6.228

步骤 11 在【时间轴】面板中单击选择文本图层，右击，在弹出的快捷菜单中执行【图层样式】/【描边】命令。单击打开文本图层下方的【图层样式】/【描边】，设置【颜色】为蓝紫色，【大小】为16.0，如图6.229所示。

步骤 12 本实例制作完成，最终效果如图6.230所示。

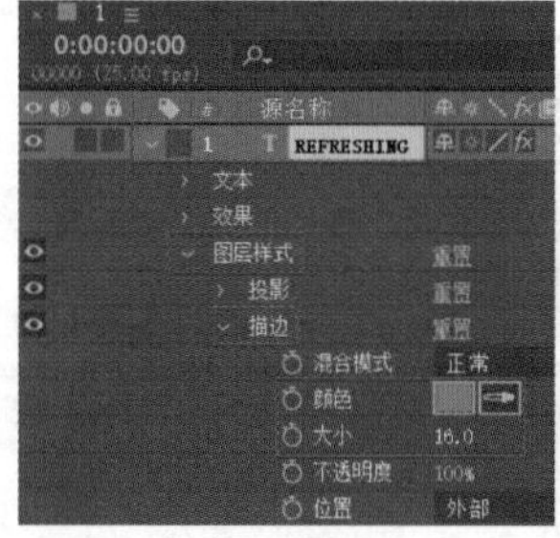
图 6.229

图 6.230

重点 6.9 生成

【生成】效果组可以使图像生成如闪电、镜头光晕等常见效果，还可以对图像进行颜色填充、渐变填充、滴管填充等，其中包括【圆形】【分形】【椭圆】【吸管填充】【镜头光晕】、CC Glue Gun、CC Light Burst 2.5、CC Light Rays、CC Light Sweep、CC Threads、【光束】【填充】【网格】【单元格图案】【写入】【勾画】【四色渐变】【描边】【无线电波】【梯度渐变】【棋盘】【油漆桶】【涂写】【音频波形】【音频频谱】【高级闪电】，如图6.231所示。

图 6.231

- 圆形：该效果可以创建一个环形圆或实心圆。为素材添加该效果的前后对比如图6.232所示。

（a）未使用该效果　　（b）使用该效果

图 6.232

- 分形：该效果可以生成以数学方式计算的分形图像。为素材添加该效果的前后对比如图6.233所示。
- 椭圆：该效果可以制作具有内部颜色和外部颜色的椭圆效果。为素材添加该效果的前后对比如图6.234所示。

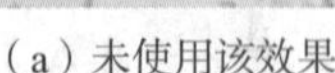
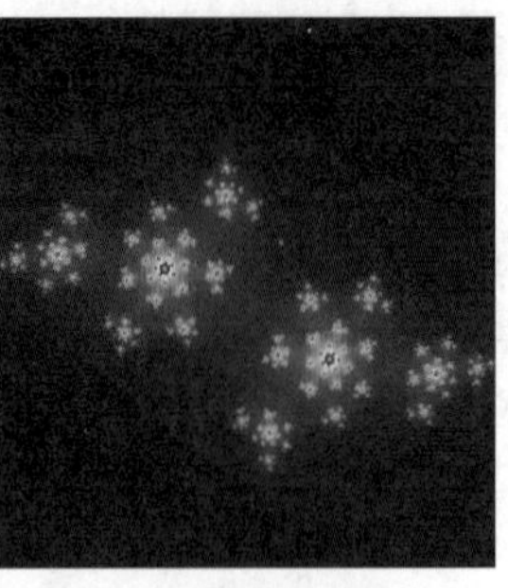

（a）未使用该效果　　（b）使用该效果

图 6.233

（a）未使用该效果　　（b）使用该效果

图 6.234

- 吸管填充：该效果可以使用图层样本颜色对图层着色。为素材添加该效果的前后对比如图6.235所示。

（a）未使用该效果　　（b）使用该效果

图 6.235

- 镜头光晕：该效果可以生成镜头光晕效果，常用于制作日光光晕。为素材添加该效果的前后对比如图6.236所示。

（a）未使用该效果　　（b）使用该效果

图 6.236

- CC Glue Gun（CC喷胶枪）：该效果可以使图像产生胶水喷射弧度效果。为素材添加该效果的前后对比如图6.237所示。

（a）未使用该效果　　（b）使用该效果

图 6.237

- CC Light Burst 2.5（CC突发光2.5）：该效果可以使图像产生光线爆裂的透视效果。为素材添加该效果的前后对比如图6.238所示。

（a）未使用该效果　　（b）使用该效果

图 6.238

- CC Light Rays（CC光线）：该效果可以通过图像上的不同颜色映射出不同颜色的光芒。为素材添加该效果的前后对比如图6.239所示。

（a）未使用该效果　　（b）使用该效果

图 6.239

- CC Light Sweep（CC扫光）：该效果可以使图像以某点为中心，像素向一边以擦除的方式运动，使其产生扫光的效果。为素材添加该效果的前后对比如图6.240所示。

（a）未使用该效果　　（b）使用该效果

图 6.240

- CC Threads（CC线）：该效果可以使图像产生带有纹理的编织交叉效果。为素材添加该效果的前后对比如图6.241所示。

（a）未使用该效果

（b）使用该效果

图6.241

- 光束：该效果可以模拟激光光束效果。为素材添加该效果的前后对比如图6.242所示。

（a）未使用该效果

（b）使用该效果

图6.242

- 填充：该效果可以为图像填充指定颜色。为素材添加该效果的前后对比如图6.243所示。

（a）未使用该效果

（b）使用该效果

图6.243

- 网格：该效果可以在图像上创建网格。为素材添加该效果的前后对比如图6.244所示。

（a）未使用该效果

（b）使用该效果

图6.244

- 单元格图案：该效果可以根据单元格杂色生成单元格图案。为素材添加该效果的前后对比如图6.245所示。

（a）未使用该效果

（b）使用该效果

图6.245

- 写入：该效果可以将描边描绘到图像上。
- 勾画：该效果可以在对象周围产生航行灯和其他基于路径的脉冲动画。为素材添加该效果的前后对比如图6.246所示。

（a）未使用该效果

（b）使用该效果

图6.246

- 四色渐变：该效果可以为图像添加4种混合色点的渐变颜色。为素材添加该效果的前后对比如图6.247所示。

（a）未使用该效果　　（b）使用该效果

图6.247

- 描边：该效果可以对蒙版轮廓进行描边。为素材添加该效果的前后对比如图6.248所示。
- 无线电波：该效果可以使图像生成辐射波效果。为素材添加该效果的前后对比如图6.249所示。
- 梯度渐变：该效果可以创建两种颜色的渐变。为素材添加该效果的前后对比如图6.250所示。

（a）未使用该效果　　（b）使用该效果

图 6.248

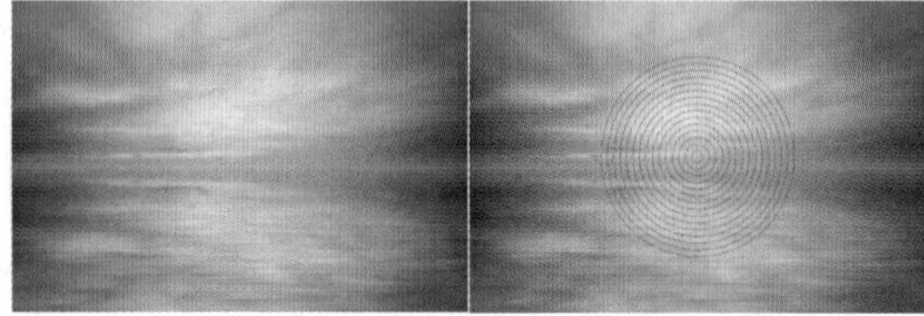

（a）未使用该效果　　（b）使用该效果

图 6.249

（a）未使用该效果　　（b）使用该效果

图 6.250

- 棋盘：该效果可以创建棋盘图案，其中一半棋盘图案是透明的。为素材添加该效果的前后对比如图6.251所示。

（a）未使用该效果　　（b）使用该效果

图 6.251

- 油漆桶：该效果常用于为卡通轮廓的绘图着色，或替换图像中的颜色区域部分。为素材添加该效果的前后对比如图6.252所示。
- 涂写：该效果可以涂写蒙版。
- 音频波形：该效果可以显示音频层波形。为素材添加该效果的前后对比如图6.253所示。

（a）未使用该效果　　（b）使用该效果

图 6.252

（a）未使用该效果　　（b）使用该效果

图 6.253

- 音频频谱：该效果可以显示音频层的频谱。为素材添加该效果的前后对比如图6.254所示。

（a）未使用该效果　　（b）使用该效果

图 6.254

- 高级闪电：该效果可以为图像创建丰富的闪电效果。为素材添加该效果的前后对比如图6.255所示。

（a）未使用该效果　　（b）使用该效果

图 6.255

实例6.13：使用【四色渐变】效果制作人像广告

扫一扫，看视频

文件路径：第6章 常用视频效果→实例：使用【四色渐变】效果制作人像广告

本实例主要使用【四色渐变】效果改变画面颜色，并在图片上方输入文字内容，制作出好看的人像广告。效果如图6.256所示。

图 6.256

步骤 01 在【项目】面板中右击，选择【新建合成】命令，在弹出的【合成设置】窗口中设置【合成名称】为【合成1】，【预设】为【自定义】，【宽度】为1440，【高度】为1080，【像素长宽比】为【方形像素】，【帧速率】为25，【分辨率】为【完整】，【持续时间】为7秒。执行【文件】/【导入】/【文件】命令，导入1.jpg素材文件。在【项目】面板中选择1.jpg素材文件，将它拖曳到【时间轴】面板中，如图6.257所示。

图 6.257

步骤 02 在【时间轴】面板中打开1.jpg图层下方的【变换】，设置【缩放】为(45.0,45.0%)，如图6.258所示。此时，画面如图6.259所示。

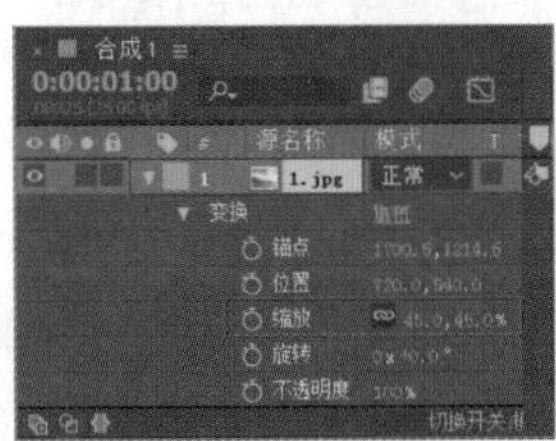

图 6.258

图 6.259

步骤 03 在【效果和预设】面板搜索框中搜索【四色渐变】，将该效果拖曳到【时间轴】面板的1.jpg图层上，如图6.260所示。

图 6.260

步骤 04 在【时间轴】面板中选择1.jpg图层，接着在【效果控件】面板中打开【四色渐变】/【位置和颜色】，设置【颜色1】为橘红色，【颜色2】为蓝色，【颜色3】为棕色，【颜色4】为中黄色，接着设置【不透明度】为75.0%，【混合模式】为【柔光】，如图6.261所示。此时，画面效果如图6.262所示。

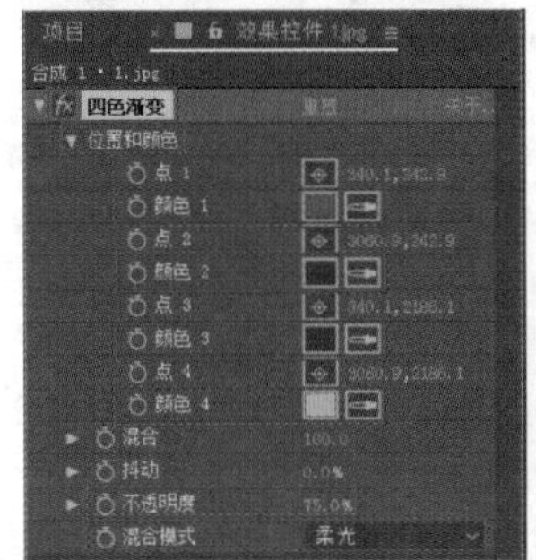

图 6.261

图 6.262

步骤 05 制作文字部分。在【时间轴】面板的空白位置处右击，执行【新建】/【文本】命令，如图6.263所示。在【字符】面板中设置合适的【字体系列】，设置【填充】为白色，【描边】为无，【字体大小】为138像素，在【段落】面板中选择 (左对齐文本)，设置完成后在画面中心位置输入文字TENDER FEELINGS，如图6.264所示。

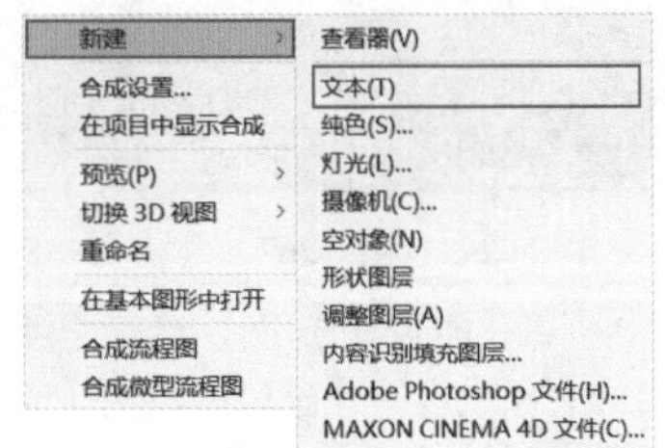

图 6.263

步骤 06 在【时间轴】面板中打开当前文本图层下方的【变换】，设置【位置】为(135.0,562.0)，如图6.265所示。此时，画面最终效果如图6.266所示。

图 6.264

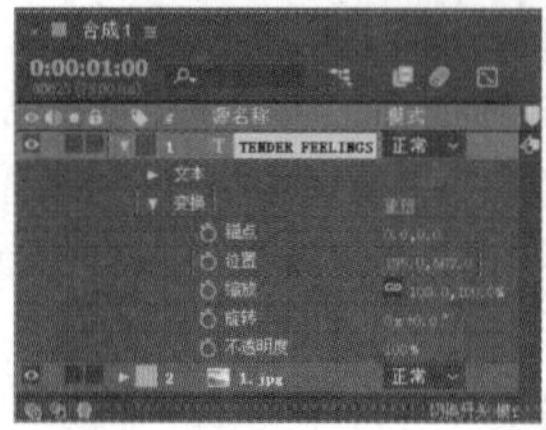

图 6.265

图 6.266

实例6.14：使用【高级闪电】效果模拟真实闪电

扫一扫，看视频

文件路径：第6章 常用视频效果→实例：使用【高级闪电】效果模拟真实闪电

本实例主要通过使用【高级闪电】效果，调整【闪电类型】及其位置等参数从而制作出真实的闪电画面。效果如图6.267所示。

图 6.267

步骤 01 在【项目】面板中右击，选择【新建合成】命令，在弹出的【合成设置】窗口中设置【合成名称】为【合成1】，【预设】为【自定义】，【宽度】为960，【高度】为720，【像素长宽比】为【方形像素】，【帧速率】为25，【分辨率】为【完整】，【持续时间】为5秒。执行【文件】/【导入】/【文件】命令，导入1.jpg素材文件。将【项目】面板中的1.jpg素材文件拖曳到【时间轴】面板中，如图6.268所示。

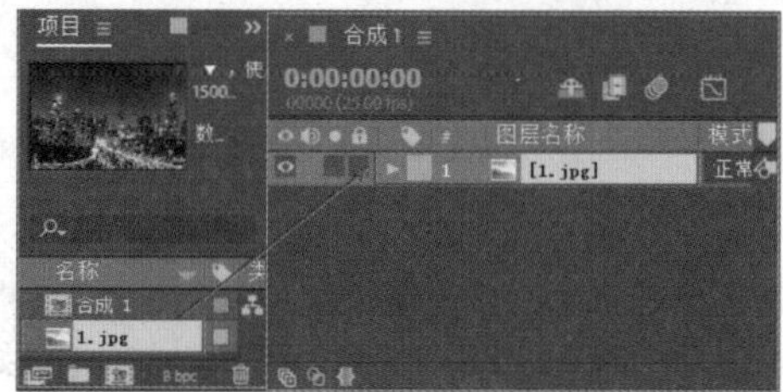

图 6.268

步骤 02 在【时间轴】面板中单击打开1.jpg图层下方的【变换】，设置【缩放】为(73.0,73.0%)，如图6.269所示。此时，画面如图6.270所示。

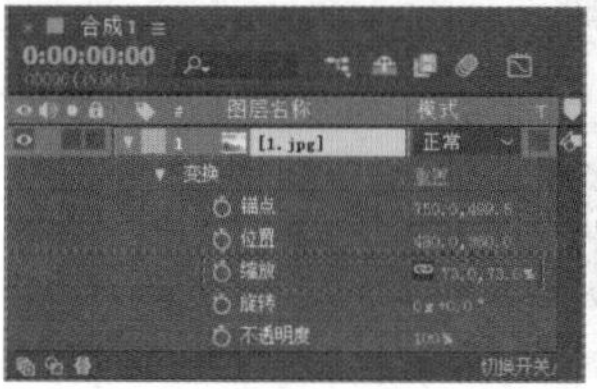

图 6.269

图 6.270

步骤 03 在【时间轴】面板的空白位置处右击，执行【新建】/【纯色】命令，在弹出的【纯色设置】窗口中设置【名称】为【黑色 纯色 1】，【颜色】为黑色，如图6.271所示。

步骤 04 在【效果和预设】面板搜索框中搜索【高级闪电】，将该效果拖曳到【时间轴】面板的【黑色 纯色 1】图层上，如图6.272所示。

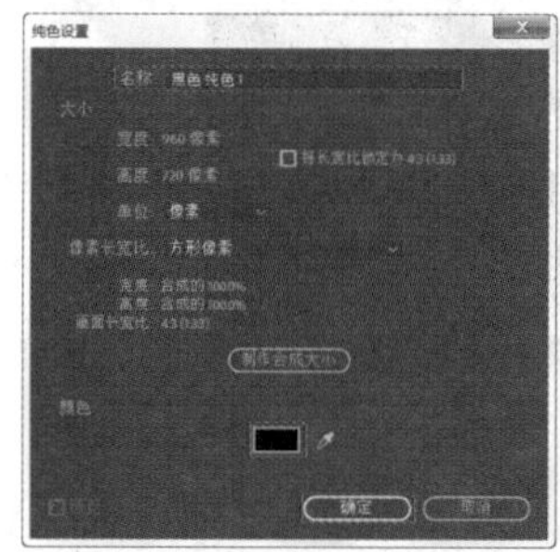

图 6.271

图 6.272

步骤 05 选择【时间轴】面板的【黑色 纯色 1】图层，接着在【效果控件】面板中打开【高级闪电】效果，设置【闪电类型】为【击打】，【源点】为(443.0,-10.0)，【方向】为(207.0,370.0)，勾选【主核心衰减】复选框，如图6.273所示。此时，画面效果如图6.274所示。

步骤 06 继续使用同样的方法再次在天空中制作一条闪电。首先创建固态图层。在【时间轴】面板的空白位置处右击，执行【新建】/【纯色】命令，在弹出的【纯色设置】窗口中设置【名称】为【黑色 纯色 2】,【颜色】为黑色，如图6.275所示。

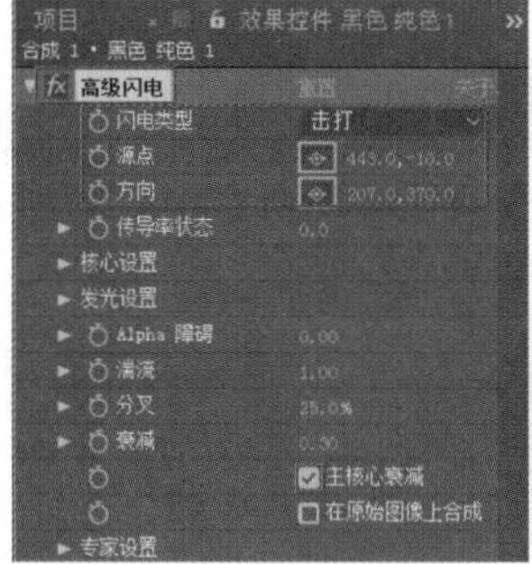

图 6.273

图 6.274

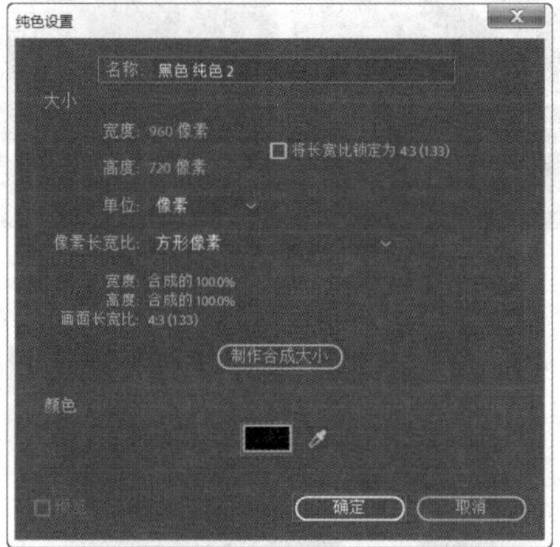

图 6.275

步骤 07 在【效果和预设】面板搜索框中搜索【高级闪电】，将该效果拖曳到【时间轴】面板的【黑色 纯色 2】图层上，如图6.276所示。

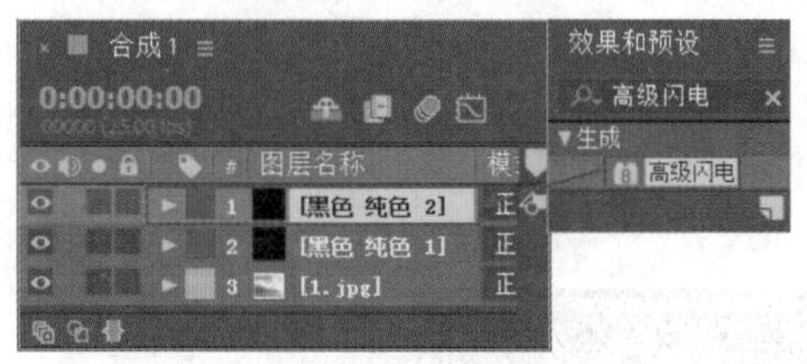

图 6.276

步骤 08 选择【时间轴】面板的【黑色 纯色 2】图层，接着在【效果控件】面板中打开【高级闪电】效果，设置【闪电类型】为【全方位】,【源点】为(617.0,-2.0),【外径】为(666.0,428.0)，如图6.277所示。此时，天空中的闪电制作完成，画面效果如图6.278所示。

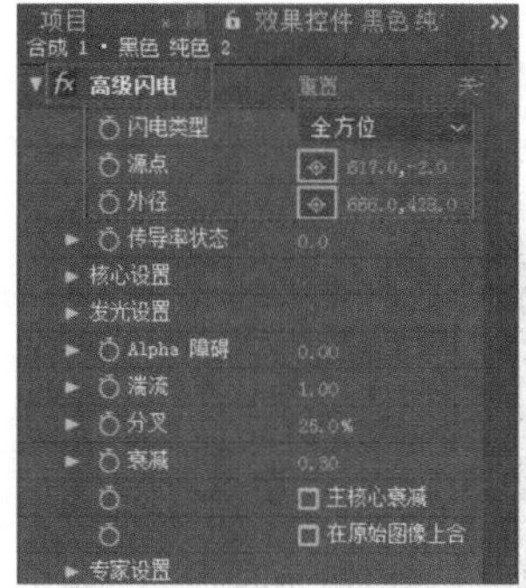

图 6.277

图 6.278

综合实例：不同色彩变换形成流动的光

文件路径：第6章 常用视频效果→综合实例：不同色彩变换形成流动的光

扫一扫，看视频

本实例使用【分形杂色】效果、【贝塞尔曲线变形】效果、【色相/饱和度】效果以及【发光】效果制作多彩的流动光线，使用【镜头光晕】效果制作光斑效果，最后使用【摄像机】制作三维感画面。效果如图6.279所示。

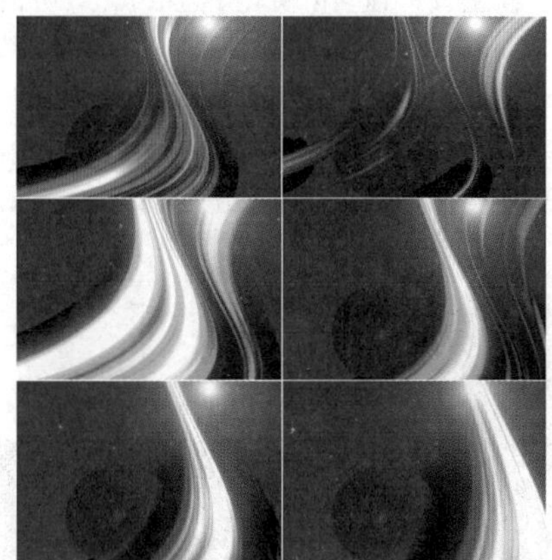

图 6.279

步骤 01 在【项目】面板中右击，选择【新建合成】命令，在弹出的【合成设置】窗口中设置【合成名称】为【光】,【预设】为NTSC DV,【宽度】为720,【高度】为480,【像素长宽比】为D1/DV NTSC (0.91),【帧速率】为29.97,【分辨率】为【完整】,【持续时间】为1分3秒13帧。接着在【时间轴】面板的空白位置处右击，执行【新建】/【纯色】命令。此时，在弹出的【纯色设置】窗口中设置【名称】为【流动的光】,【颜色】为黑色，如图6.280所示。

步骤 02 在【效果和预设】面板搜索框中搜索【分形杂色】，将该效果拖曳到【时间轴】面板的纯色图层上，如图6.281所示。

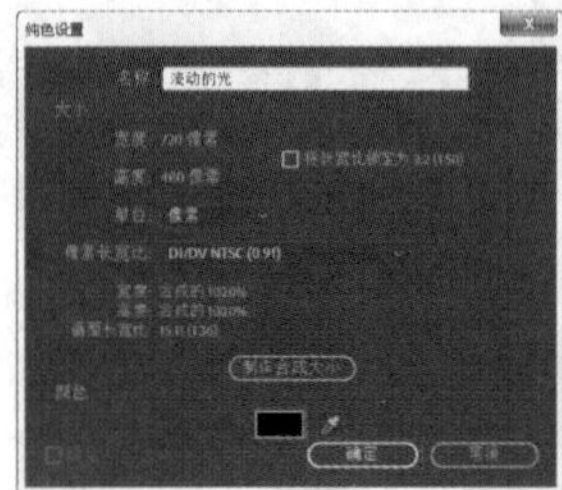

图 6.280

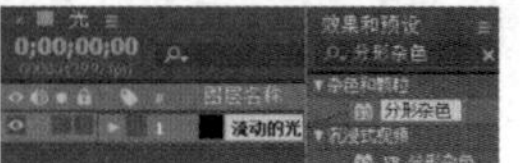

图 6.281

步骤 03 在【时间轴】面板中选择【流动的光】图层，打开该图层下方的【效果】/【分形杂色】，设置【分形类型】为【动态】，【杂色类型】为【线性】，【对比度】为560.0，【亮度】为-85.0，【溢出】为【剪切】。接下来展开【变换】，设置【统一缩放】为【关】，【缩放宽度】为50.0，【缩放高度】为2000.0。将时间线拖动到起始帧位置，单击【演化】前的⏱(时间变化秒表)按钮，开启自动关键帧，设置【演化】为0x+0.0°；继续将时间线拖动到28秒24帧位置，设置【演化】为6x+0.0°，如图6.282所示。接着开启该图层的3D图层，并设置【模式】为【屏幕】。下面单击打开【变换】属性，设置【位置】为(399.0,250.0,50.0)，单击取消【缩放】后方(约束比例)按钮，设置【缩放】为(105.0,120.5,105.0%)，如图6.283所示。

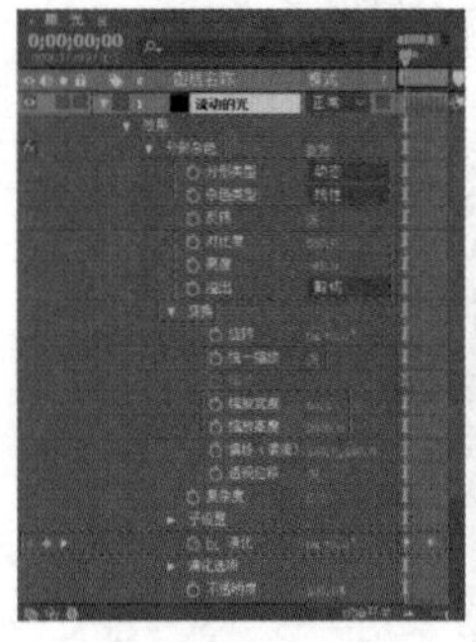

图 6.282

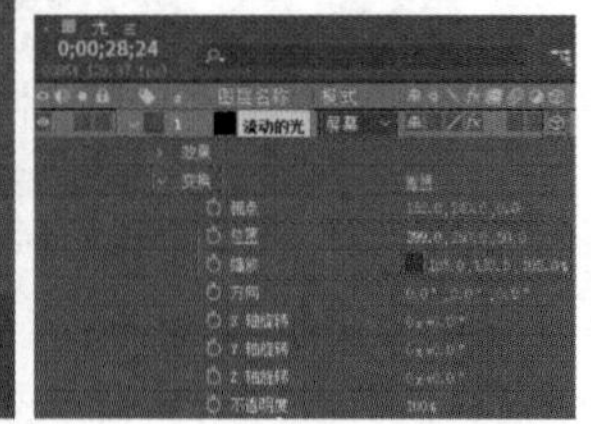

图 6.283

步骤 04 在【效果和预设】面板搜索框中搜索【贝塞尔曲线变形】，将该效果拖曳到【时间轴】面板的纯色图层上，如图6.284所示。

步骤 05 单击打开该图层下方的【效果】/【贝塞尔曲线变形】，设置【上左顶点】为(40.0,0.0)，【右上顶点】为(500.0,4.0)，【右上切点】为(129.0,191.0)，【右下切点】为(514.0,323.0)，【左下顶点】为(-674.0,406.0)，【左上切点】为(99.4,149.8)，【品质】为10，如图6.285所示。此时，画面效果如图6.286所示。

图 6.284

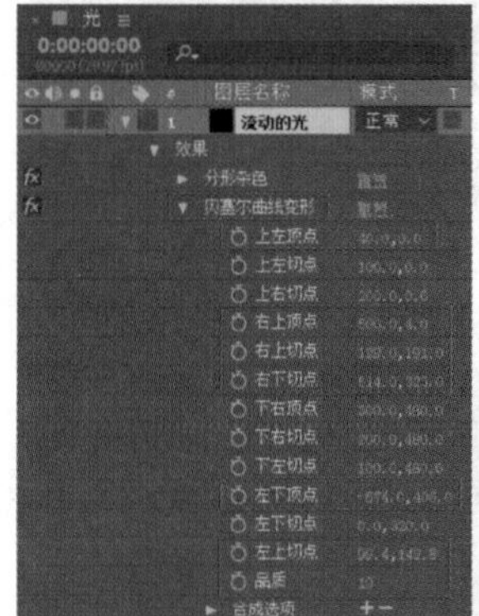

图 6.285

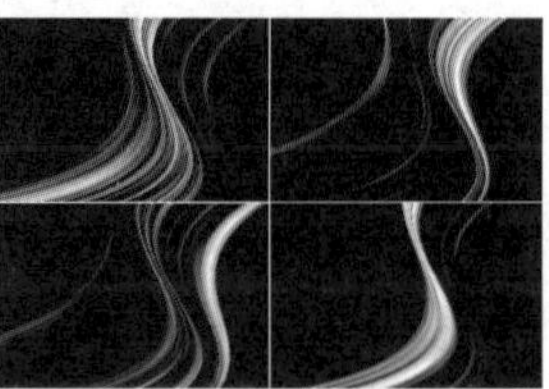

图 6.286

步骤 06 继续在【效果和预设】面板搜索框中搜索【色相/饱和度】，将该效果同样拖曳到【时间轴】面板的纯色图层上，如图6.287所示。

图 6.287

步骤 07 单击打开该图层下方的【效果】/【色相/饱和度】，设置【彩色化】为【开】，将时间线拖动到起始帧位置，单击【着色色相】前的⏱(时间变化秒表)按钮，开启自动关键帧，设置【着色色相】为0x+0.0°；继续将时间线拖动到41秒21帧位置，设置【着色色相】为0x+233.0°，接着设置【着色饱和度】为80，如图6.288所示。此时，光束显示颜色变化，如图6.289所示。

图 6.288

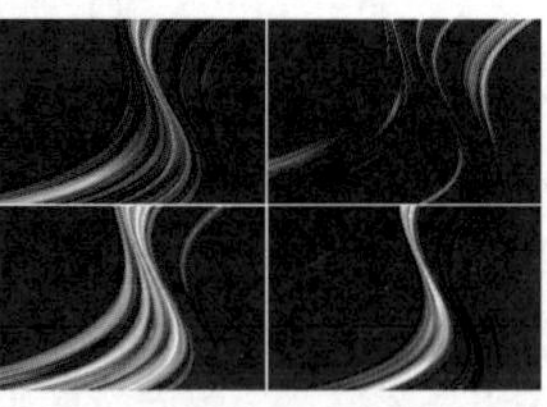

图 6.289

步骤 08 在【效果和预设】面板搜索框中搜索【发光】，将该效果同样拖曳到【时间轴】面板的纯色图层上，如图6.290所示。

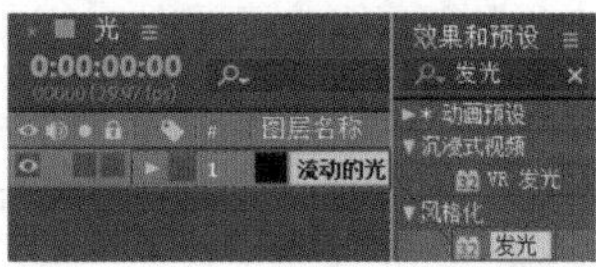

图 6.290

步骤 09 单击打开该图层下方的【效果】/【发光】，设置【发光半径】为50.0，【颜色B】为红色，如图6.291所示。此时，拖动时间线查看画面效果，如图6.292所示。

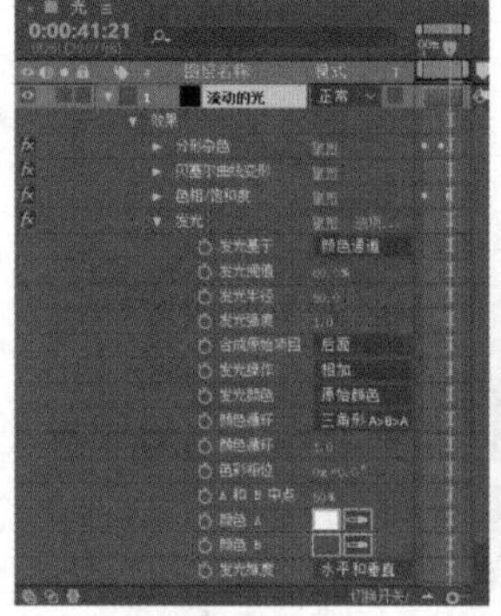

图 6.291

图 6.292

步骤 10 使用快捷键Ctrl+Y再次新建一个黑色的纯色图层，然后在【效果和预设】面板搜索框中搜索【镜头光晕】，将该效果拖曳到【时间轴】面板的【黑色 纯色 1】图层上，如图6.293所示。

图 6.293

步骤 11 单击打开【黑色 纯色 1】图层下方的【效果】/【镜头光晕】，设置【镜头类型】为【105毫米定焦】，【光晕中心】为(521.0,20.0)，设置该图层的【模式】为【屏幕】，如图6.294所示。拖动时间线查看画面效果，如图6.295所示。

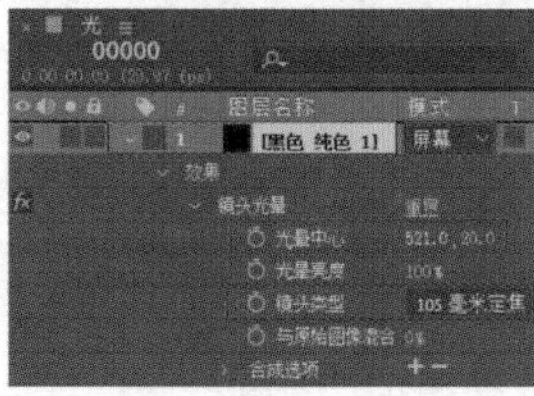

图 6.294

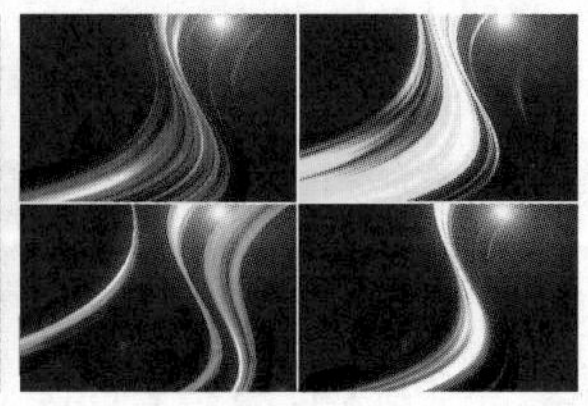

图 6.295

步骤 12 在【时间轴】面板的空白位置处右击，执行【新建】/【摄像机】命令，如图6.296所示。在弹出的【摄像机设置】窗口中单击【确定】按钮，如图6.297所示。

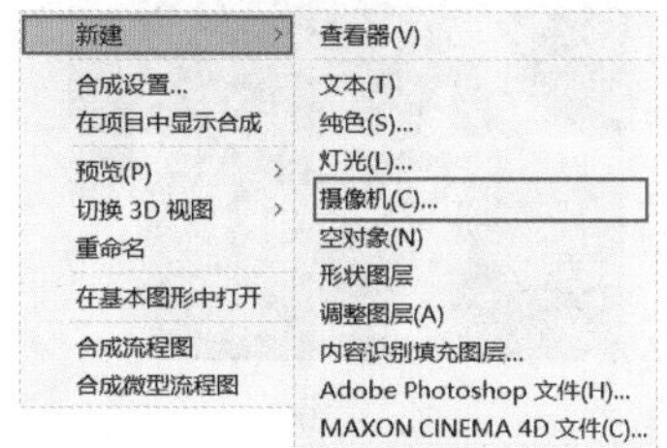

图 6.296

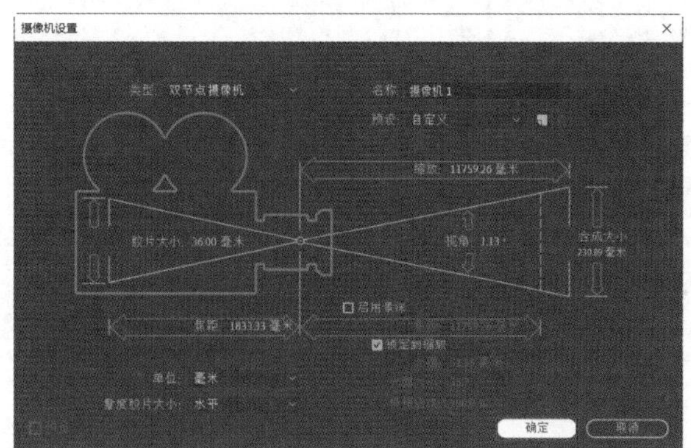

图 6.297

步骤 13 单击打开【摄像机1】图层下方的【变换】属性，将时间线拖动到起始帧处，单击【位置】前的 (时间变化秒表)按钮，设置【位置】为(360.0,240.0,-1905.8)；继续将时间线拖动到结束帧处，设置【位置】为(360,240,-547.8)，如图6.298所示。接着单击打开【摄像机选项】，设置【缩放】和【焦距】均为1905.8像素，【光圈】为33.9像素，如图6.299所示。

图 6.298

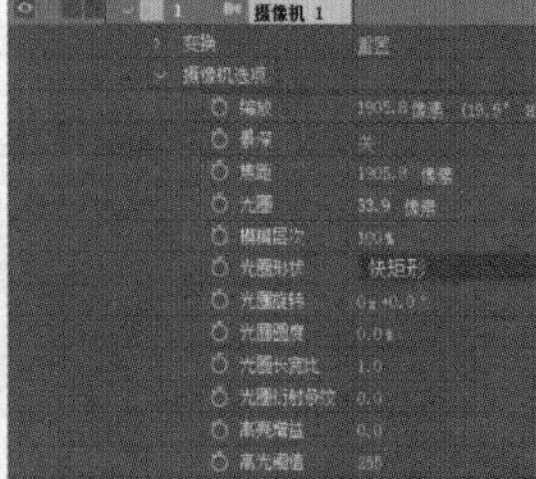

图 6.299

步骤 14 此时，拖动时间线查看制作的流光效果，如图6.300所示。

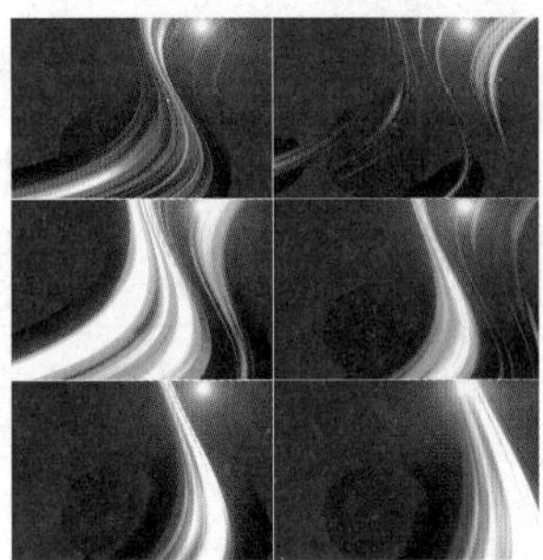

图 6.300

6.10 时间

【时间】效果组可以控制素材时间特性，并以当前素材的时间作为基准进行进一步的编辑和更改，其中包括CC Force Motion Blur、CC Wide Time、【色调分离时间】【像素运动模糊】【时差】【时间扭曲】【时间置换】【残影】，如图6.301所示。

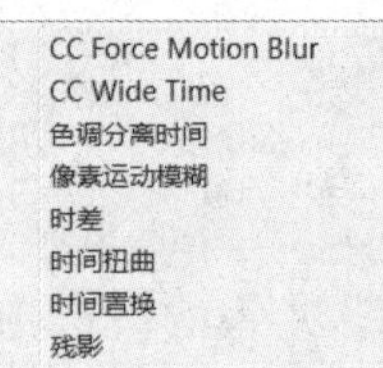

图 6.301

- CC Force Motion Blur（CC强制动态模糊）：该效果可以使图像产生运动模糊混合图层的中间帧。
- CC Wide Time（CC时间工具）：该效果可以设置图像前方、后方的重复数量，进而使图像产生重复效果。
- 色调分离时间：该效果可以在图层上应用特定帧速率。
- 像素运动模糊：该效果可以基于像素运动引入运动模糊。
- 时差：该效果可以计算两个图层之间的像素差值。为素材添加该效果的前后对比如图6.302所示。

（a）未使用该效果

（b）使用该效果

图 6.302

- 时间扭曲：该效果可以将运动估计重新定时为慢运动、快运动以及添加运动模糊。
- 时间置换：该效果可以使用其他图层置换当前图层像素的时间。
- 残影：该效果可以混合不同的时间帧。为素材添加该效果的前后对比如图6.303所示。

（a）未使用该效果

（b）使用该效果

图 6.303

实例6.15：使用【残影】效果增强画面曝光度

扫一扫，看视频

文件路径：第6章 常用视频效果→实例：使用【残影】效果增强画面曝光度

本实例使用【残影】效果调整画面曝光度，对比效果如图6.304所示。

图 6.304

步骤 01 在【项目】面板中右击，选择【新建合成】命令，在弹出的【合成设置】窗口中设置【合成名称】为1，【预设】为【自定义】，【宽度】为2048，【高度】为1366，【像素长宽比】为【方形像素】，【帧速率】为24，【分辨率】为【完整】，【持续时间】为5秒。执行【文件】/【导入】/【文件】命令，导入1.jpg素材文件。在【项目】面板中将1.jpg素材文件拖曳到【时间轴】面板中，如图6.305所示。

图 6.305

步骤 02 在【效果和预设】面板搜索框中搜索【残影】，将该效果拖曳到【时间轴】面板的1.jpg图层上，如图6.306所示。

步骤 03 在【时间轴】面板中单击打开1.jpg图层下方

的【效果】/【残影】，设置【起始强度】为0.70，【衰减】为1.20，如图6.307所示。此时，画面前后对比效果如图6.308所示。

图 6.306　　图 6.307

（a）

（b）

图 6.308

选项解读：【残影】重点参数速查。

- 残影时间（秒）：设置延时图像的产生时间，以秒为单位，正值为之后出现，负值为之前出现。
- 残影数量：设置延续画面的数量。
- 起始强度：设置延续画面开始的强度。
- 衰减：设置延续画面的衰减程度。
- 残影运算符：设置重影后续效果的叠加模式。

6.11 实用工具

【实用工具】效果组可以调整图像颜色的输出和输入设置，其中包括【范围扩散】、CC Overbrights、【Cineon转换器】【HDR压缩扩展器】【HDR高光压缩】【应用颜色LUT】和【颜色配置文件转换器】，如图6.309所示。

范围扩散
CC Overbrights
Cineon 转换器
HDR 压缩扩展器
HDR 高光压缩
应用颜色 LUT
颜色配置文件转换器

图 6.309

- 范围扩散：该效果可以增大紧跟它的效果的图层大小。
- CC Overbrights（CC 亮色）：该效果可以确定在明亮的像素范围内工作。
- Cineon转换器：该效果可以将标准线性应用到对数转换曲线。为素材添加该效果的前后对比如图6.310所示。

（a）未使用该效果

（b）使用该效果

图 6.310

- HDR压缩扩展器：当接受为了高动态范围而损失值的一些精度时，才应使用该效果。为素材添加该效果的前后对比如图6.311所示。

（a）未使用该效果

（b）使用该效果

图 6.311

- HDR高光压缩：该效果可以在高动态范围图像中压缩高光值。为素材添加该效果的前后对比如图6.312所示。

（a）未使用该效果

（b）使用该效果

图 6.312

- 应用颜色LUT：该效果可以在弹出的文件夹中选择LUT文件进行编辑。
- 颜色配置文件转换器：该效果可以指定输入和输出的配置文件，将图层从一个颜色空间转换到另一个颜色空间。为素材添加该效果的前后对比如图6.313所示。

（a）未使用该效果　　（b）使用该效果

图 6.313

6.12 透视

【透视】效果组可以为图像制作透视效果，也可以为二维素材添加三维效果，其中包括【3D眼镜】【3D摄像机跟踪器】、CC Cylinder、CC Environment、CC Sphere、CC Spotlight、【径向阴影】【投影】【斜面Alpha】和【边缘斜面】，如图6.314所示。

3D 眼镜
3D 摄像机跟踪器
CC Cylinder
CC Environment
CC Sphere
CC Spotlight
径向阴影
投影
斜面 Alpha
边缘斜面

图 6.314

- 3D眼镜：该效果用于制作3D电影效果，可以将左右两个图层合成为3D立体视图。为素材添加该效果的前后对比如图6.315所示。

（a）未使用该效果　　（b）使用该效果

图 6.315

- 3D摄像机跟踪器：该效果可以从视频中提取3D场景数据。
- CC Cylinder（CC圆柱体）：该效果可以使图像呈圆柱体卷起，形成3D立体效果。为素材添加该效果的前后对比如图6.316所示。
- CC Environment（CC环境）：该效果可以将环境映射到相机视图上。

（a）未使用该效果　　（b）使用该效果

图 6.316

- CC Sphere（CC球体）：该效果可以使图像以球体的形式呈现。为素材添加该效果的前后对比如图6.317所示。

（a）未使用该效果　　（b）使用该效果

图 6.317

- CC Spotlight（CC聚光灯）：该效果可以模拟聚光灯效果。为素材添加该效果的前后对比如图6.318所示。

（a）未使用该效果　　（b）使用该效果

图 6.318

- 径向阴影：该效果可以使图像产生投影效果。为素材添加该效果的前后对比如图6.319所示。

（a）未使用该效果　　（b）使用该效果

图 6.319

- 投影：该效果可以根据图像的Alpha通道为图像绘制阴影效果。为素材添加该效果的前后对比如图6.320所示。

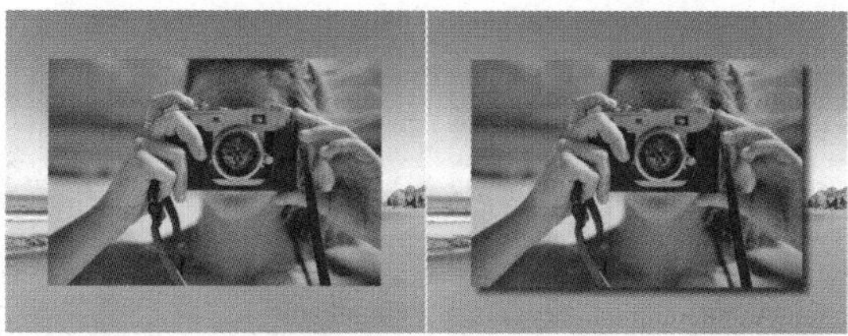

（a）未使用该效果　　（b）使用该效果

图 6.320

- 斜面 Alpha：该效果可以为图层Alpha的边界产生三维厚度的效果。为素材添加该效果的前后对比如图6.321所示。

（a）未使用该效果

（b）使用该效果

图 6.321

- 边缘斜面：该效果可以为图层边缘增添斜面外观效果。为素材添加该效果的前后对比如图6.322所示。

（a）未使用该效果

（b）使用该效果

图 6.322

实例6.16：使用【边缘斜面】效果制作水晶质感

文件路径：第6章 常用视频效果→实例：使用【边缘斜面】效果制作水晶质感

扫一扫，看视频

本实例主要使用CC Vignette效果为画面添加晕影，使用【边缘斜面】效果将图片制作出凸起的相册摆台效果。效果如图6.323所示。

图 6.323

步骤 01 在【项目】面板中右击，选择【新建合成】命令，在弹出的【合成设置】窗口中设置【合成名称】为1，【预设】为【自定义】，【宽度】为1500，【高度】为1006，【像素长宽比】为【方形像素】，【帧速率】为25，【分辨率】为【完整】，【持续时间】为5秒。执行【文件】/【导入】/【文件】命令，导入1.jpg素材文件。在【项目】面板中选择1.jpg素材文件，将它拖曳到【时间轴】面板中，如图6.324所示。

步骤 02 在【效果和预设】面板搜索框中搜索CC Vignette，将该效果拖曳到【时间轴】面板的1.jpg图层上，如图6.325所示。

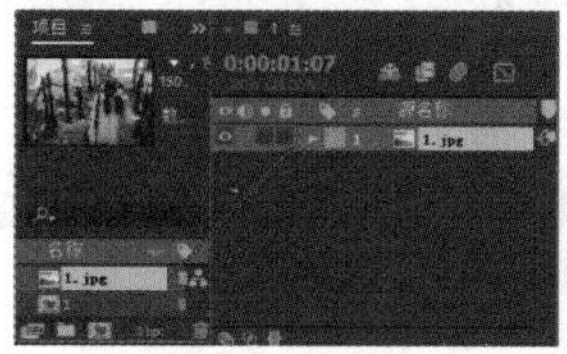

图 6.324

图 6.325

步骤 03 在【时间轴】面板中打开1.jpg图层下方的【效果】/ CC Vignette，设置Amount为 69.0，Angle of View为50.0，如图6.326所示。此时，画面效果如图6.327所示。

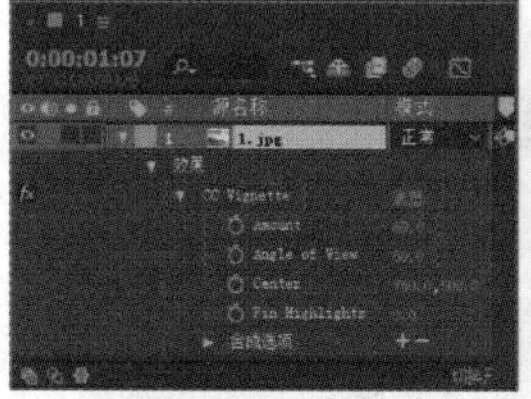

图 6.326

图 6.327

步骤 04 在【效果和预设】面板搜索框中搜索【边缘斜面】，将该效果拖曳到【时间轴】面板的1.jpg图层上，如图6.328所示。

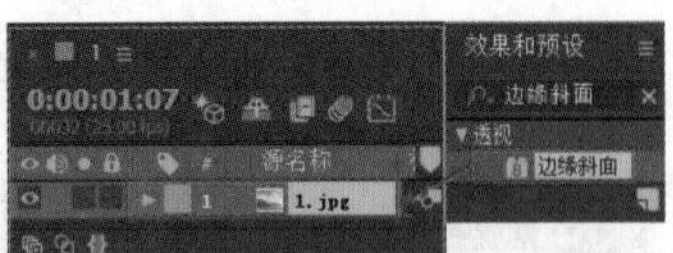

图 6.328

步骤 05 在【时间轴】面板中打开1.jpg图层下方的【效果】/【边缘斜面】，设置【边缘厚度】为0.10，【灯光角度】为0x-50.0°，【灯光强度】为0.50，如图6.329所示。此时，画面效果如图6.330所示。

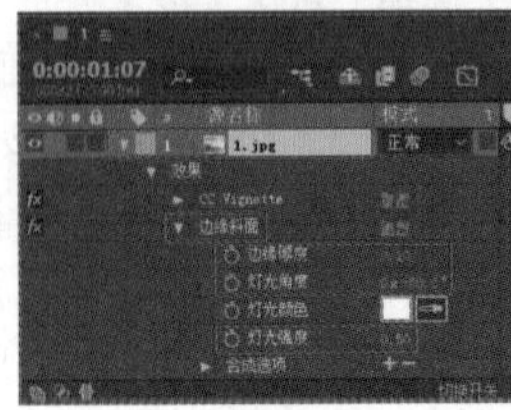

图 6.329

图 6.330

步骤 06 制作文字部分。在【时间轴】面板的空白位置处右击，执行【新建】/【文本】命令，如图6.331所示。在【字符】面板中设置合适的【字体系列】，设置【填充】为无，【描边】为白色，【描边宽度】为3像素，【字体大小】为68像素。接着在【段落】面板中单击（左对齐文本）按钮，设置完成后在画面左上角位置输入文字，当输入完cutest和brave单词时，分别按Enter键将后方文字切换到下一行，如图6.332所示。

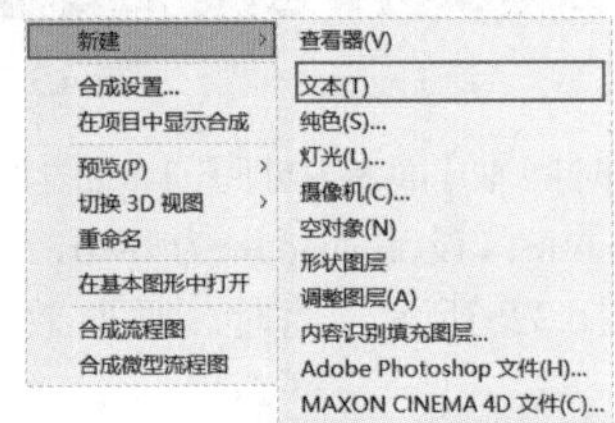

图 6.331

图 6.332

步骤 07 在【时间轴】面板中打开当前文本图层下方的【变换】，设置【位置】为(136.0,196.0)，如图6.333所示。

步骤 08 本实例制作完成，画面最终效果如图6.334所示。

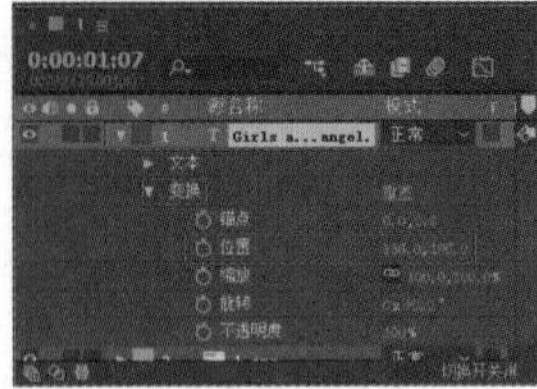

图 6.333

图 6.334

实例6.17：使用【斜面Alpha】效果制作立体金属文字

扫一扫，看视频

文件路径：第6章 常用视频效果→实例：使用【斜面Alpha】效果制作立体金属文字

本实例主要使用【斜面Alpha】为文字制作出立体感效果。效果如图6.335所示。

图 6.335

步骤 01 在【项目】面板中右击，选择【新建合成】命令，在弹出的【合成设置】窗口中设置【合成名称】为1，【预设】为【PAL D1/DV宽银幕方形像素】，【宽度】为1050，【高度】为576，【像素长宽比】为【方形像素】，【帧速率】为25，【分辨率】为【完整】，【持续时间】为5秒。执行【文件】/【导入】/【文件】命令，导入1.jpg素材文件。在【项目】面板中选择1.jpg素材文件，将它拖曳到【时间轴】面板中，如图6.336所示。

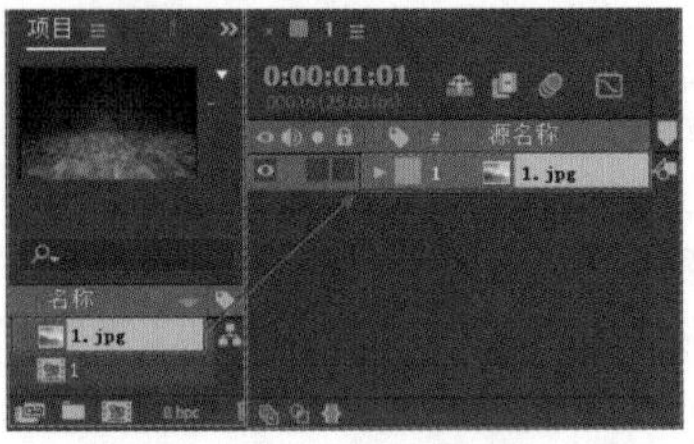

图 6.336

步骤 02 在【时间轴】面板中单击打开1.jpg图层下方的【变换】，设置【位置】为(525.0,328.0)，【缩放】为(57.0,57.0%)，如图6.337所示。此时，背景图片如图6.338所示。

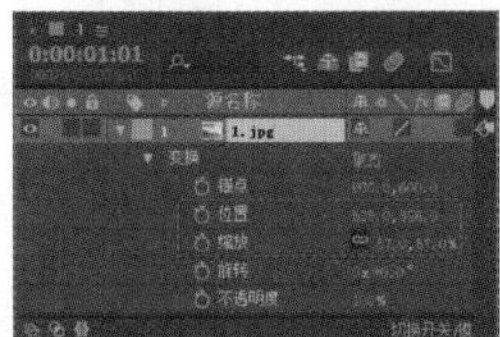

图 6.337

图 6.338

步骤 03 制作文字部分。在【时间轴】面板的空白位置处右击，执行【新建】/【文本】命令，如图6.339所示。在【字符】面板中设置合适的【字体系列】，设置【填充】为土黄色，【描边】为无，【字体大小】为200像素，设置完成后在画面合适的位置输入文字MAGICAL，如图6.340所示。

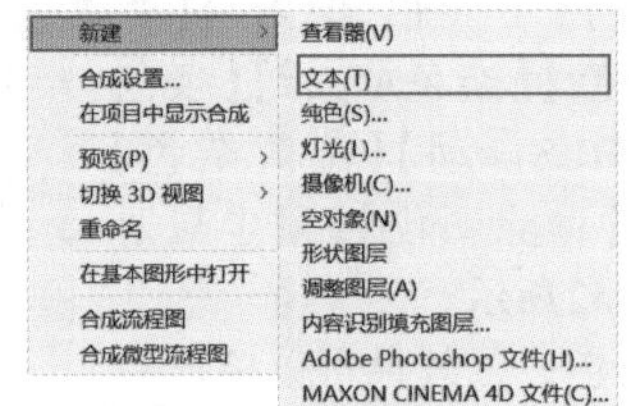

图 6.339

图 6.340

步骤 04 在【时间轴】面板中单击打开当前文本图层下方的【变换】，设置【位置】为(73.0,396.0)，如图6.341所示。此时，文字效果如图6.342所示。

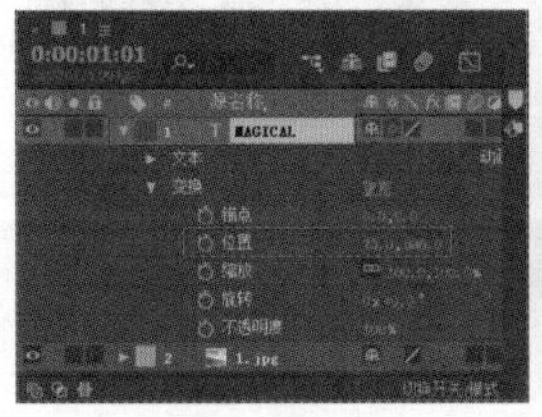

图 6.341

图 6.342

步骤 05 在【效果和预设】面板搜索框中搜索【斜面Alpha】，将该效果拖曳到【时间轴】面板的文本图层上，如图6.343所示。

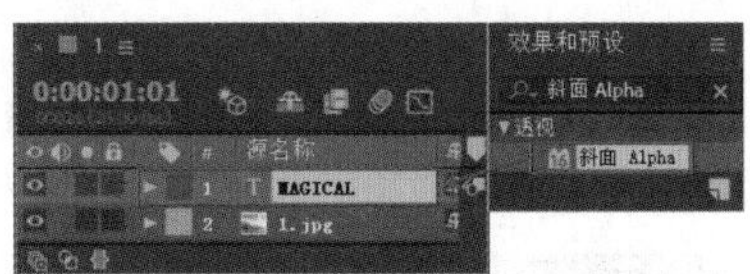

图 6.343

步骤 06 在【时间轴】面板中打开1.jpg图层下方的【效果】/【斜面 Alpha】，设置【边缘厚度】为13.20，【灯光角度】为0x-7.0°，如图6.344所示。此时，文字效果如图6.345所示。

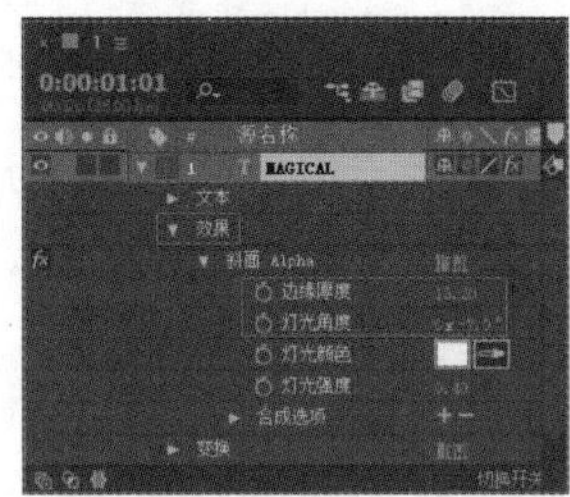

图 6.344

图 6.345

步骤 07 为文字添加投影效果。在【时间轴】面板中选择文本图层，右击，在弹出的快捷菜单中执行【图层样式】/【投影】命令。在【时间轴】面板中打开当前文本图层下方的【图层样式】/【投影】，设置【颜色】为棕色，【角度】为0x+157.0°，【距离】为10.0，【扩展】为20.0%，【大小】为12.0，如图6.346所示。

步骤 08 本实例制作完成，画面最终效果如图6.347所示。

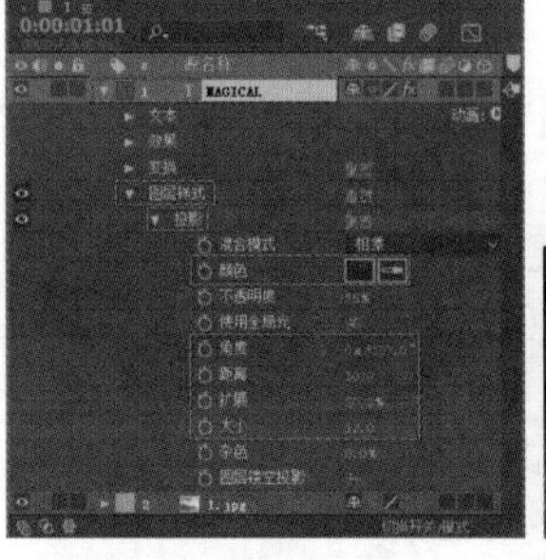

图 6.346

图 6.347

6.13 文本

【文本】效果组主要用于辅助文本工具，为画面添加一些计算数值时间的文字效果，其中包括【编号】和【时间码】两种效果，如图6.348所示。

编号
时间码

图 6.348

- 编号：该效果可以为图像生成有序和随机数字序列。为素材添加该效果的前后对比如图6.349所示。

（a）未使用该效果

（b）使用该效果

图 6.349

- 时间码：该效果可以阅读并刻录时间码信息。为素材添加该效果的前后对比如图6.350所示。

（a）未使用该效果

（b）使用该效果

图 6.350

6.14 音频

【音频】效果组主要可以对声音素材进行相应的效果处理，制作不同的声音效果，其中包括【调制器】【倒放】【低音和高音】【参数均衡】【变调与合声】【延迟】【混响】【立体声混合器】【音调】【高通/低通】，如图6.351所示。

调制器
倒放
低音和高音
参数均衡
变调与合声
延迟
混响
立体声混合器
音调
高通/低通

图 6.351

- 调制器：该效果可以改变频率和振幅，产生颤音和震音效果。
- 倒放：该效果可以将音频翻转倒放，产生神奇的音频效果。
- 低音和高音：该效果可以增加或减少音频的低音和高音。
- 参数均衡：该效果可以增强或减弱特定的频率范围。
- 变调与合声：该效果可以将变调与合声应用于图层的音频。
- 延迟：该效果可以在某个时间之后重复音频效果。
- 混响：该效果可以模拟真实或开阔的室内音频效果。
- 立体声混合器：该效果可以将音频的左右通道进行混合。
- 音调：该效果可以渲染音调。
- 高通/低通：该效果可以设置频率通过使用的高低限制。

6.15 杂色和颗粒

【杂色和颗粒】效果组主要用于为图像素材添加或移除作品中的噪波或颗粒等效果，其中包括【分形杂色】【中间值】【中间值(旧版)】【匹配颗粒】【杂色】【杂色Alpha】【杂色HLS】【杂色HLS自动】【湍流杂色】【添加颗粒】【移除颗粒】【蒙尘与划痕】，如图6.352所示。

分形杂色
中间值
中间值（旧版）
匹配颗粒
杂色
杂色 Alpha
杂色 HLS
杂色 HLS 自动
湍流杂色
添加颗粒
移除颗粒
蒙尘与划痕

图 6.352

- 分形杂色：该效果可以模拟一些自然效果，如云、雾、火等。为素材添加该效果的前后对比如图6.353所示。

（a）未使用该效果

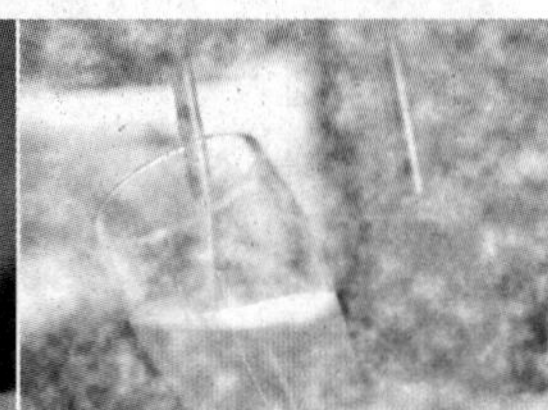

（b）使用该效果

图 6.353

- 中间值：该效果可以在指定半径内使用中间值替换像素。为素材添加该效果的前后对比如图6.354所示。

（a）未使用该效果

（b）使用该效果

图 6.354

- 匹配颗粒：该效果可以匹配两个图像中的杂色颗粒。为素材添加该效果的前后对比如图6.355所示。

（a）未使用该效果　　（b）使用该效果

图6.355

- 杂色：该效果可以为图像添加杂色效果。为素材添加该效果的前后对比如图6.356所示。

（a）未使用该效果　　（b）使用该效果

图6.356

- 杂色Alpha：该效果可以将杂色添加到图层的Alpha通道。为素材添加该效果的前后对比如图6.357所示。

（a）未使用该效果　　（b）使用该效果

图6.357

- 杂色HLS：该效果可以将杂色添加到图层的HLS通道。为素材添加该效果的前后对比如图6.358所示。

（a）未使用该效果　　（b）使用该效果

图6.358

- 杂色HLS自动：该效果可以将杂色添加到图层的HLS通道。为素材添加该效果的前后对比如图6.359所示。

（a）未使用该效果　　（b）使用该效果

图6.359

- 湍流杂色：该效果可以创建基于湍流的图案，与【分形杂色】类似。为素材添加该效果的前后对比如图6.360所示。

（a）未使用该效果　　（b）使用该效果

图6.360

- 添加颗粒：该效果可以为图像添加胶片颗粒。为素材添加该效果的前后对比如图6.361所示。

（a）未使用该效果　　（b）使用该效果

图6.361

- 移除颗粒：该效果可以移除图像中的胶片颗粒，使作品更干净。为素材添加该效果的前后对比如图6.362所示。
- 蒙尘与划痕：该效果可以将半径之内的不同像素更改为更类似邻近的像素，从而减少杂色和瑕疵，使画面更干净。

（a）未使用该效果　　（b）使用该效果

图6.362

实例6.18：使用【杂色】【曲线】效果打造复古胶片感效果

扫一扫，看视频

文件路径：第6章 常用视频效果→实例：使用【杂色】【曲线】效果打造复古胶片感效果

本实例使用【杂色】将画面制作出颗粒感效果，使用【曲线】提亮偏暗画面。效果如图6.363所示。

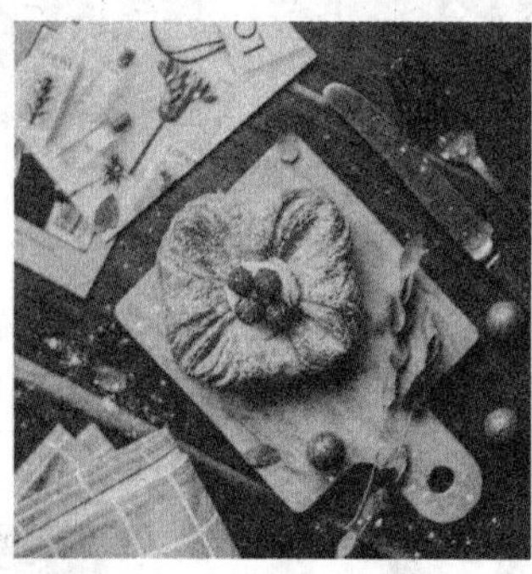

图6.363

步骤 01 在【项目】面板中右击，选择【新建合成】命令，在弹出的【合成设置】窗口中设置【合成名称】为1，【预设】为【自定义】，【宽度】为1200，【高度】为1029，【像素长宽比】为【方形像素】，【帧速率】为25，【分辨率】为【完整】，【持续时间】为5秒。执行【文件】/【导入】/【文件】命令，导入1.jpg素材文件。在【项目】面板中将1.jpg素材文件拖曳到【时间轴】面板中，如图6.364所示。

步骤 02 在【效果和预设】面板搜索框中搜索【杂色】，将该效果拖曳到【时间轴】面板的1.jpg图层上，如图6.365所示。

步骤 03 在【时间轴】面板中单击打开1.jpg图层下方的【效果】/【杂色】，设置【杂色数量】为70.0%，【杂色类型】为【关】，如图6.366所示。此时，画面效果如图6.367所示。

图6.364

图6.365

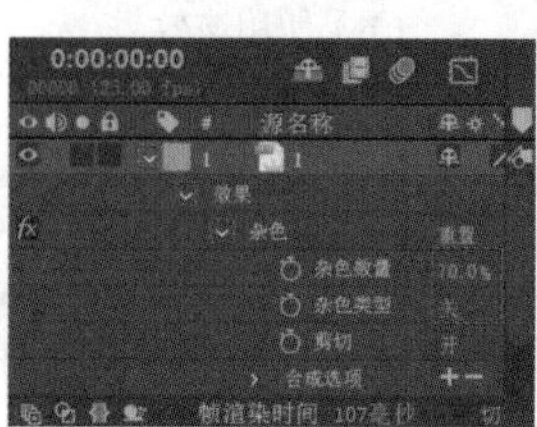

图6.366

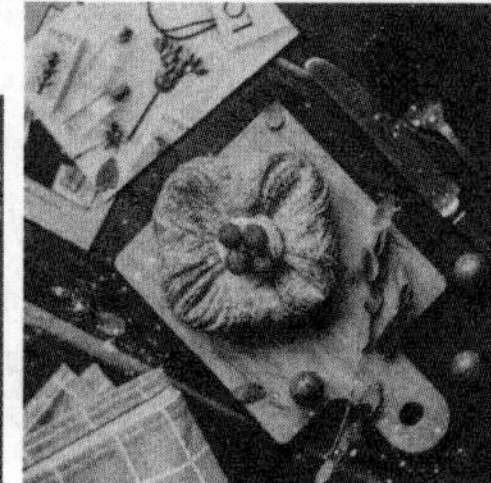

图6.367

步骤 04 在【效果和预设】面板搜索框中搜索【曲线】，将该效果拖曳到【时间轴】面板的1.jpg图层上，如图6.368所示。

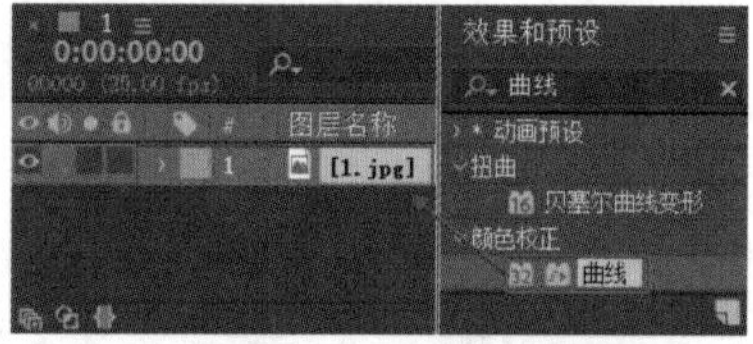

图6.368

步骤 05 在【时间轴】面板中选择1.jpg图层，在【效果控件】面板中打开【曲线】效果，设置【通道】为RGB，接着在曲线上单击添加两个控制点并向左上角拖动，如图6.369所示。此时，画面变亮，效果如图6.370所示。

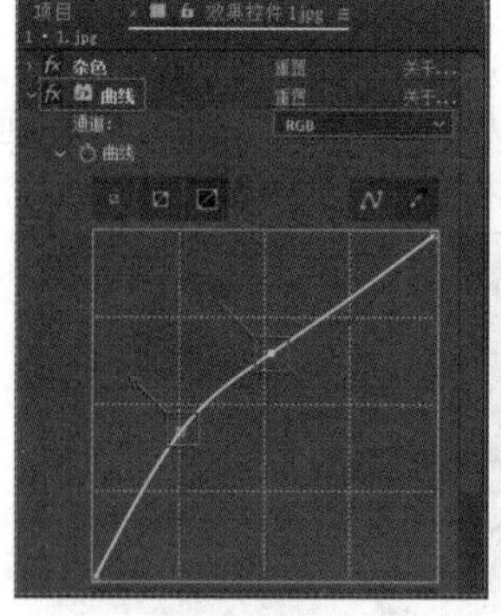

图6.369

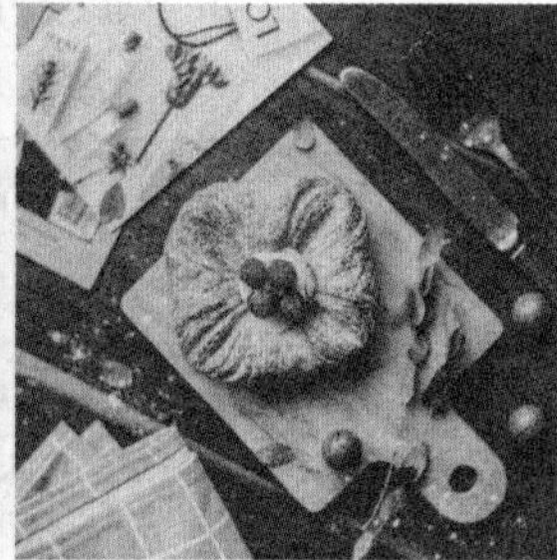

图6.370

实例6.19：使用【分形杂色】效果制作云雾效果

扫一扫，看视频

文件路径：第6章 常用视频效果→实例：使用【分形杂色】效果制作云雾效果

本实例使用【分形杂色】制作朦胧感云雾效果。效果如图6.371所示。

图 6.371

步骤 01 在【项目】面板中右击，选择【新建合成】命令，在弹出的【合成设置】窗口中设置【合成名称】为1，【预设】为【自定义】，【宽度】为1200，【高度】为750，【像素长宽比】为【方形像素】，【帧速率】为24，【分辨率】为【完整】，【持续时间】为5秒。执行【文件】/【导入】/【文件】命令，导入1.jpg素材文件。在【项目】面板中将1.jpg素材文件拖曳到【时间轴】面板中，如图6.372所示。

步骤 02 在【效果和预设】面板搜索框中搜索【分形杂色】，将该效果拖曳到【时间轴】面板的1.jpg图层上，如图6.373所示。

图 6.372

图 6.373

步骤 03 在【时间轴】面板中单击打开1.jpg图层下方的【效果】/【分形杂色】，设置【杂色类型】为【线性】，【复杂度】为9.0，【演化】为0x+192.0°，【不透明度】为75.0%，【混合模式】为【滤色】，如图6.374所示。此时，画面效果如图6.375所示。

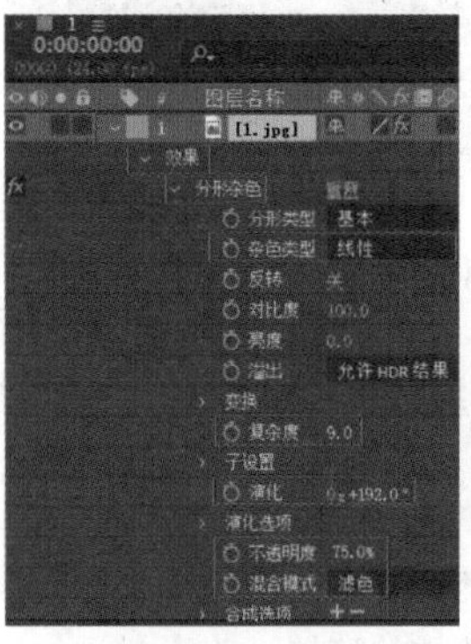

图 6.374　　图 6.375

6.16 遮罩

【遮罩】效果组可以为图像创建蒙版进行抠像操作，同时还可以有效地改善抠像的遗留问题，其中包括【调整实边遮罩】【调整柔和遮罩】【遮罩阻塞工具】【简单阻塞工具】，如图6.376所示。

调整实边遮罩
调整柔和遮罩
遮罩阻塞工具
简单阻塞工具

图 6.376

- 调整实边遮罩：该效果可以改善遮罩边缘。为素材添加该效果的前后对比如图6.377所示。

（a）未使用该效果

（b）使用该效果

图 6.377

- 调整柔和遮罩：该效果可以沿遮罩的Alpha边缘改

善毛发等精细细节。为素材添加该效果的前后对比如图6.378所示。

（a）未使用该效果　　（b）使用该效果

图 6.378

- 遮罩阻塞工具：该效果可以重复一连串阻塞和扩展遮罩操作，以在不透明区域填充不需要的缺口（透明区域）。为素材添加该效果的前后对比如图6.379所示。
- 简单阻塞工具：该效果可以小增量缩小或扩展遮罩边缘，以便创建更整洁的遮罩。为素材添加该效果的前后对比如图6.380所示。

（a）未使用该效果　　（b）使用该效果

图 6.379

（a）未使用该效果　　（b）使用该效果

图 6.380

调色效果

本章内容简介：

调色是After Effects非常重要的功能，在很大程度上能够决定作品的“好坏”。通常情况下，不同的颜色往往能传达不同的情感倾向。在设计作品中也是一样，只有与作品主题相匹配的色彩才能正确地传达作品的主旨内涵，因此正确地使用调色效果对设计作品而言是一道重要关卡。本章主要讲解在After Effects中作品调色的流程，调色效果的功能介绍，以及使用调色技术制作作品时的案例。

重点知识掌握：

- 调色的概念
- 通道类效果的应用
- 颜色校正类效果的应用
- 综合使用多种调色效果调整作品颜色

优秀佳作欣赏：

7.1 调色前的准备工作

扫一扫，看视频

对于设计师来说，调色是后期处理的“重头戏”。一幅作品的颜色能够在很大程度上影响观者的心理感受。图7.1所示为同样一张食物的照片，哪张看起来更美味一些？通常饱和度高一些，看起来会更美味。的确，“色彩”能够美化照片，同时色彩也具有强大的“欺骗性”。图7.2所示为同一张“行囊”的照片，以不同的颜色进行展示，迎接它的将是一场轻松愉快的郊游，还是充满悬疑与未知的探险？

（a）　　（b）

图 7.1

（a）　　（b）

图 7.2

调色技术不仅在摄影后期中占有重要地位，在设计中也是不可忽视的一个重要组成部分。设计作品中经常需要使用到各种各样的图片元素，而图片元素的色调与画面是否匹配也会影响设计作品的成败。调色不仅要使元素变“漂亮”，更重要的是通过色彩的调整使元素“融合”到画面中。如图7.3和图7.4所示，可以看到部分元素与画面整体“格格不入”，而经过了颜色的调整后，则会使元素不再显得突兀，画面整体气氛更统一。

色彩的力量无比强大，想要“掌控”这个神奇的力量，After Effects必不可少。After Effects的调色功能非常强大，不仅可以对错误的颜色（即色彩方面不正确的问题，如曝光过度、亮度不足、画面偏灰、色调偏色等）进行校正，如图7.5所示；更能够通过对调色功能的使用来增强画面视觉效果，丰富画面情感，打造出风格化的色彩，如图7.6所示。

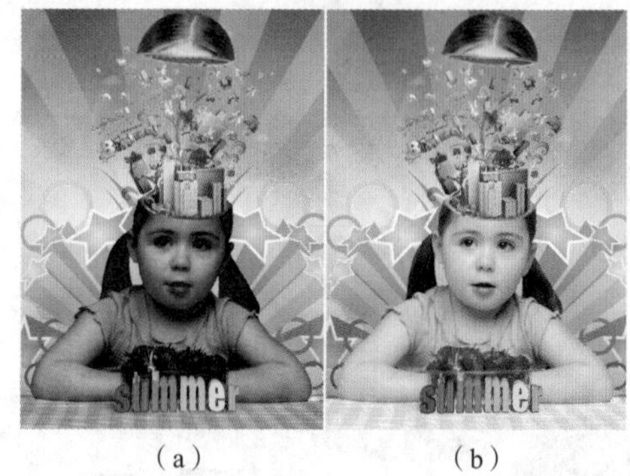

（a）　　（b）

图 7.3

（a）　　（b）

图 7.4

（a）　　（b）

图 7.5

（a）　　（b）

图 7.6

7.1.1 调色关键词

在调色的过程中，我们经常会听到一些关键词，如“色调”“色阶”“曝光度”“对比度”“明度”“纯度”“饱和度”“色相”“颜色模式”“直方图”等。这些关键词大部分都与“色彩”的基本属性有关。下面就来简单了解一下“色彩”。

在视觉的世界里，“色彩”被分为两类：无彩色和有彩色。如图7.7所示，无彩色为黑、白、灰，有彩色则是除黑、白、灰以外的其他颜色。如图7.8所示，每种有彩色都有三大属性：色相、明度、纯度(饱和度)，无彩色只具有明度这一个属性。

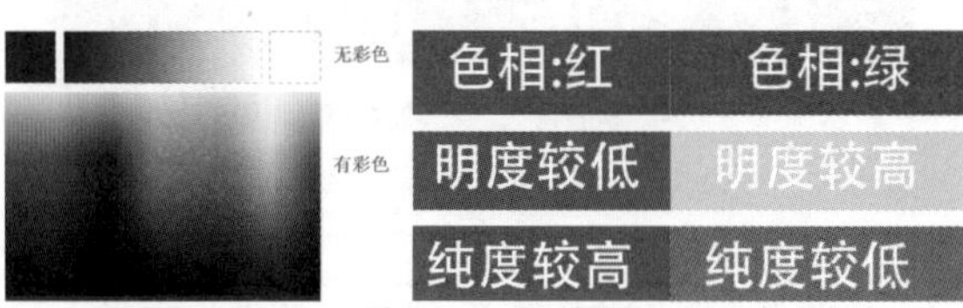

图 7.7　　图 7.8

1. 色相

色相是我们经常提到的一个词语，是指画面整体的颜色倾向，又称为“色调”。图7.9所示为黄色调图像，图7.10所示为紫色调图像。

图 7.9　　图 7.10

2. 明度

明度是指色彩的明亮程度。色彩的明亮程度有两种情况：同一颜色的明度变化和不同颜色的明度变化。同一颜色的明度深浅变化效果，图7.11所示为从左到右明度由高到低。不同的色彩也都存在明暗变化，其中黄色明度最高，紫色明度最低，红、绿、蓝、橙色的明度相近，为中间明度，如图7.12所示。

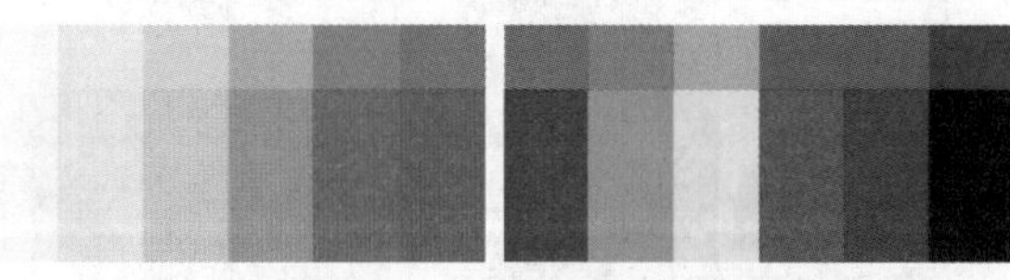

图 7.11　　图 7.12

3. 纯度

纯度是指色彩中所含有色成分的比例，比例越大，纯度越高，同时也称为色彩的彩度。图7.13和图7.14所示为高纯度与低纯度的对比效果。

图 7.13　　图 7.14

从上面这些调色命令的名称大致能猜到这些命令所起到的作用。所谓的“调色”是通过调整图像的明暗(亮度)、对比度、曝光度、饱和度、色相、色调等几大方面，从而实现图像整体颜色的改变。但如此多的调色命令，在真正调色时要从何处入手呢？很简单，只要把握住以下几点即可。

(1) 校正画面整体的颜色错误。处理一幅作品时，通过对图像整体的观察，最先考虑的是整体的颜色有没有“错误”。例如，偏色(画面过于偏向暖色调/冷色调，偏紫色、偏绿色等)、太亮(曝光过度)、太暗(曝光不足)、偏灰(对比度低，整体看起来灰蒙蒙的)、明暗反差过大等。如果出现这些情况，首先要对以上问题进行处理，使作品变为曝光正确、色彩正常的图像，如图7.15和图7.16所示。

（a）　　（b）

图 7.15

（a）　　（b）

图 7.16

在对新闻图片进行处理时，可能无须对画面进行美化，而需要最大限度地保留画面的真实度，那么图像的调色可能到这里就结束了。如果想要进一步美化图像，接下来再继续进行处理。

⑵ 细节美化。通过第(1)步整体的处理，我们已经得到了一张“正常”的图像。虽然这些图像是基本“正确”的，但是仍然可能存在一些不尽如人意的细节。例如，想要重点突出的部分比较暗，如图7.17所示；照片背景颜色不美观，如图7.18所示。

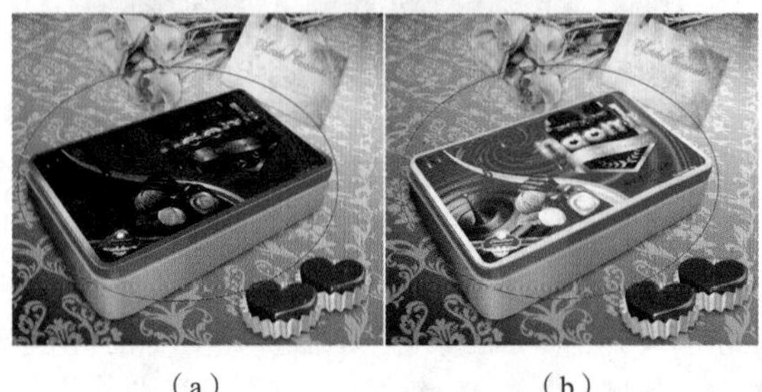

（a）　　（b）

图7.17

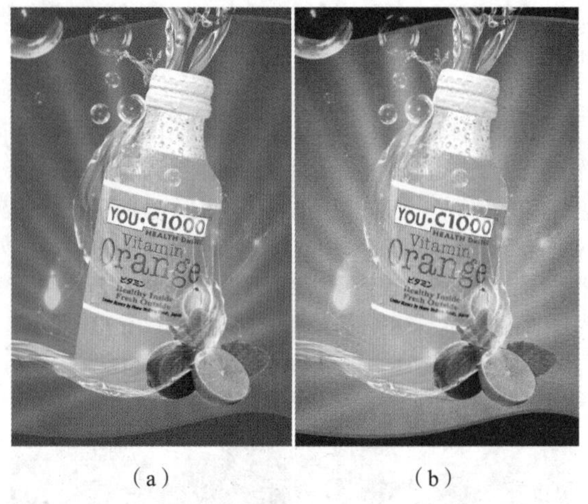

（a）　　（b）

图7.18

想要制作同款产品不同颜色的效果图，如图7.19所示；改变头发、嘴唇、瞳孔的颜色，如图7.20所示。想要对这些“细节”进行处理也是非常必要的。因为画面的重点常常就集中在一个很小的部分上。“调整图层”非常适合处理画面的细节。

⑶ 帮助元素融入画面。在制作一些设计作品或者创意合成作品时，经常需要在原有画面中添加一些其他元素，如在版面中添加主体人像；为人物添加装饰物；为海报中的产品周围添加一些陪衬元素；为整个画面更换一个背景等。当后添加的元素出现在画面中时，可能会感觉合成得很“假”，或者颜色看起来很奇怪。除去元素内容、虚实程度、大小比例、透视角度等问题，最大的可能性就是新元素与原始图像的“颜色”不统一。例如，环境中的元素均为偏冷的色调，而人物则偏暖，如图7.21所示。这时就需要对色调倾向不同的内容进行调色操作了。

（a）　　（b）

图7.19

（a）　　（b）

图7.20

（a）　　（b）

图7.21

例如，新换的背景颜色过于浓艳，与主体人像风格不一致时，也需要进行饱和度及颜色倾向的调整，如图7.22所示。

（a）　　（b）

图7.22

(4) 强化气氛，辅助主题表现。通过前面几个步骤，画面整体、细节及新增的元素颜色都被处理“正确”了。但是单纯“正确”的颜色是不够的，很多时候我们想要使自己的作品脱颖而出，需要的是超越其他作品的“视觉感受”。所以，我们需要对图像的颜色进行进一步的调整，而这里的调整考虑的是应与图像主题相契合，图7.23和图7.24所示为表现不同主题的不同色调作品。

图 7.23

图 7.24

重点 7.1.2 轻松动手学：After Effects的调色步骤

文件路径：第7章 调色效果→轻松动手学：After Effects的调色步骤

扫一扫，看视频

步骤 01 在【项目】面板中右击，选择【新建合成】命令，在弹出的【合成设置】窗口中设置【合成名称】为1，【预设】为【自定义】，【宽度】为1000，【高度】为715，【像素长宽比】为【方形像素】，【帧速率】为25，【分辨率】为【完整】，【持续时间】为5秒。执行【文件】/【导入】/【文件】命令，在弹出的【导入文件】对话框中选择所需要的素材，单击【导入】按钮导入素材1.jpg，如图7.25所示。

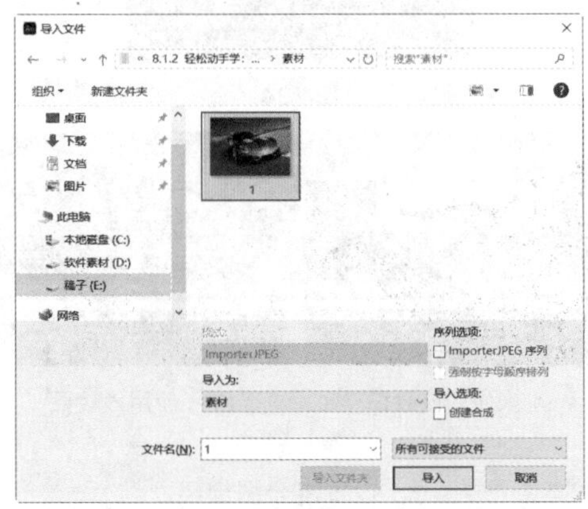

图 7.25

步骤 02 在【项目】面板中将素材1.jpg拖曳到【时间轴】面板中，如图7.26所示。

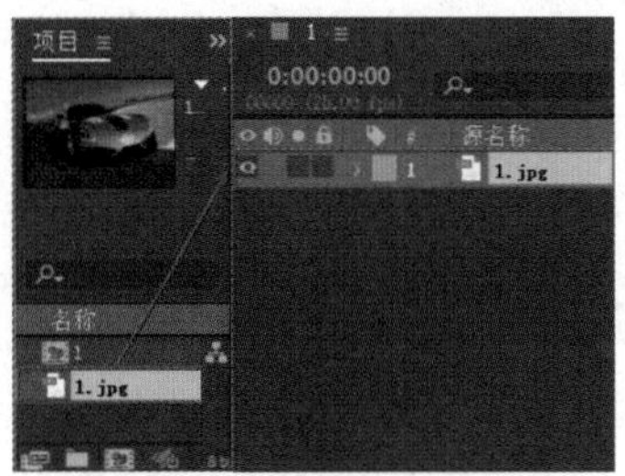

图 7.26

步骤 03 在【效果和预设】面板搜索框中搜索【曲线】，将该效果拖曳到【时间轴】面板的1.jpg图层上，如图7.27所示。

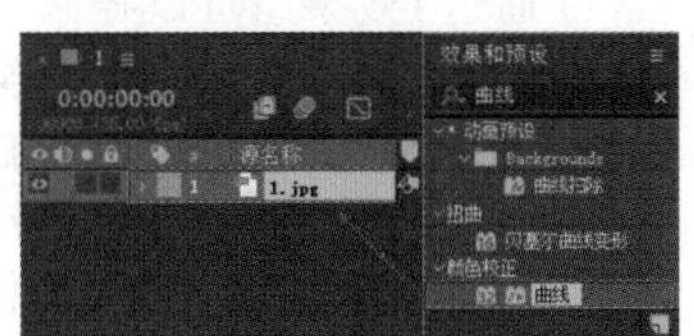

图 7.27

步骤 04 在【时间轴】面板中选择1.jpg素材图层，然后在【效果控件】面板中调整【曲线】的曲线形状，如图7.28所示。此时，画面效果如图7.29所示。

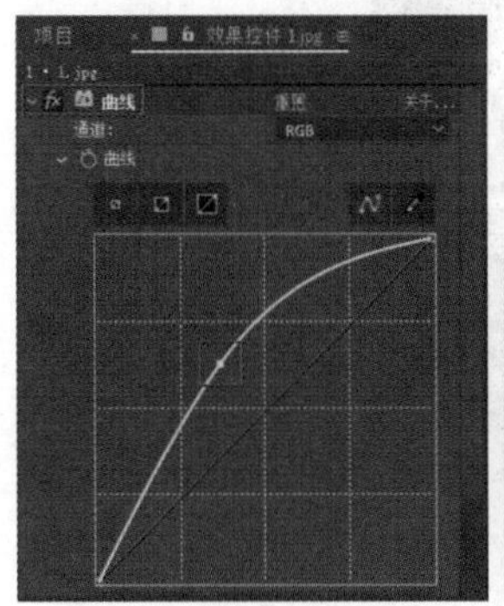

图 7.28

图 7.29

步骤 05 图7.30所示为进行调色的前后对比效果。

（a）　（b）

图 7.30

提示：学习调色时要注意的问题。

调色命令虽然很多，但并不是每一种都特别常用，或者说，并不是每一种都适合自己使用。在实际调色过程中，想要实现某种颜色效果，通常是既可以使用这种命令，又可以使用那种命令。这时千万不要纠结于书中或者教程中使用的某个特定命令，而一定去使用这个命令，选择自己习惯使用的命令就可以。

7.2 通道类效果

扫一扫，看视频

【通道】效果组可以控制、混合、移除和转换图像的通道，其中包括【最小/最大】【复合运算】【通道合成器】、CC Composite、【转换通道】【反转】【固态层合成】【混合】【移除颜色遮罩】【算术】【计算】【设置通道】【设置遮罩】，如图7.31所示。

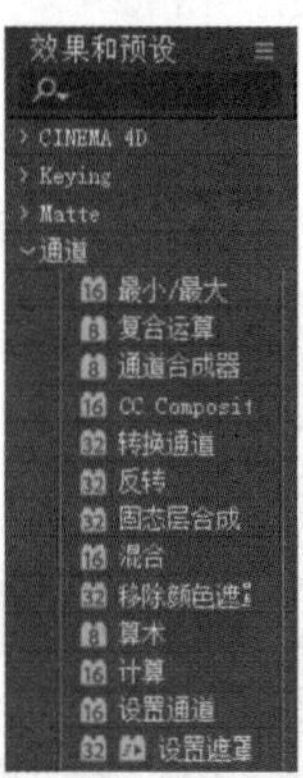

图 7.31

7.2.1 最小/最大

【最小/最大】效果可以为像素的每个通道指定半径内该通道的最小或最大像素。选中素材，执行【效果】/【通道】/【最小/最大】命令，此时参数设置如图7.32所示。为素材添加该效果的前后对比如图7.33所示。

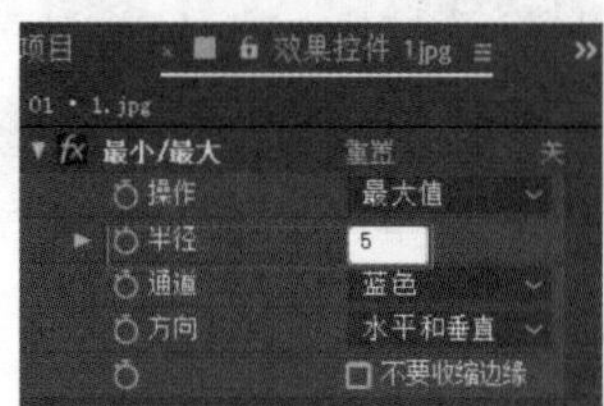

图 7.32

（a）未使用该效果　　（b）使用该效果

图 7.33

- 操作：设置作用方式，其中包括最小值、最大值、先最小值再最大值和先最大值再最小值4种方式。
- 半径：设置作用范围与作用程度。
- 通道：设置作用通道，其中包括颜色、Alpha和颜色、红色、绿色、蓝色、Alpha 6种通道。
- 方向：可以设置作用方向为水平和垂直、仅水平或仅垂直。
- 不要收缩边缘：勾选该复选框，可以选择是否收缩边缘。

7.2.2 复合运算

【复合运算】效果可以在图层之间执行数学运算。选中素材，执行【效果】/【通道】/【复合运算】命令，此时参数设置如图7.34所示。为素材添加该效果的前后对比如图7.35所示。

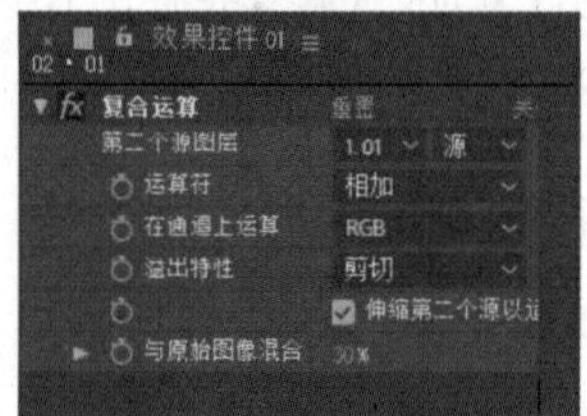

图 7.34

（a）未使用该效果　　（b）使用该效果

图 7.35

- 第二个源图层：设置混合图像层。
- 运算符：设置混合模式。
- 在通道上运算：可以设置运算通道为RGB、ARGB或Alpha。

- 溢出特性：设置超出允许范围的像素值的处理方法为剪切、回绕或缩放。
- 伸缩第二个源以适合：勾选此复选框，可将两个不同尺寸的图层进行伸缩自适应。
- 与原始图像混合：设置源图像与混合图像之间的混合程度。

7.2.3 通道合成器

【通道合成器】效果可以提取、显示和调整图层的通道值。选中素材，执行【效果】/【通道】/【通道合成器】命令，此时参数设置如图7.36所示。为素材添加该效果的前后对比如图7.37所示。

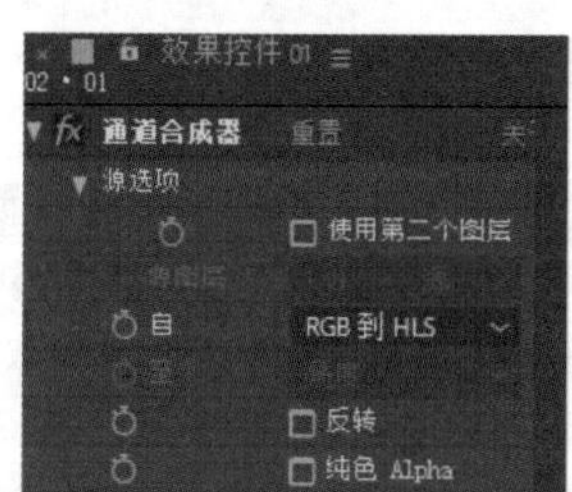

图 7.36

（a）未使用该效果

（b）使用该效果

图 7.37

- 源选项：设置选项源。
- 使用第二个图层：勾选此复选框，可设置源图层。
- 源图层：设置混合图像。
- 自：设置需要转换的颜色。
- 至：设置目标颜色。
- 反转：反转所设颜色。
- 纯色 Alpha：使用纯色通道信息。

7.2.4 CC Composite

CC Composite（CC 合成）需与源图层混合才能形成复合层效果。选中素材，执行【效果】/【通道】/CC Composite命令，此时参数设置如图7.38所示。为素材添加该效果的前后对比如图7.39所示。

图 7.38

（a）未使用该效果

（b）使用该效果

图 7.39

- Opacity（不透明度）：设置效果透明程度。
- Composite Original（原始合成）：设置合成混合模式。
- RGB Only（仅RGB）：勾选此复选框，设置为仅RGB色彩。

7.2.5 转换通道

【转换通道】效果可以将Alpha、红色、绿色、蓝色通道进行替换。选中素材，执行【效果】/【通道】/【转换通道】命令，此时参数设置如图7.40所示。为素材添加该效果的前后对比如图7.41所示。

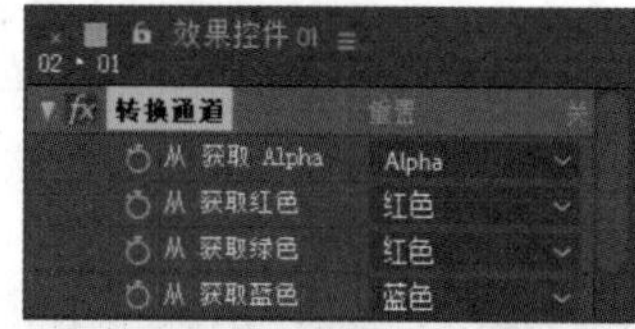

图 7.40

（a）未使用该效果　　（b）使用该效果

图 7.41

从 获取Alpha/红色/绿色/蓝色：设置本图层其他通道应用到Alpha/红色/绿色/蓝色通道上。

7.2.6 反转

【反转】效果可以将画面颜色进行反转。选中素材，执行【效果】/【通道】/【反转】命令，此时参数设置如图7.42所示。为素材添加该效果的前后对比如图7.43所示。

图 7.42

（a）未使用该效果

（b）使用该效果

图 7.43

- 通道：设置应用效果的通道。
- 与原始图像混合：设置源图像与混合图像之间的混合程度。

7.2.7　固态层合成

【固态层合成】效果能够用一种颜色与当前图层进行模式和透明度的合成，也可以用一种颜色填充当前图层。选中素材，执行【效果】/【通道】/【固态层合成】命令，此时参数设置如图7.44所示。为素材添加该效果的前后对比如图7.45所示。

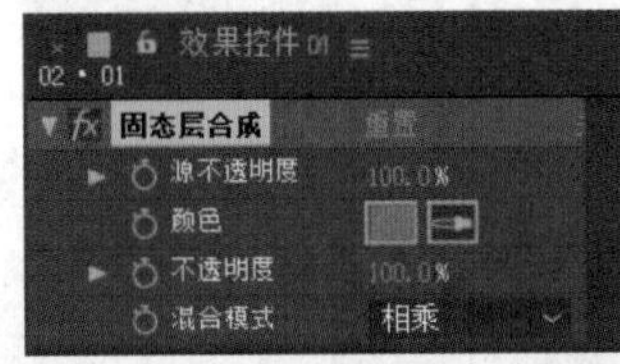

图 7.44

（a）未使用该效果

（b）使用该效果

图 7.45

- 源不透明度：设置源图层的透明程度。
- 颜色：设置混合颜色。
- 不透明度：设置混合颜色的透明程度。
- 混合模式：设置源图层与混合颜色的混合模式。

图7.46所示为设置不同混合模式的对比效果。

（a）未使用该效果

（b）使用该效果

图 7.46

7.2.8　混合

【混合】效果可以使用不同的模式将两个图层颜色混合叠加在一起，使画面信息更丰富。选中素材，执行【效果】/【通道】/【混合】命令，此时参数设置如图7.47所示。为素材添加该效果的前后对比如图7.48所示。

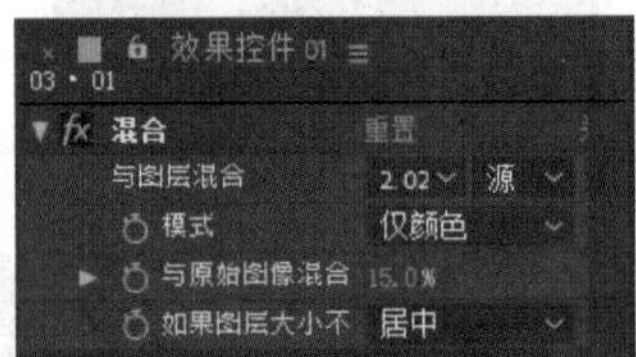

图 7.47

（a）未使用该效果

（b）使用该效果

图 7.48

- 与图层混合：设置混合图层。
- 模式：设置混合的模式。
- 与原始图像混合：设置与原始图像的混合程度。
- 如果图层大小不同：勾选此复选框，可以将两个不同尺寸的图层进行伸缩自适应。

7.2.9 移除颜色遮罩

【移除颜色遮罩】效果可以从带有预乘颜色通道的图层中移除色晕。选中素材，执行【效果】/【通道】/【移除颜色遮罩】命令，此时参数设置如图7.49所示。

图 7.49

- 背景颜色：设置需要消除的颜色。
- 剪切：设置是否勾选【剪切HDR结果】复选框。

7.2.10 算术

【算术】效果可以对红色、绿色和蓝色的通道执行多种算术函数。选中素材，执行【效果】/【通道】/【算术】命令，此时参数设置如图7.50所示。为素材添加该效果的前后对比如图7.51所示。

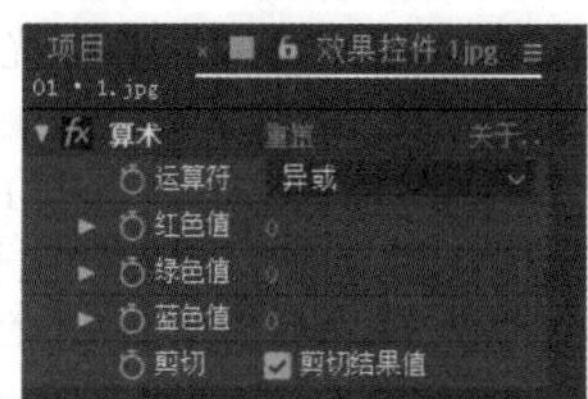

图 7.50

（a）未使用该效果

（b）使用该效果

图 7.51

- 运算符：设置不同的运算模式。
- 红色值：设置红色通道数值。
- 绿色值：设置绿色通道数值。
- 蓝色值：设置蓝色通道数值。
- 剪切：设置是否勾选【剪切结果值】复选框。

7.2.11 计算

【计算】效果可以将两个图层的通道进行合并处理。选中素材，执行【效果】/【通道】/【计算】命令，此时参数设置如图7.52所示。为素材添加该效果的前后对比如图7.53所示。

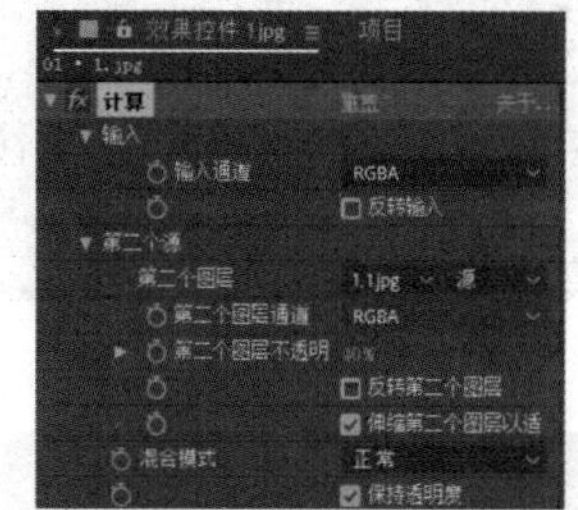

图 7.52

（a）未使用该效果 （b）使用该效果

图 7.53

- 输入：设置输入通道。
- 输入通道：设置输入颜色的通道。
- 反转输入：勾选此复选框，反转输入效果。
- 第二个源：设置混合图层。
- 第二个图层：设置第二个混合图层。
- 第二个图层通道：设置混合图层的颜色通道。
- 第二个图层不透明度：设置混合图层的透明程度。
- 反转第二个图层：勾选此复选框，可以反转混合图层。
- 伸缩第二个图层以适合：勾选此复选框，可以将两个不同尺寸的图层进行伸缩自适应。
- 混合模式：设置两个图层之间的混合模式。
- 保持透明度：勾选此复选框，选择是否保持透明信息。

7.2.12 设置通道

【设置通道】效果可以将此图层的通道设置为其他图层的通道。选中素材，执行【效果】/【通道】/【设置通道】命令，此时参数设置如图7.54所示。为素材添加该效果的前后对比如图7.55所示。

- 源图层1：设置图层1的源为其他图层。
- 将源1设置为红色：设置源1需要替换的通道。
- 源图层2：设置图层2的源为其他图层。
- 将源2设置为绿色：设置源2需要替换的通道。

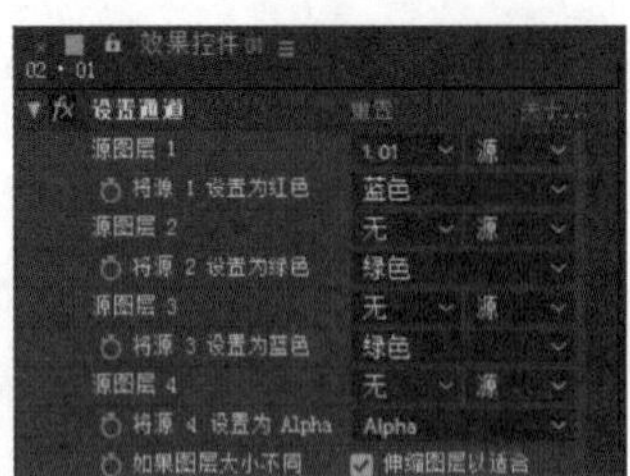

图 7.54

（a）未使用该效果　　（b）使用该效果

图 7.55

- 源图层3：设置图层3的源为其他图层。
- 将源3设置为蓝色：设置源3需要替换的通道。
- 源图层4：设置图层4的源为其他图层。
- 将源4设置为Alpha：设置源4需要替换的通道。
- 如果图层大小不同：勾选此复选框，可以将两个不同尺寸的图层进行伸缩自适应。

7.2.13　设置遮罩

【设置遮罩】效果可以创建移动遮罩效果，并将图层的Alpha通道替换为上面图层的通道。选中素材，执行【效果】/【通道】/【设置遮罩】命令，此时参数设置如图7.56所示。为素材添加该效果的前后对比如图7.57所示。

- 从图层获取遮罩：设置遮罩图层。
- 用于遮罩：设置遮罩通道。
- 反转遮罩：勾选此复选框，可以反转遮罩效果。
- 如果图层大小不同：勾选此复选框，可以将两个不同尺寸的图层进行伸缩自适应。

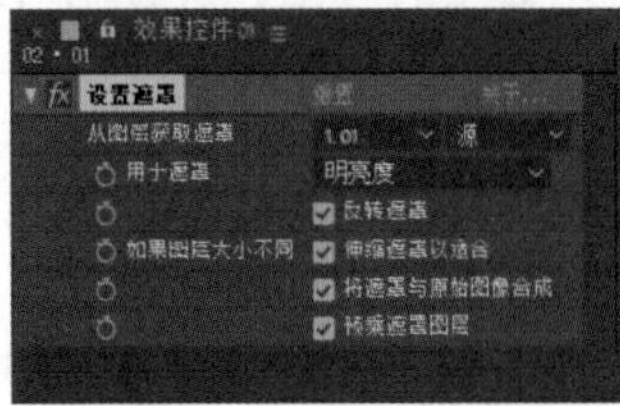

图 7.56

（a）未使用该效果　　（b）使用该效果

图 7.57

- 将遮罩与原始图像合成：勾选此复选框，可以设置遮罩与原始图像合成。
- 预乘遮罩图层：勾选此复选框，可以设置预乘遮罩图层。

重点 7.3　颜色校正类效果

扫一扫，看视频

【颜色校正】效果组可以更改画面色调，营造不同的视觉效果，其中包括【三色调】【通道混合器】【阴影/高光】、CC Color Neutralizer、CC Color Offset、CC Kernel、CC Toner、【照片滤镜】【Lumetri 颜色】【PS 任意映射】【灰度系数/基值/增益】【色调】【色调均化】【色阶】【色阶（单独控件）】【色光】【色相/饱和度】【广播颜色】【亮度和对比度】【保留颜色】【可选颜色】【曝光度】【曲线】【更改为颜色】【更改颜色】【自然饱和度】【自动色阶】【自动对比度】【自动颜色】【视频限幅器】【颜色稳定器】【颜色平衡】【颜色平衡 (HLS)】【颜色链接】和【黑色和白色】，如图7.58所示。

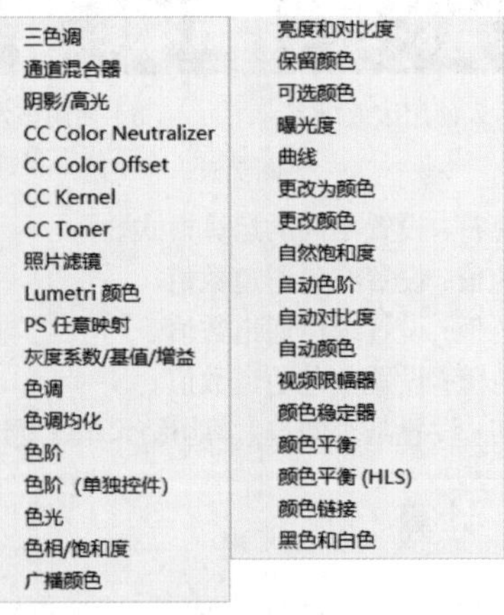

图 7.58

7.3.1 三色调

【三色调】效果可以设置高光、中间调和阴影的颜色，使画面更改为三种颜色的效果。选中素材，执行【效果】/【颜色校正】/【三色调】命令，此时参数设置如图7.59所示。为素材添加该效果的前后对比如图7.60所示。

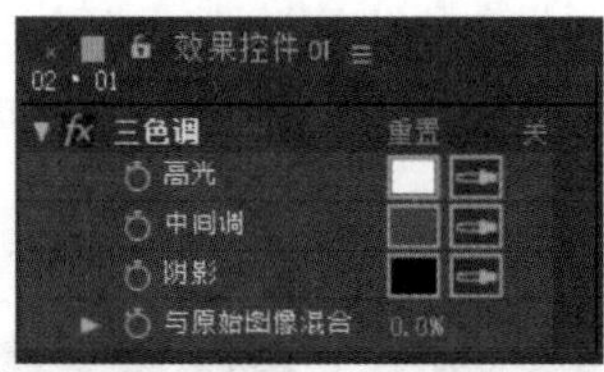

图 7.59

（a）未使用该效果　　（b）使用该效果

图 7.60

- 高光：设置高光颜色。
- 中间调：设置中间调颜色。
- 阴影：设置阴影颜色。
- 与原始图像混合：设置与原始图像的混合程度。

7.3.2 通道混合器

【通道混合器】效果使用当前彩色通道的值来修改颜色。选中素材，执行【效果】/【颜色校正】/【通道混合器】命令，此时参数设置如图7.61所示。为素材添加该效果的前后对比如图7.62所示。

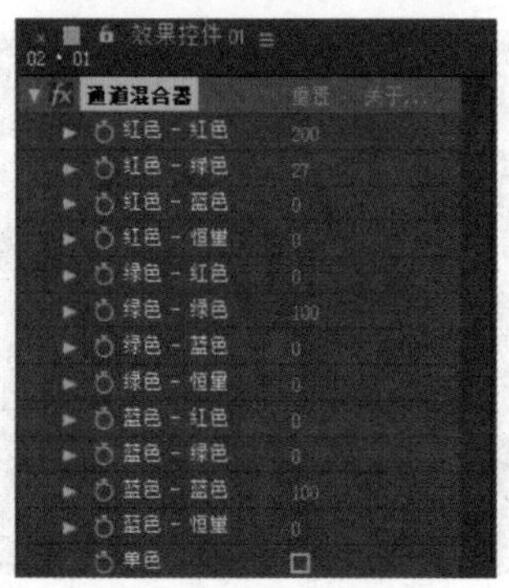

图 7.61

（a）未使用该效果　　（b）使用该效果

图 7.62

- 红色-红色/红色-绿色/红色-蓝色/红色-恒量/绿色-红色/绿色-绿色/绿色-蓝色：调整红色-红色/红色-绿色/红色-蓝色/红色-恒量/绿色-红色/绿色-绿色/绿色-蓝色的通道。
- 绿色-恒量：调整绿色-恒量通道。
- 蓝色-红色：调整蓝色-红色通道。
- 蓝色-绿色：调整蓝色-绿色通道。
- 蓝色-蓝色：调整蓝色-蓝色通道。
- 蓝色-恒量：调整蓝色-恒量通道。
- 单色：勾选此复选框，可以将彩色图像转换为黑白图像，如图7.63所示。

（a）未勾选【单色】　　（b）勾选【单色】

图 7.63

7.3.3 阴影/高光

【阴影/高光】效果可以使较暗区域变亮，使高光变暗。选中素材，执行【效果】/【颜色校正】/【阴影/高光】命令，此时参数设置如图7.64所示。为素材添加该效果的前后对比如图7.65所示。

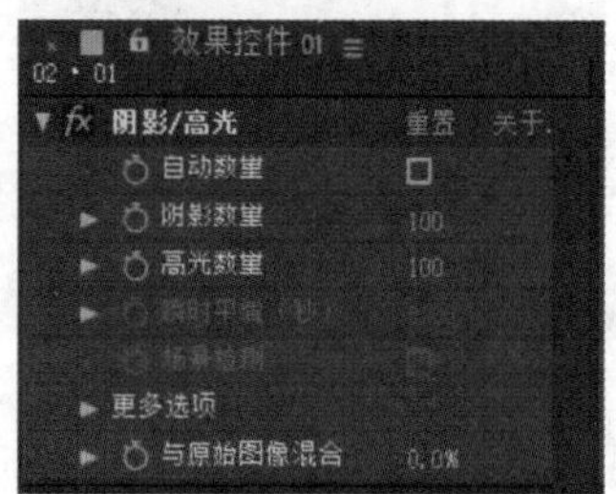

图 7.64

（a）未使用该效果　　　（b）使用该效果

图 7.65

- 自动数量：勾选此复选框，可以自动设置参数，均衡画面明暗关系。
- 阴影数量：取消勾选【自动数量】复选框，可以调整图像暗部，使图像阴影变亮。
- 高光数量：取消勾选【自动数量】复选框，可以调整图像亮部，使图像高光变暗。
- 瞬时平滑（秒）：设置瞬时平滑程度。
- 场景检测：当设置【瞬时平滑（秒）】为0.00以外的数值时，可以进行场景检测。
- 更多选项：设置其他选项。
- 与原始图像混合：设置与原始图像的混合程度。

实例7.1：使用【阴影/高光】效果调整画面暗部

扫一扫，看视频

文件路径：第7章 调色效果→实例：使用【阴影/高光】效果调整画面暗部

本实例主要使用【阴影/高光】效果自动调整画面暗部。效果如图7.66所示。

图 7.66

步骤 01 在【项目】面板中右击，选择【新建合成】命令，在弹出的【合成设置】窗口中设置【合成名称】为1，【预设】为【自定义】，【宽度】为1500，【高度】为1136，【像素长宽比】为【方形像素】，【帧速率】为24，【分辨率】为【完整】，【持续时间】为5秒。执行【文件】/【导入】/【文件】命令，导入1.jpg素材文件。在【项目】面板中将1.jpg素材文件拖曳到【时间轴】面板中，如图7.67所示。

步骤 02 在【效果和预设】面板搜索框中搜索【阴影/高光】，将该效果拖曳到【时间轴】面板的1.jpg图层上，如图7.68所示。

图 7.67

图 7.68

步骤 03 此时，画面中的暗部区域自动变亮，对比效果如图7.69所示。

（a）　　　（b）

图 7.69

7.3.4 CC Color Neutralizer

CC Color Neutralizer（CC色彩中和）效果可以对颜色进行中和校正。选中素材，执行【效果】/【颜色校正】/ CC Color Neutralizer命令，此时参数设置如图7.70所示。为素材添加该效果的前后对比如图7.71所示。

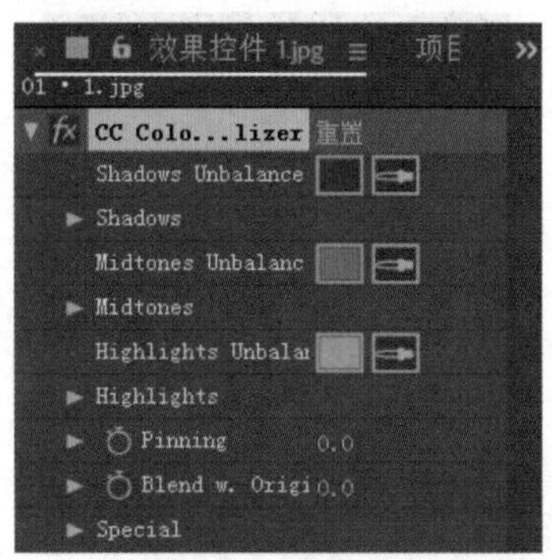

图 7.70

（a）未使用该效果　　　　（b）使用该效果

图 7.71

7.3.5　CC Color Offset

CC Color Offset（CC色彩偏移）效果可以调节红、绿、蓝三个通道。选中素材，执行【效果】/【颜色校正】/CC Color Offset命令，此时参数设置如图7.72所示。为素材添加该效果的前后对比如图7.73所示。

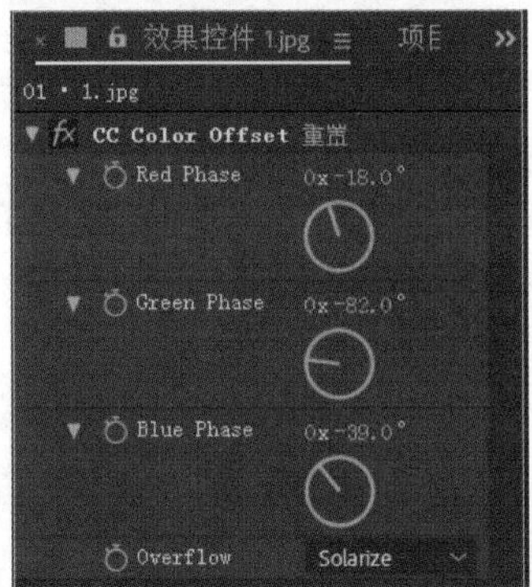

图 7.72

（a）未使用该效果　　　　（b）使用该效果

图 7.73

- Red Phase（红色通道）：调整图像中的红色。
- Green Phase（绿色通道）：调整图像中的绿色。
- Blue Phase（蓝色通道）：调整图像中的蓝色。
- Overflow（溢出）：设置超出允许范围的像素值的处理方法。

实例7.2：使用CC Color Offset效果制作对比色版面广告

扫一扫，看视频

文件路径：第7章 调色效果→实例：使用CC Color Offset效果制作对比色版面广告

本实例主要使用CC Color Offset效果将图片调整为风格化色调。效果如图7.74所示。

图 7.74

步骤 01 在【项目】面板中右击，选择【新建合成】命令，在弹出的【合成设置】窗口中设置【合成名称】为01，【预设】为【自定义】，【宽度】为1500，【高度】为995，【像素长宽比】为【方形像素】，【帧速率】为25，【分辨率】为【完整】，【持续时间】为5秒。执行【文件】/【导入】/【文件】命令，在弹出的【导入文件】窗口中导入全部素材文件。将【项目】面板中的01.jpg、02.jpg素材文件拖曳到【时间轴】面板中，如图7.75所示。

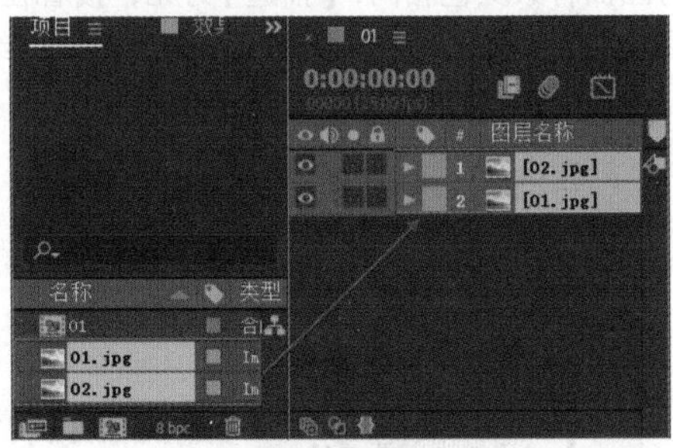

图 7.75

步骤 02 在【时间轴】面板中单击打开02.jpg图层下方的【变换】，设置【位置】为(508.0,565.5)，【缩放】为(53.0,53.0%)，如图7.76所示。此时，画面效果如图7.77所示。

图 7.76　　图 7.77

步骤 03 调整02.jpg素材的颜色。在【效果和预设】面板搜索框中搜索CC Color Offset，将该效果拖曳到【时间轴】面板的02.jpg图层上，如图7.78所示。

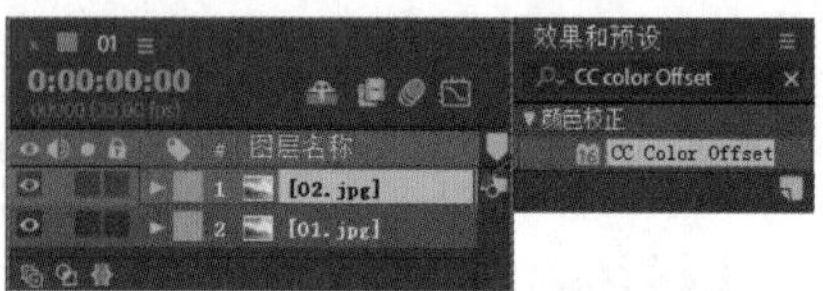

图 7.78

步骤 04 在【时间轴】面板中打开02.jpg图层下方的【效果】/CC Color Offset，设置Red Phase为0x+35.0°，Blue Phase为0x−35.0°，如图7.79所示。此时，画面效果如图7.80所示。

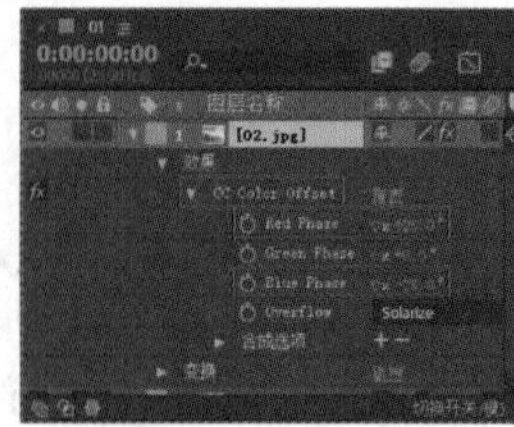

图 7.79　　图 7.80

步骤 05 在菜单栏中选择▆（矩形工具），设置【填充】颜色与画面背景颜色相同，【描边】为无，接着在02.jpg素材图片上方按住鼠标左键绘制一个长条形状，绘制完成后可适当调整形状的位置，如图7.81所示。

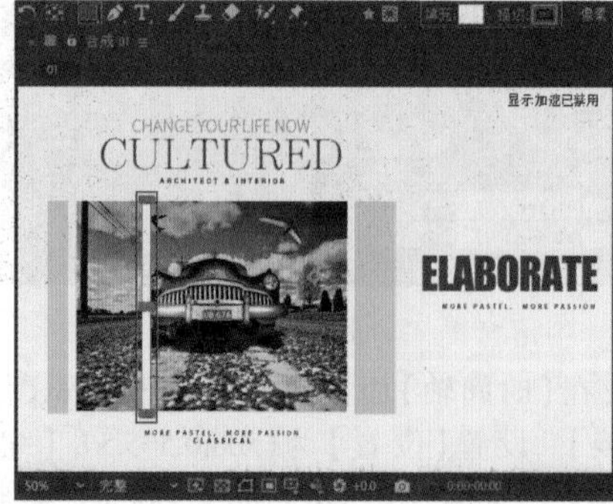

图 7.81

步骤 06 在【时间轴】面板中打开【形状图层1】下方的内容，选择【矩形1】，使用快捷键Ctrl+D进行复制，此时出现【矩形2】，如图7.82所示。在菜单栏中选择▶（选择工具），将光标移动到复制的矩形上方，按住鼠标左键将它向右侧移动到合适的位置，如图7.83所示。

图 7.82　　图 7.83

步骤 07 本实例制作完成，画面最终效果如图7.84所示。

图 7.84

7.3.6 CC Kernel

CC Kernel（CC内核）效果可以制作一个3×3卷积内核。选中素材，执行【效果】/【颜色校正】/CC Kernel命令，此时参数设置如图7.85所示。为素材添加该效果的前后对比如图7.86所示。

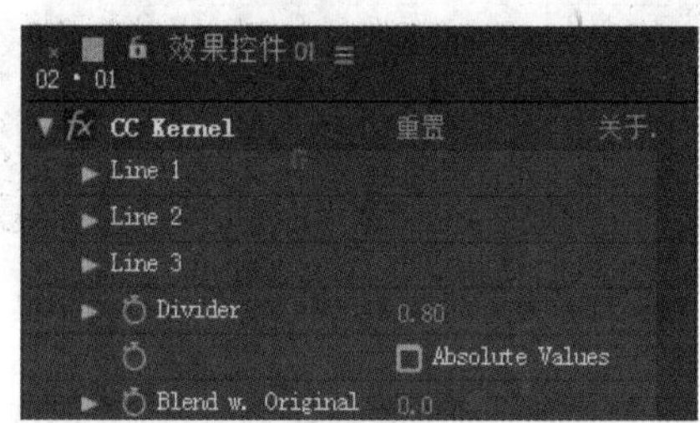

图 7.85

（a）未使用该效果　　（b）使用该效果

图 7.86

7.3.7　CC Toner

CC Toner（CC 碳粉）效果可以调节色彩的高光、中间调和阴影的色调并进行替换。选中素材，执行【效果】/【颜色校正】/CC Toner命令，此时参数设置如图7.87所示。为素材添加该效果的前后对比如图7.88所示。

图 7.87

（a）未使用该效果　　（b）使用该效果

图 7.88

- Highlights（高光）：设置亮部颜色。
- Midtones（中间调）：设置中间调颜色。
- Shadows（阴影）：设置暗部颜色。
- Blend w. Original（与原始图像混合）：设置与源图像的混合程度。

7.3.8　照片滤镜

【照片滤镜】效果可以对Photoshop照片进行滤镜调整，使其产生某种颜色的偏色效果。选中素材，执行【效果】/【颜色校正】/【照片滤镜】命令，此时参数设置如图7.89所示。为素材添加该效果的前后对比如图7.90所示。

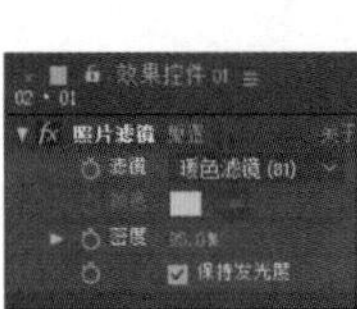

（a）未使用该效果　（b）使用该效果

图 7.89　　图 7.90

- 滤镜：设置滤镜色调，其中包括暖色调、冷色调等其他颜色色彩。
- 颜色：设置色调颜色。
- 密度：设置滤镜浓度。
- 保持发光度：勾选此复选框，设置是否保持发光。

7.3.9　Lumetri 颜色

【Lumetri 颜色】效果是一种强大的、专业的调色效果，其中包含多种参数，可以用具有创意的方式按序列调整颜色、对比度和光照。选中素材，执行【效果】/【颜色校正】/【Lumetri 颜色】命令，此时参数设置如图7.91所示。为素材添加该效果的前后对比如图7.92所示。

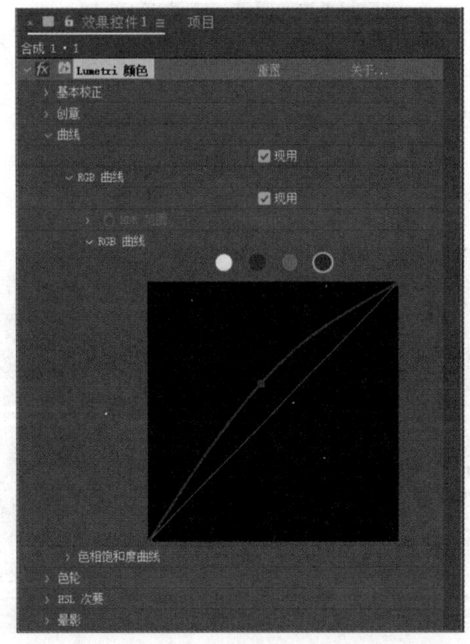

图 7.91

（a）未使用该效果　　（b）使用该效果

图 7.92

- 基本校正：设置输入LUT、白平衡、色调及饱和度。
- 创意：通过设置参数制作创意图像。
- 曲线：调整图像明暗程度及色相的饱和程度。
- 色轮：分别设置中间调、阴影和高光的色相。
- HSL 次要：优化画质，校正色调。
- 晕影：制作晕影效果。

7.3.10　PS 任意映射

【PS 任意映射】效果设置是在 After Effects 早期版本中创建的使用任意映射效果的项目。而对于较新的版本，则可以使用【曲线】效果。选中素材，执行【效果】/【颜色校正】/【PS 任意映射】命令，此时参数设置如图 7.93 所示。为素材添加该效果的前后对比如图 7.94 所示。

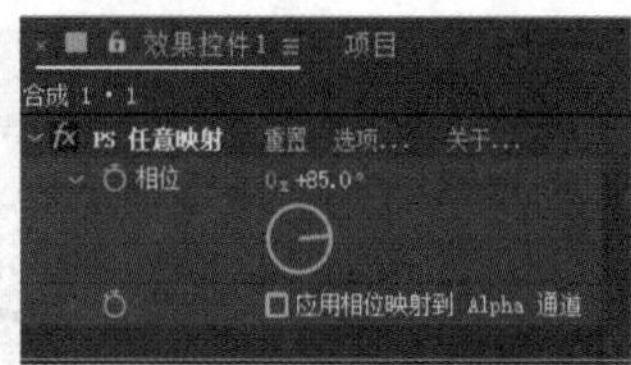

图 7.93

（a）未使用该效果　　（b）使用该效果

图 7.94

- 相位：循环显示任意映射。
- 应用相位映射到Alpha通道：将指定映像映射到Alpha通道上。

7.3.11　灰度系数/基值/增益

【灰度系数/基值/增益】效果可以单独调整每个通道的伸缩、灰度系数、基值、增益参数。选中素材，执行【效果】/【颜色校正】/【灰度系数/基值/增益】命令，此时参数设置如图 7.95 所示。为素材添加该效果的前后对比如图 7.96 所示。

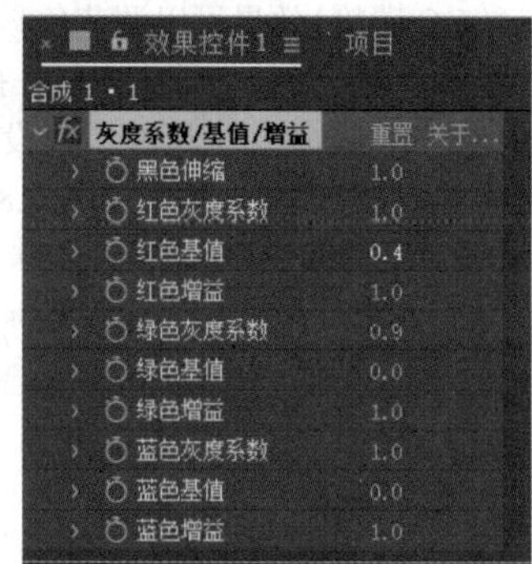

图 7.95

（a）未使用该效果　　（b）使用该效果

图 7.96

- 黑色伸缩：设置重新映射所有通道的低像素值。
- 红/绿/蓝色灰度系数：设置红/绿/蓝通道中间调的明暗程度。
- 红/绿/蓝色基值：设置红/绿/蓝通道的最小输出值。
- 红/绿/蓝色增益：设置红/绿/蓝通道的最大输出值。

7.3.12　色调

【色调】效果可以使画面产生两种颜色的变化效果。选中素材，执行【效果】/【颜色校正】/【色调】命令，此时参数设置如图 7.97 所示。为素材添加该效果的前后对比如图 7.98 所示。

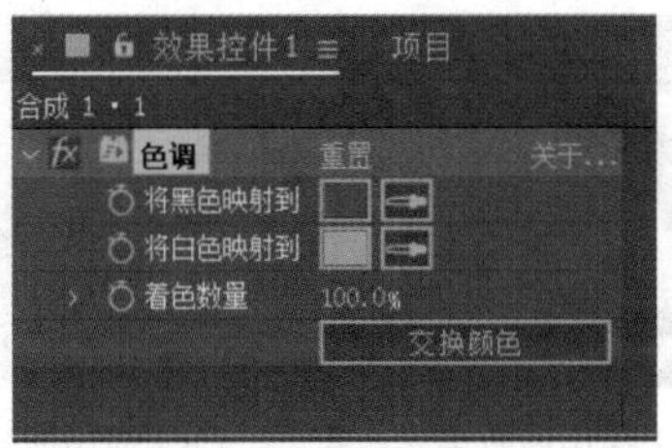

图 7.97

（a）未使用该效果 （b）使用该效果

图 7.98

- 将黑色映射到：设置黑色到其他颜色。
- 将白色映射到：设置白色到其他颜色。
- 着色数量：设置更改颜色的浓度。

7.3.13 色调均化

【色调均化】效果可以重新分布像素值以得到更均匀的亮度和颜色。选中素材，执行【效果】/【颜色校正】/【色调均化】命令，此时参数设置如图 7.99 所示。为素材添加该效果的前后对比如图 7.100 所示。

图 7.99

（a）未使用该效果 （b）使用该效果

图 7.100

- 色调均化：RGB 会根据红色、绿色和蓝色的分量使图像色调均化。
- 色调均化量：设置亮度值的百分比。

7.3.14 色阶

【色阶】效果可以通过调整画面中的黑色、白色、灰色的明度色阶数值，改变颜色。选中素材，执行【效果】/【颜色校正】/【色阶】命令，此时参数设置如图 7.101 所示。为素材添加该效果的前后对比如图 7.102 所示。

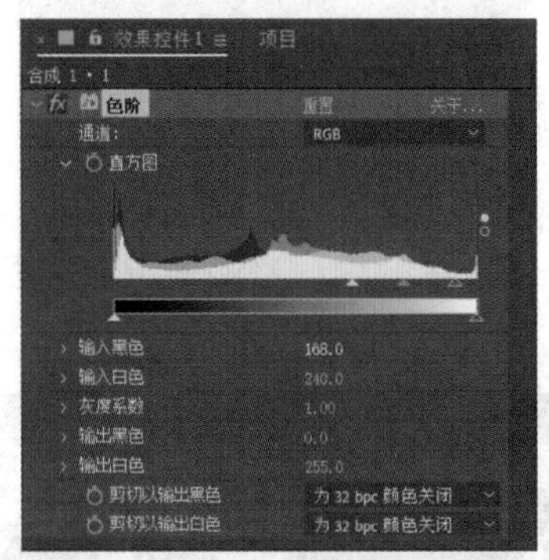

图 7.101

（a）未使用该效果 （b）使用该效果

图 7.102

- 通道：将需要修改的通道进行单独设置调整。
- 直方图：通过直方图可以了解图像各个影调的分布情况。
- 输入黑色：设置输入图像中的黑色阈值。
- 输入白色：设置输入图像中的白色阈值。
- 灰度系数：设置图像阴影和高光的相对值。
- 输出黑色：设置输出图像中的黑色阈值。
- 输出白色：设置输出图像中的白色阈值。

7.3.15 色阶(单独控件)

【色阶(单独控件)】效果与【色阶】效果类似，而且可以为每个通道调整单独的颜色值。选中素材，执行【效果】/【颜色校正】/【色阶(单独控件)】命令，此时参数设置如图 7.103 所示。为素材添加该效果的前后对比如图 7.104 所示。

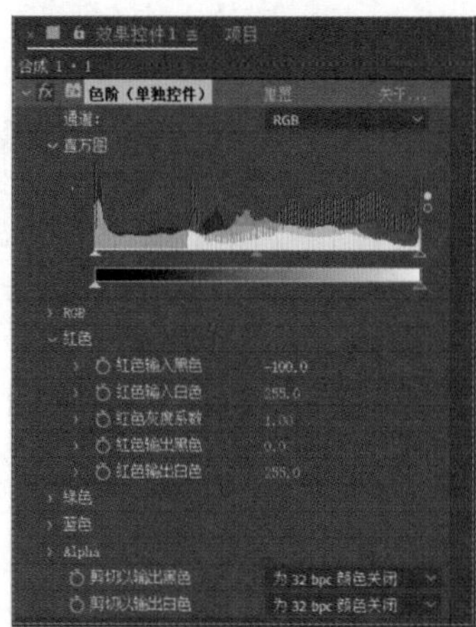

图 7.103

（a）未使用该效果　　（b）使用该效果

图 7.104

- 红色：设置红色通道阈值。
- 绿色：设置绿色通道阈值。
- 蓝色：设置蓝色通道阈值。
- Alpha：设置Alpha通道阈值。

7.3.16　色光

【色光】效果可以使画面产生强烈的高饱和度色彩光亮效果。选中素材，执行【效果】/【颜色校正】/【色光】命令，此时参数设置如图7.105所示。为素材添加该效果的前后对比如图7.106所示。

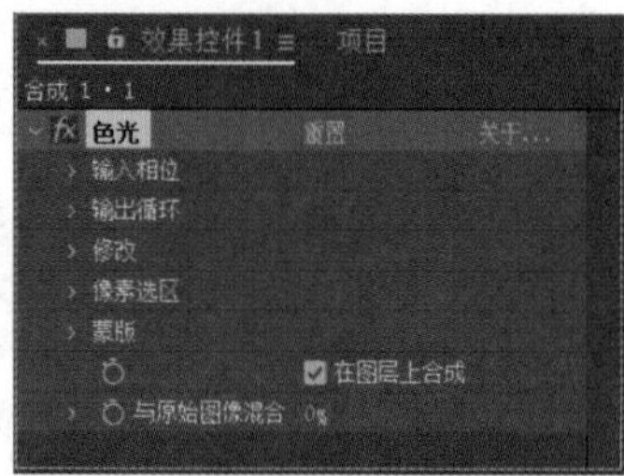

图 7.105

（a）未使用该效果　　（b）使用该效果

图 7.106

- 输入相位：设置图像渐变映射方式。
- 输出循环：设置渐变映射的样式。
- 修改：设置指定渐变映射影响当前图层的方式。
- 像素选区：设置渐变映射在当前图层影响的像素范围。
- 蒙版：设置遮罩图层。
- 在图层上合成：将效果合成到图层上。
- 与原始图像混合：设置与原始图像的混合程度。

7.3.17　色相/饱和度

【色相/饱和度】效果可以调节各个通道的色相、饱和度和亮度效果。选中素材，执行【效果】/【颜色校正】/【色相/饱和度】命令，此时参数设置如图7.107所示。为素材添加该效果的前后对比如图7.108所示。

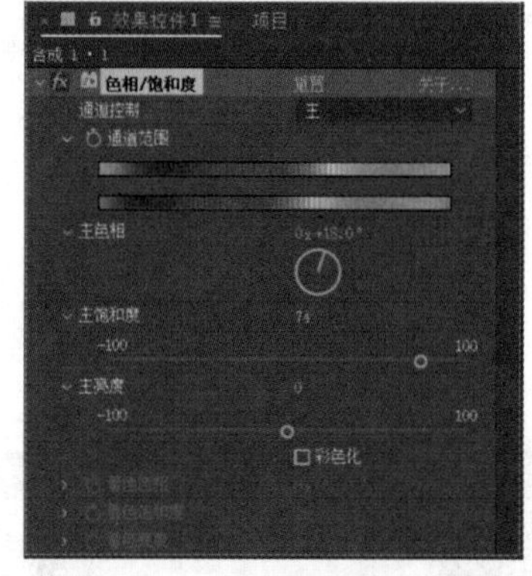

图 7.107

（a）未使用该效果　　（b）使用该效果

图 7.108

- 通道控制：设置要调整的颜色通道。
- 通道范围：设置通道效果范围。
- 主色相：设置通道指定色调。
- 主饱和度：设置指定色调饱和度。
- 主亮度：设置指定色调明暗程度。
- 彩色化：勾选此复选框，默认彩色图像为红色。
- 着色色相：勾选此复选框，可以将图像转换为彩色图像。
- 着色饱和度：控制色彩化图像的饱和度。
- 着色亮度：控制色彩化图像的明暗程度。

实例7.3：使用【色相/饱和度】效果制作日式风格菜品广告

文件路径：第7章 调色效果→实例：使用【色相/饱和度】效果制作日式风格菜品广告

扫一扫，看视频

本实例使用【色相/饱和度】效果将食物调整得更加鲜艳，极大地促进观者食欲。效果如图7.109所示。

图 7.109

步骤 01 在【项目】面板中右击，选择【新建合成】命令，在弹出的【合成设置】窗口中设置【合成名称】为1，【预设】为【自定义】，【宽度】为1000，【高度】为1498，【像素长宽比】为【方形像素】，【帧速率】为24，【分辨率】为【完整】，【持续时间】为5秒。执行【文件】/【导入】/【文件】命令，在弹出的【导入文件】窗口中导入全部素材文件。在【项目】面板中将1.jpg素材文件拖曳到【时间轴】面板中，如图7.110所示。

步骤 02 在【效果和预设】面板搜索框中搜索【色相/饱和度】，将该效果拖曳到【时间轴】面板的1.jpg图层上，如图7.111所示。

图 7.110

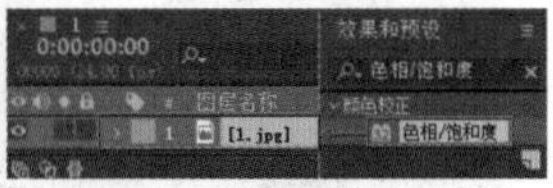

图 7.111

步骤 03 在【时间轴】面板中选择1.jpg图层，在【效果控件】面板中展开【色相/饱和度】，设置【主色相】为0x+33.0°，【主饱和度】为50，如图7.112所示。此时，画面效果如图7.113所示。

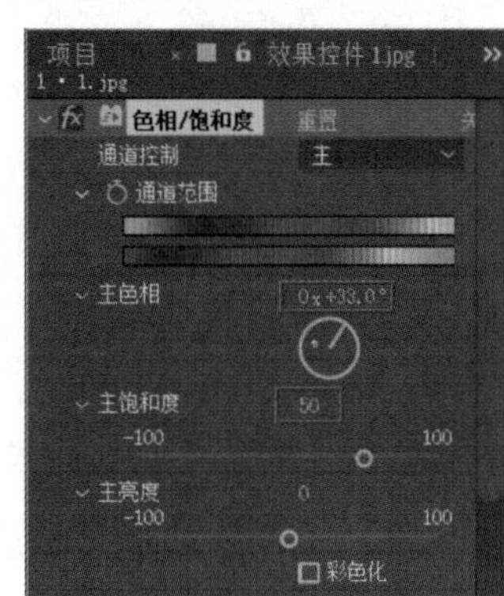

图 7.112

图 7.113

步骤 04 绘制形状。在工具栏中选择▇（矩形工具），设置【填充】为灰绿色，【描边】为白色，【描边宽度】为6像素，设置完成后在画面底部绘制一个矩形作为文字背景，如图7.114所示。

步骤 05 将【项目】面板中的2.png素材文件拖曳到【时间轴】面板中，如图7.115所示。

图 7.114

图 7.115

步骤 06 在【时间轴】面板中单击打开2.png图层下方的【变换】，设置【位置】为(524.0,1233.0)，如图7.116所示。

步骤 07 本实例制作完成，画面最终效果如图7.117所示。

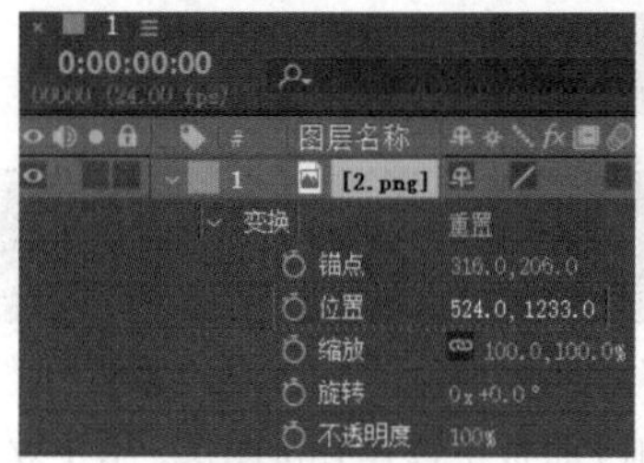

图 7.116

图 7.117

7.3.18 广播颜色

【广播颜色】效果应用于设置广播电视播出的信号振幅数值。选中素材，执行【效果】/【颜色校正】/【广播颜色】命令，此时参数设置如图 7.118 所示。为素材添加该效果的前后对比如图 7.119 所示。

图 7.118

（a）未使用该效果　　（b）使用该效果

图 7.119

- 广播区域设置：设置广播区域模式。
- 确保颜色安全的方式：设置实现安全颜色的方法。
- 最大信号振幅（IRE）：限制最大信号振幅。

7.3.19 亮度和对比度

【亮度和对比度】效果可以调整亮度和对比度。选中素材，执行【效果】/【颜色校正】/【亮度和对比度】命令，此时参数设置如图 7.120 所示。为素材添加该效果的前后对比如图 7.121 所示。

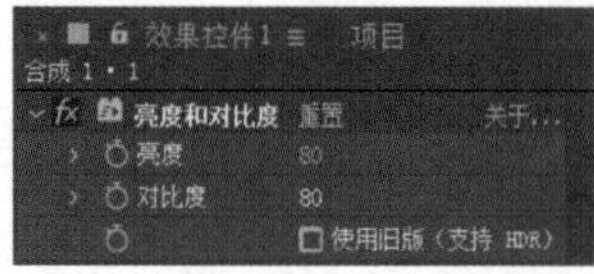

图 7.120

（a）未使用该效果　　（b）使用该效果

图 7.121

- 亮度：设置图像明暗程度。
- 对比度：设置图像高光与阴影的对比值。
- 使用旧版（支持HDR）：勾选此复选框，可以使用旧版【亮度/对比度】参数设置面板。

7.3.20 保留颜色

【保留颜色】效果可以单独保留作品中的一种颜色，其他颜色变为灰色。选中素材，执行【效果】/【颜色校正】/【保留颜色】命令，此时参数设置如图 7.122 所示。为素材添加该效果的前后对比如图 7.123 所示。

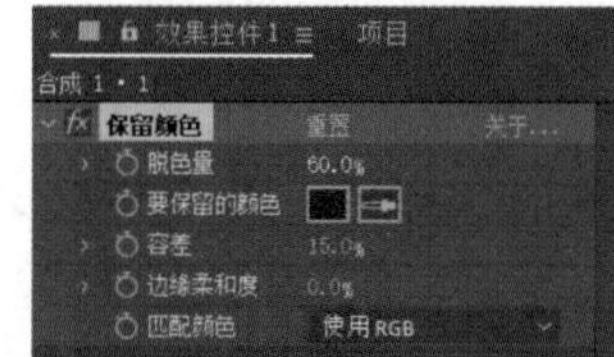

图 7.122

（a）未使用该效果　　（b）使用该效果

图 7.123

- 脱色量：设置脱色程度，数值越大，其他颜色饱和度越低。
- 要保留的颜色：设置需保留的色彩。
- 容差：设置色彩相似程度。
- 边缘柔和度：设置边缘柔和程度。
- 匹配颜色：设置色彩的匹配形式。

7.3.21 可选颜色

【可选颜色】效果可以对画面中不平衡的颜色进行校

正，还可以选择画面中的某些特定颜色，并对其进行颜色调整。选中素材，执行【效果】/【颜色校正】/【可选颜色】命令，此时参数设置如图7.124所示。为素材添加该效果的前后对比如图7.125所示。

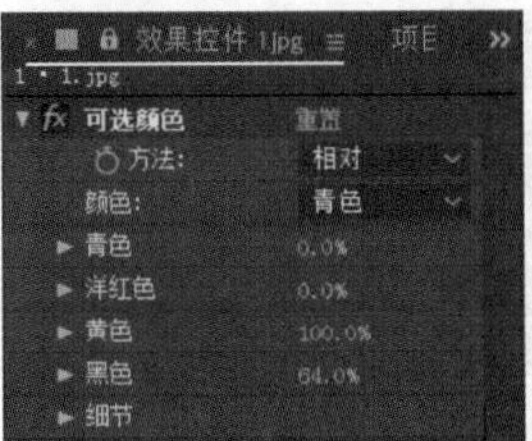

（a）未使用该效果（b）使用该效果

图7.124　　图7.125

- 方法：设置相对值或绝对值。
- 颜色：设置需要调整的针对色系。
- 青色：设置图像中青色的含量值。
- 洋红色：设置图像中洋红色的含量值。
- 黄色：设置图像中黄色的含量值。
- 黑色：设置图像中黑色的含量值。
- 细节：设置各个色彩的细节含量。

实例7.4：使用【可选颜色】效果更改草地颜色

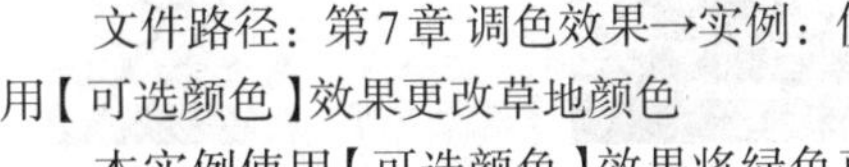

文件路径：第7章 调色效果→实例：使用【可选颜色】效果更改草地颜色

扫一扫，看视频

本实例使用【可选颜色】效果将绿色草地更改为橙黄色，使画面呈现出一种秋天的氛围，对比效果如图7.126所示。

（a）　　（b）

图7.126

步骤 01 在【项目】面板中右击，选择【新建合成】命令，在弹出的【合成设置】窗口中设置【合成名称】为1，【预设】为【自定义】，【宽度】为1000，【高度】为625，【像素长宽比】为【方形像素】，【帧速率】为24，【分辨率】为【完整】，【持续时间】为5秒。执行【文件】/【导入】/【文件】命令，导入1.jpg素材文件。在【项目】面板中将1.jpg素材文件拖曳到【时间轴】面板中，如图7.127所示。

步骤 02 在【效果和预设】面板搜索框中搜索【可选颜色】，将该效果拖曳到【时间轴】面板中的1.jpg图层上，如图7.128所示。

图7.127　　图7.128

步骤 03 在【时间轴】面板中选择1.jpg图层，在【效果控件】面板中打开【可选颜色】，设置【方法】为【绝对】，【颜色】为【黄色】，【青色】为-10.0%，【洋红色】为70.0%，【黄色】为10.0%，如图7.129所示。接下来设置【颜色】为【绿色】，【青色】为-100.0%，【洋红色】【黄色】【黑色】均为100.0%，如图7.130所示。

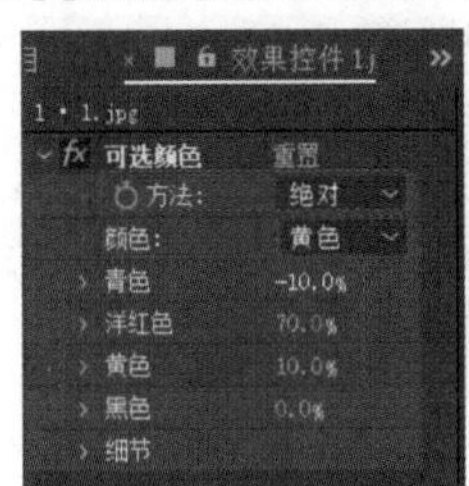

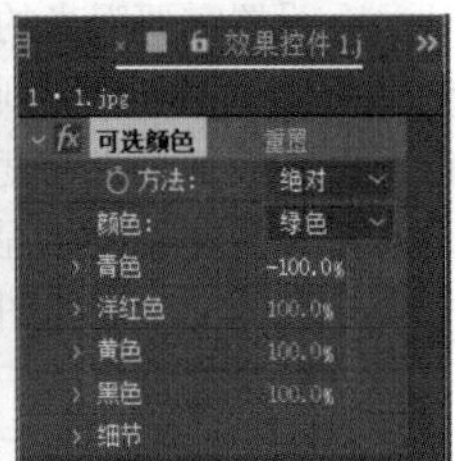

图7.129　　图7.130

步骤 04 本实例制作完成，画面最终效果如图7.131所示。

图7.131

7.3.22　曝光度

【曝光度】效果可以设置画面的曝光效果。选中素材，执行【效果】/【颜色校正】/【曝光度】命令，此时参数设置如图7.132所示。为素材添加该效果的前后对比如图7.133所示。

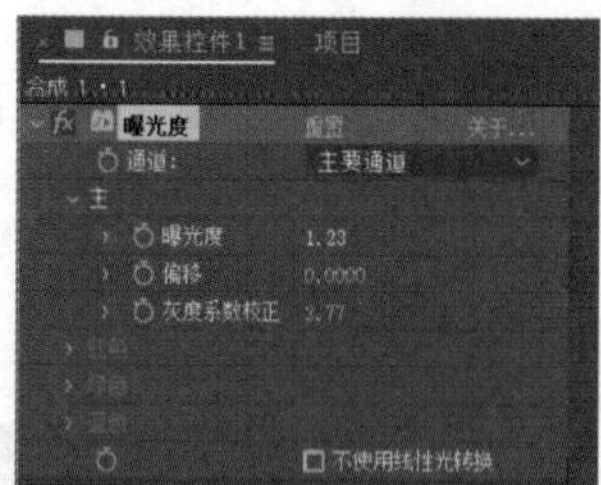

图 7.132

（a）未使用该效果　　（b）使用该效果

图 7.133

- 通道：设置需要曝光的通道。
- 主：设置应用于整个画面。
- 曝光度：设置曝光程度。
- 偏移：设置曝光偏移程度。
- 灰度系数校正：设置图像灰度系数精准度。
- 红色：设置红色应用于整个画面。
- 绿色：设置绿色应用于整个画面。
- 蓝色：设置蓝色应用于整个画面。
- 不使用线性光转换：勾选此复选框，设置是否启用线性光转换。

7.3.23　曲线

【曲线】效果可以调整图像的曲线亮度。选中素材，执行【效果】/【颜色校正】/【曲线】命令，此时参数设置如图7.134所示。为素材添加该效果的前后对比如图7.135所示。

- 通道：设置需要调整的颜色通道。
- 曲线：通过曲线来调节图像的色调及明暗程度。
  - （曲线工具）：可以在曲线上添加控制点，拖动控制点可以调整图像明暗程度。
  - （铅笔工具）：可以在曲线坐标图上绘制任意曲线形状。
  - 保存... （保存曲线）：可以保存当前曲线状态，以便以后重复使用。
  - 打开... （打开工具）：单击可以打开存储的曲线调节文件夹。
  - 平滑 （平滑曲线）：设置曲线平滑程度。
  - 重置 （重置）：单击可以重置曲线面板参数。
  - 自动 （自动）：单击可以自动调节面板色调及明暗程度。

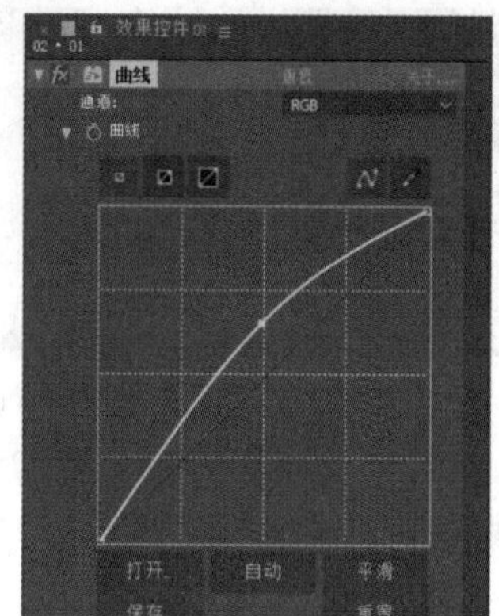

图 7.134

（a）未使用该效果　　（b）使用该效果

图 7.135

实例7.5：使用【曲线】效果制作电影感暖调画面

扫一扫，看视频

文件路径：第7章 调色效果→实例：使用【曲线】效果制作电影感暖调画面

本实例主要使用【曲线】效果将一张色感普通的画面打造出偏酒红色的高级色调，对比效果如图7.136所示。

（a）　　（b）

图 7.136

步骤 01 在【项目】面板中右击，选择【新建合成】命令，在弹出的【合成设置】窗口中设置【合成名称】为1，【预设】为【自定义】，【宽度】为1000，【高度】为667，【像素长宽比】为【方形像素】，【帧速率】为24，【分辨率】为【完整】，【持续时间】为5秒。执行【文件】/【导入】/【文件】命令，导入1.jpg素材文件。在【项目】面板中将1.jpg素材文件拖曳到【时间轴】面板中，如图7.137所示。

步骤 02 在【效果和预设】面板搜索框中搜索【曲线】，将该效果拖曳到【时间轴】面板的1.jpg图层上，如图7.138所示。

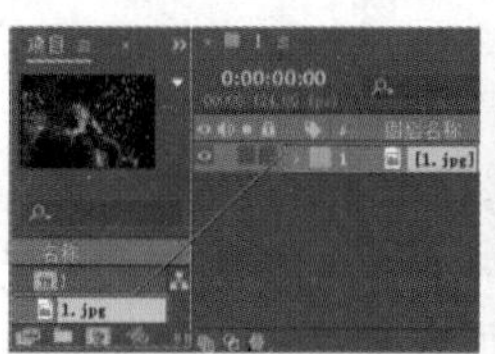

图 7.137

图 7.138

步骤 03 在【时间轴】面板中选择1.jpg图层，在【效果控件】面板中展开【曲线】效果。首先将【通道】设置为RGB，接着在曲线中部单击添加控制点并向左上角拖动，将画面进行提亮，如图7.139所示。下面将【通道】设置为【红色】，在红色曲线中部单击添加一个控制点，同样向左上角拖动，增加画面中的红色数量，如图7.140所示。

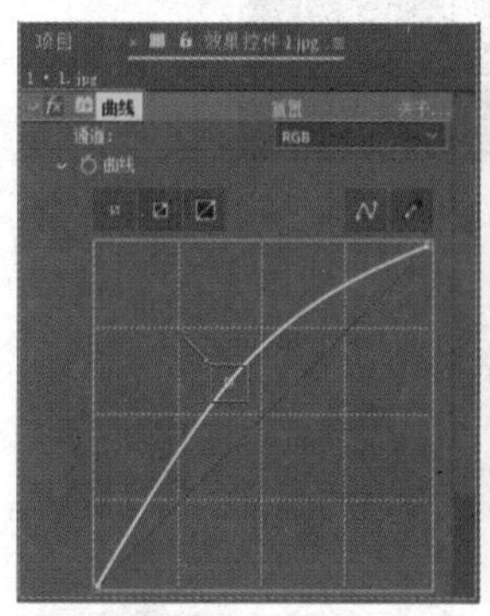

图 7.139

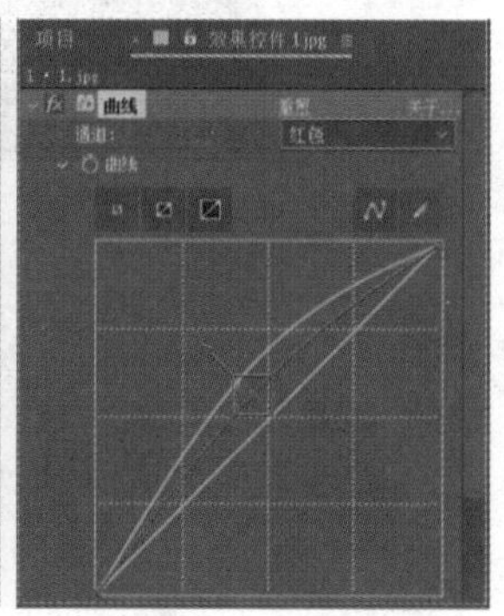

图 7.140

步骤 04 继续将【通道】设置为【蓝色】，将鼠标移动到蓝色曲线左下角控制点处，按住鼠标左键向上拖动；接着在蓝色曲线中部位置单击添加控制点，将这个控制点向右下角拖动，减少画面中的蓝色数量，如图7.141所示。

步骤 05 本实例制作完成，画面最终效果如图7.142所示。

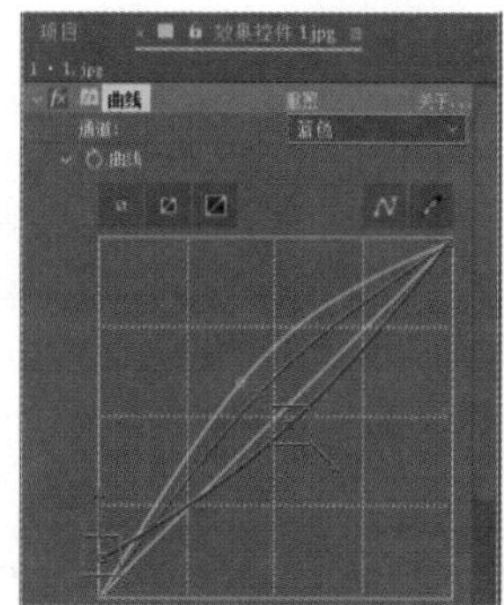

图 7.141

图 7.142

7.3.24 更改为颜色

【更改为颜色】效果可以通过吸取作品中的某种颜色，将其替换为另外一种颜色。选中素材，执行【效果】/【颜色校正】/【更改为颜色】命令，此时参数设置如图7.143所示。为素材添加该效果的前后对比如图7.144所示。

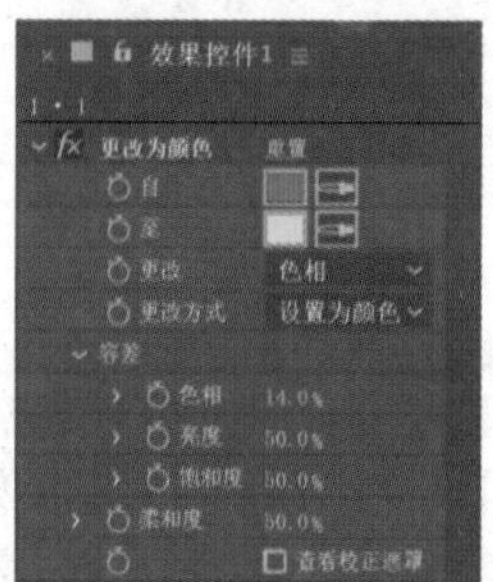

图 7.143

（a）未使用该效果

（b）使用该效果

图 7.144

- 自：设置需要转换的颜色。
- 至：设置目标颜色。
- 更改：颜色改变的基础类型有4种，分别为色相，色相和亮度，色相和饱和度，色相、亮度和饱和度。
- 更改方式：设置颜色替换方式。
- 容差：设置颜色容差值，其中包括色相、亮度和饱和度。

- 色相：设置色相容差值。
- 亮度：设置亮度容差值。
- 饱和度：设置饱和度容差值。
- 柔和度：设置替换后的颜色的柔和程度。
- 查看校正遮罩：可查看校正后的遮罩图。

实例7.6：使用【更改为颜色】效果为果汁换色

扫一扫，看视频

文件路径：第7章 调色效果→实例：使用【更改为颜色】效果为果汁换色

本实例使用【更改为颜色】效果将果汁的红色调整为黄色，对比效果如图7.145所示。

（a）　（b）

图 7.145

步骤 01 在【项目】面板中右击，选择【新建合成】命令，在弹出的【合成设置】窗口中设置【合成名称】为1，【预设】为【自定义】，【宽度】为4419，【高度】为2946，【像素长宽比】为【方形像素】，【帧速率】为24，【分辨率】为【完整】，【持续时间】为5秒。执行【文件】/【导入】/【文件】命令，导入1.jpg素材文件。在【项目】面板中将1.jpg素材文件拖曳到【时间轴】面板中，如图7.146所示。

步骤 02 在【效果和预设】面板搜索框中搜索【更改为颜色】，将该效果拖曳到【时间轴】面板的1.jpg图层上，如图7.147所示。

图 7.146

图 7.147

步骤 03 在【时间轴】面板中选择1.jpg图层，在【效果控件】面板中展开【更改为颜色】，单击【自】后方吸管按钮，吸取果汁的颜色，此时【自】为红色，然后设置【至】为黄色；接着展开【容差】，设置【色相】为20.0%，如图7.148所示。此时，画面最终效果如图7.149所示。

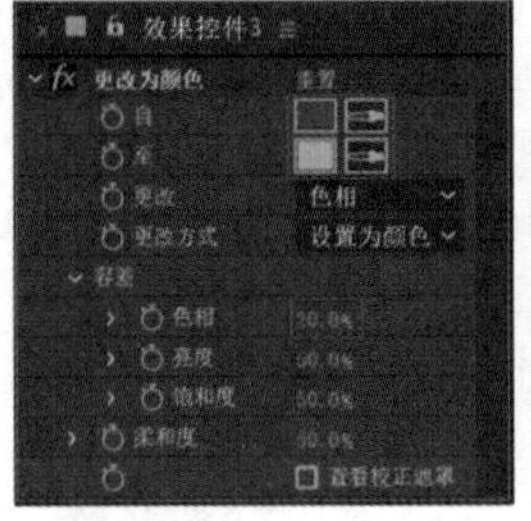

图 7.148　　图 7.149

7.3.25 更改颜色

【更改颜色】效果可以吸取画面中的某种颜色，设置颜色的色相、饱和度和亮度从而改变颜色。选中素材，执行【效果】/【颜色校正】/【更改颜色】命令，此时参数设置如图7.150所示。为素材添加该效果的前后对比如图7.151所示。

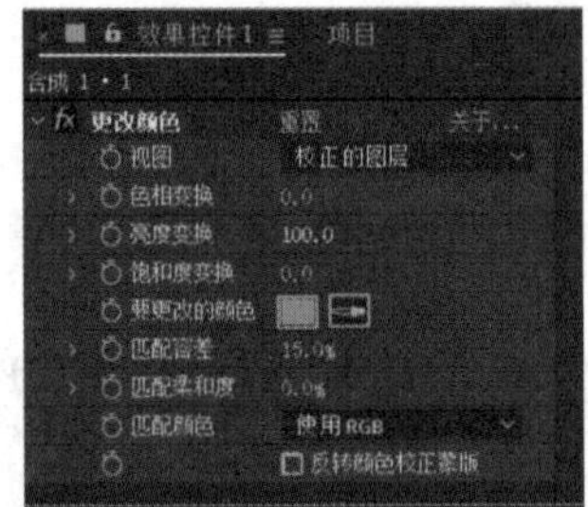

图 7.150

（a）未使用该效果　（b）使用该效果

图 7.151

- 视图：设置【合成】面板中的观察效果。
- 色相变换：设置所选颜色的改变区域。
- 亮度变换：调制亮度值。
- 饱和度变换：调制饱和度值。

- 要更改的颜色：设置图像中需改变颜色的颜色区域。图7.152所示即设置【要更改的颜色】为浅绿色调整后的对比效果。

（a）未使用该效果

（b）使用该效果

图7.152

- 匹配容差：设置颜色相似程度。
- 匹配柔和度：设置柔和程度。
- 匹配颜色：设置匹配颜色空间。
- 反转颜色校正蒙版：设置颜色校正蒙版。

7.3.26 自然饱和度

【自然饱和度】效果可以对图像进行自然饱和度、饱和度的调整。选中素材，执行【效果】/【颜色校正】/【自然饱和度】命令，此时参数设置如图7.153所示。为素材添加该效果的前后对比如图7.154所示。

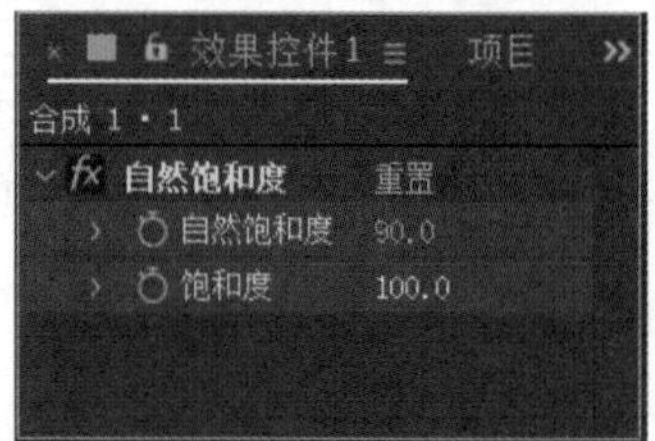

图7.153

（a）未使用该效果

（b）使用该效果

图7.154

- 自然饱和度：调整图像自然饱和程度。
- 饱和度：调整图像饱和程度。

7.3.27 自动色阶

【自动色阶】效果可以将图像各颜色通道中最亮和最暗的值映射为白色和黑色，然后重新分配中间的值。选中素材，执行【效果】/【颜色校正】/【自动色阶】命令，此时参数设置如图7.155所示。为素材添加该效果的前后对比如图7.156所示。

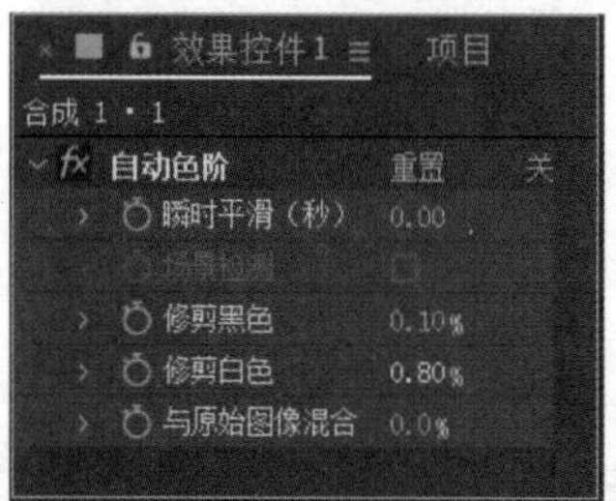

图7.155

（a）未使用该效果

（b）使用该效果

图7.156

- 瞬时平滑（秒）：设置指定一个时间的滤波范围，单位为秒。
- 场景检测：设置检测图层中图像的场景。
- 修剪黑色：可以加深修剪阴影部分的图像的阴影部分。
- 修剪白色：可以提高修剪高光部分的图像的高光部分。
- 与原始图像混合：设置与原始图像的混合程度。

7.3.28 自动对比度

【自动对比度】效果可以自动调整画面的对比度。选中素材，执行【效果】/【颜色校正】/【自动对比度】命令，此时参数设置如图7.157所示。为素材添加该效果的前后对比如图7.158所示。

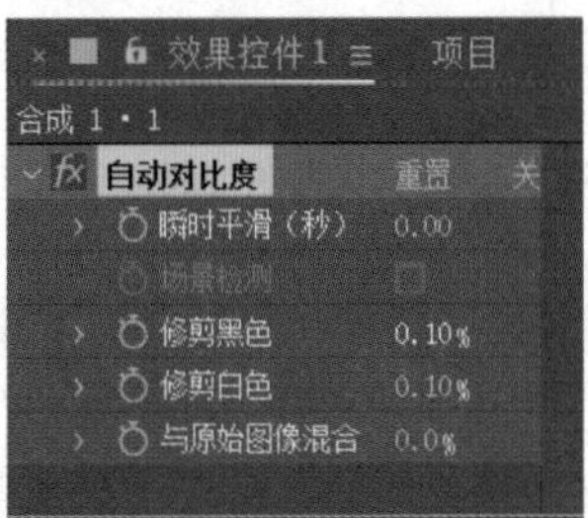

图 7.157

（a）未使用该效果　　（b）使用该效果

图 7.158

- 瞬时平滑（秒）：为确定每个帧相对于其周围帧所需的校正量而分析的邻近帧的范围，单位为秒。
- 场景检测：设置检测图层中图像的场景。
- 修剪黑色：可加深修剪阴影部分的图像的阴影部分。
- 修剪白色：可提高修剪高光部分的图像的高光部分。
- 与原始图像混合：设置与原始图像的混合程度。

7.3.29 自动颜色

【自动颜色】效果可以自动调整画面颜色。选中素材，执行【效果】/【颜色校正】/【自动颜色】命令，此时参数设置如图 7.159 所示。为素材添加该效果的前后对比如图 7.160 所示。

- 瞬时平滑（秒）：为确定每个帧相对于其周围帧所需的校正量而分析的邻近帧的范围，单位为秒。
- 场景检测：设置检测图层中图像的场景。
- 修剪黑色：可加深修剪阴影部分的图像的阴影部分。
- 修剪白色：可提高修剪高光部分的图像的高光部分。
- 对齐中性中间调：可自动调整中间颜色影调。
- 与原始图像混合：设置与原始图像的混合程度。

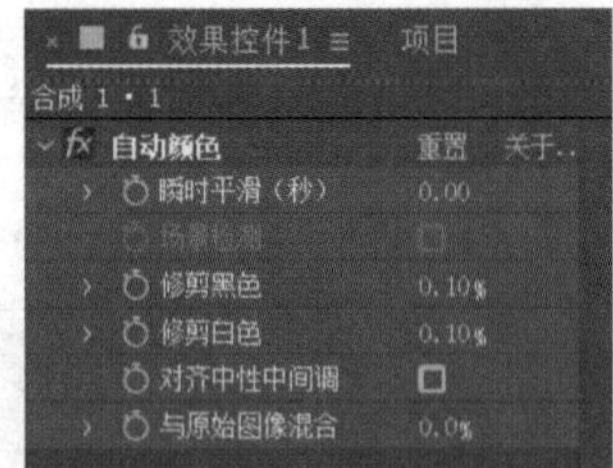

图 7.159

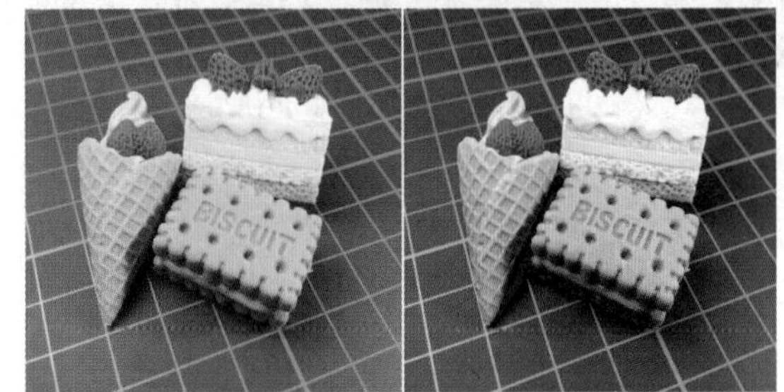

（a）未使用该效果　　（b）使用该效果

图 7.160

7.3.30 颜色稳定器

【颜色稳定器】效果可以稳定图像的亮度、色阶、曲线，常用于移除素材中的闪烁，以及均衡素材的曝光和因照明情况改变引起的色移。选中素材，执行【效果】/【颜色校正】/【颜色稳定器】命令，此时参数设置如图 7.161 所示。为素材添加该效果的前后对比如图 7.162 所示。

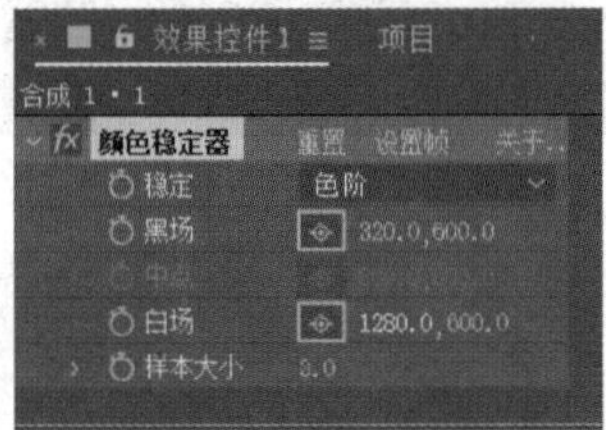

图 7.161

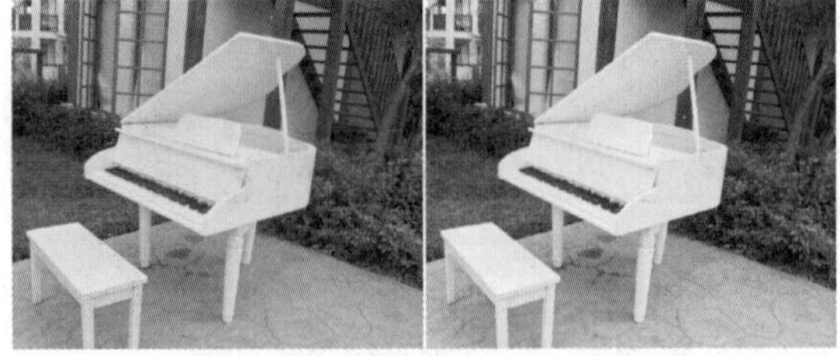

（a）未使用该效果　　（b）使用该效果

图 7.162

- 稳定：设置颜色稳定形式。
- 黑场：设置需要稳定的阴影。
- 中点：设置需要稳定的中间调。
- 白场：设置需要稳定的高光。
- 样本大小：设置样本大小。

7.3.31 颜色平衡

【颜色平衡】效果可以调整颜色的红、绿、蓝通道的平衡，以及阴影、中间调、高光的平衡。选中素材，执行【效果】/【颜色校正】/【颜色平衡】命令，此时参数设置如图7.163所示。为素材添加该效果的前后对比如图7.164所示。

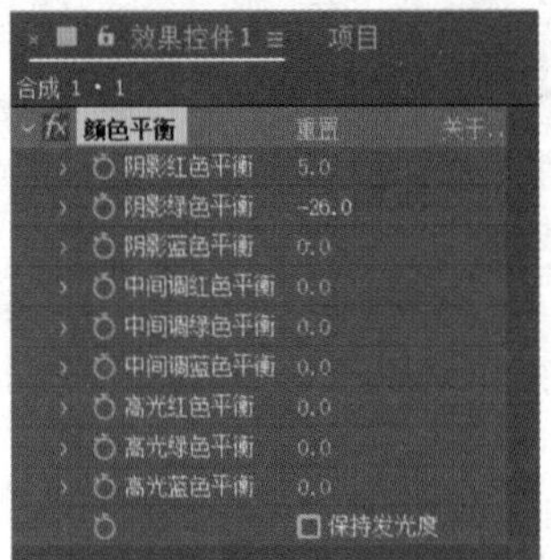

图7.163

（a）未使用该效果　　（b）使用该效果

图7.164

- 阴影红色/绿色/蓝色平衡：可调整红/绿/蓝色的阴影范围平衡程度。
- 中间调红色/绿色/蓝色平衡：可调整红/绿/蓝色的中间调范围平衡程度。
- 高光红色/绿色/蓝色平衡：可调整红/绿/蓝色的高光范围平衡程度。

实例7.7：使用【颜色平衡】效果制作非洲象电影画面

文件路径：第7章 调色效果→实例：使用【颜色平衡】效果制作非洲象电影画面

扫一扫，看视频

本实例主要使用【颜色平衡】效果调整画面色调，使画面氛围更加温暖。效果如图7.165所示。

图7.165

步骤01 在【项目】面板中右击，选择【新建合成】命令，在弹出的【合成设置】窗口中设置【合成名称】为1，【预设】为【自定义】，【宽度】为1200，【高度】为797，【像素长宽比】为【方形像素】，【帧速率】为24，【分辨率】为【完整】，【持续时间】为5秒。执行【文件】/【导入】/【文件】命令，在弹出的【导入文件】窗口中导入全部素材文件。在【项目】面板中将1.jpg、2.png素材文件拖曳到【时间轴】面板中，如图7.166所示。

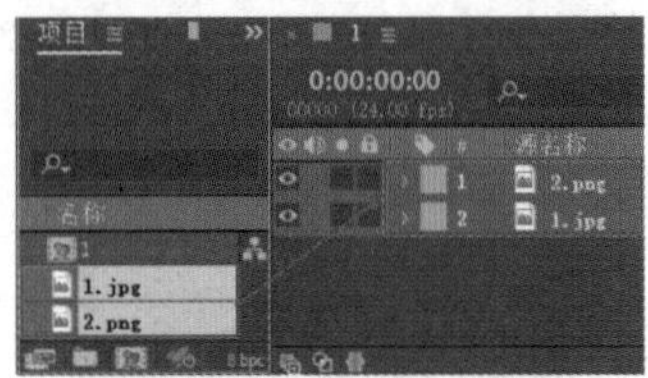

图7.166

步骤02 在【时间轴】面板中单击打开2.png图层下方的【变换】，设置【缩放】为(80.0,80.0%)，如图7.167所示。此时，画面效果如图7.168所示。

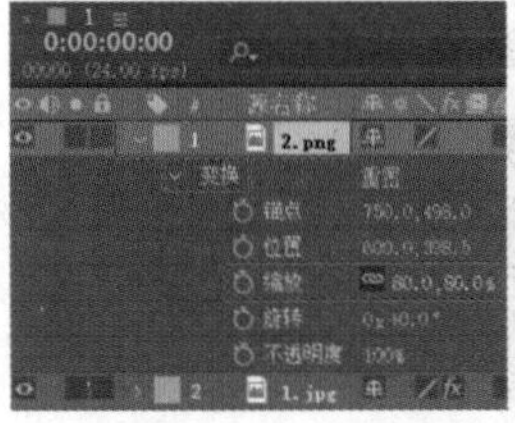

图7.167　　图7.168

步骤03 调整画面色调。在【效果和预设】面板搜索框中搜索【颜色平衡】，将该效果拖曳到【时间轴】面板的1.jpg图层上，如图7.169所示。

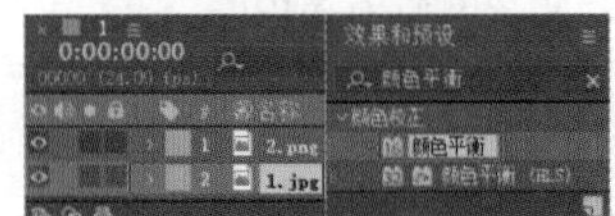

图7.169

步骤 04 在【时间轴】面板中单击打开1.jpg图层下方的【效果】/【颜色平衡】，设置【阴影红色平衡】为75.0，【阴影绿色平衡】为15.0，【阴影蓝色平衡】为-30.0，如图7.170所示。此时，画面最终效果如图7.171所示。

图 7.170

图 7.171

7.3.32 颜色平衡 (HLS)

【颜色平衡 (HLS)】效果可以调整色相、亮度和饱和度通道的数值，从而改变颜色。选中素材，执行【效果】/【颜色校正】/【颜色平衡 (HLS)】命令，此时参数设置如图7.172所示。为素材添加该效果的前后对比如图7.173所示。

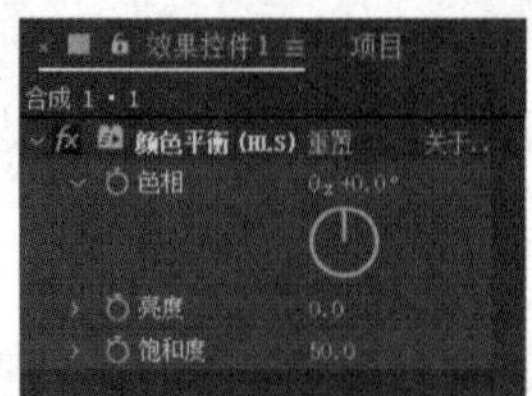

图 7.172

（a）未使用该效果　　（b）使用该效果

图 7.173

- 色相：调整图像色调。
- 亮度：调整图像明暗程度。
- 饱和度：调整图像饱和程度。

7.3.33 颜色链接

【颜色链接】效果可以使用一个图层的平均像素值为另一个图层着色。该效果常用于快速找到与背景图层的颜色相匹配的颜色。选中素材，执行【效果】/【颜色校正】/【颜色链接】命令，此时参数设置如图7.174所示。为素材添加该效果的前后对比如图7.175所示。

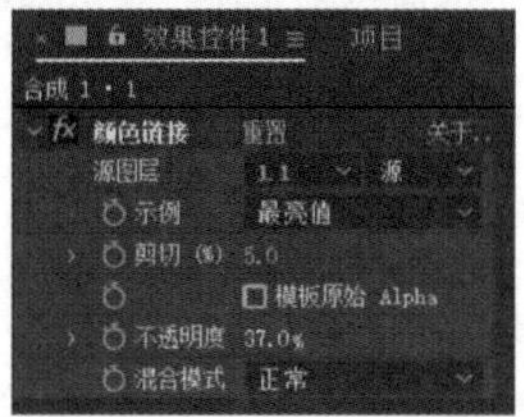

图 7.174

（a）未使用该效果　　（b）使用该效果

图 7.175

- 源图层：设置需要颜色匹配的图层。
- 示例：设置选取颜色取样点的调整方式。
- 剪切：设置修剪百分比数值。
- 模板原始 Alpha：设置原稿的透明模板或类似透明区域。
- 不透明度：设置调整效果的透明程度。设置【不透明度】为20.0%和80.0%的对比效果如图7.176所示。
- 混合模式：设置调整效果的混合模式。

（a）【不透明度】：20.0%　（b）【不透明度】：80.0%

图 7.176

7.3.34 黑色和白色

【黑色和白色】效果可以将彩色的图像转换为黑白色或单色。选中素材，执行【效果】/【颜色校正】/【黑色和白色】命令，此时参数设置如图7.177所示。为素材添加该效果的前后对比如图7.178所示。

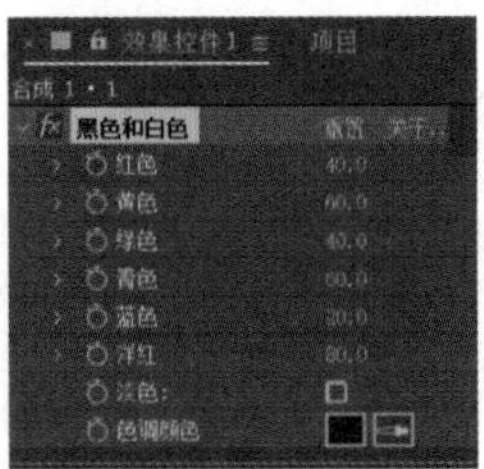

图 7.177

（a）未使用该效果　　（b）使用该效果

图 7.178

- 红色：设置在黑白图像中所含红色的明暗程度。
- 黄色：设置在黑白图像中所含黄色的明暗程度。
- 绿色：设置在黑白图像中所含绿色的明暗程度。
- 青色：设置在黑白图像中所含青色的明暗程度。
- 蓝色：设置在黑白图像中所含蓝色的明暗程度。
- 洋红：设置在黑白图像中所含洋红的明暗程度。
- 淡色：勾选此复选框，可调节该黑白图像的整体色调。
- 色调颜色：在勾选【淡色】复选框的情况下，可设置需要转换的色调颜色，如图7.179所示。

（a）未使用该效果　　（b）使用该效果

图 7.179

练习实例7.1：使用【亮度和对比度】【照片滤镜】效果制作复古色调卡片

文件路径：第7章 调色效果→练习实例：使用【亮度和对比度】【照片滤镜】效果制作复古色调卡片

扫一扫，看视频

本练习实例主要使用【亮度和对比度】及【照片滤镜】等效果调整画面色调，使用【锐化】效果将图片呈现得更加清晰。效果如图7.180所示。

图 7.180

练习实例7.2：打造风格化暖调效果

文件路径：第7章 调色效果→练习实例：打造风格化暖调效果

扫一扫，看视频

本练习实例主要使用【照片滤镜】、CC Vignette、【曲线】及【自然饱和度】效果将图片调整为风格化色调。效果如图7.181所示。

图 7.181

练习实例7.3：冷调时尚大片

文件路径：第7章 调色效果→练习实例：冷调时尚大片

扫一扫，看视频

本练习实例使用【色相/饱和度】【曲线】【颜色平衡】效果将画面调整为冷调，使用【自然饱和度】效果使图片整体颜色更加饱满，最后使用CC Vignette效果为画面添加暗角。效果如图7.182所示。

图 7.182

Chapter 8

第8章

扫一扫，看视频

常用过渡效果

本章内容简介：

After Effects中的过渡效果与Premiere Pro中的过渡效果有所不同，Premiere Pro中的过渡效果主要是作用在两个素材之间，而After Effects中的过渡效果是作用在图层上。本章讲解了After Effects中的17种常用的过渡效果类型，通过对素材添加过渡效果，可以使作品的转场变得更丰富。例如，制作柔和唯美的过渡转场、卡通可爱的图案转场等。

重点知识掌握：

- 过渡的概念
- 过渡效果的使用方法
- 各种过渡效果类型的应用

优秀佳作欣赏：

8.1 了解过渡

After Effects中的过渡是指素材与素材之间的转场动画效果。在制作作品时使用合适的过渡效果，可以提升作品播放的连贯性，呈现出炫酷的动态效果和震撼的视觉体验。例如，影视作品中常用强烈的过渡表达坚定的立场、冲突的镜头；以柔和的过渡表达暧昧的情感、唯美的画面等。

8.1.1 什么是过渡

过渡效果是指作品中相邻两个素材承上启下的衔接效果。当一个场景淡出时，另一个场景淡入，在视觉上通常会辅助画面传达一系列情感，达到吸引观者兴趣的作用；或者是用于将一个场景连接到另一个场景中，以戏剧性的方式丰富画面，突出画面的亮点，如图8.1所示。

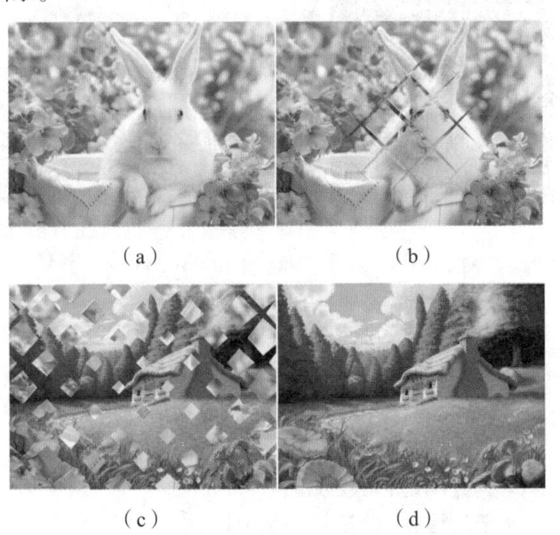

（a）　（b）　（c）　（d）

图 8.1

重点 8.1.2 轻松动手学：常用过渡效果的操作步骤

文件路径：第8章 常用过渡效果→轻松动手学：过渡效果的操作步骤

扫一扫，看视频

步骤 01 在【项目】面板中右击，选择【新建合成】命令，在弹出的【合成设置】窗口中设置【合成名称】为1，【预设】为【自定义】，【宽度】为1920，【高度】为1200，【像素长宽比】为【方形像素】，【帧速率】为25，【分辨率】为【完整】，【持续时间】为5秒。执行【文件】/【导入】/【文件】命令，在弹出的【导入文件】窗口中导入所需要的素材，如图8.2所示。

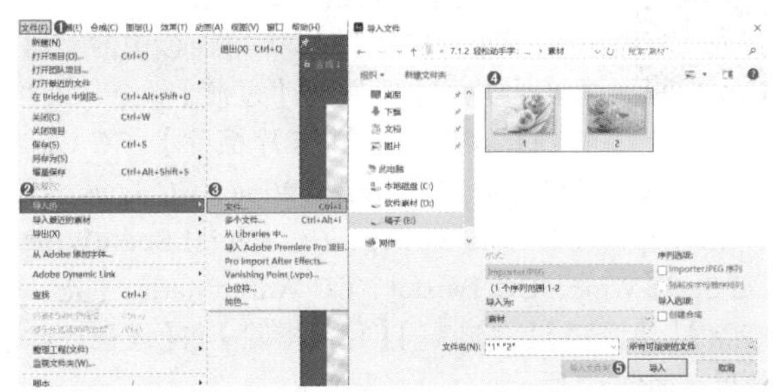

图 8.2

步骤 02 在【项目】面板中将素材1.jpg和2.jpg拖曳到【时间轴】面板中，如图8.3所示。

步骤 03 在【效果和预设】面板中搜索CC Light Wipe，将该效果拖曳到【时间轴】面板的1.jpg素材文件上，如图8.4所示。

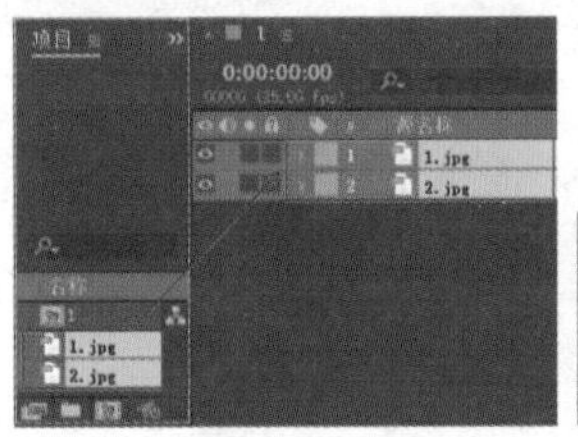

图 8.3

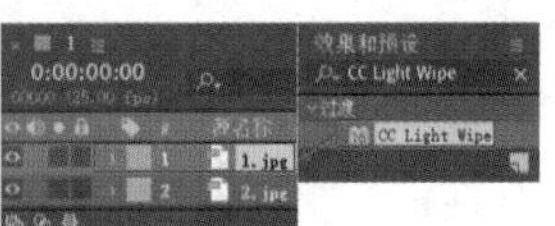

图 8.4

步骤 04 在【时间轴】面板中将时间线拖动到起始位置处，然后单击打开1.jpg素材图层下方的【效果】，单击CC Light Wipe前的 (时间变化秒表)按钮，设置Completion为0.0%；再将时间线拖动到3秒位置处，设置Completion为100.0%，如图8.5所示。

步骤 05 拖动时间线，查看过渡效果，如图8.6所示。

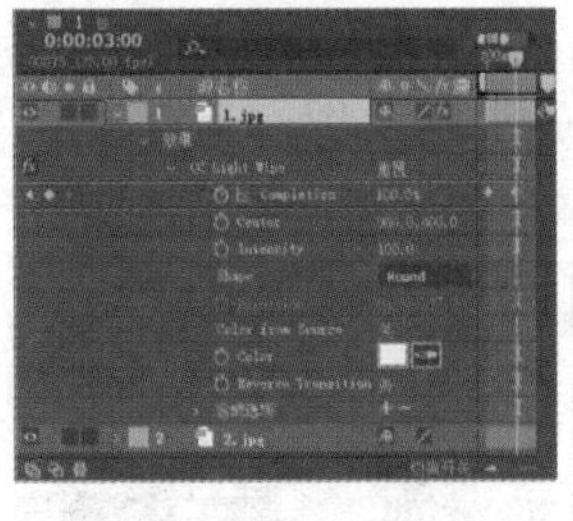

图 8.5

（a）　（b）

图 8.6

8.2 过渡类效果

扫一扫，看视频

【过渡】效果组可以制作多种切换画面的效果。选择【时间轴】面板中的素材，右击，执行【效果】/【过渡】命令，即可看到【渐变擦除】【卡片擦除】、CC Glass Wipe、CC Grid Wipe、CC Image Wipe、CC Jaws、CC Light Wipe、CC Line Sweep、CC Radial ScaleWipe、CC Scale Wipe、CC Twister、CC WarpoMatic、【光圈擦除】【块溶解】【百叶窗】【径向擦除】和【线性擦除】效果，如图8.7所示。

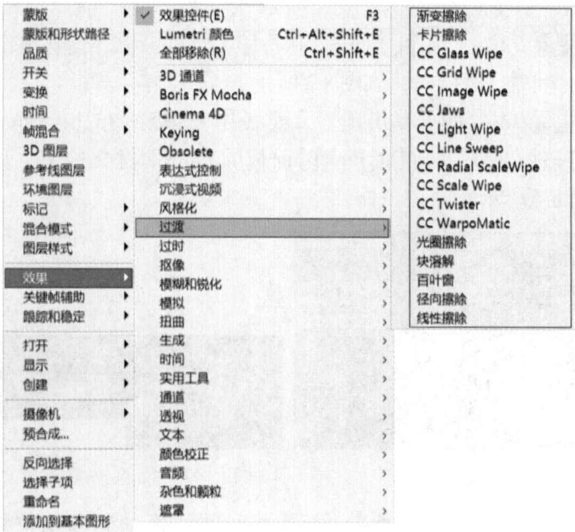

图 8.7

8.2.1 渐变擦除

【渐变擦除】效果可以利用图片的明亮度创建擦除效果，使其逐渐过渡到另一个素材中。选中素材，执行【效果】/【过渡】/【渐变擦除】命令，此时参数设置如图8.8所示。为素材添加该效果的前后对比如图8.9所示。

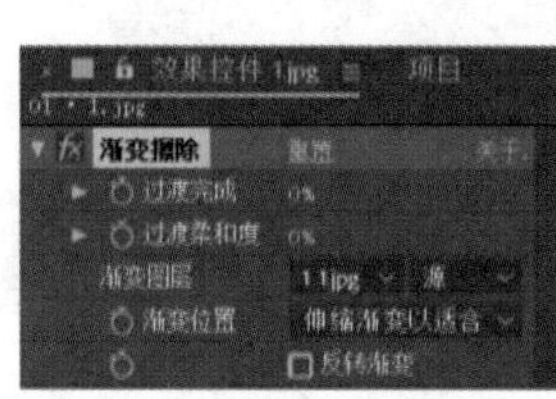

图 8.8

（a）（b）

图 8.9

- 过渡完成：设置过渡完成百分比。
- 过渡柔和度：设置边缘柔和程度。
- 渐变图层：设置渐变的图层。
- 渐变位置：设置渐变放置方式。
- 反转渐变：勾选此复选框，反转当前渐变过渡效果。

8.2.2 卡片擦除

【卡片擦除】效果可以模拟体育场卡片效果进行过渡。选中素材，执行【效果】/【过渡】/【卡片擦除】命令，此时参数设置如图8.10所示。为素材添加该效果的前后对比如图8.11所示。

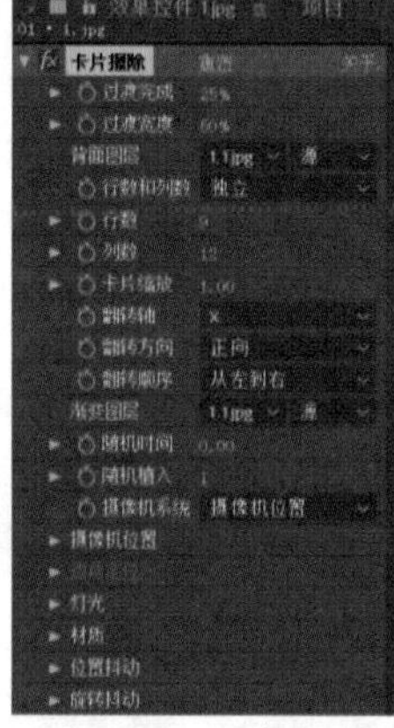

图 8.10

（a）（b）

图 8.11

- 过渡完成：设置过渡完成百分比。
- 过渡宽度：设置过渡宽度大小。
- 背面图层：设置擦除效果的背景图层。
- 行数和列数：设置卡片的行数和列数。
- 行数：设置行数数值。
- 列数：设置列数数值。
- 卡片缩放：设置卡片的缩放大小。
- 翻转轴：设置卡片翻转轴向角度。
- 翻转方向：设置翻转的方向。
- 翻转顺序：设置翻转的顺序。
- 渐变图层：设置应用渐变效果的图层。
- 随机时间：设置卡片翻转的随机时间。
- 随机植入：设置随机时间后，卡片翻转的随机位置。
- 摄像机系统：设置显示模式为【摄像机位置】【边角定位】【合成摄像机】。
- 摄像机位置：设置【摄像机系统】为【摄像机位置】时，即可设置摄像机位置、旋转和焦距。
- 边角定位：设置【摄像机系统】为【边角定位】时，

即可设置边角定位和焦距。

- 灯光：设置灯光照射强度、颜色或位置。
- 材质：设置漫反射、镜面反射和高光锐度。
- 位置抖动：设置位置抖动的轴向力量和速度。
- 旋转抖动：设置旋转抖动的轴向力量和速度。

8.2.3 CC Glass Wipe

CC Glass Wipe（CC玻璃擦除）效果可以融化当前图层到第2图层。选中素材，执行【效果】/【过渡】/CC Glass Wipe命令，此时参数设置如图8.12所示。为素材添加该效果的前后对比如图8.13所示。

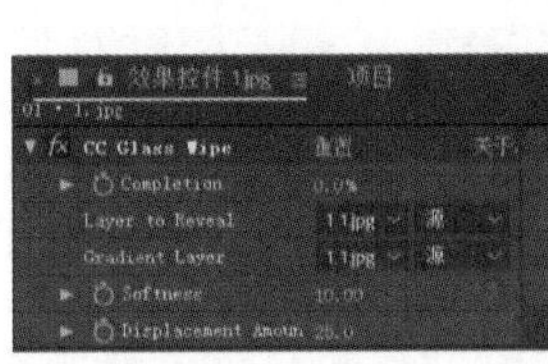

图 8.12

（a）（b）

图 8.13

- Completion（过渡完成）：设置过渡完成百分比。
- Layer to Reveal（揭示层）：设置揭示显示的图层。
- Gradient Layer（渐变图层）：设置渐变显示的图层。
- Softness（柔化度）：设置边缘柔化程度。

8.2.4 CC Grid Wipe

CC Grid Wipe（CC网格擦除）效果可以模拟网格图形进行擦除效果。选中素材，执行【效果】/【过渡】/CC Grid Wipe命令，此时参数设置如图8.14所示。为素材添加该效果的前后对比如图8.15所示。

图 8.14

（a）（b）

图 8.15

- Completion（过渡完成）：设置过渡完成百分比。
- Center（中心）：设置网格擦除中心点。
- Rotation（旋转）：设置网格的旋转角度。
- Border（边界）：设置网格的边界位置。
- Tiles（拼贴）：设置网格大小。
- Shape（形状）：设置网格形状。
- Reverse Transition（反转变换）：勾选此复选框，可将网格与当前图像进行转换。

8.2.5 CC Image Wipe

CC Image Wipe（CC图像擦除）效果可以擦除当前图层。选中素材，执行【效果】/【过渡】/CC Image Wipe命令，此时参数设置如图8.16所示。为素材添加该效果的前后对比如图8.17所示。

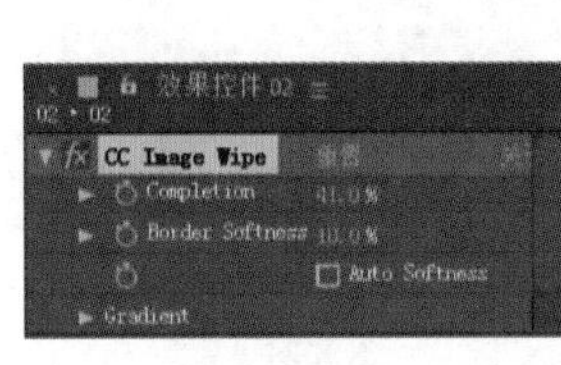

图 8.16

（a）（b）

图 8.17

- Completion（过渡完成）：设置过渡完成百分比。
- Border Softness（柔化边缘）：设置边缘柔化程度。
- Gradient（渐变）：设置渐变图层。

8.2.6 CC Jaws

CC Jaws（CC锯齿）效果可以模拟锯齿形状进行擦除。选中素材，执行【效果】/【过渡】/CC Jaws命令，此时参数设置如图8.18所示。为素材添加该效果的前后对比如图8.19所示。

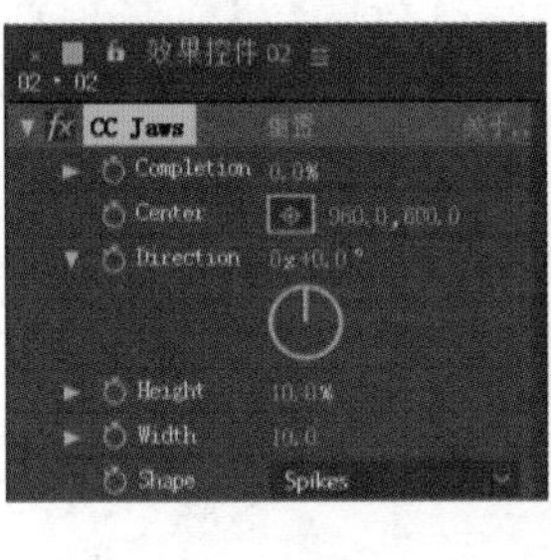

图 8.18

（a）（b）

图 8.19

- Completion（过渡完成）：设置过渡完成百分比。
- Center（中心）：设置擦除效果中心点。
- Direction（方向）：设置擦除方向。

- Height（高）：设置锯齿高度。
- Width（宽）：设置锯齿宽度。
- Shape（形状）：设置锯齿形状。

8.2.7 CC Light Wipe

CC Light Wipe（CC 光线擦除）效果可以模拟光线擦除的效果，以正圆形状逐渐变形到下一个素材中。选中素材，执行【效果】/【过渡】/CC Light Wipe命令，此时参数设置如图8.20所示。为素材添加该效果的前后对比如图8.21所示。

（a）（b）

图 8.20　图 8.21

- Completion（过渡完成）：设置过渡完成百分比。
- Center（中心）：设置光线擦除效果中心点。
- Intensity（强度）：设置光线擦除效果强度。
- Shape（形状）：设置擦除形状。
- Direction（方向）：设置擦除方向。
- Color（颜色）：设置发光颜色。
- Reverse Transition（反向转换）：勾选该复选框，可以将当前效果进行反转。

8.2.8 CC Line Sweep

CC Line Sweep（CC 行扫描）效果可以对图像进行逐行扫描擦除。选中素材，执行【效果】/【过渡】/ CC Line Sweep命令，此时参数设置如图8.22所示。为素材添加该效果的前后对比如图8.23所示。

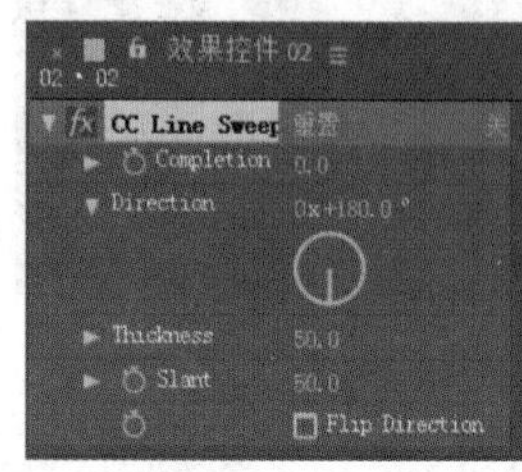

（a）（b）

图 8.22　图 8.23

- Completion（过渡完成）：设置过渡完成百分比。
- Direction（方向）：设置扫描方向。
- Thickness（密度）：设置扫描密度。
- Slant（倾斜）：设置扫描的倾斜大小。
- Flip Direction（反转方向）：勾选此复选框，可以反转扫描方向。

8.2.9 CC Radial ScaleWipe

CC Radial ScaleWipe（CC 径向缩放擦除）效果可以径向弯曲图层进行画面过渡。选中素材，执行【效果】/【过渡】/ CC Radial ScaleWipe 命令，此时参数设置如图8.24所示。为素材添加该效果的前后对比如图8.25所示。

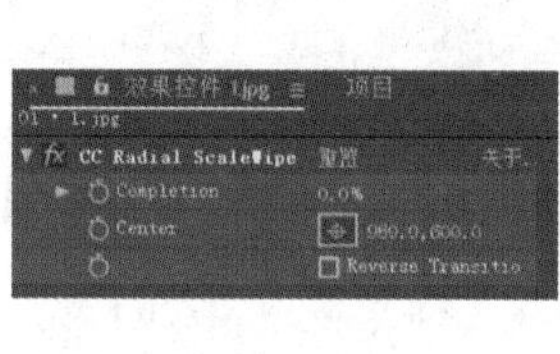

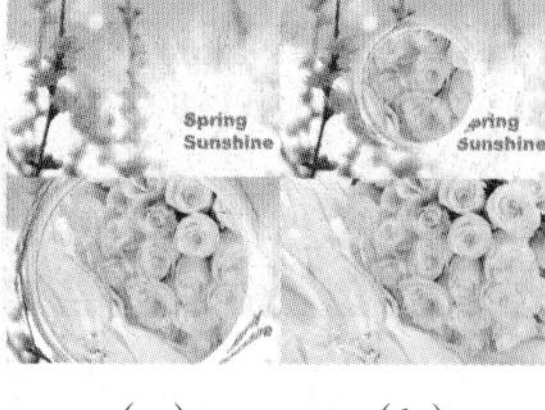

（a）（b）

图 8.24　图 8.25

- Completion（过渡完成）：设置过渡完成百分比。
- Center（中心）：设置效果中心点。
- Reverse Transition（反向转换）：勾选此复选框，可以反转擦除效果。

8.2.10 CC Scale Wipe

CC Scale Wipe（CC 缩放擦除）效果可以通过指定中心点进行拉伸擦除。选中素材，执行【效果】/【过渡】/ CC Scale Wipe命令，此时参数设置如图8.26所示。为素材添加该效果的前后对比如图8.27所示。

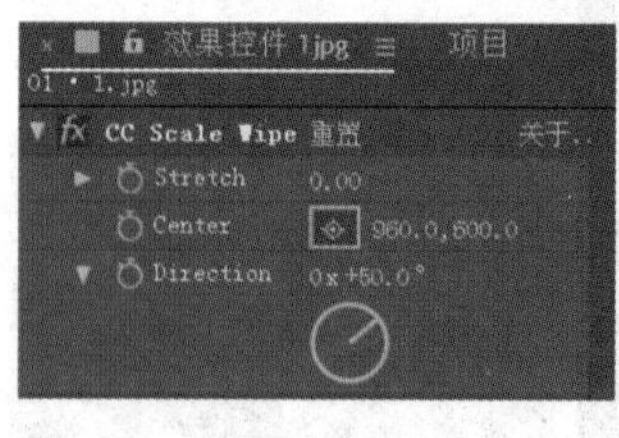

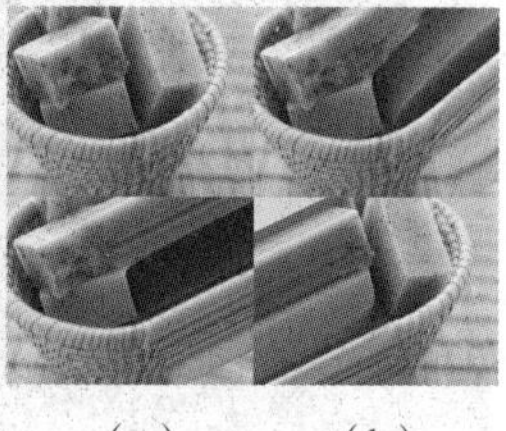

（a）（b）

图 8.26　图 8.27

- Stretch（拉伸）：设置图像拉伸程度。
- Center（中心）：设置擦除效果中心点。
- Direction（方向）：设置擦除效果方向。

8.2.11 CC Twister

CC Twister（CC 扭曲）效果可以在选定图层进行扭曲，从而产生画面的切换过渡。选中素材，执行【效果】/【过渡】/ CC Twister 命令，此时参数设置如图 8.28 所示。为素材添加该效果的前后对比如图 8.29 所示。

图 8.28

（a）（b）

图 8.29

- Completion（过渡完成）：设置过渡完成百分比。
- Backside（背面）：设置背景图像图层。
- Shading（阴影）：勾选此复选框，可以增加阴影效果。
- Center（中心）：设置扭曲中心点。
- Axis（坐标轴）：设置扭曲旋转角度。

8.2.12 CC WarpoMatic

CC WarpoMatic（CC 变形过渡）效果可以使图像产生弯曲变形，并逐渐变为透明的过渡效果。选中素材，执行【效果】/【过渡】/ CC WarpoMatic 命令，此时参数设置如图 8.30 所示。为素材添加该效果的前后对比如图 8.31 所示。

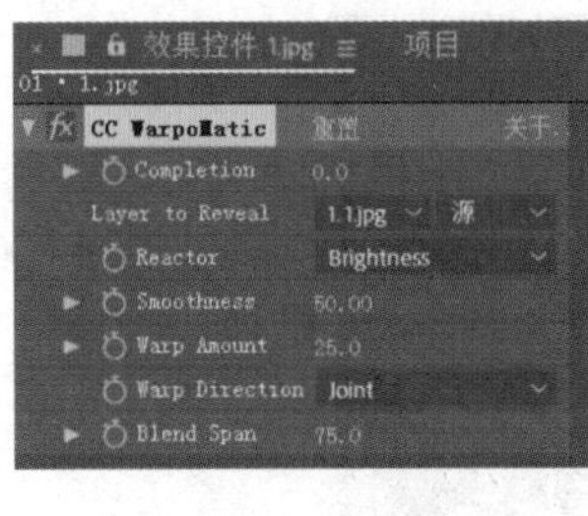

图 8.30

（a）（b）

图 8.31

- Completion（过渡完成）：设置过渡完成百分比。
- Layer to Reveal（揭示层）：设置揭示显示的图层。
- Reactor（反应器）：设置过渡模式。
- Smoothness（平滑）：设置边缘平滑程度。
- Warp Amount（变形量）：设置变形程度。
- Warp Direction（变形方向）：设置变形方向。
- Blend Span（混合跨度）：设置混合的跨度。

8.2.13 光圈擦除

【光圈擦除】效果可以通过修改Alpha通道执行星形擦除。选中素材，执行【效果】/【过渡】/【光圈擦除】命令，此时参数设置如图 8.32 所示。为素材添加该效果的前后对比如图 8.33 所示。

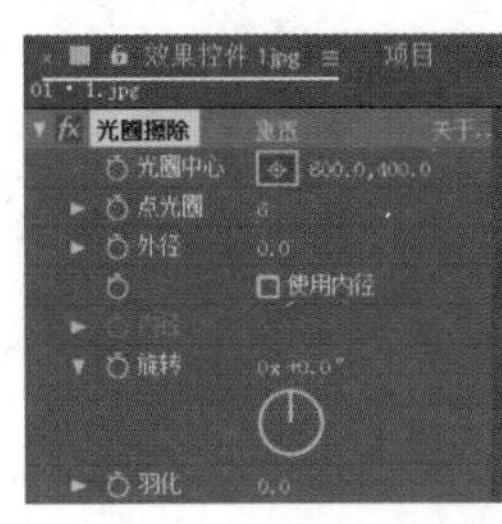

图 8.32

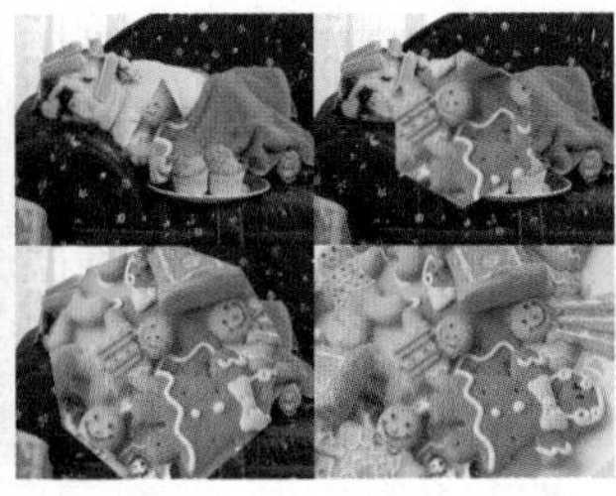

（a）（b）

图 8.33

- 光圈中心：设置光圈擦除中心点。
- 点光圈：设置光圈多边形程度。
- 外径：设置外半径。
- 内径：设置内半径。
- 旋转：设置旋转角度。
- 羽化：设置边缘的羽化程度。

8.2.14 块溶解

【块溶解】效果可以使图层在随机块中消失。选中素材，执行【效果】/【过渡】/【块溶解】命令，此时参数设置如图 8.34 所示。为素材添加该效果的前后对比如图 8.35 所示。

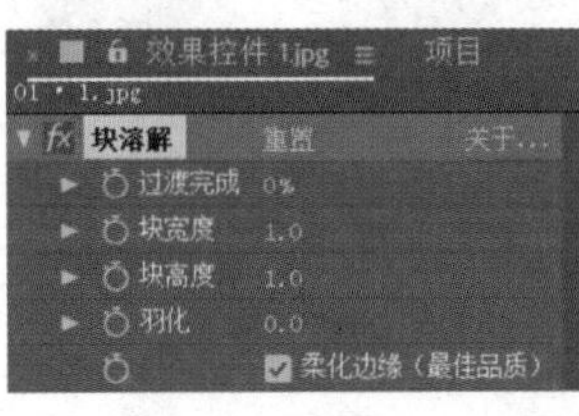

图 8.34

（a）（b）

图 8.35

- 过渡完成：设置过渡完成百分比。
- 块宽度：设置溶解块的宽度。
- 块高度：设置溶解块的高度。

- 羽化：设置边缘羽化程度。
- 柔化边缘（最佳品质）：勾选此复选框，可以使边缘更加柔和。

8.2.15 百叶窗

【百叶窗】效果可以通过修改Alpha通道执行定向条纹擦除。选中素材，执行【效果】/【过渡】/【百叶窗】命令，此时参数设置如图8.36所示。为素材添加该效果的前后对比如图8.37所示。

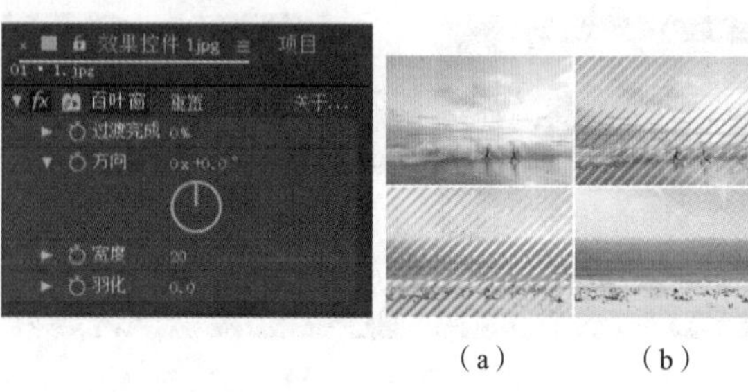

（a） （b）

图8.36　　图8.37

- 过渡完成：设置过渡完成百分比。
- 方向：设置百叶窗擦除效果方向。
- 宽度：设置百叶窗宽度。
- 羽化：设置边缘羽化程度。

8.2.16 径向擦除

【径向擦除】效果可以通过修改Alpha通道执行径向擦除。选中素材，执行【效果】/【过渡】/【径向擦除】命令，此时参数设置如图8.38所示。为素材添加该效果的前后对比如图8.39所示。

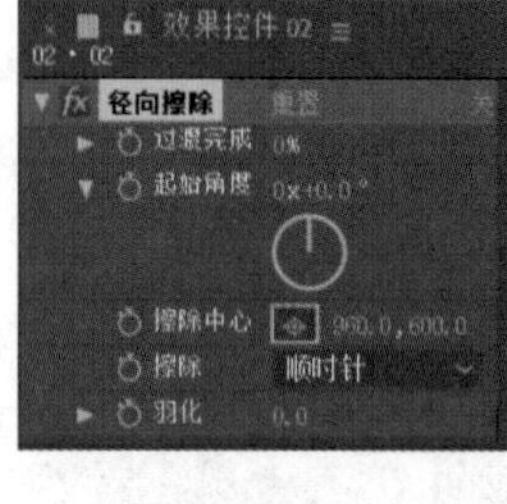

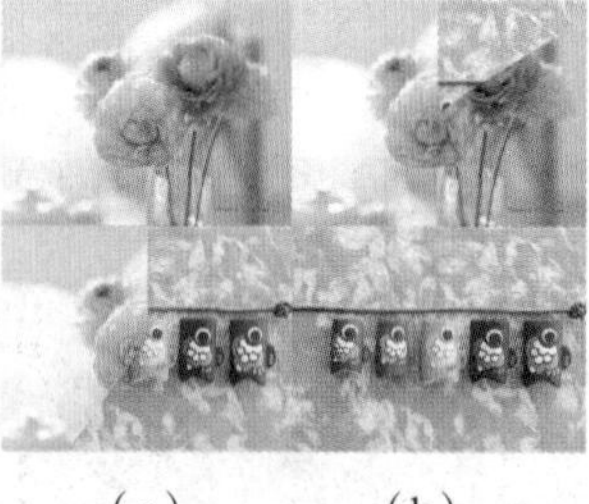

（a） （b）

图8.38　　图8.39

- 过渡完成：设置过渡完成百分比。
- 起始角度：设置径向擦除开始的角度。
- 擦除中心：设置径向擦除中心点。
- 擦除：设置擦除方式为【顺时针】【逆时针】【两者兼有】。
- 羽化：设置边缘羽化程度。

8.2.17 线性擦除

【线性擦除】效果可以通过修改Alpha通道执行线性擦除。选中素材，执行【效果】/【过渡】/【线性擦除】命令，此时参数设置如图8.40所示。为素材添加该效果的前后对比如图8.41所示。

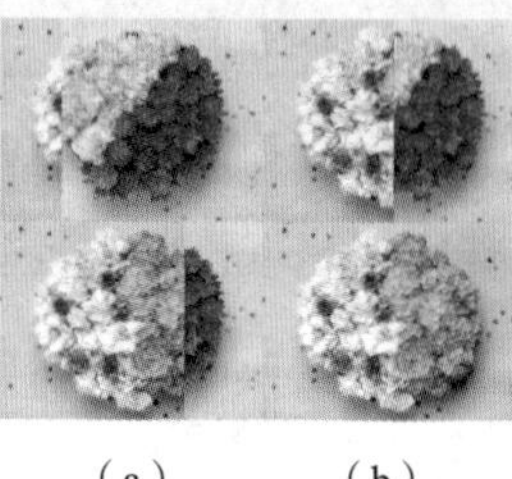

（a） （b）

图8.40　　图8.41

- 过渡完成：设置过渡完成百分比。
- 擦除角度：设置线性擦除角度。
- 羽化：设置边缘羽化程度。

实例8.1：使用过渡效果制作趣味卡通效果

扫一扫，看视频

文件路径：第8章　常用过渡效果→实例：使用过渡效果制作趣味卡通效果

本实例主要学习如何使用CC Grid Wipe、CC Line Sweep及CC Image Wipe过渡效果制作出风趣可爱的卡通动画效果。效果如图8.42所示。

图8.42

步骤 01 在【项目】面板中右击，选择【新建合成】命令，在弹出的【合成设置】窗口中设置【合成名称】为1，【预设】为【自定义】，【宽度】为1000，【高度】为1500，【像素长宽比】为【方形像素】,【帧速率】为25,【分辨率】为【完整】,【持续时间】为5秒。执行【文件】/【导入】/【文件】命令，在弹出的【导入文件】窗口中导入所需要的素材，如图8.43所示。

图 8.43

步骤 02 在【项目】面板中依次选择1.jpg~4.jpg素材文件，并拖曳到【时间轴】面板中，如图8.44所示。

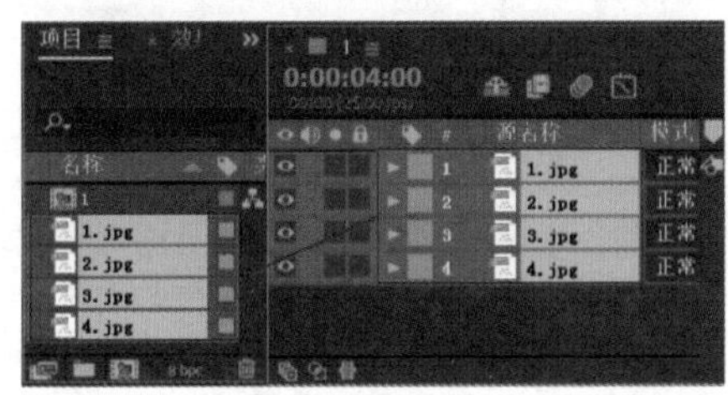

图 8.44

步骤 03 制作画面的动画效果。在【效果和预设】面板中搜索CC Grid Wipe效果，并将该效果拖曳到【时间轴】面板的1.jpg图层上，如图8.45所示。

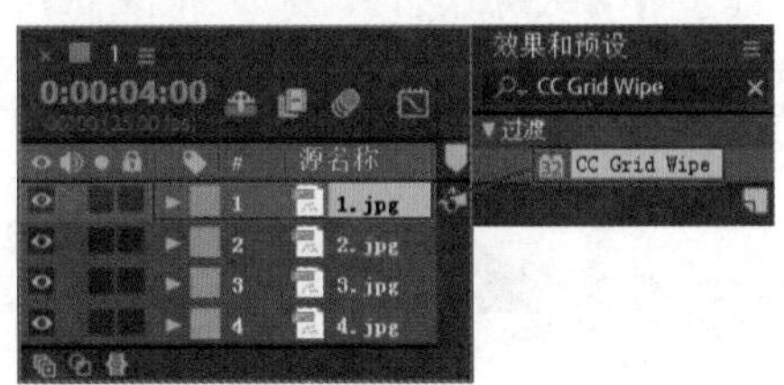

图 8.45

步骤 04 在【时间轴】面板中单击打开1.jpg素材图层下方的【效果】/ CC Grid Wipe，将时间线拖动到起始位置处，单击Completion前方的(时间变化秒表)按钮，设置Completion为0.0%；将时间线拖动到1秒位置处，设置Completion为100.0%，如图8.46所示。拖动时间线查看此时的画面效果，如图8.47所示。

图 8.46　　图 8.47

步骤 05 在【效果和预设】面板中搜索CC Line Sweep效果，并将其拖曳到【时间轴】面板的2.jpg图层上，如图8.48所示。

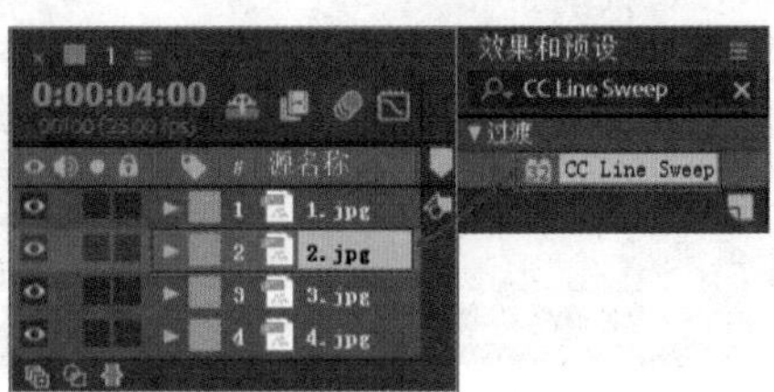

图 8.48

步骤 06 在【时间轴】面板中单击打开2.jpg素材图层下方的【效果】/ CC Line Sweep，设置Direction为0x+150.0°，将时间线拖动到1秒位置处，单击Completion前方的(时间变化秒表)按钮，设置Completion为0.0%；再将时间线拖动到2秒位置处，设置Completion为100.0%，如图8.49所示。拖动时间线查看此时的画面效果，如图8.50所示。

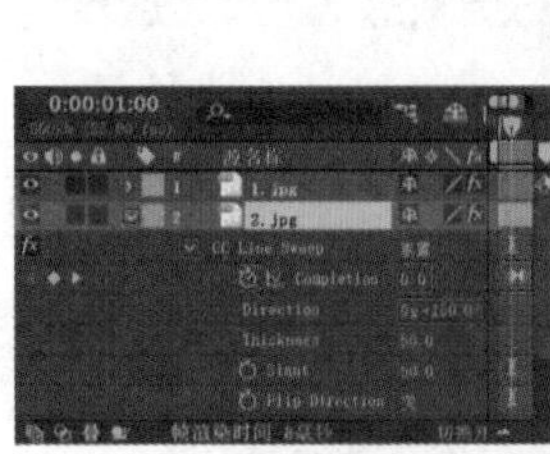

图 8.49　　图 8.50

步骤 07 在【效果和预设】面板中搜索CC Image Wipe效果，并将其拖曳到【时间轴】面板的3.jpg图层上，如图8.51所示。

步骤 08 在【时间轴】面板中单击打开3.jpg素材图层下方的【效果】/ CC Image Wipe，设置Border Softness为37.0%；将时间线拖动到2秒位置处，单击Completion前方的(时间变化秒表)按钮，设置Completion为0.0%；再将时间线拖动到3秒位置处，设置Completion为

100.0%，如图8.52所示。拖动时间线查看此时的画面效果，如图8.53所示。

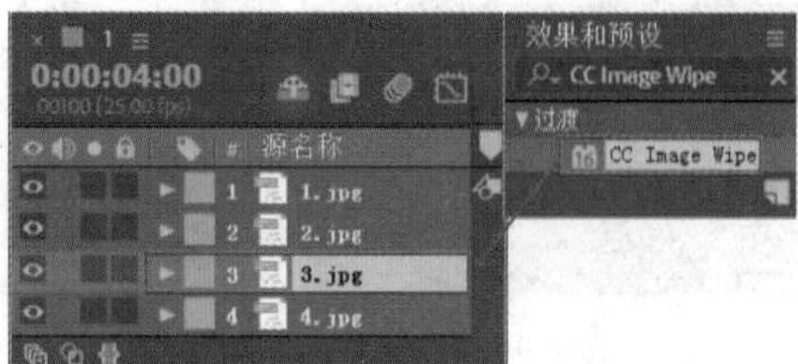

图 8.51

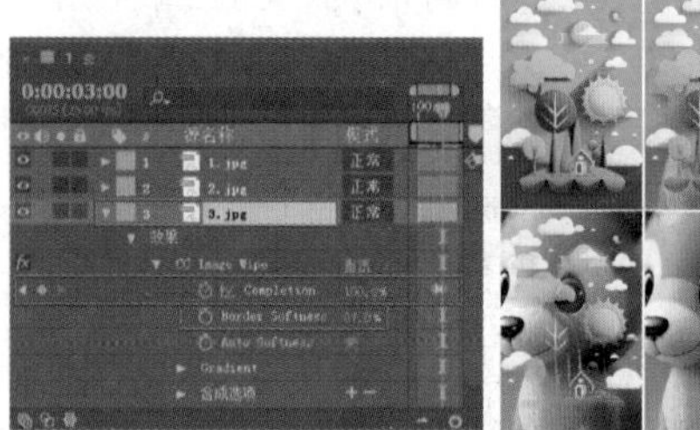

图 8.52

图 8.53

步骤 09 在【时间轴】面板中单击打开4.jpg素材图层下方的【变换】，设置【缩放】为(50.0,50.0%)，如图8.54所示。此时，画面效果如图8.55所示。

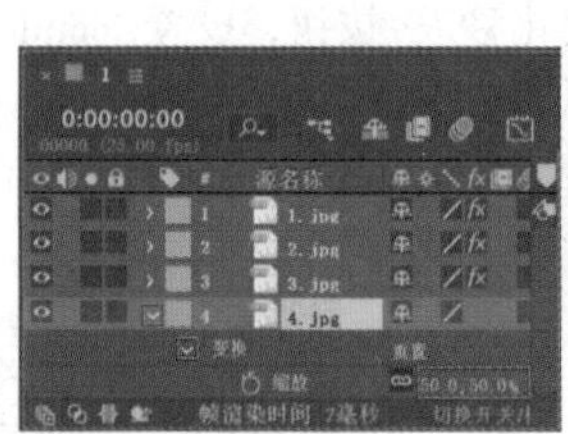

图 8.54

图 8.55

步骤 10 此时实例制作完成，拖动时间线查看实例最终效果，如图8.56所示。

图 8.56

实例8.2：使用过渡效果制作水墨动画

扫一扫，看视频

文件路径：第8章 常用过渡效果→实例：使用过渡效果制作水墨动画

本实例主要学习如何使用【波纹】【线性擦除】【渐变擦除】过渡效果制作出柔和、具有意境的水墨动画。效果如图8.57所示。

图 8.57

步骤 01 在【项目】面板中右击，选择【新建合成】命令，在弹出的【合成设置】窗口中设置【合成名称】为【合成1】，【预设】为【自定义】，【宽度】为1000，【高度】为714，【像素长宽比】为【方形像素】，【帧速率】为25，【分辨率】为【完整】，【持续时间】为5秒。接着执行【文件】/【导入】/【文件】命令，在弹出的【导入文件】窗口中导入所需要的素材，如图8.58所示。

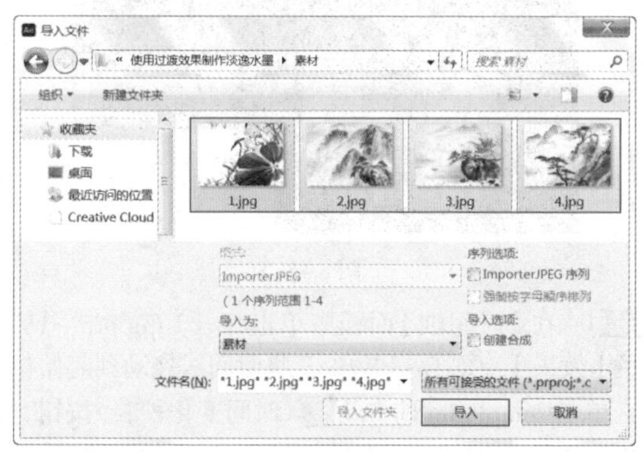

图 8.58

步骤 02 在【项目】面板中依次选择1.jpg~4.jpg素材文件，并拖曳到【时间轴】面板中，如图8.59所示。

图 8.59

步骤 03 制作画面的动画效果。在【效果和预设】面板中搜索【波纹】效果，并将该效果拖曳到【时间轴】面板的1.jpg图层上，如图8.60所示。

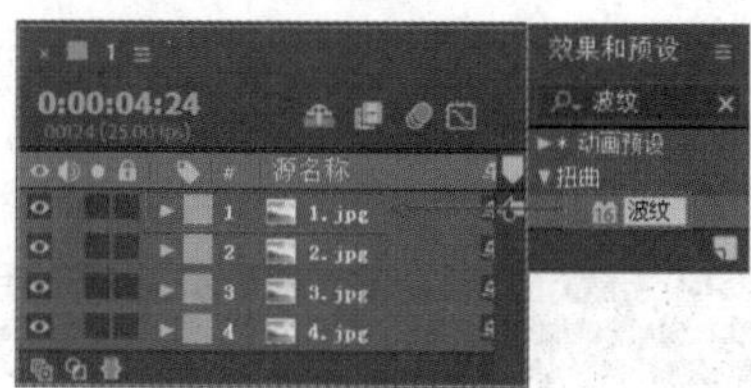

图 8.60

步骤 04 在【时间轴】面板中单击打开1.jpg素材图层下方的【效果】/【波纹】，设置【波纹中心】为(766.0，362.0)，【波形高度】为150.0。将时间线拖动到起始位置处，单击【半径】前方的⏱(时间变化秒表)按钮，设置【半径】为0.0；将时间线拖动到1秒位置处，设置【半径】为25.0。下面展开【变换】属性，在当前1秒位置处，单击【不透明度】前方的⏱(时间变化秒表)按钮，设置【不透明度】为100%；将时间线拖动到2秒10帧位置处，设置【不透明度】为0%，如图8.61所示。拖动时间线查看此时的画面效果，如图8.62所示。

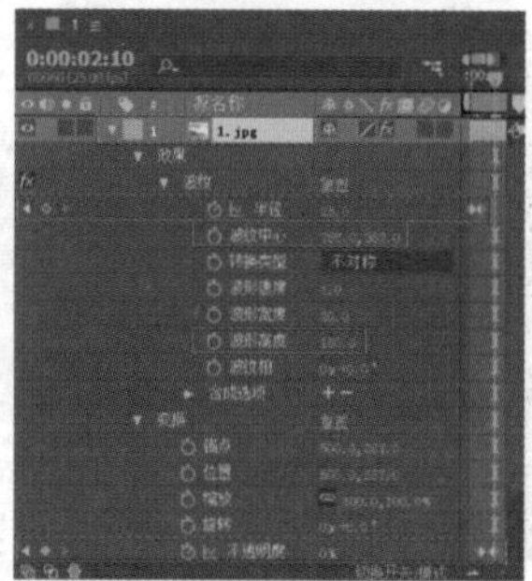

图 8.61

图 8.62

步骤 05 在【效果和预设】面板中搜索【线性擦除】效果，并将其拖曳到【时间轴】面板的2.jpg图层上，如图8.63所示。

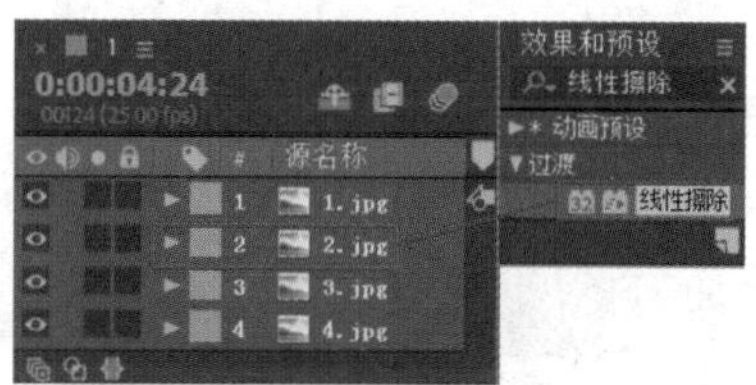

图 8.63

步骤 06 在【时间轴】面板中单击打开2.jpg素材图层下方的【效果】/【线性擦除】，设置【羽化】为30.0。将时间线拖动到1秒10帧位置处，单击【过渡完成】前方的⏱(时间变化秒表)按钮，设置【过渡完成】为0%；再将时间线拖动到2秒10帧位置处，设置【过渡完成】为100%，如图8.64所示。拖动时间线查看此时的画面效果，如图8.65所示。

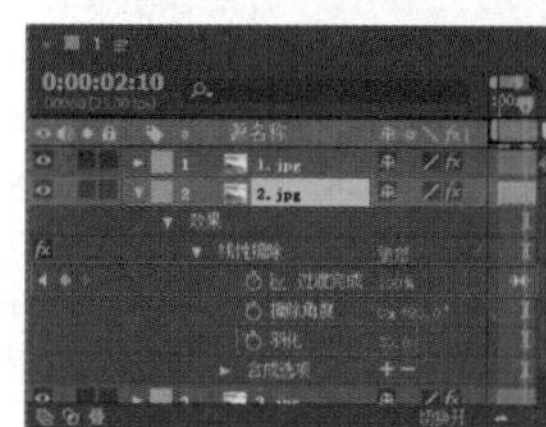

图 8.64

图 8.65

步骤 07 在【效果和预设】面板中搜索【渐变擦除】效果，并将其拖曳到【时间轴】面板的3.jpg图层上，如图8.66所示。

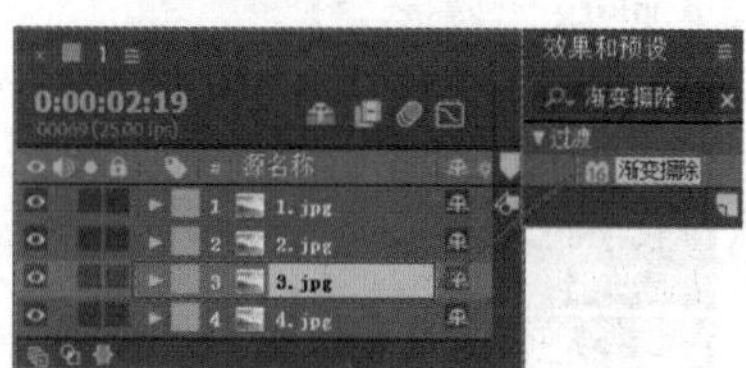

图 8.66

步骤 08 在【时间轴】面板中单击打开3.jpg素材图层下方的【效果】/【渐变擦除】，设置【渐变图层】为【4.4.jpg源】。将时间线拖动到3秒位置处，单击【过渡完成】前方的⏱(时间变化秒表)按钮，设置【过渡完成】为0%；再将时间线拖动到4秒10帧位置处，设置【过渡完成】为100%，如图8.67所示。拖动时间线查看此时的画面效果，如图8.68所示。

图 8.67

图 8.68

步骤 09 此时实例制作完成，拖动时间线查看实例最终效果，如图8.69所示。

图8.69

综合实例：使用过渡效果制作文艺清新风格的广告

扫一扫，看视频

文件路径：第8章 常用过渡效果→综合实例：使用过渡效果制作文艺清新风格的广告

本综合实例使用【径向擦除】、CC Grid Wipe、CC Glass Wipe 3种过渡效果制作文艺清新风格的广告。效果如图8.70所示。

图8.70

1. 导入素材并制作文本动画

步骤 01 在【项目】面板中右击，选择【新建合成】命令，在弹出的【合成设置】窗口中设置【合成名称】为01，【预设】为【自定义】，【宽度】为1478，【高度】为1000，【像素长宽比】为【方形像素】，【帧速率】为25，【分辨率】为【完整】，【持续时间】为10秒。执行【文件】/【导入】/【文件】命令，在弹出的【导入文件】窗口中导入所需要的素材，如图8.71所示。

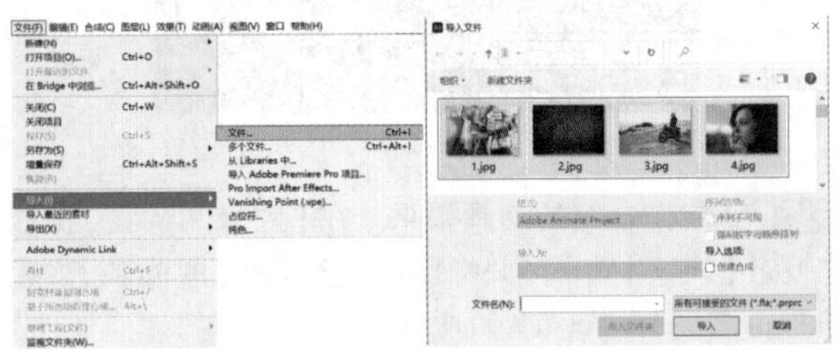

图8.71

步骤 02 在【项目】面板中将所有素材拖曳到【时间轴】面板中，如图8.72所示。

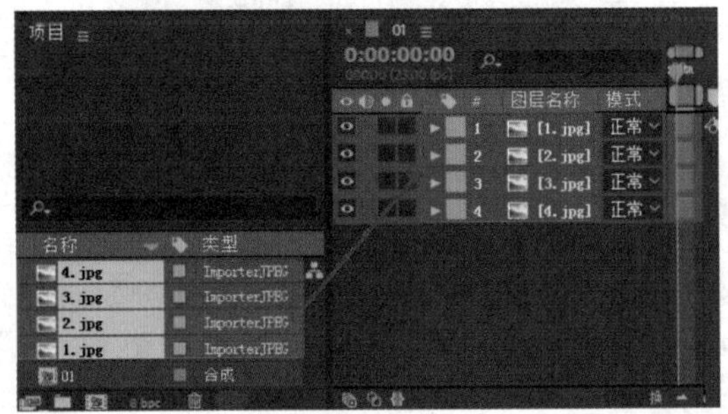

图8.72

步骤 03 在【时间轴】面板的空白位置处右击，执行【新建】/【纯色】命令。在弹出的【纯色设置】窗口中设置【颜色】为青绿色，单击【确定】按钮，如图8.73所示。此时，画面效果如图8.74所示。

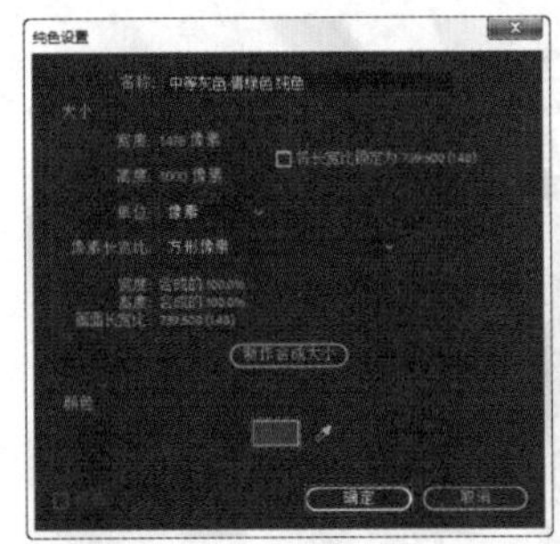

图8.73　　图8.74

步骤 04 在【时间轴】面板中打开纯色图层下方的【变换】，并将时间线拖动到1秒10帧位置处，然后依次单击【缩放】和【不透明度】前的 (时间变化秒表)按钮，设置【缩放】为(100.0,100.0%)，【不透明度】为100%。

再将时间线拖动到2秒10帧位置处，设置【缩放】为(0.0,0.0%)，【不透明度】为0%，如图8.75所示。

步骤 05 在【时间轴】面板的空白位置处右击，执行【新建】/【文本】命令，如图8.76所示。

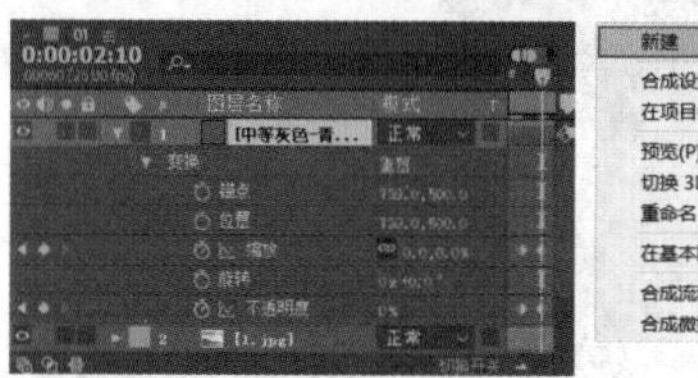

图 8.75

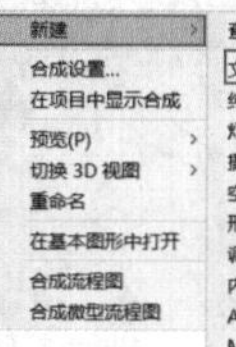

图 8.76

步骤 06 在【字符】面板中设置合适的【字体系列】，【字体样式】为Regular，【填充】为白色，【描边】为无，【字体大小】为100像素，然后选择TT(全部大写字母)，在【段落】面板中选择(居中对齐文本)。设置完成输入文本LITERATURE AND ART PURE AND FRESH，在输入过程中可使用Enter键进行换行操作，如图8.77所示。

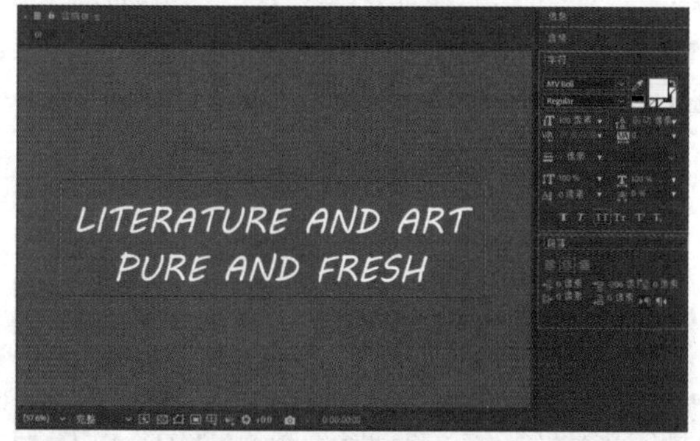

图 8.77

步骤 07 在【时间轴】面板中选中文本图层，并将光标定位在该图层上，右击，执行【图层样式】/【投影】命令。接着单击打开文本图层下方的【图层样式】，设置【投影】的【不透明度】为50%，如图8.78所示。此时，画面效果如图8.79所示。

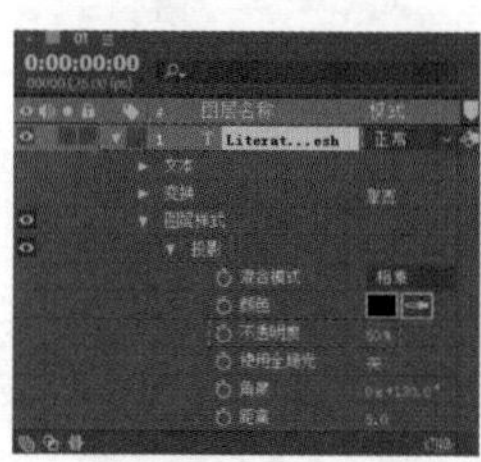

图 8.78

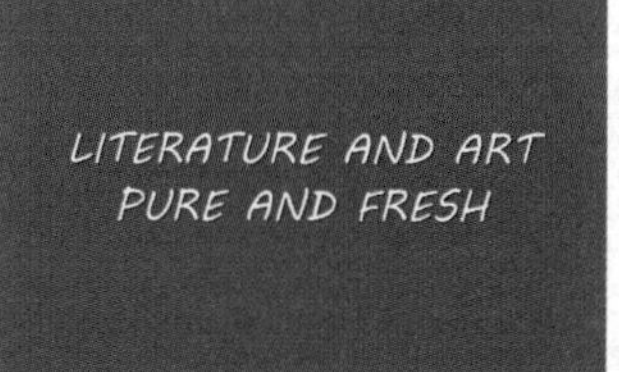

图 8.79

步骤 08 在【时间轴】面板中打开文本图层下方的【变换】，设置【位置】为(739.0,446.0)。接着将时间线拖动到起始帧位置处，依次单击【缩放】和【不透明度】前的(时间变化秒表)按钮，设置【缩放】为(100.0,100.0%)，【不透明度】为100%。再将时间线拖动到1秒10帧位置处，设置【缩放】为(0.0,0.0%)，【不透明度】为0%，如图8.80所示。拖动时间线查看此时的画面效果，如图8.81所示。

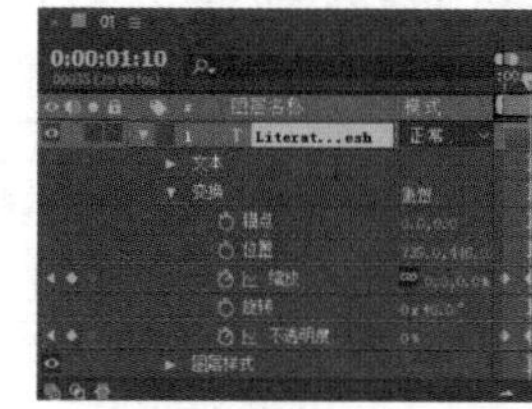

图 8.80

图 8.81

2. 制作图像动画

步骤 01 在【效果和预设】面板中搜索【径向擦除】效果，并将其拖曳到【时间轴】面板的1.jpg图层上，如图8.82所示。

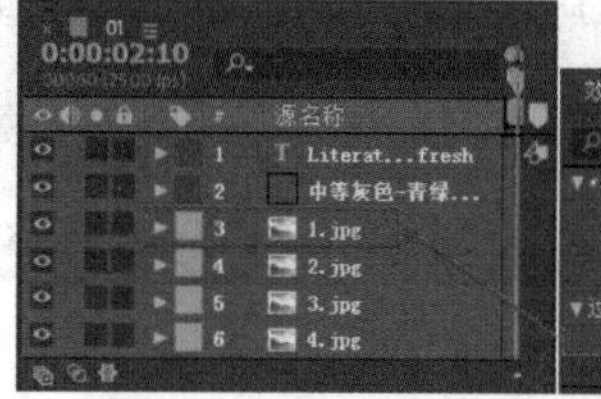

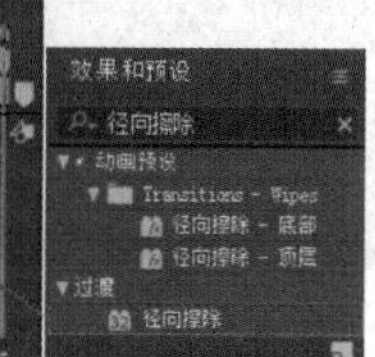

图 8.82

步骤 02 在【时间轴】面板中打开1.jpg素材图层下方的【效果】/【径向擦除】，并将时间线拖动到2秒10帧位置处，单击【过渡完成】前方的(时间变化秒表)按钮，设置【过渡完成】为0%。再将时间线拖动到3秒10帧位置处，设置【过渡完成】为100%。接着设置【擦除】为【两者兼有】，【羽化】为450.0，如图8.83所示。拖动时间线查看此时的画面效果，如图8.84所示。

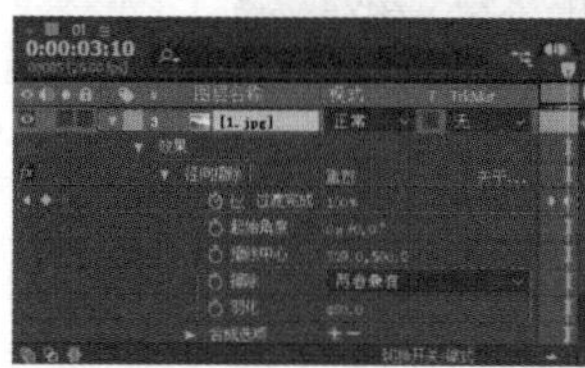

图 8.83

图 8.84

步骤 03 在【效果和预设】面板中搜索CC Grid Wipe效果，并将其拖曳到【时间轴】面板的2.jpg图层上，如图8.85所示。

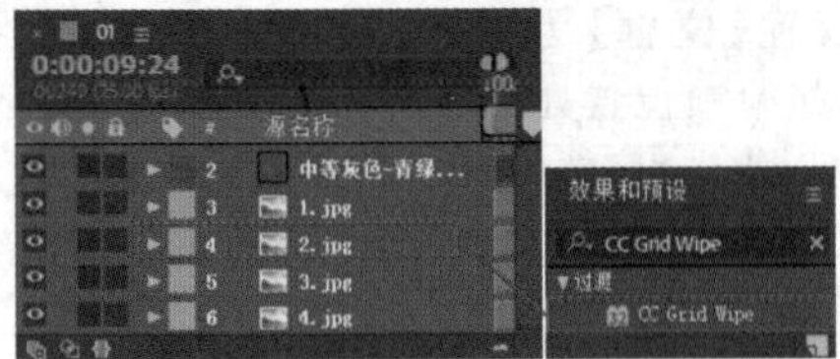

图 8.85

步骤 04 在【时间轴】面板中打开2.jpg素材图层下方的【效果】/ CC Grid Wipe，并将时间线拖动到4秒位置处，单击Completion前方的 (时间变化秒表) 按钮，设置Completion为0.0%。再将时间线拖动到5秒位置处，设置Completion为100.0%，Tiles为1.0，Shape为Doors，如图8.86所示。拖动时间线查看此时的画面效果，如图8.87所示。

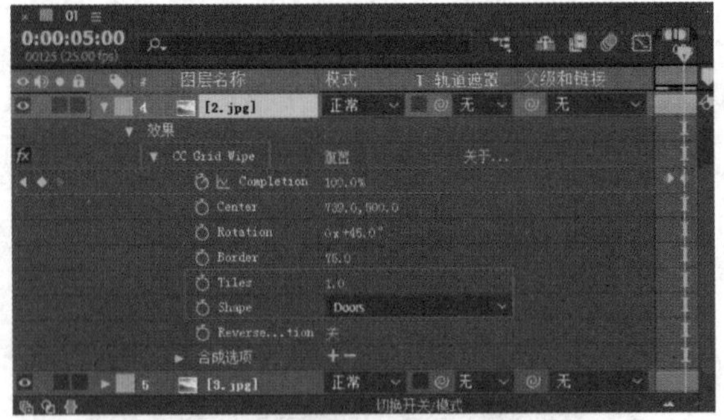

图 8.86

图 8.87

步骤 05 在【效果和预设】面板中搜索CC Glass Wipe效果，并将其拖曳到【时间轴】面板的3.jpg图层上，如图8.88所示。

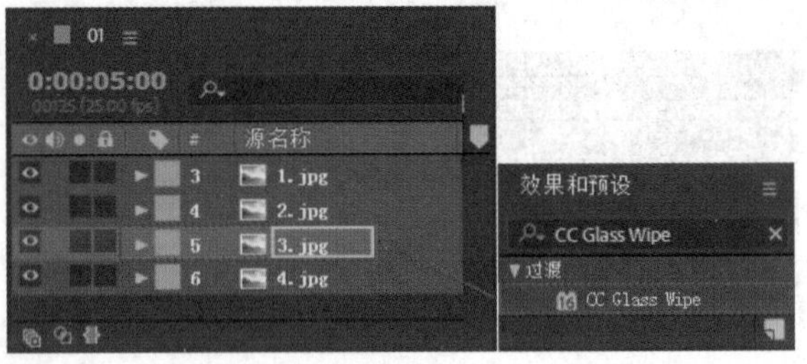

图 8.88

步骤 06 在【时间轴】面板中打开3.jpg素材图层下方的【效果】/ CC Glass Wipe，并将时间线拖动到5秒15帧位置处，单击Completion前方的 (时间变化秒表) 按钮，设置Completion为0.0%。再将时间线拖动到6秒15帧位置处，设置Completion为100.0%，Layer to Reveal为6.4.jpg，Gradient Layer为6.4.jpg，Softness为100.00，如图8.89所示。

步骤 07 本综合实例制作完成，拖动时间线查看实例最终效果，如图8.90所示。

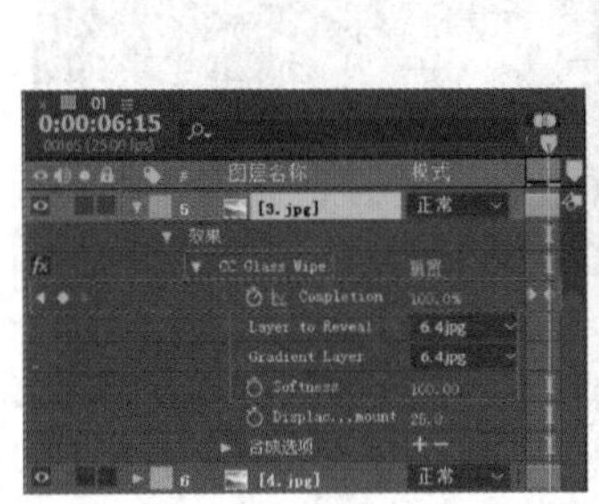

图 8.89

图 8.90

Chapter 9

第9章

扫一扫，看视频

关键帧动画

本章内容简介：

动画是一门综合艺术，它融合了绘画、漫画、电影、数字媒体、摄影、音乐、文学等形式的内容，给观者带来更多的视觉体验。在After Effects中，可以为图层添加关键帧动画，使其产生基本的位置、缩放、旋转、不透明度等动画效果，还可以为素材已经添加的效果参数设置关键帧动画，产生效果的变化。

重点知识掌握：

- 了解关键帧动画
- 创建关键帧动画
- 编辑关键帧动画
- 利用关键帧动画制作作品

优秀佳作欣赏：

9.1 了解关键帧动画

关键帧动画通过为素材的不同时刻设置不同的属性，使该过程中产生动画的变换效果。

9.1.1 什么是关键帧

“帧”是动画中的单幅影像画面，是最小的计量单位。影片是由一张张连续的图片组成的，每幅图片就是一帧，PAL制式每秒25帧，NTSC制式每秒30帧。而“关键帧”是指动画上的关键时刻，至少有两个关键时刻，才能构成动画。可以通过设置动作、效果、音频及多种其他属性参数使画面形成连贯的动画效果。关键帧动画至少要通过两个关键帧来完成，如图9.1和图9.2所示。

图 9.1

图 9.2

重点 9.1.2 轻松动手学：关键帧动画创建步骤

扫一扫，看视频

文件路径：第9章 关键帧动画→轻松动手学：关键帧动画创建步骤

（1）新建合成，导入或创建一个图层。导入一个素材图层，执行【文件】/【导入】/【文件】命令，导入1.jpg和2.png素材，如图9.3所示。

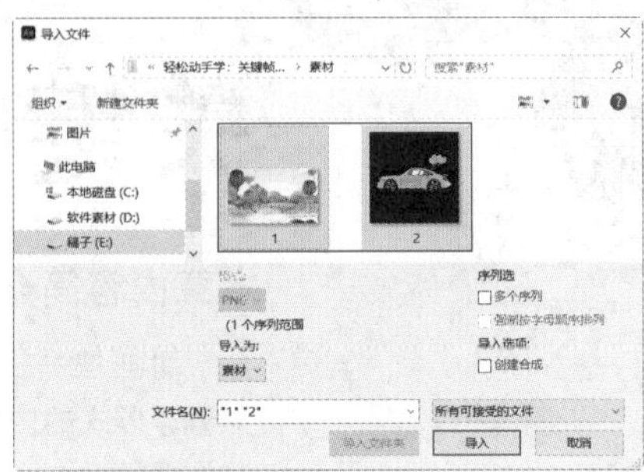

图 9.3

（2）在【项目】面板中依次将1.jpg和2.png素材图层拖曳到【时间轴】面板中，如图9.4所示。此时，在【项目】面板中自动生成【合成】。

图 9.4

（3）在【时间轴】面板中单击打开2.png素材图层下方的【变换】，并将时间线拖动到起始帧位置处，单击【位置】前的（时间变化秒表）按钮，此时可以看到在时间线所处的位置会自动出现一个关键帧，如图9.5所示。然后设置【位置】为（1408.0,435.0）。再将时间线拖动到2秒位置处，设置【位置】为（480.0,435.0），此时可以看到在相应位置处自动出现一个关键帧，如图9.6所示。

图 9.5

图 9.6

(4) 拖动时间线查看此时的画面效果，如图9.7所示。

图 9.7

重点 9.1.3 认识【时间轴】面板与动画相关的工具

1. 拖动时间线

在【时间轴】面板中，按住鼠标左键并拖动时间线即可移动时间线的位置，如图9.8和图9.9所示。

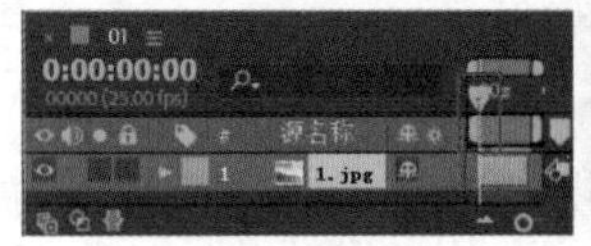

图 9.8

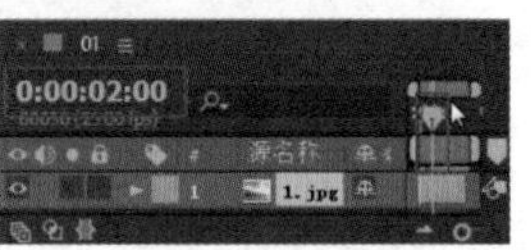

图 9.9

2. 快速跳转到某一帧

在【时间轴】面板左上角单击即可输入时间，输入完成后右侧的时间线会自动跳转到该时刻，如图9.10所示。图9.11所示为小时、分钟、秒、帧的显示。

图 9.10

小时 分钟 秒 帧

1:01:02:02

图 9.11

3. 快捷键前一帧、后一帧

在【时间轴】面板中按Page Up键会将时间轴向前跳转一帧，按Page Down键会将时间轴向后跳转一帧，如图9.12和图9.13所示。

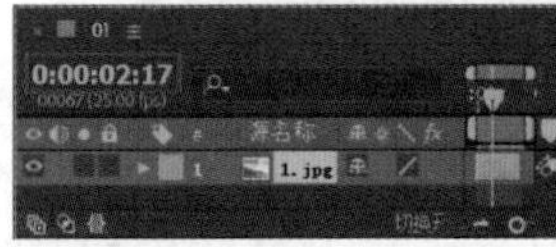

图 9.12

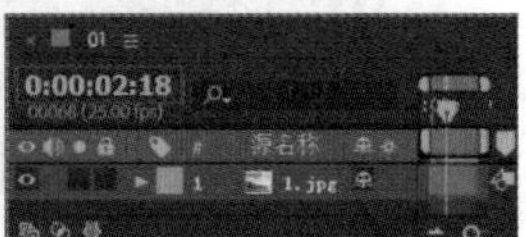

图 9.13

4. 缩小时间、放大时间

多次单击（放大时间）按钮，即可将每帧之间的间隔放大，从而可以看到该时间线附近更细致的时间，如图9.14和图9.15所示。同样，若单击（缩小时间）按钮，即可将时间线缩小。

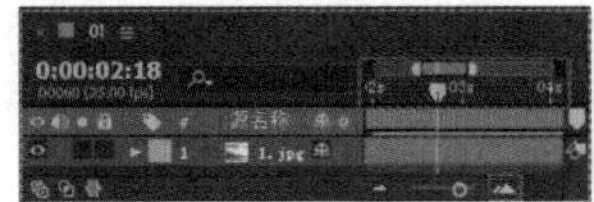

图 9.14

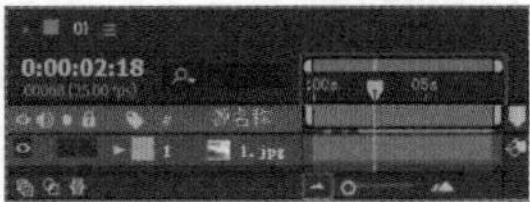

图 9.15

5. 播放和暂停视频

在【时间轴】面板中按空格键即可让【合成】面板中的视频进行播放和暂停。如果文件制作得相对简单，播放效果是很流畅的。但是，如果文件制作得非常复杂，按空格键无法流畅地观看视频效果时，可以按小键盘上的0键，当时间轴全部变为绿色时，此时的视频播放是非常流畅的，如图9.16所示。

图 9.16

6. 视频预览更流畅

当制作的文件特效比较多或文件素材尺寸较大时，在【合成】面板中观看视频是非常卡顿的。那么就需要在【合成】面板中将【放大率弹出式菜单】和【分辨率/向下采样系数弹出式菜单】设置得更小些，这样在播放时较调整之前视频会变得更加流畅，如图9.17所示。

图 9.17

重点 9.2 创建关键帧动画

扫一扫，看视频

(1) 在【时间轴】面板中将时间线拖动到合适位置处，然后单击属性前的⏱(时间变化秒表)按钮，此时在【时间轴】面板的相应位置处就会自动出现一个关键帧，如图9.18所示。

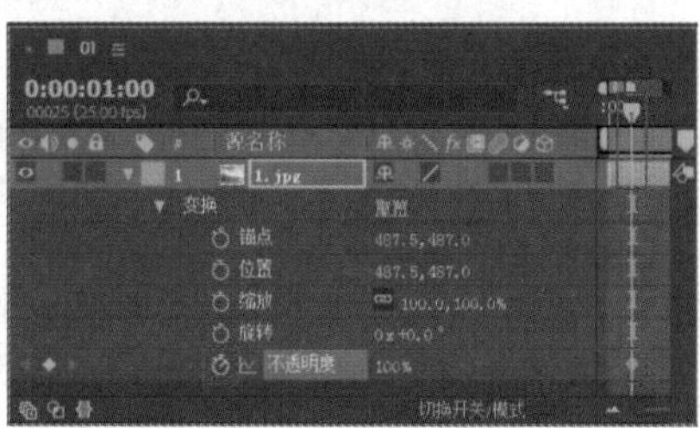

图 9.18

(2) 再将时间线拖动到另一个合适位置处，设置属性参数，此时在【时间轴】面板的相应位置处就会再次自动出现一个关键帧，进而使画面形成动画效果，如图9.19所示。

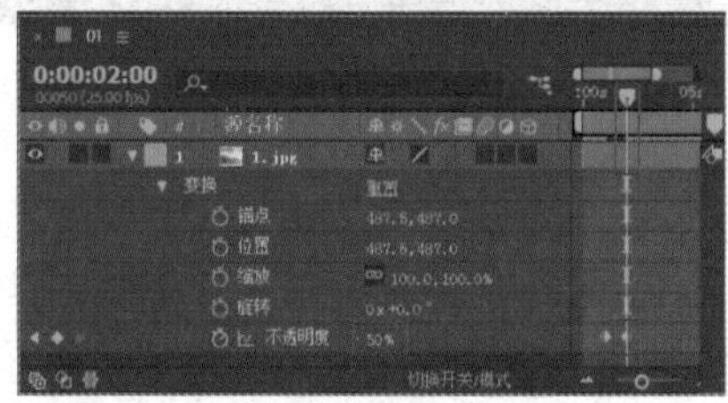

图 9.19

重点 9.3 关键帧的基本操作

在制作动画的过程中，掌握了关键帧的应用，就相当于掌握了动画的基础和关键。而在创建关键帧后，我们还可以通过一些关键帧的基本操作来调整当前的关键帧状态，以此增强画面的视觉感受，使画面达到更为流畅、更加赏心悦目的视觉效果。

9.3.1 移动关键帧

在设置关键帧后，当画面效果过于急促或缓慢时，可在【时间轴】面板中对相应关键帧进行适当移动，以此调整画面的视觉效果，使画面更加完美。

1. 移动单个关键帧

在【时间轴】面板中单击打开已经添加关键帧的属性，将光标定位在需要移动的关键帧上，然后按住鼠标左键并拖动至合适位置处，释放鼠标即可完成移动操作，如图9.20和图9.21所示。

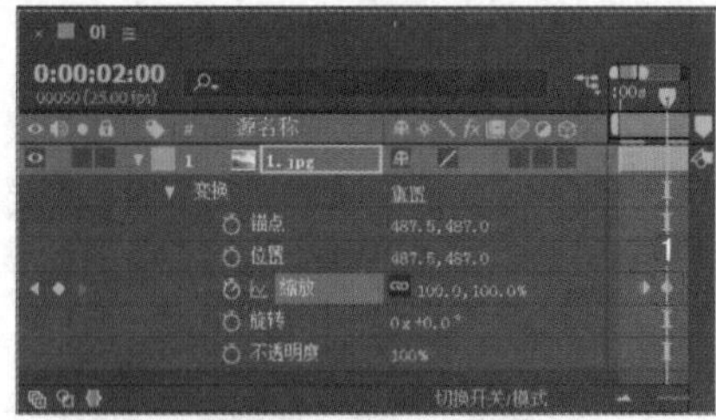

图 9.20

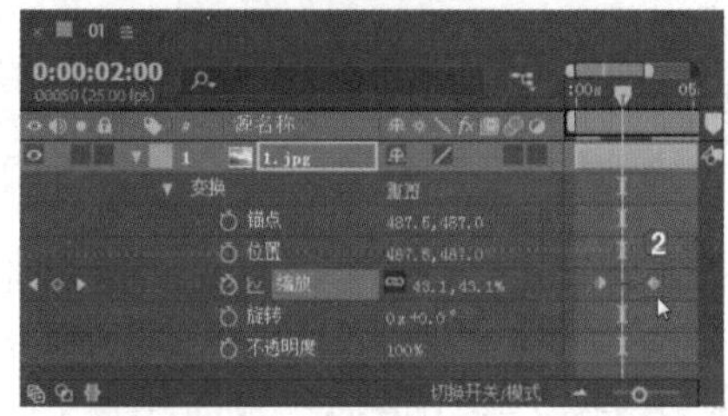

图 9.21

2. 移动多个关键帧

在【时间轴】面板中单击打开已经添加关键帧的属性，然后按住鼠标左键并拖动对关键帧进行框选，如图9.22所示。再将光标定位在任意选中的关键帧上，按住鼠标左键并拖动至合适位置处，释放鼠标即可完成移动操作，如图9.23所示。

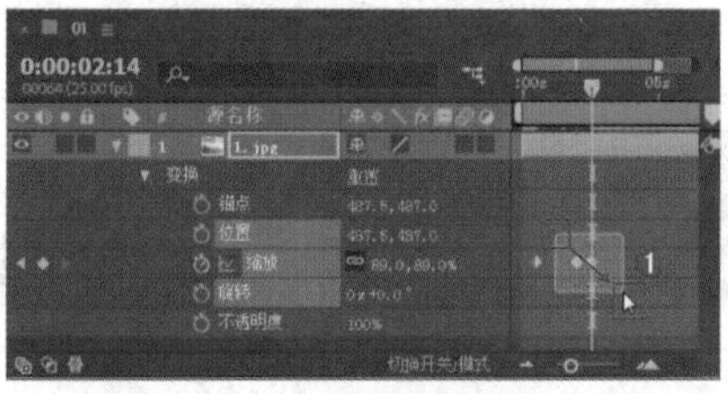

图 9.22

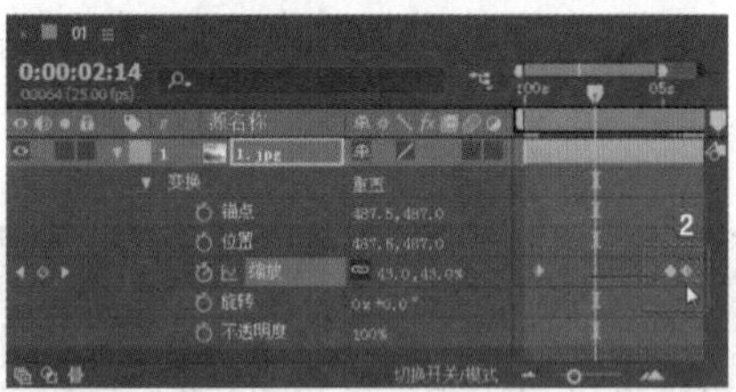

图 9.23

当需要移动的关键帧不相连时，在按住Shift键的同时依次单击选中需要移动的关键帧，如图9.24所示。再将光标定位在任意选中的关键帧上，按住鼠标左键并拖动至合适位置处，释放鼠标即可完成移动操作，如图9.25所示。

图 9.24

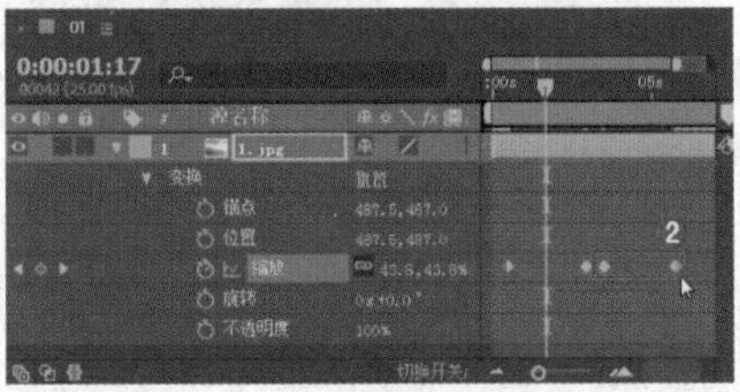

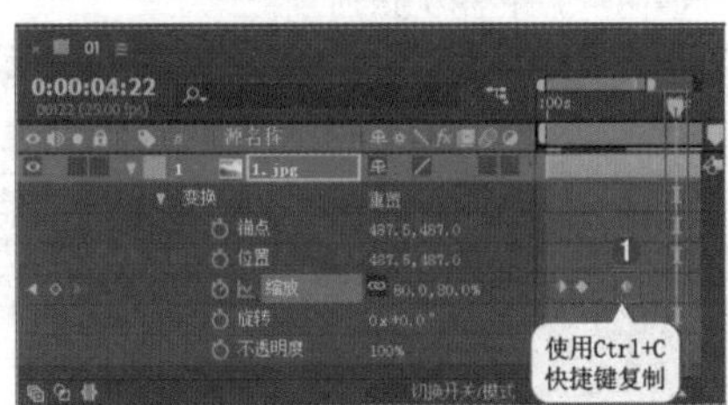

图 9.25

9.3.2 复制关键帧

关键帧设置完成后，在【时间轴】面板中单击打开已经添加关键帧的属性，并将时间线拖动到需要复制关键帧的位置处，然后选中需要复制的关键帧，如图9.26所示。接着使用【复制】【粘贴】快捷键Ctrl+C、Ctrl+V，此时在时间线相应位置处得到相同的关键帧，如图9.27所示。

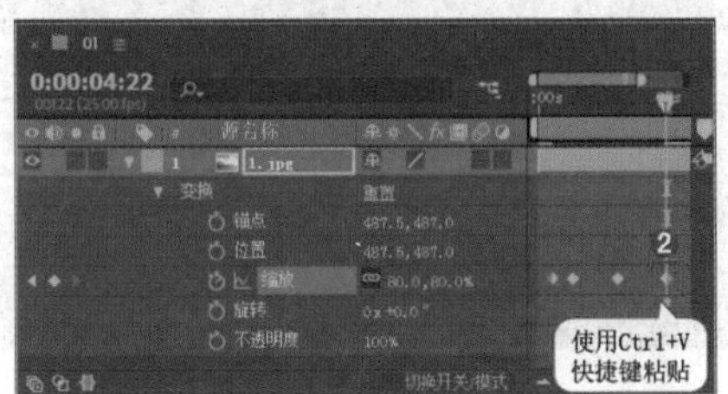

图 9.26

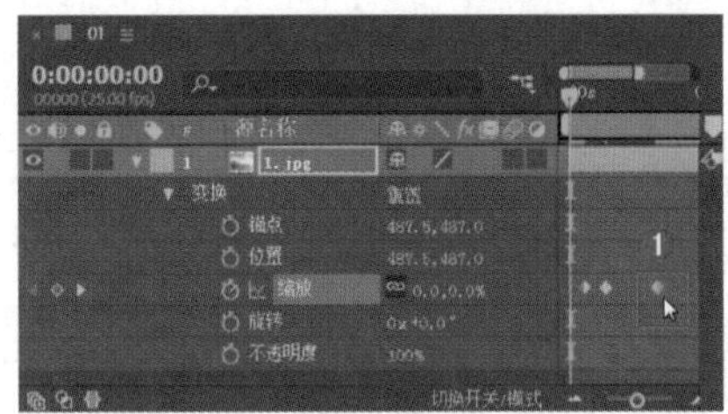

图 9.27

9.3.3 删除关键帧

删除关键帧有以下两种方法。

方法1：使用快捷键直接删除

设置关键帧后，在【时间轴】面板中打开已经添加关键帧的属性，单击选中需要删除的关键帧，如图9.28所示。按Delete键即可删除当前选中的关键帧，如图9.29所示。

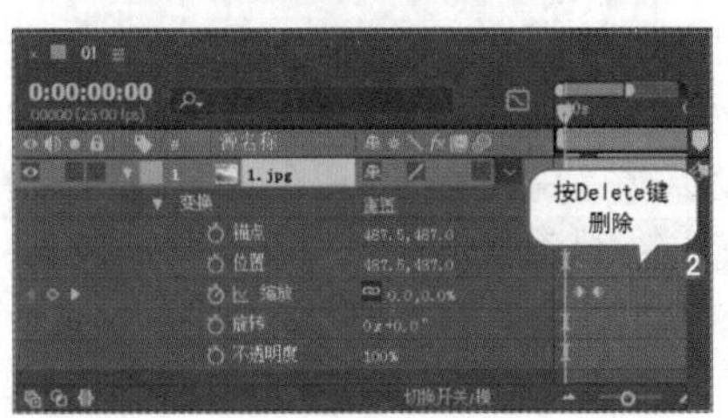

图 9.28

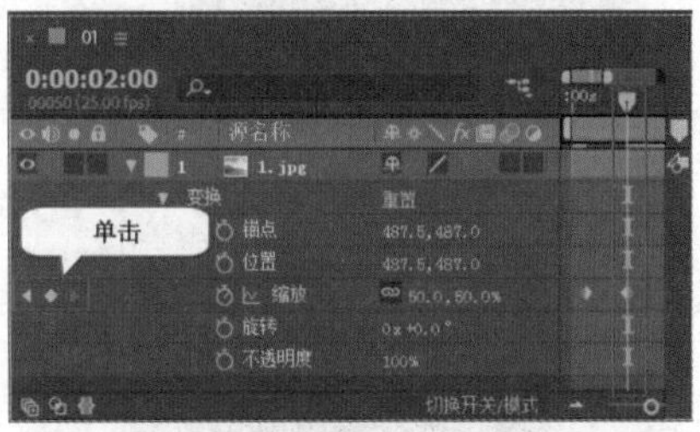

图 9.29

方法2：手动删除

在【时间轴】面板中将时间线拖动到需要删除的关键帧位置处，如图9.30所示。然后单击【属性】前的 (在当前时间添加或移除关键帧)按钮即可删除当前时间线下的关键帧，如图9.31所示。

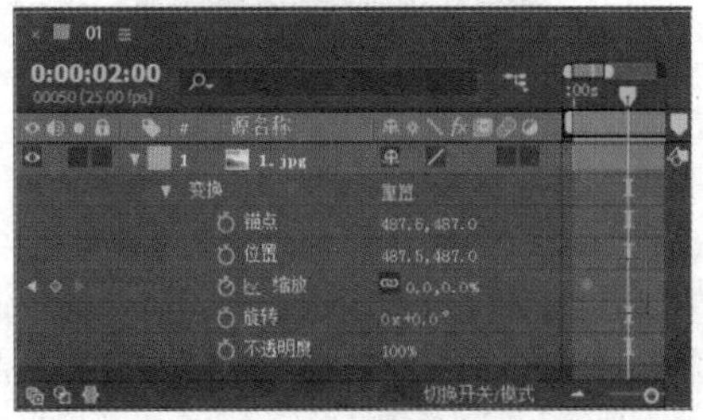

图 9.30

图 9.31

9.4 编辑关键帧

设置关键帧后，在【时间轴】面板中单击选中需要编辑的关键帧，并将光标定位在该关键帧上，右击即可在弹出的快捷菜单中设置需要编辑的属性参数，如图9.32所示。

图 9.32

9.4.1 100%

设置关键帧后，在【时间轴】面板中单击选中需要编辑的关键帧，并将光标定位在该关键帧上，右击，可以设置相关属性参数。

9.4.2 编辑值

设置关键帧后，在【时间轴】面板中单击选中需要编辑的关键帧，并将光标定位在该关键帧上，右击，在弹出的快捷菜单中设置相关属性参数，其操作方法与单击选择百分数值相同，如图9.33和图9.34所示。

图 9.33

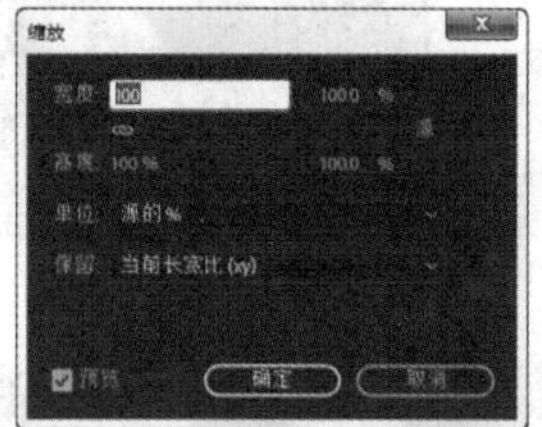

图 9.34

9.4.3 转到关键帧时间

设置关键帧后，在【时间轴】面板中单击选中需要编辑的关键帧，并将光标定位在该关键帧上，右击，在弹出的快捷菜单中选择【转到关键帧时间】命令，可以将时间线自动转到当前关键帧时间处，如图9.35和图9.36所示。

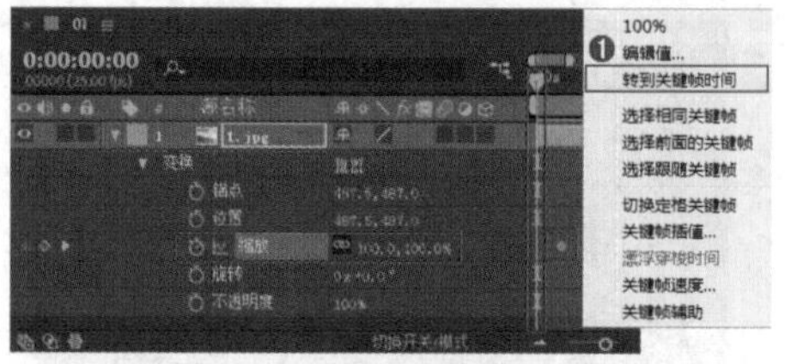

图 9.35

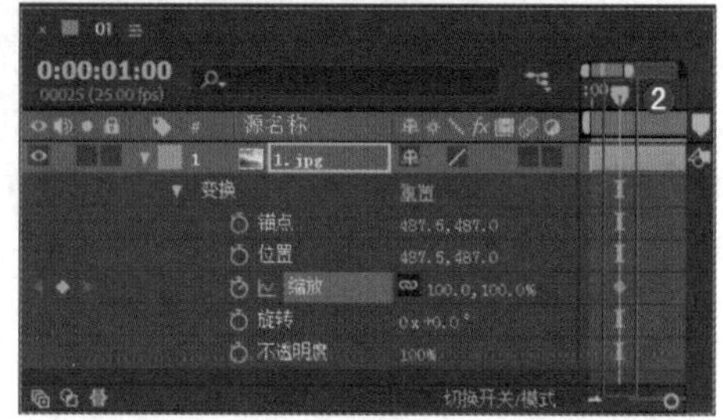

图 9.36

9.4.4 选择相同关键帧

设置关键帧后，如果有相同关键帧，可在【时间轴】面板中单击选中其中一个关键帧，并将光标定位在该关键帧上，右击，在弹出的快捷菜单中选择【选择相同关键帧】命令，此时可以看到另一个相同的关键帧会自动被选中，如图9.37和图9.38所示。

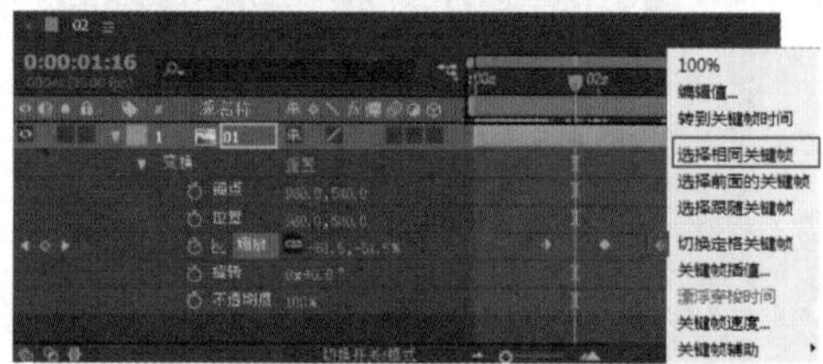

图 9.37

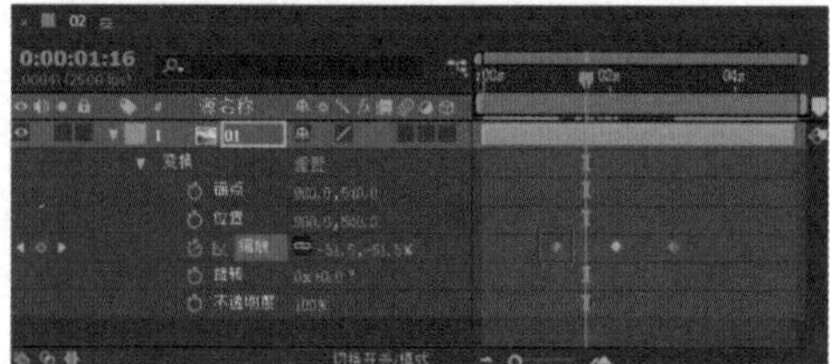

图 9.38

9.4.5 选择前面的关键帧

设置关键帧后，在【时间轴】面板中单击选中需要编辑的关键帧，并将光标定位在该关键帧上，右击，在弹出的快捷菜单中选择【选择前面的关键帧】命令，即可选中该关键帧前的所有关键帧，如图9.39和图9.40所示。

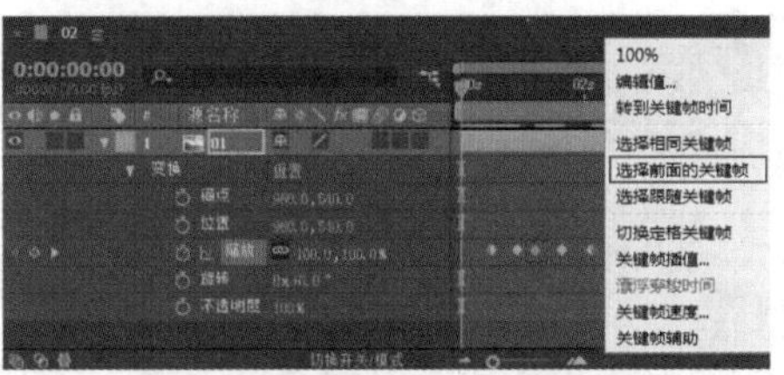

图 9.39

图 9.40

9.4.6 选择跟随关键帧

设置关键帧后，在【时间轴】面板中单击选中需要编辑的关键帧，将光标定位在该关键帧上，右击，在弹出的快捷菜单中选择【选择跟随关键帧】命令，即可选中该关键帧后的所有关键帧，如图9.41和图9.42所示。

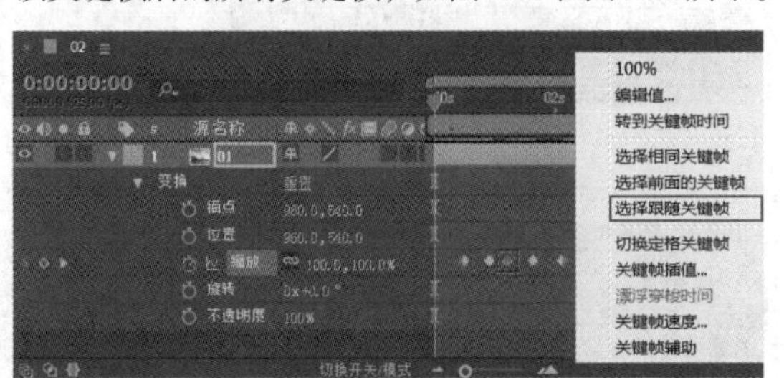

图 9.41

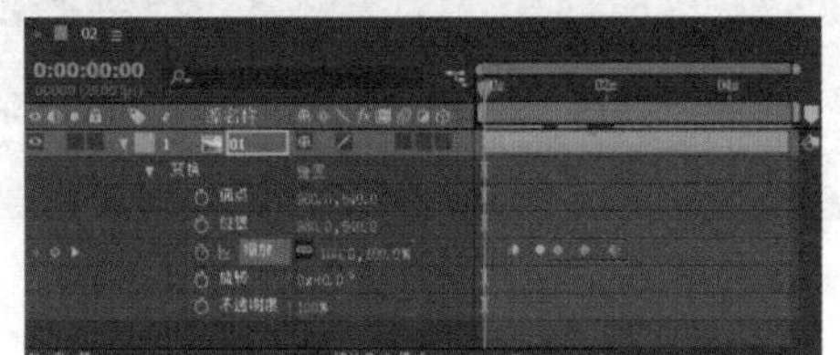

图 9.42

9.4.7 切换定格关键帧

设置关键帧后，在【时间轴】面板中单击需要编辑的关键帧，将光标定位在该关键帧上，右击，在弹出的快捷菜单中选择【切换定格关键帧】命令，即可将该关键帧切换为定格关键帧，如图9.43和图9.44所示。

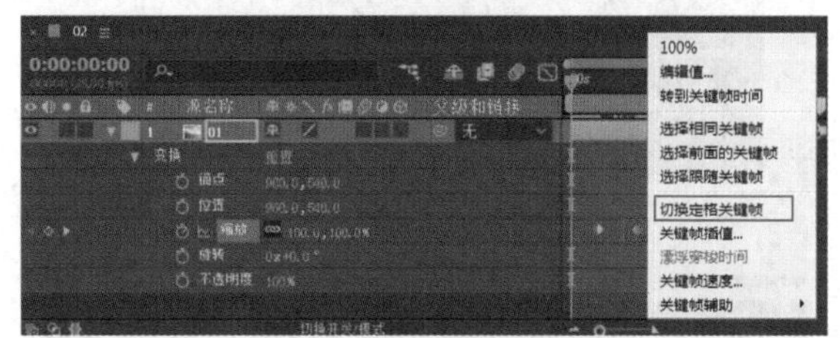

图 9.43

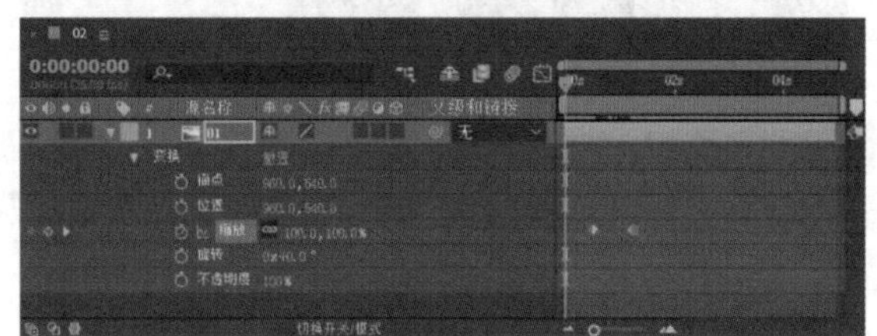

图 9.44

9.4.8 关键帧插值

在【时间轴】面板中单击(图表编辑器)按钮，即可查看当前动画图表，如图9.45所示。

图 9.45

设置关键帧，设置完成后选中需要编辑的关键帧，并将光标定位在该关键帧上，右击，在弹出的快捷菜单中选择【关键帧插值】命令，如图9.46所示。在弹出的【关键帧插值】对话框中可设置相关属性，如图9.47所示。

- 临时插值：可控制关键帧在时间线上的速度变化状态，其属性菜单如图9.48所示。

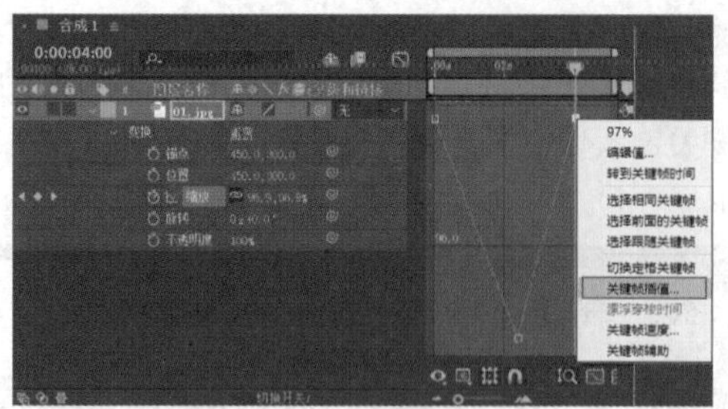

图 9.46

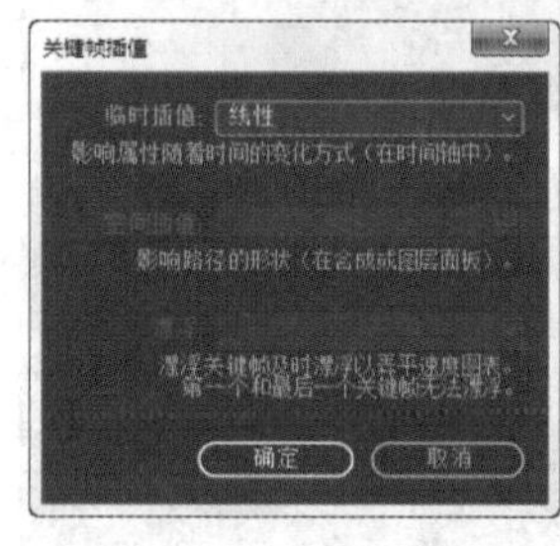

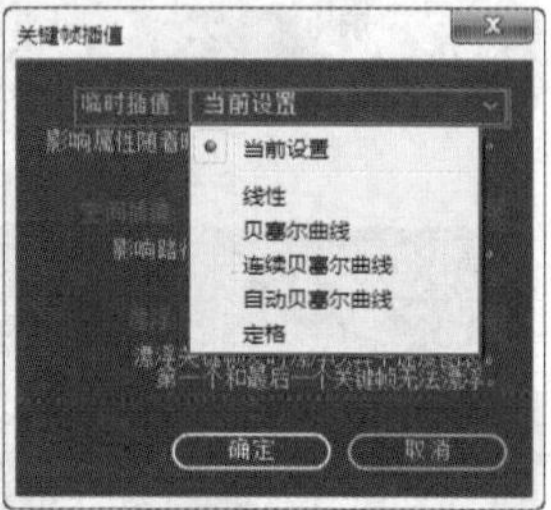

图 9.47　　图 9.48

- 当前设置：保持【临时插值】为当前设置。
- 线性：设置【临时插值】为线性，此时动画效果节奏性较强，相对机械。
- 贝塞尔曲线：设置【临时插值】为【贝塞尔曲线】，可以通过调整单个控制杆来改变曲线形状和运动路径，具有较强的可塑性和控制性。
- 连续贝塞尔曲线：设置【临时插值】为【连续贝塞尔曲线】，可以通过调整整个控制杆来改变曲线形状和运动路径。
- 自动贝塞尔曲线：设置【临时插值】为【自动贝塞尔曲线】，可以产生平稳的变化率，它可以将关键帧两端的控制杆自动调节为平稳状态。如果手动操作控制杆，自动贝塞尔曲线会转换为连续贝塞尔曲线。
- 定格：设置【临时插值】为【定格】，关键帧之间没有任何过渡，当前关键帧保持不变，直到下一个关键帧的位置处才突然发生转变。
- 空间插值：可以将大幅度运动的动画效果表现得更加流畅或将流畅的动画效果以剧烈的方式呈现出来，效果较为明显。
- 漂浮：可以及时漂浮关键帧为平滑速度图表，第一个和最后一个关键帧无法漂浮。

9.4.9　漂浮穿梭时间

设置关键帧后，在【时间轴】面板中单击选中需要编辑的关键帧，并将光标定位在该关键帧上，右击，在弹出的快捷菜单中选择【漂浮穿梭时间】命令，即可切换空间属性的漂浮穿梭时间，如图9.49所示。

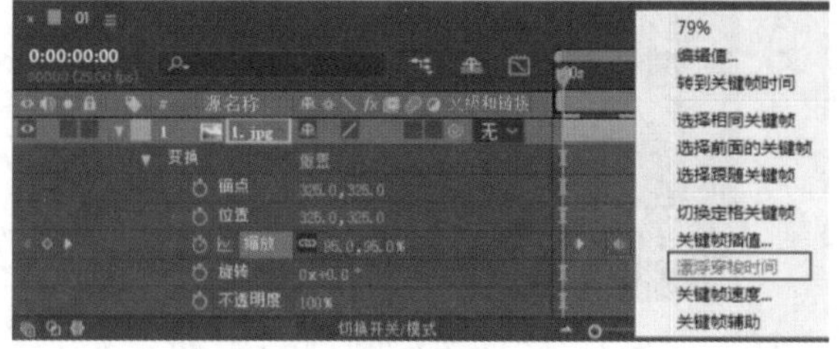

图 9.49

9.4.10　关键帧速度

设置关键帧后，在【时间轴】面板中选中需要编辑的关键帧，并将光标定位在该关键帧上，右击，在弹出的快捷菜单中选择【关键帧速度】命令，如图9.50所示。接着在弹出的【关键帧速度】对话框中设置相关参数，如图9.51所示。

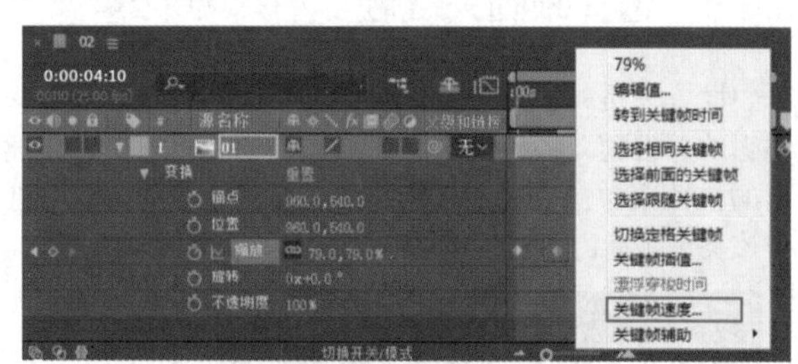

图 9.50

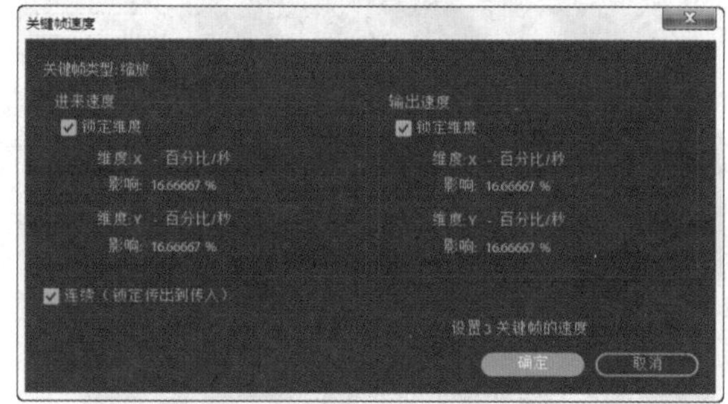

图 9.51

9.4.11　关键帧辅助

设置关键帧后，在【时间轴】面板中选中需要编辑的关键帧，并将光标定位在该关键帧上，右击，在弹出的快捷菜单中选择【关键帧辅助】命令，在弹出的下级菜单中选择其他属性，如图9.52所示。

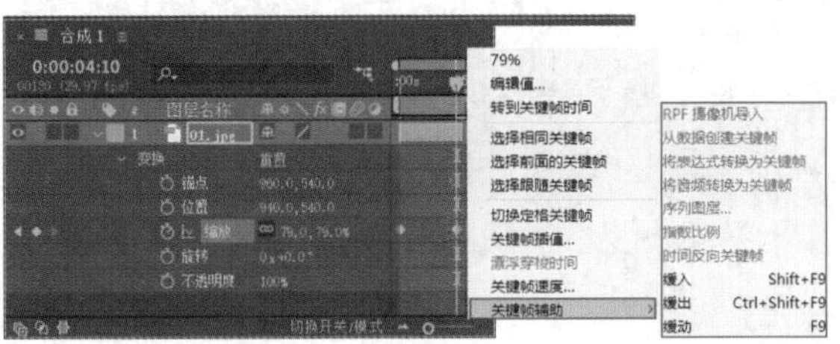

图 9.52

- RPF摄像机导入：选择该选项时，可以导入来自第三方3D建模应用程序的RPF摄像机数据。
- 从数据创建关键帧：选择该选项时，可设置从数据创建关键帧。
- 将表达式转换为关键帧：选择该选项时，可分析当前表达式，并创建关键帧以表示它所描述的属性值。
- 将音频转换为关键帧：选择该选项时，可以在合成工作区域中分析振幅，并创建表示音频的关键帧。
- 序列图层：选择该选项时，单击打开序列图层助手。
- 指数比例：选择该选项时，可以调节关键帧从线性到指数转换比例的变化速率。
- 时间反向关键帧：选择该选项时，可以按时间反转当前选定的两个或两个以上的关键帧属性效果。
- 缓入：选择该选项时，选中关键帧样式为▯，关键帧节点前将变成缓入的曲线效果，当拖动时间线播放动画时，可使动画在进入该关键帧时速度逐渐减缓，消除因速度波动大而产生的画面不稳定感，如图9.53所示。

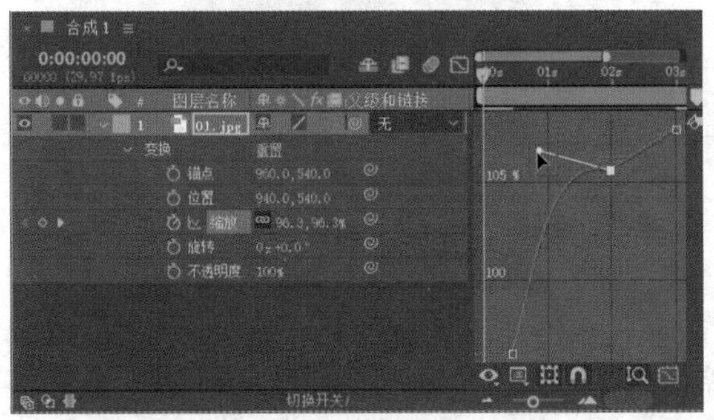

图 9.53

- 缓出：选择该选项时，选中关键帧样式为▯，关键帧节点前将变成缓出的曲线效果。当播放动画时，可以使动画在离开该关键帧时速率减缓，消除因速度波动大而产生的画面不稳定感，与缓入是相同的道理，如图9.54所示。

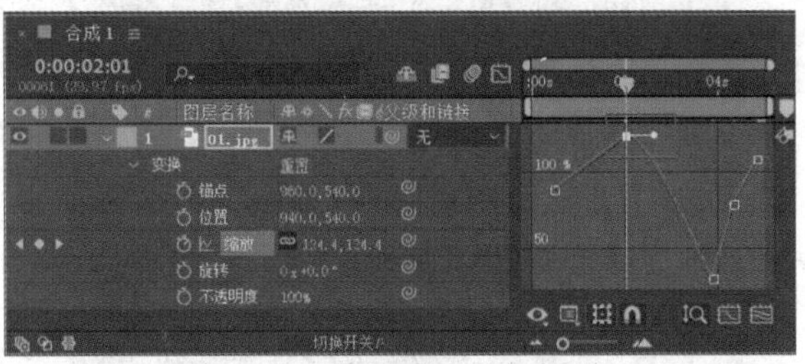

图 9.54

- 缓动：选择该选项时，选中关键帧样式为▯，关键帧节点两端将变成平缓的曲线效果，如图9.55所示。

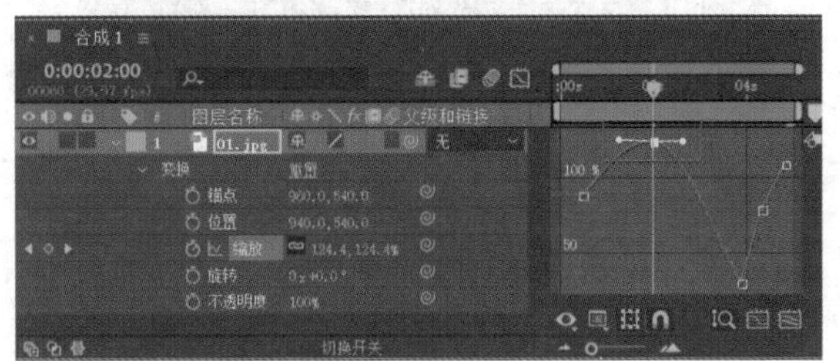

图 9.55

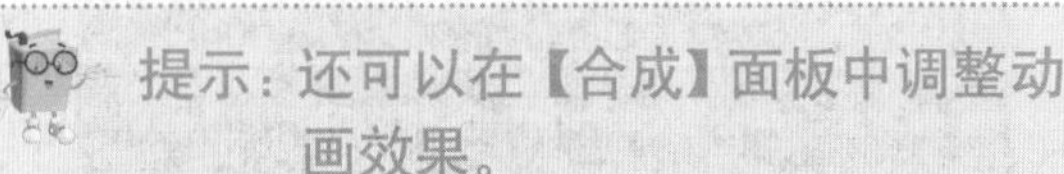

(1)如图9.56所示，选中文字。

图 9.56

(2)为文字的【位置】设置关键帧动画，如图9.57～图9.60所示。

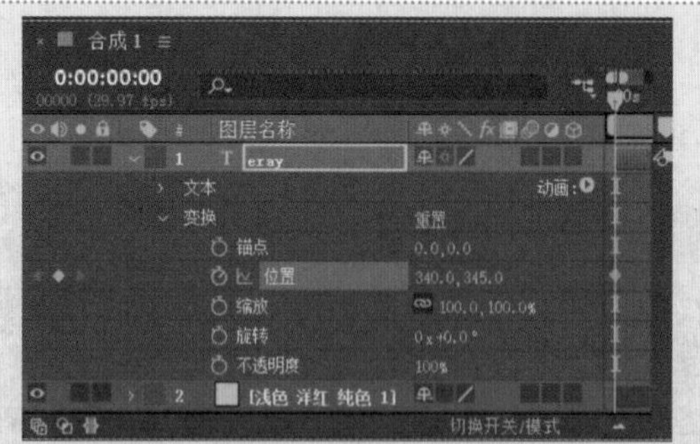

图 9.57

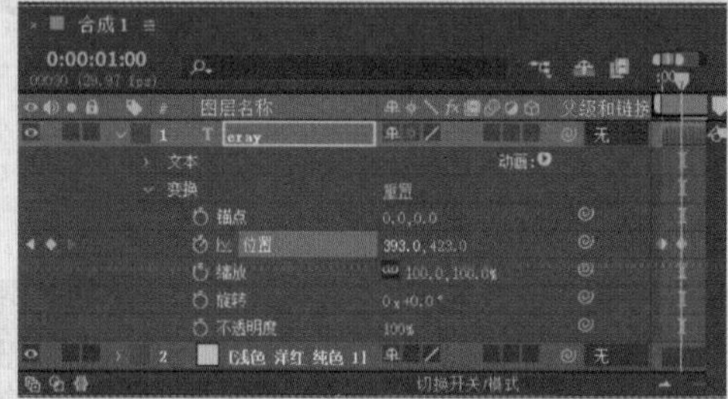

图 9.58

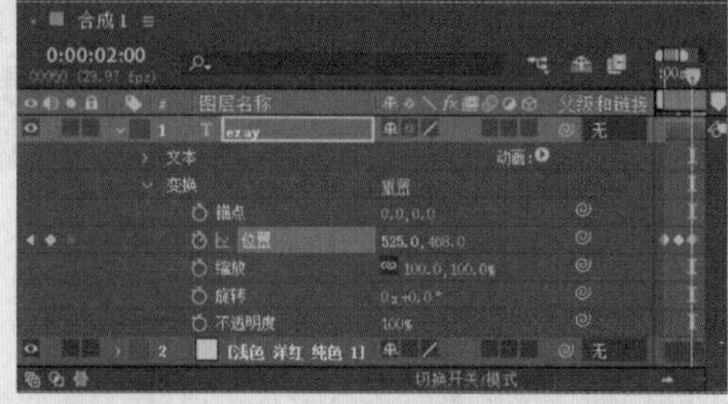

图 9.59

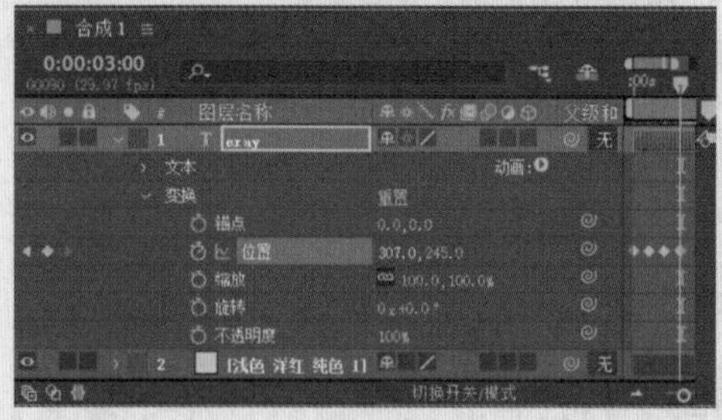

图 9.60

（3）此时选中文字并拖动时间轴，可以看到在【合成】面板中已经显示出了动画的运动路径，同时在播放动画时动画并不流畅，如图9.61所示。

（4）为了使动画更流畅，可以在【合成】面板中单击并拖动点，使曲线变得更光滑，再次播放视频就流畅很多了，如图9.62所示。

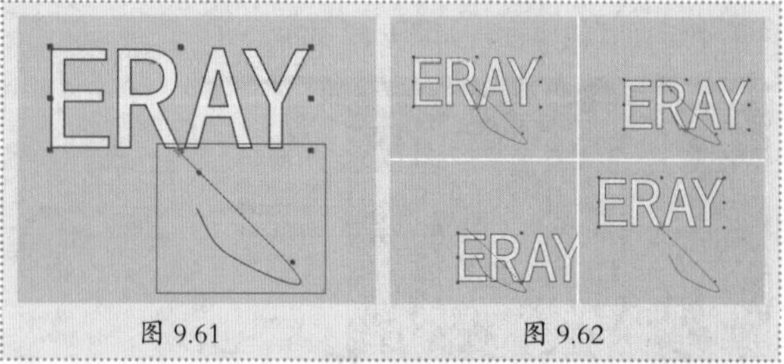

图 9.61　　　　图 9.62

重点 9.5 轻松动手学：动画预设

扫一扫，看视频

动画预设可以为素材添加很多种类的预设效果，After Effects中自带的动画预设效果非常强大，可以模拟很多精彩的动画。

文件路径：第9章　关键帧动画→轻松动手学：动画预设

在After Effects中，有数百种动画预设效果可供使用。在制作动画时，可以将它们直接应用到图层中，并根据需要作出修改。同时，借助动画预设还可以保存和重复使用图层属性与动画的特定配置，其中包括关键帧、效果和表达式。

步骤 01 在【效果和预设】面板中单击打开【动画预设】效果组，如图9.63所示。

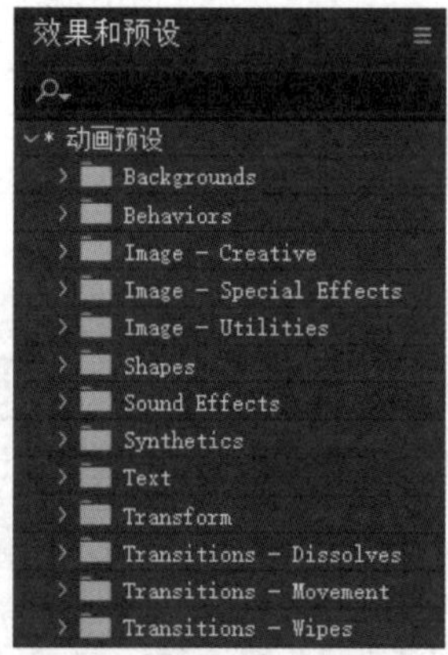

图 9.63

步骤 02 在【效果和控件】面板中直接搜索所需效果，然后将所需效果直接拖曳到需要该效果的图层上。此处以添加文本动画预设效果为例，如图9.64所示。

图 9.64

步骤 03 在【时间轴】面板中，单击打开添加动画预设效果图层下方的【文本】，可以看到动画预设起始的关键帧位置即为时间线所在位置，如图9.65所示。拖动时间线查看动画效果，如图9.66所示。

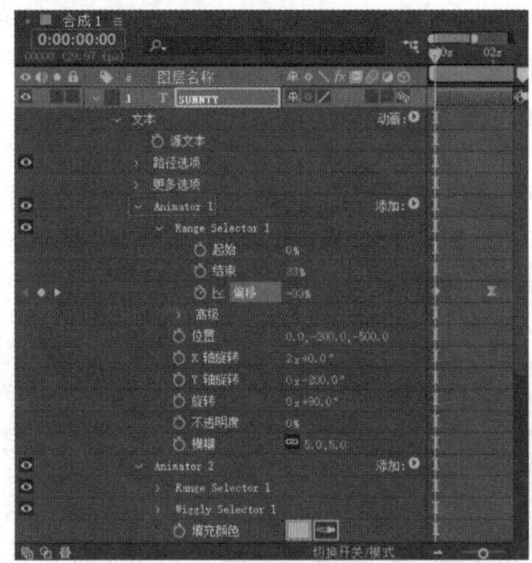

图 9.65

图 9.66

9.6 经典动画实例

实例9.1：制作分割式海报动画效果

扫一扫，看视频

文件路径：第9章 关键帧动画→实例：制作分割式海报动画效果

本实例使用【蒙版】及【高斯模糊】效果制作海报背景，使用【位置】【不透明度】【线性擦除】等效果为文字和形状制作关键帧动画。效果如图9.67所示。

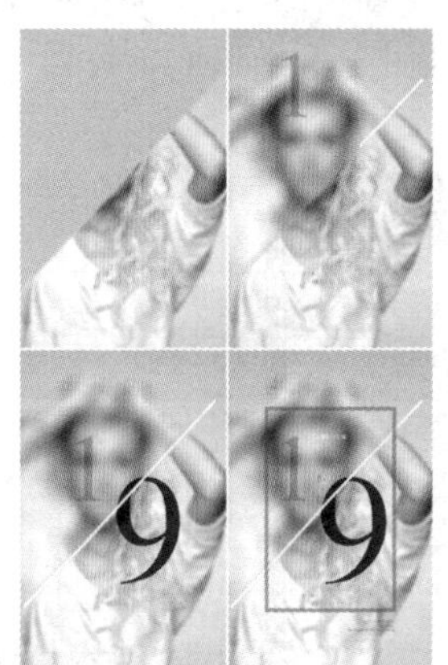

图 9.67

步骤 01 在【项目】面板中右击，选择【新建合成】命令，在弹出的【合成设置】窗口中设置【合成名称】为1，【预设】为【自定义】，【宽度】为1000，【高度】为1500，【像素长宽比】为【方形像素】，【帧速率】为25，【分辨率】为【完整】，【持续时间】为5秒。执行【文件】/【导入】/【文件】命令，导入1.jpg和2.png素材文件，如图9.68所示。

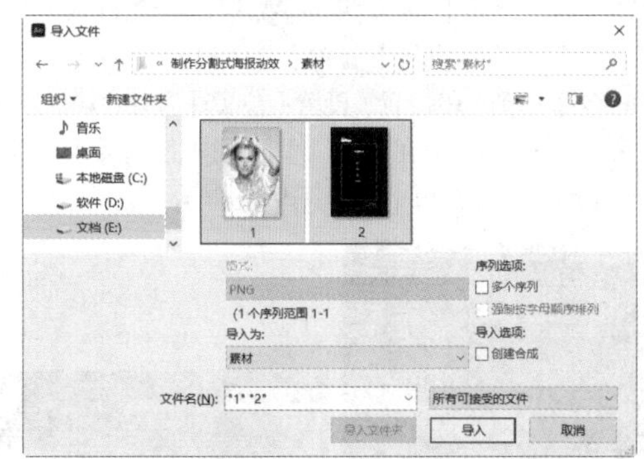

图 9.68

步骤 02 在【项目】面板中将1.jpg素材文件拖曳到【时间轴】面板中，如图9.69所示。

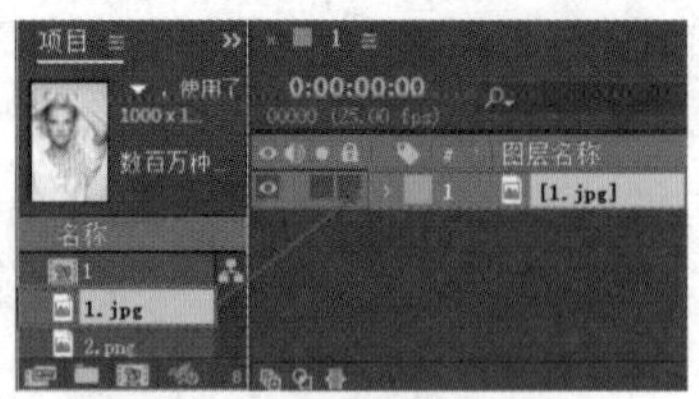

图 9.69

步骤 03 在【时间轴】面板中选择1.jpg图层，在工具栏中选择（钢笔工具），接着在【合成】面板中绘制一个梯形的闭合路径，如图9.70所示。

步骤 04 在【效果和预设】面板搜索框中搜索【高斯模糊】，将该效果拖曳到【时间轴】面板的1.jpg图层上，如图9.71所示。

图 9.70

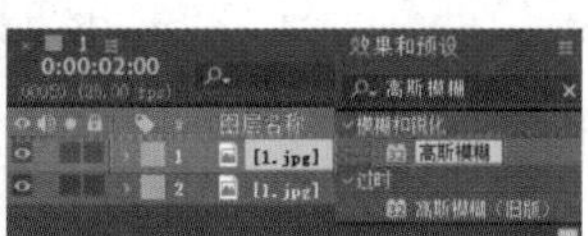

图 9.71

步骤 05 在【时间轴】面板中单击打开1.jpg图层下方的【效果】/【高斯模糊】，设置【模糊度】为20.0，【重复边缘像素】为【开】。接着打开【变换】，将时间线拖动到起始帧位置，单击【位置】前的（时间变化秒表）按钮，开启自动关键帧，设置【位置】为(1515.0,750.0)。继续将时间线拖动到1秒位置，设置【位置】为(500.0,750.0)，如图9.72所示。再次在【项目】面板中将1.jpg素材文件拖曳到【时间轴】面板中，如图9.73所示。

图 9.72

图 9.73

步骤 06 在【时间轴】面板中选择1.jpg图层（图层1），在工具栏中选择（钢笔工具），在【合成】面板左上角绘制一个梯形的闭合路径，如图9.74所示。

步骤 07 在【效果和预设】面板搜索框中搜索【高斯模糊】，将该效果拖曳到【时间轴】面板的1.jpg图层（图层1）上，如图9.75所示。

图 9.74

图 9.75

步骤 08 在【时间轴】面板中单击打开1.jpg图层（图层1）下方的【效果】/【高斯模糊】，设置【模糊度】为80.0，【重复边缘像素】为【开】。打开【变换】，将时间线拖动到1秒位置，单击【位置】前的（时间变化秒表）按钮，开启自动关键帧，设置【位置】为(–525.0,750.0)。继续将时间线拖动到2秒位置，设置【位置】为(500.0,750.0)，如图9.76所示。此时的动画效果如图9.77所示。

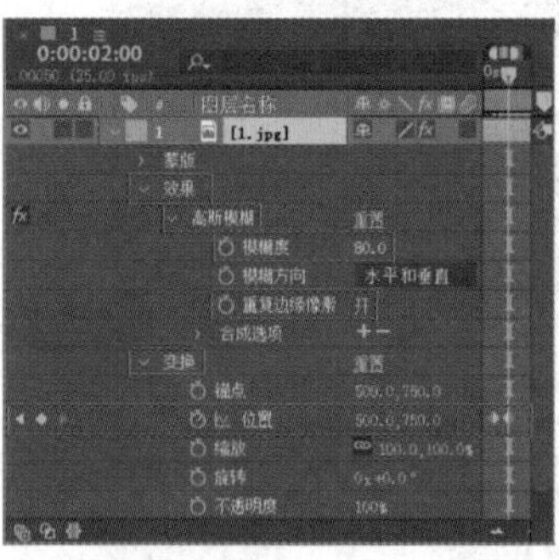

图 9.76

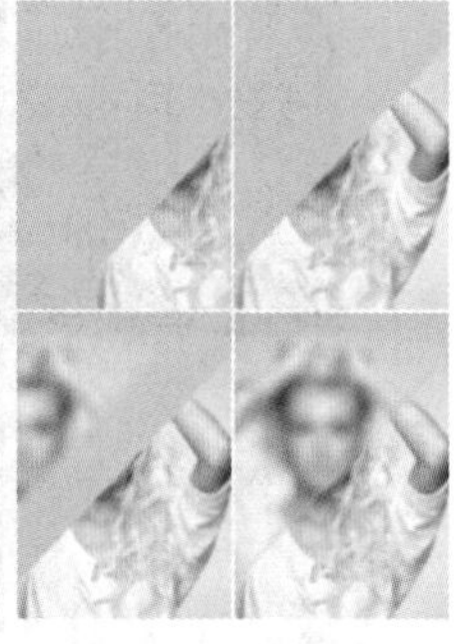

图 9.77

步骤 09 制作数字。在【时间轴】面板的空白位置处右击，执行【新建】/【文本】命令，如图9.78所示。在【字符】面板中设置合适的【字体系列】，【填充】为深灰色，【描边】为无，【字体大小】为730像素，设置完成后输入数字9，如图9.79所示。

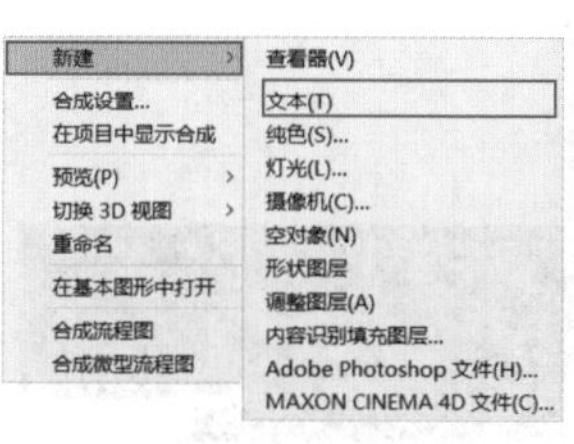

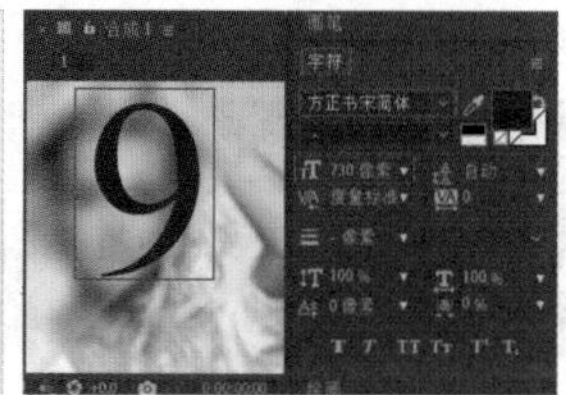

图 9.78　　图 9.79

步骤 10 在【时间轴】面板中单击打开文本9图层下方的【变换】，将时间线拖动到2秒15帧位置，单击【位置】前的（时间变化秒表）按钮，开启自动关键帧，设置【位置】为(620.0,2000.0)。继续将时间线拖动到3秒位置，设置【位置】为(620.0,1090.0)，如图9.80所示。

步骤 11 制作分割线。在工具栏中选择（钢笔工具），设置【填充】为无，【描边】为白色，【描边宽度】为12像素，如图9.81所示。

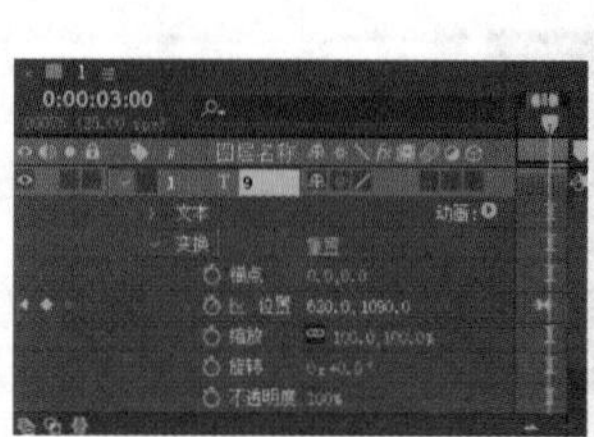

图 9.80　　图 9.81

步骤 12 在【效果和预设】面板搜索框中搜索【线性擦除】，将该效果拖曳到【时间轴】面板中的【形状图层1】上，如图9.82所示。

步骤 13 在【时间轴】面板中选择【形状图层 1】，单击打开该图层下方的【效果】/【线性擦除】，将时间线拖动到2秒位置，单击【过渡完成】前的（时间变化秒表）按钮，开启自动关键帧，设置【过渡完成】为100%。继续将时间线拖动到3秒位置，设置【过渡完成】为0%，如图9.83所示。

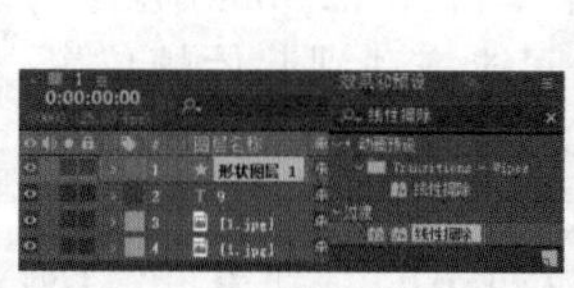

图 9.82　　图 9.83

步骤 14 在【时间轴】面板的空白位置处再次右击，执行【新建】/【文本】命令，如图9.84所示。在【字符】面板中设置合适的【字体系列】,【填充】为黑色,【描边】为无,【字体大小】为450像素，设置完成后输入数字1，如图9.85所示。

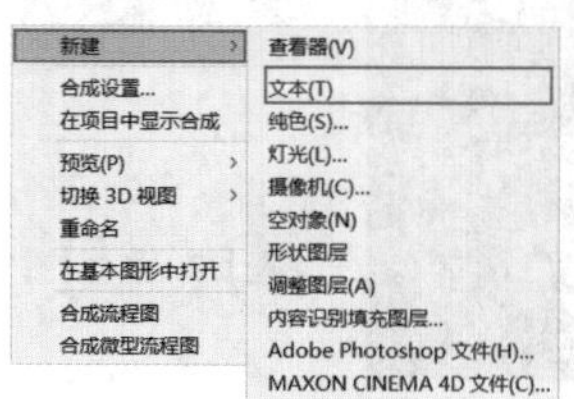

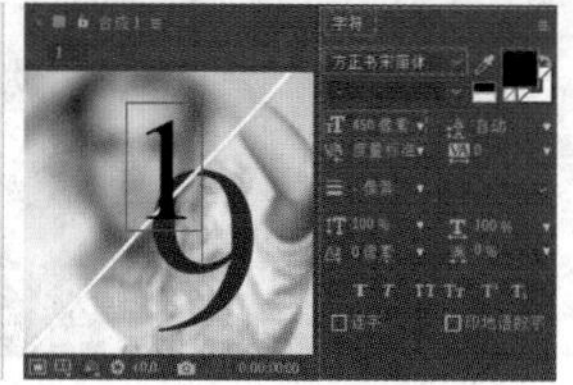

图 9.84　　图 9.85

步骤 15 在【时间轴】面板中单击打开文本1图层下方的【变换】，设置【不透明度】为25%，将时间线拖动到2秒位置，单击【位置】前的（时间变化秒表）按钮，开启自动关键帧，设置【位置】为(322.0,-20.0)。继续将时间线拖动到2秒15帧位置,设置【位置】为(322.0,708.0)，如图9.86所示。此时，拖动时间线查看画面的效果，如图9.87所示。

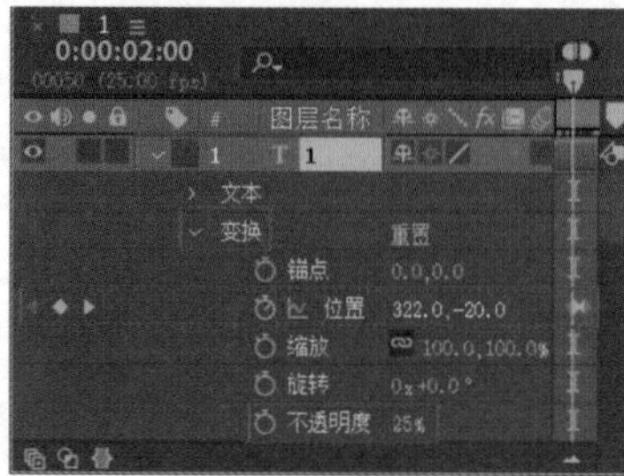

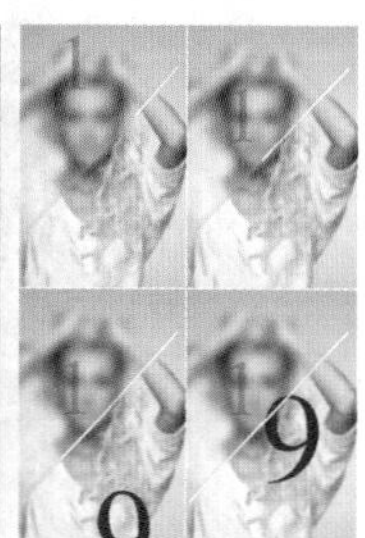

图 9.86　　图 9.87

步骤 16 将【项目】面板中的2.png素材文件拖曳到【时间轴】面板中，如图9.88所示。

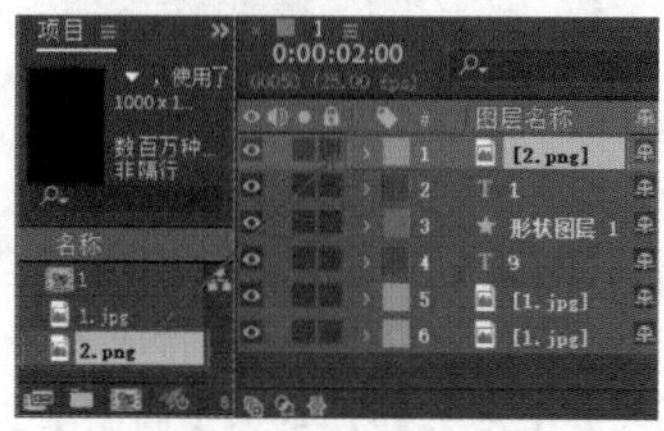

图 9.88

步骤 17 在【时间轴】面板中单击打开2.png图层下方的【变换】，将时间线拖动到3秒位置，单击【不透明度】前的（时间变化秒表）按钮，设置【不透明度】为0%。继续将时间线拖动到4秒位置，设置【不透明度】为100%，如图9.89所示。

步骤 18 本实例制作完成，拖动时间线查看画面的效果，如图9.90所示。

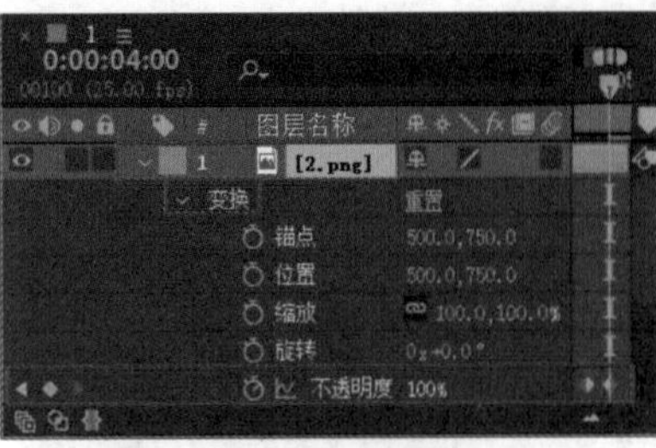
图 9.89

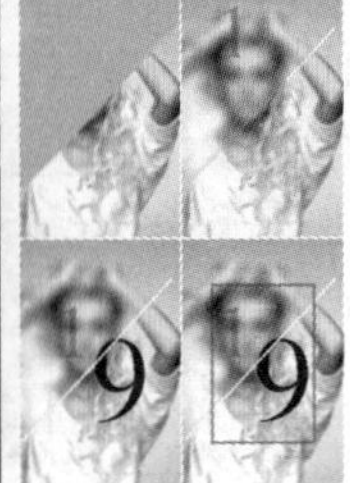
图 9.90

实例9.2：制作卡通挤压文字动画效果

扫一扫，看视频

文件路径：第9章 关键帧动画→实例：制作卡通挤压文字动画效果

本实例使用【缩放】关键帧以及【波纹】【凸出】效果制作出波纹挤压动画。效果如图9.91所示。

图 9.91

步骤 01 在【项目】面板中右击，选择【新建合成】命令，在弹出的【合成设置】窗口中设置【合成名称】为1，【预设】为【自定义】，【宽度】为1200，【高度】为1205，【像素长宽比】为【方形像素】，【帧速率】为25，【分辨率】为【完整】，【持续时间】为5秒。执行【文件】/【导入】/【文件】命令，导入全部素材文件。在【项目】面板中依次将1.jpg和2.png素材文件拖曳到【时间轴】面板中，如图9.92所示。

步骤 02 制作动画效果。在【效果和预设】面板搜索框中搜索【凸出】，将该效果拖曳到【时间轴】面板的2.png图层上，如图9.93所示。

图 9.92

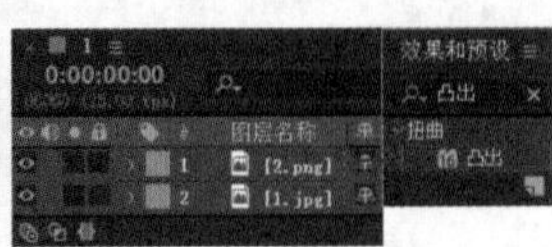
图 9.93

步骤 03 在【时间轴】面板中单击打开2.png图层下方的【效果】/【凸出】，将时间线拖动到起始帧位置，单击【水平半径】前的⏱(时间变化秒表)按钮，开启自动关键帧，设置【水平半径】为50.0。继续将时间线拖动到第20帧位置，设置【水平半径】为850.0，此时在当前位置单击【垂直半径】前的⏱(时间变化秒表)按钮，开启自动关键帧，设置【垂直半径】为50.0。将时间线拖动到1秒15帧位置，设置【垂直半径】为1000.0，最后将时间线拖动到2秒位置，设置【水平半径】与【垂直半径】均为50.0，如图9.94所示。此时，画面效果如图9.95所示。

图 9.94

图 9.95

步骤 04 在【效果和预设】面板搜索框中搜索【波纹】，将该效果拖曳到【时间轴】面板的2.png图层上，如图9.96所示。

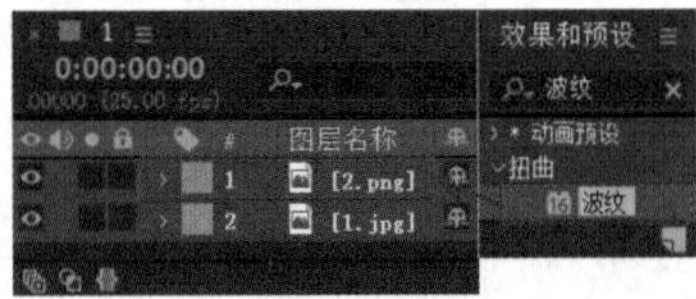
图 9.96

步骤 05 在【时间轴】面板中单击打开2.png图层下方的【效果】/【波纹】，将时间线拖动到起始帧位置，单击【半径】前的⏱(时间变化秒表)按钮，开启自动关键帧，设置【半径】为100.0。继续将时间线拖动到3秒10帧位置，设置【半径】为0.0，接着设置【波形宽度】为25.0，如图9.97所示。此时，画面效果如图9.98 所示。

图 9.97

图 9.98

步骤 06 在【时间轴】面板中单击打开该图层下方的【变换】，将时间线拖动到2秒位置，单击【缩放】前的(时间变化秒表)按钮，开启自动关键帧，设置【缩放】为(100.0,100.0%)；将时间线拖动到2秒10帧位置，设置【缩放】为(38.0,38.0%)；将时间线拖动到2秒20帧位置，设置【缩放】为(105.0,105.0%)；将时间线拖动到3秒位置，设置【缩放】为(18.0,18.0%)；最后将时间线拖动到3秒10帧位置，设置【缩放】为(100.0,100.0%)，如图9.99所示。

步骤 07 本实例制作完成，拖动时间线查看画面的效果，如图9.100所示。

图 9.99

图 9.100

实例9.3：制作闪烁的霓虹LOGO

文件路径：第9章 关键帧动画→实例：制作闪烁的霓虹LOGO

扫一扫，看视频

本实例主要使用【蒙版】【分形】【发光】等效果制作LOGO，接着在LOGO上面制作闪烁的光效及文字内容。效果如图9.101所示。

步骤 01 在【项目】面板中右击，选择【新建合成】命令，在弹出的【合成设置】窗口中设置【合成名称】为【合成1】，【预设】为【PALD1/DV方形像素】，【宽度】为788，【高度】为576，【像素长宽比】为【方形像素】，【帧速率】为25，【分辨率】为【完整】，【持续时间】为5秒。执行【文件】/【导入】/【文件】命令，导入全部素材文件，如图9.102所示。

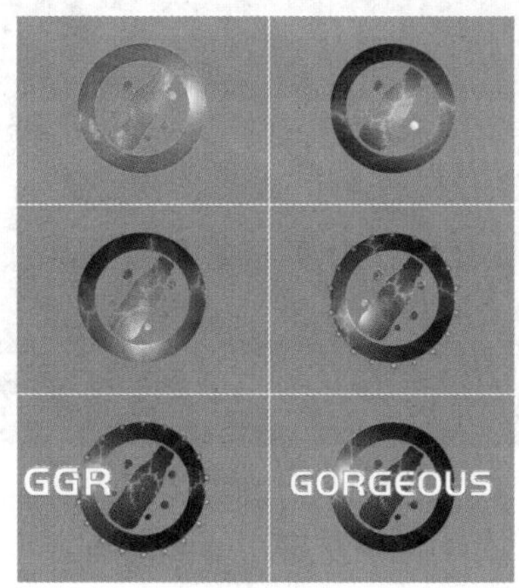

图 9.101

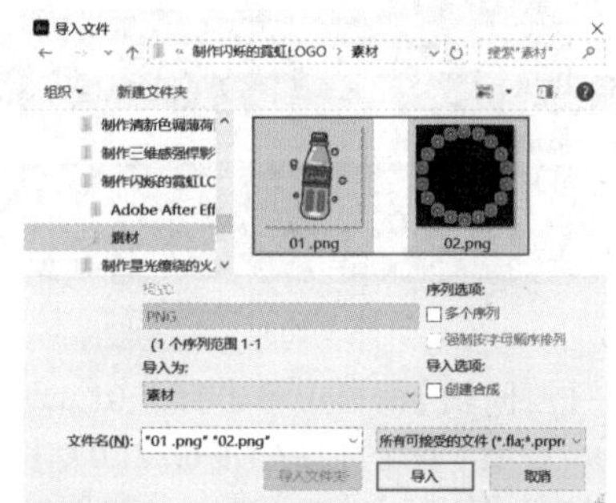

图 9.102

步骤 02 制作背景。在【时间轴】面板的空白位置处右击，执行【新建】/【纯色】命令。此时，在弹出的【纯色设置】窗口中设置【名称】为【中间色青绿色 纯色 1】，【颜色】为豆沙绿，如图9.103所示。

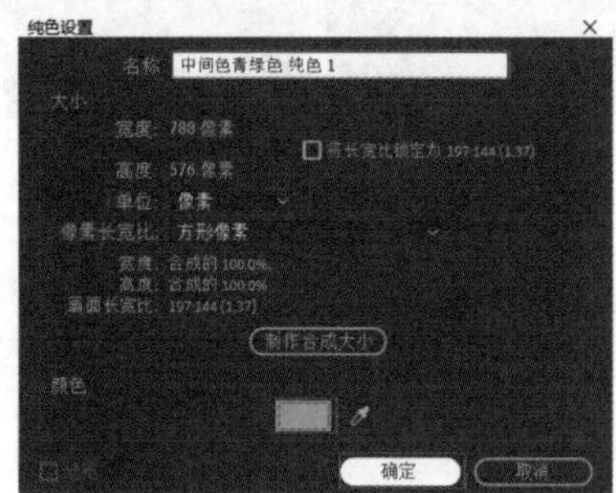

图 9.103

步骤 03 制作LOGO的底部形状。再次在【时间轴】面板的空白位置处右击，执行【新建】/【纯色】命令，在弹出的【纯色设置】窗口中设置【名称】为LOGO，【颜色】为砖红色，如图9.104所示。

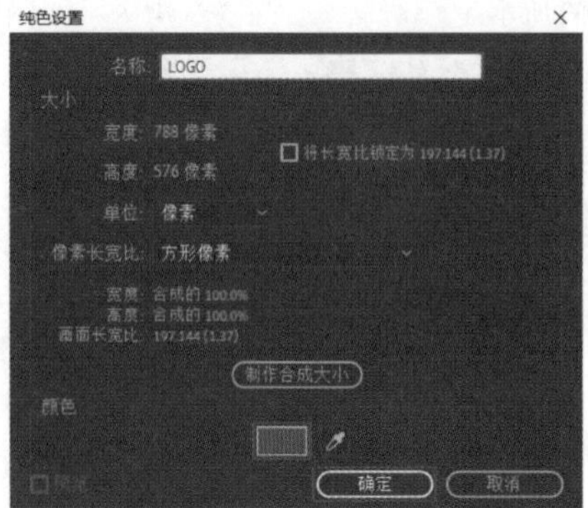

图 9.104

步骤 04 将【项目】面板中的01.png素材文件拖曳到【时间轴】面板的最上层，如图9.105所示。

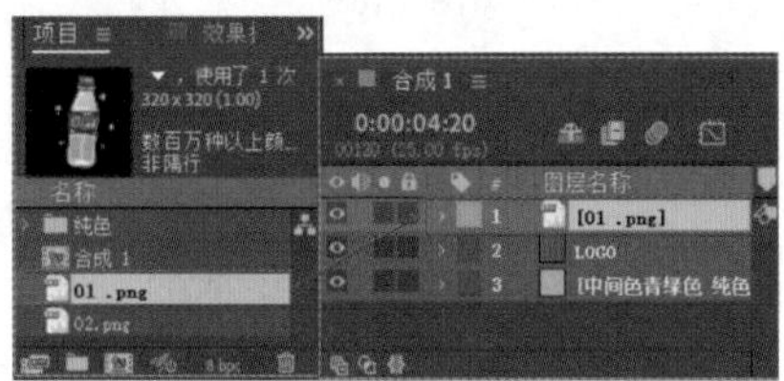

图 9.105

步骤 05 在【时间轴】面板中单击打开01.png图层下方的【变换】，设置【位置】为(379.0,271.0)，【缩放】为(100.0,100.0%)，【旋转】为0x+30.0°，如图9.106所示。此时，画面效果如图9.107所示。

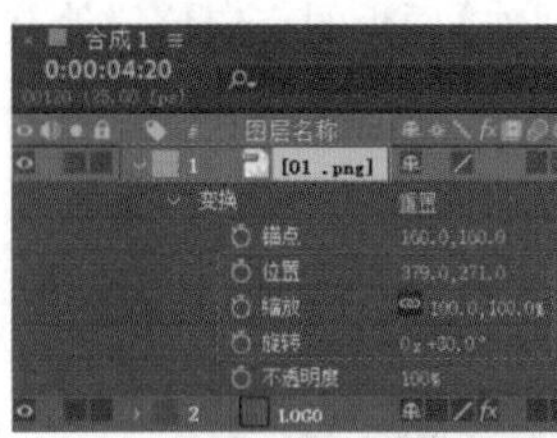

图 9.106 图 9.107

步骤 06 制作环形形状。首先在【时间轴】面板中选择LOGO图层，然后在工具栏中选择 (椭圆工具)，将光标移动到【合成】面板中，在饮品周围合适位置按Shift键的同时按住鼠标左键绘制一个正圆蒙版，如图9.108所示。

步骤 07 在【时间轴】面板中单击打开LOGO图层下方的【蒙版】，选择【蒙版 1】，使用快捷键Ctrl+D进行复制，如图9.109所示。

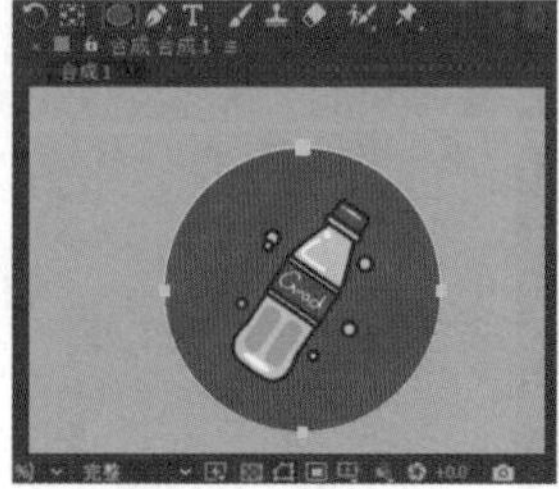

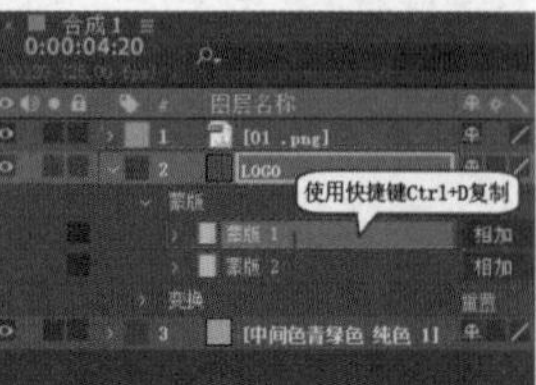

图 9.108 图 9.109

步骤 08 选择【蒙版 2】，在【合成】面板的形状边缘处双击，此时出现定界框，将光标移动到定界框一角处，调整它的形状，制作同心圆效果，如图9.110所示。此时，在【时间轴】面板LOGO图层的【蒙版】下方设置【蒙版 2】为【相减】，如图9.111所示。

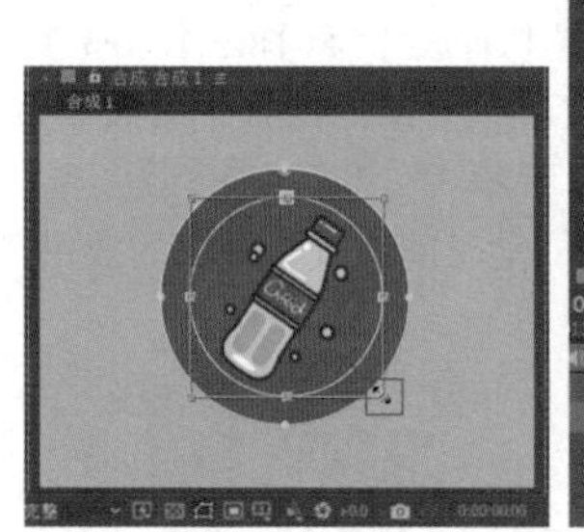

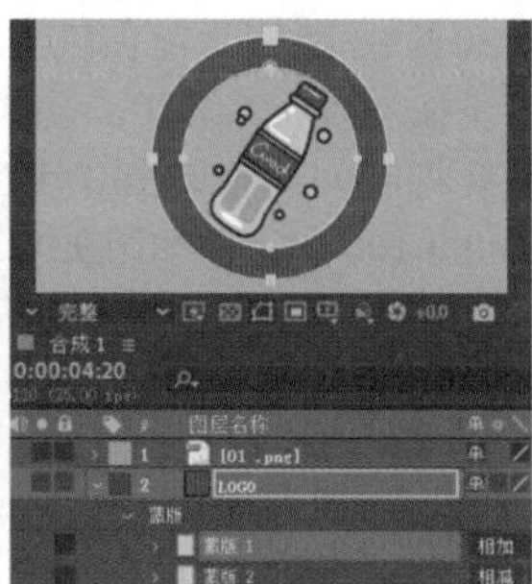

图 9.110 图 9.111

步骤 09 继续在【时间轴】面板中选择LOGO图层，下面在饮品及气泡上方绘制蒙版。在工具栏中选择 (钢笔工具)，在【合成】面板中饮品及气泡上方单击建立锚点并绘制路径，如图9.112所示。此时，单击【时间轴】面板01.png图层前的 (隐藏/显示)按钮，将该图层进行隐藏。此时，画面效果如图9.113所示。

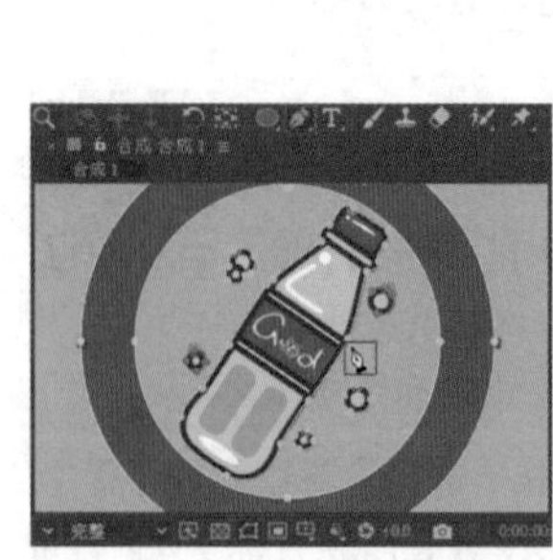

图 9.112 图 9.113

步骤 10 为LOGO图层添加效果。在【效果和预设】面板搜索框中搜索【分形】，将该效果拖曳到【时间轴】面板的LOGO图层上，如图9.114所示。

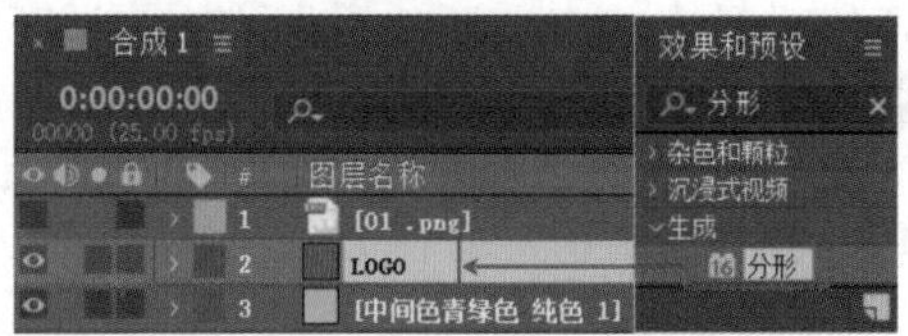

图 9.114

步骤 11 在【时间轴】面板中选择LOGO图层，打开该图层下方的【效果】/【分形】，设置【设置选项】为【朱莉娅】；展开【曼德布罗特】，设置【X（真实的）】为-1.40300001。将时间线拖动到起始帧位置，单击【Y（虚构的）】前的⏱（时间变化秒表）按钮，开启自动关键帧，设置【Y（虚构的）】为1.87000000；继续将时间线拖动到15帧位置，设置【Y（虚构的）】为0.15000000；继续展开【朱莉娅】，将时间线拖动到15帧位置，单击【放大率】前的⏱（时间变化秒表）按钮，设置【放大率】为0.0；继续将时间线拖动到2秒位置，设置【放大率】为2.0，此时单击【X（真实的）】前的⏱（时间变化秒表）按钮，设置【X（真实的）】为0.00000000；将时间线拖动到3秒位置，设置【X（真实的）】为0.50000000；最后展开【颜色】，将时间线拖动到起始帧位置，单击【色相】前的⏱（时间变化秒表）按钮，设置【色相】为0x+0.0°；接着将时间线拖动到3秒位置，设置【色相】为1x+0.0°，如图9.115所示。拖动时间线查看画面效果，如图9.116所示。

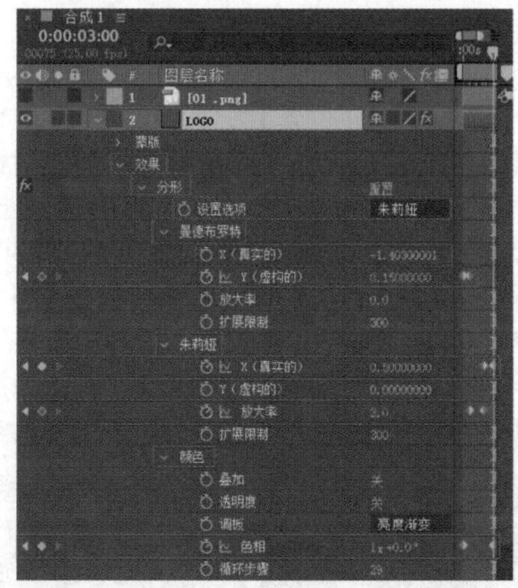

图 9.115

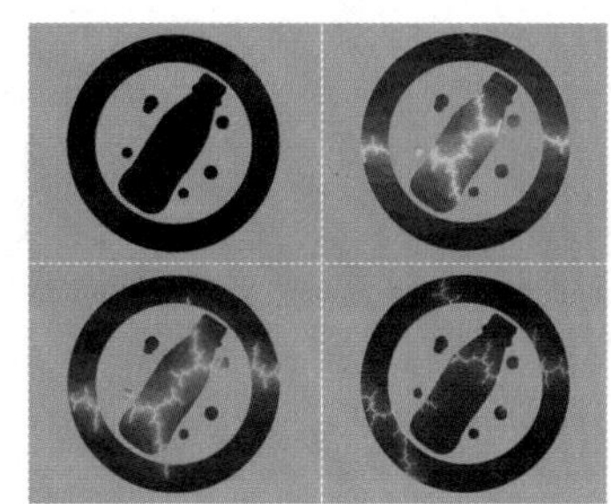

图 9.116

步骤 12 在【效果和预设】面板搜索框中搜索【发光】，将该效果拖曳到【时间轴】面板的LOGO图层上，如图9.117所示。

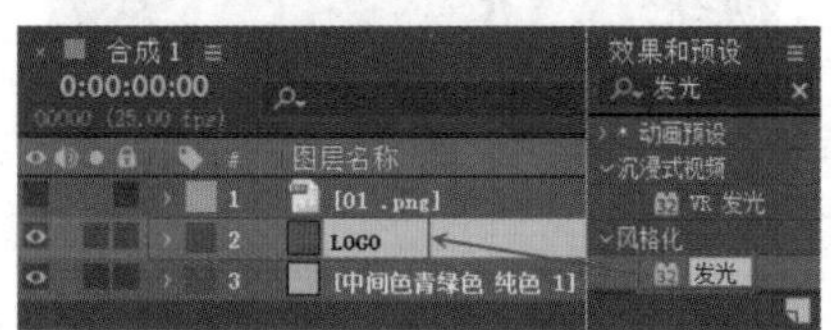

图 9.117

步骤 13 在【时间轴】面板中选择LOGO图层，打开该图层下方的【效果】/【发光】，设置【发光基于】为【Alpha通道】，【发光阈值】为0.0%，【发光颜色】为【A和B颜色】，【颜色A】为白色，【颜色B】为淡黄色。接着将时间线拖动到起始帧位置，单击【发光强度】前的⏱（时间变化秒表）按钮，设置【发光强度】为1.0。接着将时间线拖动到15帧位置，设置【发光强度】为0.0，如图9.118所示。拖动时间线查看此时的画面效果，如图9.119所示。

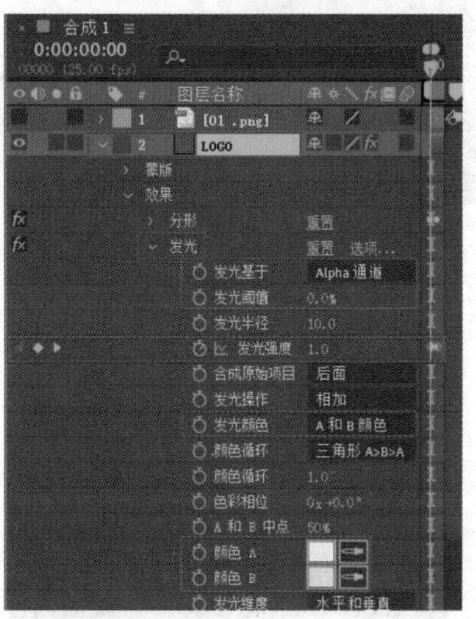

图 9.118

图 9.119

步骤 14 在【效果和预设】面板搜索框中搜索【镜头光晕】，将该效果拖曳到【时间轴】面板的LOGO图层上，如图9.120所示。

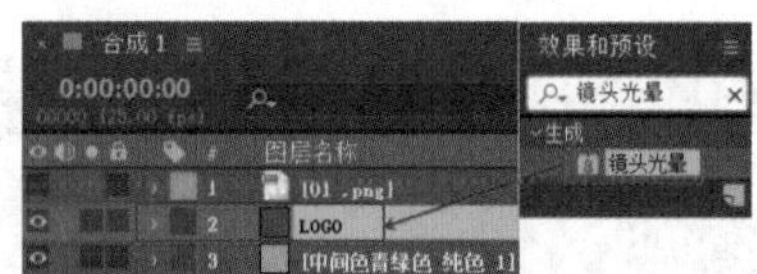

图 9.120

步骤 15 在【时间轴】面板中选择LOGO图层，打开该图层下方的【效果】/【镜头光晕】，将时间线拖动到3帧位置，单击【光晕中心】前的(时间变化秒表)按钮，设置【光晕中心】为(685.0,230.0)。将时间线拖动到2秒位置，设置【光晕中心】为(485.0,423.0)。最后将时间线拖动到3秒位置，设置【光晕中心】为(379.0,247.0)，【光晕亮度】为115%，如图9.121所示。此时，画面效果如图9.122所示。

图 9.121

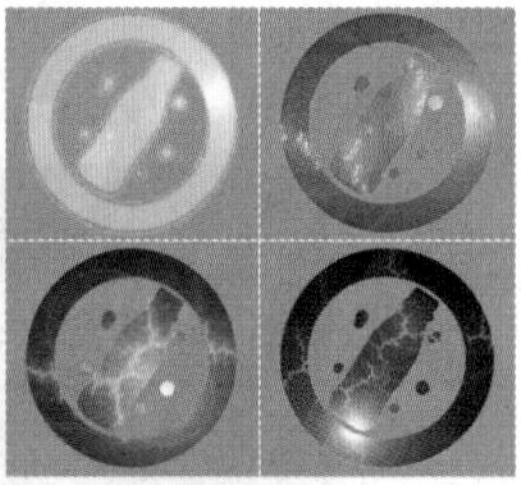

图 9.122

步骤 16 将【项目】面板中的02.png素材文件拖曳到【时间轴】面板中，如图9.123所示。

图 9.123

步骤 17 在【时间轴】面板中单击打开该图层下方的【变换】，将时间线拖动到2秒位置，单击【不透明度】前的(时间变化秒表)按钮，开启自动关键帧，设置【不透明度】为0%。继续将时间线拖动到3秒位置，设置【不透明度】为100%。最后将时间线拖动到3秒20帧位置，设置【不透明度】为0%，如图9.124所示。此时，动画效果如图9.125所示。

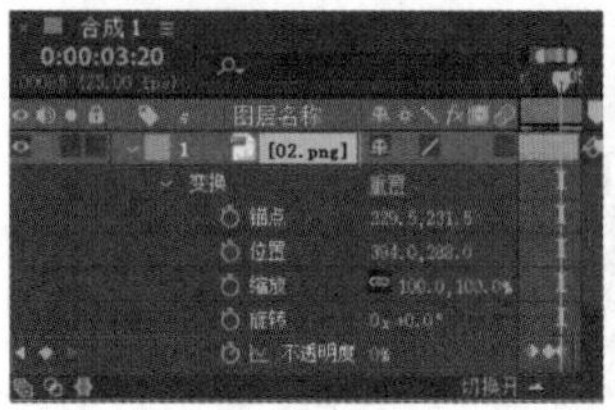

图 9.124

图 9.125

步骤 18 制作文字部分。在【时间轴】面板的空白位置处右击，执行【新建】/【文本】命令，如图9.126所示。在【字符】面板中设置合适的【字体系列】，【填充】为白色，【描边】为洋红色，【字体大小】为97像素，【描边宽度】为2像素，接着单击(仿粗体)按钮，在【段落】面板中选择(居中对齐文本)，设置完成后输入文字GORGEOUS，如图9.127所示。

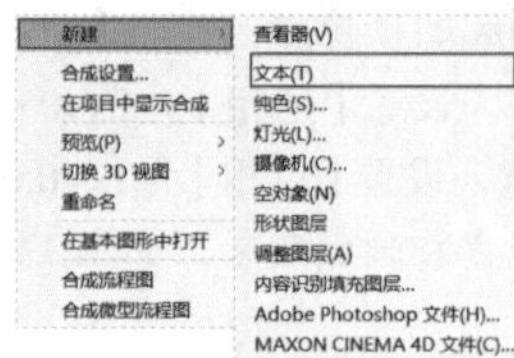

图 9.126

图 9.127

步骤 19 在【时间轴】面板中单击打开当前文本图层下方的【变换】，设置【位置】为(390.0,308.0)，将时间线拖动到2秒10帧位置，单击【缩放】前的(时间变化秒表)按钮，设置【缩放】为(100.0,100.0%)。继续将时间线拖动到3秒位置，设置【缩放】为(140.0,140.0%)。最后将时间线拖动到4秒位置，设置【缩放】为(117.0,117.0%)，如图9.128所示。此时，动画效果如图9.129所示。

图 9.128

图 9.129

步骤 20 将时间线拖动到2秒位置处，在【效果和预设】面板搜索框中搜索【字符拖入】，将该文字动画预设拖曳到【时间轴】面板的文本图层上，如图9.130所示。此时，文字出现动画效果。

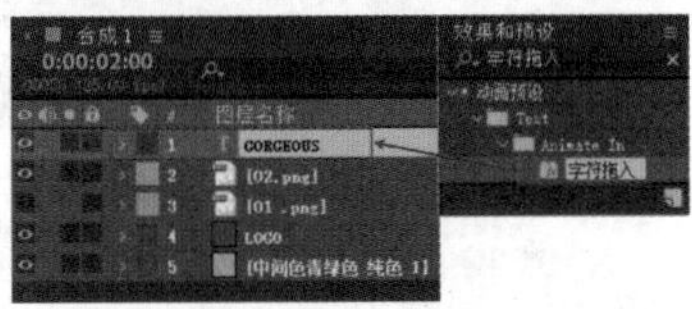

图 9.130

步骤 21 本实例制作完成，拖动时间线查看画面效果，如图9.131所示。

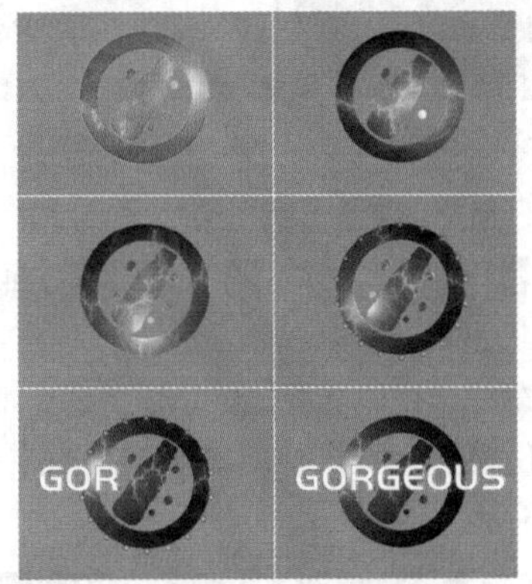

图 9.131

实例9.4：制作闪烁渐变标志

文件路径：第9章 关键帧动画→实例：制作闪烁渐变标志

扫一扫，看视频

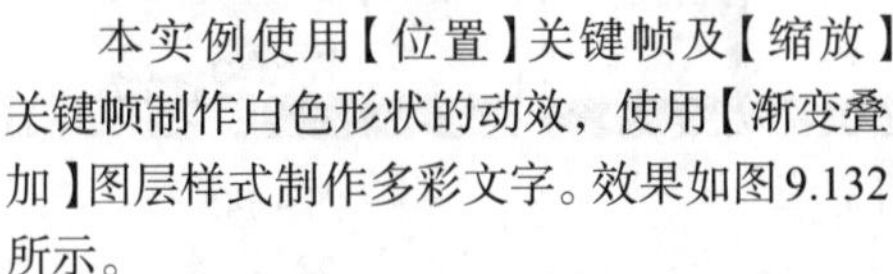

本实例使用【位置】关键帧及【缩放】关键帧制作白色形状的动效，使用【渐变叠加】图层样式制作多彩文字。效果如图9.132所示。

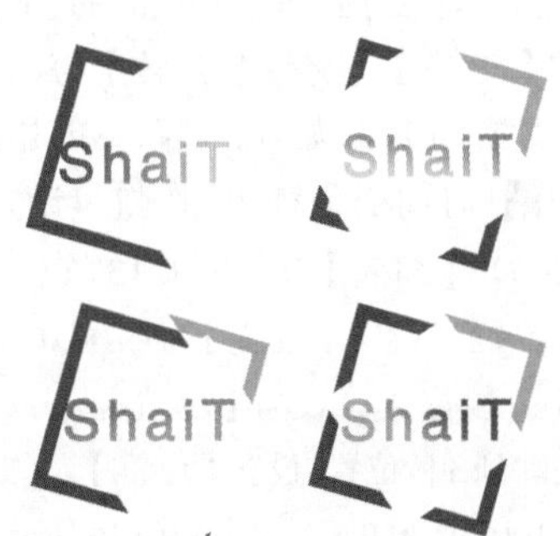

图 9.132

步骤 01 在【项目】面板中右击，选择【新建合成】命令，在弹出的【合成设置】窗口中设置【合成名称】为【合成1】，【预设】为【自定义】，【宽度】为1440，【高度】为1080，【像素长宽比】为【方形像素】，【帧速率】为25，【分辨率】为【完整】，【持续时间】为5秒，【背景颜色】为白色。下面绘制一个正方形。在工具栏中选择 (矩形工具)，设置【填充】为无，【描边】为蓝色，【描边宽度】为55像素。接着在文字下方绘制一个矩形，如图9.133所示。

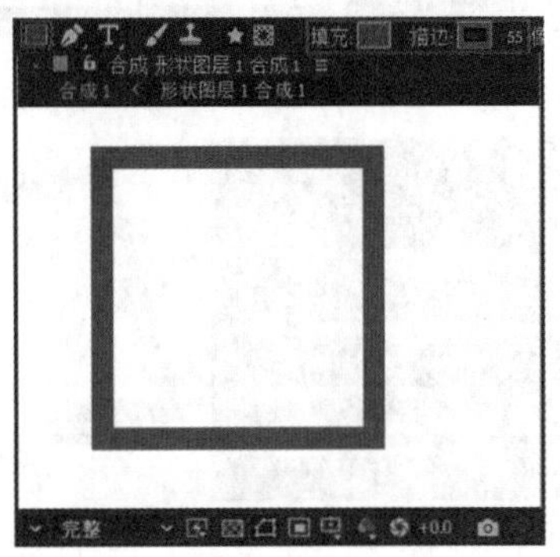

图 9.133

步骤 02 调整形状位置及旋转角度。在【时间轴】面板中单击打开【形状图层 1】下方的【变换】，设置【位置】为(812.0,584.0)，【旋转】为0x+16.0°，如图9.134所示。此时，画面效果如图9.135所示。

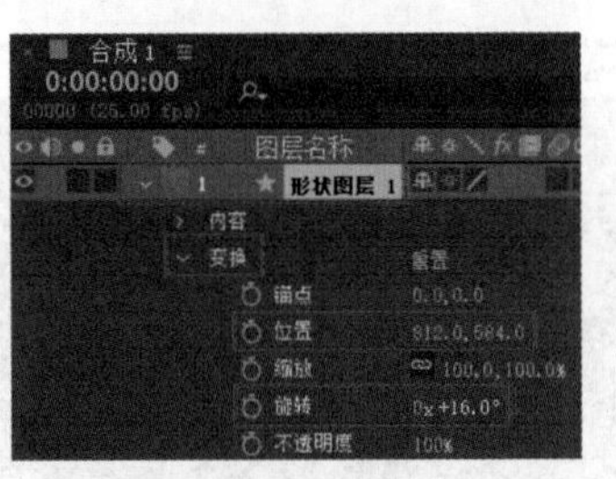

图 9.134

图 9.135

步骤 03 在【时间轴】面板中选择【形状图层 1】，使用快捷键Ctrl+D复制图层，如图9.136所示。接着选择【形状图层 2】，在工具栏中更改【描边】为粉色，如图9.137所示。

步骤 04 调整粉色形状位置。在【时间轴】面板中单击打开【形状图层 2】下方的【变换】，设置【位置】为(852.0,540.0)，如图9.138所示。此时，画面效果如图9.139所示。

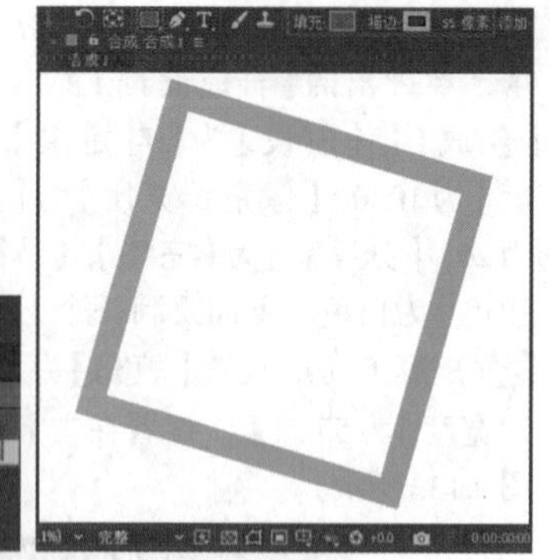

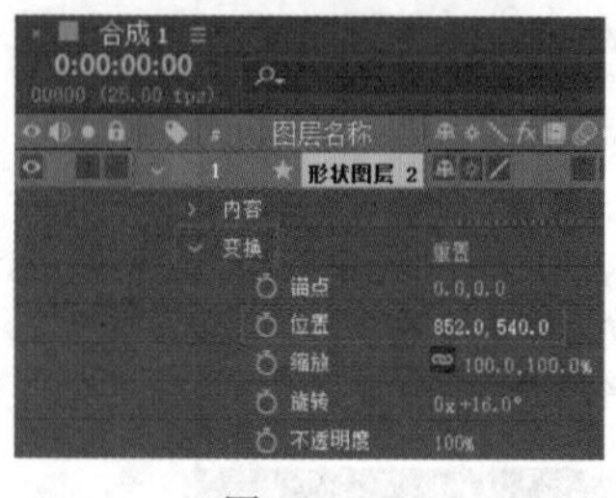

图 9.136　　图 9.137

图 9.138　　图 9.139

步骤 05 选择【形状图层 1】，使用快捷键Ctrl+Shift+C进行预合成，此时在弹出的【预合成】窗口中设置【新合成名称】为【形状图层 1 合成1】，如图9.140所示。此时，在【时间轴】面板中得到【形状图层 1 合成1】图层，如图9.141所示。

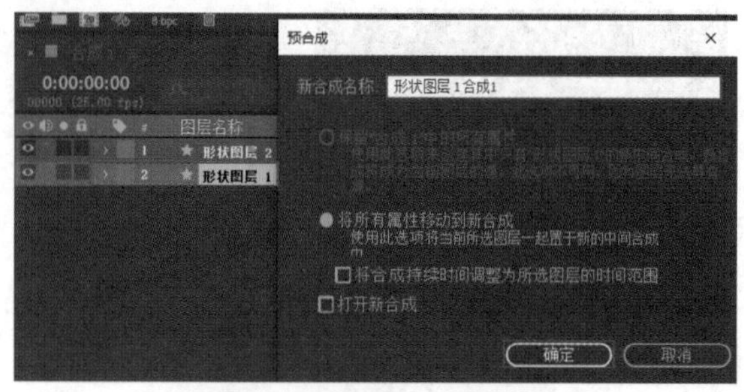

图 9.140

图 9.141

步骤 06 使用同样的方法制作【形状图层 2】的预合成图层，如图9.142所示。

步骤 07 为这两个预合成图层制作蒙版。为了便于操作，首先单击【形状图层 2 合成 2】图层前方的 (显现/隐藏)按钮，将图层进行隐藏，接着选择【形状图层 2 合成 2】图层，然后在工具栏中选择 (钢笔工具)，在【合成】面板中绘制一个蒙版，如图9.143所示。

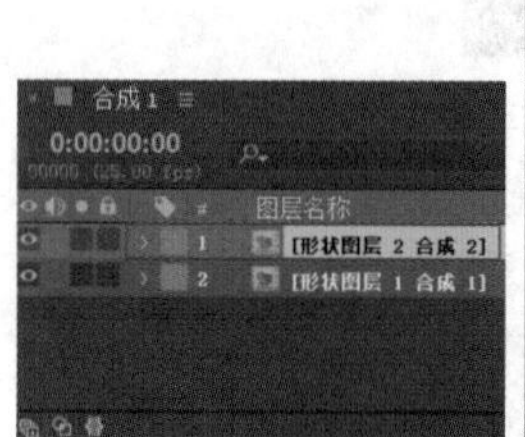

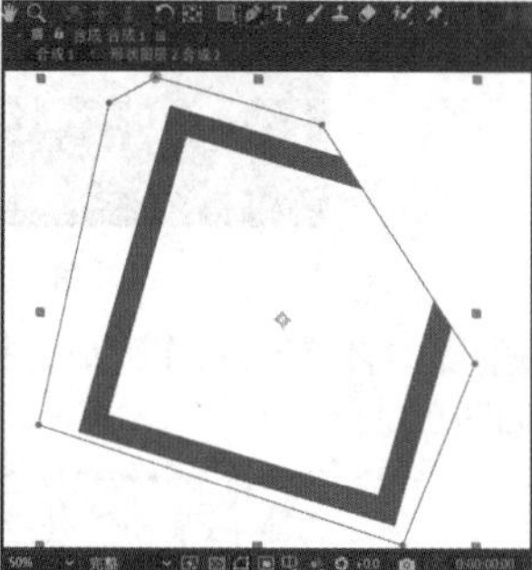

图 9.142　　图 9.143

步骤 08 显现并选择【形状图层 2 合成 2】，在工具栏中再次选择 (钢笔工具)，然后在【合成】面板中绘制一个蒙版形状，如图9.144所示。

步骤 09 在工具栏中选择 (矩形工具)，设置【填充】为白色，【描边】为无，然后在画面中绘制一个四边形，如图9.145所示。

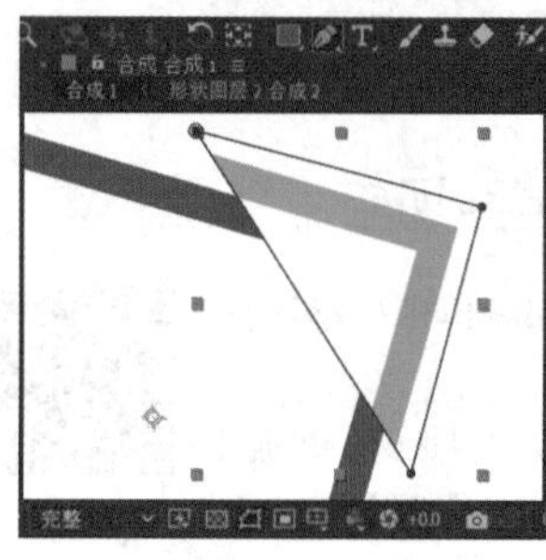

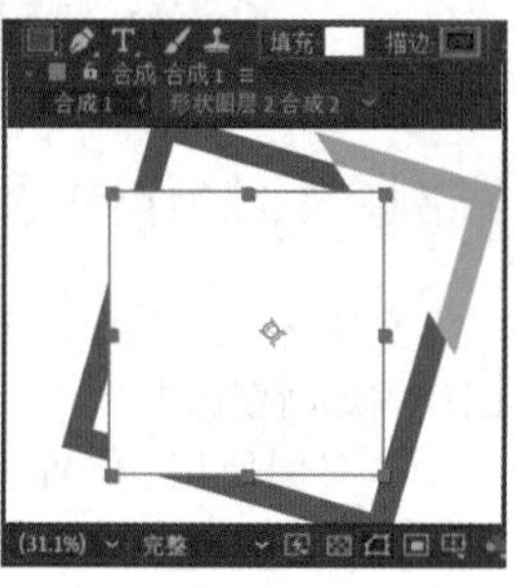

图 9.144　　图 9.145

步骤 10 在【时间轴】面板中单击打开【形状图层 3】下方的【变换】，设置【旋转】为0x-33.0°，接着将时间线拖动到起始帧位置，单击【位置】【缩放】前方的 (时间变化秒表)按钮，设置【位置】为(1075.0,425.0)，【缩放】为(137.0,137.0%)；将时间线拖动到1秒位置，设置【位置】为(708.0,508.0)；将时间线拖动到2秒位置，设置【位置】为(976.0,655.0)；将时间线拖动到3秒位置，设置【位置】为(778.0,508.0)，【缩放】为(100.0,100.0%)，如图9.146所示。拖动时间线查看画面效果，如图9.147所示。

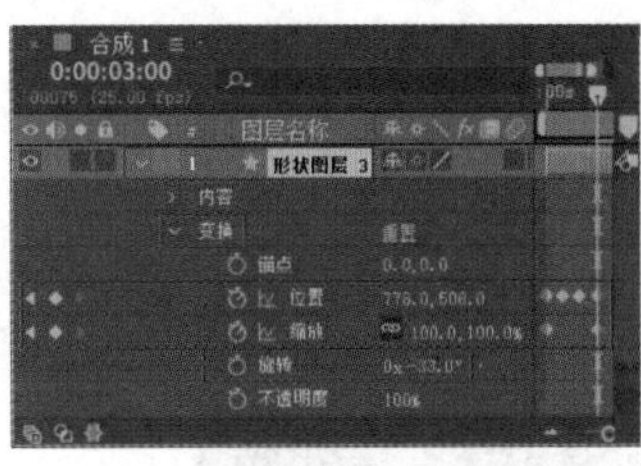

图 9.146

图 9.147

步骤 11 在【时间轴】面板的空白位置处右击，执行【新建】/【文本】命令，也可使用快捷键Ctrl+Shift+Alt+T进行新建，如图9.148所示。接着在【字符】面板中设置合适的【字体系列】，设置【填充】为蓝紫色，【描边】为无，【字体大小】为220像素，然后单击T（仿粗体）按钮，在【段落】面板中选择☰（居中对齐文本），设置完成后输入ShaiT，如图9.149所示。

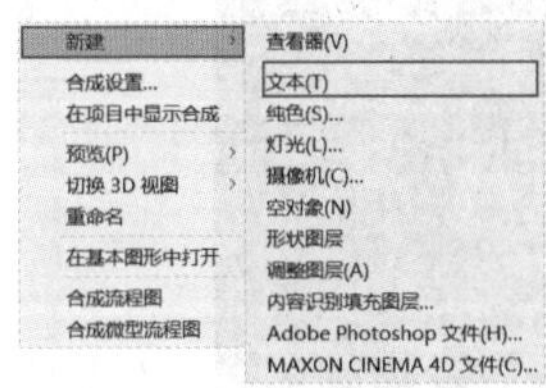

图 9.148

图 9.149

步骤 12 调整文字位置。在【时间轴】面板中单击打开ShaiT文本图层下方的【变换】，设置【位置】为（1090.0,613.0），如图9.150所示。此时，画面效果如图9.151所示。

图 9.150

图 9.151

步骤 13 制作渐变文字效果。在【时间轴】面板中选择ShaiT文本图层，右击，执行【图层样式】/【渐变叠加】命令。单击打开ShaiT文本图层下方的【图层样式】/【渐变叠加】，将时间线拖动到起始帧位置，单击【颜色】【角度】前方的⏱（时间变化秒表）按钮，接着单击【颜色】后方的【编辑渐变】按钮，在【渐变编辑器】窗口中编辑一个紫色系渐变，继续设置【角度】为0x-10.0°，如图9.152所示。将时间线拖动到1秒位置，继续单击【颜色】后方的【编辑渐变】按钮，在【渐变编辑器】窗口中编辑一个由黄色到绿色的渐变，设置【角度】为0x+90.0°，如图9.153所示。

图 9.152

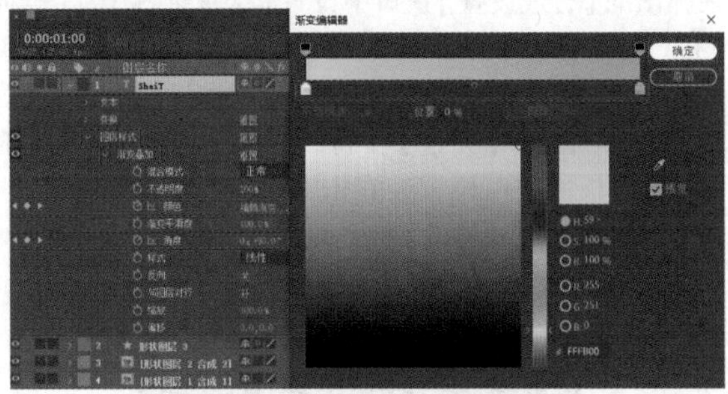

图 9.153

步骤 14 使用同样的方法将时间线拖动到2秒和3秒位置，再次编辑渐变颜色以及设置渐变的角度，此时拖动时间线查看实例的制作效果，如图9.154所示。

图 9.154

实例9.5：制作三维效果电子相册

文件路径：第9章 关键帧动画→实例：制作三维效果电子相册

扫一扫，看视频

本实例使用CC Particle World效果制作不同颜色及形状的装饰点缀，使用3D图层制作以中轴进行旋转的人像照片。效果如图9.155所示。

图 9.155

步骤 01 在【项目】面板中右击，选择【新建合成】命令，在弹出的【合成设置】窗口中设置【合成名称】为【合成1】,【预设】为HDTV 1080 24,【宽度】为1920,【高度】为1080,【像素长宽比】为【方形像素】,【帧速率】为24,【分辨率】为【完整】,【持续时间】为10秒。在【时间轴】面板的空白位置处右击，执行【新建】/【纯色】命令。此时，在弹出的【纯色设置】窗口中设置【名称】为【黑色 纯色 1】,【颜色】为黑色，如图9.156所示。

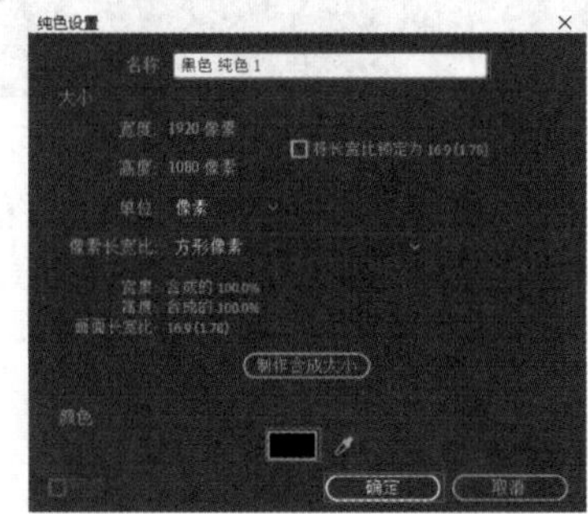

图 9.156

步骤 02 右击【时间轴】面板中的纯色图层，执行【图层样式】/【渐变叠加】命令。单击打开该图层下方的【图层样式】/【渐变叠加】，单击【颜色】后方的【编辑渐变】按钮，在弹出的【渐变编辑器】窗口中编辑一个由浅灰色到深灰色的渐变，接着设置【样式】为【径向】,【缩放】为150.0%，如图9.157所示。

图 9.157

步骤 03 此时，背景效果如图9.158所示。

图 9.158

步骤 04 制作飞舞的三角形点缀装饰。在【时间轴】面板的空白位置处右击，执行【新建】/【纯色】命令，在弹出的【纯色设置】窗口中设置【名称】为【黑色 纯色 2】,【颜色】为黑色，如图9.159所示。

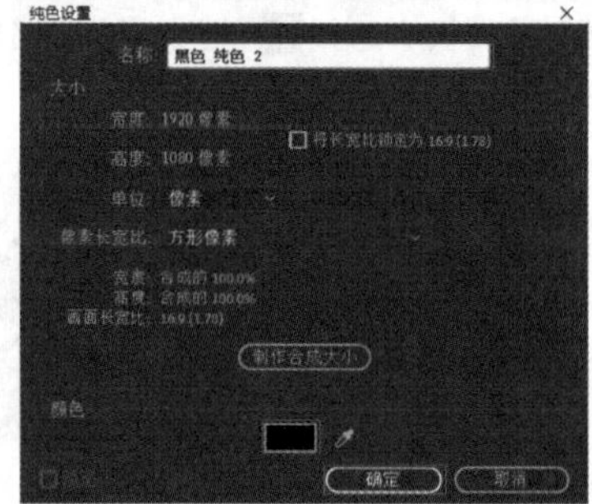

图 9.159

步骤 05 在【效果和预设】面板搜索框中搜索CC Particle World，将该效果拖曳到【时间轴】面板的【黑色 纯色 2】图层上，如图9.160所示。

图 9.160

步骤 06 在【时间轴】面板中选择【黑色 纯色 2】图层，打开该图层下方的【效果】/ CC Particle World，设置Birth Rate为3.0，Longevity(sec)为2.50；展开Producer，设置Position X为2.80，Position Y为1.50，Position Z为13.80，Radius X为14.500，Radius Y为0.000，Radius Z为25.000； 展 开 Physics， 设置Animation为Fire，Velocity为3.40，Gravity为0.600，Extra为0.00，Extra Angle为0x+85.0°，如图9.161所示。接着展开Particle，设置Particle Type为Tetrahedron，Rotation Speed为160.0，Initial Rotation为410.0，Birth Size为1.000，Death Size为0.700，Size Variation和Max Opacity均为100.0%，Color Map为Custom。接下来展开Custom Color Map，设置Color At Birth为柠檬黄，Color

At 25%为中黄，Color At 50%为橙黄，Color At 75%为橘黄，Color At Death为橘红。继续展开Extras/Effect Camera，设置Distance为0.20，Rotation Y、Rotation Z均为0x+115.0°，FOV为42.00，如图9.162所示。

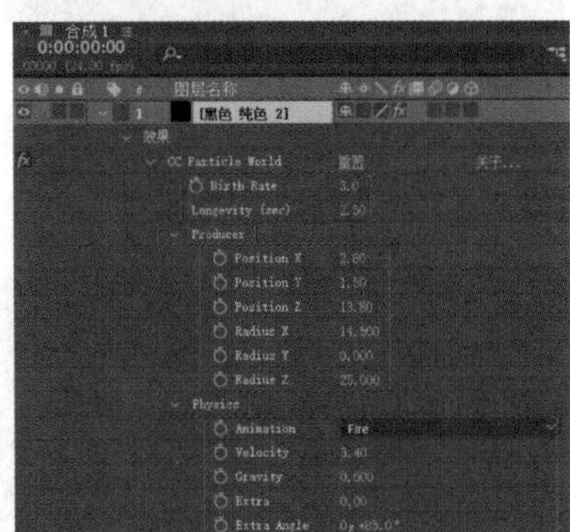

图 9.161

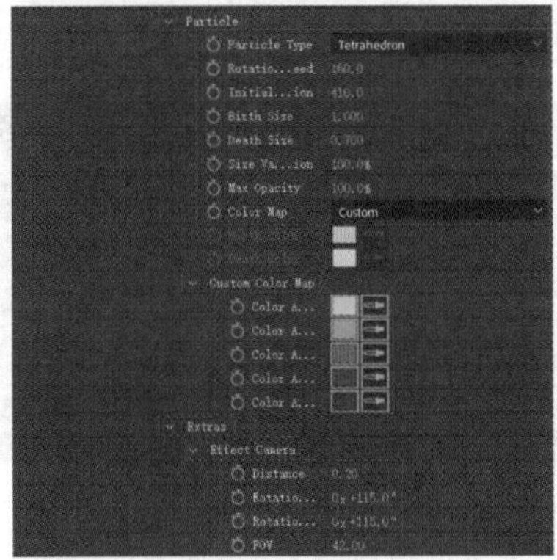

图 9.162

步骤 07 在【效果和预设】面板搜索框中搜索【色调】，将该效果拖曳到【时间轴】面板的【黑色 纯色 2】图层上，如图9.163所示。

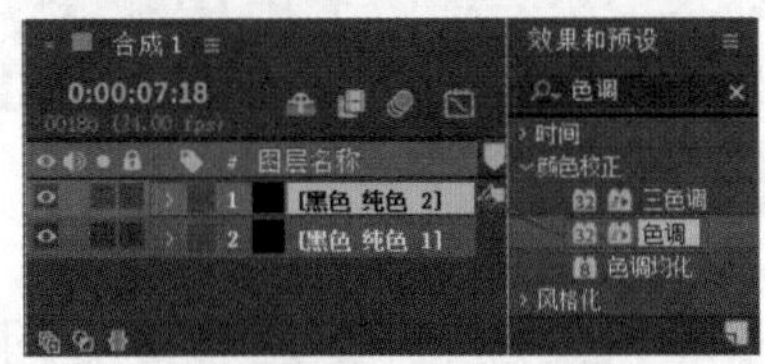

图 9.163

步骤 08 在【时间轴】面板中选择【黑色 纯色 2】图层，打开该图层下方的【效果】/【色调】，设置【将黑色映射到】为紫色，【将白色映射到】为洋红色，【着色数量】为70.0%，如图9.164所示。拖动时间线查看此时画面效果，如图9.165所示。

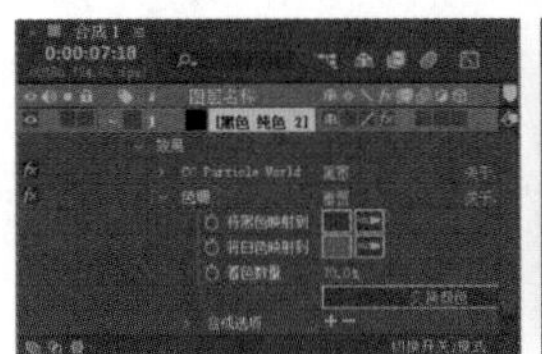

图 9.164

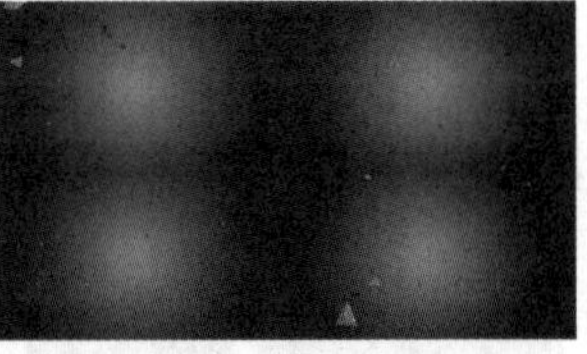

图 9.165

步骤 09 使用同样的方法再次新建一个黑色纯色图层，在【效果和预设】面板搜索框中搜索【分形杂色】，将该效果拖曳到【时间轴】面板的【黑色 纯色 3】图层上，如图9.166所示。

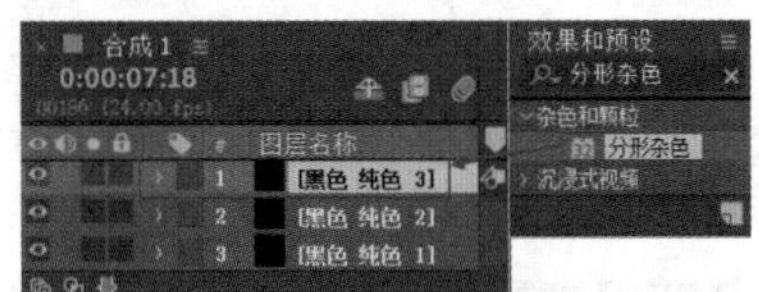

图 9.166

步骤 10 在【时间轴】面板中选择【黑色 纯色 3】图层，打开该图层下方的【效果】/【分形杂色】，设置【对比度】为135.0，【亮度】为-50.0，展开【变换】，设置【统一缩放】为【关】，【缩放宽度】为355.0，【缩放高度】为15.0。将时间线拖动到起始帧位置，单击【偏移(湍流)】前的 (时间变化秒表)按钮，开启自动关键帧，设置【偏移(湍流)】为(960.0,540.0)。继续将时间线拖动到结束帧位置，设置【偏移(湍流)】为(3000.0,540.0)，如图9.167所示。此时，画面效果如图9.168所示。

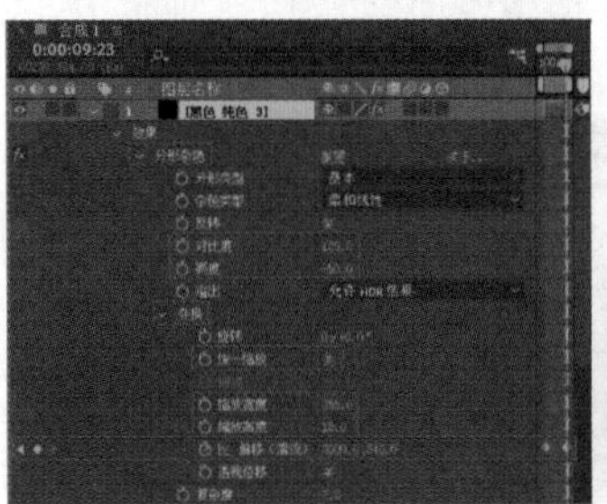

图 9.167

图 9.168

步骤 11 在【效果和预设】面板搜索框中搜索【快速方框模糊】，将该效果拖曳到【时间轴】面板的【黑色 纯色 3】图层上，如图9.169所示。

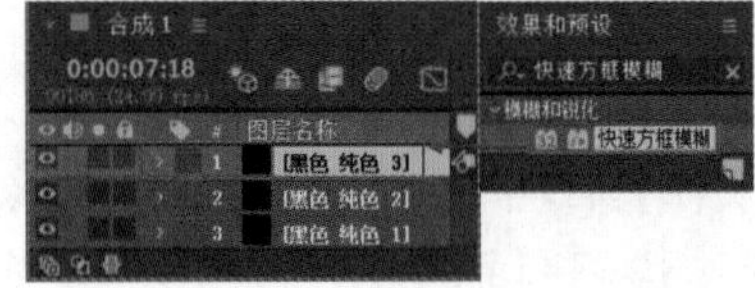

图 9.169

步骤 12 在【时间轴】面板中选择【黑色 纯色 3】图层，打开该图层下方的【效果】/【快速方框模糊】，设置【模糊半径】为7.0，如图9.170所示。此时，画面效果如图9.171所示。

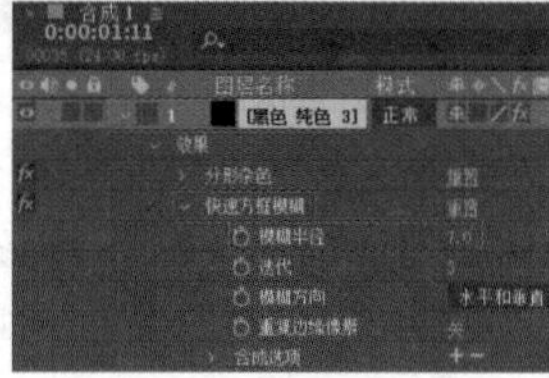

图 9.170

图 9.171

步骤 13 在【效果和预设】面板搜索框中搜索【发光】，将该效果拖曳到【时间轴】面板的【黑色 纯色 3】图层上，如图9.172所示。

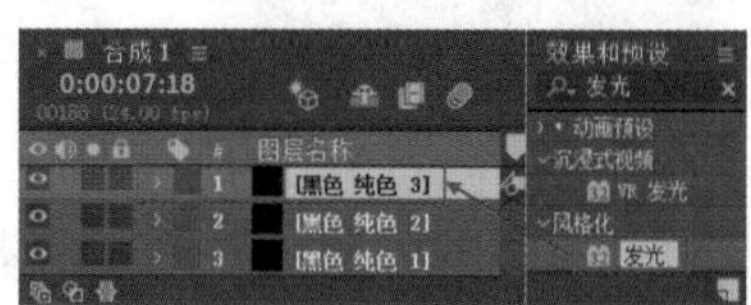

图 9.172

步骤 14 在【时间轴】面板中选择【黑色 纯色 3】图层，打开该图层下方的【效果】/【发光】，设置【发光阈值】为20.8%，【发光半径】为147.0，【发光强度】为2.0，【发光颜色】为【A和B颜色】，【颜色A】为紫色，【颜色B】为洋红色，接着设置该图层的【模式】为【相加】，如图9.173所示。此时，拖动时间线查看画面效果，如图9.174所示。

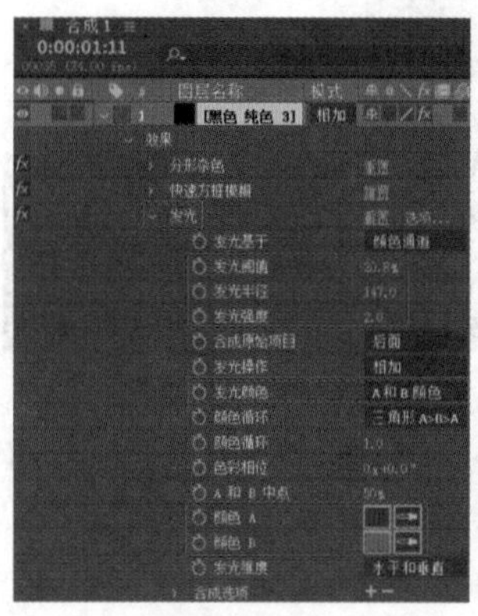

图 9.173

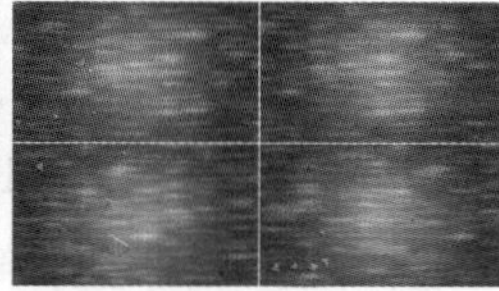

图 9.174

步骤 15 执行【文件】/【导入】/【文件】命令，在弹出的【导入文件】窗口中导入1.jpg素材文件。接下来，在【项目】面板中选择1.jpg素材文件，将它拖曳到【时间轴】面板中，如图9.175所示。

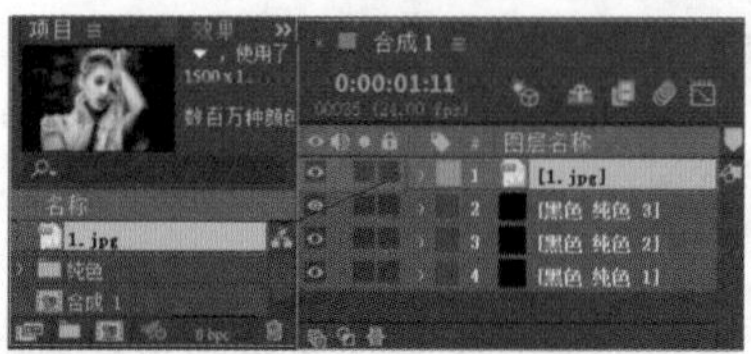

图 9.175

步骤 16 在【时间轴】面板中单击打开1.jpg图层下方的【变换】，设置【缩放】为(85.0,85.0%)，如图9.176所示。此时画面如图9.177所示。

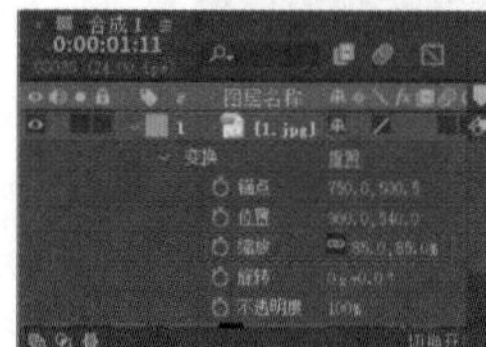

图 9.176

图 9.177

步骤 17 制作图片倒影。选择【时间轴】面板中的1.jpg素材，使用快捷键Ctrl+D复制，如图9.178所示。

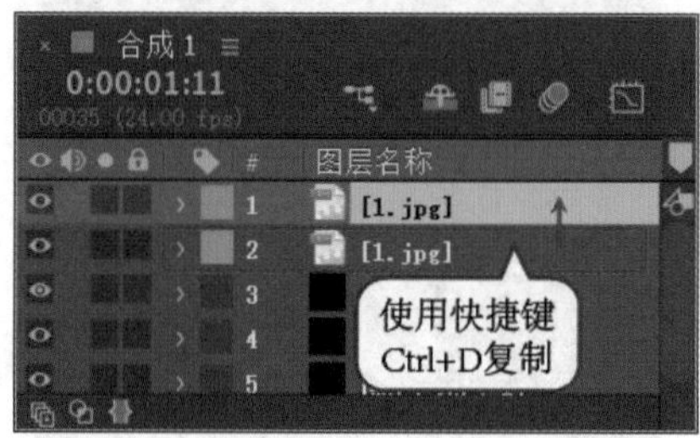

图 9.178

步骤 18 在【效果和预设】面板搜索框中搜索【垂直翻转】，将该效果拖曳到【时间轴】面板的1.jpg图层上，如图9.179所示。此时，画面效果如图9.180所示。

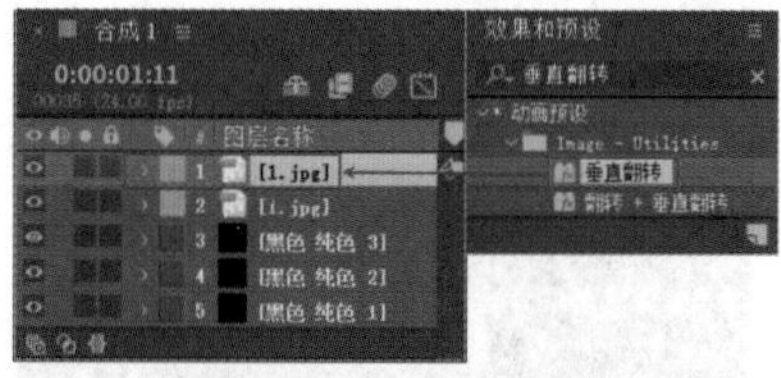

图 9.179

图 9.180

步骤 19 在【时间轴】面板中单击打开1.jpg图层下方的【变换】，设置【位置】为(960.0,1388.0)，【旋转】为0x+180.0°，【不透明度】为33%，如图9.181所示。此时，倒影效果制作完成，如图9.182所示。

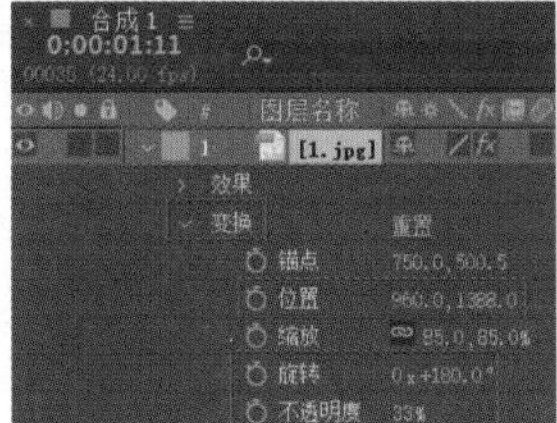

图 9.181

图 9.182

步骤 20 选中【时间轴】面板中的两个1.jpg素材图层，右击，执行【预合成】命令，如图9.183所示。此时，在【预合成】窗口中设置【新合成名称】为【预合成 1】，如图9.184所示。

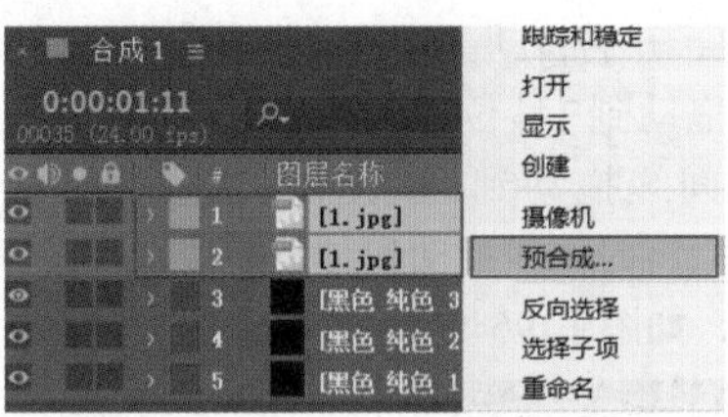

图 9.183

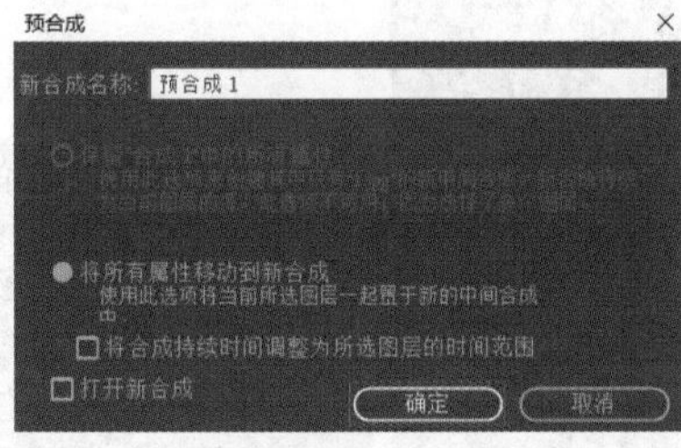

图 9.184

步骤 21 此时，【时间轴】面板中出现预合成图层，如图9.185所示。下面为素材制作投影效果。在【时间轴】面板中选择【预合成 1】图层，右击，执行【图层样式】/【投影】命令，如图9.186所示。

图 9.185

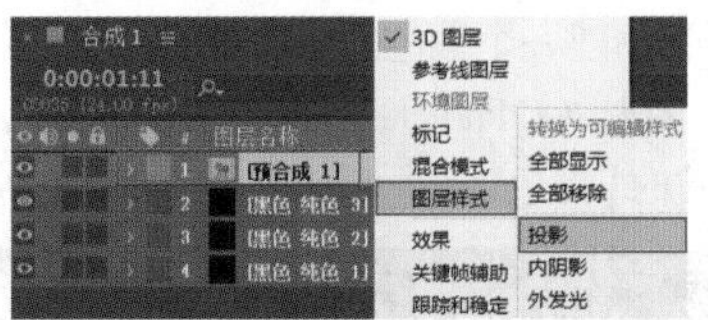

图 9.186

步骤 22 单击打开【预合成 1】图层下方的【图层样式】/【投影】，设置【颜色】为灰色，【不透明度】为100%，【角度】为0x+157.0°，【距离】为50.0，【大小】为50.0，如图9.187所示。此时，画面效果如图9.188所示。

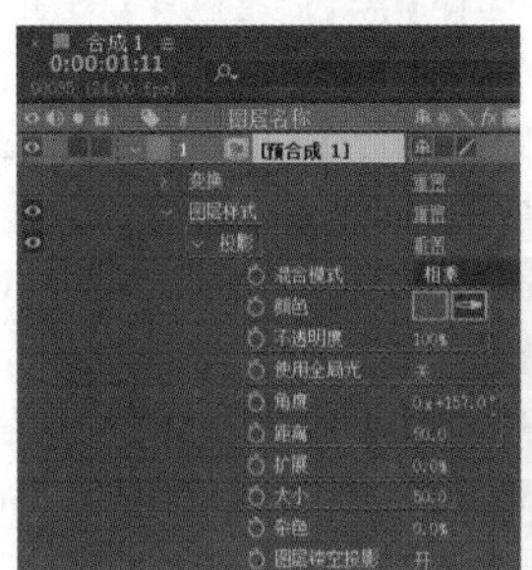

图 9.187 图 9.188

步骤 23 单击【预合成 1】图层后方的(3D图层)按钮，允许在三维中操作此图层，接着展开【变换】，将时间线拖动到起始帧位置，单击【Y 轴旋转】前的(时间变化秒表)按钮，开启自动关键帧，设置【Y 轴旋转】为0x+0.0°。接着将时间线拖动到6秒位置，设置【Y 轴旋转】为2x+10.0°，如图9.189所示。拖动时间线查看画面效果，如图9.190所示。

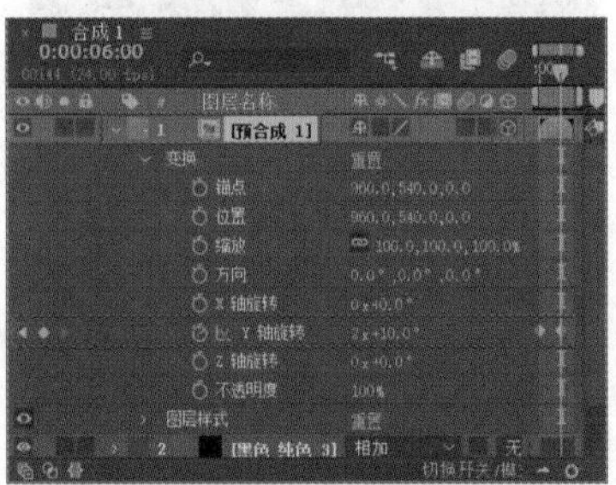

图 9.189

图 9.190

步骤 24 再次新建一个黑色的纯色图层，在【效果和预设】面板搜索框中搜索CC Particle World，将该效果拖曳到【时间轴】面板新建的【黑色 纯色 4】图层上，如图9.191所示。

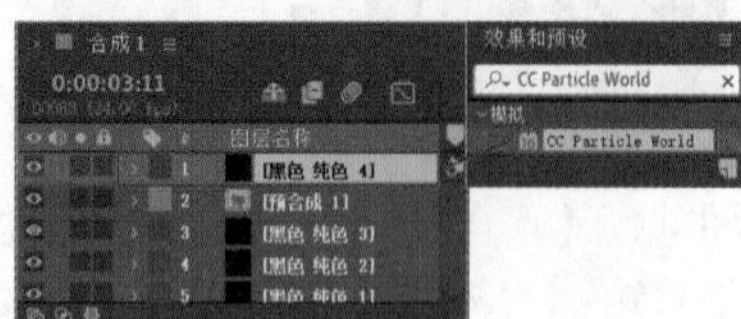

图 9.191

步骤 25 在【时间轴】面板中选择【黑色 纯色 4】图层，打开该图层下方的【效果】/CC Particle World/Producer，设置Position X为1.94，Position Y为-0.47，Position Z为10.61，Radius X为15.305，Radius Y为2.255，Radius Z为22.265。下面展开Physics，设置Animation为Direction Axis，Velocity为3.28，如图9.192所示。接着展开Particle，设置Particle Type为QuadPolygon，Birth Size为0.890，Death Size为2.870，Size Variation及Max Opacity为100.0%，Birth Color为紫色，Death Color为青色。下面展开Extras/Effect Camera，设置Distance为0.45，Rotation Y为0x+119.0°，Rotation Z为0x+90.0°，如图9.193所示。

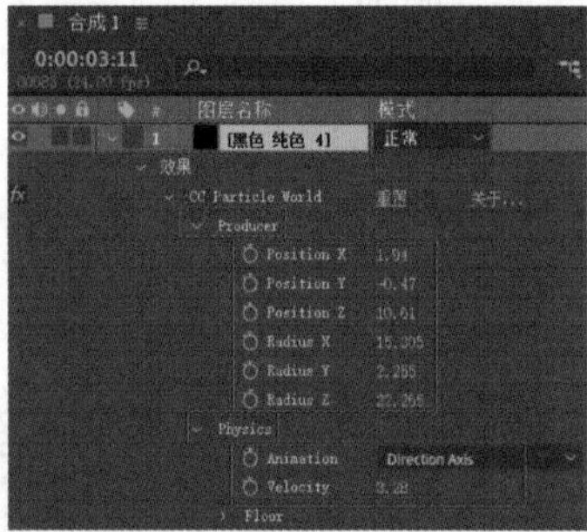

图 9.192

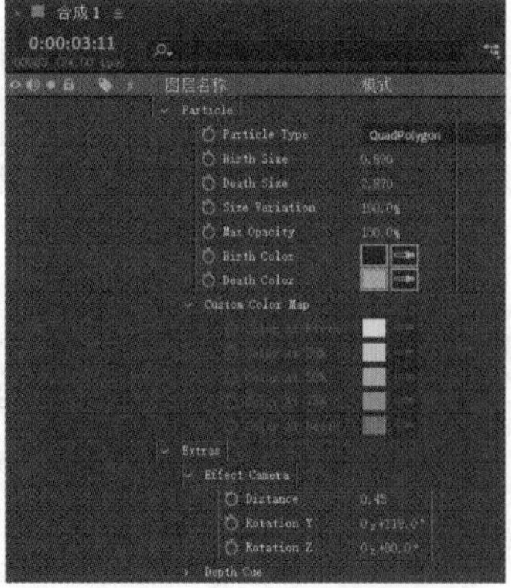

图 9.193

步骤 26 在【效果和预设】面板搜索框中搜索【发光】，将该效果拖曳到【时间轴】面板的【黑色 纯色 4】图层上，如图9.194所示。

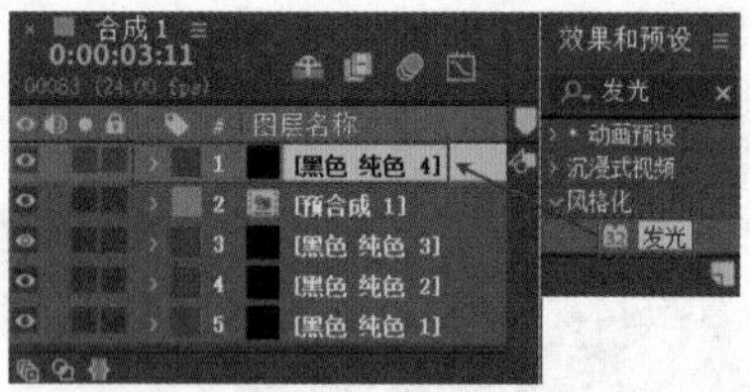

图 9.194

步骤 27 在【时间轴】面板中选择【黑色 纯色 4】图层，打开该图层下方的【效果】/【发光】，设置【发光阈值】为20.8%，【发光半径】为147.0，【发光强度】为2.0，【发光颜色】为【A和B颜色】，【颜色A】为紫色，【颜色B】为洋红色，如图9.195所示。下面展开【变换】，将时间线拖动到起始帧位置，单击【不透明度】前的⏱（时间变化秒表）按钮，开启自动关键帧，设置【不透明度】为0%；将时间线拖动到2秒位置，设置【不透明度】为100%；继续将时间线拖动到6秒位置，设置【不透明度】为100%；最后将时间线拖动到结束帧位置，设置【不透明度】为0%，如图9.196所示。

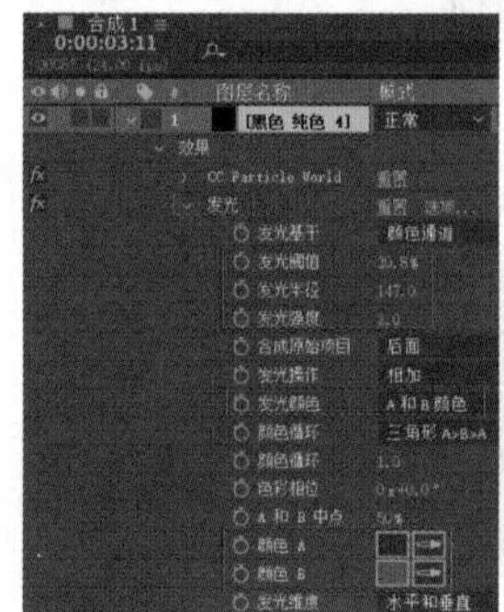

图 9.195

图 9.196

步骤 28 本实例制作完成，拖动时间线查看画面的效果，如图9.197所示。

图 9.197

练习实例9.1：短视频常用热门特效转场

文件路径：第9章 关键帧动画→练习实例：短视频常用热门特效转场

扫一扫，看视频

短视频是近年来流行起来的事物，短视频是指视频长度很短、传播效率很高的视频，简短的视频囊括的内容却不一定少，如何在短视频中加入更多动画元素变得越发重要，就如本实例加入的“飞一般”的转场动画尤其震撼。本实例练习使用【定向模糊】效果将图片制作出摇晃模糊的镜头效果。效果如图9.198所示。

图 9.198

练习实例9.2：使用关键帧动画制作淘宝“双11”图书大促广告

文件路径：第9章 关键帧动画→练习实例：使用关键帧动画制作淘宝“双11”图书大促广告

扫一扫，看视频

“双11”“618”是天猫、京东、苏宁、当当等电商平台每年最大的促销节日，越来越多的商家参与进来，针对自己网店的商品进行促销宣传，现在视频广告已经逐步取代了平面广告，一段好看的、刺激的、炫酷的视频广告越来越受到买家关注。本练习实例主要使用【椭圆工具】制作圆形动画背景，使用【文字工具】制作促销关键帧动画。效果如图9.199所示。

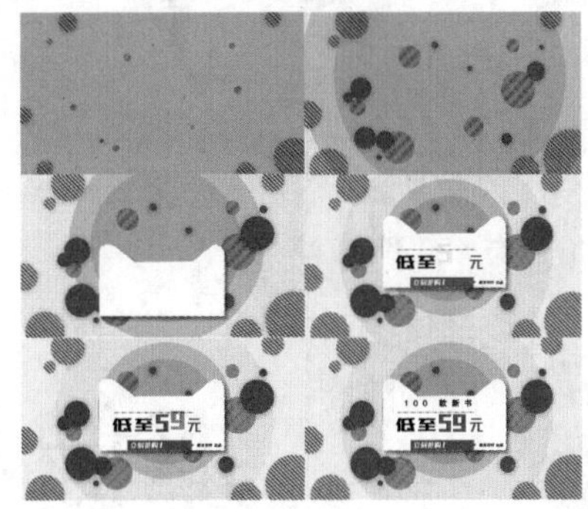

图 9.199

练习实例9.3：数据图MG动画

文件路径：第9章 关键帧动画→练习实例：数据图MG动画

扫一扫，看视频

MG动画，英文全称为Motion Graphics，即动态图形或图形动画。动态图形可以解释为会动的图形设计，是影像艺术的一种。如今MG已经发展成为一种潮流的动画风格，扁平化、点线面、抽象简洁的设计是它最大的特点。本练习实例主要学习应用关键帧动画制作数据图MG动画。效果如图9.200所示。

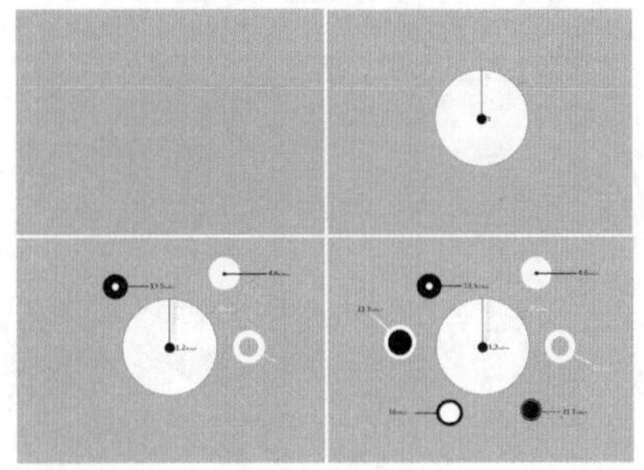

图 9.200

扫一扫，看视频

抠像与合成

本章内容简介：

抠像与合成是影视制作中较为常用的技术手段，可让整个实景画面更有层次感和设计感，是实现制作虚拟场景的重要途径之一。本章主要学习各种抠像类效果的使用方法。通过本章的学习，读者将能够掌握多种抠像方式，能够实现绝大部分的视频抠像操作。

重点知识掌握：

- 抠像的概念
- 抠像类效果的应用
- 使用抠像类效果抠像并合成

优秀佳作欣赏：

10.1 了解抠像与合成

在影视作品中，我们常常可以看到很多夸张的、震撼的、虚拟的镜头画面，尤其是好莱坞的特效电影。例如，有些特效电影中的人物在高楼间来回穿梭、跳跃，这些演员无法完成的动作，可以借助技术手段处理，从而达到想要的效果。这里讲到的一个概念就是抠像，抠像是指人或物在绿棚或蓝棚中表演，然后在After Effects等后期软件中抠除绿色或蓝色背景，更换为合适的背景画面，人或物即可与背景很好地结合在一起，从而制作出更具视觉冲击力的画面效果。图 10.1 和图 10.2 所示为一些优秀作品。

图 10.1

图 10.2

10.1.1 什么是抠像

抠像是将画面中的某一种颜色进行抠除转换为透明色，是影视制作领域较为常见的技术手段。如果看见演员在绿色或蓝色的背景前表演，但是在影片中看不到这些背景，这就是运用了抠像的技术手段。在影视制作过程中，背景的颜色不仅仅局限于绿色和蓝色，而是任何与演员服饰、妆容等区分开来的纯色都可以实现该技术，以此实现虚拟演播室的效果，如图 10.3 所示。

（a）抠像前

（b）抠像后

图 10.3

10.1.2 为什么要抠像

抠像的最终目的是将人物与背景进行融合，使用其他背景素材替换原背景，也可以再添加一些相应的前景元素，使其与原始图像相互融合，形成两层或多层画面的叠加合成，以实现具有丰富的层次感及神奇的合成视觉艺术效果，如图 10.4 所示。

（a）合成前

（b）合成后

图 10.4

10.1.3 抠像前拍摄的注意事项

除了使用After Effects进行人像抠除背景以外，更应该注意在拍摄抠像素材时尽量做到规范，这样会为后期工作节省很多时间，并且会取得更好的画面质量。拍摄时需注意以下几点。

（1）在拍摄素材之前，尽量选择颜色均匀、平整的绿色或蓝色背景进行拍摄。

（2）要注意拍摄时的灯光照射方向应与最终合成的背景光线一致，避免合成较假。

（3）需注意拍摄的角度，以便合成得更加真实。

（4）尽量避免人物穿着与背景同色的绿色或蓝色服饰，以避免这些颜色在后期抠像时被一并抠除。

10.2 抠像类效果

【抠像】效果组可以将蓝色或绿色等纯色背景图像的背景进行抠除，以便替换其他背景，其中包括Keying组里的【Keylight（1.2）】和【抠像】组里的Advanced Spill Suppressor、CC Simple Wire Removal、Key Cleaner、【内部/外部键】【差值遮罩】【提取】【线性颜色键】【颜色范围】和【颜色差值键】，如图 10.5 所示。

扫一扫，看视频

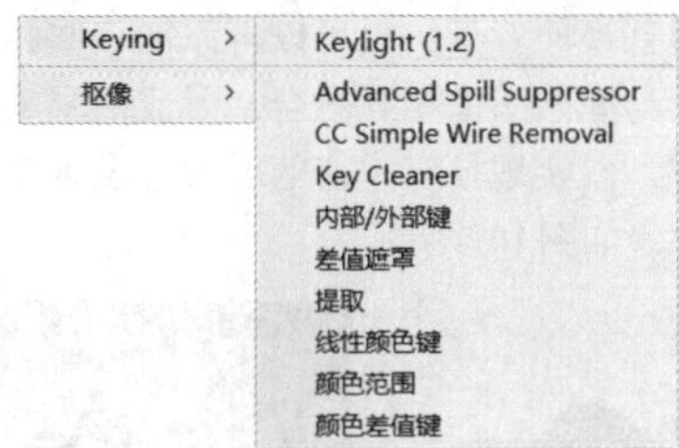

图 10.5

10.2.1 CC Simple Wire Removal

CC Simple Wire Removal（CC 简单金属丝移除）效果可以简单地将线性形状进行模糊或替换。选中素材，执行【效果】/【抠像】/ CC Simple Wire Removal命令，此时参数设置如图10.6所示。为素材添加该效果的前后对比如图10.7所示。

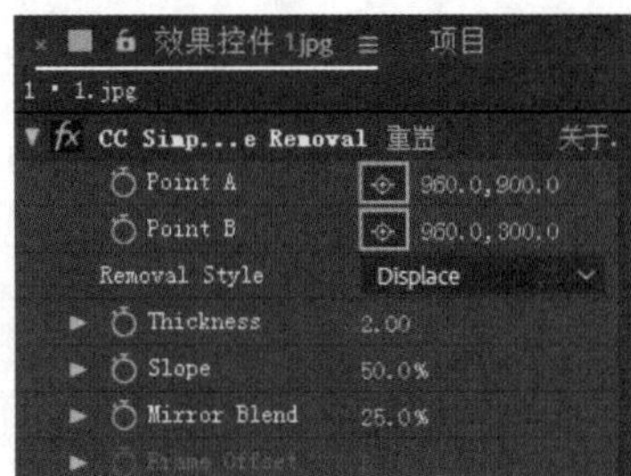

图 10.6

（a）未使用该效果　　（b）使用该效果

图 10.7

- Point A（点A）：设置简单金属丝移除的点A。
- Point B（点B）：设置简单金属丝移除的点B。
- Removal Style（擦除风格）：设置简单金属丝移除风格。
- Thickness（密度）：设置简单金属丝移除的密度。
- Slope（倾斜）：设置水平偏移程度。
- Mirror Blend（镜像混合）：对图像进行镜像或混合处理。
- Frame Offset（帧偏移量）：设置帧偏移程度。

10.2.2 Keylight (1.2)

Keylight (1.2)【主光(1.2)】效果适合用于蓝、绿屏的抠像操作。选中素材，执行【效果】/ Keying / Keylight (1.2)命令，此时参数设置如图10.8所示。为素材添加该效果的前后对比如图10.9所示。

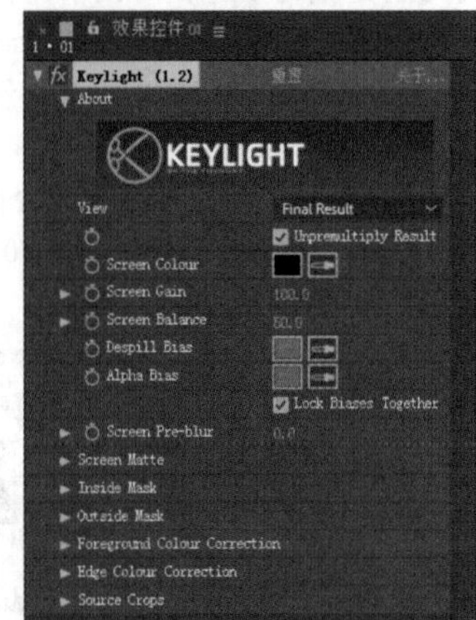

图 10.8

（a）未使用该效果　（b）使用该效果　（c）合成效果

图 10.9

- View（预览）：设置预览方式。
- Screen Colour（屏幕颜色）：设置需要抠除的背景颜色。
- Screen Gain（屏幕增益）：用于调整遮罩的暗部区域细节，控制颜色被抠除的强度。
- Screen Balance（屏幕平衡）：在抠像后设置合适的数值可提升抠像效果。
- Despill Bias（色彩偏移）：可去除溢色的偏移程度。
- Alpha Bias（Alpha偏移）：设置透明度偏移程度。
- Lock Biases Together（锁定偏移）：锁定偏移参数。
- Screen Pre-blur（屏幕模糊）：设置模糊程度。
- Screen Matte（屏幕遮罩）：设置屏幕遮罩的具体参数。
- Inside Mask（内测遮罩）：设置参数，使其与图像更好地融合。

- Outside Mask（外侧遮罩）：设置参数，使其与图像更好地融合。
- Foreground Colour Correction（前景颜色校正）：用于调整前景的色彩和影调。
- Edge Colour Correction（边缘颜色抑制）：用于强制过滤边缘颜色。

实例10.1：使用Keylight(1.2)效果合成宠物照片

文件路径：第10章 抠像与合成→实例：使用Keylight(1.2)效果合成宠物照片

扫一扫，看视频

本实例使用Keylight(1.2)效果轻松去除动物背景，使粉色的光斑背景显现出来。效果如图10.10所示。

图10.10

步骤01 在【项目】面板中右击，选择【新建合成】命令，在弹出的【合成设置】窗口中设置【合成名称】为1，【预设】为【自定义】，【宽度】为1500，【高度】为918，【像素长宽比】为【方形像素】，【帧速率】为24，【分辨率】为【完整】，【持续时间】为5秒。执行【文件】/【导入】/【文件】命令，导入1.jpg、2.jpg素材文件，如图10.11所示。

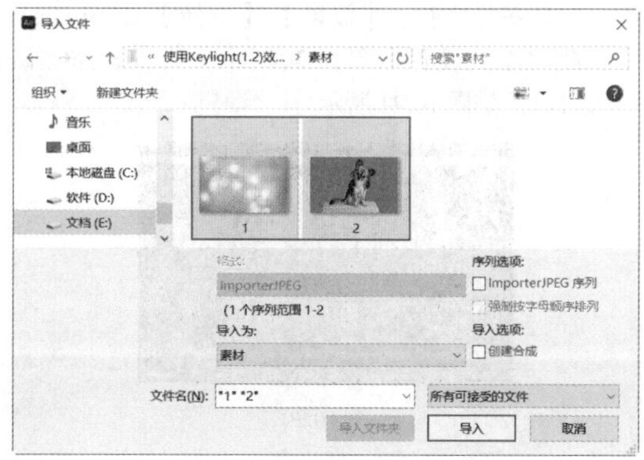

图10.11

步骤02 在【项目】面板中将1.jpg、2.jpg素材文件拖曳到【时间轴】面板中，如图10.12所示。

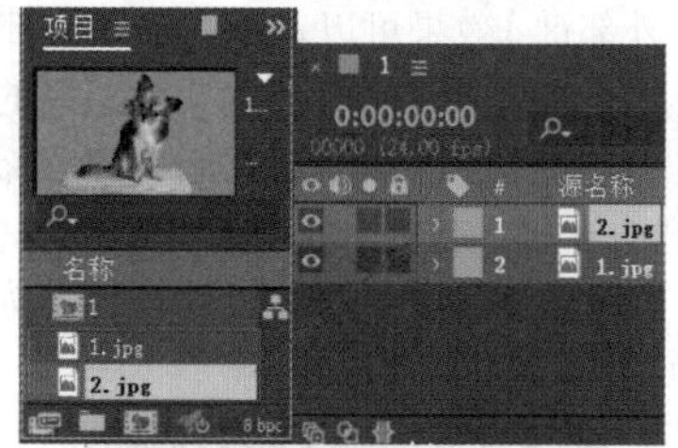

图10.12

步骤03 在【效果和预设】面板搜索框中搜索Keylight(1.2)，将该效果拖曳到【时间轴】面板的2.jpg图层上，如图10.13所示。

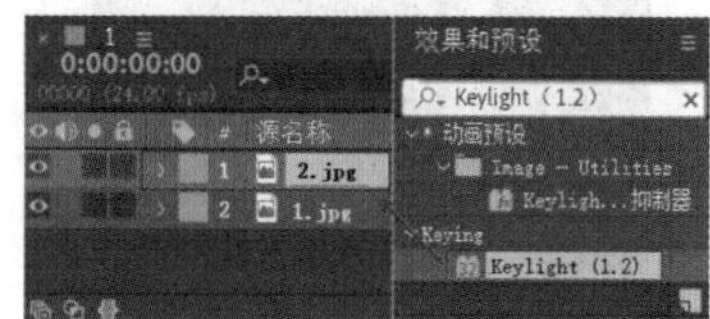

图10.13

步骤04 在【时间轴】面板中单击选择2.jpg图层，在【效果控件】面板中展开Keylight(1.2)效果，单击Screen Colour后方的（吸管工具）按钮，然后将光标移动到【合成】面板的绿色背景处，单击进行吸取，如图10.14所示。此时，画面效果如图10.15所示。

图10.14

图10.15

10.2.3 内部/外部键

【内部/外部键】效果可以基于内部和外部路径从图像中提取对象，除了可在背景中对柔化边缘的对象使用蒙版以外，还可修改边界周围的颜色，以移除沾染背景的颜色。选中素材，执行【效果】/【抠像】/【内部/外部键】命令，此时参数设置如图10.16所示。为素材添加该效果的前后对比如图10.17所示。

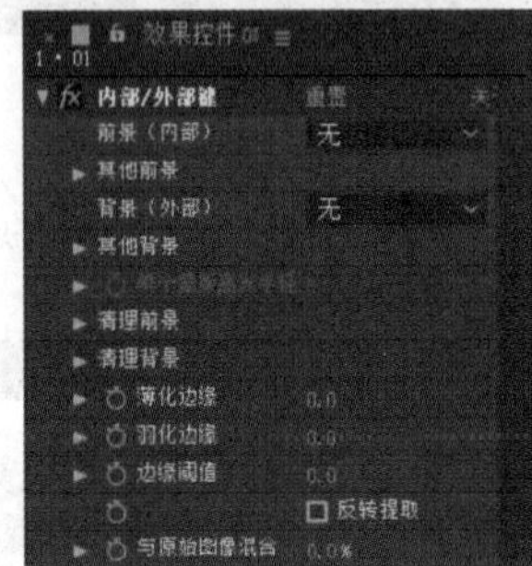

图 10.16

（a）未使用该效果　（b）使用该效果

图 10.17

- 前景（内部）：设置前景遮罩。
- 其他前景：添加其他前景。
- 背景（外部）：设置背景遮罩。
- 其他背景：添加其他背景。
- 单个蒙版高光半径：设置单独通道的高光半径。
- 清理前景：根据遮罩路径清除前景色。
- 清理背景：根据遮罩路径清除背景色。
- 薄化边缘：设置边缘薄化程度。
- 羽化边缘：设置边缘羽化值。
- 边缘阈值：设置边缘阈值，使其更加锐利。
- 反转提取：勾选此复选框，可以反转提取效果。
- 与原始图像混合：设置源图像与混合图像之间的混合程度。

10.2.4 差值遮罩

【差值遮罩】效果适用于抠除移动对象后面的静态背景，然后将此对象放在其他背景上。选中素材，执行【效果】/【抠像】/【差值遮罩】命令，此时参数设置如图10.18所示。为素材添加该效果的前后对比如图10.19所示。

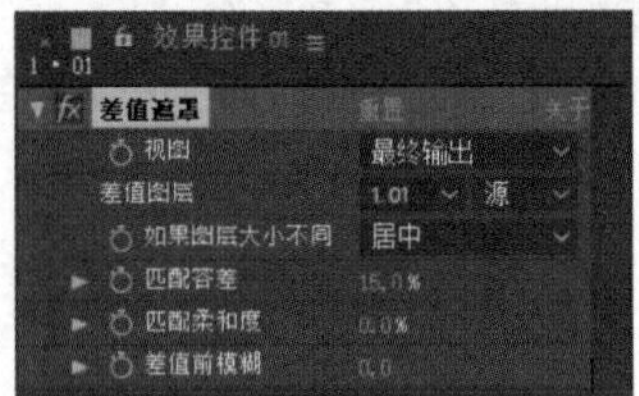

图 10.18

（a）未使用该效果　（b）使用该效果

图 10.19

- 视图：设置视图方式，其中包括【最终输出】【仅限源】【仅限遮罩】。
- 差值图层：设置用于比较的差值图层。
- 如果图层大小不同：调整图层一致性。
- 匹配容差：设置匹配范围。
- 匹配柔和度：设置匹配柔和程度。
- 差值前模糊：可清除图像杂点。

10.2.5 Key Cleaner

Key Cleaner（抠像清除器）效果可以改善杂色素材的抠像效果，同时保留细节，只影响Alpha通道。选中素材，在菜单栏中执行【效果】/【抠像】/ Key Cleaner命令，此时参数设置如图10.20所示。为素材添加该效果的前后对比如图10.21所示。

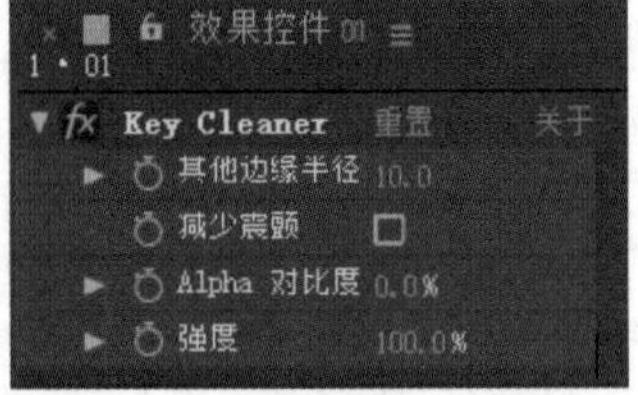

图 10.20

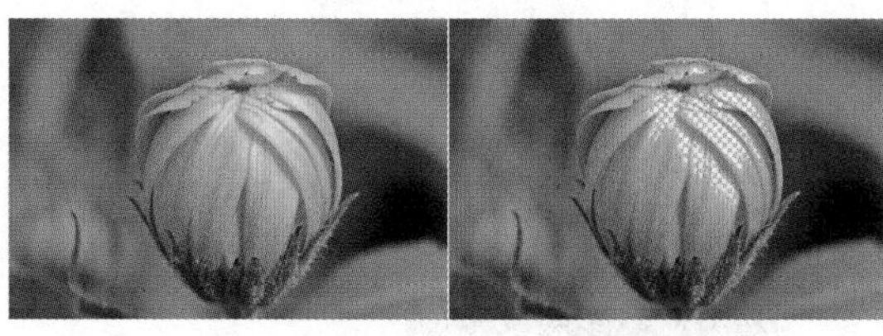

（a）未使用该效果　　　　（b）使用该效果

图 10.21

10.2.6　提取

【提取】效果可以创建透明度，基于一个通道的范围进行抠像。选中素材，执行【效果】/【抠像】/【提取】命令，此时参数设置如图10.22所示。为素材添加该效果的前后对比如图10.23所示。

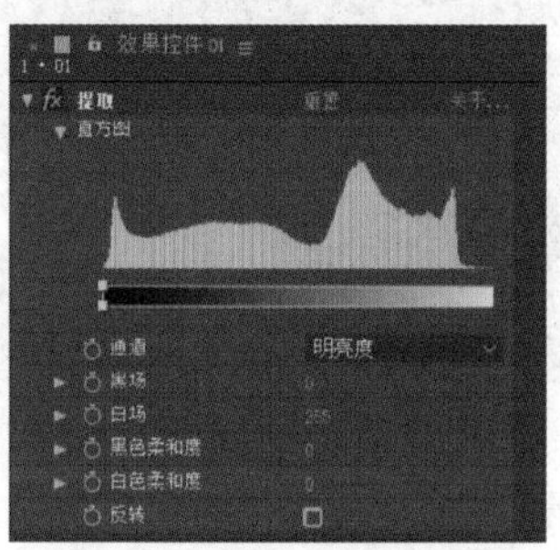

图 10.22

（a）未使用该效果　　　　（b）使用该效果

图 10.23

- 直方图：通过直方图可以了解图像各个影调的分布情况。
- 通道：设置抽取键控通道。其中，包括【明亮度】【红色】【绿色】【蓝色】和Alpha。
- 黑场：设置黑点数值。
- 白场：设置白点数值。
- 黑色柔和度：设置暗部区域的柔和程度。
- 白色柔和度：设置亮部区域的柔和程度。
- 反转：勾选此复选框，可以反转键控区域。

10.2.7　线性颜色键

【线性颜色键】效果可以使用RGB、色相或色度信息来创建指定主色的透明度，抠除指定颜色的像素。选中素材，执行【效果】/【抠像】/【线性颜色键】命令，此时参数设置如图10.24所示。为素材添加该效果的前后对比如图10.25所示。

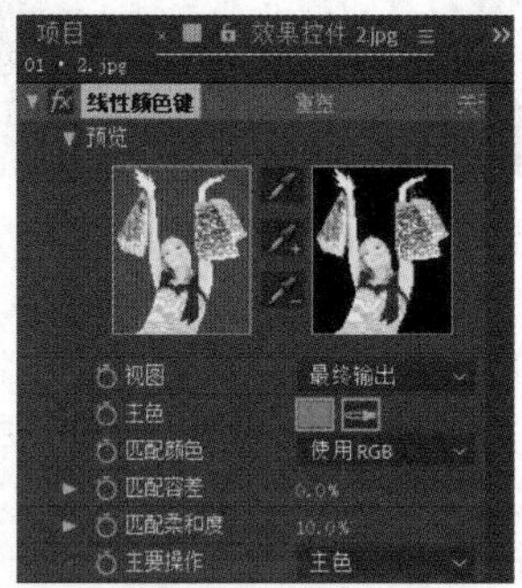

图 10.24

（a）未使用该效果　　　　（b）使用该效果

图 10.25

- 预览：可以直接观察键控选取效果。
- 视图：设置【合成】面板中的观察效果。
- 主色：设置键控基本色。
- 匹配颜色：设置匹配颜色空间。
- 匹配容差：设置匹配范围。
- 匹配柔和度：设置匹配柔和程度。
- 主要操作：设置主要操作方式为【主色】或【保持颜色】。

实例 10.2：使用【线性颜色键】效果合成可爱小动物图片

扫一扫，看视频

文件路径：第10章　抠像与合成→实例：使用【线性颜色键】效果合成可爱小动物图片

本实例使用【线性颜色键】效果去除狗狗后方绿色背景，并通过调整【容差】和【柔和度】细化毛发边缘。效果如图10.26所示。

图 10.26

步骤 01 在【项目】面板中右击，选择【新建合成】命令，在弹出的【合成设置】窗口中设置【合成名称】为1，【预设】为【自定义】，【宽度】为1200，【高度】为675，【像素长宽比】为【方形像素】，【帧速率】为24，【分辨率】为【完整】，【持续时间】为5秒。执行【文件】/【导入】/【文件】命令，导入1.jpg、2.jpg素材文件，如图10.27所示。

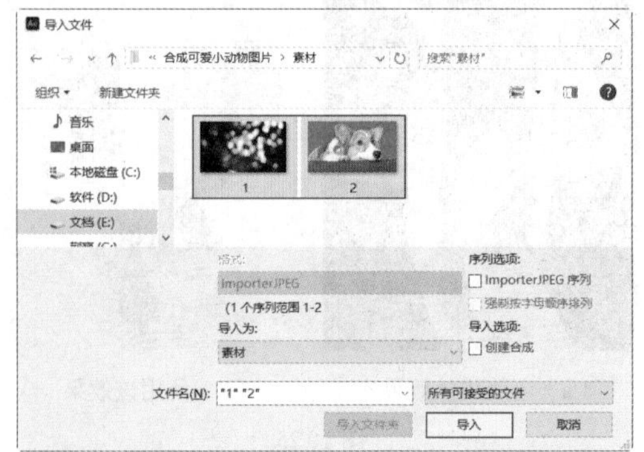

图 10.27

步骤 02 在【项目】面板中将1.jpg、2.jpg素材文件拖曳到【时间轴】面板中，如图10.28所示。

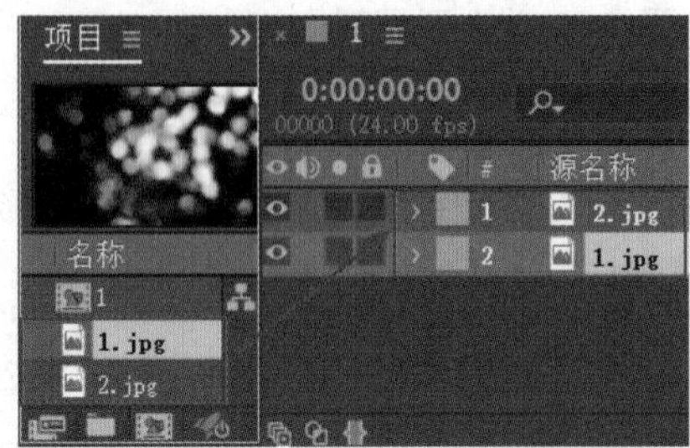

图 10.28

步骤 03 在【效果和预设】面板搜索框中搜索【线性颜色键】，将该效果拖曳到【时间轴】面板的2.jpg图层上，如图10.29所示。

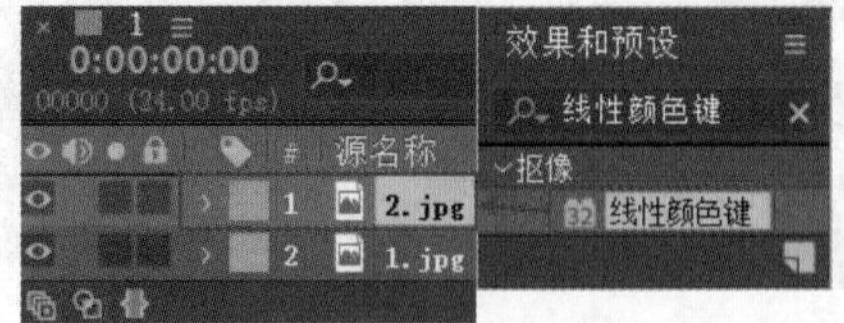

图 10.29

步骤 04 在【时间轴】面板中单击选择2.jpg图层，在【效果控件】面板中打开【线性颜色键】，单击【主色】后方的（吸管工具）按钮，接着将光标移动到【合成】面板中的绿色背景处，单击进行吸取，如图10.30所示。

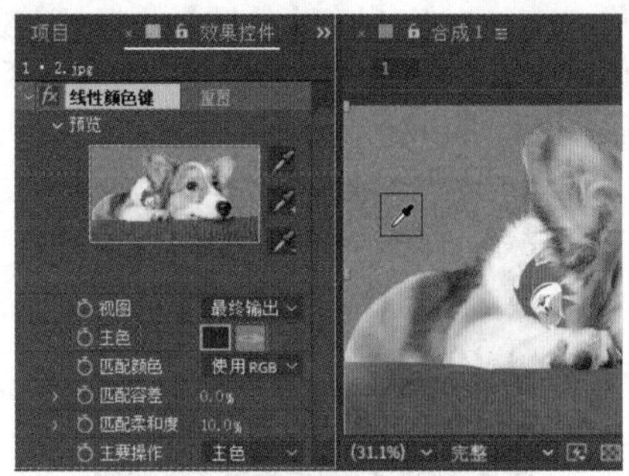

图 10.30

步骤 05 设置【匹配容差】为29.0%，【匹配柔和度】为23.0%，如图10.31所示。

步骤 06 本实例制作完成，画面最终效果如图10.32所示。

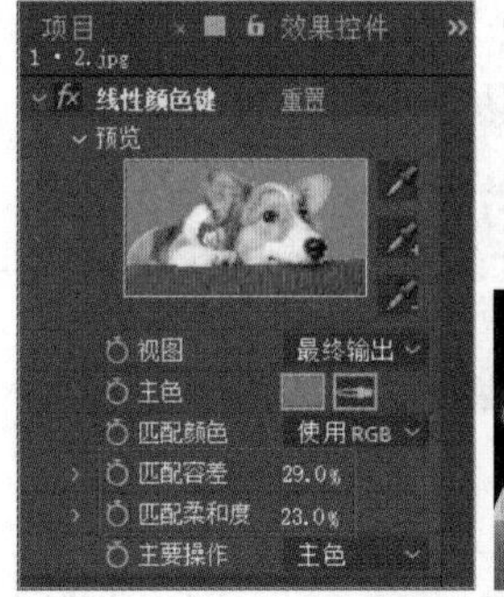

图 10.31

图 10.32

10.2.8 颜色范围

【颜色范围】效果可以基于颜色范围进行抠像操作。选中素材，执行【效果】/【抠像】/【颜色范围】命令，此时参数设置如图10.33所示。为素材添加该效果的前后对比如图10.34所示。

图 10.33

（a）未使用该效果　　（b）使用该效果

图 10.34

- 预览：可以直接观察键控选取效果。
- 模糊：设置模糊程度。
- 色彩空间：设置色彩空间为Lab、YUV或RGB。
- 最小/大值（L，Y，R）/（a，U，G）/（b，V，B）：准确设置色彩空间参数。

实例10.3：使用【颜色范围】效果抠像人物海报

文件路径：第10章 抠像与合成→实例：使用【颜色范围】效果抠像人物海报

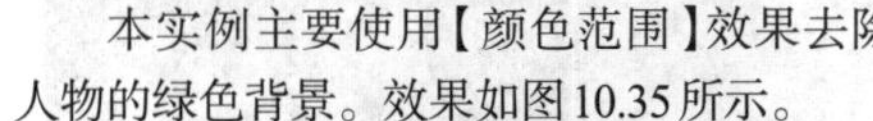

扫一扫，看视频

本实例主要使用【颜色范围】效果去除人物的绿色背景。效果如图10.35所示。

图 10.35

步骤 01 在【项目】面板中右击，选择【新建合成】命令，在弹出的【合成设置】窗口中设置【合成名称】为1，【预设】为【自定义】，【宽度】为1200，【高度】为1697，【像素长宽比】为【方形像素】，【帧速率】为24，【分辨率】为【完整】，【持续时间】为5秒。执行【文件】/【导入】/【文件】命令，在弹出的【导入文件】窗口中导入全部素材文件，如图10.36所示。

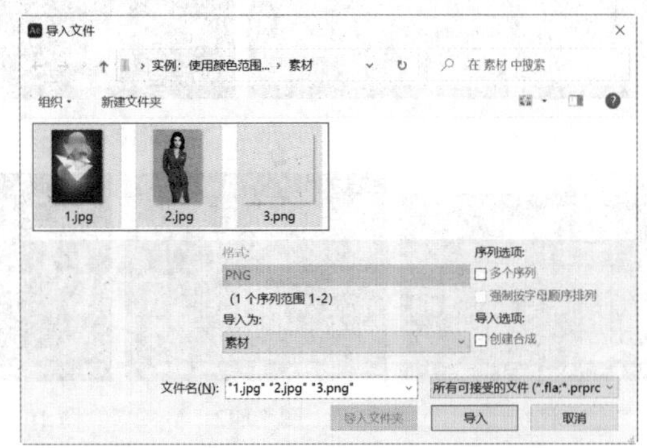

图 10.36

步骤 02 在【项目】面板中将1.jpg、2.jpg素材文件拖曳到【时间轴】面板中，如图10.37所示。

步骤 03 在【效果和预设】面板搜索框中搜索【颜色范围】，将该效果拖曳到【时间轴】面板的2.jpg图层上，如图10.38所示。

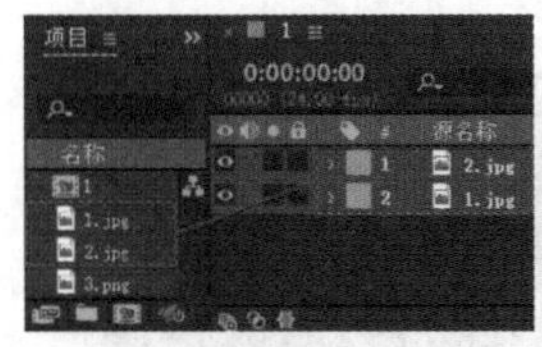

图 10.37　　图 10.38

步骤 04 在【时间轴】面板中单击打开2.jpg图层下方的【效果】/【颜色范围】，设置【模糊】为50，【最小值（L,Y,R）】为186，【最大值（L,Y,R）】为186，【最小值（a,U,G）】为105，【最大值（a,U,G）】为105，【最小值（b,V,B）】为90，【最大值（b,V,B）】为90。接着打开【变换】，设置【缩放】为（55.0,55.0%），如图10.39所示。此时，绿色背景去除，画面效果如图10.40所示。

步骤 05 将【项目】面板中的3.png素材文件拖曳到【时间轴】面板中，如图10.41所示。

步骤 06 在【时间轴】面板中单击打开3.png图层下方的【变换】，设置【缩放】为（137.0,137.0%），如图10.42所示。

步骤 07 本实例制作完成，画面最终效果如图10.43

所示。

图 10.39

图 10.40

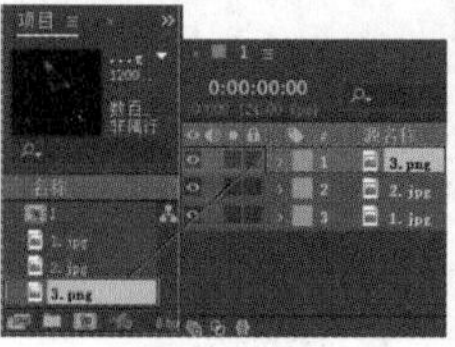

图 10.41

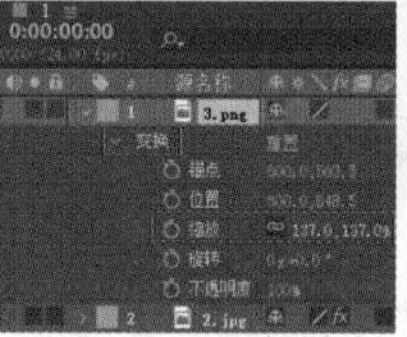

图 10.42

图 10.43

10.2.9　颜色差值键

【颜色差值键】效果可以将图像分成A、B两个遮罩，并将其相结合使画面形成将背景变透明的第3种蒙版效果。选中素材，执行【效果】/【抠像】/【颜色差值键】命令，此时参数设置如图10.44所示。为素材添加该效果的前后对比如图10.45所示。

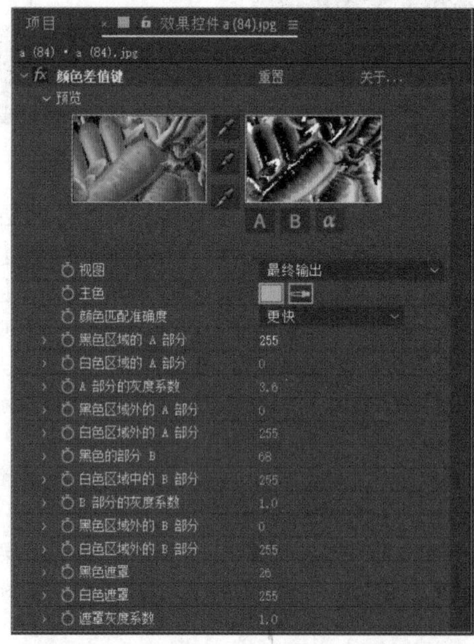

图 10.44

（a）未使用该效果

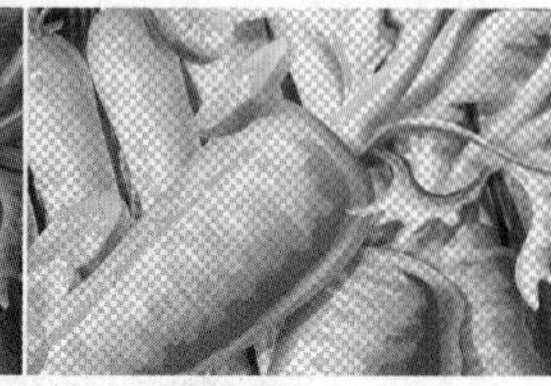

（b）使用该效果

图 10.45

- （吸管工具）：可在图像中单击吸取需要抠除的颜色。
- （加吸管）：可增加吸取范围。
- （减吸管）：可减少吸取范围。
- 预览：可以直接观察键控选取效果。
- 视图：设置【合成】面板中的观察效果。
- 主色：设置键控基本色。
- 颜色匹配准确度：设置颜色匹配的精准程度。

10.2.10　Advanced Spill Suppressor

Advanced Spill Suppressor（高级溢出抑制器）效果可以去除用于颜色抠像的彩色背景中前景主题的颜色溢出。选中素材，执行【效果】/【抠像】/ Advanced Spill Suppressor命令，此时参数设置如图10.46所示。为素材添加该效果的前后对比如图10.47所示。

图 10.46

（a）未使用该效果　　（b）使用该效果

图 10.47

- 方法：设置溢出方法为【标准】或【极致】。
- 抑制：设置抑制程度。
- 极致设置：设置算法，增强精准程度。

练习实例:AI智能屏幕

文件路径：第10章 抠像与合成→练习实例:AI智能屏幕

扫一扫，看视频

AI、人工智能、VR都是近年来非常火爆的词语，也广泛出现在影视作品中，用于模拟超未来感的、科幻的画面效果。本练习案例主要使用【发光】效果及【高斯模糊】效果制作画面中心的圆形元素，使用Keylight(1.2)效果抠除视频素材背景，使用【曲线】效果及【三色调】效果调整颜色。实例效果如图10.48所示。

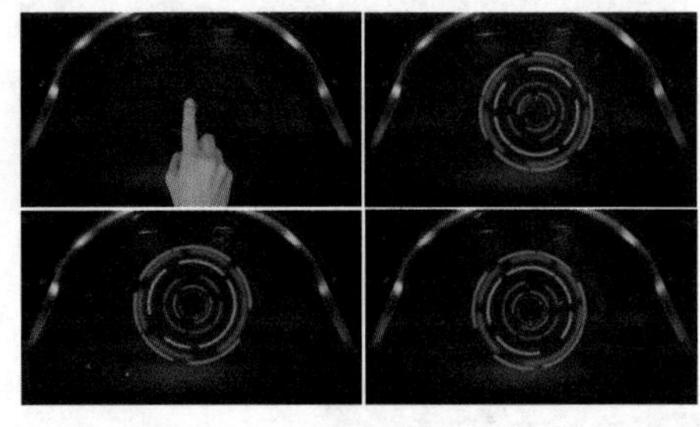

图 10.48

扫一扫，看视频

文字效果

本章内容简介：

文字是设计作品中非常常见的元素，它不仅可以用于表述作品信息，很多时候也起到美化版面的作用，使传达的内容更加直观深刻。After Effects中有着非常强大的文字创建与编辑功能，不仅有多种文字工具供操作者使用，还可以使用多种参数设置面板修改文字效果。本章主要讲解多种类型文字的创建以及文字属性的编辑方法，让文字形成一种视觉符号，展现文字独特的魅力。

重点知识掌握：

- 创建文字的方法
- 编辑文字参数
- 综合制作文字实例

优秀佳作欣赏：

11.1 初识文字效果

在After Effects中可以创建横排文字、直排文字，如图11.1和图11.2所示。

图 11.1

图 11.2

除了输入简单的文字以外，还可以通过设置文字的版式、质感等，制作出更精彩的文字效果，如图11.3~图11.6所示。

图 11.3

图 11.4

图 11.5

图 11.6

11.2 创建文字

扫一扫，看视频

无论在何种视觉媒体中，文字都是必不可少的设计元素之一，它能准确地表达作品所阐述的信息，同时也是丰富画面的重要途径。在After Effects中，创建文本的方式有两种，分别是利用文本图层进行创建和利用文本工具进行创建。

11.2.1 创建文本图层

方法1：在【时间轴】面板中进行创建

步骤 01 在【时间轴】面板的空白位置处右击，执行【新建】/【文本】命令，如图11.7所示。

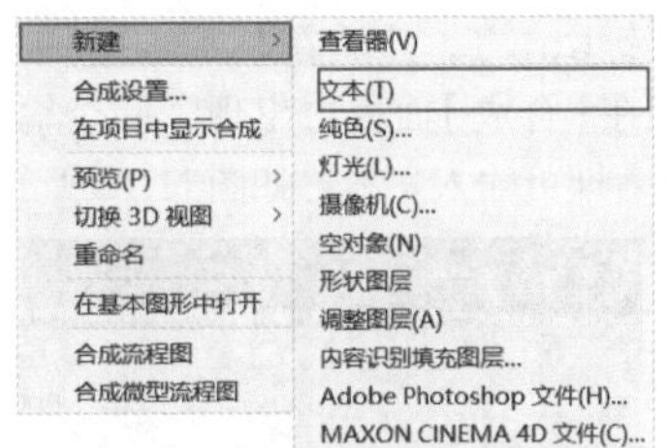

图 11.7

步骤 02 新建完成后，可以看到在【合成】面板中出现了一个光标符号，此时处于输入文字状态，如图11.8所示。

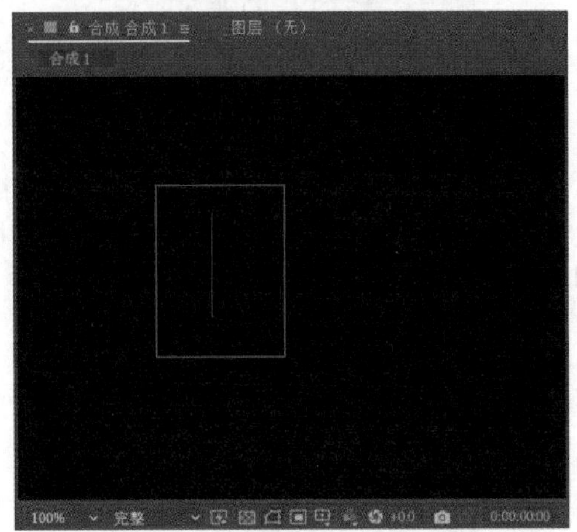

图 11.8

方法2：在菜单栏中（或使用快捷键）进行创建

在菜单栏中执行【图层】/【新建】/【文本】命令或使用快捷键Ctrl+Alt+Shift+T，即可创建文本图层，如图11.9所示。

第11章 文字效果

图 11.9

重点 11.2.2 轻松动手学：利用文本工具创建文字

扫一扫，看视频

文件路径：第11章 文字效果→轻松动手学：利用文本工具创建文字

方法1：创建横排文字

在工具栏中选择（横排文字工具），或使用快捷键Ctrl+T，然后在【合成】面板中单击，此时可以看到在【合成】面板中出现了一个输入文字的光标符号，接着即可输入文本，如图11.10所示。

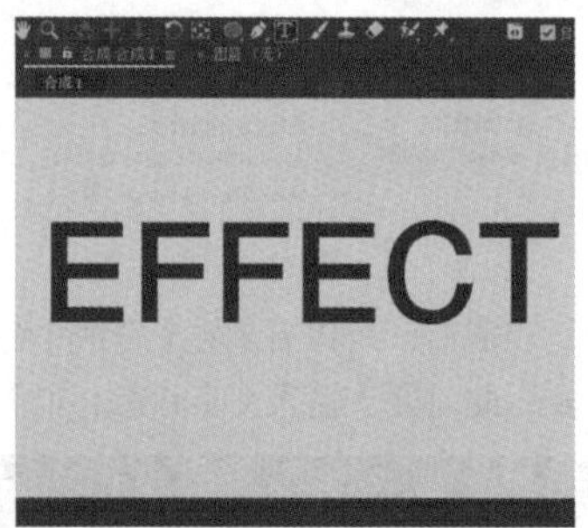

图 11.10

方法2：创建直排文字

在工具栏中长按（文字工具组），或使用快捷键Ctrl+T，选择（直排文字工具），然后在【合成】面板中单击，此时可以看到在【合成】面板中出现了一个输入文字的光标符号，接着即可输入文本，如图11.11所示。

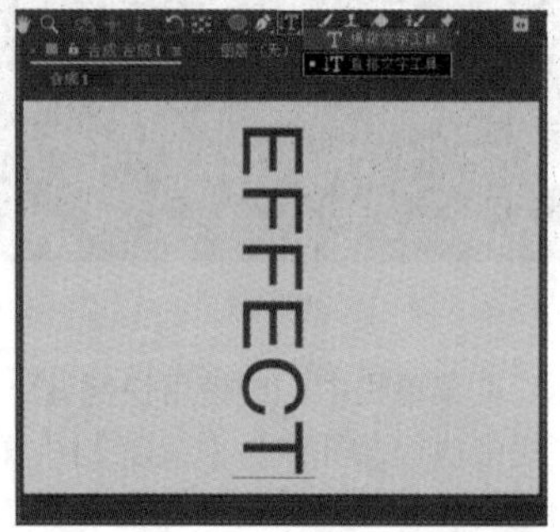

图 11.11

方法3：创建段落文字

步骤 01 在工具栏中选择（横排文字工具），或使用快捷键Ctrl+T，然后在【合成】面板中合适位置处按住鼠标左键并拖动至合适大小，绘制文本框，接着即可输入文本，如图11.12所示。

步骤 02 在工具栏中选择（直排文字工具），或使用快捷键Ctrl+T，然后在【合成】面板中合适位置处按住鼠标左键并拖动至合适大小，绘制文本框，接着即可输入文本，如图11.13所示。

图 11.12

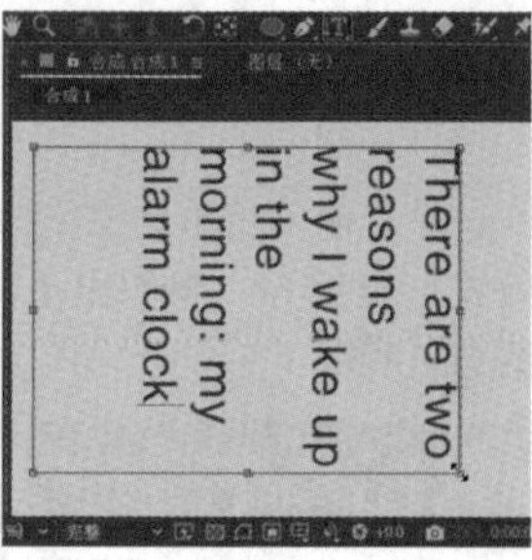

图 11.13

11.3 设置文字参数

扫一扫，看视频

在After Effects中创建文字后，可以进入【字符】面板和【段落】面板修改文字效果。

重点 11.3.1 【字符】面板

在创建文字后，可以在【字符】面板中对文字的【字体系列】【字体样式】【填充颜色】【描边颜色】【字体大小】【行距】【两个字符间的字偶间距】【所选字符的字符间距】【描边宽度】【描边类型】【垂直缩放】【水平缩放】【基线偏移】【所选字符比例间距】【字体类型】进行设置。【字符】面板如图11.14所示。

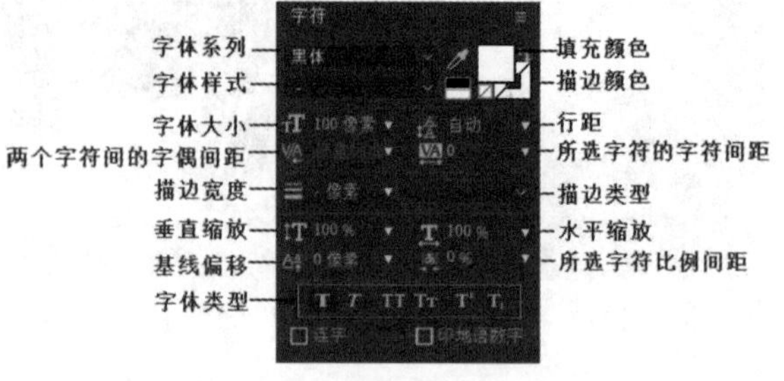

图 11.14

- Fixedsys（字体系列）：在【字体系列】下拉菜单中可以选择所需应用的字体类型，如图11.15所示，在选择某一字体后，当前所选文字即应用该字体，如图11.16所示。

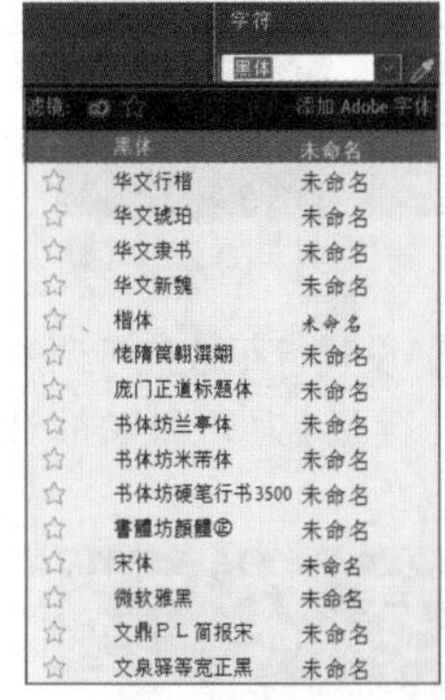

图11.15

图11.16

- （字体样式）：在设置【字体系列】后，有些字体还可以对其进行样式选择。在【字体样式】下拉菜单中可以选择所需应用的字体样式，如图11.17所示。在选择某一字体后，当前所选文字即应用该样式。

图11.17

图11.18所示为同一字体系列不同字体样式的对比效果。

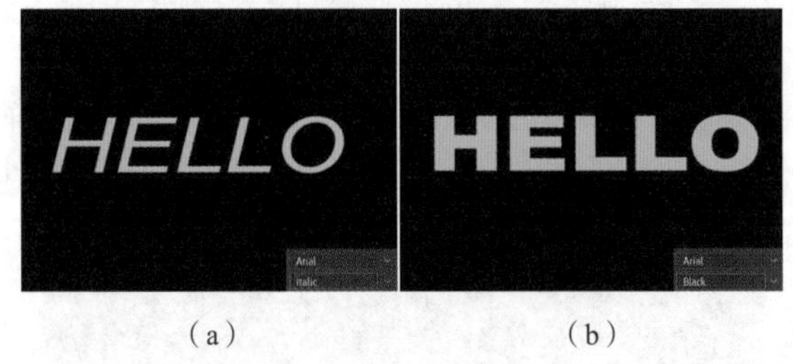

（a）　　（b）

图11.18

- （填充颜色）：在【字符】面板中双击【填充颜色】色块，在弹出的【文本颜色】窗口中设置合适的文字颜色，也可以使用（吸管工具）直接吸取所需颜色，如图11.19所示。

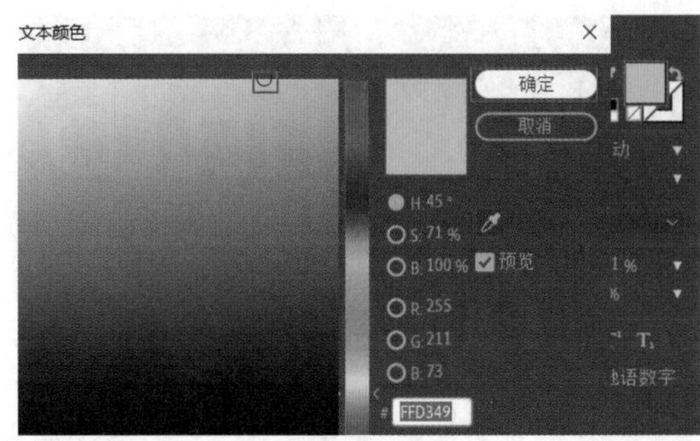

图11.19

图11.20所示为设置不同【填充颜色】的文字对比效果。

（a）　　（b）

图11.20

- （描边颜色）：在【字符】面板中双击【描边颜色】色块，在弹出的【文本颜色】窗口中设置合适的文字颜色，也可以使用（吸管工具）直接吸取所需颜色，如图11.21所示。

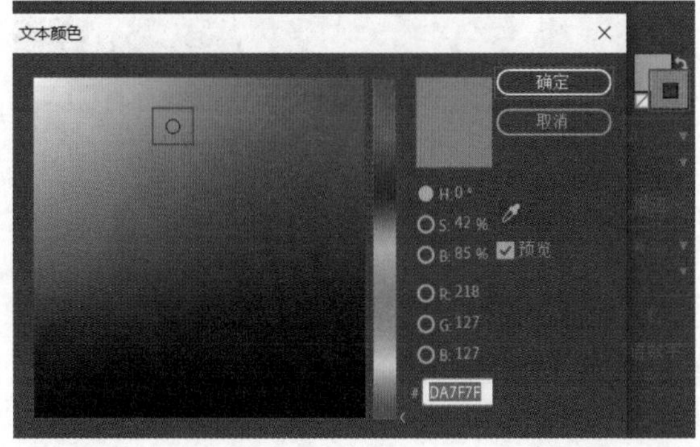

图11.21

- （字体大小）：可以在【字体大小】下拉菜单中单击选择预设的字体大小，也可以在数值处按住鼠标左键并左右拖动或在数值处单击直接输入数值。图11.22所示为【字体大小】为50像素和180像素的对比效果。

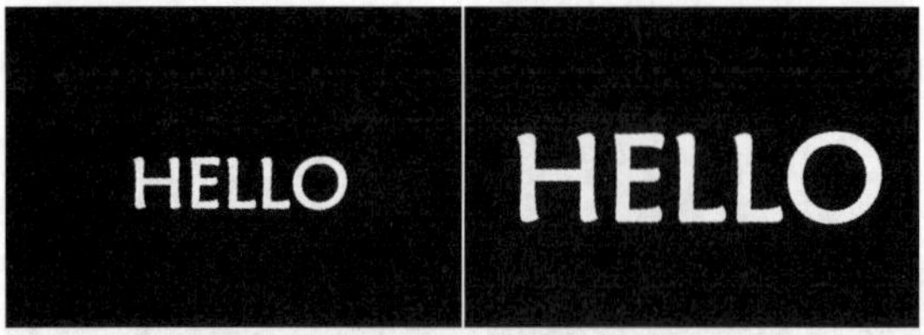

（a）【字体大小】：50 像素　（b）【字体大小】：180 像素

图 11.22

提示：有时候怎么改不了字体大小？

例如，使用【横排文字工具】在画面中输入文字，此时在【字符】面板中会显示【字体大小】为100像素，如图11.23所示。

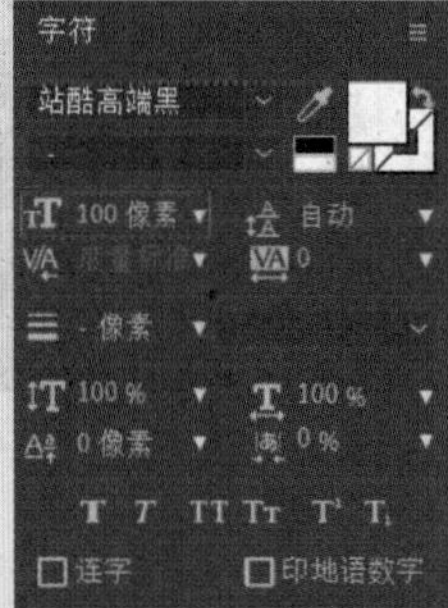

图 11.23

如果在输入状态下修改【字符】面板中的【字体大小】为500像素，可以看到字体大小是没有发生任何改变的，如图11.24所示。

图 11.24

此时需要单击（选取工具），并选中文字图层，然后再设置【字符】面板中的【字体大小】为350像素时，可以看到字体变大了，如图11.25所示。

图 11.25

- （行距）：用于段落文字，设置行距数值可调节行与行之间的距离。设置【行距】为50和70的对比效果如图11.26所示。

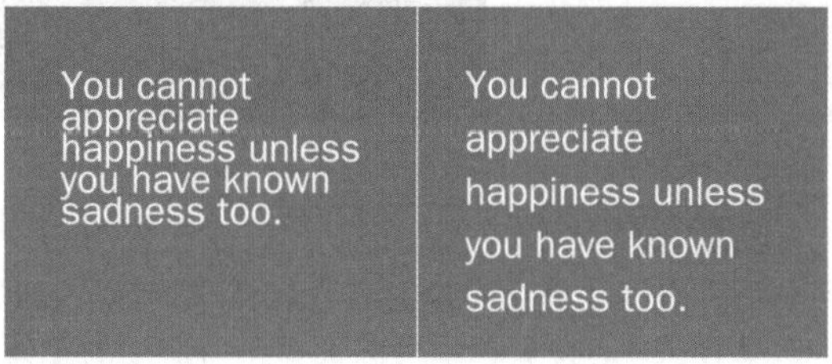

（a）【行距】：50　（b）【行距】：70

图 11.26

- （两个字符间的字偶间距）：设置光标左右字符的间距。设置【字偶间距】为-100和280的对比效果如图11.27所示。

（a）【字偶间距】：-100　（b）【字偶间距】：280

图 11.27

- （所选字符的字符间距）：设置所选字符的字符间距。设置【字符间距】为0和200的对比效果如图11.28所示。

（a）【字符间距】：0　（b）【字符间距】：200

图 11.28

- （描边宽度）：设置描边的宽度。设置【描边宽度】为2和10的对比效果如图11.29所示。

（a）【描边宽度】：2　　（b）【描边宽度】：10

图 11.29

- （描边类型）：单击【描边类型】下拉菜单可设置描边类型。图11.30所示为选择不同描边类型的对比效果。

（a）【在描边上填充】　　（b）【在填充上描边】

图 11.30

- （垂直缩放）：可以垂直拉伸文本。
- （水平缩放）：可以水平拉伸文本。
- （基线偏移）：可以上下平移所选字符。
- （所选字符比例间距）：设置所选字符之间的比例间距。
- （字体类型）：设置字体类型，包括【仿粗体】、【仿斜体】、【全部大写字母】、【小型大写字母】、【上标】和【下标】。图11.31所示为选择【仿斜体】和【全部大写字母】的对比效果。

（a）【仿斜体】　　（b）【全部大写字母】

图 11.31

提示：打开After Effects文件后，发现缺少字体类型？

当读者在打开本书After Effects文件或从网络中下载After Effects文件时，在开启文件后，可能会发现缺少了字体类型，同时会弹出类似的提示窗口，如图11.32所示。这说明我们需要安装该字体类型，才可以打开与原来文件完全一致的文字效果。

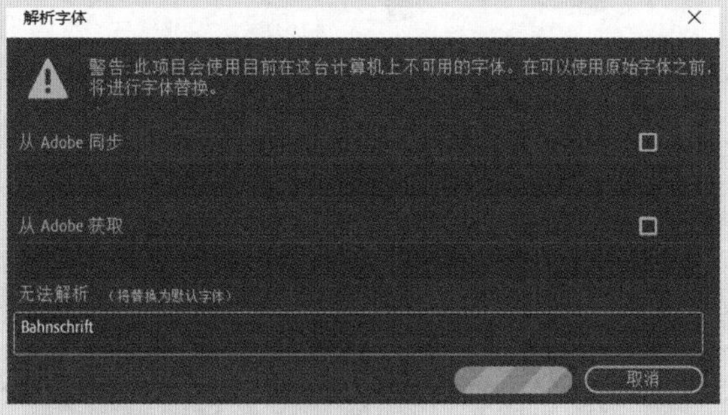

图 11.32

图11.33所示为本书案例原文件的字体效果，图11.34所示为缺少两种字体类型的文字效果，也就是说当缺少该字体类型时，文件会自动替换一种字体效果。

图 11.33

图 11.34

其实我们不需要必须使用某一种字体，只要是字体在作品中感觉合理、合适、舒服即可。需要注意的是，不同的字体类型，其字体大小是不同的，因此若读者使用的字体与本书不完全相符，那么字体的大小等参数也会有一定的区别，这时可以自行根据画面的布局修改字体大小即可。本书只是给读者提供一个学习方法，而并非死记硬背式地将参数展示给读者。

如果您一定要和本书的字体一致，那么需要按以下步骤操作安装字体。

（1）搜索并下载该字体，如搜索【站酷快乐体】找到下载地址并下载，如图11.35所示。

（2）以Windows 10系统为例，在计算机主页中搜索【控制面板】，如图11.36所示。

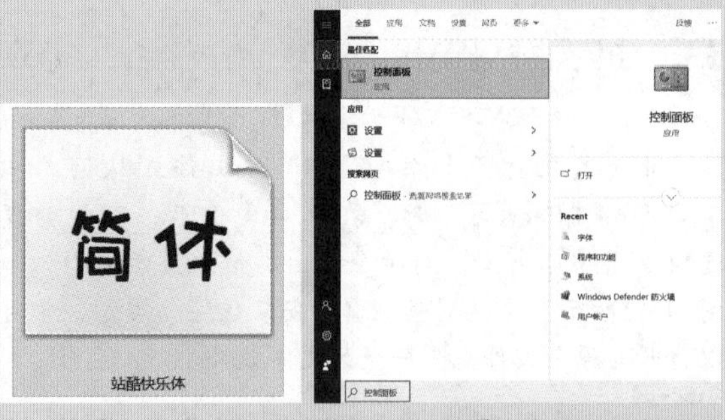

图 11.35　　　　图 11.36

（3）找到【字体】文件夹，如图11.37所示。

（4）单击打开【字体】文件夹，如图11.38所示。

图 11.37　　　　图 11.38

（5）将刚才的【站酷快乐体】文件复制并粘贴到该文件夹中，如图11.39所示。

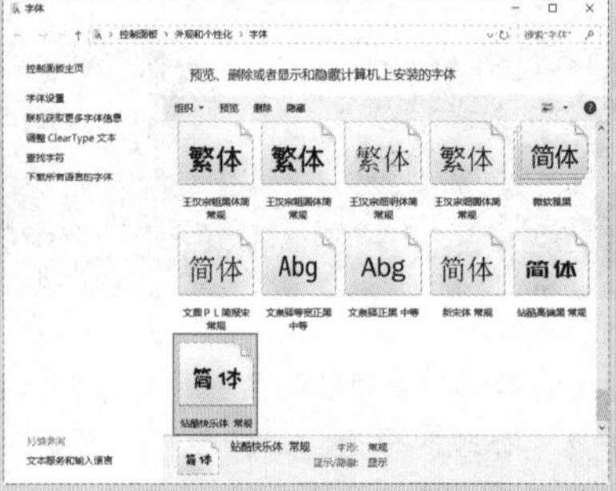

图 11.39

（6）关闭After Effects软件，然后重新打开刚才的After Effects文件，此时即可看到字体已经改变了，如图11.40所示。

图 11.40

重点 11.3.2 【段落】面板

在【段落】面板中可以设置文本的对齐方式和缩进大小。【段落】面板如图11.41所示。

图 11.41

1. 段落对齐方式

在【段落】面板中一共包含7种文本对齐方式，分别为【居左对齐文本】【居中对齐文本】【居右对齐文本】【最后一行左对齐】【最后一行居中对齐】【最后一行右对齐】【两端对齐】，如图11.42所示。

图 11.42

图11.43所示为设置对齐方式为【居左对齐文本】和【居右对齐文本】的对比效果。

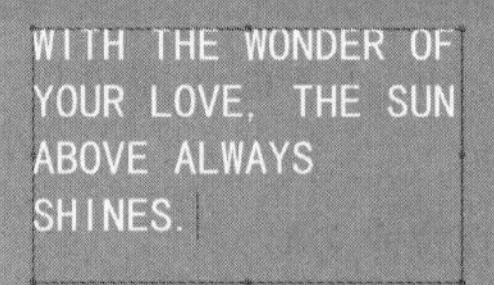

（a）居左对齐文本　　（b）居右对齐文本

图 11.43

2. 段落缩进和边距设置

在【段落】面板中包括【缩进左边距】【缩进右边距】【首行缩进】三种段落缩进方式，包括【段前添加空格】和【段后添加空格】两种设置边距方式，如图11.44所示。

图 11.44

图11.45所示为设置参数的前后对比效果。

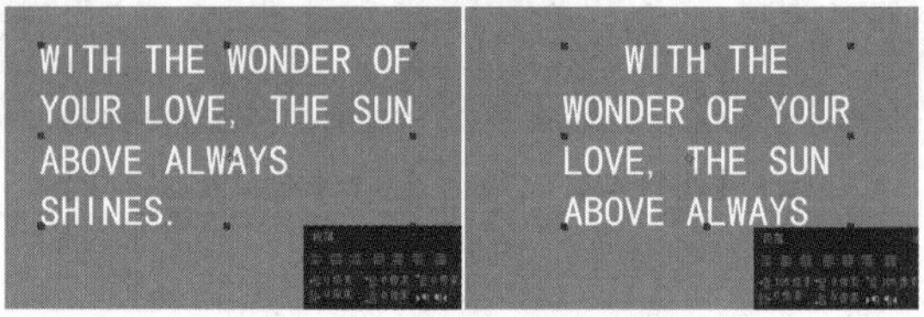

（a）　　（b）

图 11.45

重点 11.4 轻松动手学：路径文字效果

文件路径：第11章 文字效果→轻松动手学：路径文字效果

在创建文本图层后，可以为文本图层添加遮罩路径，使该图层内的文字沿绘制的路径进行排列，从而产生路径文字效果。

步骤 01 首先创建一个文本图层，并编辑合适的文字，然后在【时间轴】面板中单击选择该文本图层，并在工具栏中选择 (钢笔工具)，接着在【合成】面板中绘制一个遮罩路径，如图11.46所示。

步骤 02 在【时间轴】面板中单击打开该文本图层下方的【文本】/【路径选项】，设置【路径】为【蒙版1】，接着设置【垂直于路径】为【关】，如图11.47所示。

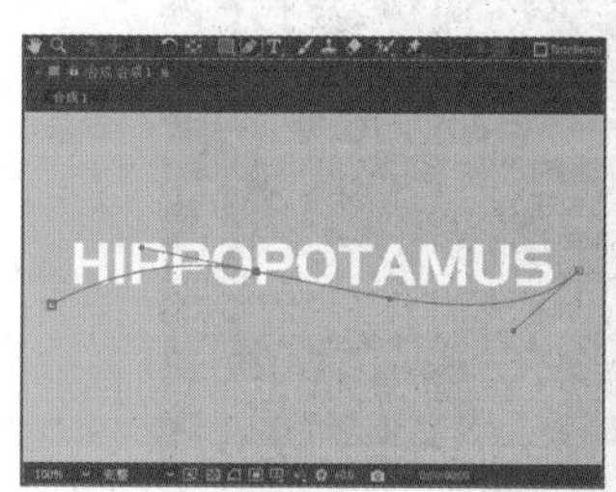

图 11.46

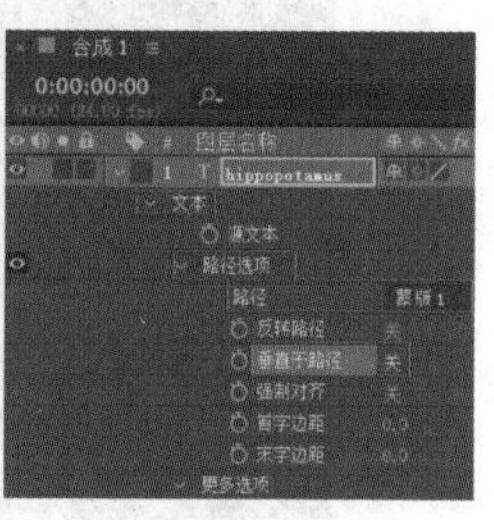

图 11.47

步骤 03 此时，在【合成】面板中可以看到，文字内容已沿遮罩路径排列，如图11.48所示。

图 11.48

为文本图层添加路径后，可以在【时间轴】面板中设置路径下的相关参数来调整文本状态，其中包括【路径选项】和【更多选项】，如图11.49所示。

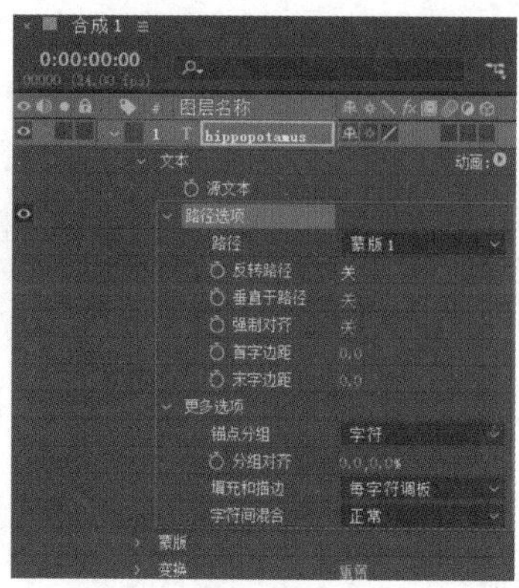

图 11.49

路径选项：

- 路径：设置文本跟随的路径。
- 反转路径：设置是否反转路径。设置【反转路径】为【关】和【开】的对比效果如图11.50所示。

（a）【反转路径】：【关】 （b）【反转路径】：【开】

图 11.50

- 垂直于路径：设置文字是否垂直于路径。设置【垂直于路径】为【关】和【开】的对比效果如图11.51所示。

（a）【垂直于路径】：【关】 （b）【垂直于路径】：【开】

图 11.51

- 强制对齐：设置文字与路径首尾是否对齐。设置【强制对齐】为【关】和【开】的对比效果如图11.52所示。

（a）【强制对齐】：【关】 （b）【强制对齐】：【开】

图 11.52

● 首字边距：设置首字的边距大小。设置【首字边距】为0和180的对比效果如图11.53所示。

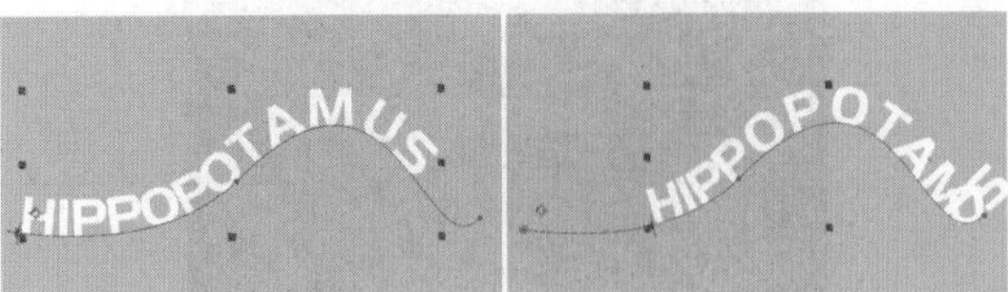

（a）【首字边距】：0　　（b）【首字边距】：180

图 11.53

● 末字边距：设置末字的边距大小。

更多选项：

● 锚点分组：对文字锚点进行分组。
● 分组对齐：设置锚点分组对齐的程度。
● 填充和描边：设置文本填充和描边的次序。
● 字符间混合：设置字符之间的混合模式。

11.5 添加文字属性

创建文本图层后，在【时间轴】面板中单击打开文本图层下的属性，对文字动画进行设置，也可以为文字添加不同的属性，并设置合适的参数来制作相关动画效果。图11.54所示为文字属性面板。

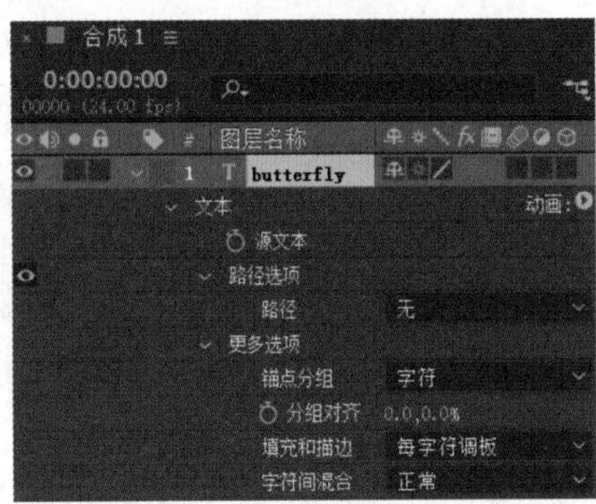

图 11.54

重点 11.5.1 轻松动手学：制作文字动画效果

扫一扫，看视频

文件路径：第11章 文字效果→轻松动手学：制作文字动画效果

步骤 01 创建文本图层后，在【时间轴】面板中单击文本图层的【文本】右侧的【动画：▶】按钮，在弹出的菜单中执行【旋转】命令，如图11.55所示。

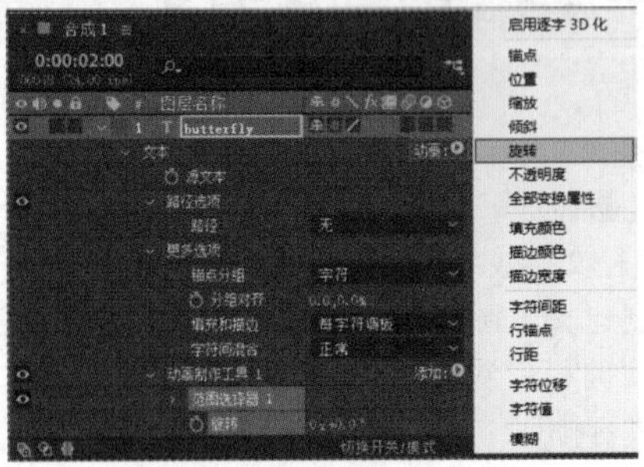

图 11.55

步骤 02 在【时间轴】面板中单击打开文本图层下方的【文本】/【动画制作工具1】，设置【旋转】为0x+180.0°，接着单击打开【范围选择器1】，并将时间线拖动到起始帧位置，单击【偏移】前的（时间变化秒表）按钮，设置【偏移】为0.0%。再将时间线拖动到1秒10帧位置，设置【偏移】为100.0%，如图11.56所示。

图 11.56

步骤 03 拖动时间线查看文本效果，如图11.57所示。

图 11.57

● 启用逐字3D化：将文字逐字开启三维图层模式。
● 锚点：制作文字中心定位点变换的动画。设置该属性参数的前后对比效果如图11.58所示。

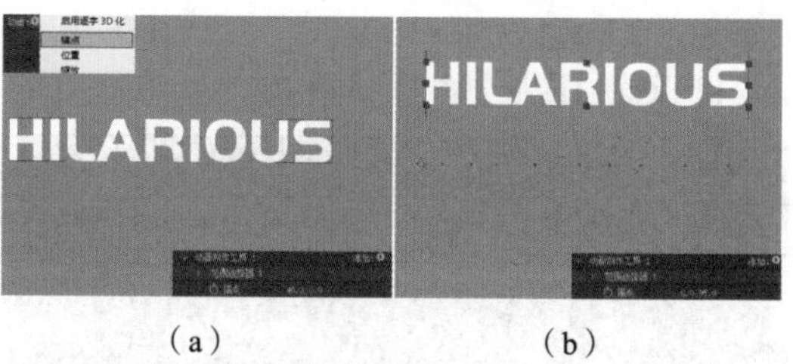

（a）　　（b）

图 11.58

- 位置：调整文本位置。
- 缩放：对文字进行放大或缩小等缩放设置。设置该属性参数的前后对比效果如图 11.59 所示。

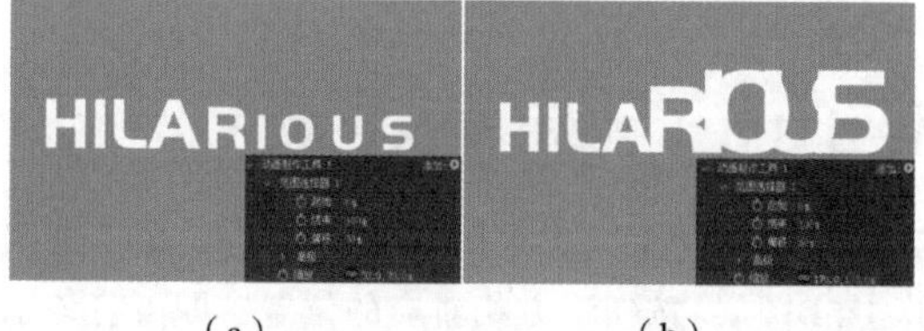

（a）　　（b）

图 11.59

- 倾斜：设置文本倾斜程度。设置该属性参数的前后对比效果如图 11.60 所示。

（a）　　（b）

图 11.60

- 旋转：设置文本旋转角度。设置该属性参数的前后对比效果如图 11.61 所示。

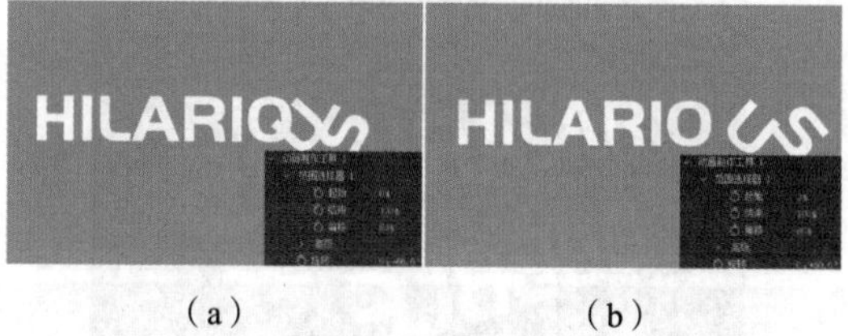

（a）　　（b）

图 11.61

- 不透明度：设置文本透明程度。设置该属性参数的前后对比效果如图 11.62 所示。
- 全部变换属性：将所有属性都添加到范围选择器中。
- 填充颜色：设置文字的填充颜色。
  - RGB：文字填充颜色的RGB数值。
  - 色相：文字填充的色相。

（a）　　（b）

图 11.62

  - 饱和度：文字填充的饱和程度。
  - 亮度：文字填充的亮度。
  - 不透明度：文字填充的不透明度。
- 描边颜色：设置文字的描边颜色。
  - RGB：文字描边颜色的RGB数值。
  - 色相：文字描边颜色的色相数值。
  - 饱和度：文字描边颜色的饱和度数值。
  - 亮度：文字描边颜色的亮度数值。
  - 不透明度：文字描边颜色的不透明度数值。
- 描边宽度：设置文字的描边粗细。
- 字符间距大小：设置文字之间的距离。设置该属性参数的前后对比效果如图 11.63 所示。

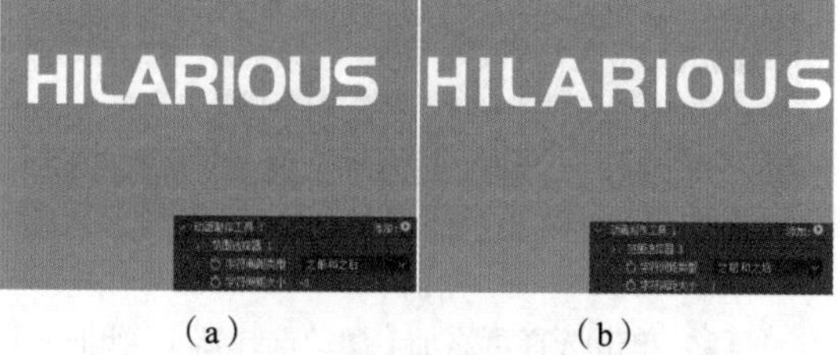

（a）　　（b）

图 11.63

- 行锚点：设置文本的对齐方式，当数值为0.0%时为左对齐，当数值为50.0%时为居中对齐，当数值为100.0%时为居右对齐。
- 行距：设置段落文字行与行之间的距离。设置该属性参数的前后对比效果如图 11.64 所示。

（a）　　（b）

图 11.64

- 字符位移：按照统一的字符编码标准对文字进行位移。

- 字符值：按照统一的字符编码标准，统一替换设置字符值所代表的字符。
- 模糊：对文字进行模糊效果的处理，其中包括垂直和水平两种模式。设置该属性参数的前后对比效果如图11.65所示。

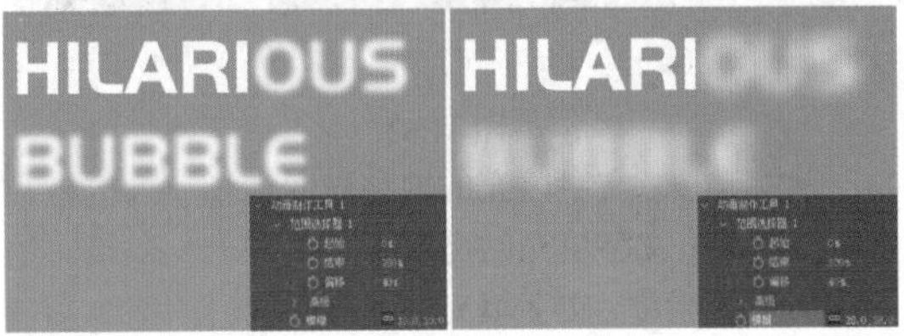

（a）　　（b）

图 11.65

- 范围：单击选择可添加【范围选择器】。此时，【时间轴】面板如图11.66所示。

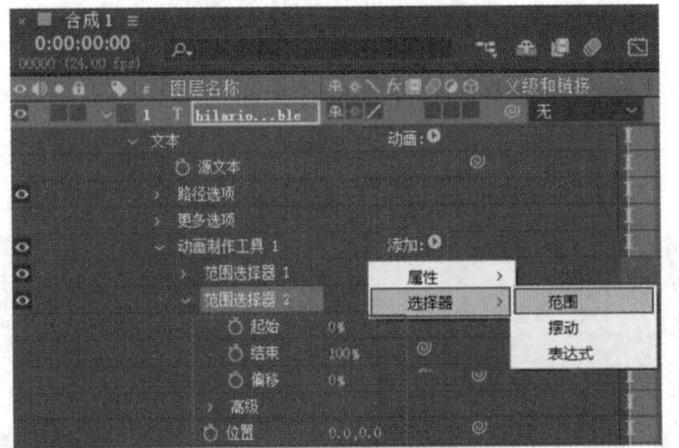

图 11.66

- 摆动：单击选择可添加【摆动选择器】。此时，【时间轴】面板如图11.67所示。

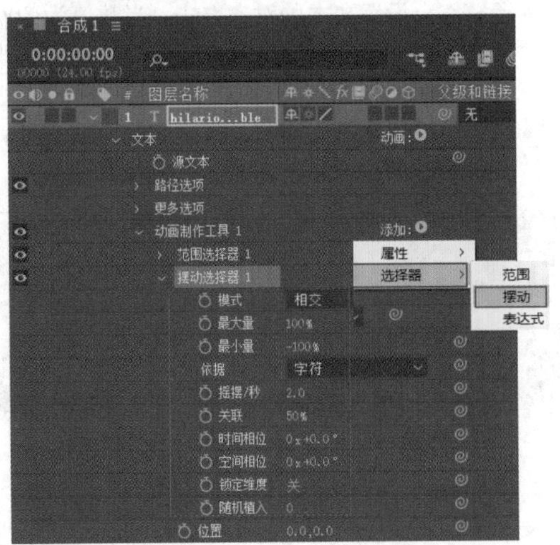

图 11.67

- 表达式：单击选择可添加【表达式选择器】。此时，【时间轴】面板如图11.68所示。

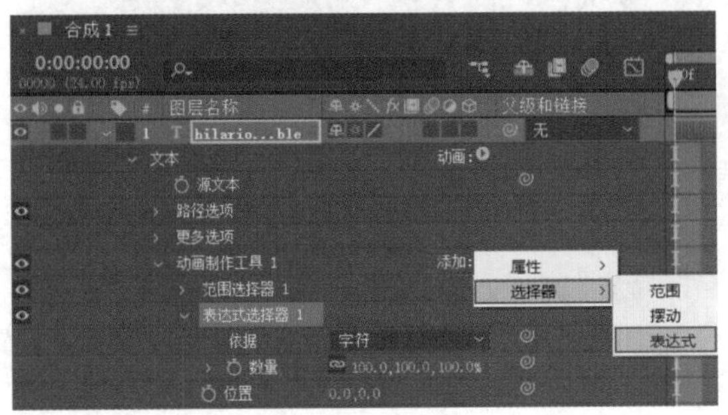

图 11.68

重点 11.5.2　使用3D文字属性

步骤 01 创建文本后，在【时间轴】面板中单击该图层的（3D图层）按钮下方相对应的位置，即可将该图层转换为3D图层，如图11.69所示。

步骤 02 单击打开该文本图层下方的【变换】，即可设置参数数值，调整文本状态，如图11.70所示。

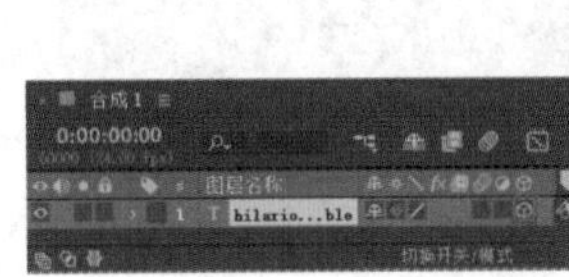

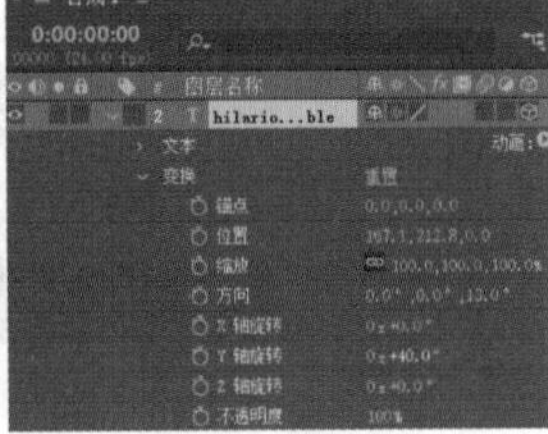

图 11.69　　图 11.70

步骤 03 图11.71所示为调整后的文本效果。

图 11.71

- 锚点：设置文本在三维空间内的中心点位置。
- 位置：设置文本在三维空间内的位置。设置【位置】为不同数值的对比效果如图11.72所示。

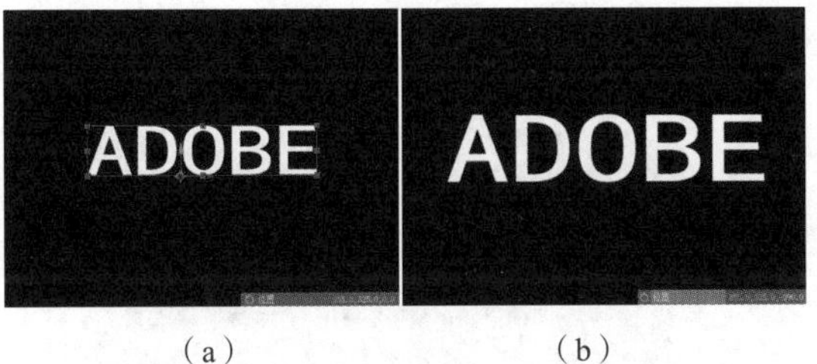

（a）　（b）

图 11.72

- 缩放：将文本在三维空间内进行放大、缩小等拉伸操作。
- 方向：设置文本在三维空间内的方向。设置【方向】为不同数值的对比效果如图 11.73 所示。

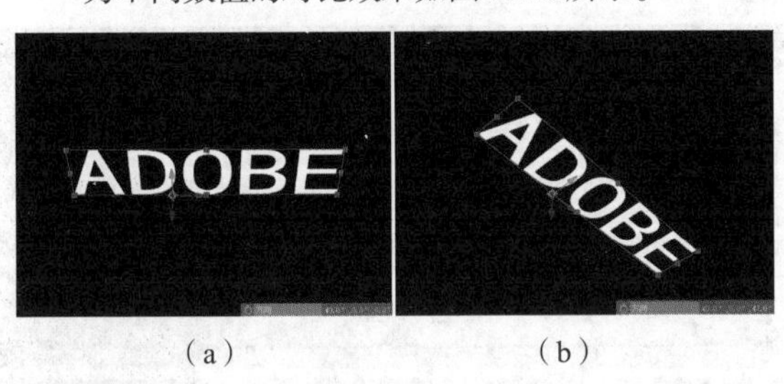

（a）　（b）

图 11.73

- X轴旋转：设置文本以X轴为中心的旋转程度。设置【X轴旋转】为不同数值的对比效果如图 11.74 所示。

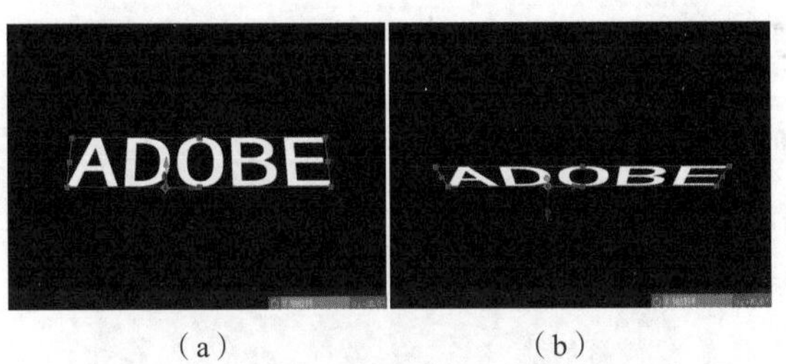

（a）　（b）

图 11.74

- Y轴旋转：设置文本以Y轴为中心的旋转程度。设置【Y轴旋转】为不同数值的对比效果如图 11.75 所示。

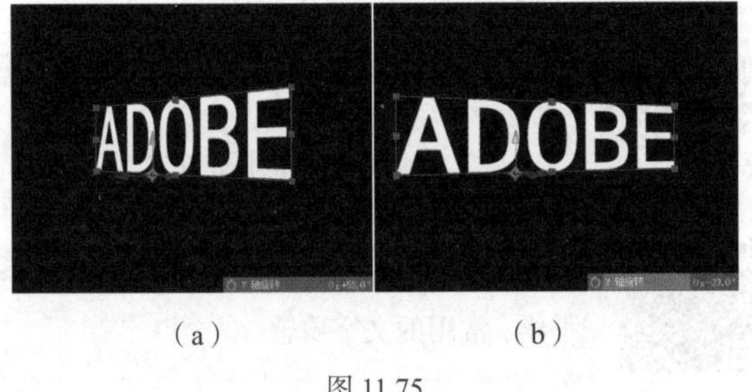

（a）　（b）

图 11.75

- Z轴旋转：设置文本以Z轴为中心的旋转程度。设置【Z轴旋转】为不同数值的对比效果如图 11.76 所示。

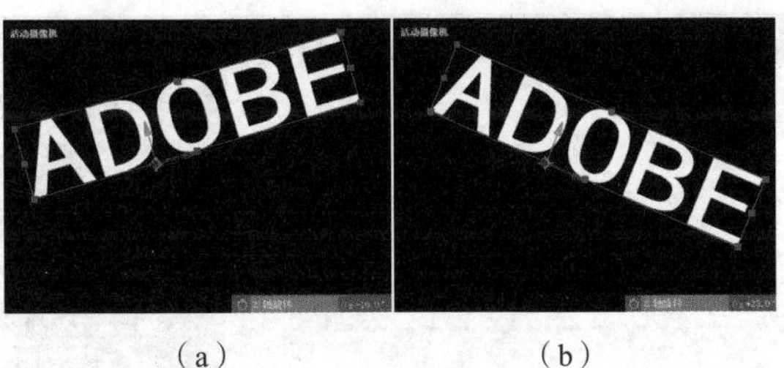

（a）　（b）

图 11.76

- 不透明度：设置文本的透明程度。设置【不透明度】为 50% 和 100% 的对比效果如图 11.77 所示。

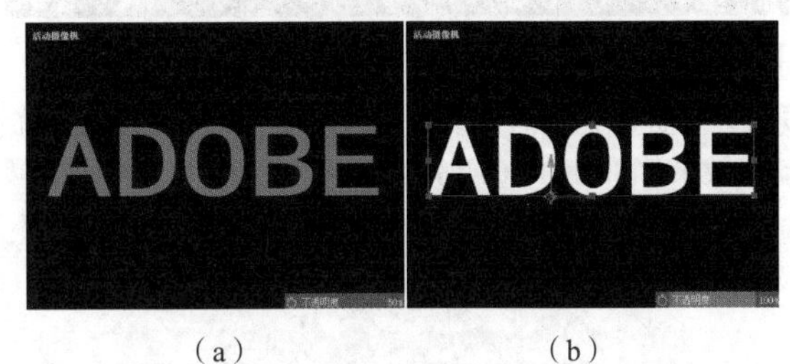

（a）　（b）

图 11.77

重点 11.5.3　轻松动手学：巧用文字预设效果

文件路径：第 11 章　文字效果→轻松动手学：巧用文字预设效果

扫一扫，看视频

在After Effects中有很多预设的文字效果，这些预设可以模拟非常绚丽、复杂的文字动画。创建文字后，在【效果和预设】面板中展开【动画预设】下的Text，即可看到包含了十几种文字效果的分组类型，如图 11.78 所示。

图 11.78

步骤 01 例如，展开3D Text文字效果分组，选中【3D下雨词和颜色】，在第0帧位置将该效果拖动到【合成】面板的文字上，如图11.79所示。

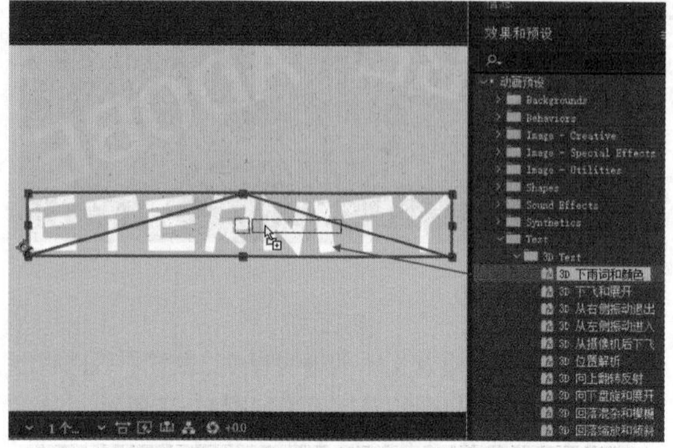

图 11.79

步骤 02 此时拖动时间线，即可看到出现了一组有趣的动画效果，如图11.80所示。

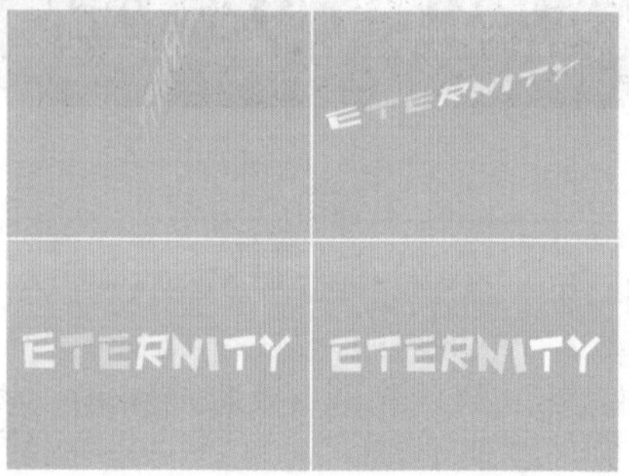

图 11.80

步骤 03 使用同样的方法拖动另外一种预设类型到文字上，如图11.81所示。

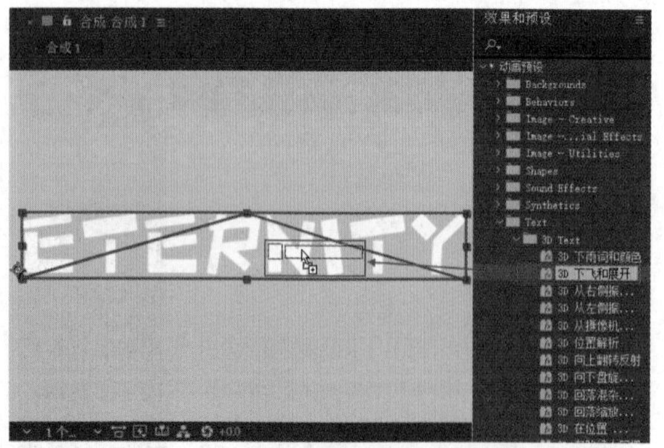

图 11.81

步骤 04 此时，动画效果如图11.82所示。

图 11.82

步骤 05 也可以拖动另外一种预设类型到文字上，如图11.83所示。

图 11.83

步骤 06 此时，动画效果如图11.84所示。

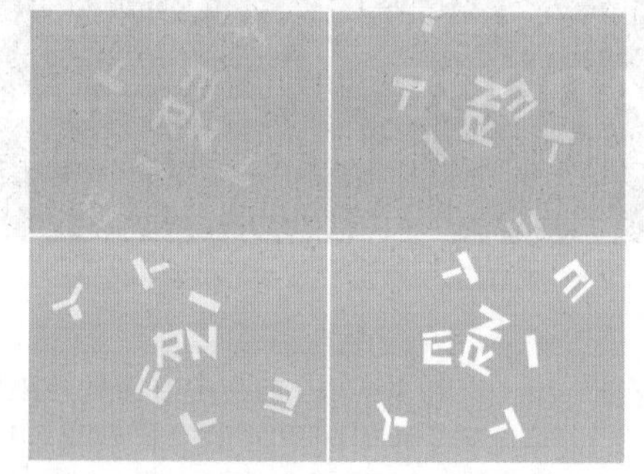

图 11.84

重点 11.6 轻松动手学：常用的文字质感

扫一扫，看视频

文件路径：第11章 文字效果→轻松动手学：常用的文字质感

步骤 01 在软件中新建一个合成，然后导入1.jpg素材文件。将【项目】面板中的1.jpg素材拖曳到【时间轴】面板中，如图11.85所示。此时，界面如图11.86所示。

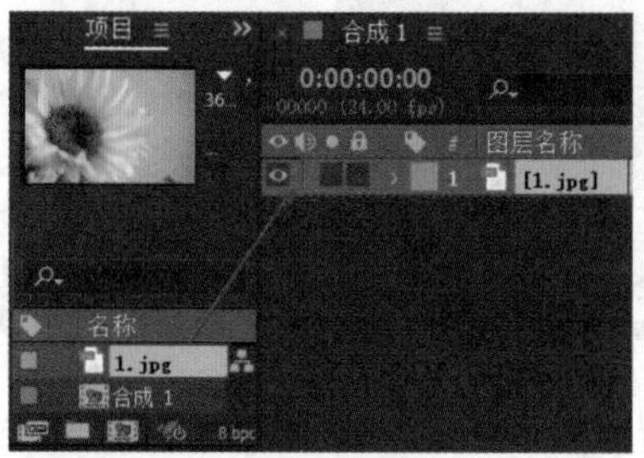

图 11.85

图 11.86

步骤 02 在【时间轴】面板中新建一个文本，并输入合适的文字，如图11.87所示。

图 11.87

步骤 03 使用图层样式制作文字效果，使文字呈现出一定的质感。

1. 投影

步骤 01 投影效果可以增大文字空间感，使画面层次分明。在【时间轴】面板中选择文本图层，然后在菜单栏中执行【图层】/【图层样式】/【投影】命令，如图11.88所示。

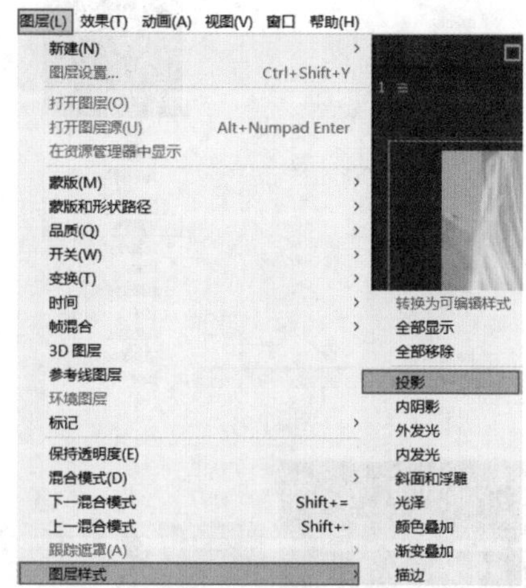

图 11.88

步骤 02 在【时间轴】面板中打开文本图层下的【图层样式】，然后打开【投影】，设置【颜色】为红褐色，【距离】为10.0，【大小】为10.0，如图11.89所示。此时，文字效果如图11.90所示。

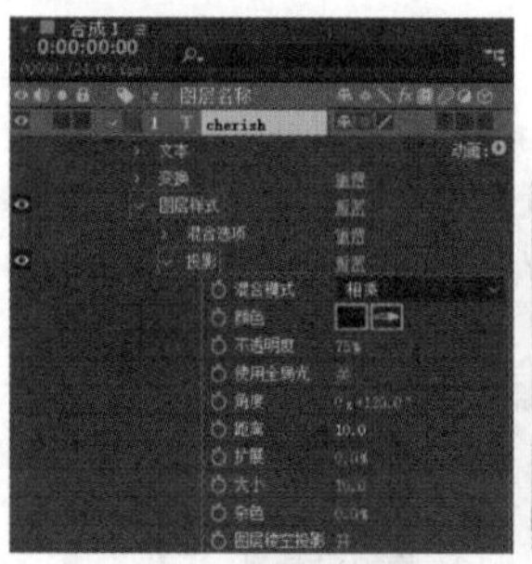

图 11.89

图 11.90

2. 内阴影

步骤 01 使用内阴影效果可在文字内侧制作出阴影，呈现出一种向上凸起的视觉感。在【时间轴】面板中选择文本图层，然后在菜单栏中执行【图层】/【图层样式】/【内阴影】命令，如图11.91所示。

步骤 02 在【时间轴】面板中打开文本图层下的【图层样式】，然后打开【内阴影】，设置【颜色】为蓝色，【距离】为12.0，如图11.92所示。此时，文字效果如图11.93所示。

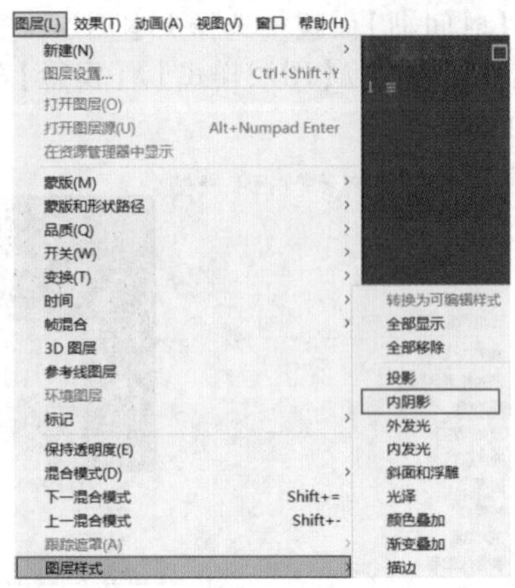

图 11.91

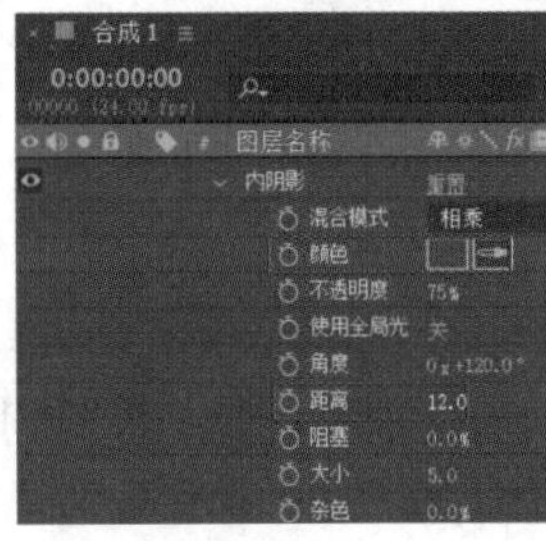

图 11.92　　图 11.93

3. 外发光

步骤 01 可在文字外边缘处制作出类似发光的效果，使文字更加突出。在【时间轴】面板中选择文本图层，然后在菜单栏中执行【图层】/【图层样式】/【外发光】命令，如图11.94所示。

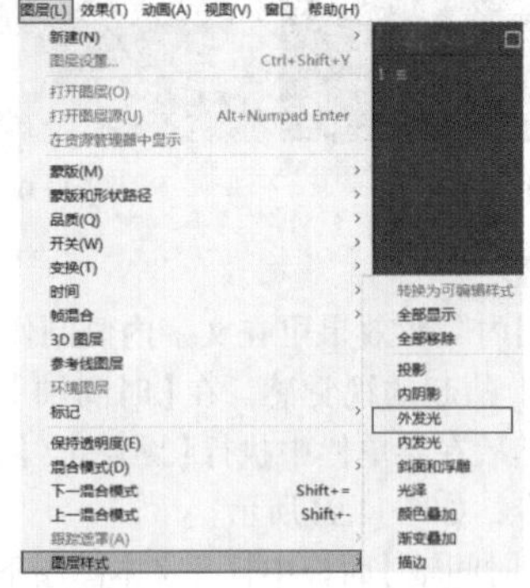

图 11.94

步骤 02 在【时间轴】面板中打开文本图层下方的【图层样式】，然后打开【外发光】，设置【颜色】为蓝色，【大小】为12.0，如图11.95所示。此时，文字效果如图11.96所示。

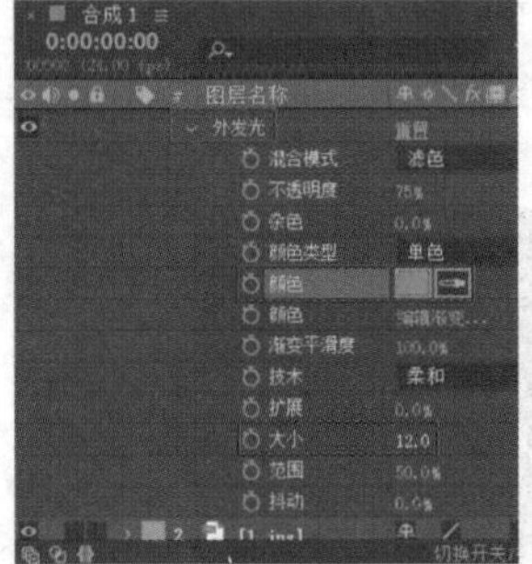

图 11.95　　图 11.96

4. 内发光

步骤 01 内发光效果与外发光效果使用方法相同，内发光作用于文字内侧，向内侧填充效果。在【时间轴】面板中选择文本图层，然后在菜单栏中执行【图层】/【图层样式】/【内发光】命令，如图11.97所示。

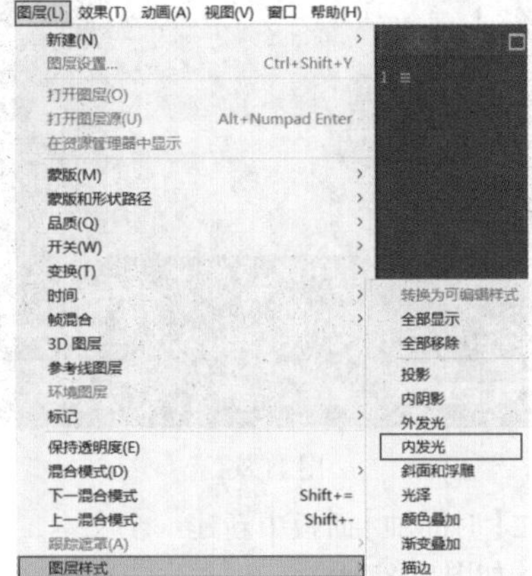

图 11.97

步骤 02 在【时间轴】面板中打开文本图层下方的【图层样式】，然后打开【内发光】，设置【阻塞】为28.0%，【大小】为15.0，如图11.98所示。此时，文字效果如图11.99所示。

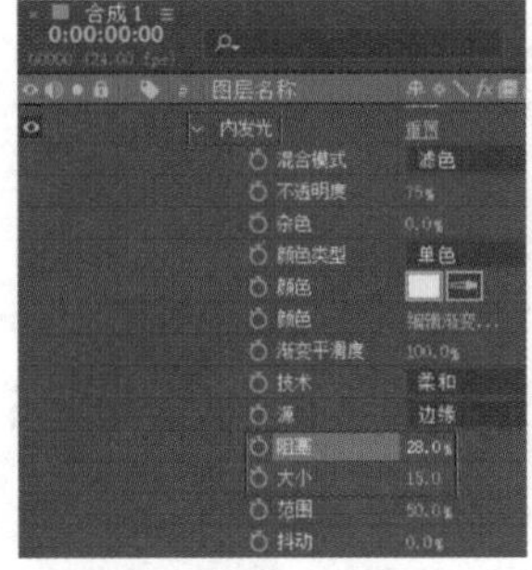

图 11.98　　图 11.99

5. 斜面和浮雕

步骤 01 在文字中使用【斜面和浮雕】效果，可刻画文字内部细节，制作出隆起的文字效果。在【时间轴】面板中选择文本图层，然后在菜单栏中执行【图层】/【图层样式】/【斜面和浮雕】命令，如图 11.100 所示。

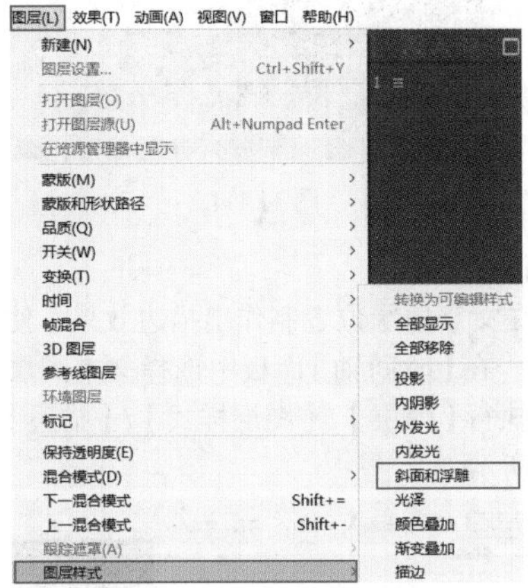

图 11.100

步骤 02 在【时间轴】面板中打开文本图层下方的【图层样式】，然后打开【斜面和浮雕】，设置【大小】为13.0，【高度】为0x+70.0°，如图11.101所示。此时，文字效果如图11.102所示。

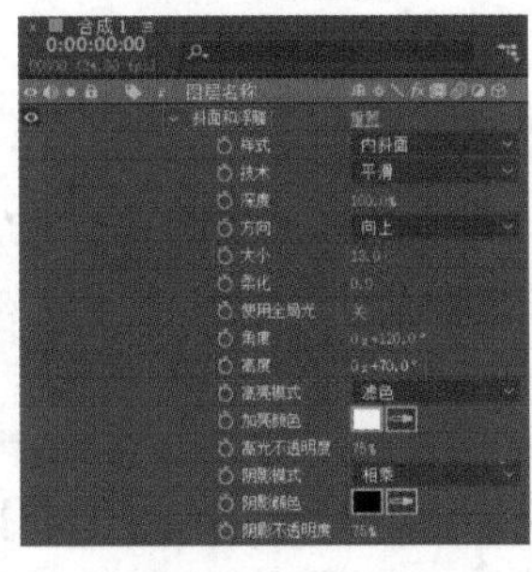

图 11.101

图 11.102

6. 光泽

步骤 01 为文字创建光滑的磨光或金属效果。在【时间轴】面板中选择文本图层，然后在菜单栏中执行【图层】/【图层样式】/【光泽】命令，如图 11.103 所示。

步骤 02 在【时间轴】面板中打开文本图层下方的【图层样式】，然后打开【光泽】，设置【颜色】为青色，【距离】为15.0，【大小】为8.0，如图11.104所示。此时，文字效果如图11.105所示。

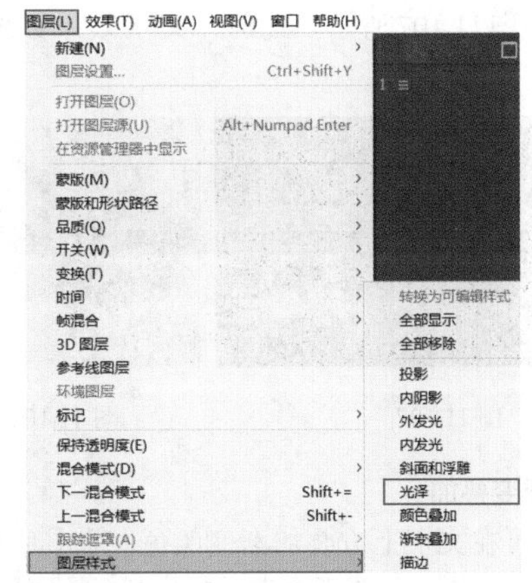

图 11.103

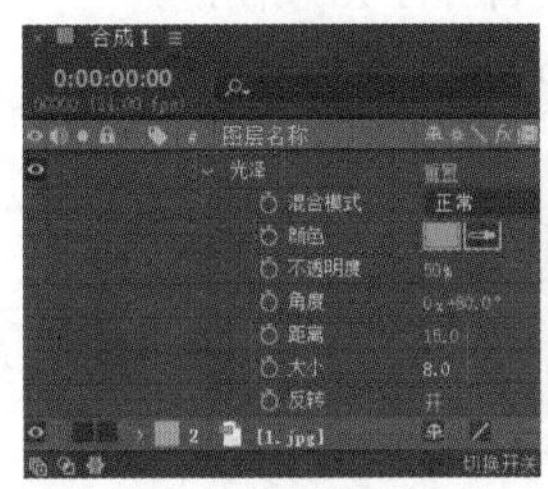

图 11.104

图 11.105

7. 颜色叠加

步骤 01 在文字上方叠加一种颜色，以改变文字本身的颜色。在【时间轴】面板中选择文本图层，然后在菜单栏中执行【图层】/【图层样式】/【颜色叠加】命令，如图11.106所示。

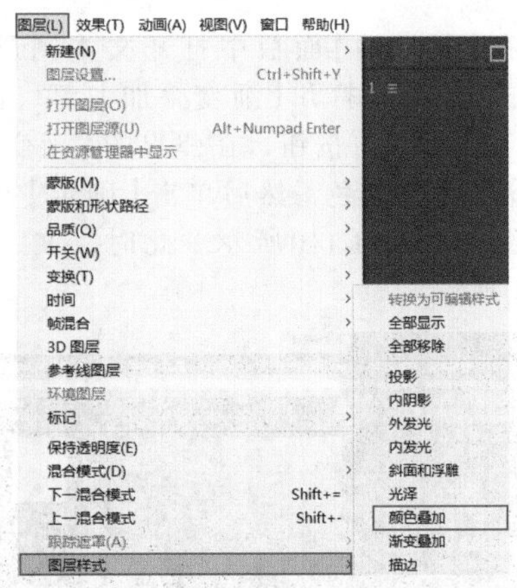

图 11.106

步骤 02 在【时间轴】面板中打开文本图层下方的【图层样式】，然后打开【颜色叠加】，设置【颜色】为西瓜红色，如图11.107所示。此时，文字效果如图11.108所示。

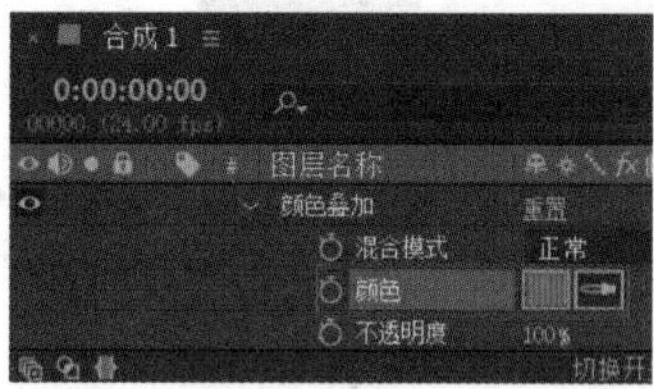

图 11.107

图 11.108

8. 渐变叠加

步骤 01 可在文字上方叠加渐变颜色。在【时间轴】面板中选择文本图层，然后在菜单栏中执行【图层】/【图层样式】/【渐变叠加】命令，如图11.109所示。

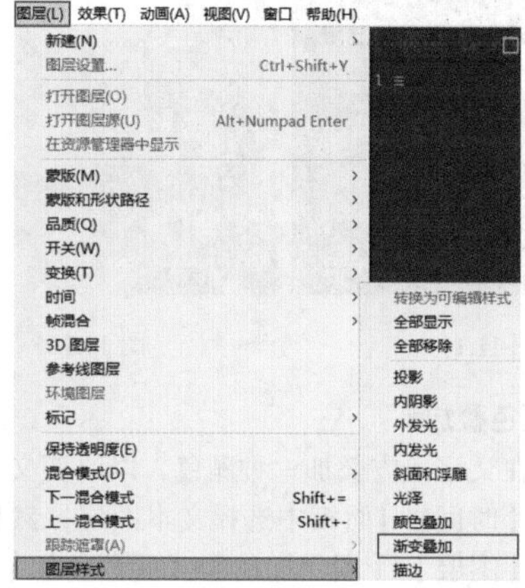

图 11.109

步骤 02 在【时间轴】面板中打开文本图层下方的【图层样式】，然后打开【渐变叠加】，单击【颜色】后方的【编辑渐变】按钮，在弹出的【渐变编辑器】窗口中设置渐变颜色，然后单击【确定】按钮完成颜色设置，如图11.110所示。此时，文字效果如图11.111所示。

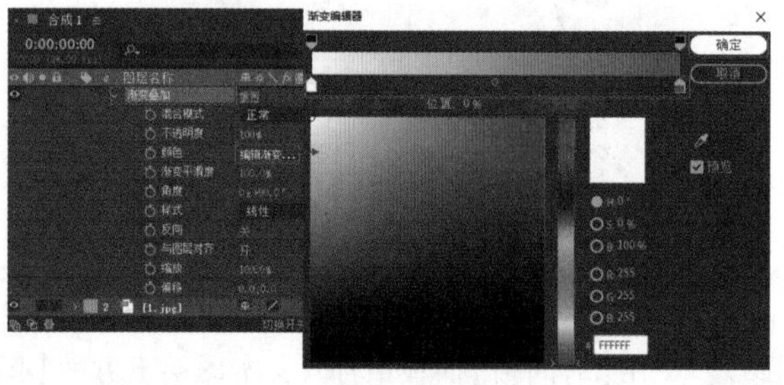

图 11.110

图 11.111

9. 描边

步骤 01 在文字边缘位置制作出描边效果，使文字变得更加厚重。在【时间轴】面板中选择文本图层，然后在菜单栏中执行【图层】/【图层样式】/【描边】命令，如图11.112所示。

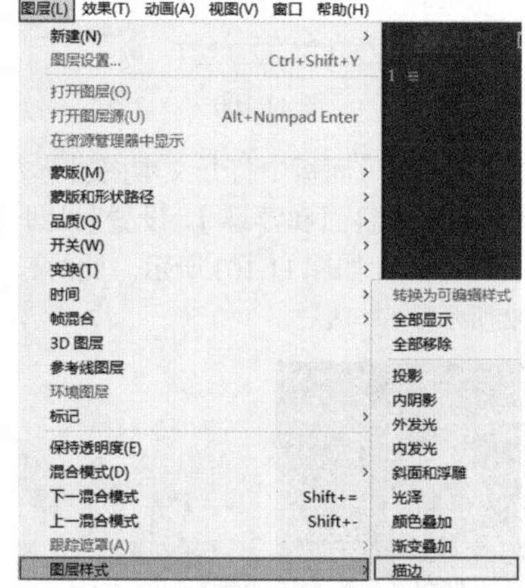

图 11.112

步骤 02 在【时间轴】面板中打开文本图层下方的【图层样式】，然后打开【描边】，设置【颜色】为白色，【大小】为3.0，如图11.113所示。此时，文字效果如图11.114所示。

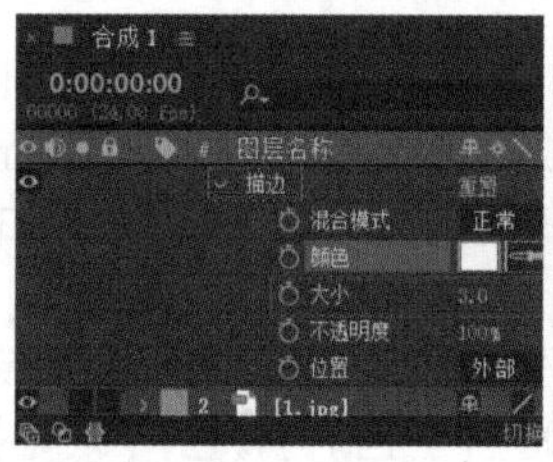

图 11.113

图 11.114

11.7 经典文字效果案例

实例11.1：多彩糖果文字

文件路径：第11章 文字效果→实例：多彩糖果文字

扫一扫，看视频

本实例主要使用【投影】【渐变叠加】效果为文字制作出不同色感效果，最终呈现出精美的糖果色广告。效果如图11.115所示。

图11.115

步骤01 在【项目】面板中右击，选择【新建合成】命令，在弹出的【合成设置】窗口中设置【合成名称】为【合成1】,【预设】为【自定义】,【宽度】为1440,【高度】为1080,【像素长宽比】为【方形像素】,【帧速率】为29.97,【分辨率】为【完整】,【持续时间】为5秒,【背景颜色】为白色。执行【文件】/【导入】/【文件】命令，导入全部素材，如图11.116所示。

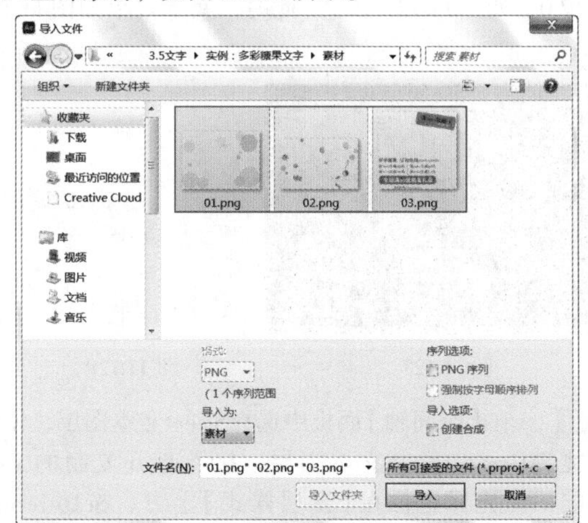

图11.116

步骤02 将【项目】面板中的01.png素材文件拖曳到【时间轴】面板中，如图11.117所示。

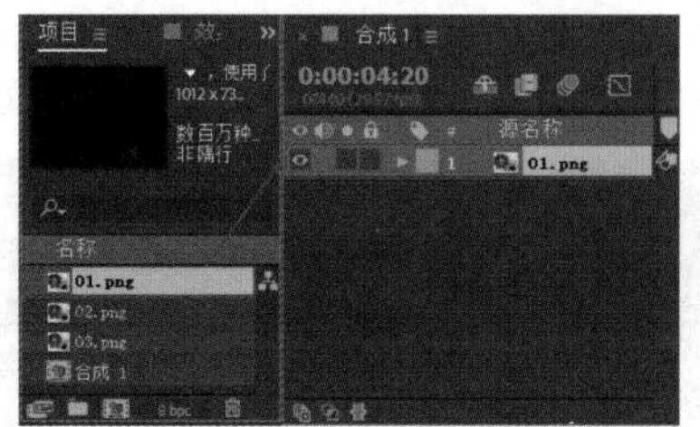

图11.117

步骤03 展开【变换】，设置【位置】为(892.0,532.0),【缩放】为(183.0,183.0%)，如图11.118所示。此时，背景形状效果如图11.119所示。

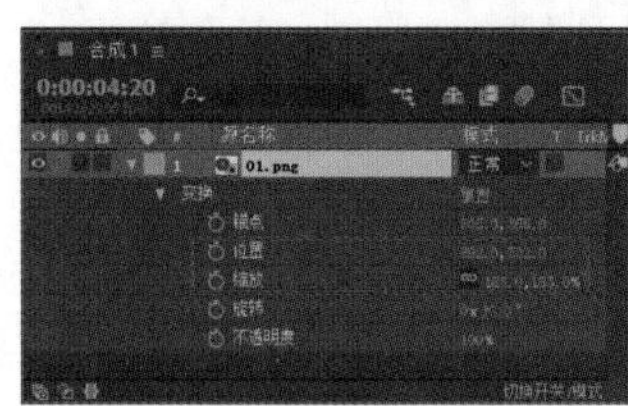

图11.118

图11.119

步骤04 制作文字背景。在工具栏中选择【钢笔工具】，并设置【填充】为淡黄色,【描边】为无，设置完成后在画面中的合适位置处单击建立锚点进行形状的绘制，在绘制形状时可拖动锚点两端控制柄调整路径的弯曲程度，如图11.120所示。

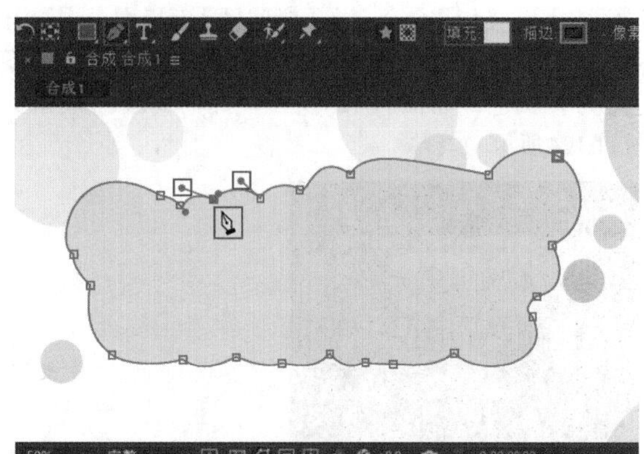

图11.120

步骤05 为文字背景图层添加渐变效果。在【时间轴】面板中单击选中【形状图层1】图层，并将光标定位在该图层上，右击，执行【图层样式】/【渐变叠加】命令。在【时间轴】面板中单击打开【形状图层1】下方的【图层样式】/【渐变叠加】，单击【颜色】后方的【编辑渐变】按钮，在弹出的【渐变编辑器】窗口中的色标下方单击添加色块，并编辑一个由黄色到白色再到黄色的渐变，

接着设置【角度】为0x+180.0°，如图11.121所示。此时，画面效果如图11.122所示。

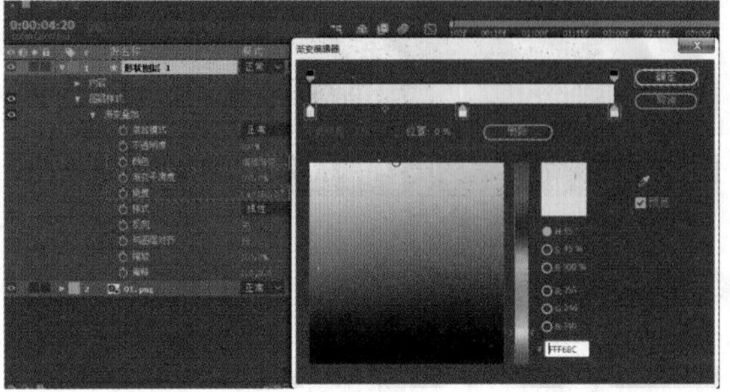

图 11.121

图 11.122

步骤 06 继续在【时间轴】面板中单击选中【形状图层1】图层，并将光标定位在该图层上，右击，执行【图层样式】/【投影】命令。在【时间轴】面板中单击打开【形状图层1】下方的【图层样式】/【投影】，设置【颜色】为黄褐色，如图11.123所示。此时，画面效果如图11.124所示。

图 11.123　　图 11.124

步骤 07 制作文字部分。在【时间轴】面板中的空白位置处右击，执行【新建】/【文本】命令，如图11.125所示。接着在【字符】面板中设置合适的【字体系列】，【填充】为黄绿色，【描边】为无，【字体大小】为150像素，单击【仿粗体】，设置完成后输入文本Sweet并适当调整文字位置，如图11.126所示。

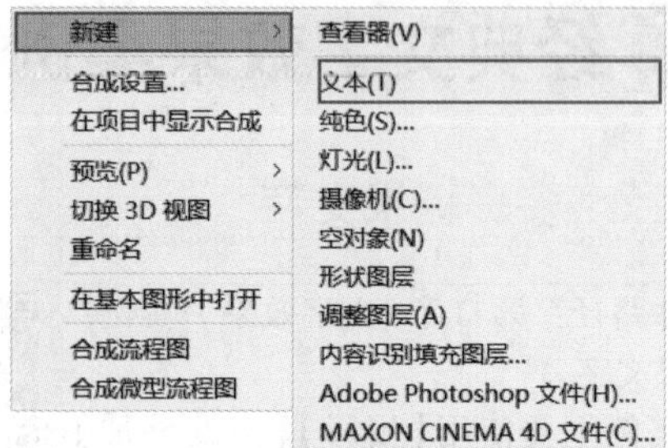

图 11.125

图 11.126

步骤 08 在【时间轴】面板中单击选中当前文本图层，并将光标定位在该图层上，右击，执行【图层样式】/【投影】命令。在【时间轴】面板中首先单击打开Sweet文本图层下方的【变换】，设置【位置】为(522.0,420.0)，【旋转】为0x-6.0°。接着打开【图层样式】/【投影】，设置【混合模式】为【正常】，【不透明度】为100%，【大小】为12.0，如图11.127所示。此时，文字效果如图11.128所示。

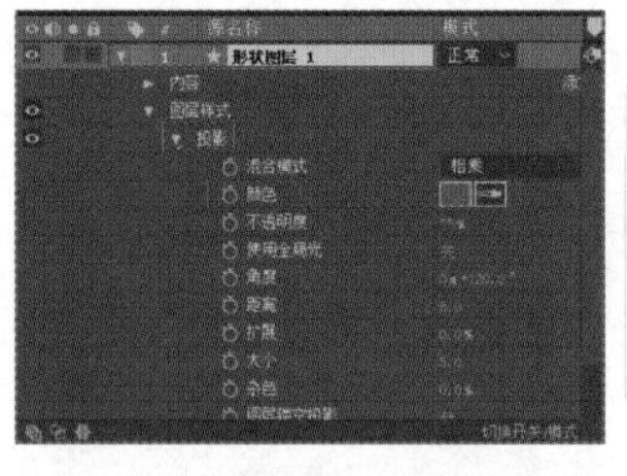

图 11.127　　图 11.128

步骤 09 在【时间轴】面板中选择Sweet文本图层，使用快捷键Ctrl+D复制文本图层，接着打开复制的文本图层，将光标定位在【图层样式】上方，按Delete键删除当前图层样式，打开【变换】，设置【位置】为(508.0,412.0)，如图11.129所示。接下来为Sweet 2文本图层制作渐变效果，在【时间轴】面板中单击选中当前文本图层，并将光标定位在该图层上，右击，执行【图层样式】/【渐变叠加】命令，如图11.130所示。

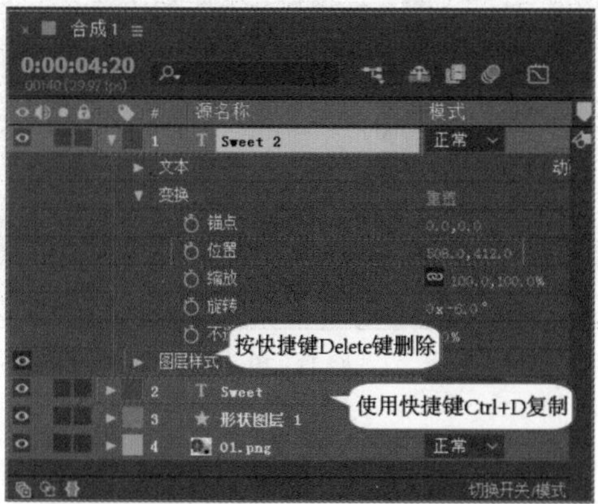

图 11.129

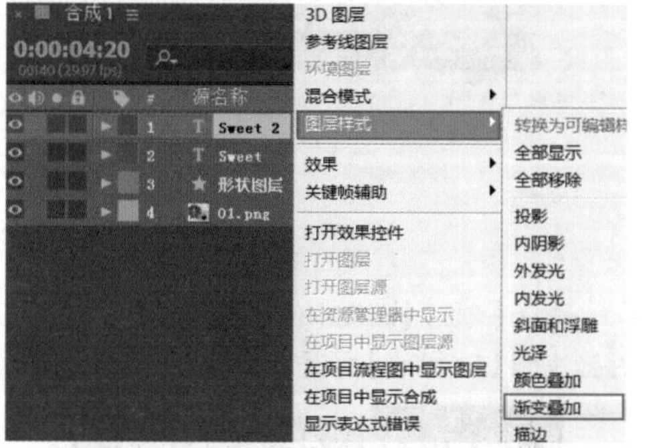

图 11.130

步骤 10 在【时间轴】面板中单击打开Sweet 2文本图层下方的【图层样式】/【渐变叠加】，单击【颜色】后方的【编辑渐变】按钮，在弹出的【渐变编辑器】窗口中编辑一个绿色系渐变，接着设置【角度】为0x-55.0°，如图11.131所示。此时，画面效果如图11.132所示。

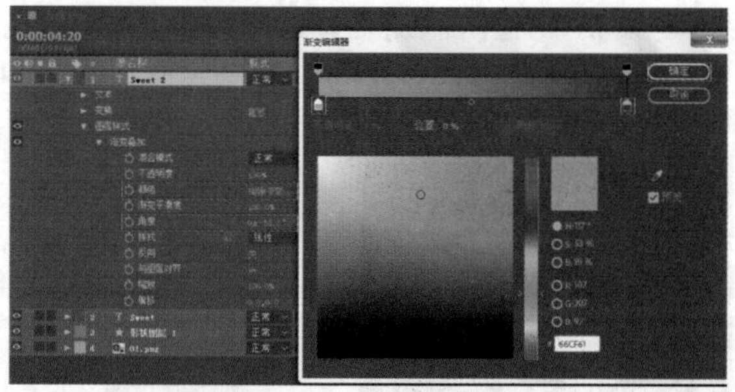

图 11.131

图 11.132

步骤 11 继续输入文字。在【时间轴】面板的空白位置处右击，执行【新建】/【文本】命令，如图11.133所示。接着在【字符】面板中设置合适的【字体系列】,【填充】为黄色,【描边】为无,【字体大小】为220像素，单击【仿粗体】，设置完成后输入文本CANDY并适当调整文字位置，如图11.134所示。

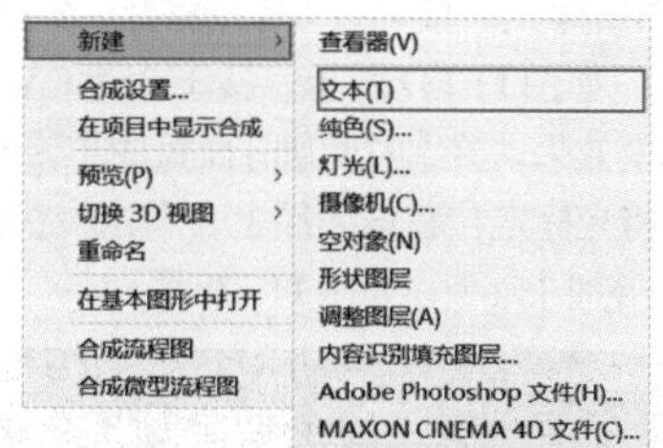

图 11.133

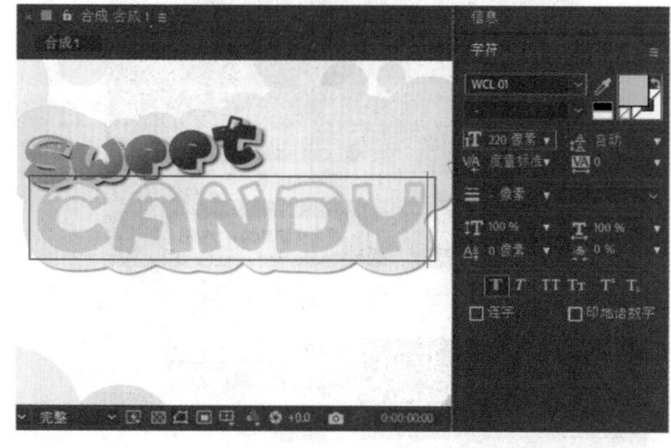

图 11.134

步骤 12 为当前CANDY文本图层添加与Sweet文本图层同样的阴影效果。在【时间轴】面板中展开Sweet文本图层下方的【图层样式】，选择【投影】效果，使用快捷键Ctrl+C复制。接着选择CANDY文本图层，使用快捷键Ctrl+V粘贴，然后单击打开【变换】，设置【位置】为(724.0,590.0)，如图11.135所示。此时，文字效果如图11.136所示。

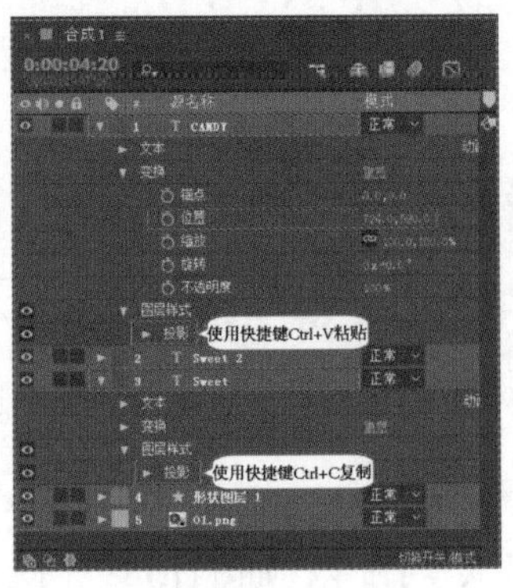

图 11.135

图 11.136

步骤 13 在【时间轴】面板中选择CANDY文本图层，使用快捷键Ctrl+D复制文本图层，接着打开复制的文本图层，将光标定位在【图层样式】上方，按Delete键删除当前【投影】图层样式，接着打开【变换】，设置【位置】为(710.0,582.0)，如图11.137所示。接下来为CANDY 2文本图层制作渐变效果。在【时间轴】面板中单击选中当前文本图层，并将光标定位在该图层上，右击，执行【图层样式】/【渐变叠加】命令，如图11.138所示。

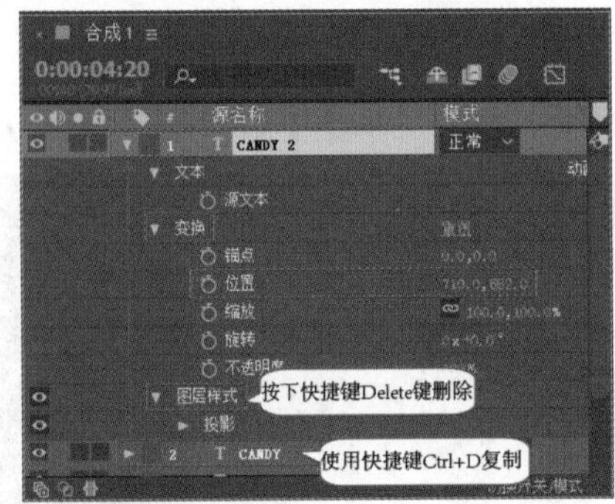

图 11.137

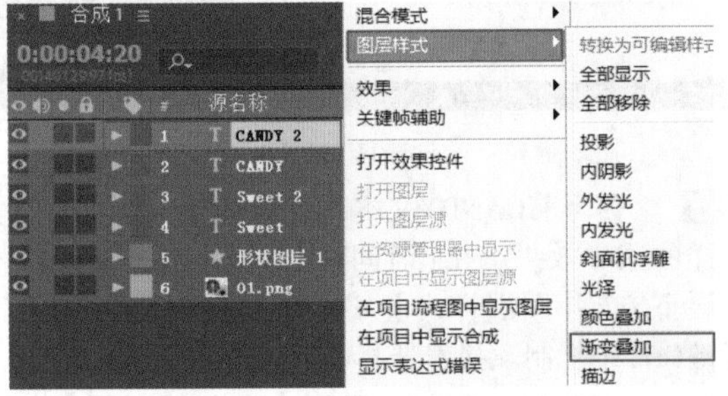

图 11.138

步骤 14 在【时间轴】面板中单击打开CANDY 2文本图层下方的【图层样式】/【渐变叠加】，单击【颜色】后方的【编辑渐变】按钮，在弹出的【渐变编辑器】窗口中编辑一个由橘红色到黄色的渐变，如图11.139所示。此时，画面效果如图11.140所示。

图 11.139

图 11.140

步骤 15 选择【项目】面板中的03.png素材文件，将该素材文件拖曳到【时间轴】面板中，如图11.141所示。

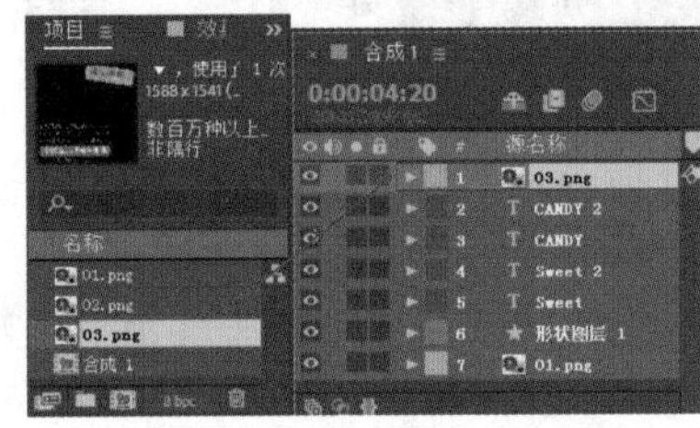

图 11.141

步骤 16 在【时间轴】面板中单击打开03.png图层下方的【变换】，设置【位置】为(824.0,632.0)，【缩放】为(53.0,53.0%)，如图11.142所示。此时，画面效果如图11.143所示。

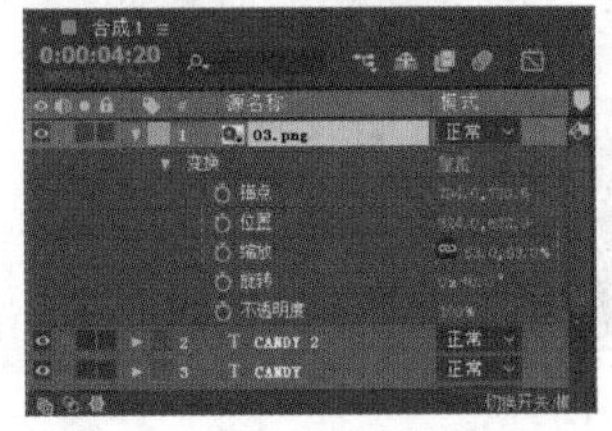

图 11.142

图 11.143

步骤 17 将【项目】面板中的02.png素材文件拖曳到【时间轴】面板中，如图11.144所示。

图 11.144

步骤 18 在【时间轴】面板中单击打开02.png图层下方的【变换】，设置【位置】为(756.0,576.0)，【缩放】为(92.0,92.0%)，如图11.145所示。

步骤 19 本实例制作完成，画面最终效果如图11.146所示。

图 11.145

图 11.146

实例 11.2：使用【文字工具】制作家居产品广告

文件路径：第11章 文字效果→实例：使用【文字工具】制作家居产品广告

扫一扫，看视频

本实例主要使用【颜色范围】效果去除人物的绿色背景，使用【曲线】效果提亮人物的亮度，最后在画面中输入文字完成广告的制作。效果如图11.147所示。

图 11.147

1. 制作图片部分

步骤 01 在【项目】面板中右击，选择【新建合成】命令，在弹出的【合成设置】窗口中设置【合成名称】为【合成1】，【预设】为【NTSC D1方形像素】，【宽度】为720，【高度】为534，【像素长宽比】为【方形像素】，【帧速率】为29.97，【分辨率】为【完整】，【持续时间】为5秒。执行【文件】/【导入】/【文件】命令，导入全部素材，如图11.148所示。

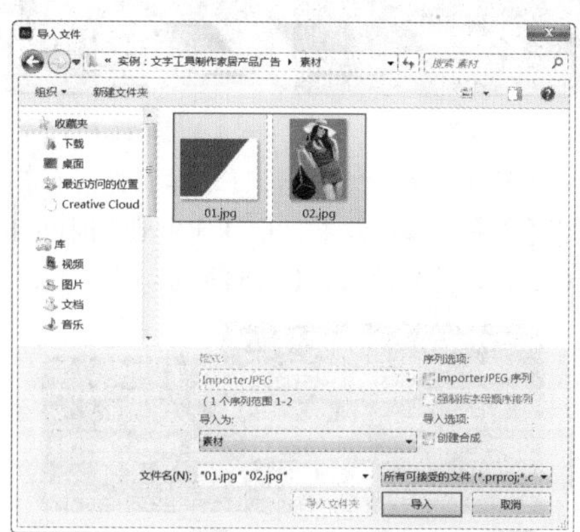

图 11.148

步骤 02 将【项目】面板中的素材01.jpg和02.jpg拖曳到【时间轴】面板中，如图11.149所示。

图 11.149

步骤 03 为了便于操作和观看，在【时间轴】面板中单击02.jpg图层前方的 按钮，将该图层进行隐藏。接着打开01.jpg图层下方的【变换】，设置【缩放】为(90.0,90.0%)，如图11.150所示。此时，画面效果如图11.151所示。

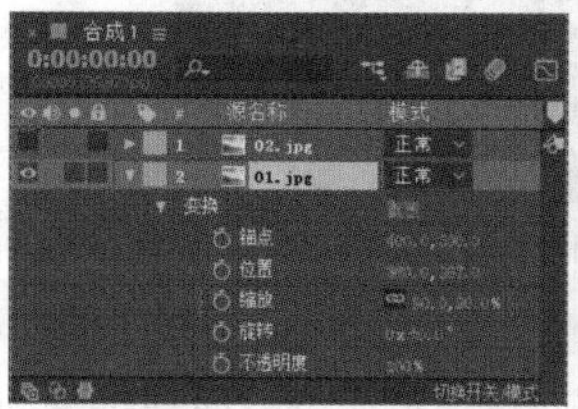

图 11.150

图 11.151

步骤 04 在【时间轴】面板中显现并选择02.jpg图层，单击打开该图层下方的【变换】，设置【位置】为(494.0,313.0)，【缩放】为(90.0,90.0%)，如图11.152所示。此时，画面效果如图11.153所示。

图 11.152

图 11.153

步骤 05 去除人物后方绿色背景。在【效果和预设】面板中搜索【颜色范围】效果，将其拖曳到【时间轴】面板的素材02.jpg图层上，如图11.154所示。

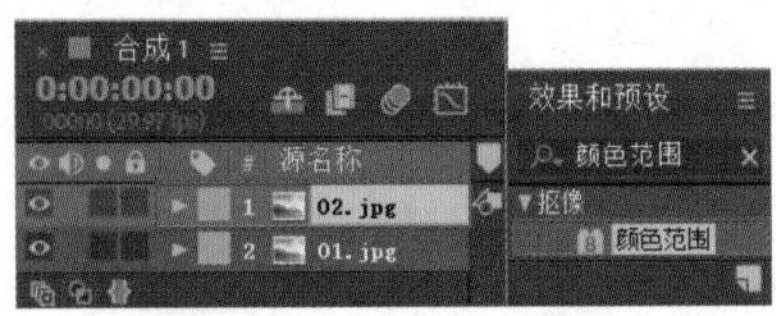

图 11.154

步骤 06 在【时间轴】面板中单击打开02.jpg图层下方的【效果】/【颜色范围】，设置【最小值(L,Y,R)】为142，【最大值(L,Y,R)】为231，【最小值(a,U,G)】为45，【最大值(a,U,G)】为104，【最小值(b,V,B)】为152，【最大值(b,V,B)】为194，如图11.155所示。也可以在【效果控件】面板中直接使用【吸管工具】吸取【合成】面板中人物的绿色背景部分，如图11.156所示。此时，画面效果如图11.157所示。

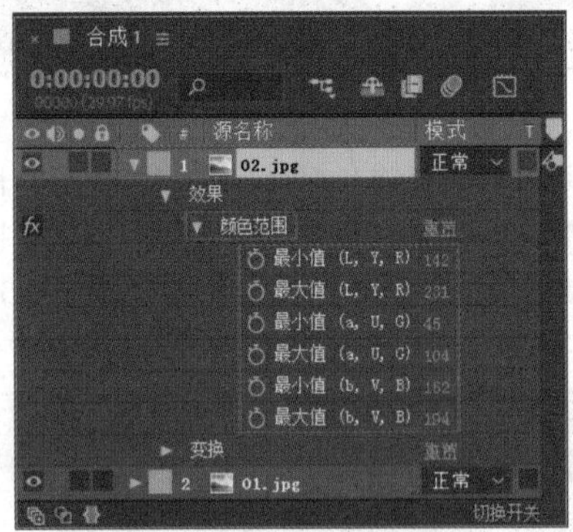

图 11.155

步骤 07 继续调整人物亮度。在【效果和预设】面板中搜索【曲线】效果，将其拖曳到【时间轴】面板的素材02.jpg图层上，如图11.158所示。

图 11.156

图 11.157

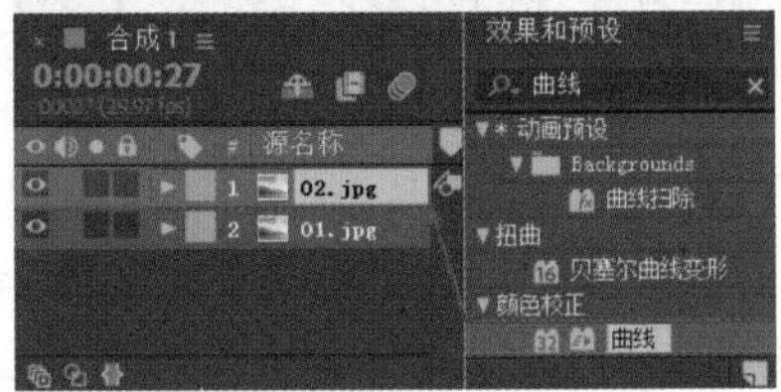

图 11.158

步骤 08 在【时间轴】面板中选择素材02.jpg图层，接着在【效果控件】面板中展开【曲线】效果，设置【通道】为RGB，在曲线上单击添加一个控制点向左上角拖动，增加画面中的整体亮度，如图11.159所示。此时，人物效果如图11.160所示。

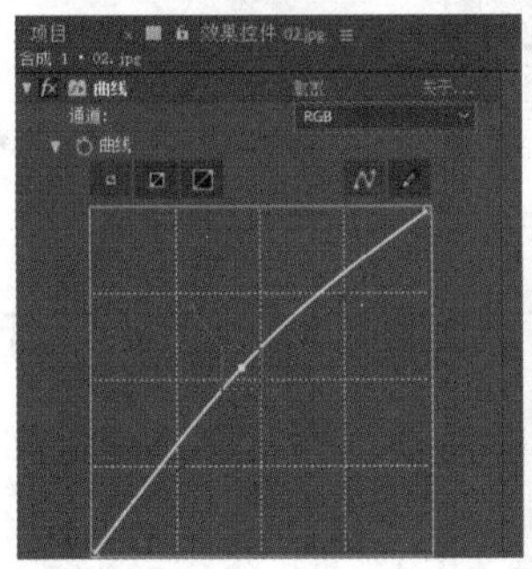

图 11.159

图 11.160

2. 制作文字部分

步骤 01 制作画面的主体文字部分。在【时间轴】面板的空白位置处右击，执行【新建】/【文本】命令，如图11.161所示。在【字符】面板中设置合适的【字体系列】和【字体样式】，【填充】为白色，【描边】为无，【字体大小】为85像素，接着打开【段落】面板，单击(居中对齐文本)按钮，设置完成后在【合成】面板中输入Company文字内容，如图11.162所示。

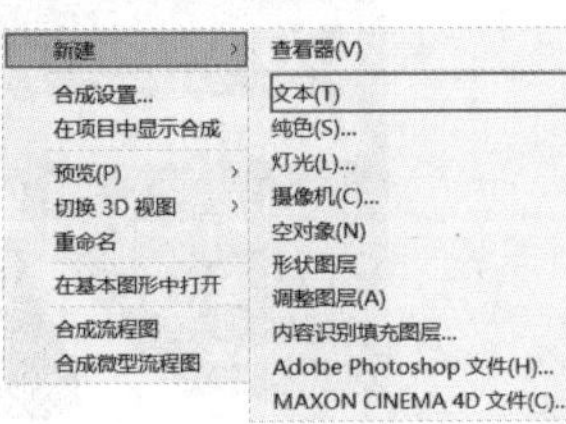

图 11.161

图 11.162

步骤 02 在【时间轴】面板中单击打开Company文本图层下方的【变换】，设置【位置】为(190.0,218.0)，如图11.163所示。此时，画面效果如图11.164所示。

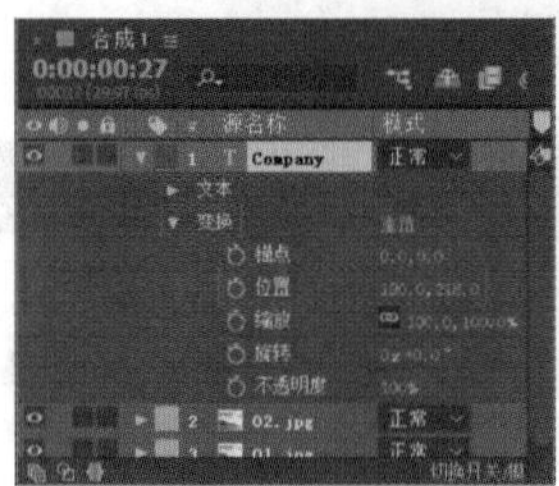

图 11.163

图 11.164

步骤 03 在主体文字上方继续输入文字。还可以在工具栏中选择T(横排文字工具)，在【字符】面板中设置合适的【字体系列】及【字体样式】，【填充】为白色，【描边】为无，【字体大小】为38像素。接着打开【段落】面板，单击(居中对齐文本)按钮，然后将光标移动到【合成】面板中，在合适的位置单击插入光标并输入合适的文字，如图11.165 所示。

图 11.165

步骤 04 在【时间轴】面板中单击打开该文本图层下方的【变换】，设置【位置】为(169.0,144.0)，如图11.166所示。此时，画面效果如图11.167所示。

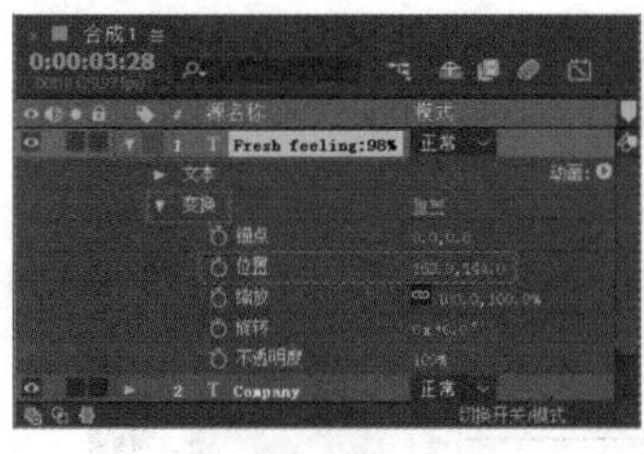

图 11.166

图 11.167

步骤 05 继续输入文字。在工具栏中选择T(横排文字工具)，在【字符】面板中设置合适的【字体系列】及【字体样式】，【填充】为白色，【描边】为无，【字体大小】为55像素，单击下方的T(仿粗体)按钮。接着打开【段落】面板，单击(居中对齐文本)按钮，将光标移动到【合成】面板中，在合适的位置单击插入光标并输入文字NEW，如图11.168所示。

图 11.168

步骤 06 在【时间轴】面板中单击打开NEW文本图层下方的【变换】，设置【位置】为(87.0,101.0)，如图11.169所示。此时，画面效果如图11.170所示。

图 11.169

图 11.170

步骤 07 在画面中绘制形状。在菜单栏中选择(矩形工具)，设置【填充】为无，【描边】为白色，【描边宽度】为2像素，接着在文字Company上方拖动绘制一条直线，如图11.171所示。

图 11.171

步骤 08 在【时间轴】面板中单击打开【形状图层 1】下方的【变换】，设置【位置】为(355.0,273.0)，如图11.172所示。此时，画面效果如图11.173所示。

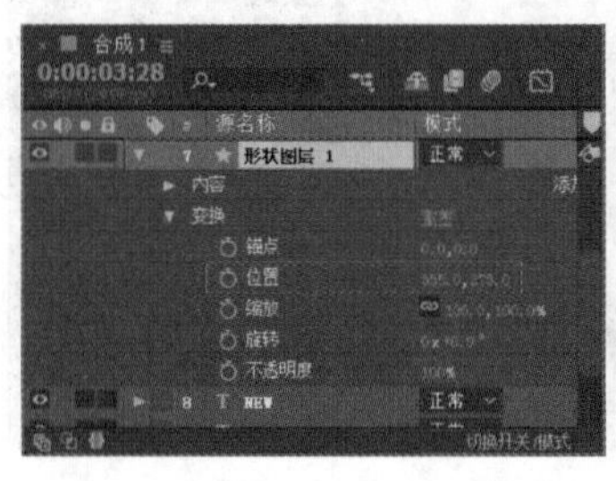

图 11.172　　图 11.173

步骤 09 在工具栏中再次选择▢(矩形工具)，设置【填充】为白色，【描边】为无，接着在画面中绘制一个长条矩形并适当调整它的位置，如图11.174所示。

步骤 10 继续制作文字部分。使用上述同样的方法在工具栏中选择T(横排文字工具)，并在【字符】面板中设置合适的参数，然后在【合成】面板中输入文字内容，如图11.175所示。

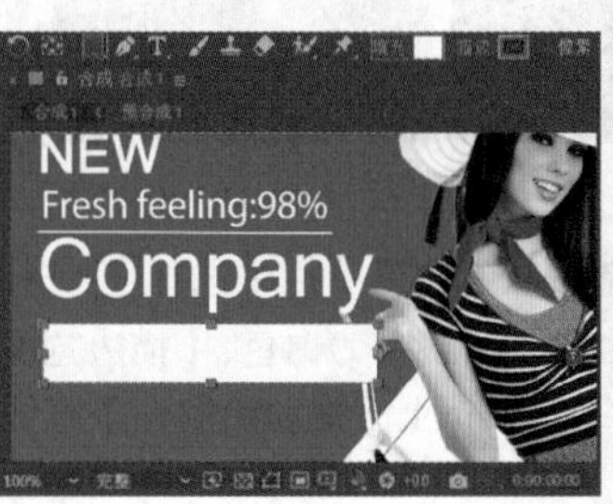

图 11.174　　图 11.175

步骤 11 在工具栏中再次选择▢(矩形工具)，设置【填充】为无，【描边】为白色，【描边宽度】为2像素，然后在【合成】面板的底部文字上拖动绘制一条直线并适当调整它的位置，如图11.176所示。

图 11.176

步骤 12 在画面中制作点缀图形。在工具栏中再次选择▢(矩形工具)，设置【填充】为黑色，【描边】为无，接着在【合成】面板的右上角位置处拖动绘制一个矩形并适当调整矩形位置，如图11.177所示。

步骤 13 在工具栏中选择✒(钢笔工具)，设置【填充】为红色，【描边】为无，然后在刚制作的黑色矩形上建立锚点，绘制一个三角形并适当调整它的位置，如图11.178所示。

图 11.177　　图 11.178

步骤 14 继续绘制形状。在工具栏中选择✒(钢笔工具)后，将【填充】更改为黑色，然后在文字NEW上方制作一个三角形形状并调整它的位置，如图11.179所示。

步骤 15 再次选择▢(矩形工具)，设置【填充】为洋红色，【描边】为无，然后在画面底部适当位置处拖动鼠标绘制一个矩形，如图11.180所示。

图 11.179

图 11.180

步骤 16 本实例制作完成，画面最终效果如图11.181所示。

图 11.181

实例 11.3：制作可爱炫彩文字

文件路径：第11章 文字效果→实例：制作可爱炫彩文字

本实例主要使用【椭圆工具】制作圆形形状部分，使用【变形】效果制作拱形文字。效果如图11.182所示。

图 11.182

步骤 01 在【项目】面板中右击，选择【新建合成】命令，在弹出的【合成设置】窗口中设置【合成名称】为【合成1】，【预设】为【自定义】，【宽度】为1440，【高度】为900，【像素长宽比】为【方形像素】，【帧速率】为24，【分辨率】为【完整】，【持续时间】为5秒。在【时间轴】面板的空白位置处右击，执行【新建】/【纯色】命令。此时，在弹出的【纯色设置】窗口中设置【颜色】为洋红色，如图11.183所示。

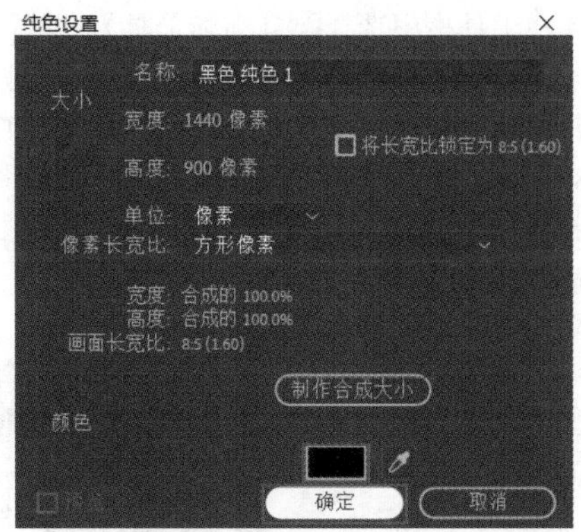

图 11.183

步骤 02 在【时间轴】面板中选择【黑色纯色1】图层，右击，执行【图层样式】/【渐变叠加】命令，如图11.184所示。

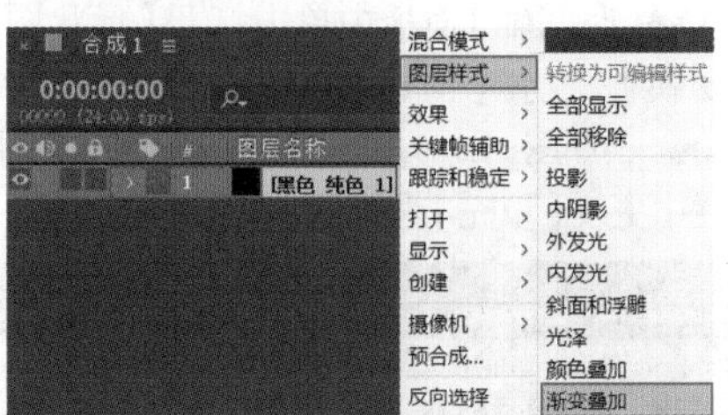

图 11.184

步骤 03 单击打开【黑色 纯色 1】图层下方的【图层样式】/【渐变叠加】，单击【颜色】后方的【编辑渐变】按钮，在弹出的【渐变编辑器】窗口中编辑一个紫色系渐变，如图11.185所示。此时，背景效果如图11.186所示。

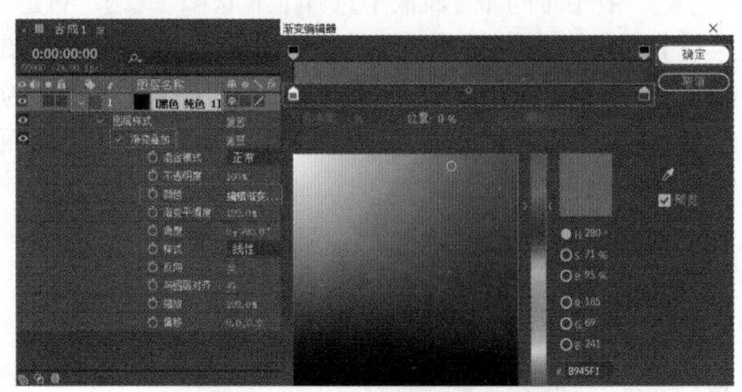

图 11.185

图 11.186

步骤 04 在工具栏中选择 (椭圆工具)，设置【填充】为浅洋红色，【描边】为无，在画面中的合适位置处按住Shift键的同时按住鼠标左键绘制一个较大的正圆，如图11.187所示。在【时间轴】面板中选择【形状图层 1】，使用快捷键Ctrl+D复制图层，如图11.188所示。

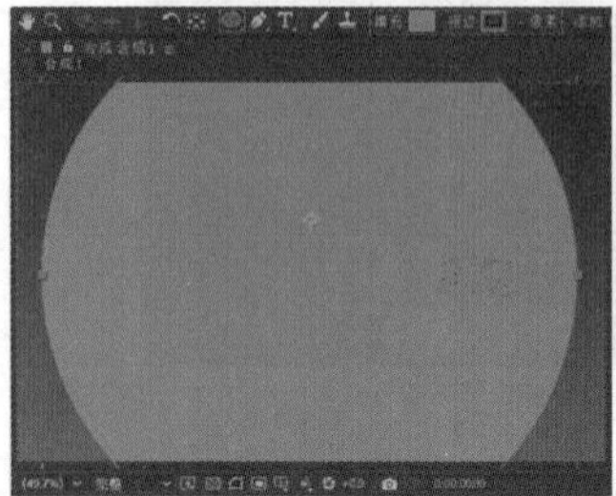

图 11.187

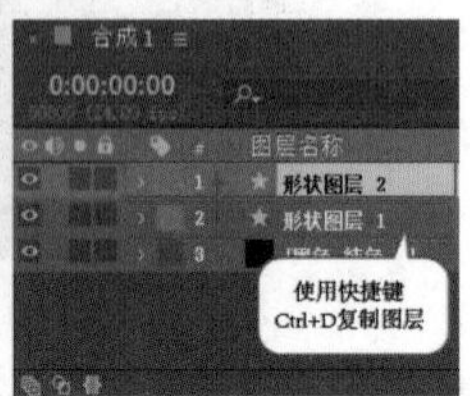

图 11.188

步骤 05 在【时间轴】面板中单击打开【形状图层 2】下方的【变换】，设置【位置】为(716.0,326.0)，【缩放】为(85.0,85.0%)，如图11.189所示。接着选择【形状图层 2】，在工具栏中更改【填充】为粉色，如图11.190所示。

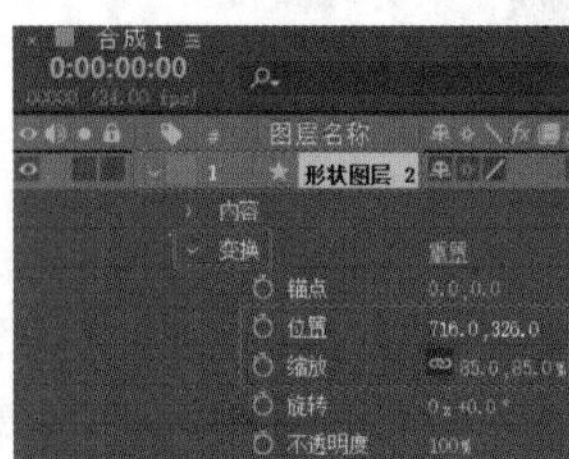

图 11.189

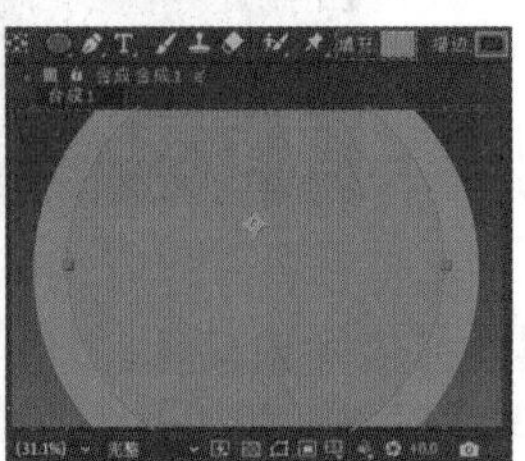

图 11.190

步骤 06 在【时间轴】面板中选择【形状图层 2】，右击，执行【图层样式】/【内发光】命令。单击打开【形状图层 2】下方的【图层样式】/【内发光】，设置【颜色】为粉色，【大小】为125.0，如图11.191所示。此时，画面效果如图11.192所示。

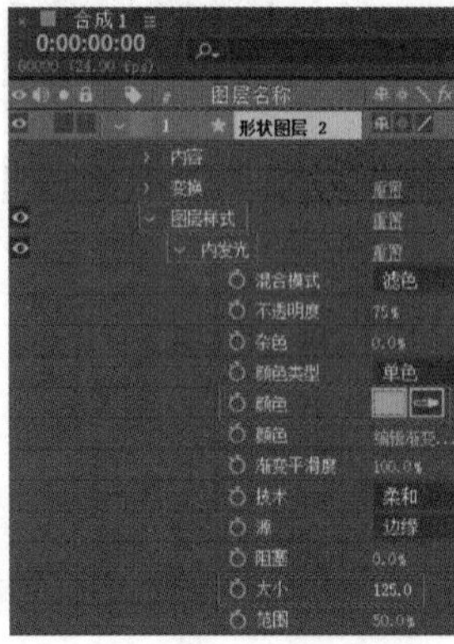

图 11.191

图 11.192

步骤 07 再次选择【形状图层 1】，使用快捷键Ctrl+D复制图层，将复制出来的【形状图层 3】拖曳到当前【时间轴】的最上层，如图11.193所示。单击打开【形状图层 3】下方的【变换】，设置【位置】为(720.0,354.0)，【缩放】为(68.0,68.0%)，如图11.194所示。

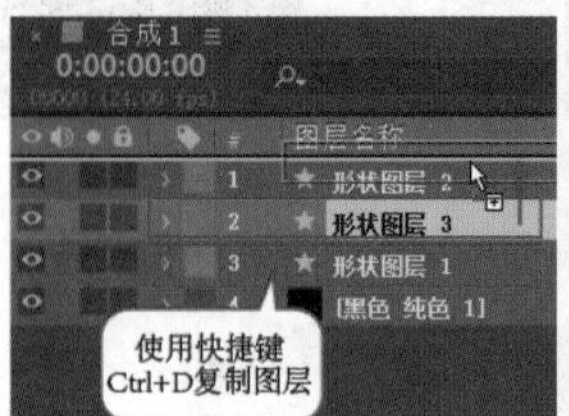

图 11.193

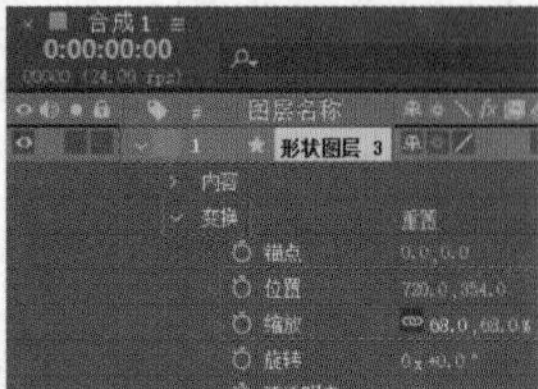

图 11.194

步骤 08 选择【形状图层 3】，在工具栏中更改【填充】为紫色，如图11.195所示。

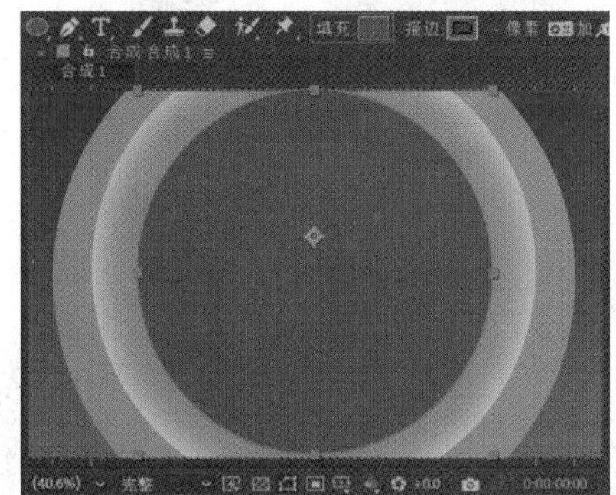

图 11.195

步骤 09 在工具栏中继续选择 (椭圆工具)，设置【填充】为无，【描边】为紫色，【描边宽度】为10像素，接着在紫色实心圆外侧绘制一个空心圆并适当调整空心圆的位置，如图11.196所示。选择【形状图层 3】和【形状图层 4】，使用快捷键Ctrl+D创建副本图层，如图11.197所示。

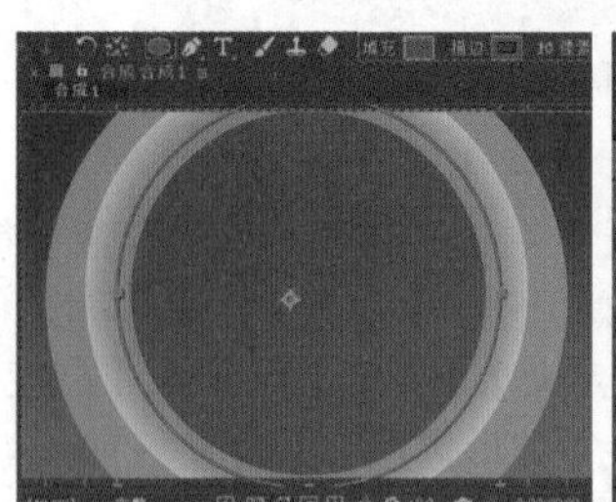

图 11.196

图 11.197

步骤 10 首先单击打开【形状图层 5】下方的【变换】，设置【位置】为(716.0,370.0)，【缩放】为(58.0,58.0%)。

接着展开【形状图层 6】下方的【变换】，设置【位置】为(676.0,462.0)，【缩放】为(85.0,85.0%)，如图11.198所示。接着在工具栏中更改【形状图层 5】的【填充】为蓝色，【形状图层 6】的【描边】为蓝色，如图11.199所示。

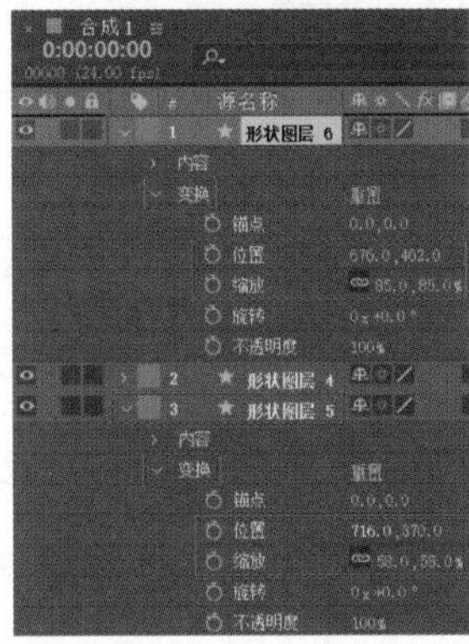

图 11.198

图 11.199

步骤 11 使用同样的方法选择椭圆工具，设置【填充】为洋红色，【描边】为无，然后在画面中心位置绘制一个正圆并适当调整正圆位置，如图11.200所示。

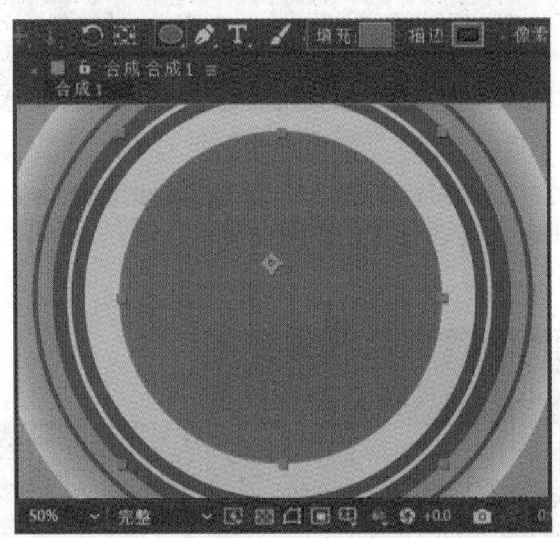

图 11.200

步骤 12 在【时间轴】面板的空白位置处右击，执行【新建】/【文本】命令，也可使用快捷键Ctrl+Alt+Shift+T进行新建，如图11.201所示。接着在【字符】面板中设置合适的【字体系列】，设置【填充】和【描边】均为淡黄色，【字体大小】为178像素，【描边宽度】为18像素，选择【在填充上描边】，单击选择TT(全部大写字母)按钮，然后在【段落】面板中选择(居中对齐文本)，设置完成后输入文字内容，在输入文字时可按Enter键将文字切换到下一行，如图11.202所示。

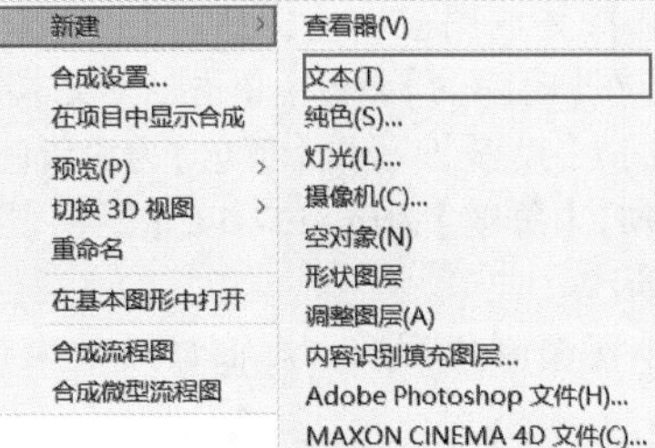

图 11.201

图 11.202

步骤 13 在【效果和预设】面板搜索框中搜索【变形】，将该效果拖曳到【时间轴】面板的文本图层上，如图11.203所示。

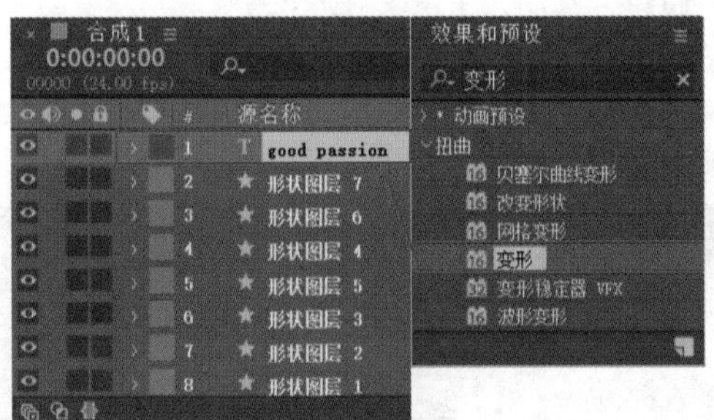

图 11.203

步骤 14 在【时间轴】面板中单击打开文本图层下方的【变换】，设置【位置】为(720.0,634.0)，【旋转】为0x+2.0°，如图11.204所示。此时，画面效果如图11.205所示。

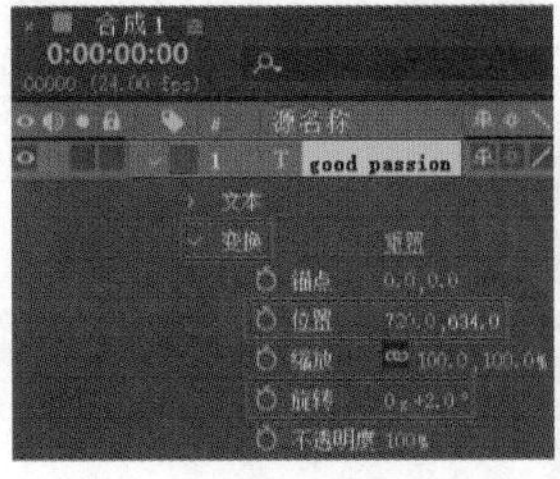

图 11.204

图 11.205

步骤 15 选择文本图层右击，执行【图层样式】/【投影】命令。在【时间轴】面板中单击打开文本图层下方的【图层样式】/【投影】，设置【颜色】为深紫色，【不透明度】为100%，【角度】为0x+137.0°，【距离】为25.0，如图11.206所示。

步骤 16 本实例制作完成，画面最终效果如图11.207所示。

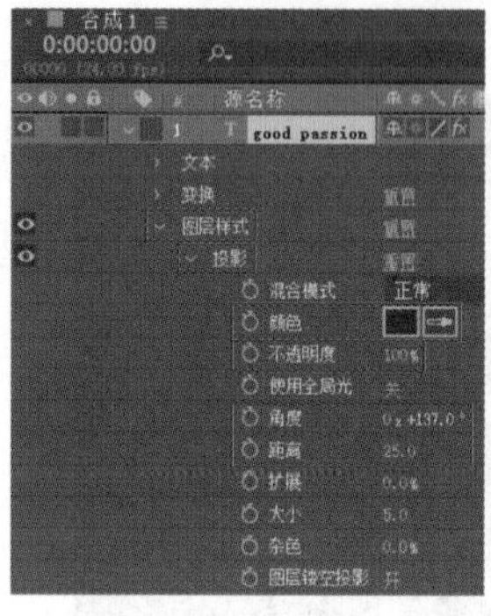

图 11.206

图 11.207

实例 11.4：使用文字预设制作下雪效果

扫一扫，看视频

文件路径：第11章 文字效果→实例：使用文字预设制作下雪效果

本实例主要使用CC Snowfall效果、【曲线】效果制作下雪效果，为文字添加预设动画制作完成作品。效果如图11.208所示。

图 11.208

1. 制作雪花效果

步骤 01 在【项目】面板中右击，选择【新建合成】命令，在弹出的【合成设置】面板中设置【合成名称】为01，【宽度】为1203，【高度】为800，【像素长宽比】为【方形像素】，【帧速率】为25，【分辨率】为【完整】，【持续时间】为6秒。在菜单栏中执行【文件】/【导入】/【文件】命令，导入素材01.jpg，如图11.209所示。

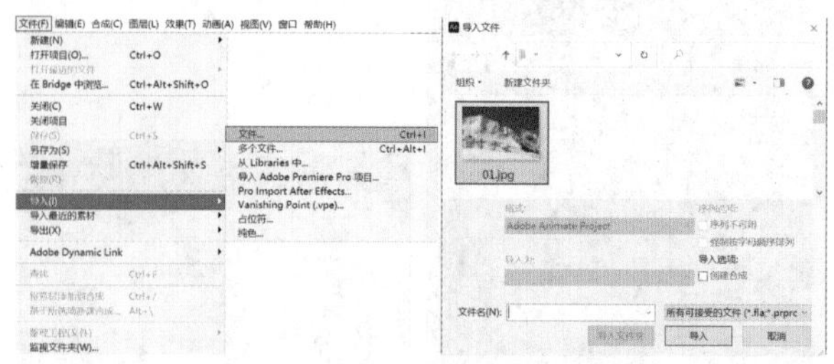

图 11.209

步骤 02 在【项目】面板中将素材01.jpg拖曳到【时间轴】面板中，如图11.210所示。

图 11.210

步骤 03 在【效果和预设】面板中搜索CC Snowfall效果，并将其拖曳到【时间轴】面板的01.jpg图层上，如图11.211所示。

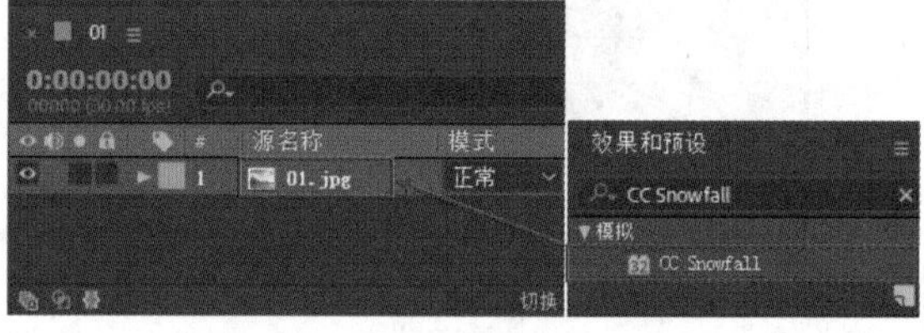

图 11.211

步骤 04 在【时间轴】面板中，单击打开01.jpg素材图层下的【效果】，设置CC Snowfall的Size为12.00，Variation%（Size）为100.0，Variation%（Speed）为60.0，Wind为50.0，Opacity为100.0，如图11.212所示。此时，画面效果如图11.213所示。

步骤 05 在【效果和预设】面板中搜索【曲线】效果，并将其拖曳到【时间轴】面板的01.jpg图层上，如图11.214所示。

图 11.212

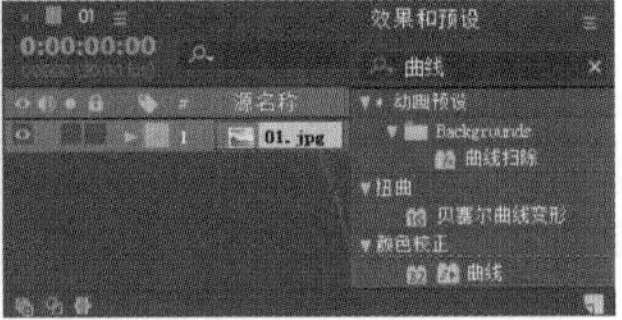

图 11.213　　　　图 11.214

步骤 06 在【时间轴】面板中选中素材01.jpg图层，在【效果控件】面板中调整【曲线】的曲线形状，如图11.215所示。此时，画面效果如图11.216所示。

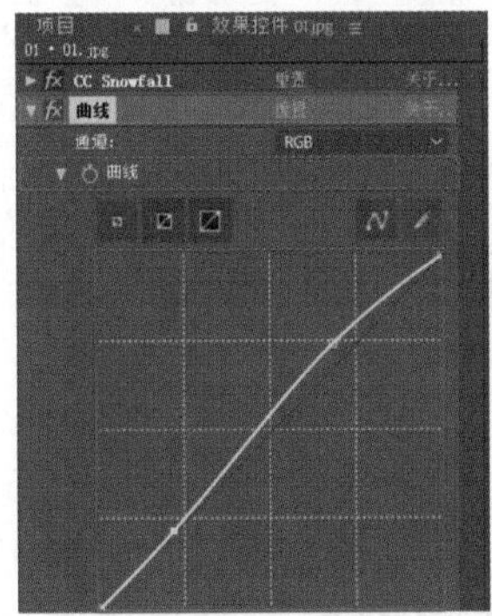

图 11.215　　　　图 11.216

2. 制作文字动画

步骤 01 在工具栏中选择T（横排文字工具），并在【字符】面板中设置【字体系列】为Swis721 BT，【字体样式】为Bold Italic，【填充】为白色，【描边】为无，【字体大小】为41像素。接着在画面右上角合适位置处按住鼠标左键并拖动至合适大小，绘制文本框。然后输入文本Fading is true while flowering is past，如图11.217所示。

步骤 02 将光标定位在画面中的文本F上方，选中字母F，并在【字符】面板中设置【字体大小】为60像素，如图11.218所示。

图 11.217

图 11.218

步骤 03 将时间线拖动到起始帧位置，在【效果和预设】面板中展开【动画预设】/ Text / Blurs，选中【运输车】并将其拖曳到【时间轴】面板的文字上，如图11.219所示。

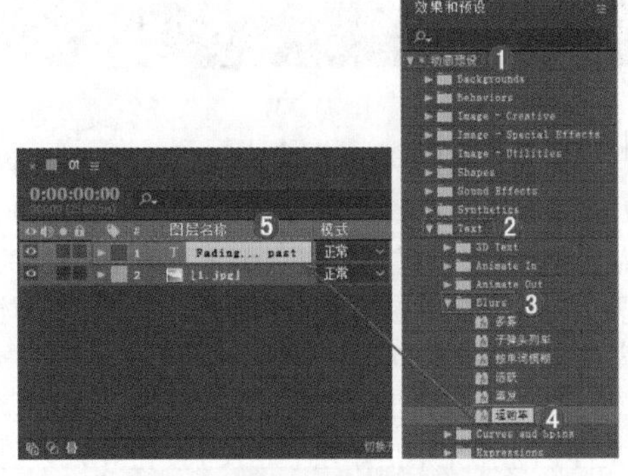

图 11.219

步骤 04 拖动时间轴即可查看动画效果，如图11.220所示。

图 11.220

实例11.5：粉笔字效果

扫一扫，看视频

文件路径：第11章 文字效果→实例：粉笔字效果

本实例使用【不透明度】属性调节文字的透明度，使用【混合模式】将文字制作出边缘粗糙的感觉，最后将两个文字图层进行【预合成】，使用【画笔描边】制作粉笔字效果。效果如图11.221所示。

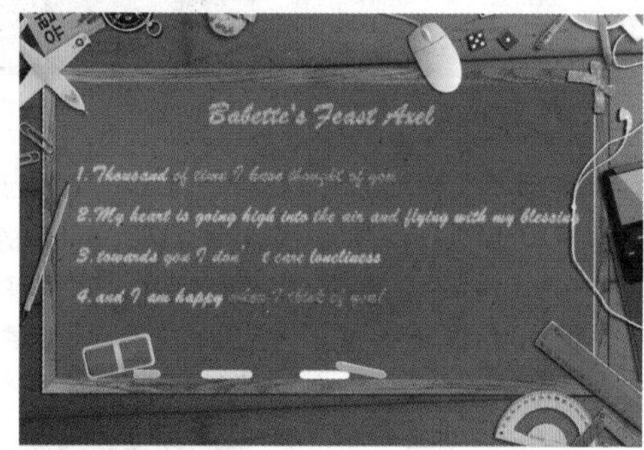

图 11.221

步骤 01 在【项目】面板中右击，选择【新建合成】命令，在弹出的【合成设置】窗口中设置【合成名称】为1，【预设】为【自定义】，【宽度】为2000，【高度】为1333，【像素长宽比】为【方形像素】，【帧速率】为24，【分辨率】为【完整】，【持续时间】为5秒。执行【文件】/【导入】/【文件】命令，在弹出的【导入文件】窗口中选择1.jpg素材文件，选择完毕后单击【导入】按钮导入素材，如图11.222所示。

步骤 02 在【项目】面板中选择1.jpg素材文件，将它拖曳到【时间轴】面板中，如图11.223所示。

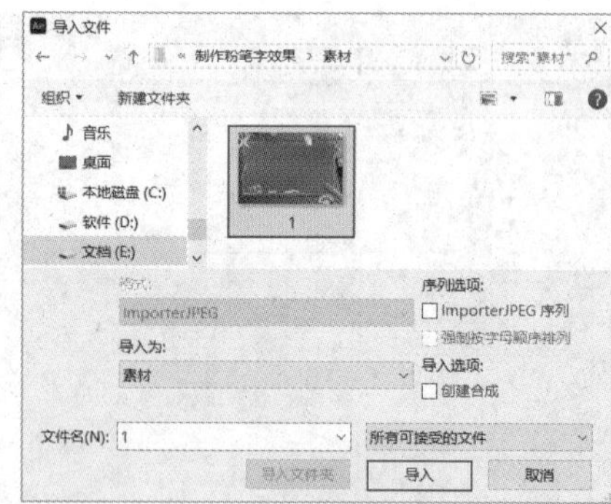

图 11.222

图 11.223

步骤 03 制作粉笔字效果。在【时间轴】面板的空白位置处右击，执行【新建】/【文本】命令，如图11.224所示。在【字符】面板中设置合适的【字体系列】，【填充】为黄绿色，【描边】为无，【字体大小】为100像素，单击 **T** (仿粗体)按钮，设置完成后输入文字Babette's Feast Axel，如图11.225所示。

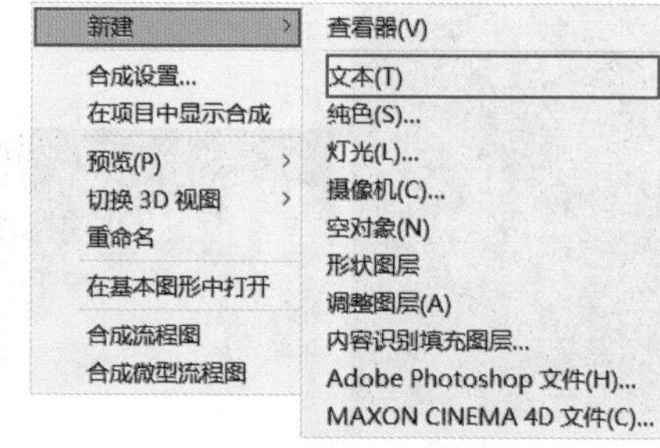

图 11.224

图 11.225

步骤 04 在【时间轴】面板中单击打开文本图层下方的【变换】，设置【位置】为(604.0,342.5)，在该图层后方设置【模式】为【动态抖动溶解】，如图11.226所示。此时，画面效果如图11.227所示。

图 11.226

图 11.227

步骤 05 继续制作文字部分。在【字符】面板中设置合适的【字体系列】，【填充】为白色，【描边】为无，【字体大小】为71像素，单击 T (仿粗体)按钮，接着在【段落】面板中选择 ≡ (左对齐文本)，设置完成后输入文字内容，如图11.228所示。

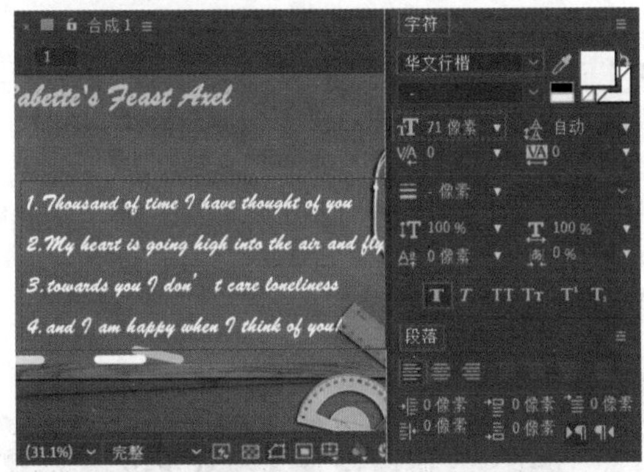

图 11.228

步骤 06 选择of time I have文字，在【字符】面板中设置【填充】为浅蓝色，如图11.229所示。使用同样的方法更改其他文字的颜色，如图11.230所示。

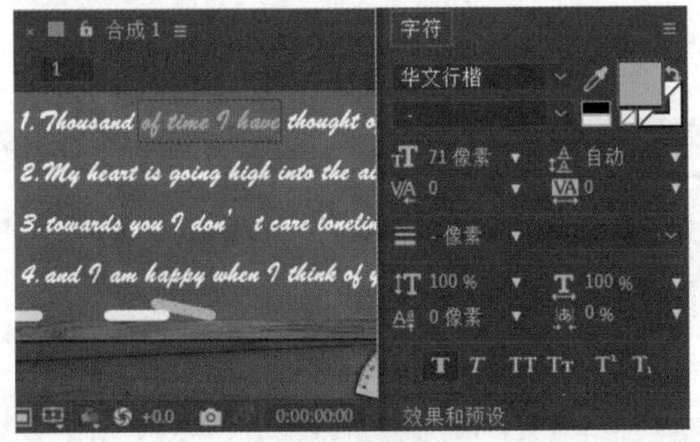

图 11.229

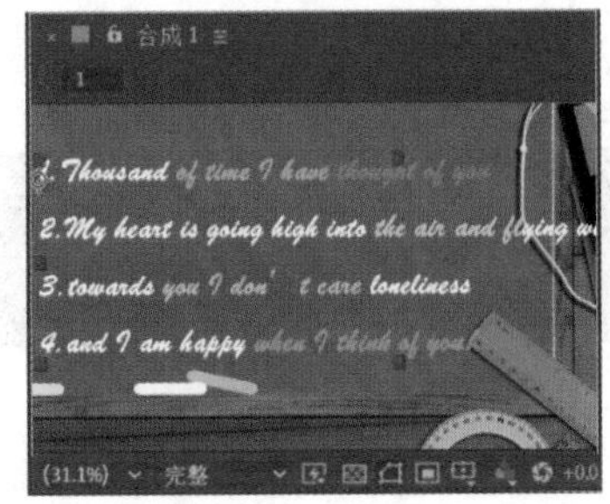

图 11.230

步骤 07 在【时间轴】面板中选择1.Thousand ...of you!文本图层下方的【变换】，设置【位置】为(192.0,518.5)，在该图层后方设置【模式】为【动态抖动溶解】，如图11.231所示。此时，画面效果如图11.232所示。

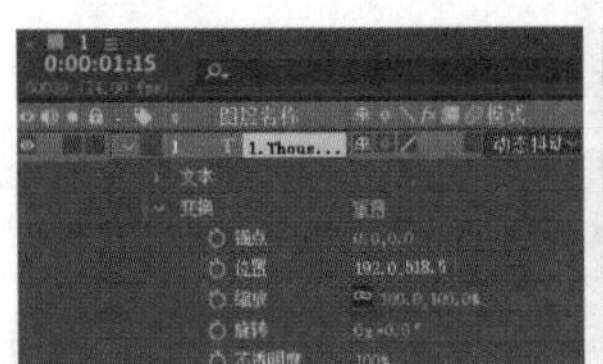

图 11.231

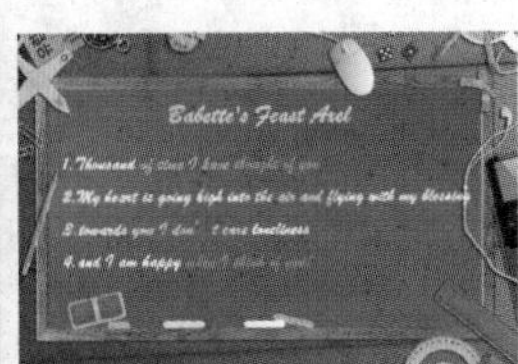

图 11.232

步骤 08 选择【时间轴】面板中的两个文本图层，使用快捷键Ctrl+Shift+C进行预合成，如图11.233所示。在弹出的【预合成】窗口中设置【新合成名称】为【预合成 1】，设置完成后单击【确定】按钮，如图11.234所示。

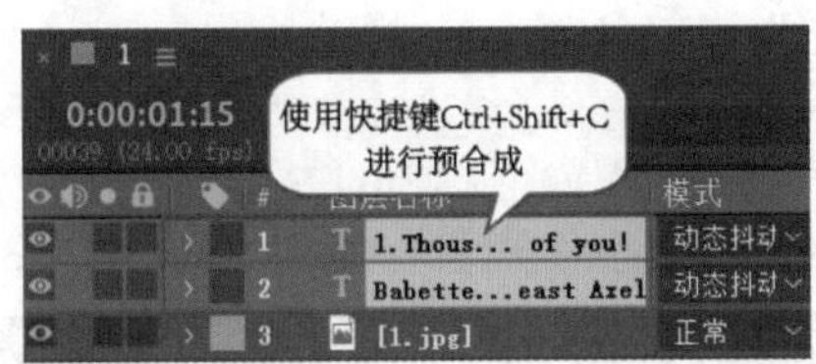

图 11.233

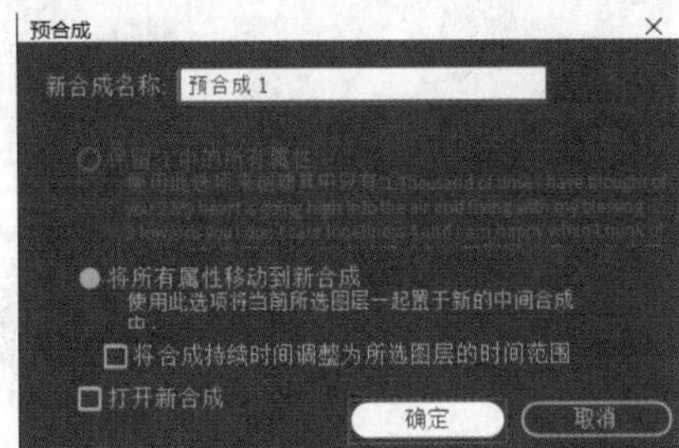

图 11.234

步骤 09 此时得到【预合成 1】，如图11.235所示。

步骤 10 在【效果和预设】面板搜索框中搜索【画笔描

边】，将该效果拖曳到【时间轴】面板的【预合成 1】图层上，如图11.236所示。

图 11.235　　图 11.236

步骤 11 在【时间轴】面板中单击打开【预合成 1】图层下方的【效果】/【画笔描边】，设置【画笔大小】为1.0，【描边长度】为3，接着打开【变换】属性，设置【不透明度】为70%，如图11.237所示。

步骤 12 本实例制作完成，画面最终效果如图11.238所示。

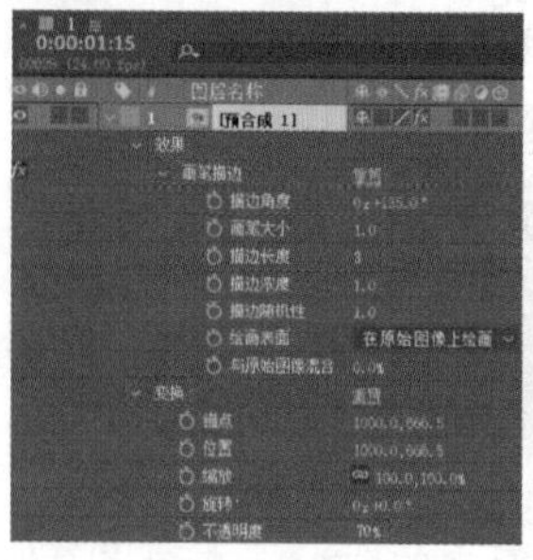

图 11.237

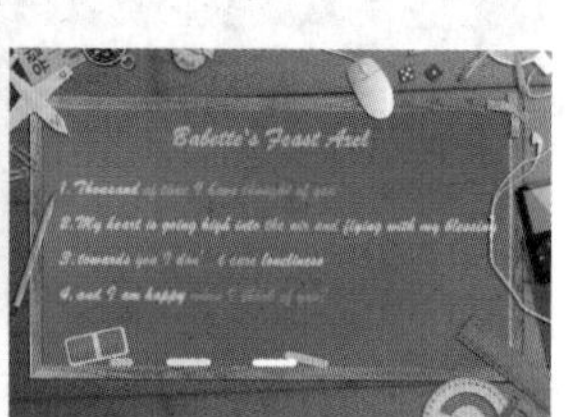

图 11.238

综合实例：网红冲泡饮品宣传文字动画

扫一扫，看视频

文件路径：第11章　文字效果→实例：网红冲泡饮品宣传文字动画

本综合实例主要使用【自然饱和度】调整背景颜色，使用【文字工具】【钢笔工具】以及【变换】属性制作关键帧动画。效果如图11.239所示。

图 11.239

步骤 01 在【项目】面板中右击，选择【新建合成】命令，在弹出的【合成设置】窗口中设置【合成名称】为1，【预设】为HDTV 1080 24，【宽度】为1920，【高度】为1080，【像素长宽比】为【方形像素】，【帧速率】为24，【分辨率】为【完整】，【持续时间】为10秒。执行【文件】/【导入】/【文件】命令，在弹出的【导入文件】窗口中选择1.mp4视频素材，选择完毕后单击【导入】按钮，如图11.240所示。

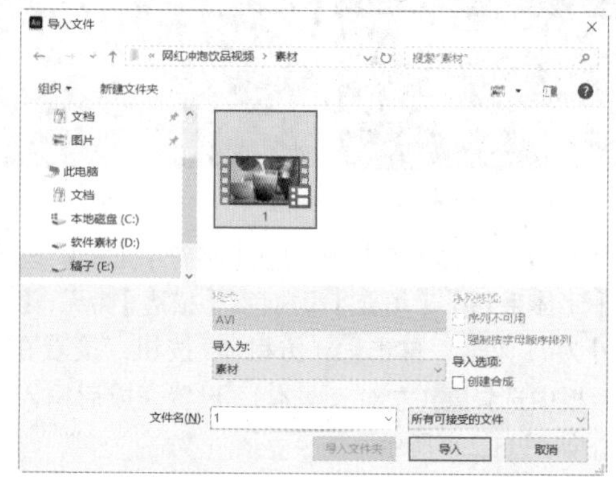

图 11.240

步骤 02 将【项目】面板中1.mp4素材拖曳到【时间轴】面板中，如图11.241所示。

步骤 03 进行色调调整。在【效果和预设】面板中搜索【自然饱和度】效果，并将其拖曳到【时间轴】面板的1.mp4图层上，如图11.242所示。

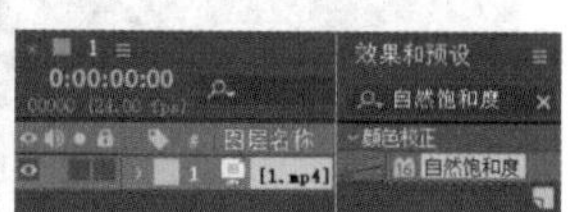

图 11.241　　图 11.242

步骤 04 在【时间轴】面板中单击打开1.mp4图层下方的【效果】/【自然饱和度】，设置【自然饱和度】为35.0，【饱和度】为20.0，如图11.243所示。此时，画面效果如图11.244所示。

图 11.243　　图 11.244

步骤 05 在工具栏中选择T（横排文字工具），在【字符】面板中设置合适的【字体系列】，设置【填充】为白色，【描边】为无，【字体大小】为120像素，单击开启TT（全部大写字母)按钮，在【段落】面板中选择(左对齐文本)，接着在画面中输入文字Hand ground，如图11.245所示。使用同样的方法，使用【横排文字工具】在【字符】面板中设置相同的【字体系列】【填充】【字体大小】，单击开启TT(全部大写字母)按钮，在【段落】面板中选择(左对齐文本)，接着在画面中输入文字coffee with milk，如图11.246所示。

图 11.245

图 11.246

步骤 06 更改文字颜色。选择coffee w字母，在【字符】面板中更改【填充】为嫩绿色，如图11.247所示。

图 11.247

步骤 07 在工具栏中选择(钢笔工具)，设置【填充】为无，【描边】为嫩绿色，【描边宽度】为25像素，接着在画面中心位置按住Shift键绘制两条直线，如图11.248所示。

图 11.248

步骤 08 制作文字及形状的动画效果。将时间线拖动到起始帧位置，单击打开Hand ground文字图层下方的【变换】，开启【位置】【不透明度】关键帧，设置【位置】为(195.0,752.0)，【不透明度】为0%。将时间线拖动到15帧位置，设置【位置】为(195.0,560.0)。继续将时间线拖动到1秒位置，设置【不透明度】为100%，如图11.249所示。

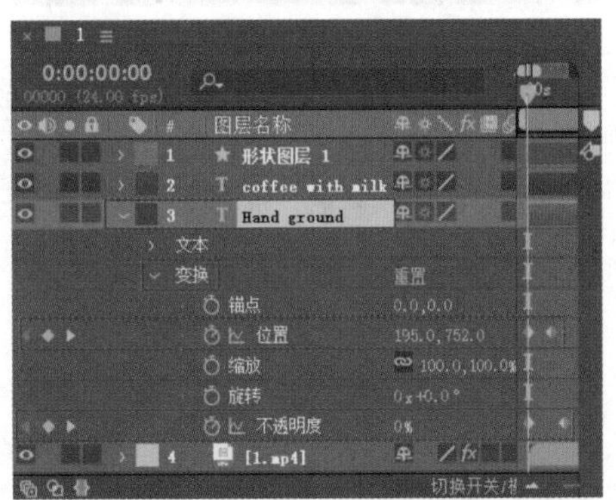

图 11.249

步骤 09 单击打开coffee with milk文字图层下方的【变换】，将时间线拖动到15帧位置，开启【位置】【不透明度】关键帧，设置【位置】为(195.0,850.0)，【不透明度】为0%。将时间线拖动到1秒05帧位置，设置【位置】为(195.0,697.0)，【不透明度】为100%，如图11.250所示。

步骤 10 单击打开【形状图层 1】下方的【变换】，将时间线拖动到1秒05帧位置，开启【位置】【旋转】关键帧，设置【位置】为(284.0,1189.0)，【旋转】为0x+0.0°。继续将时间线拖动到2秒10帧位置，设置【位置】为(284.0,824.0)，【旋转】为1x+0.0°，如图11.251所示。

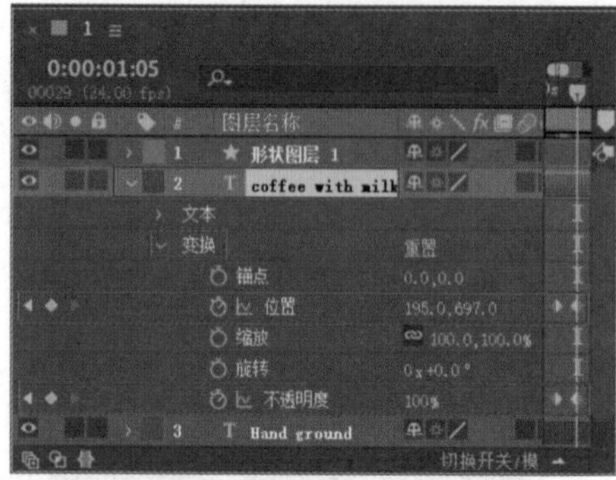

图 11.250

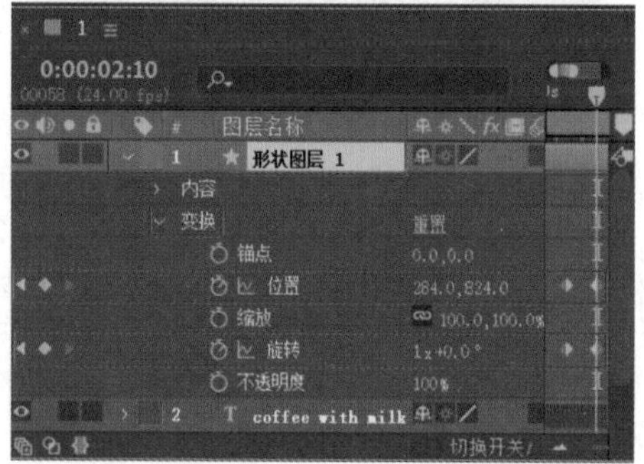

图 11.251

步骤 11 本实例制作完成，拖动时间线查看画面最终效果，如图11.252所示。

图 11.252

练习实例 11.1：为MV配字幕

扫一扫，看视频

文件路径：第11章 文字效果→练习实例：为MV配字幕

本练习实例使用文本及【径向擦除】效果制作MV字幕滑动效果。效果如图11.253所示。

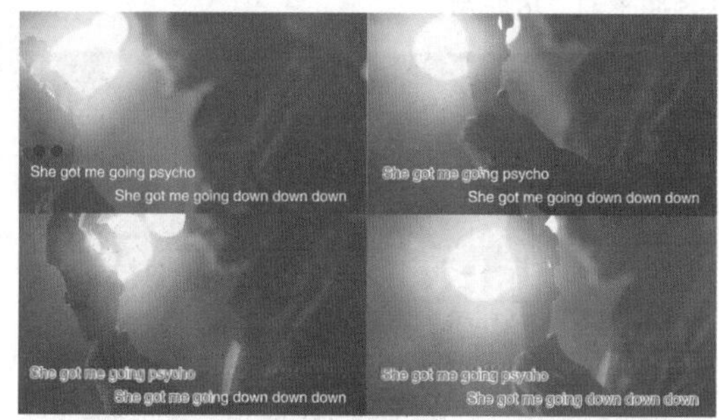

图 11.253

练习实例 11.2：制作电影片尾字幕

扫一扫，看视频

文件路径：第11章 文字效果→练习实例：制作电影片尾字幕

本练习实例主要使用【文字工具】及【位置】关键帧制作片尾字幕。效果如图11.254所示。

图 11.254